张景中／主编

"十一五"国家重点图书出版规划项目

走进教育数学

Go to Educational Mathematics

从数学竞赛到竞赛数学

（第二版）

朱华伟 ／ 著

科学出版社

北京

内 容 简 介

本书以国际数学奥林匹克及国内外高层次数学竞赛为背景，论述竞赛数学的形成背景，探讨竞赛数学的教育价值，归纳出竞赛数学的基本特征，把竞赛数学涉及的内容归为数列、不等式、多项式、函数方程、平面几何、数论、组合数学、组合几何 8 节，每一节内容包括背景分析、基本问题、方法技巧、概念定理、经典赛题，试图对数学竞赛所涉及的内容、方法、技巧作一系统总结和界定，并通过典型的赛题进行阐述. 注意题目的来源与推广的讨论，重视新问题的收集与传统解法的优化，反映了国内外数学竞赛命题的最新潮流. 以此为基础，研究竞赛数学的命题原则及命题方法.

本书可启迪读者的思维，开阔读者的视野，供中学以上文化程度的学生和教师、科技工作者和数学爱好者参考.

图书在版编目（CIP）数据

从数学竞赛到竞赛数学／朱华伟著. —2 版. —北京：科学出版社，2015.1

（走进教育数学／张景中主编）

ISBN 978-7-03-044681-7

Ⅰ. 从… Ⅱ. 朱… Ⅲ. 数学教学–普及读物 Ⅳ. O1-4

中国版本图书馆 CIP 数据核字（2015）第 123117 号

丛书策划：李 敏

责任编辑：李 敏／责任校对：张 琪

责任印制：肖 兴／整体设计：黄华斌

科学出版社 出版

北京东黄城根北街 16 号

邮政编码：100717

http://www.sciencep.com

中国科学院印刷厂 印刷

科学出版社发行 各地新华书店经销

*

2009 年 8 月第 一 版 开本：720×1000 1/16
2015 年 1 月第 二 版 印张：31 插页：2
2021 年 7 月第六次印刷 字数：750 000

定价：98.00 元

（如有印装质量问题，我社负责调换）

总　序

看到本丛书，多数人会问这样的问题：

"什么是教育数学?"

"教育数学和数学教育有何不同?"

简单说，改造数学使之更适宜于教学和学习，是教育数学为自己提出的任务.

把学数学比作吃核桃. 核桃仁美味而富有营养，但要砸开核桃壳才能吃到它. 有些核桃，外壳与核仁紧密相依，成都人形象地叫它们"夹米子核桃"，如若砸不得法，砸开了还很难吃到. 数学教育要研究的，就是如何砸核桃吃核桃. 教育数学呢，则要研究改良核桃的品种，让核桃更美味、更有营养、更容易砸开吃净.

"教育数学"的提法，是笔者 1989 年在《从数学教育到教育数学》一书中杜撰的. 其实，教育数学的活动早已有之，如欧几里得著《几何原本》、柯西写《分析教程》，都是教育数学的经典之作.

数学教育有很多世界公认的难点，如初等数学里的几何学和三角函数，高等数学里面的微积分，都比较难学. 为了对付这些难点，很多数学老师、数学教育专家前赴后继，做了大量的研究，写了很多的著作，进行了广泛的教学实践．多年实践，几番改革，还是觉得太难，不得不"忍痛割爱"，少学或者不学．教育数学则从另一个角度看问题：这些难点的产生，是不是因为前人留下来的知识组织得不够好，不适于数学的教与学？能不能优化数学，改良数学，让数学知识变得更容易学习呢？

知识的组织方式和学习的难易有密切的联系．英语中 12 个月的名字：January，February，⋯．背单词要花点工夫吧！如果改良一下：一月就叫 Monthone，二月就叫 Monthtwo，等等，马上就能理解，就能记住，学起来就容易多了．生活的语言如此，科学的语言——数学——何尝不是这样呢？

很多人认为，现在小学、中学到大学里所学的数学，从算术、几何、代数、三角函数到微积分，都是几百年前甚至几千年前创造出来的．这些数学的最基本的部分，普遍认为是经过千锤百炼，相当成熟了．对于这样的数学内容，除了选择取舍，除了教学法的加工之外，还有优化改革的余地吗？

但事情还可以换个角度看．这些进入了课堂的数学，是在不同的年代、不同的地方、由不同的人、为不同的目的而创造出来的，而且其中很多不是为了教学的目的而创造出来的．难道它们会自然而然地配合默契，适宜于教学和学习吗？

看来，这主要不是一个理论问题，而是一个实践问题．

走进教育数学，看看教育数学在做什么，有助于回答这类问题．

随便翻翻这几本书，就能了解教育数学领域里近 20 年来做了哪些工作．从已有的结果看到，教育数学有事可做，而且能做更多的事情．

比如微积分教学的改革，这是在世界范围内被广为关注的事．丛书中有两本专讲微积分，主要还不是讲教学方法，而是讲改革微积分本身．

由牛顿和莱布尼茨创建的微积分，是第一代微积分．这是说不清楚的微积分. 创建者说不清楚, 使用微积分解决问题的数学家也说不清楚. 原理虽然说不清楚, 应用仍然在蓬勃发展. 微积分在说不清楚的情形下发展了 130 多年.

柯西和魏尔斯特拉斯等, 建立了严谨的极限理论, 巩固了微积分的基础, 形成了第二代微积分. 数学家把微积分说清楚了. 但是由于概念和推理烦琐迂回, 对于绝大多数学习高等数学的人来说, 是听不明白的微积分. 微积分在多数学习者听不明白的情形下, 又发展了 170 多年, 直到今天.

第三代微积分, 是正在创建发展的新一代的微积分. 人们希望微积分不但严谨, 而且直观易懂, 简易明快. 让学习者用较少的时间和精力就能够明白其原理, 不但知其然而且知其所以然. 不但数学家说得清楚, 而且非数学专业的多数学子也能听得明白.

第一代微积分和第二代微积分, 在具体计算方法上基本相同; 不同的是对原理的说明, 前者说不清楚, 后者说清楚了.

第三代微积分和前两代微积分, 在具体计算方法上也没有不同; 不同的仍是对原理的说明.

几十年来, 国内外都有人从事第三代微积分的研究以至教学实践. 这方面的努力, 已经有了显著的成效. 在我国, 林群院士近 10 年来在此方向做了大量的工作. 本丛书中的《微积分快餐》, 就是他在此领域的代表作.

古今中外, 通俗地介绍微积分的读物极多, 但能够兼顾严谨与浅显直观的几乎没有.《微积分快餐》做到了. 一张图, 一个不等式, 几行文字, 浓缩了微积分的精华. 作者将微积分讲得轻松活泼、简单明了, 而且严谨、自洽, 让读者在品尝快餐的过程中进入了高等数学的殿堂.

丛书中还有一本《直来直去的微积分》, 是笔者学习微积分的心得. 书中从"瞬时速度有时比平均速度大, 有时比平均速度小"这个平凡的陈述出发, 不用极限概念和实数理论, "微分不微, 积分不积", 直截了当地建立了微积分基础理论. 书中概念与《微积分快餐》中的逻辑等价，呈现形式不尽相同，殊途同归，显示出第三代微积分的丰富多彩.

回顾历史，牛顿和拉格朗日都曾撰写著作，致力于建立不用极限也不用无穷小的微积分，或证明微积分的方法，但没有成功. 我国数学大师华罗庚所撰写的《高等数学引论》中，也曾刻意求新，不用中值定理或实数理论而寻求直接证明"导数正则函数增"这个具有广泛应用的微积分基本命题，可惜也没有达到目的.

前辈泰斗是我们的先驱. 教育数学的进展实现了先驱们简化微积分理论的愿望.

丛书中两本关于微积分的书，都专注于基本思想和基本概念的变革. 基本思想、基本概念，以及在此基础上建立的基本定理和公式，是这门数学的筋骨. 数学不能只有筋骨，还要有血有肉. 中国高等教育学会教育数学专业委员会理事长、全国名师李尚志教授的最新力作《数学的神韵》，是有血有肉、丰满生动的教育数学. 书中的大量精彩实例可能是你我熟悉的老故事，而作者却能推陈出新，用新的视角和方法处理老问题，找出事物之间的联系，发现不同中的相同，揭示隐藏的规律. 幽默的场景，诙谐的语言，使人在轻松阅读中领略神韵，识破玄机. 看看这些标题，"简单见神韵"、"无招胜有招"、"茅台换矿泉"、"凌波微步微积分"，可见作者的功力非同一般！特别值得一提的是，书中对微积分的精辟见解，如用代数观点演绎无穷小等，适用于第一代、第二代和第三代微积分的教学与学习，望读者留意体味.

练武功的上乘境界是"无招胜有招"，但武功仍要从一招一式入门. 解数学题也是如此. 著名数学家和数学教育家项武义先生说，教数学要教给学生"大巧"，要教学生"运用之妙，存乎一心"，以不变应万变，不讲或少讲只能对付一个或几个题目的"小巧". 我想所谓"无招胜有招"的境界，就是"大巧"吧！但是，小巧固不足取，大巧也确实太难. 对于大多数学子而言，还要重视有章可循的招式，由小到大，以小御大，小题做大，小

iv

中见大. 朱华伟教授和钱展望教授的《数学解题策略》, 踏踏实实地从一招、一式、一题、一法着手, 探秘发微, 系统地阐述数学解题法门, 是引领读者登堂入室之作. 作者是数学奥林匹克领域的专家. 数学奥林匹克讲究题目出新, 不落老套. 我看了这本书里的不少例题, 看不出有哪些似曾相识, 真不知道他是从哪里搜罗来的!

朱华伟教授还为本丛书写了一本《从数学竞赛到竞赛数学》. 竞赛数学当然就是奥林匹克数学. 华伟教授认为, 竞赛数学是教育数学的一部分. 这个看法是言之成理的. 数学要解题, 要发现问题、创造方法. 年复一年进行的数学竞赛活动, 不断地为数学问题的宝库注入新鲜血液, 常常把学术形态的数学成果转化为可能用于教学的形态. 早期的国际数学奥林匹克试题, 有不少进入了数学教材, 成为例题和习题. 竞赛数学与教育数学的关系, 于此可见一斑.

写到这里, 忍不住要为数学竞赛说几句话. 有一阵子, 媒体上面出现不少讨伐数学竞赛的声音, 有的教育专家甚至认为数学竞赛之害甚于黄、赌、毒. 我看了有关报道后第一个想法是, 中国现在值得反对的事情不少, 论轻重缓急还远远轮不到反对数学竞赛吧. 再仔细读这些反对数学竞赛的意见, 可以看出来, 他们反对的实际上是某些为牟利而又误人子弟的数学竞赛培训机构. 就数学竞赛本身而言, 是面向青少年中很小一部分数学爱好者而组织的活动. 这些热心参与数学竞赛的数学爱好者 (还有不少数学爱好者参与其他活动, 例如, 青少年创新发明活动、数学建模活动、近年来设立的丘成桐中学数学奖), 估计不超过两亿中小学生的百分之五. 从一方面讲, 数学竞赛培训活动过热产生的消极影响, 和升学考试体制以及教育资源分配过分集中等多种因素有关, 这笔账不能算在数学竞赛头上; 从另一方面看, 大学招生和数学竞赛挂钩, 也正说明了数学竞赛活动的成功因而得到认可. 对于青少年的课外兴趣活动, 积极的对策不应当是限制堵塞, 而是开源分流. 发展多种课外活动, 让更多的青少年各得其所，把各种活动都办得像数学竞赛这样成功并且被认可，数学竞赛培训活动过热的问题自然就化解或缓解了．

回到前面的话题．上面说到"大巧"和"小巧"，自然想到还有"中巧"．大巧法无定法，小巧一题一法．中巧呢，则希望用一个方法解出一类题目．也就是说，把数学问题分门别类，一类一类地寻求可以机械执行的方法，即算法．中国古代的《九章算术》，就贯穿了分类解题寻求算法的思想．中小学里学习四则算术、代数方程，大学里学习求导数，学的多是机械的算法．但是，自古以来几何命题的证明却千变万化，法无定法．为了找寻几何证题的一般规律，从欧几里得、笛卡儿到希尔伯特，前赴后继，孜孜以求．我国最高科学技术奖获得者、著名数学家吴文俊院士指出，希尔伯特是第一个发现了几何证明机械化算法的人．在《几何基础》这部名著中，希尔伯特对于只涉及关联性质的这类几何命题，给出了机械化的判定算法．由于受时代的局限性，希尔伯特这一学术成果并不为太多人所知．直到 1977 年，吴文俊先生提出了一个新的方法，可以机械地判定初等几何中等式型命题的真假．这一成果在国际上被称为"吴方法"，它在几何定理机器证明领域中掀起了一个高潮，使这个自动推理中最不成功的部分变成了最成功的部分．

吴方法和后来提出的多种几何定理机器证明的算法，都不能给出人们易于检验和理解的证明，即所谓可读证明．国内外的专家一度认为，机器证明的本质在于"用量的复杂克服质的困难"，所以不可能机械地产生可读证明．

笔者基于 1974 年在新疆教初中时指导学生解决几何问题的心得，总结出用面积关系解题的规律．在这些规律的基础上，于 1992 年提出消点算法，和周咸青、高小山两位教授合作，创建了可构造等式型几何定理可读证明自动生成的理论和方法，并在计算机上实现．最近在网上看到，面积消点法也多次在国外的不同的系统中实现了．本丛书中的《几何新方法和新体系》，包括了面积消点法的通俗阐述，以及笔者提出的一个有关面积方法的公理系统，由冷拓同志协助笔者整理而成．教育数学研究的副产品解决了机器证明领域中的难题，对笔者而言实属侥幸．

基于对数学教育的兴趣，笔者从 1974 年以来，在 30 多年间持续地探讨面积解题的规律，想把几何变容易一些．后来发现，国内外的中学数学教材里，已经把几何证明删得差不多了．于是"迷途知返"，把三角函数作为研究的重点．数学教材无论如何改革，三角函数总是删不掉的吧．本丛书中的《一线串通的初等数学》，讲的是如何在小学数学知识的基础上建立三角函数，从三角函数的发展引出代数工具并探索几何，把三者串在一起的思路．

在《一线串通的初等数学》中没有提到向量．其实，向量早已下放到中学，与传统的初等数学为伍了．在上海的数学教材里甚至在初中就开始讲向量．讲了向量，自然想试试用向量解决几何问题，看看向量解题有没有优越性．可惜在教材里和刊物上出现的许多向量例题中，方法略嫌烦琐，反而不如传统的几何方法简捷优美．如何用向量法解几何题？能不能在大量的几何问题的解决过程中体现向量解题的优越性？这自然是教育数学应当关心的一个问题．为此，本丛书推出一本《绕来绕去的向量法》．书中用大量实例说明，如果掌握了向量解题的要领，在许多情形下，向量法比纯几何方法或者坐标法干得更漂亮．这要领，除了向量的基本性质，关键就是"回路法"．绕来绕去，就是回路之意．回路法是笔者的经验谈，没有考证前人是否已有过，更没有上升为算法．书稿主要由彭翕成同志执笔，绝大多数例子也是他采集加工的．

谈起中国的数学科普，谈祥柏的名字几乎无人不知．老先生年近八旬，从事数学科普创作超过半个世纪，出书 50 多种，文章逾千篇．对于数学的执著和一生的爱，洋溢于他为本丛书所写的《数学不了情》的字里行间．哪怕仅仅信手翻上几页，哪怕是对数学知之不多的中小学生，也会被一个个精彩算例所显示的数学之美和数学之奇深深吸引．书中涉及的数学知识似乎不多不深，所蕴含的哲理却足以使读者掩卷遐想．例如，书中揭示出高等代数的对称、均衡与和谐，展现了古老学科的青春；书中提到海峡两岸的数学爱好者发现了千百年来从无数学者、名人的眼皮底下滑过去的"自然数高次方的不变特性"，这些生动活泼的素材，兼有冰冷的思考与火热的激情，无论读者偏文偏理，均会有所收益.

沈文选教授长期从事中学数学研究、初等数学研究、奥林匹克数学研究和教育数学的研究. 他的《走进教育数学》和本丛书同名（丛书的命名源于此），是一本从学术理论角度探索教育数学的著作. 在书中他试图诠释"教育数学"的概念，探究"教育数学"的思想源头与内涵；提出"整合创新优化"、"返璞归真优化"等优化数学的方法和手段；并提供了丰富的案例. 笔者原来杜撰出"教育数学"的概念，虽然有些实例，但却凌乱无序，不成系统. 经过文选教授的旁征博引，诠释论证，居然有了粗具规模的体系框架，有点学科模样了. 这确是意外的收获.

本丛书中的《情真意切话数学》，是张奠宙教授和丁传松、柴俊两位先生合作完成的一本别有风味的谈数学与数学教育的力作. 作者跳出数学看数学，以全新的视角，阐述中学数学和微积分学中蕴含的人文意境；将中国古诗词等文学艺术和数学思想加以连接，既有数学的科学内涵，又有丰富的人文素养，把数学与文艺沟通，帮助读者更好地理解和亲近数学. 在这里，老子道德经中"道生一，一生二，二生三，三生万物"被看成自然数公理的本意；"前不见古人，后不见来者. 念天地之悠悠，独怆然而涕下"解读为"四维时空"的遐想；"春色满园关不住，一枝红杏出墙来"用来描述无界数列的本性；而"孤帆远影碧空尽，唯见长江天际流"则成为极限过程的传神写照. 书中把数学之美分为美观、美好、美妙和完美 4 个层次，观点新颖精辟，论述丝丝入扣. 在课堂上讲数学如能够如此情深意切，何愁学生不爱数学？

浏览着这风格不同并且内容迥异的 11 本书，教育数学领域的现状历历在目. 这是一个开放求新的园地，一个蓬勃发展的领域. 在这里耕耘劳作的人们，想的是教育，做的是数学，为教育而研究数学，通过丰富发展数学而推进教育. 在这里大家都做自己想做的事，提出新定义新概念，建立新方法新体系，发掘新问题新技巧，寻求新思路新趣味，凡此种种，无不是为教育而做数学.

为教育而做数学，做出了些结果，出了这套书，这仅仅是开始. 真正重要的是进入教材，进入课堂，产生实效，让千千万万学子受益，进而推动社会发展，造福人类. 这才是作者们和出版者的大期望. 切望海内外同道者和不同道者指正批评，相与切磋，共求真知，为数学教育的进步贡献力量.

2009 年 7 月

第二版前言

6 年前笔者在编写这本书时，心中有两个目标：一个是向读者阐明竞赛数学（也称奥林匹克数学）这门刚刚成型的学科的特征、内容和方法；另一个是帮助准备参加数学竞赛的学生从盲目的机械训练中解放出来．在此再版之际，这种使命感更加强烈地凸显出来．

20 世纪 90 年代以来，数学竞赛在我国迅速普及，奥数也变成了新市场．由于各种利益团体的介入，批评的声音也随之而来．因此，如果我们不对竞赛数学本身进行总结和说明，终究会被一些一知半解甚至全然不解的人歪曲问题的本质．另外，如果学生不能从整体上把握所学知识的特征，那么他始终不能从盲目的机械训练中解放出来．

与其他数学学科相比，竞赛数学更多关注的是思维方法，而知识内容和法则次之．这一特点足以让许多人对竞赛数学中的问题望而生畏．有些数学优等生即使掌握了竞赛数学中的一些方法技巧，但也只能意会不能言传．所以，我们只有从学科的角度去整理和呈现竞赛数学的内容和方法，才会让更多人理解数学竞赛、理解竞赛数学.

如果能够从学科的角度去掌握竞赛数学,那么学生就不会觉得竞赛数学中的解题思路来得很突然,令人摸不着头脑;如果能够把握这个学科的方向,那么学生就不会在题海中迷航,而是用更高的观点去审视纷至沓来的新问题.只有这样才能体现竞赛数学的承上启下的价值.

第 2 版删去了一些问题,补充了近几年出现的新问题,修订了一些论述,增加了 2008 年以来关于数学竞赛的新数据、新观点和新成果.希望本书的修订版能得到大家的鼓励与批评.

李学伟

2014 年 9 月

第一版前言

　　自世界上第一次真正有组织的数学竞赛——匈牙利数学竞赛（1894 年）以来，数学竞赛已有 100 多年的历史了．国际数学奥林匹克（International Mathematical Olympiad，IMO）从 1959 年到 2014 年正好是第 55 届（1980 年空缺一年）．1956 年在著名数学家华罗庚教授的倡导下，我国开始举办中学生数学竞赛，1985 年我国步入 IMO 殿堂，加强了数学课外教育的国际交流，20 多年来我国已跻身于 IMO 强国之列．如今，世界上中学教育水平较高的国家大多举办了数学竞赛，并参加 IMO．国内大多数高等师范院校数学教育专业开设了奥林匹克数学选修课．现在数学奥林匹克已经成为当今数学教育中的一股潮流．

　　100 多年数学竞赛的研究与实践证明，科学合理地举办各级数学竞赛对传播数学思想方法，培养学生学习数学的兴趣，增强学生的思维能力，丰富课外活动的内容，促进数学教师素质的提高和数学教学的改革，发现和培养优秀人才等方面产生了积极的作用．许多学者正是通过数学竞赛活动，对数学产生浓厚的兴趣，才步入科学的殿堂．更多的人，因数学竞赛活动的经历，激扬起不断探索的精神.

世界航天之父冯·卡门指出："据我所知,目前在国外的匈牙利著名科学家当中,有一半以上都是数学竞赛的优胜者,在美国的匈牙利科学家,如爱德华、泰勒、列夫·西拉得、G. 波利亚、冯·诺依曼等几乎都是数学竞赛的优胜者. 我衷心希望美国和其他国家都能倡导这种数学竞赛."据不完全统计,在历届IMO 的优胜者中, 有 13 位获得相当于诺贝尔奖的数学界最高荣誉——菲尔兹奖(Fields Medal),他们是:Gregory Margulis(俄罗斯,1959 年 IMO 银牌,1978 年菲尔兹奖)、Valdimir Drinfeld(乌克兰,1969 年 IMO 金牌,1990 年获得菲尔兹奖)、Jean-Ghristophe Yoccoz(法国,1974 年 IMO 金牌,1994 年获得菲尔兹奖)、Richard Borcherds(英国,1977 年 IMO 银牌,1978 年IMO 金牌,1998 年获得菲尔兹奖)、Timothy Gowers(英国,1981 年 IMO 金牌,1998 年获得菲尔兹奖)、Laurant Lafforgue(法国,1985 年 IMO 金牌,2002 年获得菲尔兹奖)、Grigori Perelman(俄罗斯,1982 年 IMO 金牌,2006 年获得菲尔兹奖)、Terence Tao(澳大利亚,1986 年、1987 年、1988 年分别获得IMO 铜牌、银牌、金牌,2006 年获得菲尔兹奖)、吴宝珠(Ngo Bao Chau,越南,1988 年和 1989 年两次获得 IMO 金牌,2010 年获得菲尔兹奖)、Elon Lindenstrauss(以色列,1988 年 IMO 铜牌,2010 年获得菲尔兹奖)、Stansilav Smirnov(俄罗斯,1986 年和 1987 年两次获得 IMO 金牌,2010 年获得菲尔兹奖)、Mirzakhani(伊朗,首位女性菲尔兹奖得主,1994 年 IMO 金牌,1995 年 IMO 获得满分,2014 年获得菲尔兹奖)、Artur Avila(巴西,1995 年 IMO 金牌,2014 年获得菲尔兹奖).

数学竞赛将公平竞争、重在参与的精神引进到青少年的数学学习之中,激发他们的竞争意识,激发他们的上进心和荣誉感,特别是近年来我国中学生在 IMO 中"连续获得团体冠军,个人金牌数也名列前茅,消息传来,全国振奋. 我国数学现在有能人,后继有强手,国内外华人无不欢欣鼓舞"(王梓坤,1994).

这对青少年学好数学无疑是极大地鼓舞和鞭策，将激发青少年学习数学的极大兴趣.

数学竞赛问题具有挑战性，有利于增强学生的好奇心、好胜心，有利于激发学生学习数学的兴趣，有利于调动学生学习的积极性和主动性. 正如美国著名数学家波利亚所言：“如果他（指老师）把分配给他的时间都用来让学生操练一些常规运算，那么他就会扼杀他们的兴趣，阻碍他们的智力发展，从而错失他的良机. 相反的，如果他用和学生的知识相称的题目来激发他们的好奇心，并用一些鼓励性的问题去帮助他们解答题目，那么他就能培养学生独立思考的兴趣，并教给他们某些方法.”（波利亚，2002）

新颖而有创意的数学竞赛问题使学生有机会享受沉思的乐趣，经历“山重水复疑无路，柳暗花明又一村”的欢乐，“解数学题是意志的教育，当学生在解那些对他来说并不太容易的题目时，他学会了面对挫折且锲而不舍，学会了赞赏微小的进展，学会了等待灵感的到来，学会了当灵感到来后的全力以赴. 如果在学校里有机会尝尽为求解而奋斗的喜怒哀乐，那么他的数学教育就在最重要的地方成功了”（波利亚，2002）. 在学生遇到困难问题时，帮助他们树立战胜困难的决心，不轻易放弃对问题的解决，鼓励他们坚持下去，这样做可以使学生逐步养成独立钻研的习惯，克服困难的意志和毅力，进而形成锲而不舍的钻研精神和科学态度. 可见数学竞赛活动不仅可以激发学生对数学的兴趣，加深对数学的理解，而且对发展和完善人格都是有益的.

1980 年国际数学教育委员会决定成立 IMO 委员会作为其下设的一个专业委员会，这在组织机构上保证了 IMO 的正常进行，同时也意味着在学术界得到了国际数学教育委员会的确认，即关于数学竞赛的研究是数学教育研究的重要课题.

100 多年数学竞赛的实践，已经为全面进行数学竞赛研究准备了丰富的素材. 著名数学家王元院士指出：“随着数学竞赛的发展，已逐渐形成一门特殊的数学学科——竞赛数学，也可称为奥林匹克数学.”许多专家学者都在探索、研讨竞赛数学的形成与特征、内容与方法及命题与解题的规律和艺术，进而形成竞赛数学的理论体系. 但是，竞赛数学的体系究竟应该怎样，目前尚无定论，还处在"百花齐放，百家争鸣"的探索阶段.

本书以 IMO 及国内外高层次数学竞赛为背景，以 100 多年来积淀的国内外数学竞赛文献为源泉，以教育科学理论为指导，以作者多年从事数学竞赛的研究与实践为基础，论述竞赛数学的形成背景，探讨竞赛数学的教育价值；从研究竞赛数学问题与解题入手，归纳出竞赛数学的基本特征；通过深入研究 IMO 及国内外高层次数学竞赛试题，把竞赛数学涉及的内容归为数列、不等式、多项式、函数方程、平面几何、数论、组合数学、组合几何 8 节，每一节内容包括背景分析、基本问题、方法技巧、概念定理、经典赛题，试图对数学竞赛所涉及的内容、方法、技巧作一系统总结和界定，并通过典型的赛题进行阐述. 注意题目的来源与推广的讨论，重视新问题的收集与传统解法的优化，反映了国内外数学竞赛命题的最新潮流. 以此为基础，研究竞赛数学的命题原则及命题方法. 书后的参考文献为读者提供一个进一步学习、研究的线索.

在多年的数学教育研究与实践中，作者得到许多前辈和朋友的关爱和帮助. 感谢张景中院士引领作者走上今天的学术之路；感谢裘宗沪、林六十、冯向东、王杰、徐伟宣、孙文先、单墫、苏淳、张君达、吴建平、李小平、陈传理、江志、钱展望、陈永高、冷岗松、熊斌、余红兵、李胜宏、李伟固、冯祖鸣、梁应德等在作者业务成长过程中所给予的指导和帮助.

在本书的写作过程中，参阅了众多的文献资料，并得到数学教育界前辈和同仁的支持和帮助，在此一并表示感谢. 对于本书存在的问题，热忱希望读者不吝赐教.

2009 年 4 月

目　录

第 1 章
竞赛数学的形成

　　随着数学竞赛的发展，已逐渐形成了一门特殊的
数学学科——竞赛数学，也可称为奥林匹克数学.

——王元

　　一门数学课程通常形成于某个数学分支，而竞赛数学课程却形成于数学竞赛活动. 正如著名数学家王元教授所言："随着数学竞赛的发展，已逐渐形成了一门特殊的数学学科——竞赛数学，也可称为奥林匹克数学." 因此，我们从数学竞赛活动的产生和发展入手，研究竞赛数学的形成背景.

1.1　数学竞赛的产生与发展

古代不朽之神，
美丽、伟大而正直的圣洁之父.
祈求降临尘世以彰显自己，
让受人瞩目的英雄在这大地苍穹中，
作为你荣耀的见证.
请照亮跑步、角力与投掷项目，
这些全力以赴的崇高竞赛，
把用橄榄枝编成的花冠颁赠给优胜者，
塑造出钢铁般的躯干.
溪谷、山岳、海洋与你相映生辉，

犹如以色色彩斑斓的岩石建成的神殿.

这巨大的神殿,

世界各地的人们都赶来膜拜,

啊! 永远不朽的古代之神.

　　这就是举世瞩目的国际奥林匹克运动会会歌. 在四年一届的奥运会开幕、闭幕式中, 在升、降奥运会会旗的一刻, 你都能听到这支优美庄严、激越飞扬的歌曲!

　　在世界体育史上, 奥林匹克运动起源于古希腊的波罗奔尼撒半岛西北部 (如今雅典西南 360km 处) 的一座神庙——奥林匹亚, 它是关于体能的竞赛. 数学奥林匹克与体育奥林匹克类似, 指的就是数学竞赛活动. 数学竞赛是一项传统的智能竞赛项目, 智能和体能都是创造人类文明的必要条件, 所以苏联人首创了 "数学奥林匹克" 这个名词.

1.1.1　溯源——解难题竞赛的来龙去脉

　　数学是锻炼思维的体操, 而其核心则是问题. 解数学难题的竞赛和体育奥林匹克一样, 有着悠久的历史. 古希腊时就有解几何难题的比赛, 在我国战国时期则有齐威王与大将田忌赛马的对策故事. 在 16 世纪初期的意大利, 不少数学家喜欢提出问题, 向其他数学家挑战, 以比高低, 其中解三次方程比赛的有声有色的叙述, 使人记忆犹新.

　　大约在 1515 年, 博洛尼亚大学数学教授费罗 (Ferro) 用代数方法解出了形如 $x^3+mx=n$ 类型的三次方程, 并把方法秘密传给了他的得意门生菲奥 (Fior). 意大利数学家丰坦那 (Fontana), 出身贫寒, 自学成才, 由于童年受伤影响了说话能力, 人称 "塔塔利亚" (Tartaglia, 意为口吃者), 后以教书为生. 大约在 1535 年他宣布: 他发现了三次方程的代数解法. 菲奥认为此声明纯系欺骗, 向塔塔利亚提出挑战, 要求举行一次解三次方程的公开比赛.

　　1535 年 2 月 22 日, 米兰大教堂里挤满了人, 他们不是来做祈祷的, 而是来看热闹的, 因为塔塔利亚与菲奥的竞赛在此举行. 双方各给对方出 30 道题. 为迎接这场挑战, 塔塔利亚做了充分准备, 他冥思苦想, 终于在比赛前 10 天掌握了三次方程的解法, 因而大获全胜. 从此, 塔塔利亚在米兰名声大振, 如日中天.

有"天才怪人"之称的既教数学又行医的数学家卡丹（Cardano）闻知此事后，屡次拜访塔塔利亚，目的是想从他那儿得到求解三次方程的公式．卡丹的虔诚与承诺（发誓保守秘密）使塔塔利亚放松了警惕，终于将公式给了卡丹．1545 年，卡丹的《大法》（*Ars magna*）一书在德国纽伦堡出版，书中刊载了塔塔利亚的三次方程求根公式．卡丹食言，塔塔利亚蒙受欺骗．此后，人们将塔塔利亚发明的公式称作卡丹公式．下面是一元三次方程卡丹公式．

方程 $x^3+px+q=0$ 的三个根分别为

$$x_1=\sqrt[3]{-\frac{q}{2}+\sqrt{\Delta}}+\sqrt[3]{-\frac{q}{2}-\sqrt{\Delta}},$$

$$x_2=\omega^2\sqrt[3]{-\frac{q}{2}+\sqrt{\Delta}}+\omega\sqrt[3]{-\frac{q}{2}-\sqrt{\Delta}},$$

$$x_3=\omega\sqrt[3]{-\frac{q}{2}+\sqrt{\Delta}}+\omega^2\sqrt[3]{-\frac{q}{2}-\sqrt{\Delta}},$$

其中 $\Delta=\left(\frac{q}{2}\right)^2+\left(\frac{p}{3}\right)^3,\quad \omega=\frac{-1+\sqrt{3}\,i}{2}.$

一般地，一元三次方程 $ax^3+bx^2+cx+d=0$ 均可通过变换转化为

$$x^3+px+q=0$$

的形式．意大利数学家发现的三次方程的代数解法被认为是 16 世纪最壮观的数学成就之一．

顺便指出，一元四次方程的求根公式是由卡丹的学生斐拉里给出的．应强调的是，一般一元五次方程及五次以上的方程没有求根公式，这一点已由阿贝尔和伽罗华证得．

公开的解题竞赛无疑会引起数学家的注意和激发更多人的兴趣，随着学校教育的发展，教育工作者开始考虑在中学生中间举办解数学难题的竞赛，以激发中学生的数学才能和培养其对数学的兴趣．

1.1.2　数学竞赛的先导——匈牙利数学竞赛

世界上真正意义上的数学竞赛源于匈牙利．1894 年，匈牙利数学界为了纪念著名数学家、匈牙利数学会主席埃特沃斯（Eütvös）荣任匈牙利教育部长而组织了第一届中学生数学竞赛，这是真正意义上的数学竞赛的开端．本来是叫做 Eütvös 竞赛，后来命名为 Jószef Kórschak 竞赛．

这一活动除两次世界大战和 1956 年匈牙利事件中断 7 年外，每年 10

月举行一次，每次竞赛出三道题，限 4h 做完，允许使用任何参考书．这些试题难度适中，别具风格，虽然用中学生学过的初等数学知识就可以解答，但是又涉及许多高等数学的课题．中学生通过做这些试题，不但可以检查自己对初等数学掌握的程度，提高灵活运用这些知识以及逻辑思维的能力，还可以接触到一些高等数学的概念和方法，对于以后学习高等数学有很大帮助．

匈牙利数学竞赛试题的上述特点，使得它的命题方向对世界各国数学竞赛，乃至 IMO 的命题都产生了重大的影响．例如，1974 年匈牙利数学竞赛中有这样一个题目：

【题 1.1.1】　求证：在任意 6 个人中，总有 3 个人相互认识或相互不认识．

此题是组合数学中 Ramsey 问题的最简单情形，以后几十年中这个题目被许多国家反复改造、变形、推广后用作竞赛试题．比如：

【题 1.1.2】　（第 13 届普特南数学竞赛试题）空间中 6 个点，任意 3 点不共线，任意 4 点不共面，成对地连接它们得 15 条线段，用红色或蓝色染这些线段（一条线段只染一种颜色）．求证：无论如何染，恒存在单色三角形．

【题 1.1.3】　（第 6 届 IMO 试题）有 17 位科学家，其中每一个人和其余科学家都通信，他们在通信中只讨论 3 个题目，而且每两个科学家之间只讨论 1 个题目．求证：至少有 3 个科学家相互之间只讨论同一个题目．

【题 1.1.4】　（1970～1976 年波兰数学竞赛试题）已知空间中 6 条直线，其中任何 3 条不平行，任何 3 条不交于一点，也不共面．求证：在这 6 条直线中总可选出 3 条，其中任 2 条异面．

【题 1.1.5】　（1970～1976 年波兰数学竞赛试题）平面上有 6 点，任何 3 点都是一个不等边三角形的顶点．求证：这些三角形中一个的最短边同时是另一个三角形的最长边．

【题 1.1.6】　（1976 年加拿大数学竞赛试题）连接圆周上 9 个不同点的 36 条线段，染成红色或蓝色．假定由 9 点中每 3 点所确定的三角形，都至少有一条红色边．证明：存在 4 点，其中每两点的连线都是红色的．

【题 1.1.7】　（1988 年加拿大数学竞赛试题）有 6 人聚会，任意 2 人要么认识，要么不认识．证明：必有两个组，每组 3 个人，同组的 3 个人要么彼此认识，要么不认识．

【题 1.1.8】　（1989 年全国初中数学联赛试题）设 A_1，A_2，A_3，A_4，A_5，A_6 是平面上的 6 个点，其中任 3 点不共线．

（1）如果这些点之间任意连接 13 条线段，证明：必存在 4 点，它们每两点之间都有线段连接.

（2）如果这些点之间只连 12 条线段，请你画出一个图形，说明（1）的结论不成立.

【题 1.1.9】（第 33 届 IMO 试题）给定空间中的 9 个点，其中任 4 点都不共面，在每一对点之间都连有一条线段，这些线段可染为蓝色或红色，也可不染色. 试求出最小的 n 值，使得将其中任意 n 条线段中的每一条任意染为红蓝二色之一. 在这 n 条线段的集合中都必然包含有一个各边同色的三角形.

【题 1.1.10】（第 29 届俄罗斯数学奥林匹克）某国有 N 个城市. 每两个城市之间或者有公路，或者有铁路相连. 一个旅行者希望到达每个城市恰好一次，并且最终回到他所出发的城市. 证明：该旅行者可以挑选一个城市作为出发点，不但能够实现他的愿望，而且途中至多变换一次交通工具的种类.

又如 1961 年匈牙利数学竞赛中有一个题目：

【题 1.1.11】平面上的 4 个点可以连接成 6 条线段. 证明：最长线段和最短线段之比不小于 $\sqrt{2}$.

此题同样受到各国命题者的青睐，以此为源头产生了一批赛题，比如：

【题 1.1.12】（1962 年德国 IMO 试题）证明：任意一个凸四边形的顶点之间的最大距离与最小距离之比至少为 $\sqrt{2}$.

【题 1.1.13】（1991 年澳大利亚 IMO 试题）设 $ABCD$ 为凸四边形，AB，AC，BC，BD，CD 中最长的为 g，最短的为 h. 证明：$g \geqslant \sqrt{2}h$.

【题 1.1.14】（1985 年全国高中数学联赛试题）平面上任给 5 个相异的点，它们之间的最大距离与最小距离之比为 λ. 求证：$\lambda \geqslant 2\sin 54°$，并讨论等号成立的充要条件.

【题 1.1.15】（1964 年第 25 届普特南数学竞赛试题，1965～1966 年波兰数学竞赛试题，1975 年奥地利数学竞赛试题）证明：平面上有 6 个不同的点，则这些点之间的最大距离与最小距离之比至少为 $\sqrt{3}$.

一般地，给定平面上 n 个点，每两点之间有一个距离，最大距离与最小距离的比记为 λ_n，由上述几题知：$\lambda_4 \geqslant \sqrt{2}$，$\lambda_5 \geqslant 2\sin 54°$，$\lambda_6 \geqslant \sqrt{3}$. 由此归纳猜想：$\lambda_n \geqslant 2\sin\dfrac{n-2}{2n}\pi$. 这就是著名的 Heilbron 型猜想. 这个猜想已被我国数学工作者解决.

若假定这 n 点在一条直线上，则有：

5

【题 1. 1. 16】 （1991 年湖南省数学奥林匹克夏令营竞赛试题）假定这一条直线上有 n 个点，则其最大距离与最小距离之比 $\lambda_n \geqslant \sqrt{\dfrac{n\ (n+1)}{6}}$.

与距离类似，有人考虑了角度、面积，同样产生了一批问题，见本书 3.8 节组合几何.

匈牙利数学竞赛已有 124 年的历史，时值世界各国数学竞赛和 IMO 蓬勃发展的今天，我们尤为关切地认识到匈牙利数学竞赛在国际数学竞赛史册中占有引人注目的一页. 1894 ～ 1974 年的试题与解答见《匈牙利奥林匹克数学竞赛题解》（库尔沙克等，1979）. 英文版的匈牙利数学竞赛试题与解答见 Kurschak（1967）等的著作.

下面是 1894 年首届匈牙利数学竞赛试题.

---

1. 证明：若 x，y 为整数，则表达式 2x+3y，9x+5y 或同时能被 17 整除或同时不能被 17 整除.

2. 给定一圆和圆内点 P，Q，求作圆内接直角三角形，使它的一直角边过点 P，另一直角边过点 Q. 点 P，Q 在什么位置时，本题无解？

3. 三角形的三边构成公差为 d 的等差数列，又其面积为 S. 求三角形的三边长和三内角大小，并对 d=1，S=6 的特殊情形求解.

---

1. 1. 3 数学竞赛的兴起及其发展

数学竞赛的发展大致可以划分为以下三个阶段.

第一阶段（1894 ～ 1933 年）：数学竞赛的酝酿和发生时期.

这一阶段是自 1894 年匈牙利举办数学竞赛之后，罗马尼亚紧跟匈牙利，于 1902 年开始举办全国性的数学竞赛，在以后的 30 年中没有其他国家举办过类似的活动.

第二阶段（1934 ～ 1958 年）：数学竞赛的萌芽和成长时期.

苏联自 1934 年列宁格勒（今圣彼得堡）举办数学竞赛开始，1935 年莫斯科、第比利斯、基辅等也举办了数学竞赛，并把数学竞赛与体育竞赛相提并论，而且与数学科学的发源地——古希腊联系在一起，称数学竞赛为数学奥林匹克，它形象地揭示了数学竞赛是选手间智力的角逐.

这期间，美国于 1938 年举办了大学低年级学生参加的普特南数学竞赛（*PutnamMC*），吸引了美国、加拿大各大学成千上万的大学生参加.

到 20 世纪 40 年代以后，其他一些国家如保加利亚（1949 年）、波兰

（1949 年）、捷克斯洛伐克（1951 年）、中国（1956 年）也举办了数学竞赛.

第三阶段（1959 年至今）：数学竞赛的发展与完善时期.

在上述背景下，1956 年罗马尼亚的罗曼（Roman）教授向东欧 7 国建议举办国际数学竞赛，并于 1959 年 7 月，在罗马尼亚的古都布拉索夫（Brasov）举行了第一届国际数学奥林匹克（IMO），参加的 7 个国家都是东欧国家.

下面是第 1 届 IMO 试题.

1. 求证：$(21n+4)/(14n+3)$ 对每个自然数 n 都是最简分数.

2. 设 $\sqrt{(x+\sqrt{2x-1})}+\sqrt{(x-\sqrt{2x-1})}=A$，试在以下三种情况下分别求出 x 的实数解：

（1）$A=\sqrt{2}$；（2）$A=1$；（3）$A=2$.

3. a，b，c 都是实数，已知 cosx 的二次方程

$$a\cos^2 x+b\cos x+c=0,$$

试用 a，b，c 作出一个关于 cos2x 的二次方程，使它的根与原来的方程一样. 当 a=4，b=2，c=−1 时比较 cosx 和 cos2x 的方程式.

4. 试作一直角三角形使其斜边为已知的 c，斜边上的中线是两直角边的几何平均值.

5. 在线段 AB 上任意选取一点 M，在 AB 的同一侧分别以 AM，MB 为底作正方形 AMCD，MBEF，这两个正方形的外接圆的圆心分别是 P，Q，设这两个外接圆又交于点 M，N.

（1）求证：AF，BC 相交于 N 点；

（2）求证：不论点 M 如何选取，直线 MN 都通过一定点 S；

（3）当 M 在 A 与 B 之间变动时，求线段 PQ 的中点的轨迹.

6. 两个平面 P，Q 交于一直线 P，A 为 P 上给定一点，C 为 Q 上给定一点，并且这两点都不在直线 P 上. 试作一等腰梯形 ABCD（AB 平行于 CD），使得它有一个内切圆，并且顶点 B，D 分别落在平面 P 和 Q 上.

在以后的几年中，参赛的国家并未增多，在 1963 年和 1964 年，南斯拉夫和蒙古先后开始加盟，1965 年波兰参加，1967 年法国、英国、意大利和瑞典等西方国家也参加了. 从此，参赛的国家逐渐增多，1971 年共有 15 个队，1974 年美国姗姗来迟，共有 18 个队，1977 年共有 21 个队，1981 年共有 27 个队，1984 年共有 34 个队，1986 年中国正式派队参加，1990 年在北京举行的第 31 届 IMO 共有 54 个队，而 2001 年在美国举办的

第 42 届 *IMO* 已有 82 个队、457 名选手参加，基本包括了世界上中学数学教育水准较高的国家.

　　IMO 轮流做东，每年由各参赛国领队组成主试委员会（*Jury Metting*），由东道国的数学权威任主试委员会主席，各项工作都贯穿着协商、信任的精神. *IMO* 的命题工作是由参赛国提出候选题，每个参赛国可提出 3 ~ 5 题，由东道国汇总后遴选出至少 20 个题目，最后由主试委员会敲定 6 道赛题. 竞赛题除第 2 届及第 4 届为 7 个题目之外，每届都是 6 个题目. 分两个上午进行，每次 3 个题目，用 4.5 小时答完. 自第 24 届（1983 年）以来记分方法采用每题 7 分、满分 42 分的计分方法，每个国家的代表队由 6 人组成，团体总分为 252 分. 如奥林匹克运动会一样，*IMO* 的表彰仪式上也并不排出国家的名次，但是各国领队和一些好事的记者，总是喜欢按总分排出各国的名次来.

　　IMO 的目的是：激发青年人的数学才能；引起青年对数学的兴趣；发现科技人才的后备军；促进各国数学教育的交流与发展.

8

　　第 50 届国际数学奥林匹克竞赛（*IMO 2009 Germany*）于 2009 年 7 月 10 日至 22 日在德国不莱梅（*Bremen*）举行，来自 104 个国家及地区的 565 名学生参加了这次比赛. 中国队以 221 分获得团体总分第一名.

　　中国队的成员如下：

领 队	朱华伟	广州大学		
副领队	冷岗松	上海大学		
观察员 *A*	熊　斌	华东师范大学		
观察员 *B*	付云皓	广州大学		
队员	韦东奕	山东省山东师范大学附中	42 分（满分）金牌	
	郑　凡	上海市上海中学	35 分金牌	
	郑志伟	浙江省乐成公立寄宿学校	35 分	金牌
	林　博	北京市中国人民大学附中	35 分	金牌
	赵彦霖	吉林省东北师范大学附中	38 分	金牌
	黄骄阳	四川省成都七中	36 分	金牌

　　获得团体前 6 名的队是：

第一名	中国	221 分
第二名	日本	212 分
第三名	俄罗斯	203 分
第四名	韩国	188 分
第五名	朝鲜	183 分

第六名　　美国　　182 分

第七名　　泰国　　181 分

第八名　　土耳其　177 分

第九名　　德国　　171 分

第十名　　白俄罗斯167 分

金牌分数线是 32 分, 银牌分数线是 24 分, 铜牌分数线是 14 分.

下面是第 50 届国际数学奥林匹克试题.

第 1 天（2009 年 7 月 15 日, 星期三）德国不莱梅

1. 设 n 是一个正整数, a_1, a_2, $\cdots$, $a_k(k \geqslant 2)$ 是集合 $\{1, \cdots, n\}$ 中的互不相同的整数, 使得对于 $i = 1, \cdots, k - 1$, 都有 n 整除 $a_i(a_{i+1} - 1)$. 证明: n 不整除 $a_k(a_1 - 1)$. （澳大利亚供题）

2. 设 O 是三角形 ABC 的外心. 点 P 和 Q 分别是边 CA 和 AB 的内点. 设 K, L 和 M 分别是线段 BP, CQ 和 PQ 的中点, Γ 是过点 K, L 和 M 的圆. 若直线 PQ 与圆 Γ 相切, 证明: OP = OQ. （俄罗斯供题）

3. 设 s_1, s_2, s_3, $\cdots$ 是一个严格递增的正整数数列, 使得它的两个子数列

$$s_{s_1}, s_{s_2}, s_{s_3}, \cdots \quad 和 \quad s_{s_1+1}, s_{s_2+1}, s_{s_3+1}, \cdots$$

都是等差数列. 证明: 数列 s_1, s_2, s_3, $\cdots$ 本身也是一个等差数列.

（美国供题）

第 2 天（2009 年 7 月 16 日, 星期四）德国不莱梅

4. 在△ABC 中, AB = AC, $\angle CAB$ 和 $\angle ABC$ 的内角平分线分别与边 BC 和 CA 相交于点 D 和 E. 设 K 是△ADC 的内心. 若 $\angle BEK = 45°$, 求 $\angle CAB$ 所有可能的值. （比利时供题）

5. 求所有从正整数集到正整数集上的满足如下条件的函数 f: 对所有正整数 a 和 b, 都存在一个以

$$a, f(b) 和 f(b + f(a) - 1)$$

为三边长的非退化三角形.

（称一个三角形为非退化三角形是指它的三个顶点不共线.）

（法国供题）

6. 设 a_1，a_2，$\cdots$，a_n 是互不相同的正整数. M 是有 $n-1$ 个元素的正整数集，且不含数 $s = a_1 + a_2 + \cdots + a_n$. 一只蚱蜢沿着实数轴从原点 O 开始向右跳跃 n 步，它的跳跃距离是 a_1，a_2，$\cdots$，a_n 的某个排列. 证明：可以选择一种排列，使得蚱蜢跳跃落下的点所表示的数都不在集 M 中.

（俄罗斯供题）

1.2 世界各国数学竞赛概况

1.2.1 苏联数学竞赛概况

1946 年，我国著名数学家华罗庚教授访问苏联莫斯科期间，狄隆涅与华罗庚提到了莫斯科数学竞赛的事，莫斯科数学竞赛每年举办一次，当时是第 9 次，题目很难. "1945 年的一道题将很多教授都给难倒了"（狄隆涅语）. 下面是苏联一次数学竞赛活动的纪实（华罗庚：访苏三月记）.

2 月 27 日　　　　讲演

（一）讲员　　　　教育科学研究院通信研究员

　　　　　　　　　马尔库塞维奇教授（*Prof. Markushevich*）

　　　讲题　　　　级数

　　　听讲者　　　第七、第八级学生

（二）讲员　　　　斯大林奖金获得者刘斯透尔尼克教授（*L. A. Liusternik*）

　　　讲题　　　　多角形及多面体

　　　听讲者　　　第九、第十级学生

3 月 24 日　　　　讲演

（一）讲员　　　　斯大林奖金获得者（科学院研究员）

　　　　　　　　　柯尔莫哥洛夫（*Kolmogoroff*）

　　　讲题　　　　对称性

　　　听讲者　　　第七、第八级学生

（二）讲员　　　　斯大林奖金获得者（科学院通信研究员）

亚历山大洛夫（*Alexandroff*）

　　　　讲题　　　复虚数

　　　　听讲者　　第九、第十级学生

3 月 31 日　　　讲演

（一）讲员　　　雅诺夫斯基教授（*Prof. Yanovsky*）

　　　　讲题　　　算术与代数

　　　　听讲者　　第七、第八级学生

（二）讲员　　　杜勃诺夫教授（*Prof. Dubnoff*）

　　　　讲题　　　长度面积体积

　　　　听讲者　　第九、第十级学生

4 月 7 日　　　　第一次竞赛

4 月 14 日　　　 第一次竞赛的结果与问题解答

4 月 21 日　　　 第二次竞赛

4 月 28 日　　　 竞赛颁奖仪式及莫斯科大学力学数学系教授和优秀学
生招待会

　　苏联的中小学的教育年限是：小学 5 年，中学 5 年，所以上面所说第
七、第八级学生，是指中学二、三年级学生，其年龄大概是十三四岁，第
九、第十级学生是指中学四、五年级学生，其年龄大概为十五六岁，中学五
年级即为中学的最后一年.

　　参加这次数学竞赛的学生，莫斯科和列宁格勒赛区各有 3000 多人，每
千人中，大约录取 60 名，都是佼佼者.

　　由于有许多著名数学家，如狄隆涅、柯尔莫哥洛夫、亚历山大洛夫等参
与命题工作，所以苏联的竞赛题质量很高，很多问题具有深刻的数学背景而
又以通俗有趣、生动活泼的形式表现出来，这个好的传统一直保持到现在.

　　下面是第 40 届俄罗斯数学奥林匹克试题.

　　　　第 40 届俄罗斯数学奥林匹克于 2014 年 4 月 25～30 日在雅罗斯拉夫
尔市举行。竞赛分九年级、十年级和十一年级进行，在 26 日和 27 日分
两天考试，每天 5 个小时考四道题。

　　　　由上海市 6 名中学生组成的中国代表队参加了此次竞赛，5 名学生参
加了十年级的竞赛，1 名学生参加了九年级的竞赛。3 名学生获一等奖，
3 名学生获二等奖。

九年级

1. 在圆周上放置了 99 个正整数. 已知任意两个相邻的数相差 1 或相差 2 或一个为另一个的两倍. 证明：这 99 个数中有 3 的倍数.

2. 已知 a、b 为两个不同的正整数. 问：

$$a(a+2)、ab、a(b+2)、(a+2)b、(a+2)(b+2)、b(b+2)$$

这六个数中至多有多少个完全平方数？

3. 令 A 是由一个凸 n 边形的若干对角线组成的集合. 若集合 A 中的一条对角线恰有另外一条对角线与其相交在凸 n 边形内部，则称该对角线为"好的". 求"好的"对角线条数的最大可能值.

4. 在锐角 $\triangle ABC$ 中，已知 $AB>BC$，M 为边 AC 的中点，圆 Γ 为 $\triangle ABC$ 的外接圆，圆 Γ 在点 A、C 处的切线交于点 P，线段 BP 与 AC 交于点 S，AD 为 $\triangle ABP$ 的高，$\triangle CSD$ 的外接圆与圆 Γ 交于点 K（异于点 C）. 证明：$\angle CKM=90°$.

5. 设正整数 $N>1$，m 表示 N 的小于 N 的最大因数. 若 $N+m$ 为 10 的幂，求 N.

6. 已知内接于圆 Γ 的梯形 $ABCD$ 两底分别为 AB、CD，过点 C、D 的一个圆 Γ_1 与线段 CA、CB 分别交于点 A_1（异于点 C）、B_1（异于点 D）. 若 A_2、B_2 为 A_1、B_1 分别关于 CA、CB 中点的对称点，证明：A、B、A_2、B_2 四点共圆.

7. 麦斯国中央银行决定发行面值为 α^k（$k=0$，1，$\cdots$）的硬币. 央行行长希望能够找到一个正实数 α，使得对任意 $k\geqslant 1$，α^k 为大于 2 的无理数，且对于任意正整数 n，理论上均存在若干枚面值之和等于 n 的硬币，其中每种面值的硬币均不超过 6 枚. 问：行长的愿望能够实现吗？

8. 某国有 n 座城市，任意两座城市之间有双向直达航班. 已知对任意两座城市，它们之间的两个方向的机票价格相同，不同城市对之间的航班机票价格互不相同. 证明：存在由 $n-1$ 段依次相连的航班，使得各段航班机票的价格依次严格单调下降.

十年级

1. 若一个正整数的正因数中恰有两个为素数，则称该正整数为"好数". 问：是否存在 18 个连续正整数均为好数？

2. 已知函数 f：$\mathbf{R}\rightarrow\mathbf{R}$ 满足对任意的 $x>y$，有 $f^2(x)\leqslant f(y)$. 证明：对任意的 $x\in\mathbf{R}$，均有 $0\leqslant f(x)\leqslant 1$.

3. 银行的保险柜里有标号分别为 1，2，…，n 的 n 个抽屉，这些抽屉分别装有编号为 1，2，…，n 的文件，每个抽屉放一份文件，第 i（$i=1，2，…，n$）号抽屉放着编号为 a_i 的文件．别佳对这些文件做如下操作：每次他可以任选两份文件然后交换它们的位置，为此他要付给银行 $2|x-y|$ 卢布，其中，x、y 分别为这两份文件的编号．证明：别佳至多付给银行 $|a_1-1|+|a_2-2|+\cdots+|a_n-n|$ 卢布就可以使得每个抽屉的编号与其所装文件的编号相同．

4. 已知 $\triangle ABC$（$AB>BC$）的外接圆为圆 Γ，M、N 分别为边 AB、BC 上的点，满足 $AM=CN$，直线 MN 与 AC 交于点 K，P 为 $\triangle AMK$ 的内心，Q 为 $\triangle CNK$ 的与边 CN 相切的旁切圆圆心．证明：圆 Γ 的弧 $\overset{\frown}{ABC}$ 的中点到点 P、Q 的距离相等．

5. 同九年级第 5 题．

6. 已知 M 为 $\triangle ABC$ 的边 AC 的中点，点 P、Q 分别在线段 AM、CM 上，且满足 $PQ=\dfrac{AC}{2}$，$\triangle ABQ$ 的外接圆与边 BC 交于点 X（异于点 B），$\triangle BCP$ 的外接圆与边 AB 交于点 Y（异于点 B）．证明：B、X、M、Y 四点共圆．

7. 同九年级第 7 题．

8. 记一个多边形及其内部的点组成的集合为闭多边形．平面上 n 个闭凸 k 边形满足：任意两个闭多边形的交非空；任意两个多边形位似，且位似系数为正．证明：平面上存在一个点属于其中至少 $1+\dfrac{n-1}{2k}$ 个闭多边形．

十一年级

1. 是否存在正实数 a 使得不等式
$$|\cos x|+|\cos ax|>\sin x+\sin ax$$
恒成立？

2. 别佳和瓦萨在一个 $n\times n$ 的方格棋盘上玩游戏．开始时，除了一个角上的格为黑色以外，所有的格均为白色，在黑格中有一个"车"．由别佳开始，两人轮流将车沿水平或垂直方向移动若干格，车经过和到达的格立即变为黑色，车不能经过和到达黑格．当某人无法按规则移动车时，此人失败．游戏结束．问：谁有必胜策略？

3. 有理数 a、b 的十进制展开均是最小周期为 30 的循环小数．已知

$a-b$、$a+kb$ 十进制展开小数的最小周期均为 15. 求正整数 k 的最小可能值.

4. 同十年级第 4 题.

5. 若对于正整数 n 的任意正因数 a 均有 $(a+1) \mid (n+1)$，则称 n 为 "好数". 求所有好数.

6. 过四面体 $SABC$ 的顶点 S 的球 Γ 与棱 SA、SB、SC 分别交于点 A_1、B_1、C_1. 球 Γ 与四面体 $SABC$ 的外接球 Γ_1 的交（一个圆）位于一个平行于底 ABC 的平面上，记为 α. 设 A_2、B_2、C_2 分别为点 A_1、B_1、C_1 关于 SA、SB、SC 中点的对称点. 证明：A、B、C、A_2、B_2、C_2 六点共球.

7. 初始时刻黑板上写有两个多项式
$$x^3-3x^2+5、\quad x^2-4x.$$
若黑板上有多项式 $f(x)$、$g(x)$，则可在黑板上写上
$$f(x)\pm g(x)、f(x)g(x)、f(g(x))、cf(x)\,(c\in\mathbf{R}).$$
经过有限次操作后，黑板上能否出现多项式 x^n-1（n 为某个正整数）.

8. 两人玩纸牌游戏，一共有 n 张纸牌，其中任意两张之间均定义了 "大小" 关系（这种关系不一定有传递性）. 初始时，将所有牌任意分成两摞，每人一摞. 每轮两人各自翻开自己最上面的一张，较大牌一方吃掉较小一方的牌并将这两张牌放到自己那摞牌的最下面（这两张牌的顺序由自己掌握）. 证明：无论开始时牌是如何分布的，两人均可商量好一个对策，使得经过有限步后总有一人失去自己所有的牌.

1.2.2　美国数学竞赛概况

美国是个数学强国，不乏关心数学竞赛和数学教育的数学家. 无论是普及的程度还是提高的程度，它的数学竞赛水平均属上乘. 在历届 IMO 中美国成绩优秀，最为辉煌的是 1994 年在香港举办的第 35 届 IMO，美国队夺得团体冠军，6 名队员全部以满分夺取金牌，创下了 IMO 的纪录.

美国的数学竞赛有着悠久的历史，早在 1938 年，美国就开始举行大学低年级的数学竞赛——普特南数学竞赛，远远先于其他国家. 美国中学生数学竞赛也有 40 多年历史，美国的中学数学竞赛有：美国高中数学竞赛（AHSME）、美国数学奥林匹克（USAMO）、美国数学邀请赛（AIME）及美国初中数学竞赛（AJHSME）.

1）美国高中数学竞赛.

1950 年，美国数学协会举办首届高中数学竞赛（*American High School Mathematical Examination*，AHSME），但仅限于纽约及哥伦比亚特区，1957 年发展成为全国性竞赛，由美国数学协会和保险统计员协会等联合举办. 现在它已经发展成为国际性的竞赛，参加者除美国外，还有加拿大、英国、爱尔兰、澳大利亚、卢森堡、比利时、匈牙利、意大利、波多黎各、牙买加等. 自 1983 年起，我国的北京和上海两市也参加了这项国际比赛，1986 年，天津市也正式参加. 1985 年，参加美国高中数学竞赛的人数已超过 38 万，他们分别来自各个国家的 5917 所学校.

这种数学竞赛的试题完全以标准的中学课程为基础，面向不同水平的中学生，而不是只为高水平的学生服务，不需要应用高深的数学知识，一般水平的学生都可以参加，但要取得满分也不容易，在前 10 届的竞赛中，只有 3 人获得满分. 该竞赛的试题全部采用选择题，大体上可以分为 4 部分，第一、二部分是考查学生对概念的掌握程度和有关的基础知识、基本技巧，后两部分是考查一些具有探索性、提高性的问题，不是教科书的重演，往往需要更多的思考. 这种竞赛开始时的考题是 50 道选择题，从 1974 年起，减为 30 道，限定在 90min 以内完成，每题有 5 个供选择的答案，其中有且仅有一个是正确的. 在 1985 年以前，评分的方法是每人有 30 分的底分，然后每答对一题得 4 分，每答错一题扣 1 分，未回答的既不得分也不失分，如全对者则加 120 分，得满分 150 分. 从 1986 年起采取新的评分方法，每一题答对得 5 分，不答者得 2 分，答错得 0 分，满分仍为 150 分.

竞赛结束后，各学校按考试分数评定名次，并由美国数学协会统一掌管荣誉册的登记工作，凡成绩在 100 分或 100 分以上的学生都可载入荣誉册. 荣誉册不仅是一种荣誉，也是大学录取学生的依据，大学数学专业可以根据荣誉册选录学生，对于每校最高分的 3 名考生得分之和优异的学校，给予学校优胜者称号并载入荣誉册.

在 1983 年 3 月 1 日举行的第 34 届美国高中数学竞赛中，获得满分者有 2 名：上海 1 名（建设中学车晓东同学），美国 1 名. 在 1984 年 2 月 28 日举行的第 35 届竞赛中，获得满分者 4 名，其中北京 2 名、上海 1 名、美国 1 名. 在 1985 年 2 月 26 日的第 36 届竞赛中，获得满分者有 3 名，其中美国 1 名、英国 1 名，而上海复旦大学附中以 420 分（即该校最高分的 3 名考生得分之和）的优异成绩荣获学校优胜者，载入荣誉册. 到 2009 年为止，这种竞赛已举办了 50 届，通常在每年 2 月底或 3 月初的一个星期二举行.

从 2000 年起，*AHSME* 分为 *AMC*10（高一学生参加）和 *AMC*12（高二、高

三学生参加）. *AMC* 是美国数学协会组织的美国高中数学竞赛的简称，其成绩优秀者将有资格参加美国数学邀请赛（*American Invitational Mathematical Examination*，*AIME*）.

　　*AMC*10 共25 道选择题，考试时间75*min*，计分方式：答对一题6 分，未答得1.5 分，答错不倒扣，满分150 分. *AMC*10 允许使用计算器（工程用计算器除外）. *AMC*10 的主要目的是在激发学生对数学的兴趣并且通过选择题方式来开发学生对数学的才能；测验题型范围由易到难，都不超过学生的学习范围. 有时，题目会将一些微妙且混乱的选项加入选项之中。例如，一些普通的计算上的错误或者是能很快地解题但却是一种陷阱. 因此，有了这项测验之后，对数学的解题方法就好像得到 "诀窍" 般，有了很大的收获. *AMC*10 的另一个特殊的目的是发掘一些对数学有才能的学生，让校方能重视这些学生的存在. *AMC*10 并非自我数学挑战的极限，了解自己数学能力并向上挑战便是 *AMC*10 的意义. 这项测验就是为所有喜爱数学的学生所开发的竞赛.

16

　　*AMC*12 共25 道选择题，考试时间75*min*，计分方式：答对一题6 分，未答得1.5 分，答错不倒扣，满分150 分. *AMC*12 的主要目的是刺激学生对数学的兴趣并且通过选择题的方式来开启学生对数学的才能. 如果学生能预先练习必定能提高对数学的兴趣，最重要的是学生能集体参与对数学的练习，远比一个人独自研读的效果来得好，特别在老师的指导之下，能够学习到如何分配时间解题. 参与 *AMC*12 的学生应该不难发现测验的问题都很具挑战性，但测验的题型都不会超过学生的学习范围. 这项测验希望每个考生能从竞赛中享受数学. 因为 *AMC*12 测验范围涵盖了许多知识和能力，使得成绩的层级也有所不同. 以资优证书（*Honor Roll*）来说，成绩在 100~150 分或者更准确的计算是全球考生成绩前3% 才有可能获得资优证书. 相对学生及学校而言，成绩是很重要的，在地区性及本地最高分的学生及学校都会被编印出来. 美国数学协会总部每年都会将这些成绩的评比编列成册并且发送给参加这场测验的学校. 学生可以借此来比较自己的成绩和以往的差异. *AMC*12 的另一个特殊的目的是帮助一些学生发掘出他们在数学方面的才能，让学校注意到这些学生的存在.

　　2）美国数学奥林匹克.

　　美国高中数学竞赛的水平低于国际数学奥林匹克，也低于匈牙利、苏联等国的数学奥林匹克，因此，1971 年，纽约州立大学的一位教授特尔勒（*Turuer*）女士在美国数学会的会刊《美国数学月刊》上发表一篇文章，大声疾呼："为什么我们不能搞美国数学奥林匹克（*USAMO*）？" 她提出美国应当搞相当于 *IMO* 水平的美国数学奥林匹克，并进而参加 *IMO*. 美国数学奥林匹克的试题不采用选择题，而应当像 *IMO* 和东欧、英国等的数学奥林匹克，出一些竞赛味很强的题目，让学生深思熟虑，想出解答，并将语言组织好，清晰、准确地写在试卷上．美国高中数学竞赛可以作为美国数学奥林匹克的资格赛，其优胜者参加美国数学奥林匹克；而美国数学奥林匹克又是从美国高中数学竞赛通向 IMO 的一座桥梁.

经过许多热心人及有识之士的共同努力，第一届美国数学奥林匹克于 1972 年诞生，到 2017 年为止已进行了 46 届．1982 年以前，通过美国高中数学竞赛选出 100 名左右选手参加美国数学奥林匹克，然后再从中选出参加当年 IMO 的选手．1983 年以后，凡在美国数学邀请赛中得分大于或等于 8 分的学生将被邀请参加美国数学奥林匹克．美国数学奥林匹克是美国国内水平最高的数学竞赛，在国际上有一定影响，每次竞赛有 5 道试题，满分 100 分，要求在 3.5h 内完成．试题的平均难度略低于 IMO，但也不时出现一两道很难的题目．从 1996 年起，每次竞赛增至 6 道试题，与 IMO 接轨.

美国著名的数学竞赛教练格里赛（Greitzer）分析美国第 10 届数学奥林匹克成绩后指出，参加竞赛的 150 名学生中三分之二得分在 20 分以下的事实表明美国高中数学竞赛能确定有才能的学生，而美国数学奥林匹克能确定有天赋的学生．美国数学奥林匹克中取得前 8 名的优胜者，在首都华盛顿参加授奖仪式，并在白宫接受总统的接见，被授予银盘和奖金．再从中确定 20 余名学生组成美国国家数学奥林匹克集训队，在著名的西点军校或美国海军学院等地进行为期三周的集训，最后从中选出 6 名选手组成美国国家数学奥林匹克代表队.

下面是 2014 年美国数学奥林匹克试题.

1. 设实数 a，b，c，d 满足 $b-d \geqslant 5$，实数 x_1，x_2，x_3，x_4 为多项式 $P(x)=x^4+ax^3+bx^2+cx+d$ 的零点，求 $(x_1^2+1)(x_2^2+1)(x_3^2+1)(x_4^2+1)$ 的最小值.

2. 求一切函数 $f: \mathbf{Z} \to \mathbf{Z}$，使对任意 $x, y \in \mathbf{Z}$，$x \neq 0$，满足

$$xf(2f(y)-x)+y^2f(2x-f(y))=\frac{f(x)^2}{x}+f(yf(y)),$$

其中，$\mathbf{Z}$ 为整数集.

3. 证明：存在平面无限点集 $\cdots$，P_{-3}，P_{-2}，P_{-1}，P_0，P_1，P_2，P_3，$\cdots$ 满足如下性质：对任意三个不同整数 a，b，c，点 P_a，P_b，P_c 共线当且仅当 $a+b+c=2014$.

4. 将整个平面划分为如图所示的六边形表格，有公共边的格子称为相邻的．甲、乙两人在表格中进行操作（甲先乙后，轮流进行操作），甲每次可选择两个相邻的空格，并在每格中各放一个棋子，乙每次可以任意选择

一个放有棋子的格子并拿掉其中的棋子. 称 k 个格子 P_1, P_2, $\cdots$, P_k 是"连成一线的连续的格子"，若它们的中心共线且 P_i 与 P_{i+1} 相邻（$i = 1$, 2, $\cdots$, $k-1$）. 求最小的正整数 k，使乙总能确保甲无法在有限步内在某 k 个连成一线的连续的格子内都放上棋子，或证明这样的 k 不存在.

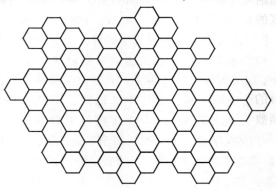

5. 设 $\triangle ABC$ 的垂心为 H，点 P 为 $\triangle AHC$ 外接圆与 $\angle BAC$ 内角平分线除点 A 外的另一个交点. 设 $\triangle APB$ 的外心为 X，$\triangle APC$ 的垂心为 Y，证明：XY 与 $\triangle ABC$ 的外接圆半径等长.

6. 证明：存在常数 $c > 0$ 满足下述性质：若正整数 a, b, n 满足对任意 i, $j \in \{0, 1, \cdots, n\}$，$(a + i, b + j) > 1$，则 $\min\{a, b\} > c^n \cdot n^{\frac{n}{2}}$，其中，$(a, b)$ 表示 a, b 的最大公约数.

3）美国数学邀请赛.

美国高中数学竞赛采用选择题，虽然也有很多优点，但和美国数学奥林匹克不大协调，两者的难度相差很大. 在总结前一时期竞赛的基础上，为了更全面、更准确地培养和考查学生，在美国高中数学竞赛和美国数学奥林匹克之间插入了美国数学邀请赛（AIME）. 第一届美国数学邀请赛于 1983 年 3 月 22 日举行. 这样，美国高中数学竞赛成了美国数学邀请赛的资格赛（凡在美国高中数学竞赛中得分大于等于 95 分，自 1986 年起改为大于等于 100 分的学生才有资格参加邀请赛），而美国数学邀请赛才是美国数学奥林匹克的资格赛. 这种竞赛常在 3 月下旬的一个星期二举行，试题由美国数学协会提供，题目共 15 道，全是填空题，每题 1 分，满分 15 分，每题的答案均为不超过 999 的正整数，不允许使用计算器，要求考生在 3h 内完成（1985 年以前，考试时间为 2.5h）. 邀请赛的试题新颖别致、内容广泛、灵活性强，其中有些题目具有较高的抽象性，要求学生具有一定的逻辑思维、推理论证、空间抽象和分析问题解决问题的能力. 到 2000 年，这种竞赛已经举行了 18 届，AIME 的优胜者

（100 名左右）参加 4 月底或 5 月初举行的美国数学奥林匹克. 至此，美国数学竞赛形成了一个多层次的、呈宝塔形的比较完整的体系.

高中数学竞赛（2 月）⇒ 数学邀请赛（3 月）⇒ 数学奥林匹克（5 月）⇒ 参加 IMO（7 月）.

美国数学邀请赛也是一项国际性赛事. 在第三届美国数学邀请赛中，有各个国家和地区的 625 所中学的 932 名学生参加，竞赛结果是凡得分大于等于 8 分的学生将取得公认的美国数学邀请赛证书.

我国上海市参加了早期的美国数学邀请赛，而且取得了优异成绩. 第一届数学邀请赛中，上海建设中学车晓东和华东师大二附中王菁均获满分. 以后各届获得满分的有吴思皓、张浩、丘隆东（女）、郭峰等，北京市、天津市也参加了美国数学邀请赛.

从 2000 年开始，只要是在 AMC12 测验中得分在 100 分以上或成绩为所有参赛者的前 5% 以及在 AMC10 测验中成绩为所有参赛者的前 1% 的学生方可被邀请参加 AIME 数学测验. AIME 提供了更进一步的挑战及认可，超越了 AMC10、AMC12 所能提供的，这让美国以外在数学方面有优异才能的学生通过国际性的数学测验提升了对自己的肯定. 而 AIME 成绩优异的美国籍学生将再被邀请参加 USAMO. AIME 是为了让被邀请参加的学生更能了解他们在数学上的能力. 就像所有的数学测验一样，它是推动学生对数学的发展及兴趣的一个媒介. 但测验真正的价值在于对学习准备的了解及对解决数学问题进一步的思维. 详见拙著《美国数学邀请赛试题解答》（科学出版社，2011）.

中国数学会普及工作委员会 2005 年再次将 AMC 和 AIME 这两项比赛引入到中国，并在北京地区成立了 AMC 北京俱乐部.

4）美国初中数学竞赛.

1985 年 12 月 10 日举行了第一届美国初中数学竞赛（AJHSME），到 2000 年已举办 16 届. 它是由美国数学协会等 7 个单位联合举办的，参加的对象是七年级和八年级的学生（相当于我国的初中二年级），命题范围是七、八年级数学课程包含的若干内容，如整数、分数、小数；比和比例；数论；周长、面积、体积；概率与统计；逻辑推理. 该竞赛侧重考查学生的直观、直觉思维能力. 从 2000 年起，AJHSME 改为 AMC8.

5）普特南数学竞赛.

普特南数学竞赛久享盛誉. 这一竞赛始于 1938 年，每年举行一次（1943 ~ 1945 年因第二次世界大战停了两年）. 一般都在每年 11、12 月份举行，到 2000 年已举办了 61 届，每年都吸引了美国、加拿大各大学成千上万的大学生参加. 例如，在 1986 年举办的第 47 届普特南数学竞赛中，有美国和加拿大的 358 所大学的 2094 名大学生参加.

19

普特南家族几代人都擅长数学，关心数学教育．竞赛的首创者为 *W. L. Putnam*，他曾任哈佛大学校长，早在 1921 年，他就撰文论述仿照奥林匹克运动会举办大学生学习竞赛的优点，并在 20 世纪 20 年代末举行过几次校际竞赛作为实验．他逝世后留下一笔基金，两个儿子就与全家的挚友、美国著名数学家 *G. D.* 伯克霍夫商量，举办了普特南数学竞赛．伯克霍夫强调说，再没有一个学科能比数学更易于通过考试来测定能力了．

这一竞赛由美国数学协会组织，试题分为 *A*、*B* 两试（上、下午分别举行），每试 6 或 7 题，各用 3 小时．为了保证竞赛的质量，试题由三位著名数学家组成的命题委员会拟定，三个委员是：波利亚（*Polya*）——著名数学家、数学教育家、数学解题方法论的开拓者，曾主办过持续多年的斯坦福大学数学竞赛；拉多（*Rado*）——匈牙利数学竞赛的早期优胜者，对复变函数、测度论有重大贡献；卡普兰斯基（*Kaplansky*）——著名的代数学家，第一届普特南竞赛的优胜者．该竞赛的试题形式活泼、背景深刻、极富创造性，因而受到国际数学界的瞩目．值得注意的是这些试题虽然是提供给大学生的，但有相当一部分属于初等数学问题，完全不需高等数学知识，有一定思维能力和解题技巧的中学生都有可能解决．

普特南竞赛的优胜者中日后成名的很多，有 5 人得菲尔兹奖（数学界最高奖）．有人说："伯克霍夫父子（儿子 *B.* 伯克霍夫是当代活跃的代数学家）是普特南竞赛家族的密友，这一点是美国低年级大学数学事业的幸运．"

1.3　数学竞赛在中国

我国是一个有着悠久数学传统的国家，我们的祖先曾在数学研究上做出过巨大的贡献（如《九章算术》的成书、祖冲之的圆周率计算、孙子定理、求一次剩余问题的大衍求一术、《数书九章》的形成……），中华民族是擅长数学的民族．

我国的数学竞赛始于 1956 年，1956 年在著名数学家华罗庚教授的倡导下，首次在北京、天津、上海、武汉四大城市举办了高中数学竞赛．由于一些原因，至 1965 年，只零零星星地举行过 6 届．比赛前后，华罗庚等著名数学家直接给中学生作报告（当时称为"数学通俗讲演会"），在这些报告的基础上，出版了一批优秀的课外读物——数学小丛书，共计 13 册，如华罗庚的《从杨辉三角谈起》、《从祖冲之的圆周率谈起》、《从孙子的"神奇妙算"谈起》，段学复的《对称》，史济怀的《平均》，闵嗣鹤的《格点和面积》，姜伯驹的《一笔画及邮递线路问题》，蔡宗熹的《等周问题》，常庚哲、伍润生的《复数与几何》等．数学家、教育家与优秀的大、中学校教师一起切磋交流，拟定了质量很高的试题．

下面是 1964 年北京市中学生数学竞赛试题.

高二第一试试题

1. 求证：$\left(\operatorname{ctg}\dfrac{\theta}{2}-\operatorname{tg}\dfrac{\theta}{2}\right)\left(1+\operatorname{tg}\theta\operatorname{tg}\dfrac{\theta}{2}\right)=2\csc\theta$.

2. 化简：$\log_a\left[\left(\dfrac{m^4 n^{-4}}{m^{-1}n}\right)^{-3}\div\left(\dfrac{m^{-2}n^2}{mn^{-1}}\right)^5\right]$. 这里，$m$，$n$ 和 a 都是正数.

3. 已知 E 为圆内两弦 AB 和 CD 的交点（右图），直线 $EF /\!/ BC$，交 AD 的延长线于 F，FG 切圆于 G，求证：$EF=FG$.

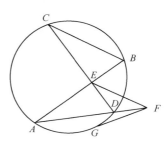

4. 已知某二次三项式当 $x=\dfrac{1}{2}$ 时取得极值 25，这个二次三项式的两根的立方和等于 19，求这个二次三项式.

高二第二试试题

1. 见下图，假设 $\triangle ABC$ 的 $\angle A\geqslant 90°$，靠着 $\triangle ABC$ 的边 BC 作内接正方形 B_1DEC_1，在 $\triangle AB_1C_1$ 靠着 B_1C_1 再作内接正方形 $B_2D_1E_1C_2$. 这样继续作任意有限个正方形. 证明：所有这些正方形的面积的和小于 $\triangle ABC$ 的面积的一半.

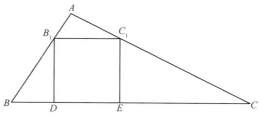

2. 四边形 $PQRS$ 的 4 边 PQ，QR，RS，SP 上各有一点为 A，B，C，D. 已知 $ABCD$ 是平行四边形，而且它的对角线和 $PQRS$ 的对角线（共 4 线）都交于一点 O，证明：$PQRS$ 也是平行四边形.

3. 试证对于任意约定的正整数 n，必有唯一的一对整数 k 和 l，$0\leqslant l<k$，使得

$$n=\frac{1}{2}(k+1)k+l$$

4. 有纸片 n^2 张（n 是任意正整数）. 在每张上用红蓝铅笔各任意写一个不超过 n 的正整数，但是要使得红字相同的任意两张上所写的蓝色数字都不相同. 现在把每张上的两个数相乘，证明：这样得到的 n^2 个乘积之和总是一样的，并且求出这个和.

高三第一试试题

1. 已知 $\cos 2\theta = \dfrac{\sqrt{2}}{3}$，求 $\sin^4\theta + \cos^4\theta$ 的值.

2. 已知方程 $x^2 - 2x + \lg(2a^2 - a) = 0$ 有一个正根和一个负根，求实数 a 的取值范围.

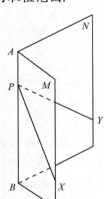

3. 已知二面角 M—AB—N 是直二面角（左图），P 为棱 AB 上的一点，PX，PY 分别在面 M，N 内，$\angle XPB = \angle YPB = 45°$，求 $\angle XPY$ 的大小.

4. 已知某二次三项式当 $x = \dfrac{1}{2}$ 时取得极值25，这个二次三项式的两根的立方和等于19，求这个二次三项式.

高三第二试试题

1. 假设 $\triangle ABC$ 的 $\angle A \geqslant 90°$，靠着 $\triangle ABC$ 的边 BC 作内接正方形 B_1DEC_1（下图），在 $\triangle AB_1C_1$ 靠着 B_1C_1 再作内接正方形 $B_2D_1E_1C_2$. 这样继续作任意有限个正方形. 证明：所有这些正方形的面积的和小于 $\triangle ABC$ 的面积的一半.

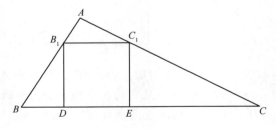

2. 已知数列 a_1，a_2，$\cdots$，a_n，$\cdots$ 中所有的项都是正数，又设对于 $n = 1$，2，3，$\cdots$，都有 $a_n^2 \leqslant a_n - a_{n+1}$. 证明：对于 $n = 1$，2，3，$\cdots$ 都有 $a_n < \dfrac{1}{n}$.

3. 设在一环形公路上有 n 个汽车站，每一站存有汽油若干桶（其中有的站可以不存)，n 个站的总存油量足够一辆汽车沿此公路行驶一周．现在使一辆原来没油的汽车依反时针方向沿公路行驶，每到一站即把该站的存油全部带上（出发的站也如此）．试证：n 站之中至少有一站，可以使汽车从这站出发环行一周，不致在中途因缺油而停车．

4. 设在桌面上有一个丝线做成的线圈，它的周长是 2l，我们又用纸剪成一个直径是 l 的圆形纸片．证明：

(1) 当线圈作成一平行四边形时，我们可以用所说的圆纸片完全盖住它；

(2) 不管线圈作成什么形状的曲线，我们都可以用此圆形纸片完全盖住它．

赛后数学家们又为同学们进行了居高临下、深入浅出的试题分析与讲解．这段时间，我国数学竞赛活动的势头很好，对我国的中等教育与人才培养起了很好的作用，引起各界的关注．竞赛的方式、试题的难度、选手的水平等都与 *IMO* 相同或相近，我们完全可以走向世界，参加国际的角逐．但是，1966 年开始的"文化大革命"，使数学竞赛在中国完全绝迹．

"日出江花红胜火，春来江水绿如蓝"，1978 年是科学的春天，我国的数学竞赛活动又重新开始，华罗庚教授亲自主持了规模空前的全国 8 省市数学竞赛，与此同时，许多省、市都恢复了数学竞赛．1979 年从 8 省市的竞赛发展为除台湾以外的全国 29 个省、直辖市、自治区的竞赛．由华罗庚教授任竞赛委员会主任，并主持命题工作．竞赛分初赛和决赛两试进行．1980 年全国竞赛暂停一年．

1.3.1　全国高中数学联赛

1980 年，在大连召开了第一届全国数学普及工作会议，代表们着重研究了数学竞赛工作，把全国数学竞赛作为中国数学会及各省、直辖市、自治区数学会的一项经常性工作，并正式定名为"全国各省、直辖市、自治区高中联合数学竞赛"．确定每年 10 月在中国数学会的支持下，由一个省作为东道主举办联赛．1981 年首届联赛由北京主办，以后依次由各省市承办．每年试题的产生，采用了与 IMO 类似的方式：先由各省、直辖市、自治区提供一批候选题，寄给东道主，然后由东道主数学会组织命题组进行初选，对提供的试题从内容、难度、方法与技巧等各方面进行分类研究，提出试卷的粗坯，最后召集命题会议确定试题. 参加命题会议的有中国数学会普及工作委员会的负责同志，上一届和下一届东道主数学会的负责同志和本届命题组成员，还邀请一些数学竞赛的专家.

全国高中数学联赛的命题贯彻在普及基础上提高的原则，要有利于促进中学数学教学改革、提高教学质量，有利于提高学生学习数学的兴趣，有利于发现人才、培养人才，有利于参加 IMO 队员的选拔工作. 试题的命题范围以高中数学竞赛大纲为准，在方法的要求上稍有提高. 下面是 2006 年 8 月第 14 次全国数学普及工作会议讨论通过的《高中数学竞赛大纲（2006 年修订试用稿）》（中国数学会普及工作委员会制定）.

从 1981 年中国数学会普及工作委员会举办全国高中数学联赛以来，在"普及的基础上不断提高"的方针指引下，全国数学竞赛活动方兴未艾，每年一次的竞赛活动吸引了广大青少年学生参加. 1985 年我国又步入国际数学奥林匹克殿堂，加强了数学课外教育的国际交流，30 年来我国已跻身于国际数学奥林匹克强国之列. 数学竞赛活动对于开发学生智力、开阔视野、促进教学改革、提高教学水平、发现和培养数学人才都有着积极的作用. 这项活动也激励着广大青少年学习数学的兴趣，吸引他们去进行积极的探索，不断培养和提高他们的创造性思维能力. 数学竞赛的教育功能显示出这项活动已成为中学数学教育的一个重要组成部分.

为了使全国数学竞赛活动持久、健康地发展，中国数学会普及工作委员会于 1994 年制定了《高中数学竞赛大纲》. 这份大纲的制定对高中数学竞赛活动的开展起到了很好的指导作用，使我国高中数学竞赛活动日趋规范化和正规化.

近年来，课程改革的实践，在一定程度上改变了我国中学数学课程的体系、内容和要求. 同时，随着国内外数学竞赛活动的发展，对竞赛试题所涉及的知识、思想和方法等也有了一些新的要求. 为了使新的《高中数学竞赛大纲》能够更好地适应高中数学教育形势的发展和要求，经过广泛征求意见和多次讨论，中国数学会普及工作委员会组织了对《高中数学竞赛大纲》的修订.

该大纲是在教育部 2000 年《全日制普通高级中学数学教学大纲》的精神和基础上制定的. 该大纲指出："要促进每一个学生的发展，既要为所有的学生打好共同基础，也要注意发展学生的个性和特长；……在课内外教学中宜从学生的实际出发，兼顾学习有困难和学有余力的学生，通过多种途径和方法，满足他们的学习需求，发展他们的数学才能."

学生的数学学习活动应当是一个生动活泼、富有个性的过程，不应只限于接受、记忆、模仿和练习，还应倡导阅读自学、自主探索、动手实践、合作交流等学习数学的方式，这些方式有助于发挥学生学习的主动性．教师要根据学生的不同基础、不同水平、不同兴趣和发展方向给予具体的指导．教师应引导学生主动地从事数学活动，从而使学生形成自己对数学知识的理解和有效的学习策略．教师应激发学生的学习积极性，向学生提供充分从事数学活动的机会，帮助他们在自主探索和合作交流的过程中真正理解和掌握基本的数学知识与技能、数学的思想和方法，获得广泛的数学活动经验．对于学有余力并对数学有浓厚兴趣的学生，教师要为他们设置一些选学内容，提供足够的材料，指导他们阅读，发展他们的数学才能．

　　教育部 2000 年《全日制普通高级中学数学教学大纲》中所列出的内容，是教学的要求，也是竞赛的基本要求．在竞赛中对同样的知识内容，在理解程度、灵活运用能力以及方法与技巧掌握的熟练程度等方面有更高的要求．"课堂教学为主，课外活动为辅"也是应遵循的原则．因此，《高中数学竞赛大纲》所列的内容充分考虑到学生的实际情况，旨在使不同程度的学生都能在数学上得到相应的发展，同时注重贯彻"少而精"的原则．

25

1.　全国高中数学联赛

　　全国高中数学联赛（一试）所涉及的知识范围不超出教育部 2000 年《全日制普通高级中学数学教学大纲》中所规定的教学要求和内容，但在方法的要求上有所提高．

2.　全国高中数学联赛加试

　　全国高中数学联赛加试（二试）与国际数学奥林匹克接轨，在知识方面有所扩展，适当增加一些教学大纲之外的内容，所增加的内容如下。

　　1）平面几何．

　　几个重要定理：梅涅劳斯（Menelaus）定理、塞瓦（Ceva）定理、托勒密（Ptolemy）定理、西姆松（Simson）定理．

　　三角形中的几个特殊点：旁心、费马（Fermat）点、欧拉（Euler）线．

　　几何不等式．

　　几何极值问题．

　　几何中的变换：对称、平移、旋转．

　　圆的幂和根轴．

　　面积方法，复数方法，向量方法，解析几何方法．

2）代数.

周期函数，带绝对值的函数.

三角公式，三角恒等式，三角方程，三角不等式，反三角函数.

递归，递归数列及其性质，一阶、二阶线性常系数递归数列的通项公式.

第二数学归纳法.

平均值不等式，柯西（Cauchy）不等式，排序不等式，切比雪夫（Chebyshev）不等式，一元凸函数.

复数及其指数形式、三角形式，欧拉公式，棣莫弗（De Moivre）定理，单位根.

多项式的除法定理、因式分解定理，多项式的相等，整系数多项式的有理根*，多项式的插值公式*.

n 次多项式根的个数，根与系数的关系，实系数多项式虚根成对定理.

函数迭代，简单的函数方程*

3）初等数论.

欧几里得（Euclid）除法，裴蜀（Bezout）定理，完全剩余类，二次剩余，不定方程和方程组，高斯（Gauss）函数 $[x]$，费马小定理，格点及其性质，无穷递降法，欧拉定理*，孙子定理*.

4）组合问题.

圆排列，有重复元素的排列与组合，组合恒等式.

组合计数，组合几何.

抽屉原理.

容斥原理.

极端原理.

图论问题.

集合的划分.

覆盖.

平面凸集、凸包及应用*.

注：有 * 号的内容加试中暂不考，但在冬令营中可能考.

下面是 2014 年全国高中数学联赛试题.

第一试

一、填空题（每小题 8 分，共 64 分）

1. 若正数 a、b 满足 $2 + \log_2 a = 3 + \log_3 b = \log_6 (a+b)$，则 $\dfrac{1}{a} + \dfrac{1}{b} =$

_____.

2. 设集合 $\left\{\dfrac{3}{a}+b \mid 1\leqslant a\leqslant b\leqslant 2\right\}$ 中的最大、最小元素分别为 M、m. 则 $M-m$ 的值为_____.

3. 若函数 $f(x)=x^2+a\,|\,x-1\,|$ 在 $[\,0,+\infty)$ 上单调递增, 则实数 a 的取值范围是_____.

4. 已知数列 $\{a_n\}$ 满足

$$a_1=2,\quad a_{n+1}=\dfrac{2\,(n+2)}{n+1}a_n\ (n\in\mathbf{Z}_+),$$

则 $\dfrac{a_{2014}}{a_1+a_2+\cdots+a_{2013}}=$_____.

5. 在正四棱锥 $P-ABCD$ 中, 已知侧面是边长为 1 的正三角形, M、N 分别为边 AB、BC 的中点. 则异面直线 MN 与 PC 之间的距离为_____.

6. 设椭圆 Γ 的两个焦点为 F_1、F_2, 过点 F_1 的直线与椭圆 Γ 交于点 P、Q. 若 $|PF_2|=|F_1F_2|$, 且 $3\,|PF_1|=4\,|QF_1|$, 则椭圆 Γ 的短轴与长轴的比值为_____.

7. 设等边 $\triangle ABC$ 的内切圆半径为 2、圆心为 I. 若点 P 满足 $PI=1$, 则 $\triangle APB$ 与 $\triangle APC$ 的面积之比的最大值为_____.

8. 设 A、B、C、D 为空间四个不共面的点, 以 $\dfrac{1}{2}$ 的概率在每对点之间连一条边, 任意两对点之间是否连边是相互独立的, 则点 A 与 B 可用 (一条边或者若干条边组成的) 空间折线连接的概率为_____.

二、解答题 (共 56 分)

9. (16 分) 在平面直角坐标系 xOy 中, P 为不在 x 轴上的一个动点, 且满足过点 P 可作抛物线 $y^2=4x$ 的两条切线, 两切点连线 l_P 与 PO 垂直, 直线 l_P 与 PO、x 轴的交点分别为 Q、R.

(1) 证明: R 为一个定点;

(2) 求 $\dfrac{|PQ|}{|QR|}$ 的最小值.

10. (20 分) 已知数列 $\{a_n\}$ 满足

$$a_1=\dfrac{\pi}{6},\quad a_{n+1}=\arctan\,(\sec a_n)\ (n\in\mathbf{Z}_+).$$

求正整数 m 使得

$$\sin a_1\cdot\sin a_2\cdots\cdots\sin a_m=\dfrac{1}{100}.$$

11.（20分）确定所有的复数 α，使得对任意复数 z_1、z_2（$|z_1|$、$|z_2|<1$，$z_1 \neq z_2$），均有

$$(z_1+\alpha)^2+\alpha\overline{z_1} \neq (z_2+\alpha)^2+\alpha\overline{z_2}.$$

加　试

一、（40分）设实数 a、b、c 满足 $a+b+c=1$，$abc>0$．证明：

$$ab+bc+ca < \frac{\sqrt{abc}}{2}+\frac{1}{4}.$$

二、（40分）如图1，在锐角 $\triangle ABC$ 中，$\angle BAC \neq 60°$，过点 B、C 分别作 $\triangle ABC$ 外接圆的切线 BD、CE，且满足 $BD=CE=BC$，直线 DE 与 AB、AC 的延长线分别交于点 F、G，CF 与 BD 交于点 M，CE 与 BG 交于点 N．证明：$AM=AN$．

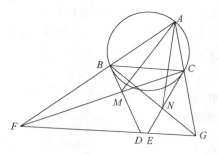

图1

三、（50分）设 $S=\{1,2,\cdots,100\}$．求最大的整数 k，使得集合 S 有 k 个互不相同的非空子集，具有性质：对这 k 个子集中任意两个不同子集，若它们的交非空，则它们交集中的最小元素与这两个子集中的最大元素均不相同．

四、（50分）设整数 x_1，x_2，$\cdots$，x_{2014} 模 2014 互不同余，整数 y_1，y_2，$\cdots$，y_{2014} 模 2014 也互不同余．证明：可将 y_1，y_2，$\cdots$，y_{2014} 重新排列为 z_1，z_2，$\cdots$，z_{2014}，使得 x_1+z_1，x_2+z_2，$\cdots$，$x_{2014}+z_{2014}$ 模 4028 互不同余．

1.3.2　全国初中数学联赛

　　1985 年，全国初中数学联合竞赛开始举行（时间是每年 4 月份第一个星期天），竞赛的组织方式与全国高中数学联赛类似．下面是 2006 年 8 月第 14 次全国数学普及工作会议讨论通过的《初中数学竞赛大纲（2006 年修订试

用稿)》（中国数学会普及工作委员会制定）.

数学竞赛活动对于开发学生智力、开阔视野、促进教学改革、提高教学水平、发现和培养数学人才都有着积极的作用. 这项活动也激励着广大青少年学习数学的兴趣，吸引他们去进行积极地探索，不断培养和提高他们的创造性思维能力. 数学竞赛的教育功能显示出这项活动已成为中学数学教育的一个重要组成部分.

为了使全国数学竞赛活动持久、健康地发展，中国数学会普及工作委员会于 1994 年制定了《初中数学竞赛大纲》，这份大纲的制定对全国初中数学竞赛活动的开展起到了很好的指导作用，使我国初中数学竞赛活动日趋规范化和正规化.

新的课程标准的实施在一定程度上改变了初中数学课程的体系、内容和要求. 同时，随着国内外数学竞赛活动的发展，对竞赛活动所涉及的知识内容、思想和方法等方面也有了一些新的要求. 为了使新的《初中数学竞赛大纲》能够更好地适应初中数学教育形势的发展和要求，经过广泛征求意见和多次讨论，中国数学会普及工作委员会组织了对《初中数学竞赛大纲》的修订.

该大纲是在《全日制义务教育数学课程标准（实验稿）》的精神和基础上制定的. 在《全日制义务教育数学课程标准（实验稿）》中提到："……要激发学生的学习潜能，鼓励学生大胆创新与实践；……要关注学生的个体差异，有效地实施有差异的教学，使每个学生都得到充分的发展；……"由于各种不同的因素，学生在数学知识、技能、能力方面和志趣上存在差异，教学中要承认这种差异，区别对待，因材施教，因势利导. 应根据基本要求和通过选学内容，适应学生的各种不同需要；对学有余力的学生，要通过讲授选学内容和组织课外活动等多种形式，满足他们的学习愿望，发展他们的数学才能；鼓励学生积极参加形式多样的课外实践活动.

学生的数学学习活动应当是一个生动活泼的、主动的和富有个性的过程，不应只限于接受、记忆、模仿和练习，还应倡导自主探索、动手实践、合作交流、阅读自学等学习数学的方式. 教师要根据学生的不同基础、不同水平、不同兴趣和发展方向给予具体的指导，引导学生主动地从事数学活动，从而使学生形成自己对数学知识的理解和有效的学习策略. 教师应激发学生的学习积极性，向学生提供充分从事数学活动的机会，帮助他们在自主探索和合作交流的过程中真正理解和掌握基本的数学知识与技能、数学的思想和方法，获得广泛的数学活动经验.

《全日制义务教育数学课程标准（实验稿）》中所列出的内容，是教学的要求，也是竞赛的基本要求. 在竞赛中对同样的知识内容，在理解程度、灵活运用能力以及方法与技巧掌握的熟练程度等方面有更高的要求. "课堂教学为主，课外活动为辅" 也是应遵循的原则. 因此，《初中数学竞赛大纲》所列的课程标准外的内容充分考虑到学生的实际情况，分阶段、分层次让学生逐步地去掌握，重在培养学生的学习兴趣、学习习惯和学习方法，使不同程度的学生在数学上都得到相应的发展，并且要贯彻 "少而精" 的原则，处理好普及与提高的关系.

1）数.

整数及进位制表示法，整除性及其判定.

素数和合数，最大公约数与最小公倍数.

奇数和偶数，奇偶性分析.

带余除法和利用余数分类.

完全平方数.

因数分解的表示法，约数个数的计算.

有理数的概念及表示法，无理数，实数，有理数和实数四则运算的封闭性.

2）代数式.

综合除法、余式定理.

因式分解.

拆项、添项、配方、待定系数法.

对称式和轮换对称式.

整式、分式、根式的恒等变形.

恒等式的证明.

3）方程和不等式.

含字母系数的一元一次方程、一元二次方程的解法，一元二次方程根的分布.

含绝对值的一元一次方程、一元二次方程的解法.

含字母系数的一元一次不等式的解法，一元二次不等式的解法.

含绝对值的一元一次不等式.

简单的多元方程组.

简单的不定方程（组）.

4）函数.

$y=|ax+b|$，$y=|ax^2+bx+c|$ 及 $y=ax^2+b|x|+c$ 的图像和性质.

二次函数在给定区间上的最值，简单分式函数的最值.

含字母系数的二次函数.

5）几何.

三角形中的边角之间的不等关系.

面积及等积变换.

三角形的心（内心、外心、垂心、重心）及其性质.

相似形的概念和性质.

圆，四点共圆，圆幂定理.

4 种命题及其关系.

6）逻辑推理问题.

抽屉原理及其简单应用.

简单的组合问题.

简单的逻辑推理问题，反证法.

极端原理的简单应用.

枚举法及其简单应用.

下面是 2014 年全国初中数学联合竞赛试题.

第一试　（3 月 23 日上午 8：30 ~ 9：30）

一、选择题（本题满分 42 分，每小题 7 分）

1. 已知 x，y 为整数，且满足 $\left(\dfrac{1}{x} + \dfrac{1}{y}\right)\left(\dfrac{1}{x^2} + \dfrac{1}{y^2}\right) = -\dfrac{2}{3}\left(\dfrac{1}{x^4} - \dfrac{1}{y^4}\right)$，则 $x + y$ 的可能的值有　　　　　　（　　）

(A) 1 个　　　　(B) 2 个　　　　(C) 3 个　　　　(D) 4 个

2. 已知非负实数 x，y，z 满足 $x + y + z = 1$，则 $t = 2xy + yz + 2zx$ 的最大值为　　　　　　　　　　　　（　　）

(A) $\dfrac{4}{7}$　　　　(B) $\dfrac{5}{9}$　　　　(C) $\dfrac{9}{16}$　　　　(D) $\dfrac{12}{25}$

3. 在 $\triangle ABC$ 中，$AB = AC$，D 为 BC 的中点，$BE \perp AC$ 于 E，交 AD 于 P，已知 $BP = 3$，$PE = 1$，则 $AE =$　　　　　　　（　　）

(A) $\dfrac{\sqrt{6}}{2}$　　　　(B) $\sqrt{2}$　　　　(C) $\sqrt{3}$　　　　(D) $\sqrt{6}$

4. 6 张不同的卡片上分别写有数字 2，2，4，4，6，6，从中取出 3 张，则这 3 张卡片上所写的数字可以作为三角形的三边长的概率是　　　（　　）

(A) $\dfrac{1}{2}$　　　　(B) $\dfrac{2}{5}$　　　　(C) $\dfrac{2}{3}$　　　　(D) $\dfrac{3}{4}$

5. 设 $[t]$ 表示不超过实数 t 的最大整数，令 $\{t\} = t - [t]$．已知实数 x 满足 $x^3 + \dfrac{1}{x^3} = 18$，则 $\{x\} + \left\{\dfrac{1}{x}\right\} = $ 　　　　（　　）

（A）$\dfrac{1}{2}$　　（B）$3 - \sqrt{5}$　　（C）$\dfrac{1}{2}\,(3 - \sqrt{5})$　　（D）1

6. 在 $\triangle ABC$ 中，$\angle C = 90°$，$\angle A = 60°$，$AC = 1$，D 在 BC 上，E 在 AB 上，使得 $\triangle ADE$ 为等腰直角三角形，$\angle ADE = 90°$，则 BE 的长为

　　　　（　　）

（A）$4 - 2\sqrt{3}$　　（B）$2 - \sqrt{3}$　　（C）$\dfrac{1}{2}\,(\sqrt{3} - 1)$　　（D）$\sqrt{3} - 1$

二、填空题（本题满分 28 分，每小题 7 分）

1. 已知实数 a，b，c 满足 $a + b + c = 1$，$\dfrac{1}{a + b - c} + \dfrac{1}{b + c - a} + \dfrac{1}{c + a - b} = 1$，则 $abc = $ ＿＿＿＿＿．

2. 使得不等式 $\dfrac{9}{17} < \dfrac{n}{n + k} < \dfrac{8}{15}$ 对唯一的整数 k 成立的最大正整数 n 为＿＿＿＿＿．

3. 已知 P 为等腰 $\triangle ABC$ 内一点，$AB = BC$，$\angle BPC = 108°$，D 为 AC 的中点，BD 与 PC 交于点 E，如果点 P 为 $\triangle ABE$ 的内心，则 $\angle PAC = $ ＿＿＿＿＿．

4. 已知正整数 a，b，c 满足：$1 < a < b < c$，$a + b + c = 111$，$b^2 = ac$，则 $b = $ ＿＿＿＿＿．

第二试（A）（3 月 23 日上午 9：50～11：20）

一、（本题满分 20 分）设实数 a，b 满足 $a^2(b^2 + 1) + b(b + 2a) = 40$，$a(b + 1) + b = 8$，求 $\dfrac{1}{a^2} + \dfrac{1}{b^2}$ 的值．

二、（本题满分 25 分）如图，在平行四边形 $ABCD$ 中，E 为对角线 BD 上一点，且满足 $\angle ECD = \angle ACB$，AC 的延长线与 $\triangle ABD$ 的外接圆交于点 F．证明：$\angle DFE = \angle AFB$．

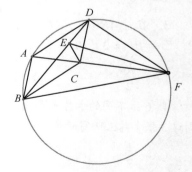

三、（本题满分 25 分）设 n 是整数，如果存在整数 x，y，z 满足 $n = x^3 + y^3 + z^3 - 3xyz$，则称 n 具有性质 P. 在 1，5，2013，2014 这四个数中，哪些数具有性质 P，哪些数不具有性质 P？并说明理由.

第二试（B）（3 月 23 日上午 9：50～11：20）

一、（本题满分 20 分）与 A 卷第一题相同.

二、（本题满分 25 分）如图，已知 O 为 $\triangle ABC$ 的外心，$AB = AC$，D 为 $\triangle OBC$ 的外接圆上一点，过点 A 作直线 OD 的垂线，垂足为 H. 若 $BD = 7$，$DC = 3$，求 AH.

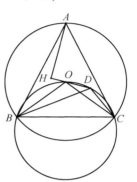

三、（本题满分 25 分）设 n 是整数，如果存在整数 x，y，z 满足 $n = x^3 + y^3 + z^3 - 3xyz$，则称 n 具有性质 P.

（1）试判断 1，2，3 是否具有性质 P；

（2）在 1，2，3，…，2013，2014 这 2014 个连续整数中，不具有性质 P 的数有多少个？

1.3.3　全国中学生数学冬令营

1985 年，我国派出两名选手参加第 26 届 IMO 以了解情况，投石问路，结果只获得一枚铜牌，与各国选手相比成绩处于中下，为了改变这一落后状况，提高我国在 IMO 中的成绩，加速培养数学人才，中国数学会决定：自 1986 年起，每年一月份由中国数学会和南开大学、北京大学、复旦大学、中国科学技术大学中的一所大学联合举办一次全国中学生数学冬令营. 冬令营邀请各省、市自治区前一年全国高中联赛的优胜者（每省、直辖市、自治区至少一名）参加. 冬令营通常安排 5 天，第一天是开幕式，第二、三两天上午考试，第四天听学术报告、交流学习数学的体会或旅游，第五天宣布考试结果并发奖. 自 1991 年起，冬令营定名为"中国数学奥林匹克"（Chinese Mathematical Olympiad，CMO）.

CMO 的考试方法类似于 IMO，两天共考 6 题，每天 3 题，要求在 4.5h 内完成，试题的难度接近于 IMO，从中选拔出 20 余名队员组成国家集训队，然后经过集训，最后通过选拔考试选出 6 名选手参加当年 7 月举行的 IMO.

下面是 2012 年中国数学奥林匹克试题.

第一天

1. 在圆内接 $\triangle ABC$ 中，$\angle A$ 为最大角，不含点 A 的 $\overset{\frown}{BC}$ 上两点 D、E 分别为 $\overset{\frown}{ABC}$ 与 $\overset{\frown}{ACB}$ 的中点. 记过点 A、B 且与 AC 相切的圆为 $\odot O_1$；过点 A、E 且与 AD 相切的圆为 $\odot O_2$，$\odot O_1$ 与 $\odot O_2$ 交于点 A 和 P. 证明：AP 平分 $\angle BAC$. （熊斌供题）

2. 给定素数 p. 设 $A=(a_{ij})$ 是一个 $p\times p$ 的矩阵，满足 $\{a_{ij} \mid 1\leq i,j\leq p\}=\{1,2,\cdots,p^2\}$. 允许对一个矩阵作如下操作：选取一行或一列，将该行或该列的每个数同时加上 1 或同时减去 1. 若可以通过有限多次上述操作将 A 中元素全变为 0，则称 A 是一个"好矩阵". 求"好矩阵" A 的个数. （瞿振华供题）

3. 证明：对于任意实数 $M>2$，总存在满足下列条件的严格递增的正整数列 a_1，a_2，$\cdots$：
(1) 对每个正整数 i，有 $a_i>M^i$；
(2) 当且仅当整数 $n\neq 0$ 时，存在正整数 m 以及 b_1，b_2，$\cdots$，$b_m\in\{1,-1\}$，使得 $n=b_1a_1+b_2a_2+\cdots+b_ma_m$. （陈永高供题）

第二天

4. 设 $f(x)=(x+a)(x+b)$（a,b 是给定的正实数），$n\geq 2$ 为给定的整数. 对满足 $x_1+x_2+\cdots+x_n=1$ 的非负实数 x_1，x_2，$\cdots$，x_n，求 $F=\sum_{1\leq i<j\leq n}\min\{f(x_i),f(x_j)\}$ 的最大值. （冷岗松供题）

5. 设 n 为无平方因子的正偶数，k 为整数，p 为素数，满足 $p<2\sqrt{n}$，$p\nmid n$，$p\mid n+k^2$. 证明：n 可以表示为 $n=ab+bc+ca$，其中 a，b，c 为互不相同的正整数. （余红兵供题）

6. 求满足下面条件的最小正整数 k：对集合 $S=\{1,2,\cdots,2012\}$ 的任意一个 k 元子集 A，都存在 S 中的三个互不相同的元素 a，b，c，使得 $a+b$，$b+c$，$c+a$ 均在 A 中. （朱华伟供题）

34

下面是第 53 届 IMO 中国国家队选拔考试试题.

第一天 (2012 年 3 月 25 日上午 8：00 ~ 12：30)

1. 锐角 $\triangle ABC$ 中，$\angle A > 60°$，H 为 $\triangle ABC$ 的垂心，点 M、N 分别在边 AB、AC 上，$\angle HMB = \angle HNC = 60°$，$O$ 为 $\triangle HMN$ 的外心. 点 D 与点 A 在直线 BC 的同侧，使得 $\triangle DBC$ 为正三角形. 证明：H、O、D 三点共线.

(张思汇提供)

2. 证明：对任意给定的整数 $k \geq 2$，存在 k 个互不相同的正整数 a_1，a_2，$\cdots$，a_k，使得对任意整数 b_1，b_2，$\cdots$，b_k，$a_i \leq b_i \leq 2a_i$，$i = 1$，2，$\cdots$，k，以及任意非负整数 c_1，c_2，$\cdots$，c_k，只要 $\prod\limits_{i=1}^{k} b_i^{c_i} < \prod\limits_{i=1}^{k} b_i$，就有 $k\prod\limits_{i=1}^{k} b_i^{c_i} < \prod\limits_{i=1}^{k} b_i$.

(陈永高提供)

3. 求满足下面条件的最小实数 c：对任意一个首项系数为 1 的 2012 次实系数多项式

$$P(x) = x^{2012} + a_{2011} x^{2011} + a_{2010} x^{2010} + \cdots + a_1 x + a_0,$$

都可以将其中的一些系数乘以 -1，其余的系数不变，使得新得到的多项式的每个根 z 都满足 $|\operatorname{Im} z| \leq c|\operatorname{Re} z|$，这里 $\operatorname{Re} z$ 和 $\operatorname{Im} z$ 分别表示复数 z 的实部和虚部.

(朱华伟提供)

第二天 (2012 年 3 月 26 日上午 8：00 ~ 12：30)

4. 给定整数 $n \geq 4$，设 A，$B \subseteq \{1, 2, \cdots, n\}$，已知对任意 $a \in A$，$b \in B$，$ab + 1$ 为平方数，证明：$\min\{|A|, |B|\} \leq \log_2 n$. （熊斌提供）

5. 求所有具有下述性质的整数 $k \geq 3$：存在整数 m，n，满足 $1 < m < k$，$1 < n < k$，$(m, k) = (n, k) = 1$，$m + n > k$，且 $k \mid (m-1)(n-1)$.

(余红兵提供)

6. 由 2012×2012 个单位方格构成的正方形棋盘的一些小方格中停有甲虫，一个小方格中至多停有一只甲虫. 某一时刻，所有的甲虫飞起并再次全部落在这个棋盘的方格中，每一个小方格中仍至多停有一只甲虫. 一只甲虫飞起前所在小方格的中心指向再次落下后所在小方格的中心的向量称为该甲虫的"位移向量"，所有甲虫的"位移向量"之和称为"总位移向量".

就甲虫的个数及始、末位置的所有可能情况，求"总位移向量"长度的最大值.

(瞿振华提供)

表 1-3-1 是中国代表队在第 26 届～第 55 届 IMO 中的获奖情况．

表 1-3-1　中国代表队在第 26 届～第 55 届 IMO 中的获奖情况

届次	获奖牌数	团体名次
26	1 铜	
27	3 金 1 银 2 铜	4
28	2 金 2 银 2 铜	8
29	2 金 4 银	2
30	4 金 2 银	1
31	5 金 1 银	1
32	4 金 2 银	2
33	6 金	1
34	6 金	1
35	3 金 3 银	2
36	4 金 2 银	1
37	3 金 2 银 1 铜	6
38	6 金	1
39	在台湾比赛，未参加	
40	4 金 2 银	1
41	6 金	1
42	6 金	1
43	6 金	1
44	5 金 1 银	2
45	6 金	1
46	5 金 1 银	1
47	6 金	1
48	4 金 2 银	2
49	5 金 1 银	1
50	6 金	1
51	6 金	1
52	6 金	1
53	5 金 1 铜	2
54	5 金 1 银	1
55	5 金 1 银	1

由表 1-3-1 可以看出，我国 IMO 代表队已登上国际数学奥林匹克的顶峰，它充分显示了我国中学生数学教育的优秀成绩和华夏子孙卓越的数学才智．正如 1989 年第 30 届 IMO 组委会主席恩格尔教授所说："中国人希望在

2000 年实现现代化，他们的学生今年就实现了这个目标，取得了 IMO 的世界第一."IMO 常务委员会主席、苏联数学家雅克夫列夫教授称赞道："中国古代数学的卓越成就和如今在 IMO 中的辉煌成果，都给人留下了深刻的印象."

1.3.4　中国女子数学奥林匹克

在国外众多数学奥林匹克中，参赛者中一向男多女少．传统上不少人认为在数学上男生一般比女生强．尽管这种说法缺乏实际研究数据的支持，但数学奥林匹克参赛者男女失衡的事实促使了"中国女子数学奥林匹克"（CGMO）的诞生.

2002 年 8 月，中国数学奥林匹克委员会在珠海举办了首届中国女子数学奥林匹克，参加对象是在读高中女生，此项活动的宗旨是为女同学展示数学才华与才能搭设舞台，增加女同学学习数学的兴趣，提高女同学的数学学习水平，促进不同地区女同学相互学习，增进友情.

著名数学家王元院士题赠女子数学奥林匹克："索菲·热尔曼、索菲娅、柯瓦列夫斯卡娅、埃米·诺特，这些伟大女数学家的名字与她们的突出成就足以证明女子是有很高数学天赋的，当然是很适宜于研究数学的."

CGMO 每年举行一届，已经举办 13 届，比赛时间在每年 8 月，每次比赛有 40 个左右的队参加，每队派 4 名选手，美国、俄罗斯、韩国、日本、英国、菲律宾、中国香港、中国澳门、中国台湾也都曾派队参加过 CGMO．CGMO 分数学竞赛和健美操比赛．数学竞赛分为第一天、第二天，每天 4 个题目，考试时间为 8：00 ~ 12：00，试题难度低于 IMO．竞赛评出团体总分第一名和个人金、银、铜牌．个人总分前 12 名的同学直接进入 CMO.

第 13 届中国女子数学奥林匹克（CGMO）于 2014 年 8 月 8 日至 8 月 14 日在广东省中山市华南师范大学中山附属中学举行．来自我国各省、市、自治区、香港特别行政区、澳门特别行政区，以及俄罗斯、新加坡、菲律宾、韩国等国家和地区的 38 支代表队共 150 名女同学参加了比赛。为了丰富参赛选手的生活，CGMO 组委会特安排女子健美操比赛、紫藤花制作比赛、动态几何图形制作比赛、拼图比赛、中山文化游、联欢晚会等活动，为数学竞赛营造了浓浓的文化氛围，参赛选手通过这些丰富多彩的活动大显身手、促进创新、加强合作、增进了交流和友谊。

下面是 2014 年中国女子数学奥林匹克试题.

第一天（2014 年 8 月 12 日上午 8:00 ～ 12:00）广东中山

1. 如图, $\odot O_1$ 与 $\odot O_2$ 交于 A、B 两点, 延长 $O_1 A$ 交 $\odot O_2$ 于点 C, 延长 $O_2 A$ 交 $\odot O_1$ 于点 D, 过点 B 作 $BE /\!/ O_2 A$ 交 $\odot O_1$ 于另一点 E. 若 $DE /\!/ O_1 A$, 求证: $DC \perp CO_2$. （郑焕供题）

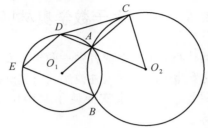

2. 设 x_1, x_2, $\cdots$, $x_n \in \mathbf{R}$, 且 $[x_1]$, $[x_2]$, $\cdots$, $[x_n]$ 是 1, 2, $\cdots$, n 的一个排列, 其中 $n \geqslant 2$ 是给定整数. 求 $\sum\limits_{i=1}^{n-1} [x_{i+1} - x_i]$ 的最大值和最小值.

注: $[x]$ 表示不超过实数 x 的最大整数. （梁应德供题）

3. 在 n 名学生中, 每名学生恰好认识 d 名男生和 d 名女生（认识是相互的）. 求所有可能的正整数对 (n, d). （王新茂供题）

4. 对整数 $m \geqslant 4$, 定义 T_m 为满足下列条件的数列 a_1, a_2, $\cdots$, a_m 的个数:

(1) 对每个 $i = 1$, 2, $\cdots$, m, $a_i \in \{1, 2, 3, 4\}$;

(2) $a_1 = a_m = 1$, $a_2 \neq 1$;

(3) 对每个 $i = 3$, 4, $\cdots$, m, $a_i \neq a_{i-1}$, $a_i \neq a_{i-2}$.

求证: 存在各项均为正数的等比数列 $\{g_n\}$, 使得对任意整数 $n \geqslant 4$, 都有 $g_n - 2\sqrt{g_n} < T_n < g_n + 2\sqrt{g_n}$. （朱华伟供题）

第二天（2014 年 8 月 13 日上午 8:00 ～ 12:00）广东中山

5. 设正整数 a 不是完全平方数, r 是关于 x 的方程 $x^3 - 2ax + 1 = 0$ 的一个实根. 求证: $r + \sqrt{a}$ 是无理数. （李胜宏供题）

6. 如图, 在锐角 $\triangle ABC$ 中, $AB > AC$, D、E 分别是边 AB、AC 的中点. $\triangle ADE$ 的外接圆与 $\triangle BCE$ 的外接圆交于点 P（异于点 E）, $\triangle ADE$ 的外接圆与 $\triangle BCD$ 的外接圆交于点 Q（异于点 D）. 求证: $AP = AQ$.

（付云皓供题）

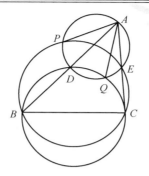

7. 对有限非空实数集 X，记 X 的元素个数为 $|X|$，$f(X)=\dfrac{1}{|X|}\sum\limits_{a\in X}a$. 集合对 $(A，B)$ 满足 $A\cup B=\{1，2，\cdots，100\}$，$A\cap B=\varnothing$ 且 $1\leqslant|A|\leqslant98$. 任取 $p\in B$，令 $A_p=A\cup\{p\}$，$B_p=\{x\mid x\in B，x\neq p\}$. 对所有满足上述条件的 $(A，B)$ 与 $p\in B$，求 $(f(A_p)-f(A))(f(B_p)-f(B))$ 的最大值.

（何忆捷供题）

8. 设 n 是正整数，S 是 $\{1，2，\cdots，n\}$ 中所有与 n 互素的数构成的集合，记 $S_1=S\cap\left(0，\dfrac{n}{3}\right]$，$S_2=S\cap\left(\dfrac{n}{3}，\dfrac{2n}{3}\right]$，$S_3=S\cap\left(\dfrac{2n}{3}，n\right]$. 如果 S 的元素个数是 3 的倍数，求证：集合 S_1、S_2、S_3 的元素个数相等.

（王彬供题）

1.3.5 中国西部数学奥林匹克

中国西部数学奥林匹克由中国数学会奥林匹克委员会发起，面向西部地区学生（也不局限于西部地区学生，也有其他地区和国家参赛）的一项高中数学赛事. 举办西部竞赛的目的是鼓励更多的西部同学参加数学课外活动，促进西部数学教育事业的发展，为西部开发做点微薄的贡献. 此项活动开展以来，一直受到西部各省、自治区数学学会及各级教育行政部门及教研机构的高度重视和欢迎，各省、自治区参赛踊跃. 活动于每年 11 月份举行，参加活动的每支代表队包括领队 1 名、高三以下的学生 4 名.

下面是 2008 年第八届中国西部数学奥林匹克试题.

第一天（2008 年 11 月 1 日 8:00~12:00）贵州贵阳

1. 实数数列 $\{a_n\}$ 满足：$a_0 \neq 0,1$，$a_1 = 1 - a_0$，$a_{n+1} = 1 - a_n(1 - a_n)$，$n = 1$，$2，\cdots$. 证明：对任意正整数 n，都有

$$a_0 a_1 \cdots a_n \left(\frac{1}{a_0} + \frac{1}{a_1} + \cdots + \frac{1}{a_n} \right) = 1.$$
（李胜宏提供）

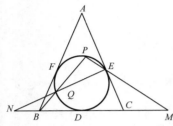

2. 见左图，在 $\triangle ABC$ 中，$AB = AC$，其内切圆 $\odot I$ 切边 BC，CA，AB 于点 D，E，F，P 为弧 EF（不含点 D 的弧）上一点. 设线段 BP 交 $\odot I$ 于另一点 Q，直线 EP，EQ 分别交直线 BC 于点 M，N. 证明：

（1）P，F，B，M 四点共圆；

（2）$\dfrac{EM}{EN} = \dfrac{BD}{BP}$.
（边红平提供）

3. 设整数 $m \geq 2$，a_1，a_2，$\cdots$，a_m 都是正整数. 证明：存在无穷多个正整数 n，使得数 $a_1 \cdot 1^n + a_2 \cdot 2^n + \cdots + a_m \cdot m^n$ 都是合数. （陈永高提供）

4. 设整数 $m \geq 2$，a 为正实数，b 为非零实数，数列 $\{x_n\}$ 定义如下：$x_1 = b$，$x_{n+1} = ax_n^m + b(n = 1,2,\cdots)$. 证明：

（1）当 $b < 0$ 且 m 为偶数时，数列 $\{x_n\}$ 有界的充要条件是 $ab^{m-1} \geq -2$；

（2）当 $b < 0$ 且 m 为奇数，或 $b > 0$ 时，数列 $\{x_n\}$ 有界的充要条件是

$$ab^{m-1} \leq \frac{(m-1)^{m-1}}{m^m}.$$
（朱华伟、付云皓提供）

第二天（2008 年 11 月 2 日 8:00~12:00）贵州贵阳

5. 在一直线上相邻两点的距离都等于 1 的 4 个点上各有一只青蛙，允许任意一只青蛙以其余三只青蛙中的某一只为中心跳到其对称点上. 证明：无论跳动多少次后，四只青蛙所在的点中相邻两点之间的距离不能都等于 2008. （刘诗雄提供）

6. 设 x，y，$z \in (0,1)$，满足

$$\sqrt{\frac{1-x}{yz}} + \sqrt{\frac{1-y}{zx}} + \sqrt{\frac{1-z}{xy}} = 2,$$

求 xyz 的最大值. （唐立华提供）

7. 设 n 为给定的正整数，求最大的正整数 k，使得存在三个由非负整数组成的 k 元集 $A = \{x_1, x_2, \cdots, x_k\}$，$B = \{y_1, y_2, \cdots, y_k\}$ 和 $C = \{z_1, z_2, \cdots,$

第 1 章　竞赛数学的形成

z_k} 满足：对任意 $1 \leqslant j \leqslant k$，都有 $x_j + y_j + z_j = n$.　　　（李胜宏提供）

8. 设 P 为正 n 边形 $A_1 A_2 \cdots A_n$ 内的任意一点，直线 $A_i P$ 交正 n 边形 $A_1 A_2 \cdots A_n$ 的边界于另一点 B_i $(i = 1, 2, \cdots, n)$. 证明：$\sum\limits_{i=1}^{n} PA_i \geqslant \sum\limits_{i=1}^{n} PB_i$.

（冯志刚提供）

1.3.6　中国东南数学奥林匹克

　　中国东南数学奥林匹克，是中国东南部福建、浙江、江西合办的数学竞赛，参赛者为高一学生，从 2014 年起，开始举办高二学生参加的比赛. 参赛队伍主要是来自福建、浙江、江西三省中学的代表队，也有上海、广东、香港等地的代表队. 每队由 4 名高一学生组成，比赛分两场进行，每场 4 小时内解答 4 道题. 举办比赛的起因，在于直到 2003 年这三省也没有学生进国际数学奥林匹克中国代表队，为了促进三地数学奥林匹克的交流，培养学生进入国家队，三省重点中学合作，从 2004 年起举办该比赛，轮流由三省数学学会主办.

　　下面是 2010 中国东南数学奥林匹克试题.

　　　第一天（2010 年 8 月 17 日 8:00～12:00）台湾彰化

　　1. 设 a、b、$c \in \{0, 1, 2, \cdots, 9\}$，若二次方程 $ax^2 + bx + c = 0$ 有有理根，证明：三位数 $\overline{abc}$ 不是素数.　　　（张鹏程提供）

　　2. 对于集合 $A = \{a_1, a_2, \cdots, a_m\}$，记 $P(A) = a_1 a_2 \cdots a_m$. 设 A_1、A_2、$\cdots$、A_n $(n = C_{2010}^{99})$ 是集合 $\{1, 2, \cdots, 2010\}$ 的所有 99 元子集，求证：$2011 \mid \sum\limits_{i=1}^{n} P(A_i)$.　　　（叶永南提供）

　　3. 已知 $\triangle ABC$ 内切圆 I 分别与边 AB、BC 相于点 F、D，直线 AD、CF 分别交圆 I 于另一点 H、K. 求证：

$$\frac{FD \times HK}{FH \times DK} = 3.$$

（熊斌提供）

　　4. 设正整数 a、b 满足 $1 \leqslant a < b \leqslant 100$，若存在正整数 k，使得 $ab \mid (a^k + b^k)$，则称数对 (a, b) 是"好的". 求所有"好的"数对的个数.

（熊斌提供）

41

第二天（2010 年 8 月 18 日 8:00～12:00）台湾彰化

5. 三角形 ABC 为直角三角形，$\angle ACB = 90°$，M_1、M_2 为 $\triangle ABC$ 内任意两点，M 为线段 M_1M_2 的中点，直线 BM_1、BM_2、BM 与 AC 边分别交于点 N_1、N_2、N. 求证：

$$\frac{M_1N_1}{BM_1} + \frac{M_2N_2}{BM_2} \geq 2\frac{MN}{BM}.$$

（裘宗沪提供）

6. 设 $\mathbf{N}^*$ 为正整数集合，定义：$a_1 = 2$，

$$a_{n+1} = \min\left\{\lambda \;\middle|\; \frac{1}{a_1} + \frac{1}{a_2} + \cdots + \frac{1}{a_n} + \frac{1}{\lambda} < 1,\ \lambda \in \mathbf{N}^*\right\},\ n = 1,\ 2,\ \cdots.$$

求证：$a_{n+1} = a_n^2 - a_n + 1$.

（李胜宏提供）

7. 设 n 是一个正整数，实数 a_1，a_2，$\cdots$，a_n 和 r_1，r_2，$\cdots$，r_n 满足：$a_1 \leq a_2 \leq \cdots \leq a_n$ 和 $0 \leq r_1 \leq r_2 \leq \cdots \leq r_n$，求证：

$$\sum_{i=1}^{n} \sum_{j=1}^{n} a_i a_j \min\ (r_i,\ r_j)\ \geq 0.$$

（朱华伟提供）

8. 在一个圆周上给定 8 个点 A_1，A_2，$\cdots$，A_8. 求最小的正整数 n，使得以这 8 个点为顶点的任意 n 个三角形中，必存在两个有公共边的三角形.

（陶平生提供）

1.4　数学竞赛的教育价值

　　所谓数学竞赛的教育价值，即数学竞赛教育对人的发展价值. 如何认识数学竞赛的教育价值，是数学竞赛的一个基本理论问题. 目前，国内外举办了一系列的数学竞赛活动，国内大多数高等师范院校数学专业开设了竞赛数学或奥林匹克数学选修课. 那么，为什么要举办这些活动？为什么要开设这门课程？要回答这个问题，有赖于对数学竞赛教育价值的认识和理解.

1.4.1　有利于发现和培养青少年数学人才

　　数学竞赛的最初目的就是及时发现和选拔具有优秀数学才能的青少年，并通过适当的方式加以特殊培养，因材施教，促进其健康的成长. 正如国际

数学教育委员会（the International Commission on Mathematical Institution, ICMI）在其研究系列丛书之二——《九十年代的中小学数学》中所述："中学生能够像数学家一样地从事活动，这一点已经由国际数学奥林匹克选手证明．如果给予机会，就是极为普通的学生也可以证明这一点．在国际数学奥林匹克中，选手们作为问题的解决者在活动，这是杰出的天才最容易显露的地方．"

著名数学大师陈省身教授在《九十初度说数学》一书中指出："中国在国际数学奥林匹克竞赛中，连续多年取得很好的成绩．这项竞赛是高中程度，不包括微积分．但题目需要思考，我相信我是考不过这些小孩子的．因此有人觉得，好的数学家未必长于这种考试，竞赛胜利者也未必是将来的数学家．这个意见似是而非．数学竞赛大约是百年前在匈牙利开始的，匈牙利产生了同它的人口不成比例的许多大数学家！"数学竞赛为匈牙利造就了一大批世界著名学者．美国航天之父冯·卡门在《航空航天时代的科学奇才》一书中指出："据我所知，目前在国外的匈牙利著名科学家当中，有一半以上都是数学竞赛的优胜者，在美国的匈牙利科学家，如爱德华、泰勒、列夫·西拉得、G. 波利亚、冯·诺伊曼等几乎都是数学竞赛的优胜者．我衷心希望美国和其他国家都能倡导这种数学竞赛．"

在历届 IMO 的优胜者中，有 13 位获得相当于诺贝尔奖的数学界最高荣誉——菲尔兹奖（Fields Medal），他们是：

1959 年银牌得主 Gregory Margulis（俄罗斯）于 1978 年获得菲尔兹奖；

1969 年金牌得主 Valdimir Drinfeld（乌克兰）于 1990 年获得菲尔兹奖；

1974 年金牌得主 Jean-Ghristophe Yoccoz（法国）于 1994 年获得菲尔兹奖；

1977 年银牌、1978 年金牌及特别奖得主 Richard Borcherds（英国）于 1998 年获得菲尔兹奖；

1981 年金牌得主 Timothy Gowers（英国）于 1998 年获得菲尔兹奖；

1985 年银牌得主 Laurant Lafforgue（法国）于 2002 年获得菲尔兹奖；

1982 年金牌得主 Grigori Perelman（俄罗斯）于 2006 年获得菲尔兹奖；

1986 年铜牌、1987 年银牌、1988 年金牌得主 Terence Tao（陶哲轩，澳大利亚）于 2006 年获得菲尔兹奖；

1988 年和 1989 年两次 IMO 金牌得主吴宝珠（Ngo Bao Chau，越南）于 2010 年获得菲尔兹奖；

1988 年 IMO 铜牌得主 Elon Lindenstrauss（以色列），于 2010 年获得菲尔兹奖；

43

1986 年和 1987 年两次 IMO 金牌得主 Stansilav Smirnov（俄罗斯），于 2010 年获得菲尔兹奖；

1994 年 IMO 金牌，1995 年 IMO 满分金牌得主 Mirzakhani（伊朗），于 2014 年获得菲尔兹奖，是首位女性菲尔兹奖得主；

1995 年 IMO 金牌得主 Artur Avila（巴西），于 2014 年获得菲尔兹奖.

还有多位 IMO 优胜者获得其他数学大奖，如：

1963～1966 年金、银牌得主 Laszlo Lovasz 于 1999 年获得数学最高奖——沃尔夫奖（Wolf Prize），Lovasz 于 1965 年及 1966 年连续两年获得 IMO 特别奖；

1977 年银牌得主 Peter Shor 于 1998 年获得与计算机和信息科学有关的数学大奖——奈瓦林纳奖（Nevanlinna Prize）；

1979 年金牌得主 A. Razborow 于 1990 年获得奈瓦林纳奖（Nevanlinna Prize）；

1986 年金牌得主 S. Smirnov 获得 2001 年 Clay 数学研究奖；

1990 年金牌得主 V. Lafforgue 获得 2000 年欧洲数学联盟数学奖.

我国自 1986 年开始派选手参加 IMO，相信若干年以后，这批选手也可以大放异彩.

美国普特南大学数学竞赛的优胜者，大多数成为杰出的数学家、物理学家和工程师. 如：

Richard Feynman 获得 1965 年诺贝尔物理奖；

Kenneth Wilson 获得 1982 年诺贝尔物理奖；

John Milnor 获得 1962 年菲尔兹奖；

David Mumford 获得 1974 年菲尔兹奖；

Dannid Quillen 获得 1978 年菲尔兹奖.

上面这些事实足以说明数学竞赛教育确实具有良好的发现人才、培养人才的功能，是引导具有数学天赋的青少年步入科学殿堂的阶梯，是发现和培养新一代学者和科技人才的重要手段. 连任两届 IMO 主席的全苏数理化奥林匹克中心委员会主席、苏联科学院通信院士雅科夫列夫教授说："现在参赛的学生，10 年后将成为世界上握着知识、智慧金钥匙的劳动者，未来属于他们."

和奥运会不同的是，IMO 绝不是找出"世界上最优秀的数学家"，而是强调参与精神，希望借以鼓励更多的有数学才能的青少年成长，这是一项十分广泛的群众性活动.

1.4.2　有利于激发学生学习数学的兴趣，形成锲而不舍的钻研精神和科学态度

由于计算机的出现，数学已不仅是一门科学，还是一种普适性的技术. 从航空到家庭，从宇宙到原子，从大型工程到工商管理，无一不受益于数学技术. 高科学技术本质上是一种数学技术. 美国科学院院士格里姆（Glimm）说："数学对经济竞争力至为重要，数学是一种关键的普遍使用的，并授予人能力的技术." 时至今日，数学已兼有科学与技术两种品质，这是其他学科少有的. 数学对国家的贡献不仅在于富国，而且在于强民. 因此，青少年学好数学对于他们将来学好一切科学，从事任何职业，几乎都是必要的.

孔子曰："知之者不如好之者，好之者不如乐之者.""好"和"乐"就是愿意学，喜欢学，就是学习兴趣. 这对于数学学习尤其重要，"乐"是主动性、积极性的起点，随着学习的深入及思想的发展，兴趣就可能上升为志趣和志向.

数学竞赛将公平竞争、重在参与的精神引进到青少年的数学学习之中，激发他们的竞争意识，激发他们的上进心荣誉感，特别是近年来我国中学生在 IMO 中"连续获得团体冠军，个人金牌数也名列前茅，消息传来，全国振奋. 我国数学，现在有能人，后继有强手，国内外华人无不欢欣鼓舞"（王梓坤，1994）. 这对青少年学好数学无疑是极大的鼓舞和鞭策，将激发青少年学习数学的极大兴趣.

数学竞赛问题具有挑战性，有利于增强学生的好奇心、好胜心，有利于激发学生学习数学的兴趣，有利于调动学生学习的积极性和主动性. 正如美国著名数学家波利亚所言："如果他（指老师）把分配给他的时间都用来让学生操练一些常规运算，那么他就会扼杀他们的兴趣，阻碍他们的智力发展，从而错失他的良机. 相反的，如果他用和学生的知识相称的题目来激发他们的好奇心，并用一些鼓励性的问题去帮助他们解答题目，那么他就能培养学生独立思考的兴趣，并教给他们某些方法."（Polya and Kilpatrick，1945）

新颖而有创意的数学竞赛问题使学生有机会享受沉思的乐趣，经历"山重水复疑无路，柳暗花明又一村"的欢乐，"解数学题是意志的教育，当学生在解那些对他来说并不太容易的题目时，他学会了面对挫折且锲而不舍，学会了赞赏微小的进展，学会了等待灵感的到来，学会了当灵感到来后的全力以赴. 如果在学校里有机会尝尽为求解而奋斗的喜怒哀乐，那么他的数学

教育就在最重要的地方成功了"（polya，1945）. 在学生遇到困难问题时，帮助他们树立战胜困难的决心，不轻易放弃对问题的解决，鼓励他们坚持下去，这样做可以使学生逐步养成独立钻研的习惯，克服困难的意志和毅力，进而形成锲而不舍的钻研精神和科学态度.

1.4.3　有利于促进学生人性的完善

数学竞赛是奥林匹克精神在数学领域的体现，虽然从形式上看是一种智力的竞技活动，但其实质是体现奥林匹克的基本精神，发展人的创造性，最终实现人性的彰显和完善.

使人成其为人，这是教育的基本任务，也是数学竞赛教学的基本责任."把一个人在体力、智力、情绪、伦理各方面的因素综合起来，使他成为一个完善的人，这就是对教育目的的一个广义的界说"（联合国教科文组织国际教育发展委员会，1996）. 不能否认，数学竞赛教育是一种专业的智力教育，然而，数学竞赛教育作为一种教育活动不仅仅是要培养某一领域的"专家"，而是首先要促进学生人性的完善. 正如爱因斯坦所说的："学校目标始终应当是：当青年人离开学校时，是作为一个和谐的人，而不是作为一个专家".

"和谐的人"就是人性完善的人.

完善的人性是人的自然属性与社会属性的统一，它涉及人的德、智、体、美等各方面的素养，是人的整体的品性. 人性完善的过程，必然是人的身体和精神各方面全面、统一、协调发展的过程.

促进学生人性的完善，是中国教育的优良传统. 儒家经典《大学》中指出："大学之道，在明明德，在新民，在止于至善"."明明德"就是"明其至德"，它的体现就是人格整体的修养，是"真、善、美"和"知、情、意"的统一；"新民"就是"苟日新，日日新，又日新"，就是要创新和发展人的创造性，而发展创造性的基础就是"明明德"."明明德"既是"新民"的基础，又是"新民"的内容，两者统一于创造性这个整体之中. 只有这样，才能达到人性的完善和人的主体性的发展，从而建立一个理想的社会，达到"止于至善"的最高目标. 可见，提升人的创造性是完善人性的题中之意.

数学竞赛教育中促进学生的人性完善的具体体现就是在智力的竞技活动中发展丰富的情感，发展合作、互助、团结意识，锻炼坚忍不拔、敢于挑战、敢于创新的意志和品质.

1.4.4　有利于促进学生全面创造性的发展

学生的创造性是其完善人性的集中体现，而完善的人性也是学生创造性发展的基础和保障. 因而，培养学生的以完善人性为基础的创造性，是数学竞赛教育的根本任务. 通过数学竞赛教育促进学生创造性的发展，应该是其全面发展的重要内涵和数学竞赛教育价值的集中体现.

人的全面发展的核心是劳动能力的发展. 在全面发展的教育中，德、智、体、美等全面、统一、协调地发展，正是体现了人的精神和身体的全面发展，也就是集中体现了人的劳动能力的发展. 创造性是人的劳动能力的最重要标志. 因为，这种劳动能力在不同的历史时期和不同的社会条件下有着不同的含义，其发展的内涵和侧重点也就必然有所不同. 随着社会的发展和生产力水平的提高，人类劳动的含义在不断地变化，劳动能力的内涵也不断丰富. 在农业经济社会里，由于生产力水平低下，人的劳动能力以体力为主，体力是劳动能力的主要标志；在工业经济社会，由于科学技术的进步和工业的发展，人的劳动能力的主体由体力转化到技能、智能，智力成为劳动能力的决定要素；在知识经济社会中，由于人的工作方式是创造性的，人的创造力才是劳动能力的重要标志，同时，由于科学技术的高度综合以及工业、经济的全球化趋势，合作变得越来越重要，它要求人们具有更高的社会化水平. 可见，在知识经济时代，人的全面发展的核心就是人的创造性的发展. 数学竞赛教育中所体现的创造能力，是学生劳动能力的特殊体现.

在数学竞赛教育中促进学生创造性的发展是其教育功能的集中体现. 从本质上看，教育是培养人的社会现象. 从培养人的角度分析，教育既要满足人的素质性和发展性的要求，又要满足人的功能性和社会性的要求. 这就要求教育将人的全面发展和社会发展有机地统一起来. 促进人的全面发展从而促进社会的进步也正是教育功能的根本体现，而发展人的创造性不仅能满足人性发展和完善的需要，同时也是社会进步的必然要求. 因此，数学竞赛教育对学生的创造性的发展，集中体现了教育的个体发展功能和社会性功能.

1.4.5　有利于学生数学能力的提高

学生在学习和掌握数学竞赛知识方法及其过程中，对发展其数学能力具有重要的教育作用和意义. 数学竞赛是智力的竞赛, 它的一个重要目的是为了尽早地发现并培养有数学才能的青少年, 它考查的是学生的研究能力、综合素质和创新精神, 每年的题目都是新的, 没有考纲, 没有界定范围, 学生必须具备过硬的基本功和很强的思维能力. 因此数学竞赛的命题和培训选手的宗旨以数学能力为重点. 关于这方面的论述见 4.1 节.

1.4.6　有利于中学数学教育的改革和发展

数学竞赛有利于中学数学课程内容的改革, 数学竞赛教育作为较高层次的基础教育, 从一定意义上说是某种数学教育试验, 是中学数学课程改革的"试验区". 一些现代化的数学知识、思想、方法、技巧, 通过数学竞赛教育进行"试验", 得以筛选、过滤和简化, 逐步普及和传播, 再逐渐为中学师生所接受, 再稳妥地渗透和部分地移植到中学数学课本中. 这就为现代数学知识向中学数学课程渗透架设了桥梁, 也为中学数学课程内容的改革提供了科学的测度, 10 年、20 年数学竞赛中的热点问题和方法, 如集合、映射、归纳、类比、分类讨论、24 点、一笔画、数字谜、数阵排布、奇偶分析、向量、覆盖、开放性问题、探索性问题等, 今天已经开始走进中小学数学课堂, "旧时王谢堂前燕, 飞入寻常百姓家", 这也反映了数学普及的过程. 20 世纪五六十年代在欧美国家兴起的"新数学运动", 没有达到预期的目的, 一个重要的原因就是急于求成, 缺少渐变的过程.

数学竞赛有利于中学数学教师的专业发展, 是提高数学教师业务素质的重要途径, 是数学教师继续教育的课堂.

数学竞赛内容广泛, 不仅包含中学数学, 还涉及趣味数学、数学分析、高等代数、近世代数、初等数论、组合数学、传统的初等数学内容和现代数学的思想方法, 这就要求任课教师自身应该达到更高的水平, "有时候的确遇到这种情况, 即学生比他的老师不仅更有才智, 而且知识更加丰富, 并且能够提出他自己不能解释的解决问题的直觉途径, 这些途径教师简直不明白, 也不能仿做一遍, 要教师给这样的学生以正确的奖励或纠错, 这是不可能的."（布鲁纳, 1982）另外, "教师不仅是知识的传播者, 而且是模范. 看不到数学妙处及威力的教师, 就不见得会促使别人感到这门学科内在的刺激力. 不愿或者不能表现他自己的直觉能力的教师, 要他在学生中鼓励直觉就不大可能有效."（布鲁纳, 1982）面对这样的矛盾, 教师必须积极地投身到知识更新的自觉学习之中, 并且在自学能力和数学教研能力上下功夫. 由于数学竞赛中所涉及的题目更新速度快、难度较高, 这就要求教师不断搜集国内外最新资料、了解最新动态、研究命题趋势, 通过不断自学探索和总结、教学相长, 教师的自学能力和数学教研能力也就随之提高.

　　数学竞赛教学面对的是智力超常的学生, 生硬、死板、灌输、说教的教学方式无疑会与学生富于创意、生动活泼的思维形式形成巨大的落差, 这就要求教师在数学竞赛教学中应用新的教学方式, 如数学交流、发现法教学、创造性教学等, 激发学生学习数学的兴趣, 为学生提供自主探究的学习空间, 让学生体验数学创造的激情. 因而数学竞赛教学要求教师树立教育新理念, 灵活运用教育、教学规律, 掌握科学、活泼的教学艺术, 大胆尝试现代教学方式, 提高数学教学技艺. 因此, 数学竞赛为中学数学教师提供了发展、充实、提高和完善自己的课堂. 20 多年的实践证明, 许多对数学竞赛有研究的中学教师都是数学教学的名师, 数学教学水平高的学校或地区同时又是数学竞赛人才辈出的地方, 如湖北省武钢三中、黄冈中学等.

49

1.4.7　有利于高师培养合格的中学数学教师

　　在高师数学专业教学计划的培养目标中, 对于培养"合格中学数学教师"有明确的要求, 即培养的学生不仅能胜任中学常规的数学教育工作, 而且应具有承担数学"第二课程"教学的本领, 有负责组织中学有关"活动课程"的能力, 能担负数学竞赛的辅导工作. 目前各高师数学专业相继开设的竞赛数学课程无疑是实现这一培养目标的有力措施.

　　波利亚在论述培养未来的中学数学教师时强调应"为未来的中学数学教师(也为已经任教的数学教师)提供从事适当水平的创造性工作的机会". 所谓适当水平的创造性工作, 对大多数未来的中学教师而言, 就是解题, 尤其是解非常规的数学问题. "一个没有亲身体验过某种创造性工作的教师绝不能期望他能够去启发、引导、帮助, 甚至鉴别他的学生的创造性活动. 我们不能要求一般的数学教师从事某个非常高深的课题的研究. 不过非常规的数学问题的求解也是真正的创造性工作……应该列入中学数学教师的课程. 事实上, 在解这种问题时, 未来的教师有机会获得中学数学的全面的知识……这样他可能掌握运用中学数学的某种窍门、技巧, 以及对于解题关键的某种洞察力, 这实际上更为重要, 所有这些将使

他能有效的引导并判断他学生的作业."（polya，1945）

由于数学竞赛课程所具有的特征使得这门课程完全可以为大学生提供"创造性工作的机会，提高解题能力". 让大学生在这门课程的学习过程中，尝试创造性的工作，培养大学生的解题能力，培养大学生的创造性，培养大学生对数学竞赛的兴趣，并打下从事中学数学竞赛研究与实践的基础. 事实上，波利亚在许多师范学院中指导过的"解题讨论班"所选择的许多问题取自于斯坦福大学的数学竞赛题.

数学竞赛可以提高未来中学数学教师的数学鉴赏力，数学竞赛题没有生硬地引入中学生难以接受的概念与术语，却巧妙地把新的数学知识和新的数学思想融入其中，既联系中学数学又高于中学数学，既有一定的困难又非高不可攀，其中有许多回味无穷、令人陶醉的好题目. 通过对这些问题的求解与探讨，学习数学、发现数学、运用数学、理解数学的思想，进而提高大学生对数学问题、数学知识、数学思想、数学方法的鉴赏水平.

综上所述，数学竞赛的教育价值是毋庸置疑的. 但是，事物都有两面性，凡事超过了一定的度，则会走向其反面. 最近一段时间，各种媒体对数学竞赛批评的较多，笔者认为这并不是数学竞赛本身的错，而是由于我们给数学竞赛挂上太多的"功利"符号，如升学、办班、诺贝尔奖、菲尔兹奖等，这就超出了教育的范畴. 为数学竞赛"松绑"，让数学竞赛回归"自然"，回归到科学的发展轨道上来，才是我们的正确选择.

1.5　数学竞赛与竞赛数学

纵观历届 IMO 参赛国数、选手人数的统计资料（表 1-5-1），可以看出，IMO 发展迅速，已成为当今数学教育中的一股潮流. 1980 年国际数学教育委员会成立了国际数学奥林匹克委员会作为其下属的一个专业委员会，这在组织机构上保证了 IMO 的正常进行，也使得关于 IMO 及数学竞赛的研究成为数学教育研究中的一个重要课题.

表 1-5-1　历届 IMO 东道主及团体总分前三名统计表

届数	年份	东道主 （国家或地区）	第一名	第二名	第三名	参加队数 和人数
1	1956	罗马尼亚	罗马尼亚	匈牙利	捷克斯洛伐克	7 队 52 人
2	1960	罗马尼亚	捷克斯洛伐克	匈牙利、罗马尼亚（并列）		5 队 40 人

续表

届数	年份	东道主 （国家或地区）	第一名	第二名	第三名	参加队数 和人数
3	1961	匈牙利	匈牙利	波兰	罗马尼亚	6 队 48 人
4	1962	捷克斯洛伐克	匈牙利	苏联	罗马尼亚	7 队 56 人
5	1963	波兰	苏联	匈牙利	罗马尼亚	8 队 64 人
6	1964	苏联	苏联	匈牙利	罗马尼亚	9 队 72 人
7	1965	民主德国	苏联	匈牙利	罗马尼亚	10 队 80 人
8	1966	保加利亚	苏联	匈牙利	民主德国	9 队 72 人
9	1967	南斯拉夫	苏联	民主德国	匈牙利	13 队 99 人
10	1968	苏联	民主德国	苏联	匈牙利	12 队 96 人
11	1969	罗马尼亚	匈牙利	民主德国	苏联	14 队 112 人
12	1970	匈牙利	匈牙利	民主德国、苏联（并列）		14 队 112 人
13	1971	捷克斯洛伐克	匈牙利	苏联	民主德国	15 队 115 人
14	1972	波兰	苏联	匈牙利	民主德国	14 队 107 人
15	1973	苏联	苏联	匈牙利	民主德国	16 队 125 人
16	1974	民主德国	苏联	美国	匈牙利	18 队 140 人
17	1975	保加利亚	匈牙利	民主德国	美国	17 队 135 人
18	1976	奥地利	苏联	英国	美国	19 队 141 人
19	1977	南斯拉夫	美国	英国	苏联	21 队 155 人
20	1978	罗马尼亚	罗马尼亚	美国	英国	22 队 162 人
21	1979	英国	苏联	罗马尼亚	联邦德国	23 队 166 人
22	1981	美国	美国	联邦德国	英国	27 队 183 人
23	1982	匈牙利	联邦德国	苏联	民主德国、美国	30 队 119 人
24	1983	法国	联邦德国	美国	匈牙利	32 队 186 人
25	1984	捷克斯洛伐克		保加利亚	罗马尼亚	34 队 192 人
26	1985	芬兰	罗马尼亚	美国	匈牙利	38 队 209 人
27	1986	波兰	美国、苏联（并列）		联邦德国	37 队 210 人
28	1987	古巴	罗马尼亚	联邦德国	苏联	42 队 237 人
29	1988	澳大利亚	苏联	中国、罗马尼亚（并列）		49 队 268 人
30	1989	联邦德国	中国	罗马尼亚	苏联	50 队 291 人
31	1990	中国	中国	苏联	美国	54 队 308 人
32	1991	瑞典	苏联	中国	罗马尼亚	56 队 318 人

届数	年份	东道主（国家或地区）	第一名	第二名	第三名	参加队数和人数
33	1992	俄罗斯	中国	美国	罗马尼亚	60 队 322 人
34	1993	土耳其	中国	德国	保加利亚	73 队 413 人
35	1994	中国香港	美国	中国	俄罗斯	69 队 385 人
36	1995	加拿大	中国	罗马尼亚	俄罗斯	73 队 412 人
37	1996	印度	罗马尼亚	美国	匈牙利	75 队 426 人
38	1997	阿根廷	中国	匈牙利	伊朗	82 队 460 人
39	1998	中国台湾	伊朗	保加利亚	匈牙利、美国（并列）	
40	1999	罗马尼亚	中国、俄罗斯（并列）		越南	81 队 453 人
41	2000	韩国	中国	俄罗斯	美国	82 队 469 人
42	2001	美国	中国	俄罗斯、美国（并列）		83 队 473 人
43	2002	英国	中国	俄罗斯	美国	84 队 429 人
44	2003	日本	保加利亚	中国	美国	82 队 457 人
45	2004	希腊	中国	美国	俄罗斯	84 队 486 人
46	2005	墨西哥	中国	美国	俄罗斯	92 队 512 人
47	2006	斯洛文尼亚	中国	俄罗斯	韩国	90 队 498 人
48	2007	越南	俄罗斯	中国	越南、韩国（并列）	95 队 520 人
49	2008	西班牙	中国	俄罗斯	美国	103 队 549 人
50	2009	德国	中国（221）	日本（212）	俄罗斯（203）	104 队 565 人
51	2010	哈萨克斯坦	中国（197）	俄罗斯（169）	美国（168）	98 队 517 人
52	2011	荷兰	中国（189）	美国（184）	新加坡（179）	101 队 564 人
53	2012	阿根廷	韩国（209）	中国（195）	美国（194）	100 队 548 人
54	2013	哥伦比亚	中国（208）	韩国（204）	美国（190）	97 队 527 人
55	2014	南非	中国（201）	美国（193）	台湾（192）	101 队 560 人

　　历届 IMO 试题、IMO 备选题及各个国家（地区）不同层次的竞赛题和训练题，浩若烟海，内容丰厚．由这些竞赛题所代表的是一种特殊的数学——竞赛数学．其主要研究对象是数学竞赛命题与解题的规律和艺术．其知识范围大致为：代数（数列、不等式、多项式、函数方程）、平面几何、数论、组合．但是有些试题往往同时涉及几个学科的知识，互相交叉，难以细分，因此只能给出一个比较粗糙的分类．第 1~55 届 IMO 除第 2、4 届为 7

题外，其他各届均为 6 题，共 332 道题，为说明问题方便，让我们先来看统计数据（表 1-5-2）.

表 1-5-2　第 1~55 届 IMO 试题内容分类统计表

题数 \ 内容 \ 届次	代数							几何		数论	组合	
	恒等变形	代数方程	数列	不等式	多项式	函数方程	矩阵	平面几何	立体几何	初等数论	组合数学	组合几何
1~25	4	15	10	15	3	6	1	35	19	20	9	15
26~55	0	0	7	15	5	17	0	52	0	38	29	17
1~55	4	15	17	30	8	23	1	87	19	58	38	32
总计	98							106		58	70	

由表 1-5-2 可以看出数学竞赛命题的内容，它已涉及从传统数学到现代数学的各个领域. 为了更清晰地看出数学竞赛命题的内容和发展趋势，我们再对第 26~55 届 IMO 试题的知识分布情况进行更详细的统计（表 1-5-3）.

表 1-5-3　近 30 年第 26~55 届 IMO 试题内容分类统计表

题号 \ 内容 \ 届次	代数				几何	数论	组合	
	数列	不等式	多项式	函数方程	平面几何	初等数论	组合数学	组合几何
26	6		3		1, 5	2, 4		
27				5	2, 4	1		3, 6
28		3		4	2	6	1	5
29		4		3	1, 5	6	2	
30					2, 4	5	1, 6	3
31				4	1	3	2, 5	6
32	6				1, 5	2	3, 4	
33		5		2	4	1, 6	3	
34			1	5	2, 4	3, 6		
35				5	2	3, 4	1, 6	
36	4	2			1, 5	6		3
37	6			3	2, 5	4	1	
38		3			2	5	4, 6	1
39				6	1, 5	3, 4	2	
40		2		6	5	4		1, 3

题号 \ 内容 \ 届次	代数				几何	数论	组合	
	数列	不等式	多项式	函数方程	平面几何	初等数论	组合数学	组合几何
41		2			1, 6	5	4	3
42		2			1, 5	6	3, 4	
43				5	2, 6	3, 4	1	
44		5			3, 4	2, 6	1	
45		4	2		1, 5	6		3
46		3			1, 5	2, 4	6	
47		3	5		1	4		2, 6
48		1	6		2, 4	5	3	
49		2		4	1, 6	3	5	
50	3			5	2, 4	1	6	
51	6			1	2, 4	3	5	
52				3	6	1, 5	4	2
53		2		4	1, 5	6	3	
54				5	3, 4	1		2, 6
55	1				3, 4		2, 5	6
总计题数	7	15	5	17	52	38	29	17

注：表中的数字除合计栏外是题目的序号

由表 1-5-2、表 1-5-3 不难看出 IMO 命题呈现以下规律：

1）在 IMO 刚兴起阶段，所选试题都是各参赛国中学数学共有的内容，如代数、平面几何、立体几何等，但现在很难划定共有的部分，因为许多参赛国家进行了课程改革，内容发生了变动. 近 30 年来 IMO 的内容的深度、广度和试题的难度都有了较大的提高，难度较小的有固定模式可循的常规题目，如恒等变形和代数方程消失了，繁难的立体几何问题消失了，属于大学数学课程的矩阵试题消失了，而数列、不等式、多项式、函数方程、平面几何、数论、组合等方面的问题，出现的频率较高，这说明命题一方面提高了 IMO 问题的难度，另一方面又尽力避免超出中学生的知识范围，而在试题的创造性、灵活性等方面做文章.

2）代数是学好数学的重要基础，也是 IMO 考查的重点内容之一. 近 30 届 IMO 共 180 道题，代数题有 44 道，约占 24%，而且数论问题、组合问题、几何不等式和极值问题常常要综合运用代数方面的知识（如恒等变形、不等式等），因此，代数题是 IMO 中分量很重的一部分．在近 30 年 IMO 中，内容较浅的解方程、恒等变形消失了，而数列、不等式、函数方程、多项式的内容出现频率较高，这些领域正是目前中学中的薄弱环节，同时也是初等数学中技巧性最强、最能让学生发挥创造性的领域，可以预料这一趋势将维持下去．另外，代数与几何绝对分离的局面早已被打破，代数与几何相联系（如第 32 届第 1 题），数与形相结合（如第 29 届第 4 题），可能更明显地在今后 IMO 中出现，这也是数学的发展在 IMO 中的体现．著名数学家拉格朗日曾指出："代数与几何在它们各自的道路上前进的时候，它们的进展是缓慢的，应用也很有限．但当这两门学科结合起来后，它们各自从对方吸取新鲜的活力．从此，便以很快的速度向着完美的境地迅跑．"

3）20 世纪五六十年代的"新数学运动"，曾经有人喊"打倒欧几里得"，世界各国纷纷减弱平面几何教材的内容，欧几里得在中学里的地盘越来越小，但平面几何在 IMO 中的地位却一直没有被动摇．近 30 年来，每届 IMO 中至少有一道平面几何题，有时甚至两道，共计 52 道，约占 29%．这是因为，一方面几何图形给各种抽象的问题提供了生动直观的图像；另一方面，几何又有严谨的逻辑结构，可以提供一系列难易程度不同的问题，在培养学生逻辑推理能力方面，起重要作用．爱因斯坦说过："如果欧几里得未能激起你少年时代的热情，那么你就不是一个天生的科学家、思想家．"每届 IMO 试题的难度可分为：A 级（最难题）、B 级（中等）、C 级（较易），其中 C 级题基本上是常规平面几何题，比较容易，B、C 级题常常脱离常规而变为共点、共线、共圆、位似、几何不等式、极值、轨迹、存在性等内容，强调运动、变化、变换等观点，难度也就随之提高了．例如，第 26 届第 5 题，第 30 届第 2 题，第 31 届第 5 题等．但考查的也大都是基本功，估计这个命题方向在几年内不会有太大的变化.

4）近 30 届 IMO 中，每届至少有一道数论题，第 26 届、33 届、34 届、35 届、39 届、43 届、44 届、46 届、52 届各有 2 道，共计 38 道，约占 21%．IMO 中的数论题大多为 A 级、B 级，即难度较大．1990 年在北京举行的第 31 届 IMO，6 道试题中，竟有 5 道与数论有关，以至有人戏称这一年为"数论年"．IMO 中的数论题除了考查常见的数论知识以外，着重考查富于创造性、灵活性的方法、技巧，如排序、估计、极端、归纳、构造、递降、反证、奇偶分析、特殊化、一般化等.

5）组合是 IMO 中的又一热门专题．近 30 届 IMO 中，除第 26、34 届外，每届至少有一道组合题，第 27 届、28 届、32 届、35 届、40 届、41 届、42 届、47

届、54 届各有 2 道组合题，第 30 届、31 届、38 届、55 届各有 3 道组合题，共计 46 道（其中组合几何 17 道），约占 26%. IMO 中的组合题大多较难. 这是因为组合问题的特点是涉及的知识较少而包含的技巧较强，理解和解决这类问题往往不需要很多专门的数学知识，而发现解法却相当困难，没有固定的模式可套，它要求学生自己探索、尝试，通过观察、思考，利用归纳、类比、特殊化、一般化，发现规律，找到解决问题的门径，这恰是数学奥林匹克试题所应有的风格.

对比 1986 ~ 2014 年 CMO 中国数学奥林匹克（表 1-5-4）可以看到，CMO 内容与 IMO 相似，难度与 IMO 相接近，技巧也可与 IMO 相媲美，体现了 IMO 的风格与热点.

表 1-5-4　1986 ~ 2014 年 CMO 试题内容分类统计表

年份＼内容（题号）	代数					几何		数论	组合	
	数列	极值	不等式	多项式	函数方程	平面几何	立体几何	数论	组合数学	组合几何
1986		1, 3				2, 4			5	6
1987		6		1			5		3	2, 4
1988	3	1, 4				2	5			
1989		2			6	4			1, 3	5
1990					3	1		2, 4		6
1991		5			2	1		4		3, 6
1992	6	2		1		4			3	5
1993	2				6		1, 3	4, 5		
1994			4		3			6	2, 5	
1995			1, 3, 5		2			4	6	
1996		5			3	1, 6		6		2, 4
1997		1, 6				2, 4		3, 5		
1998		2, 6				1, 5		4	3	
1999	1			5	2			4	3, 6	
2000	2					1		5	3, 4, 6	
2001						1		4, 6	2, 3, 5	
2002		2				1, 4		6	3, 5	
2003			3, 6			1		4	2, 5	
2004	2, 4	5						6		3
2005		1, 4				2		6		3, 5
2006		1, 5				4		3	2, 6	
2007	5	1				4		2, 6	3	
2008		3						4, 6	2	5

续表

年份＼题号＼内容	代数				几何		数论	组合	
	数列	极值 不等式	多项式	函数方程	平面几何	立体几何	数论	组合数学	组合几何
2009		4			1		2，6		3，5
2010	2	3			1		6	4，5	
2011		1，5			2		6	3，4	
2012	3	4			1		5	2，6	
2013（1）		3			1		2，5，6	4	
2013（2）				3	1		4	2，5，6	
2014	6	1			2		4	3，5	
总计题数	7	20	4	8	20	5	19	20	11

　　IMO 所涉及的内容，走过了一段从古典传统到现代化的路程. IMO 以传统的初等数学内容为起点，逐步加深难度，不断淘汰一些较陈旧的传统内容，同时挖掘传统内容精华并加以改造，注入新的表现形式，用新的数学思想和方法重新处理，并逐步增加近现代数学内容，渗透近现代数学的思想和观点. 目前，IMO 命题的内容已稳定在代数（数列、不等式、多项式、函数方程）、几何、数论、组合等方面，但仅仅掌握试题所涉及的数学知识，学会一些解题技巧，对付 IMO 是远远不够的，而要求选手具有一定的创造能力、灵活分析问题的能力和一定的数学机智，赛题往往形式活泼、别具风格，虽然可以用中学数学的知识解答，但问题本身又往往有深刻的思想和背景，它最能代表竞赛数学. 但是我们也不能简单地把上述知识拼凑起来，就理解为竞赛数学，而应该从创造性地应用这些知识进行命题与解题的研究中把握竞赛数学的特征和教育价值.

　　"奥林匹克数学不是大学数学，因为它的内容并不超过中学或中学生所能接受的范围"（单墫，1992a），它所涉及的问题大多可用较初等的方法解决，它又服务于培养数学奥林匹克选手，服务于并服从于数学奥林匹克的发展；"它也不是中学数学，因为它有许多大学数学的背景，采用了许多现代数学思想和方法"（单墫，1992a）.

　　这是一种大学数学的深刻思想与中学数学的精妙技巧相结合的"中间数学"，它起着联系中学数学与大学数学的作用，众多的现代数学知识、方法和思想，通过这座管道源源不断地输入中学数学，深化和延伸了中学数学，是中学数学现代化的一股重要动力和源泉.

1.6　竞赛数学的文献分析

　　我国自 1986 年正式参加 IMO 并取得优异成绩以来，国内掀起了研究竞赛数学的热潮，参与研究的人员包括著名数学家、大学教授和中学教师，在《自然杂志》、《教育研究》、《数学通报》、《数学教育学报》、*Mathematics Competitions*、《中等数学》、《数学竞赛》、《数学通讯》、《中学数学》及大学学报上发表论文（译作）40 余篇，出版专著 9 部及以 IMO 试题与解答为龙头的国内外数学奥林匹克题解 70 余本，国际上出版相关的英文图书 60 余本.

　　这些文献资料构成可分为 4 类.

　　1）关于国内外数学竞赛试题与解答.

　　美国数学家哈尔莫斯（Halmos）说："数学的真正组成部分是问题和解."问题与解答是竞赛数学存在的基本形式. 对数学竞赛问题与解答的研究主要涉及问题的分类、结构、求解和评价.

　　100 多年的数学竞赛实践积累了数量丰富、质量上乘的问题，它们的结构及其变化反映了数学奥林匹克的演变，同时它们也是确定数学竞赛的内容、方法与意义的依据.

　　这部分成果基本可以划分成三类：

　　第一类是关于 IMO 试题与解答的研究. 如国内学者常庚哲主编的《国际数学奥林匹克（IMO）三十年（1959—1988 试题集解）》，梅向明主编的《国际数学奥林匹克 30 年》，中国数学普及工作委员会编的《第 26 届国际数学奥林匹克》，中国科协青少部编译的《国际数学奥林匹克竞赛题及解答（1978—1986）》，第 31 届 IMO 选题委员会编的《第 31 届国际数学竞赛试题、备选题及解答》，裘宗沪和冷岗松主编的《国际数学奥林匹克试题 解答 成绩 No. 1 ~ 46》，刘培杰主编的《历届 IMO 试题集 1959 ~ 2005》，熊斌和田廷彦编著的《国际数学奥林匹克研究》，美国学者 Greitzer 的 *International Mathematical Olympiads*：1959 ~ 1997，Klamkin 的 *International Mathematical Olympiads*：1978 ~ 1985，Mircen Becheanu 的 *International Mathematical Olympiads*：1959 ~ 2000，Dusan Djukić 等编的 *The IMO Compendium. A Collection of Problems Suggested for the International Mathematical Olympiads*：1959 ~ 2004，还有每届 IMO 选题委员会提供的 *IMO Short—listed Problems and Solutions.* 这些著作给出

了历届 IMO 试题、备选题及解答，是进一步研究竞赛数学的权威文献.

第二类是关于世界各国数学竞赛试题与解答的研究. 如国内学者裘宗沪主编的《全国高中数学联赛试题详解》、《全国初中数学联赛试题详解》，李炯生等编译的《国际数学竞赛——100 个重要定理和竞赛数学的理论与方法》，苏淳编译的《苏联数学奥林匹克试题汇编》，张君达和朱华伟编译的《美国数学奥林匹克试题汇编》，熊斌编译的《美国数学奥林匹克试题与解答》，朱华伟编译的《美国数学邀请赛试题解答与评注》，刘裔宏等编译的《普特南数学竞赛（1938 ~ 1980)》，国外学者如匈牙利 N. 库尔沙克的《匈牙利奥林匹克数学竞赛题题解》，加拿大 K. S. Williams 等的《北美数学竞赛 100 题》，苏联Г. A. 嘎尔别林和 A. K. 托尔贝戈的《第 1 ~ 50 届莫斯科数奥林匹克》，罗马尼亚旅美学者 T. Andreescu 等编译的自 1995 ~ 2001 年每年的 *Mathematical Contests：Olympiad Problems from around the World*，*with Solutions*，奥地利数学家 Kuczma 的 144 *Problems of the Austrian—Polish Mathematics Competition 1978 ~ 1993*，澳大利亚数学家 Taylor 的 *Tournament of Towns* 1980 ~ 1984，1984 ~ 1989，1989 ~ 1993，1993 ~ 1997 等，这些著作给出了 100 多年来世界各地高水平数学竞赛的试题及解答，是研究奥林匹克数学的宝藏.

第三类是国内外数学刊物上数学问题栏中刊登的数学问题. 如美国的 *American Mathematical Monthly*、*Mathematics Magazine*，俄罗斯的《量子》，加拿大的 *Crux Mathematicorum* 等，这些问题大多出自名家之手，有较高的质量.

2）关于数学竞赛解题的理论与实践.

如国内学者单墫的《数学竞赛研究教程》、《解题研究》，常庚哲等的《中学数学竞赛导引》，冷岗松的《高中数学竞赛解题方法研究》，朱华伟和钱展望的《数学解题策略》等，美国学者 L. C. Larson 的《通过问题学解题》，Zeitz 的 *The Art and Craft of Problem Solving*，A. Lozansky 等的 *Winning Solutions*，德国 Arthur Englel 的 *Problem—Solving Strategies*，T. Andreescu 等的 *Mathematical Olympiad Challenges*，Terence Tao 的 *Solving Mathematical Problems* 等，这些著作分别从不同角度系统地研究了竞赛数学解题的理论、方法与技巧.

3）关于竞赛数学的基本特征.

北京师范大学孙瑞清教授等提出奥林匹克数学的基本特征是：基础性、创造性、发展性、高难性、激励性（孙瑞清和胡大同，1994).

陕西师范大学罗增儒教授提出竞赛数学的特征是：中间数学（中学数学与大学数学之间、学校数学与前沿数学之间、严肃数学与趣味数学之间)、研究数学（内容的新颖性、方法的创造性、问题的研究性）、艺术数学（构题的趣味性、解法的技巧性）、教育数学（罗增儒，2001）.

笔者曾在 1995 年提出奥林匹克数学的基本特征是：内容的广泛性、命题的新颖性、解题的创造性、问题的研究性（朱华伟，1996）.

上述观点主要是从研究竞赛数学问题与解题的角度出发提出的，而忽视了学习这门课程的对象是师范院校的学生，这门课程应着眼于数学竞赛的发展，服务于未来的中学数学教师，着眼于培养未来的数学竞赛教练. 经过近几年的研究与实践，作者认为竞赛数学课程的基本特征应为：开放性、趣味性、创造性、新颖性、研究性.

4）关于竞赛数学的命题.

浙江教育学院戴再平教授提出了数学竞赛命题原则：适应性、灵活性、科学性、难度适当、避免陈题及 4 种命题方法（戴再平，1989）：

（1）创造. 不少新颖的数学竞赛题来自作者对客观世界的精心观察，然后提炼为数学问题，或者来自作者在数学研究中的领悟和发现.

（2）移用. 将某些高等数学中简单的命题或是鲜为人知的初等数学命题（这种陈题也要慎用）直接移用作为数学竞赛试题.

（3）驾驭. 从高等数学中的某些思想、原理、命题出发，高屋建瓴、以高驭初，派生出一些初等的命题.

（4）变形. 利用陈题通过各种方法加以变形，使陈题一改旧貌，由此构造出有新意的题目来.

① 纵向变形：将一个成题加以深化或推广.

② 横向变形：通过改造成题的形式，或用类比的方法构造新题.

③ 逆向变形：将原题的条件和结论全部互换或部分互换，从而得到新题.

④ 综合变形：运用多种变形方法，以构造新题.

首都师范大学张君达和吴建平认为，数学奥林匹克的命题原则主要包括科学性原则、适应性原则、选拔性原则（这主要体现在试题的客观性与试题的难度、区分度等方面）、发现性原则.

命题的方法有以下几种（张君达和吴建平，1990）：

（1）引自知识点，设置问题的障碍.

（2）改造原有题目——变形、引申、推广.

（3）构造模型，生成试题. 命题者通过推理论证得到一个概括的结果，然后加以演绎、降维、浅化，从而生成一类试题.

（4）移植科研成果，生成试题. 将数学研究成果，特别是初等结论直接或稍加改造后生成试题是当前世界各国命题的趋势之一.

中国科学技术大学杜锡录教授指出，纵观最近国内外数学竞赛题，其命题方法大致有三个方面：① "引进"，即从高等数学的一些概念、定理及命题出发，经过适当的变化而得，这是设计一些新题的有力手段. ② "变形"，即从一些陈题出发，加以变形而为之. ③ "推广"，也是从一些陈题出发，经过推广，变形成一般的情况或者是相反的情况（杜锡录，1987）.

中国科学技术大学常庚哲教授认为命题有两种途径：第一是将已有的题目认真剖析，然后作实质性的推广，这里所说的实质性的推广是指非平凡的推广，不能仅仅是改头换面；第二是来自自己的科学研究，因为大多高级的数学研究，总会包含着初等的等式、不等式以及其他的数学结论（常庚哲，1988）.

加拿大著名数学奥林匹克教练 M. S. Klamkin 指出：

为了 "安全"，题目（指竞赛题）应当是新的，或者是将某些不那么新的数学论文中的漂亮结果加以改造的.

我们应当 "站在问题的背后"，通过问题的解答来研究问题本身，并问问自己：这个解法是否真正触及了问题的本质？从数学上来说，一个要点是：检查一下问题的条件对于结果而言是否必要？此外即使我们的解法正确，还可能有而且通常确实有更好的观察这一问题的方法，使得结果和证明更加清楚，并且得到某些推广.

第 30 届 IMO 组委会主席 Engel 教授（1988）指出：

"创造一个问题比解决一个问题远为困难，创造问题几乎没有什么一般的准则. 据我所知，在命题者的行列中，还没有一个 Polya 写出过一本名叫《怎样命题》的书籍.

设想你遇到一个困难问题，你应该把它看成一个容易的题目，先解决这个问题，进而得出那个难题的解答.

命题者通常是遵循相反的路线：从一个容易的问题开始，把它转化为一个较难的问题，把这个问题交给那些解题选手来做.

我不认为由这种模式产生出来的问题是特别好的题目，大多数的好题目来自于对已知结果的推广、特殊化及微小的改变，这至少是我为 IMO 以及德国的数学竞赛提供题目时采取的路线. 在人的一生中，灵感的火花的冲击不过是有数的几次，所以这是命题工作不可靠的来源."

　　笔者认为数学奥林匹克的命题原则主要包括 5 条：科学性原则（叙述的严谨性、条件的恰当性、结论的可行性）、新颖性原则、选拔性原则、能力性原则、界定性原则．命题方法主要有 5 种：演绎深化、直接移用、改造变形（同构变形、简化变形、易位变形、类比变形、增加条件、减少条件）、陈题推广（从低维到高维的推广、从特殊向一般的推广）、构造模型．

第 2 章
竞赛数学的基本特征

重大的科学发现，同解答一道好的奥林匹克试题的区别，仅仅在于解一道奥林匹克试题需要花 5 小时，而取得一项重大科研成果需要花费 5000 小时.

——B·狄隆涅

竞赛数学形成于数学竞赛活动，在这样的背景中形成的竞赛数学的知识形态是很特殊的，它不具备完整的知识体系和严密的逻辑结构，但又具有相对稳定的内容，通过问题和解题将许多具有创造性、灵活性、探索性和趣味性的知识、方法综合在一起，这就决定了这门学科的主要研究对象是竞赛数学命题与解题的规律和艺术，并且具有不同于其他数学课程的许多特征.

2.1　开　放　性

从系统的角度看，只有开放的系统才有信息的交换和转换，系统才能由较低级的结构转变为较高级的结构，即系统进入有序状态. 同样，竞赛数学也是一个系统，它只有开放才能形成可持续的发展.

竞赛数学通过一个个千姿百态的问题和机智巧妙的解法，横跨传统数学与现代数学的各个领域，与代数、几何、数论、组合、中学数学、趣味数学等保持着密切而自然的联系，但又不同于这些学科系统的专门研究，它可以随时吸收有趣味的、富有灵活性和创造性而又能为选手接受的问题，而不受研究对象的限制，因此这门学科比其他学科的内容更为开放.

竞赛数学包含了传统数学的精华. 数学历史上的著名问题，是历代数学大师的光辉杰作，是人类文明的宝贵财富，它们以别致、独到的构思，新颖、奇巧的方法和精美、漂亮的结论，使人赏心悦目、流连忘返．由于种种原因，今天学校的课堂教学，没能提供机会让青少年学生接触这笔丰富的遗产，而竞赛数学继承和发扬了这笔丰富的遗产．这既表明了命题者的主观倾向，又体现了那些传统名题的教育价值．

初等几何中的欧拉关于多边形剖分问题(1937 年第 3 届莫斯科 MO)、斯坦纳用平面分割空间问题(第4届莫斯科 MO)、欧拉(察帕尔)定理(第4届IMO)、莫利定理(1982 年上海市数学竞赛)、九点圆问题(第29 届 IMO 预选题)、费马问题(第30 届 IMO 预选题)，代数学中的排序不等式(1959 年第 22届莫斯科 IMO)、Weitzenbock 不等式(第3 届 IMO)、切比雪夫不等式(波兰1963～1964年数学竞赛)、Aczel 不等式(1988 年数理化通讯赛面试)、拉盖尔(Laguerre)不等式(第 27 届 IMO 中国国家集训队选拔考试)、Oppenheim 不等式(第29 届 IMO 中国国家集训队选拔考试)、Polajnar 不等式(1990 年 CMO 选拔考试)，数论中的欧拉关于 2^n 的表示问题(1985 年第 48 届莫斯科 MO)等都曾被作为各种大赛的试题．

更为常见的是将"名题"改造变形、雕琢之后出现在数学奥林匹克之中，如著名的费尔马大定理.

当 $n \geqslant 3$ 时，法国数学家费尔马猜测方程

$$x^n + y^n = z^n.$$

没有非零整数解．这是一个闻名于世的数学难题，从 1637 年费尔马提出这个猜测，到1993 年 6 月 23 日美国普林斯顿大学教授、英国数学家安德鲁·威尔斯在剑桥大学牛顿数学研究所宣布证明了费尔马大定理，这个问题困扰数学界长达 300 多年之久．但对费尔马大定理的一些特殊问题，通过恒等变形、估计、奇偶分析、同余、无穷递降法等可以判定不定方程的整数解是否存在，因而命题者常常在此涉足．

【题 2.1.1】　（1909 年匈牙利数学竞赛）在三个连续的自然数中，最大的数的立方不可能等于其他两个数的立方和.

【题 2.1.2】　（1958 年莫斯科数学奥林匹克）试求下列方程的正整数解：
$$x^{2y} + (x+1)^{2y} = (x+2)^{2y}.$$

【题 2.1.3】　（1963 年莫斯科数学奥林匹克）求证：如果 $x+y$ 为素数，则对奇数 n，方程 $x^n + y^n = z^n$ 不可能有整数解.

【题 2.1.4】　（1972 年加拿大数学奥林匹克）求证：方程 $x^3 + 11^3 = y^3$ 无整数解.

【题 2.1.5】　（1980 年英国数学竞赛）设 $n > 1$，求证：不存在整数 x，

y，z 使 $0 < x \leqslant n$，$0 < y \leqslant n$ 满足方程 $x^n + y^n = z^n$.

【题 2.1.6】 （1996 年爱尔兰数学奥林匹克）设 p 为素数，且 w，n 为整数使得 $2^p + 3^p = w^n$. 证明：$n = 1$.

有些"名题"结构简洁优美，叙述方便，并为参赛者所熟悉，竞赛数学中常常以此为基本素材，构造、演化出一些新的题目. 如斐波那契（Fibonacci）数列就是一个典型例子. 以下 13 题都是以此为素材创造出的赛题.

【题 2.1.7】 （第 22 届 IMO 第 3 题）设 m、$n \in \{1, 2, \cdots, 1981\}$，并且满足 $(n^2 - mn - m^2)^2 = 1$. 试确定 $m^2 + n^2$ 的最大值.

【题 2.1.8】 （第 22 届 IMO 备选题）设 $\{f_n\}$ 为斐波那契数列 $\{1, 1, 2, 3, 5, \cdots\}$.

（1）求出所有的实数对 (a, b)，使得对于每一个 n，$af_n + bf_{n+1}$ 为数列 $\{f_n\}$ 中的一项.

（2）求出所有的正实数对 (u, v)，使得对每一个 n，$uf_n^2 + vf_{n+1}^3$ 为数列 $\{f_n\}$ 中的一项.

【题 2.1.9】 （1983 年英国数学奥林匹克）对于斐波那契数列 $\{f_n\}$，证明：有唯一一组正整数 a，b，m，使得 $0 < a < m$，$0 < b < m$，并且对一切整数 n，$f_n - anb^n$ 都能被 m 整除.

【题 2.1.10】 （第 24 届 IMO 备选题）一个 990 次幂的多项式 $P(x)$ 满足 $P(k) = f_k$，$k = 992, 993, \cdots, 1982$，其中 f_k 为斐波那契数列. 求证：$P(1983) = f_{1983} - 1$.

【题 2.1.11】 （第 26 届 IMO 备选题）设 $a_0 = a_1 = 1$，对所有 $n \geqslant 1$，$a_{n+1} = 7a_n - a_{n-1} - 2$. 求证：对所有 $n \geqslant 0$，数 $2a_n - 1$ 是一个平方数.

【题 2.1.12】 （第 30 届 IMO 训练题）正方形的边长为斐波那契数列的项 1，1，2，3，5，$\cdots$，按下面的方式螺旋形地铺在平面上. 将 1×1 的正方形放在 xOy 平面的第一象限，一个顶点作为原点，另一个 1×1 的正方形放在它的上面组成一个 2×1 的矩形. 将 2×2 的正方形放在它们右边组成一个 2×3 的矩形. 将 3×3 的正方形放在它们下面组成一个 5×3 的矩形. 将 5×5 的正方形放在它们左面组成 5×8 的矩形，如此继续下去.

（1）证明这些正方形中有无限多个的中心在一条直线上.

（2）其余的中心落在什么曲线上，这曲线与（1）中直线有什么关系？

【题 2.1.13】 （第 31 届 IMO 预选题）P 为一个平行四边形，它的四个顶点分别为 $(0, 0)$，$(0, t)$，(tF_{2n+1}, tF_{2n})，$(tF_{2n+1}, tF_{2n} + t)$，设 L 是 P 的内部的整点的个数，M 是 P 的面积 $t^2 F_{2n+1}$.

（1）求证：对任意整点 (a, b)，存在唯一的一对整数 j，k，使得

$$j(F_{n+1}, \ F_n) + k(F_n, \ F_{n-1}) = (a, \ b) ;$$

（2）利用（1）或其他方法证明：

$$\left| \sqrt{L} - \sqrt{M} \right| \leq \sqrt{2} ,$$

式中，F_k 为斐波那契数. 可以不加证明地使用关于斐波那契数的恒等式.

【题 2.1.14】 （第 5 届友谊杯国际数学竞赛题）若 $F_1, F_2, \cdots$ 及 $L_1,$ $L_2, \cdots$ 为斐波那契序列和吕卡序列，试证明，对任意两个自然数 n 和 p，关系式

$$\left(\frac{L_n + \sqrt{5} F_n}{2} \right)^p = \frac{L_{np} + \sqrt{5} F_{np}}{2}$$

成立.

注：吕卡序列定义：$L_1 = 1$，$L_2 = 3$，$L_{n+1} = L_n + L_{n-1}(n = 2, 3, 4, \cdots)$.

通项公式为 $L_n = \alpha^n + \beta^n$，式中，$\alpha = \dfrac{1 + \sqrt{5}}{2}$，$\beta = \dfrac{1 - \sqrt{5}}{2}$.

【题 2.1.15】 设 $x_1 = x_2 = 1$，$x_3 = 4$，对所有 $n \geq 1$，

$$x_{n+3} = 2x_{n+2} + 2x_{n+1} - x_n .$$

求证：对所有 $n \geq 1$，x_n 是一个完全平方数.

【题 2.1.16】 （1991 年全国高中数学联赛）设 a_n 为下述正整数 N 的个数：N 的各位数字之和为 n，且每位数字只能取 1，3 或者 4. 求证：a_{2n} 是完全平方数.

【题 2.1.17】 已知 $a_1 = a_2 = 1$，$a_{n+2} = \dfrac{a_{n+1}^2 + (-1)^{n-1}}{a_n}$，求证：对一切 $n \in \mathbf{N}$，a_n 都是正整数.

【题 2.1.18】 斐波那契数列由递推关系

$$a_1 = a_2 = 1, \qquad a_{k+2} = a_{k+1} + a_k, \qquad k = 1, 2, \cdots \qquad (2.1.1)$$

确定. 证明：每个正整数都可以表示成数列(2.1.1)中不同项的和，并且任意两个被加数都不是数列中的相邻项.

【题 2.1.19】 设正整数 $k > 1$，$a_0 = 4$，$a_1 = a_2 = (k^2 - 2)^2$ 且对所有的 $n \geq 2$，

$$a_{n+1} = a_n a_{n-1} - 2(a_n + a_{n-1}) - a_{n-2} + 8 ,$$

求证：对所有的正整数 n，$2 + \sqrt{a_n}$ 是完全平方数.

至于在解题中用到"名题"（如平面几何中的梅涅劳斯定理、塞瓦定理、托勒密定理、西姆松定理、费马点、等周问题、厄尔多斯-莫德尔（Erdös-Mordell）定理等）或传统的思想方法的例子（如无穷递降法）更是不胜枚举.

竞赛数学吸收了能用初等语言表达，并能用初等方法解决的高等数学中

的某些问题. 这里的问题甚至解法的背景往往来源于某些高等数学领域,渗透了高等数学中的某些内容、思想和方法. 竞赛数学又不同于这些数学领域. 通常数学往往追求证明一些概括的广泛的定理,而竞赛数学恰恰寻求一些特殊问题;通常数学追求建立一般的理论和方法,而竞赛数学则追求用特殊的方法来解决特殊问题,而不需要高深的数学工具,这些问题往往可以从思考角度、理解方法和解题思路方面推出一种广义的认识.

凸函数在现代数学的许多方面起着重要的作用,它有很多性质和结果,几乎包括了中学数学中大多数重要的函数,竞赛数学中的许多不等式问题与凸函数中的琴生不等式有关.

【题 2.1.20】 (1897 年匈牙利数学竞赛试题)证明:如果 α,β,γ 是任意三角形的三个内角,那么

$$\sin\frac{\alpha}{2}\sin\frac{\beta}{2}\sin\frac{\gamma}{2} < \frac{1}{4}.$$

事实上,三个半角的正弦积满足更强的不等式

$$\sin\frac{\alpha}{2}\sin\frac{\beta}{2}\sin\frac{\gamma}{2} \leqslant \frac{1}{8}. \tag{2.1.2}$$

而不等式(2.1.2)只是琴生(Jensen)不等式的一个特例. 当然(2.1.2)的证明也可以不用琴生不等式,当年参赛的一位优胜者利用平面几何中的欧拉定理给出了一个简单的证明(库尔沙克,1979). 另外,还可以用调整的思想给出证明.

【题 2.1.21】 (1898 年匈牙利数学竞赛试题)在什么三角形中,其角的正弦之和达到最大值? 这里的实质是要证明不等式

$$\sin x_1 + \sin x_2 + \sin x_3 \leqslant 3\sin\frac{x_1 + x_2 + x_3}{3}, \tag{2.1.3}$$

式中,$x_1 + x_2 + x_3 = \pi$.

【题 2.1.22】 (苏联数学竞赛试题) 设 $0 < x_i < \pi(i = 1, 2, \cdots, n)$,证明:

(1) $\sin x_1 + \sin x_2 + \cdots + \sin x_n \leqslant n\sin\left(\dfrac{x_1 + x_2 + \cdots + x_n}{n}\right)$; (2.1.4)

(2) $\sin x_1 \sin x_2 \cdots \sin x_n \leqslant \sin^n\left(\dfrac{x_1 + x_2 + \cdots + x_n}{n}\right)$. (2.1.5)

由于 $f(x) = -\sin x$ 在 $(0, \pi)$ 内是严格凸的,故对 $x_i \in (0, \pi)(i = 1, 2, \cdots, n)$ 有

$$\frac{\sin x_1 + \sin x_2 + \cdots + \sin x_n}{n} \leqslant \sin\left(\frac{x_1 + x_2 + \cdots + x_n}{n}\right),$$

即 （2.1.4） 式成立. 同样我们利用 $f(x) = \ln\dfrac{1}{\sin x}$ 在 $(0，\pi)$ 内的凸性，可得
（2.1.5）. 显然 （2.1.2）、（2.1.3） 分别是 （2.1.5）、（2.1.4） 的特例.

【题 2.1.23】 （第 10 届美国数学奥林匹克试题）如果 A, B, C 是三角形的三个内角，证明：

$$-2 < \sin 3A + \sin 3B + \sin 3C \leqslant \frac{3\sqrt{3}}{2}.$$

【题 2.1.24】 （第 32 届 IMO 试题）设 P 是 $\triangle ABC$ 一点，求证：$\angle PAB$，$\angle PBC$，$\angle PCA$ 至少有一个小于或等于 $30°$.

本题证法很多，其中一种证法可转化为证明三角不等式

$$\sin\angle PAB \cdot \sin\angle PBC \cdot \sin\angle PCA \leqslant \frac{1}{8}.$$

而这一不等式的证明又可通过研究 $\ln\sin x$ 在区间 $(0，\pi)$ 内的凸性获得.

【题 2.1.25】 （1967 年基辅 MO 试题）证明：不等式

$$\sin^{2n} x + \cos^{2n} x \geqslant \frac{1}{2^{n-1}}.$$

【题 2.1.26】 （1984～1986 年匈牙利数学竞赛试题）若 $a+b=1$，$a>0$，$b>0$，求证：

$$\left(a+\frac{1}{a}\right)^2 + \left(b+\frac{1}{b}\right)^2 \geqslant \frac{25}{2}.$$

可考虑更一般的命题：

$$\left(a+\frac{1}{a}\right)^q + \left(b+\frac{1}{b}\right)^q \geqslant \frac{5^q}{2^{q-1}}, \quad q>0.$$

研究函数 $f(x) = \left(x+\dfrac{1}{x}\right)^q (0<x<1)$ 的凸性.

【题 2.1.27】 （1984 年巴尔干数学奥林匹克试题）证明：对和为 1 的任意正数 α_1，α_2，$\cdots$，$\alpha_n (n \geqslant 2)$，有

$$\sum_{i=1}^{n} \frac{\alpha_i}{1-\alpha_i} \geqslant \frac{n}{n-1}.$$

【题 2.1.28】 （1989 年 CMO 试题）设 x_1，x_2，$\cdots$，x_n 都是正数 $(n \geqslant 2)$，且 $\sum_{i=1}^{n} x_i = 1$，求证：

$$\sum_{i=1}^{n} \frac{x_i}{\sqrt{1-x_i}} \geqslant \frac{\sum_{i=1}^{n} \sqrt{x_i}}{\sqrt{n-1}}.$$

【题 2.1.29】 （2006 年 CMO 试题）实数列 $\{a_n\}$ 满足：

$$a_1 = \frac{1}{2}, \qquad a_{k+1} = -a_k + \frac{1}{2-a_k}, \qquad k = 1, 2, \cdots.$$

证明：不等式

$$\left(\frac{n}{2(a_1+a_2+\cdots+a_n)} - 1 \right)^n \leqslant \left(\frac{a_1+a_2+\cdots+a_n}{n} \right)^n \left(\frac{1}{a_1} - 1 \right)$$
$$\cdot \left(\frac{1}{a_2} - 1 \right) \cdots \left(\frac{1}{a_n} - 1 \right).$$

上述 10 题都是具有琴生不等式背景的问题，但都可以用初等数学的方法给出证明．另外，具有多元函数凸性背景的问题也已出现在数学竞赛之中，但都有巧妙的初等证法．

【题 2.1.30】　（第 22 届普特南数学竞赛）已知 n 是正整数且 $x_i \in [0,1]$ $(i = 1, 2, \cdots, n)$．求 $\sum\limits_{1 \leqslant i < j \leqslant n} |x_i - x_j|$ 的最大值.

我们注意到对一个固定的值 a，$f(x) = |x-a|$ 是凸函数．所以我们如果固定 $x_2, x_3, \cdots, x_n$，则表达式是关于 x_1 的凸函数，因为它是一些凸函数的和．为了使表达式取得最大值，x_1 必须取区间的其中一个端点的值．对其他变量有同样的结论，从而当 x_i 取 0 或 1 的时候表达式取得最大值．假设它们中有 p 个为 0，$n-p$ 个为 1．则表达式的值为 $p(n-p)$．把这个值看作关于 p 的函数，我们推出当 n 是偶数时，最大值为 $n^2/4$，这时 $p = n/2$；当 n 是奇数时，最大值为 $(n^2-1)/4$，这时 $p = (n \pm 1)/2$.

【题 2.1.31】　（第 9 届美国数学奥林匹克试题）设 a,b,c 是区间 $[0,1]$ 中的数，证明：

$$\frac{a}{b+c+1} + \frac{b}{c+a+1} + \frac{c}{a+b+1} + (1-a)(1-b)(1-c) \leqslant 1.$$

考虑三元函数

$$f(a,b,c) = \frac{a}{b+c+1} + \frac{b}{c+a+1} + \frac{c}{a+b+1} + (1-a)(1-b)(1-c),$$

于是只要证明 $f(a,b,c)$ 在 $0 \leqslant a,b,c \leqslant 1$ 范围内的最大值是 1．因为 $f(a,b,c)$ 是对每一个变量的凸函数，而凸函数图像的最高点是它的端点，所以 $f(a,b,c)$ 只在 a,b,c 各取 0 或 1 时达到最大值．a,b,c 的不同取值有 $2^3 = 8$ 种，每一种取法，$f(a,b,c) = 1$，故 $f(a,b,c)$ 在 $0 \leqslant a,b,c \leqslant 1$ 上的最大值为 1（本题的初等证法见本书例 3.2.2）.

【题 2.1.32】　（第 6 届美国数学奥林匹克试题）如果 a,b,c,d,e 是以 p,q 为界的正数，即 $0 < p \leqslant a,b,c,d,e \leqslant q$．证明：

$$(a+b+c+d+e)\left(\frac{1}{a} + \frac{1}{b} + \frac{1}{c} + \frac{1}{d} + \frac{1}{e} \right) \leqslant 25 + 6\left(\sqrt{\frac{p}{q}} - \sqrt{\frac{q}{p}} \right)^2,$$

且确定何时等号成立.

函数 $f(a, b, c, d, e) = (a+b+c+d+e)\left(\dfrac{1}{a} + \dfrac{1}{b} + \dfrac{1}{c} + \dfrac{1}{d} + \dfrac{1}{e}\right)$ 是每个变量的凸函数，则 $f(a, b, c, d, e)$ 只有当 a, b, c, d, e 取端点值 p 和 q 时才能达到最大. 如果我们固定 4 个数且把第 5 个看作变量 x，则不等式左边是这种形式 $\alpha x + \beta/x + \gamma$ 的函数，式中，α，β，γ 为正数且 $x \in [p, q]$. 这个函数是一个线性函数和一个凸函数的和，它在区间 $[p, q]$ 上是凸函数，所以它在定义域区间的一个（也许两个）端点上取得最大值. 和前面一样，这表明为了使表达式取得最大值，我们只要让 a, b, c, d, e 取 p 和 q 即可.

如果 n 个数等于 p，且 $5-n$ 个数等于 q，则不等式的左边等于

$$n^2 + (5-n)^2 + n(5-n)\left(\dfrac{p}{q} + \dfrac{q}{p}\right) = 25 + n(5-n)\left(\sqrt{\dfrac{p}{q}} - \sqrt{\dfrac{q}{p}}\right)^2.$$

当 $n = 2$ 或 3 时，$n(5-n)$ 取得最大值，这时 $n(5-n) = 6$，则这个不等式已证.

连分数的理论在许多数学分支中都很有用处，十七八世纪的许多大数学家都研究过连分数，至今它仍是一个十分活跃的研究课题. 这一理论已从不同角度渗透到竞赛数学之中.

【题 2.1.33】 设 α 为有理数，证明存在一个开区间 I 含有 α，并且对每个有理数 $\beta \in I$，$\beta \neq \alpha$，β 的分母大于 α 的分母（假定分数都已写成既约分数）.

【题 2.1.34】 对给定分数 α，令 I_α 为满足题 2.1.33 中要求的、最长的区间，若 $\alpha = \dfrac{19}{90}$，求 I_α.

【题 2.1.35】 a, b 为实数，满足 $0 < a < b < 1 + a$. 证明：存在一个唯一的有理数 α，满足 $a < \alpha < b$，并且 $(a, b) \subset I_\alpha$，即每一个满足 $a < \beta < b$ 并且 $\beta \neq \alpha$ 的有理数 β，β 的分母大于 α 的分母.

【题 2.1.36】 对给定的正实数对 (a, b). 令 (a, b) 为题 2.1.35 中的 α，确定

(1) $\alpha\left(\dfrac{70}{177}, \dfrac{27}{68}\right)$；

(2) $\alpha(\sqrt{1990}, \sqrt{1991})$.

【题 2.1.37】 设计一个算法（尽可能快）计算 $\alpha(a, b)$.

以上 5 题是 1990 年首届以色列-匈牙利数学竞赛团体赛试题，这里的 5 道题实际上是一道题，一道逐步深入的长题，它的实质是用有理分数逼近无理分数，与连分数的理论有关.

【题 2.1.38】 （第 35 届莫斯科 MO 试题）设 a, b, c, d, e, f 是正整数，且 $\dfrac{a}{b} > \dfrac{c}{d} > \dfrac{e}{f}$, $af - be = 1$. 求证：$d \geqslant b + f$.

【题 2.1.39】 （第 35 届莫斯科 MO 试题）将 0 和 1 之间所有分母不超过 n 的分数都写成既约形式，再按递增顺序排成一列. 设 $\dfrac{a}{b}$ 和 $\dfrac{c}{d}$ 是其中任意两个相邻的既约分数，证明：$|bc - ad| = 1$.

【题 2.1.40】 （第 3 届美洲–西班牙数学竞赛试题）设 a, b, c, d, p, q 是互不相同的正整数，$ad - bc = 1$, $\dfrac{a}{b} > \dfrac{p}{q} > \dfrac{c}{d}$. 求证：

（1）$q \geqslant b + d$；

（2）若 $q = b + d$，则 $p = a + c$.

题 2.1.39 是关于著名的法瑞（Farry）序列问题，而题 2.1.38 和题 2.1.40 与之一脉相承. 在近代数论研究中法瑞序列是一个重要的工具，它可用来研究用有理数逼近无理数的问题. 需要指出的是，关于法瑞序列有许多性质，这些性质不加改造或稍加改造就可以拿到数学奥林匹克中充当试题. 例如，1952～1955 年匈牙利数学竞赛就有一道与法瑞序列的性质："法瑞序列中的三个连续项的中间项等于和它相邻的项的中项" 有关的试题：

【题 2.1.41】 两个坐标都是整数的点叫做平面的整点. 证明：如果三角形的顶点和整点重合，且三角形的三边不再含有其他的整点，但是在三角形内有唯一的整点，那么这个三角形的重心和这个"内部的"整点重合.

与连分数理论密切相关的另一个重要课题是佩尔（Pell）方程. 佩尔方程 $x^2 - Dy^2 = 1$（D 是正的非完全平方数）有无数多组正整数解. 设 x_1, y_1 是使 $x_1 + \sqrt{D}y_1$ 取得最小值的一组正整数解（称为最小解），则它的全部正整数解是

$$x_n = \frac{1}{2}\left[(x_1 + \sqrt{D}y_1)^n + (x_1 - \sqrt{D}y_1)^n\right],$$

$$y_n = \frac{1}{2\sqrt{D}}\left[(x_1 + \sqrt{D}y_1)^n - (x_1 - \sqrt{D}y_1)^n\right], \quad n = 1, 2, \cdots.$$

以佩尔方程为背景的赛题有日益增多的趋势，仅第 30 届 IMO 预选题 109 题中就有 3 道题是根据佩尔方程创作的. 当然它们大多有不依赖于佩尔方程的巧妙证法.

【题 2.1.42】 （1974 年匈牙利数学奥林匹克）设 n 是整数，$28n^2 + 1$ 是完全平方数，则 $2 + 2\sqrt{28n^2 + 1}$ 也是完全平方数.

依题意可设 $28n^2 + 1 = x^2$，则 $x^2 - 28n^2 = 1$. 佩尔方程 $x^2 - 28y^2 = 1$ 的最小解是 $x = 127$，$y = 24$. 故

$$x = \frac{1}{2} \left[(127 + 24\sqrt{28})^m + (127 - 24\sqrt{28})^m \right]$$

$$= \frac{1}{2} \left[(8 + 3\sqrt{7})^{2m} + (8 - 3\sqrt{7})^{2m} \right],$$

$$n = \frac{1}{2\sqrt{28}} \left[(127 + 24\sqrt{28})^m - (127 - 24\sqrt{28})^m \right]$$

$$= \frac{1}{4\sqrt{7}} \left[(8 + 3\sqrt{7})^{2m} - (8 - 3\sqrt{7})^{2m} \right],$$

从而

$$2 + 2\sqrt{28n^2 + 1}$$

$$= 2 + 2x = (8 + 3\sqrt{7})^{2m} + 2 + (8 - 3\sqrt{7})^{2m}$$

$$= ((8 + 3\sqrt{7})^m + (8 - 3\sqrt{7})^m)^2.$$

显然 $(8 + 3\sqrt{7})^m + (8 - 3\sqrt{7})^m$ 是整数. 所以, $2 + 2\sqrt{28n^2 + 1}$ 是完全平方数.

类似的问题如下:

【题 2.1.43】 (1986 年美国数学奥林匹克)定义数 a_1, a_2, $\cdots$, a_n 的均方根为

$$\left(\frac{a_1^2 + a_2^2 + \cdots + a_n^2}{n} \right)^{\frac{1}{2}}.$$

请问大于 1 且能使前 n 个正整数的均方根是整数的最小的 n 是多少?

【题 2.1.44】 (第 26 届 IMO 预选题)求证: 存在无限多对正整数 (k, n) 使

$$1 + 2 + \cdots + k = (k + 1) + (k + 2) + \cdots + n.$$

【题 2.1.45】 (第 29 届 IMO 预选题)设 $a_n = \left[\sqrt{(n-1)^2 + n^2} \right]$, $n = 1, 2, \cdots$, 式中, $[x]$ 表示 x 的整数部分. 证明:

(1) 有无穷个正整数 m, 使得 $a_{m+1} - a_m > 1$;

(2) 有无穷个正整数 m, 使得 $a_{m+1} - a_m = 1$.

【题 2.1.46】 (第 30 届 IMO 预选题)设 $[x]$ 是不超过 x 的最大整数, $\{x\} = x - [x]$. 求证: 存在无限多个整数 n, 使得 $\{n\sqrt{2}\} < \frac{1}{2000}$.

【题 2.1.47】 (第 30 届 IMO 预选题)证明: 有无穷多个正整数 n, 使 $\sqrt{2}n$ 的整数部分 $[\sqrt{2}n]$ 为完全平方数.

【题 2.1.48】 (第 30 届 IMO 预选题)确定最大常数 c, 使得对一切正

整数 n , $\{n\sqrt{2}\} \geqslant \dfrac{c}{n}$, 这里 $\{n\sqrt{2}\} = n\sqrt{2} - [n\sqrt{2}]$

【题 2.1.49】   (第 31 届 IMO 预选题)求证:有无穷多个正整数 n , 使平均数 $\dfrac{1^2 + 2^2 + \cdots + n^2}{n}$ 为完全平方数. 第一个这样的数当然是 1, 请写出紧接在 1 后面的两个这样的正整数.

【题 2.1.50】   (第 36 届 IMO 预选题)求最小的正整数 n 使得 $19n + 1$ 和 $95n + 1$ 都是完全平方数.

【题 2.1.51】   (普特南数学竞赛)证明:存在无穷多对连续的正整数 $(n, n+1)$, 它们具有这样的性质:若素数 p 整除 n 或 $n+1$, 则 p^2 也整除这个数.

【题 2.1.52】   (1994 年普特南数学竞赛)设 $A = \begin{pmatrix} 3 & 2 \\ 4 & 3 \end{pmatrix}$, 且对正整数 n , 定义 d_n 是 $A^n - I$ 的最大公约数, 这里的 I 为单位矩阵. 证明:当 $n \to \infty$ 时, $d_n \to \infty$.

【题 2.1.53】   (1997 年 USAMO 备选题)在 Pascal 三角形中是否存在一行包含有 4 个不同的元素 a, b, c, d 使得 $b = 2a$ 且 $d = 2c$?

自 Brouwer, Banach 相继提出拓扑不动点定理与压缩不动点定理之后, 数学界掀起了研究不动点原理的热潮, 使得关于这一理论的专门文献和著作浩如烟海. 这一研究热点在竞赛数学中屡次得到反映, 如:

【题 2.1.54】   (1978 年 USAMO)见图 2-1-1, $ABCD$ 和 $A'B'C'D'$ 是某国家同一地区的正方形地图, 但用不同的比例尺绘制. 将它们如下图所示重叠起来. 试证明:在小地图上只有这样的一个点 O , 它和下面大地图与之正对着的点 O' 都代表这国家的同一地点, 并请用欧几里得作图法(只用圆规和直尺)定出 O 点来.

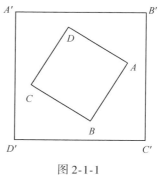

图 2-1-1

此题是拓扑学中 Brouwer 不动点定理:"任意维数的球体到自身的连续映射至少使一点保持不动"的特殊化(取维数为 2, 并将"自身到自身"这句话通俗化). 可以用旋转和位似变换给出证明. 华罗庚教授还给出一种复数证法(格雷特, 1979).

【题 2.1.55】   (第 24 届普特南数学竞赛试题)设 $f(n)$ 是定义在自然数集上且取自然数值的严格递增的函数, $f(2) = 2$, 当 $(m, n) = 1$ 时, $f(mn) =$

73

$f(m) \cdot f(n)$. 证明：对一切正整数 n，$f(n) = n$．

【题 2.1.56】（第 15 届 IMO 试题）给出呈 $f(x) = ax + b$ 型的非常值函数 f 所组成的非空集 G，这里 a，b 是实数且 $a \neq 0$，x 是实变数．若 G 有如下性质：

（1）若 f，$g \in G$，则 $g \circ f \in G$，其中定义 $(g \circ f)(x) = g(f(x))$；

（2）若 $f \in G$ 且 $f(x) = ax + b$，那么反函数 f^{-1} 也属于 G，这里 $f^{-1}(x) = \dfrac{x - b}{a}$；

（3）对每一个 $f \in G$，都有一个 x_f，使得 $f(x_f) = x_f$．证明

总有一个 k，使对所有 $f \in G$，有 $f(k) = k$．

【题 2.1.57】（第 18 届 IMO 试题）已知 $P_1(x) = x^2 - 2$ 及 $P_j(x) = P_1(P_{j-1}(x))(j = 2, 3, \cdots)$．求证：对任何正整数 n，P_n 的不动点（即 $P_n(x) = x$ 的根）都是实的，且各不相同．

【题 2.1.58】（第 19 届 IMO 试题）设 $f(n)$ 是一个在自然数集上定义，并在这个数集上取值的函数．试证：如果对于每个 n 值，不等式 $f(n + 1) > f[f(n)]$ 都成立的话，那么，对于每一个 n 值，都有 $f(n) = n$．

【题 2.1.59】（1979 年匈牙利数学竞赛试题）证明：如果对所有 x，$y \in \mathbf{R}$，函数 $f: \mathbf{R} \to \mathbf{R}$ 满足 $f(x) \leqslant x$，$f(x + y) \leqslant f(x) + f(y)$，则 $f(x) \equiv x$，$x \in \mathbf{R}$．

【题 2.1.60】（1987 年苏联数学竞赛试题）函数 $y = f(x)$ 定义在整个实数轴上，它的图像在围绕坐标原点旋转角 $\dfrac{\pi}{2}$ 之后不变．

（1）证明：方程 $f(x) = x$ 恰有一个解；

（2）试举出一个具有上述性质的函数例子．

【题 2.1.61】（1982 年罗马尼亚 MO 试题）（1）证明：如果连续函数 $f: \mathbf{R} \to \mathbf{R}$ 满足

$$f(f(f(x))) \equiv x, \ x \in \mathbf{R},$$

则对任意 $x \in \mathbf{R}$，都有 $f(x) = x$．

（2）举出满足条件 $g(x) \neq x$ 与 $g(g(g(x))) \equiv x (x \in \mathbf{R})$ 的（间断）函数 $g: \mathbf{R} \to \mathbf{R}$ 的例子．

【题 2.1.62】（第 4 届 CMO 试题）设 S 是复平面上的单位圆周（即模等于 1 的复数的集合），f 是从 S 到 S 的映射，对于任何 $z \in S$ 定义

$$f^{(1)}(z) = f(z), \ f^{(2)}(z) = f(f(z)), \ \cdots, \ f^{(k)}(z) = \underbrace{f(f(\cdots f(z)))}_{k \uparrow f}, \ \cdots.$$

如果 $c \in S$，使得 $f^{(1)}(c) \neq c$，$f^{(2)}(c) \neq c$，$\cdots$，$f^{(n-1)}(c) \neq c$，$f^{(n)}(c) = c$，我们就说 c 是 f 的 n 周期点．

设 m 是大于 1 的自然数, f 的定义如下: $f(z)=z^m$, $z\in S$, 试计算 f 的 1989 一周期点的个数.

下面两题都是关于组合不动点的问题.

【题 2.1.63】   (第 14 届加拿大数学竞赛试题) 设 P 为集合 $S_n=\{1,$ 2 , $\cdots$, $n\}$ 的一个排列, 一个元素 $j\in S_n$, 如果满足 $P(j)=j$, 则称为 P 的一个不动点, 令 f_n 为 S_n 的无不动点的排列个数, g_n 为恰好有一个不动点的排列个数. 求证: $|f_n-g_n|=1$.

【题 2.1.64】   (第 28 届 IMO 试题) 令 $P_n(k)$ 是集 $\{1$, 2 , $\cdots$, $n\}$ 的保持 k 个点不动点的排列的数列, 求证: $\sum\limits_{k=0}^{n}kP_n(k)=n!$.

另外, 高等代数中的爱森斯坦 (Eisenstein) 定理、拉格朗日 (Lagrange) 多项式, 函数逼近论中的切比雪夫多项式、伯恩斯坦 (Bernstein) 多项式、马尔可夫 (Markoff) 定理, 微分动力系统中的迭代问题, 数论中的连分数理论、法瑞序列、佩尔方程、贝蒂 (Beatty) 定理、范德瓦尔登 (Van der Waerden) 定理、贝特朗 (Bertrand) 假设、谢尔宾斯基 (Sierpinski) 定理, 组合数学中的拉姆赛问题、一笔画问题、舒尔 (Schur) 定理、拉多 (Rado) 定理、施佩纳 (Sperner) 定理、札竺开维茨 (Zaran-Kiewice) 定理、厄尔多斯–塞凯赖什 (Erdös-Szekeres) 定理, 凸集的海莱 (Helly) 定理, 图论中的 Hamilton 图、Mantel 定理、Turan 定理, 拓扑学中的拓扑不动点定理、压缩不动点定理等都已走向数学竞赛赛场.

竞赛数学植根于中学数学, 锤炼了中学数学的重要内容, 许多竞赛题目与中学数学课本中的例题、习题有一定的联系, 有的甚至是课本例题、习题的直接延伸, 发展和变化. 请看下面几组问题 ((A) 题是课本例题、习题, (B) 题是数学竞赛题):

【题 2.1.65】   (A) (人民教育出版社数学室 .1988. 初中几何 . 第一册 .155) 已知 △ABC 中, BE, CF 是高, M 是 BC 的中点, N 是 EF 的中点. 求证: (1) ME = MF; (2) MN ⊥ EF.

(B) (第 22 届全苏 MO 试题) 锐角 △ABC 中, 作高 BD 和 CE, 过顶点 B 和 C 分别作 ED 的垂线 BF 和 CG. 证明: EF = DG .

【题 2.1.66】   (A) (人民教育出版社数学室 .1988. 初中几何 . 第二册 .96) 已知 AD 是 △ABC 外角 ∠EAC 的平分线, 与三角形的外接圆交于点 D. 求证: BD =DC.

(B) (1989 年全国高中数学联赛试题) 已知 △ABC 中, AB > AC, ∠A 的一个外角平分线交 △ABC 的外接圆于点 E, 过 E 作 EF ⊥ AB, 垂足为 F.

求证：$2AF = AB - AC$.

【题 2.1.67】 （A）（人民教育出版社数学室. 1988. 初中几何. 第二册. 116）在 $\triangle ABC$ 中，E 是内心，$\angle A$ 的平分线交 $\triangle ABC$ 的外接圆于点 D，求证：$DE = DB = DC$.

（B）（第 30 届 IMO 试题）锐角 $\triangle ABC$ 的 A 角的平分线与外接圆交于另一点 A_1，点 B_1，C_1 与此类似. 直线 $A_1 A$ 与 B，C 两角的外角平分线交于 A_0，点 B_0，C_0 与此类似. 求证：

（1） 三角形 $A_0 B_0 C_0$ 的面积是六边形 $A C_1 B A_1 C B_1$ 面积的 2 倍；

（2） 三角形 $A_0 B_0 C_0$ 的面积至少是三角形 ABC 面积的 4 倍.

还有一些较高层次的赛题的知识内容完全是中学数学的，如：

【题 2.1.68】 （第 49 届普特南数学竞赛试题）下述命题是否正确，给出论证.

命题：x，y 是实数，若 $y \geqslant 0$ 且 $y(y+1) \leqslant (x+1)^2$，则 $y(y-1) \leqslant x^2$.

【题 2.1.69】 （第 50 届普特南数学竞赛试题）已知复变量方程
$$11Z^{10} + 10iZ^9 + 10iZ - 11 = 0,$$
求证：$|Z| = 1$.

【题 2.1.70】 （第 51 届普特南数学竞赛试题）设 $T_0 = 2$，$T_1 = 3$，$T_2 = 6$，且对于 $n \geqslant 3$ 有
$$T_n = (n+4)T_{n-1} - 4nT_{n-2} + (4n-8)T_{n-3},$$
这个序列的前几项是
$$2, 3, 6, 14, 40, 152, 784, 5168, 40\,576.$$
求出 T_n 的形如 $T_n = A_n + B_n$ 的表达式，并证明之. 其中 $\{A_n\}$，$\{B_n\}$ 是已知的序列.

【题 2.1.71】 （2005 年 SEMO（或"中国东南地区数学奥林匹克"））

（1） 讨论关于 x 的方程 $|x+1| + |x+2| + |x+3| = a$ 的根的个数.

（2） 设 a_1，a_2，$\cdots$，a_n 为等差数列，且
$$|a_1| + |a_2| + \cdots + |a_n| = |a_1+1| + |a_2+1| + \cdots + |a_n+1|$$
$$= |a_1-2| + |a_2-2| + \cdots + |a_n-2| = 507,$$
求项数 n 的最大值.

【题 2.1.72】 （2005 年 GMO（或"中国女子数学奥林匹克"））求方程组
$$\begin{cases} 5\left(x + \dfrac{1}{x}\right) = 12\left(y + \dfrac{1}{y}\right) = 13\left(z + \dfrac{1}{z}\right), \\ xy + yz + zx = 1 \end{cases}$$

的所有实数解.

【题 2.1.73】　（2006 年女子 CMO）设 $a>0$，函数 $f:(0,+\infty)\to R$ 满足 $f(a)=1$．如果对任意正实数 x，y 有

$$f(x)f(y)+f\left(\frac{a}{x}\right)f\left(\frac{a}{y}\right)=2f(xy)，$$

求证：$f(x)$ 为常数.

【题 2.1.74】　（2007 年 CMO）设 a，b，c 是给定复数，记 $|a+b|=m$，$|a-b|=n$，已知 $mn\neq0$，求证：$\max\{|ac+b|，|a+bc|\}\geqslant\dfrac{mn}{\sqrt{m^2+n^2}}$．

2.2　趣　味　性

法国著名数学家帕斯卡（Pascal）指出：“数学这一学科如此的严肃，我们应当千方百计地把它趣味化.”兴趣，是青少年成才的重要动力. 爱因斯坦说过：“兴趣是最好的老师.”

竞赛数学把现代数学的内容与趣味性的陈述有机地结合起来，寓数学于趣味之中，寓知识能力的考查于美育之中.

将高等数学中的一些命题作通俗化处理，即不改变命题中对象之间关系结构的实质（每一个数学命题都是一种关系结构）. 而将抽象、晦涩的数学名词术语用恰当、风趣的生活用语（如游戏、通信、握手、相识、染色、球赛、跳舞、座位等）或通俗易懂的初等数学用语所代替，这样就将“冷若冰霜”、抽象高深的数学命题变形为“生动活泼”、简明具体的奥林匹克试题. 这种通俗化的工作反映了数学的普及过程.

【题 2.2.1】　（第 29 届 IMO 预选题）一次聚会有 n 个人参加，每个人恰好有 3 个朋友，他们围着圆桌坐下. 如果每个人的两旁都有朋友，这种坐法便称为完善的，证明：如果有一种完善的坐法，则必定还有另一种完善的坐法，它不能由前一种经过旋转或对称而得到.

如果我们把人看成“点”，并且在每两个朋友之间连一条线，那么就得到一个图. 这个图的每个顶点都引出三条线. 此为三正则图. 所谓完善的坐法就是图中的一个哈密顿圈.

这个题目就是图论中下述关于三正则图的定理：“三正则图如果有哈密顿圈，那么它必有另一个哈密顿圈”的通俗化.

【题 2.2.2】　（1989 年亚太地区 MO 试题）S 为 m 个正整数对 (a,b) $(a\geqslant1,b\leqslant n，a\neq b)$ 所组成的集合（(a,b) 与 (b,a) 被认为是相同的），证

明：至少有 $\dfrac{4m}{3n}\left(m-\dfrac{n^2}{4}\right)$ 个三元数组 $(a,\ b,\ c)$ 适合 $(a,\ b)$、$(a,\ c)$ 及 $(b,\ c)$ 都属于 S.

这个试题是由图论中的问题："设 G 是有 m 条边的 n 阶图，则 G 中三角形个数不小于 $\dfrac{4m}{3n}\left(m-\dfrac{n^2}{4}\right)$" 用初等数学的语言表述得到的.

在数学竞赛的命题中，最适于通俗化的领域莫过于组合，这是因为组合题目可以不需要晦涩的名词术语，能够用日常用语或初等语言表述得通俗易懂，饶有趣味，虽然背景深刻、难度很大，但又不需要高深的数学工具，只需要敏锐的思考与深入细致的分析，这些正是数学奥林匹克题所应该具有的特点.

竞赛数学摄取了趣味数学中经典问题的营养，常常在趣味数学问题的情景中编拟新题或利用解决经典问题的思想方法编拟新题.

1985 年，北京师范学院数学系周春荔副教授为"五四青年智力竞赛"出过一个青蛙跳的问题：

地面上有 A，B，C 三点，一只青蛙恰位于地面上距 C 为 0.27 米的 P 点. 青蛙第一步从 P 跳到关于 A 的对称点 P_1，第二步从 P_1 跳到关于 B 的对称点 P_2，第三步从 P_2 跳到关于 C 的对称点 P_3，第四步从 P_3 跳到关于 A 的对称点 P_4，……，按这种跳法一直跳下去，若青蛙第 1985 步跳落在点 P_{1985}. 问 P 与 P_{1985} 的距离为多少厘米？

后来中国科学技术大学常庚哲教授与吉林大学齐东旭教授在杭州开会时借休息之暇讨论此题，将青蛙"对称跳"推广到一定角度的"转角跳". 最后形成了 1986 年中国提供给 IMO 并被选中的一道试题：

【题 2.2.3】　（第 27 届 IMO 试题）平面上给定 $\triangle A_1A_2A_3$ 及点 P_0，定义 $A_S=A_{S-3}$（$S\geqslant4$），构造点列 P_0，P_1，P_2，…使得 P_{K+1} 为 P_K 绕中心 A_{K+1} 顺时针旋转 120° 时所达到的位置（$K=0$，1，2，…）. 若 $P_{1986}=P_0$，证明：$\triangle A_1A_2A_3$ 是正三角形.

这道题题面新颖，颇为有趣，用复数来解没有太大困难，由于不少国家缺少用复数解几何题的训练，恰恰被打中要害. 在此之后，各国加强了这方面的训练，各级竞赛中，效仿之作也纷纷出笼，但 IMO 中反倒不考了，这正是为避免众所周知的熟套子.

让我们看一个有趣的放硬币游戏：

两个人相继轮流往一张圆桌上平放一枚同样大小的硬币(两人拥有同样多的硬币，且两人的硬币合起来足够铺满桌子)，谁放下最后一枚而使对方没有位置再放，谁就获胜. 假设两人都是内行，试问是先放者获胜还是后放者获胜，怎样才能稳操胜券？

这是一个古老而值得深思的难题．解答此题要用到所谓"对称策略"，受这种解题模式的启发可以编拟出如下问题：

【题 2.2.4】　一个 8×8 的国际象棋盘，甲、乙两人轮流在格子里放上各自的象，使自己的象不会被对方吃掉，谁先不能放谁就输，如果策略正确，谁赢？

提示：以棋盘的一条中线轴为对称轴，甲放一个象，乙就在对称的地方放一个象．这样，必是甲先没处放，即乙必赢．

将这种模式应用于其他模型上，还可编拟出许多问题，如：

【题 2.2.5】　(1989 年列宁格勒 MO 试题)两人轮流在 10×10 的方格表中画十字或画圈(每人每次可以在一个小方格内画一个十字或画一个圈)．如果在某人画过之后，方格表中出现了 3 个十字或 3 个圈相邻排列（可横向相邻，也可纵向相邻，也可沿对角线方向相邻），则该人为赢者．试问：两人中是否有一人可保证自己一定赢？如果有的话，是哪一位，是先动手画的，还是其对手？

【题 2.2.6】　(1989 年列宁格勒 MO 试题)今有一张 10×10 的方格表，在中心处的结点上放有一枚棋子，两人轮流移动这枚棋子，即将棋子由所在的结点移到别的结点，但要求每次所移动的距离大于对方刚才所移的距离．如果谁不能再按要求移动棋子，谁即告输，试问：在正确的玩法之下，谁会赢？

【题 2.2.7】　(1969 年基辅 MO 试题)一个女孩与一个男孩依次作正二十四边形的对角线，要求所画的对角线互不相交，谁画下最后一条这样的对角线谁就胜，女孩第一个开始画，问这女孩应当如何画才能得胜？

【题 2.2.8】　(1981 年基辅 MO 试题)8 个小圆分别涂了 4 种颜色：2 个红的、2 个蓝的、2 个白的、2 个黑的，两个游戏者轮流把圆放到立方体的顶点上，在所有的圆都放到立方体的各个顶点上去后，如果对立方体的每一个顶点都能找到一个过此顶点的棱，其两个端点上的圆有相同的颜色，则第一个放圆的人获胜，否则第二个人获胜，在这个游戏中谁将获胜？

【题 2.2.9】　(第 42 届莫斯科 MO 试题)柯尼亚和维佳在无穷大的方格纸上做游戏，自柯尼亚开始，他们依次在方格纸上标出结点，他们每标出一个结点，都应当使所有已标出的结点全都落在某一个凸多边形的顶点上(自柯尼亚的第二步算)，如果谁不能再按法则进行下去就判谁输．试问：按正常情况，谁能赢得这一游戏？

上述 6 题，从题面上看风格各异但却有相同的背景．有趣的是，2007 年全国高中数学联赛加试第 2 题(见 1.3 节)也是由一道放棋子游戏产生的．

2.3　新　颖　性

由上述讨论可见，竞赛数学试题渗透了现代数学思想，具有丰富的现代数学背景，体现了现代数学研究的热点，命题的新颖性由此可见一斑．不仅如此，在数学研究的前沿，不乏这样的有趣问题——它们可以用初等方法解决，于是就产生了新颖的试题．"问渠哪得清如许，为有源头活水来"，这是"题海"的"源头活水"．另外，命题者为了尽量保持竞赛的公平，就要避免陈题的出现，就必须挖空心思地创作出新颖的题目．

【题 2.3.1】　　（第 4 届 CMO 试题）f 是定义在 $(1, +\infty)$ 上且在 $(1, +\infty)$ 中取值的函数，满足条件：对任何 x，$y>1$ 及 u，$v>0$，都成立

$$f(x^u y^v) \leqslant f(x)^{\frac{1}{4u}} f(y)^{\frac{1}{4v}}.$$

试确定所有这样的函数 f．

这道题应归入"函数方程"那一类，但所给的条件却是以不等式的形式出现的．在"函数方程"类的题目中，本题有新意、有特色．

【题 2.3.2】　　（第 4 届 CMO 试题）设 x 是一个自然数，若一串自然数 $x_0 = 1$，x_1，x_2，$\cdots$，$x_l = x$ 满足 $x_{i-1} < x_i$，$x_{i-1} \mid x_i$（$i = 1$，2，$\cdots$，l），则称 $\{x_0$，x_1，x_2，$\cdots$，$x_l\}$ 为 x 的一条因子链，称 l 为该因子链的长度．我们约定以 $L(x)$ 和 $R(x)$ 分别表示 x 的最长因子链的长度和最长因子链的条数．对于 $x = 5^k \times 31^m \times 1990^n$（$k$，$m$，$n$ 是自然数），试求 $L(x)$ 和 $R(x)$．

这道题的背景是群论中的约当–霍尔德定理（Jordan-Holder theorem）．这里的最大因子链相当于子群论中的合成群列．这道题的叙述采用了现代数学语言，形式新颖，但解答并不需要任何高深的知识，只要对整除性与组合计数有最基本的了解就行了．

【题 2.3.3】　　（第 6 届 CMO 试题）MO 牌足球由若干多边形皮块用三种不同的丝线缝制而成，有以下特点：

（1）任一多边形皮块的一条边恰与另一多边形皮块同样长的一条边用一种颜色的丝线缝合；

（2）足球上每一结点恰好是三个多边形的顶点，每一结点的三条缝线的颜色不同．

求证：可以在这 MO 牌足球的每一结点上放置一个不等于 1 的复数，使得每一多边形块的所有顶点上放置的复数的乘积都等于 1．

这道题与空间的定向及三正则图的 Tait 染色有关，形式新，解法妙，对

参赛者的数学能力要求较高.

【题 2.3.4】　(1991 年全苏数学冬令营试题)在空间中有一个有限点集 M 和一点 O. 点集 M 由 $n \geq 4$ 个点组成，已知对集 M 中任意三个不同的点，一定能在 M 中找出第 4 个点 D，使得 O 点严格位于四面体 $ABCD$ 的内部，证明：$n=4$.

这道题与高斯球面射影、三角剖分、欧拉定理有关，体现了代数拓扑中的基本方法，是一道新颖的好题.

【题 2.3.5】　(1989 年安徽省 MO 学校集训试题)平面上 $6n$ 个圆组成的集合记作 M，其中任意三个圆都不两两相交(包括相切). 求证：一定可以从 M 中取出 n 个圆，使它们两两相离.

1987 年初，中国科学技术大学叶怀安教授向学生提问：是否存在正常数 c，使满足题设的 cn ($n \geq 2$) 个圆片中，必可选出 n 个彼此相离的圆片？

1988 年初，中国科学技术大学 86 级学生王振首先用数学归纳法证明了：当 $c=6$，回答是肯定的. 1989 年初，$c=6$ 时的情形被选为安徽省参加第 4 届 CMO 集训班的模拟试题，证明见本书例 3.8.11.

1960 年，Zirakzadeh 证明了一个有趣的几何不等式：

设 P,Q,R 分别位于 $\triangle ABC$ 的边 BC,CA,AB 上，且将 $\triangle ABC$ 的周界三等分，则

$$QR+RP+PQ \geq \frac{1}{2}(a+b+c),$$

式中，a,b,c 是 $\triangle ABC$ 的三边.

这一不等式在几何机器证明的研究中，引起广泛的注意. 有人注意到，这一不等式反映的是内接于 $\triangle ABC$ 且将其周界三等分的 $\triangle PQR$ 与原 $\triangle ABC$ 周长之间的关系，那么"平行"地提出，这样的两个三角形的面积之间有何关系呢？通过探讨，得到如下有趣的命题：

设 P,Q,R 分别位于 $\triangle ABC$ 的 AB,BC,AC 上，且将其周长三等分，则

$$S_{\triangle PQR} > \frac{2}{9} S_{\triangle ABC}.$$

这是一个新的问题，可变因素多，作为数学竞赛中几何试题似乎难度过高. 为此，限定 P、Q 在一条边上，大大降低了难度，就成为如下题目：

【题 2.3.6】　(1988 年全国高中数学联赛第二试第二题)在 $\triangle ABC$ 中，P,Q,R 将其周长三等分，且 P,Q 在 AB 边上. 求证：

$$S_{\triangle PQR} > \frac{2}{9} S_{\triangle ABC}.$$

【题 2.3.7】　(第 26 届 IMO 试题)设 n 与 k 为给定的互素的数，$0 < k < n$.

集合 $M = \{1, 2, \cdots, n-1\}$ 中的每一个元素被涂上蓝色或白色，已知

(1) 对每一个 $i \in M$，$i \neq k$，i 与 $n-i$ 同色；

(2) 对每一个 $i \in M$，$i \neq k$，i 与 $|i-k|$ 同色.

求证：M 中的每一个数必有相同的颜色.

澳大利亚科学院院士 George Szekeres 教授介绍了命题的过程：

它起源于我与我的妻子爱沙的一篇短文，Chris Srmyth 曾经提出过一个纯粹的数论问题，在回答他的问题时，我证明了：如果集合 $\{1, 2, 3, \cdots, N\}$ 被分成三个子集，每个子集的元素个数大于 $\dfrac{N}{4}$，那么总可以从每一子集中选出一个数，使其中的一个数等于其他两数之和.

当然，对于奥林匹克来说，这个命题也许太难了，当我开始试图证明它的时候，我想到一个群论的引理，它可以改造为适合 IMO 的题目. 引理中群元素的两类遂变为蓝色和白色的数（这不是我原先提出的颜色，大约是为了给东道主国芬兰做出姿态才改变的）. 这就使问题变得看上去有"实际生活"的味道.

从数学家的实际工作中提出问题有"严格的"基础，撇开这一点不论，另有一优点是："它所需的推理不会超出事先有良好准备的学生具备的知识，我认为这是一个好的奥林匹克题目的一个重要特征."

【题 2.3.8】 （第 4 届 CMO 试题）空间中有 1989 个点，其中任何三点不共线，把它们分成点数各不相同的 30 组，在任何三个不同的组中各取一点为顶点作三角形. 问：要使这种三角形的总数最大，各组的点数应为多少？

这是一道求最大值的题目，较有特色之处是所附加的限制条件. 解这类问题典型的做法是所谓的"调整法". 北京大学张筑生教授谈到了此题的命题意图，近年来，通过数学竞赛辅导讲座和有关小册子的介绍，"调整法"已经为竞赛参加者所熟悉. 再出这方面的题目，就必须有所创新，命题者应该追求"题无新意誓不休". 这道题与以往涉及"调整法"的题目的不同之处，在于所处理的是离散函数，并且附加了有意思的约束条件"各组点数互不相同". 正是因为附加了这一约束条件，才使得解答呈现有趣的结构.

2.4　创　造　性

数学竞赛题目大多风格迥异，各具特色，解答数学竞赛题目尽管有一些使用频率较大的方法、技巧，但仅靠这些是远远不够的，在大多数情况

下需要的是异乎寻常的"野路子"，是直觉力、洞察力和创造力的综合运用.

一个世纪以来，数学竞赛吸引了众多的数学家、数学教育家和数学爱好者，作为数学竞赛的成果之一，产生了许多精彩的题目和具有创造性的解法. 这些创造性的解法是选手、教练和数学家智慧的结晶，展示了选手、教练和数学家的创造力，是一份极为宝贵的财富. 下面让我们通过一些精彩的问题和优秀的解法来展示选手、教练和数学家的创造力.

【题 2.4.1】 （第 32 届 IMO 中国集训队训练题）如图 2-4-1 所示，在 Rt$\triangle ABC$ 中，$AB = AC$，$AD = AE$，$AN \perp BE$，$DM \perp BE$，求证：$MN = NC$.

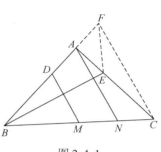

图 2-4-1

证法 1　因 $DM \perp BE$，$AN \perp BE$，所以 $DM \parallel AN$. 过 C 作 $CF \parallel AN$ 与 BA 的延长线交于 F. 因 $BE \perp CF$，$CA \perp BF$，故 E 为 $\triangle BCF$ 的垂心，从而 $FE \perp BC$，有 $\angle BFE = 90° - \angle B = 45°$. 所以 $\triangle AEF$ 是等腰直角三角形，即有 $AF = AE$. 又 $AD = AE$，所以 $AD = AF$，可得 $MN = NC$.

【点评】　对于这道训练题，原命题者给出的三角形证法非常复杂，集训队一位选手的上述证法巧妙地利用了垂心的性质，证明简洁、轻松. 注意将 $MN = NC$ 与 $\angle BAC = 90°$ 互换后，命题仍成立.

下面作者再给出两种纯几何证法.

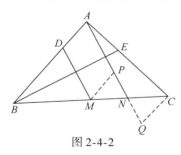

图 2-4-2

证法 2　由证法 1 易知 Rt$\triangle BAE \cong$ Rt$\triangle CAF$. 因 $AE = AF$，又 $AD = AE$，所以 $AD = AF$，故 $MN = NC$.

证法 3　如图 2-4-2 所示，过 C 作 $CQ \parallel AB$ 交 AN 的延长线于 Q，过 M 作 $MP \parallel AB$ 交 AN 于 P，则 $MP \parallel QC$. 因 $DM \parallel AP$，所以，$ADMP$ 是平行四边形，有 $MP = AD$. 又易知 Rt$\triangle ABE \cong$ Rt$\triangle CAQ$，有 $CQ = AE$. 又 $AD = AE$，所以 $MP = QC$，四边形 $MPQC$ 是平行四边形. 故 $MN = NC$.

【题 2.4.2】 （1990 年全国数学冬令营选拔赛试题）在筝形 $ABCD$ 中，$AB = BC$，$AD = CD$，过 AC，BD 的交点 M 任作两条直线，分别交 AD 于 R，交 BC 于 S，交 AB 于 P，交 CD 于 Q，PR 和 SQ 分别交 AC 于 G，H. 求证：$MG = MH$.

这道题是上海教育出版社叶中豪先生发现的一个定理——筝形蝴蝶定

理. 命题者利用图形的对称性用解析法给出了证明，但计算量很大，在竞赛中选手们也没能提出其他的证法，当时，命题组成员南京师范大学单墫和中国科学技术大学杜锡录两位教授都希望有一个简单方法证明这个定理. 后来，张景中先生利用面积法给出了一种简捷证明，并由此引出十多个全新的命题（张景中，1993）. 另外，本题还可以用张角关系或塞瓦定理给出证明.

【题 2.4.3】   （第 31 届 IMO 预选题）设集合 $\{a_1, a_2, \cdots, a_n\} = \{1, 2, \cdots, n\}$.
求证：

$$\frac{1}{2} + \frac{2}{3} + \cdots + \frac{n-1}{n} \leqslant \frac{a_1}{a_2} + \frac{a_2}{a_3} + \cdots + \frac{a_{n-1}}{a_n}.$$

证法 1   设 $b_1, b_2, \cdots, b_{n-1}$ 是 $a_1, a_2, \cdots, a_{n-1}$ 的一个排列，且 $b_1 < b_2 < \cdots < b_{n-1}$. $c_1, c_2, \cdots, c_{n-1}$ 是 $a_2, a_3, \cdots, a_n$ 的一个排列，且 $c_1 < c_2 < \cdots < c_{n-1}$，则

$$\frac{1}{c_1} > \frac{1}{c_2} > \cdots > \frac{1}{c_{n-1}},$$

且 $b_1 \geqslant 1$，$b_2 \geqslant 2$，$\cdots$，$b_{n-1} \geqslant n-1$，$c_1 \leqslant 2$，$c_2 \leqslant 3$，$\cdots$，$c_{n-1} \leqslant n$. 由排序不等式得

$$\frac{a_1}{a_2} + \frac{a_2}{a_3} + \cdots + \frac{a_{n-1}}{a_n} \geqslant \frac{b_1}{c_1} + \frac{b_2}{c_2} + \cdots + \frac{b_{n-1}}{c_{n-1}} \geqslant \frac{1}{2} + \frac{2}{3} + \cdots + \frac{n-1}{n}.$$

【点评】   这是南斯拉夫提供给第 31 届 IMO 的一道预选题，原证法是利用加强命题的手法，用数学归纳法给出证明. 一则加强命题很难想到，二则归纳证明要对足标进行讨论，比较麻烦. 1990 年我在北京 CMO 集训班选用此题时，引进两个新的排列，利用排序不等式的上述证法比原证法简练得多，而集训队里姚建钢同学（第 35 届 IMO 金牌得主）的证法，更是干脆、漂亮、出人意料. 请看：

证法 2   易证：

$$(a_1 + 1)(a_2 + 1) \cdots (a_{n-1} + 1) \geqslant a_1 a_2 \cdots a_n,$$

故

$$\frac{a_1}{a_2} + \frac{a_2}{a_3} + \cdots + \frac{a_{n-1}}{a_n} + \left(\frac{1}{1} + \frac{1}{2} + \cdots + \frac{1}{n}\right)$$

$$= \frac{1}{a_1} + \frac{a_1 + 1}{a_2} + \frac{a_2 + 1}{a_3} \cdots + \frac{a_{n-1} + 1}{a_n}$$

$$\geqslant n \sqrt[n]{\frac{(a_1 + 1)(a_2 + 1) \cdots (a_{n-1} + 1)}{a_1 a_2 \cdots a_n}}$$

$$\geqslant n = \left(1 + \frac{1}{2} + \frac{1}{3} + \cdots + \frac{1}{n}\right) + \left(\frac{1}{2} + \frac{2}{3} + \cdots + \frac{n-1}{n}\right),$$

即得

$$\frac{a_1}{a_2}+\frac{a_2}{a_3}+\cdots+\frac{a_{n-1}}{a_n}\geqslant\frac{1}{2}+\frac{2}{3}+\cdots+\frac{n-1}{n}.$$

【题 2.4.4】　（第 24 届 IMO 试题）设 a，b，c 分别为一个三角形的三边的长，求证：

$$a^2b(a-b)+b^2c(b-c)+c^2a(c-a)\geqslant 0,$$

并指出等号成立的条件.

联邦德国选手伯恩哈德·里普只用了一个等式：

$$a^2b(a-b)+b^2c(b-c)+c^2a(c-a)$$
$$=a(b-c)^2(b+c-a)+b(a-b)(a-c)(a+b-c).$$

由转轮对称性，不妨设 $a\geqslant b$、$a\geqslant c$，即得到欲证不等式成立. 而且显然等号成立的充要条件是 $a=b=c$，即这个三角形为正三角形时等号成立.

里普的证法新颖、巧妙、简洁，与主试委员会提供的参考答案不同，他因此获得了该届的特别奖.

【题 2.4.5】　（第 3 届 CMO 试题）设有三个正实数 a,b,c，满足

$$(a^2+b^2+c^2)^2>2(a^4+b^4+c^4).$$

求证：（1）a,b,c 一定是某个三角形的三条边的长；

（2）设有 n 个正数 $a_1,a_2,\cdots,a_n$ 满足不等式

$$(a_1^2+a_2^2+\cdots+a_n^2)^2>(n-1)(a_1^4+a_2^4+\cdots+a_n^4).$$

式中，$n\geqslant 3$. 求证：这些数中的任何三个一定是某个三角形的三条边长.

证明　（1）（略）.

（2）由对称性只需证 a_1,a_2,a_3 能组成三角形的三条边长. 由柯西不等式得

$$(n-1)(a_1^4+a_2^4+\cdots+a_n^4)<(a_1^2+a_2^2+a_3^2+a_4^2+\cdots+a_n^2)^2$$
$$=\left(\frac{a_1^2+a_2^2+a_3^2}{2}+\frac{a_1^2+a_2^2+a_3^2}{2}+a_4^2+\cdots+a_n^2\right)^2$$
$$\leqslant(n-1)\left[\left(\frac{a_1^2+a_2^2+a_3^2}{2}\right)^2+\left(\frac{a_1^2+a_2^2+a_3^2}{2}\right)^2+a_4^4+\cdots+a_n^4\right],$$

整理得

$$(a_1^2+a_2^2+a_3^2)^2>2(a_1^4+a_2^4+a_3^4).$$

由（1）知 a_1,a_2,a_3 是某个三角形的三边长.

【点评】　这一简洁漂亮的证明是湖北选手罗小奎（潜江县向阳中学）给出的，他的总成绩名列前茅，而且又提供了这么一个优美的解法，所以他获得该届冬令营的特别奖.

这一证法的精巧之处在于受 $n-1$ 的启示，把 $a_1^2+a_2^2+a_3^2$ 这三项之和转化为两项 $\dfrac{a_1^2+a_2^2+a_3^2}{2}$ 之和，从而把题设不等式左边括号内的 n 项和变为 $n-1$ 项之和，这是简化证明的关键所在.

【题 2.4.6】 （第 1 届 CMO 试题）设 Z_1，Z_2，$\cdots$，Z_n 为复数，满足
$$|Z_1|+|Z_2|+\cdots+|Z_n|=1.$$

求证：上述 n 个复数中，必存在若干个复数，它们的和的模不小于 $\dfrac{1}{6}$.

江苏选手沈建（扬州市泰县姜堰中学）用十分简便的方法，证明了一个改进的结论"不小于 $\dfrac{1}{4}$".

证明 令 $Z_k=x_k+\mathrm{i}y_k$，式中，x_k，$y_k\in\mathbf{R}(k=1,2,\cdots,n)$. 由于 $|Z_k|\leqslant|x_k|+|y_k|$，所以
$$
\begin{aligned}
1=\sum_{k=1}^{n}|Z_k| &\leqslant \sum_{k=1}^{n}|x_k|+\sum_{k=1}^{n}|y_k| \\
&=\sum_{x_k\geqslant 0}|x_k|+\sum_{x_k<0}|x_k|+\sum_{y_k\geqslant 0}|y_k|+\sum_{y_k<0}|y_k|
\end{aligned}
$$

因此上式右端 4 个和式中至少有一个和式不小于 $\dfrac{1}{4}$，不妨设 $\displaystyle\sum_{x_k\geqslant 0}|x_k|\geqslant$ $\dfrac{1}{4}$，于是把所有实部非负的复数相加，其模满足
$$\Big|\sum_{x_k\geqslant 0}Z_k\Big|\geqslant\Big|\sum_{x_k\geqslant 0}x_k\Big|=\sum_{x_k\geqslant 0}x_k\geqslant\frac{1}{4}>\frac{1}{6}.$$

【点评】 上述证明中首先根据复数的模不大于它的实部和虚部的模的和进行放缩处理. 最后找出所有实部非负的复数之和，其模不小于 $\dfrac{1}{4}$，自然达到不小于 $\dfrac{1}{6}$ 的要求，即证明了比原命题更强的结论. 其实常数 $\dfrac{1}{4}$ 还可以更大些，运用高等数学的工具，可以证明，本题中的常数 $\dfrac{1}{6}$ 可以用 $\dfrac{1}{\pi}$ 来代替.

【题 2.4.7】 （第 33 届 IMO 试题）设 $OXYZ$ 是空间直角坐标系，S 是空间中的有限点集，而 S_1，S_2，S_3 分别是 S 中所有的点在 OYZ，OZX，OXY 坐标平面上的投影所成的点集. 求证：这些集合的点数之间有如下关系：
$$|S|^2\leqslant|S_1|\cdot|S_2|\cdot|S_3|. \tag{2.4.1}$$

证法 1 记 $S_{v,w}$ 是 S 中形如 (X,V,W) 的点的集合，即在 OYZ 平面内

投影为 (V, W) 的一切点的集合. 显然, $S = \bigcup\limits_{(v, w) \in s_1} S_{v, w}$.

利用柯西不等式可得

$$|S|^2 = \left(\sum_{(v, w) \in s_1} |S_{v, w}| \right)^2 \leqslant \left(\sum_{(v, w) \in s_1} 1^2 \right) \times \left(\sum_{(v, w) \in s_1} |S_{v, w}|^2 \right)$$

$$= |S_1| \times \left(\sum_{(v, w) \in s_1} |S_{v, w}|^2 \right).$$

我们构作一个元素个数等于上面最后一个括号中的和数的集合

$$T = \bigcup_{(v, w) \in s_1} (S_{v, w} \times S_{v, w}),$$

然后定义映射 $f: T \to S_2 \times S_3$ 为

$$f((X, V, W), (X', V, W)) = ((X, W), (X', V)).$$

因为 f 是单射, 所以 $|T| \leqslant |S_2| \cdot |S_3|$, 从而有 $|S|^2 \leqslant |S_1| \cdot |S_2| \cdot |S_3|$.

【点评】　这道题是本届 IMO 中得分率最低的一道题目, 原供题国给出的证明思路不够清晰, 方法不够自然, 题目本身的几何直观非常清楚, 但证明却几乎完全脱离了几何直观, 特别是引入相当抽象的集合 T 和映射 f, 结论好像是借助于抽象的手段变戏法变出来的, 这些都较难被中学生所接受. 其实这是一道关于空间中有限个点的计数估计的题目, 自然可以考虑从较少点数的情形向较多点数的情形推移, 数学归纳法应该是这种推移的有效手段. 至于怎样作归纳, 应该充分利用几何事实, 下面是北京大学张筑生教授基于这一想法给出的证明.

证法 2　对 S 中的数 $|S|$ 作归纳以证明 (2.4.1) 式. 对于 $|S| = 1$ 的情形, $|S_1| = |S_2| = |S_3| = 1$, (2.4.1) 式显然成立. 假定 $n > 1$ 且 (2.4.1) 式对少于 n 点的集合成立, 考察 $|S| = n$ 的情形, 因为 $|S| = n > 1$, S 中至少有两个不同的点, 该两点至少在某一坐标轴上的投影不同. 设它们在 OZ 轴上的投影不同, 于是可以作一张正交于 OZ 轴且不通过 S 中任何点的平面, 将该两点分隔在平面两侧. 记平面将 S 分成的两个集合为 S' 和 S'', 则有如下这些关系:

$$|S'| \geqslant 1, \qquad |S''| \leqslant |S|,$$

$$|S| = |S'| + |S''|,$$

$$|S_1| = |S_1'| + |S_1''|,$$

$$|S_2| = |S_2'| + |S_2''|,$$

$$|S_3| \geqslant |S_3'|, \qquad |S_3| \geqslant |S_3''|.$$

利用上述关系及归纳假设, 我们得出

$$|S_1| \cdot |S_2| \cdot |S_3| = (|S_1'| + |S_1''|) \cdot (|S_2'| + |S_2''|) \cdot |S_3|$$

$$= [(|S_2'| \cdot |S_1'| + |S_1''| \cdot |S_2''|)$$

$$+ \left(|S'_1| \cdot |S''_2| + |S'_1| \cdot |S'_2| \right) \right] \cdot |S_3|$$

$$\geqslant \left(|S'_1| \cdot |S'_2| + |S''_1| \cdot |S''_2| \right.$$

$$\left. + 2\sqrt{|S'_1| \cdot |S''_2| \cdot |S''_1| |S'_2|} \right) \cdot |S_3|$$

$$\geqslant |S'_1| \cdot |S'_2| \cdot |S'_3| + |S''_1| \cdot |S''_2| \cdot |S''_3|$$

$$+ 2\sqrt{|S'_1| \cdot |S'_2| \cdot |S'_3|} \cdot \sqrt{|S''_1| \cdot |S''_2| \cdot |S''_3|}$$

$$\geqslant |S'|^2 + |S''|^2 + 2|S'| \cdot |S''|$$

$$= \left(|S'| + |S''| \right)^2 = |S|^2.$$

【题 2.4.8】 （1980 年芬兰、英国、匈牙利、瑞典 4 国联赛）设数列 a_0, a_1, a_2, $\cdots$, a_n 满足 $a_0 = \dfrac{1}{2}$ 及 $a_{k+1} = a_k + \dfrac{1}{n}a_k^2$（$k = 0, 1, 2, \cdots, n-1$），其中 n 是一个给定的正整数. 试证：

$$1 - \frac{1}{n} < a_n < 1.$$

这题是该次竞赛中得分率最低的一道试题，主试委员会所给的解法也相当烦琐，前后共用了 4 次归纳法，译成中文后有 4000 多字，中国科学技术大学白志东先生对此题采用了大胆的处理方法——加强命题，出奇制胜给出一个简洁的证明.

证法 1 由于 $a_1 = a_0 + \dfrac{1}{n}a_0^2 = \dfrac{1}{2} + \dfrac{1}{4n} = \dfrac{2n+1}{4n}$，所以有

$$\frac{n+1}{2n+1} < a_1 < \frac{n}{2n-1}.$$

我们用归纳法证：对一切 $1 \leqslant k \leqslant n$，都有

$$\frac{n+1}{2n-k+2} < a_k < \frac{n}{2n-k}. \tag{2.4.2}$$

假设 (2.4.2) 对 $k < n$ 成立，则

$$a_{k+1} = a_k \left(1 + \frac{1}{n}a_k \right) < \frac{n}{2n-k}\left(1 + \frac{1}{2n-k} \right)$$

$$= \frac{n(2n-k+1)}{(2n-k)^2} < \frac{n}{2n-(k+1)}.$$

$$a_{k+1} = a_k + \frac{1}{n}a_k^2 > \frac{n+1}{2n-k+2} + \frac{(n+1)^2}{n(2n-k+2)^2}$$

$$= \frac{n+1}{2n-k+2} - \frac{n+1}{(2n-k+2)(2n-k+1)} + \frac{(n+1)^2}{n(2n-k+2)^2}$$

$$= \frac{n+1}{2n-(k+1)+2} + \frac{n+1}{(2n-k+2)^2}\left[\frac{n+1}{n(2n-k+2)} - \frac{1}{2n-k+1} \right]$$

$$> \frac{n+1}{2n-(k+1)+2}.$$

于是(2.4.2)式对一切$1 \leqslant k \leqslant n$均成立. 特别在$k = n$时，$1 - \frac{1}{n} < \frac{n+1}{n+2} <$

$a_n < \frac{n}{n} = 1.$

【点评】　这里所证明的不等式(2.4.2)比题目所要证明的不等式

$$1 - \frac{1}{n} < a_n < 1$$

强，却收到了事半功倍之效. 下面再给出一种直截了当的证明.

证法2　由已知得

$$\frac{1}{a_{k-1}} - \frac{1}{a_k} = \frac{1}{n+a_{k-1}},$$

从而$a_n > a_{n-1} > \cdots > a_1 > a_0 = \frac{1}{2}$. 所以

$$\frac{1}{a_{k-1}} - \frac{1}{a_k} < \frac{1}{n}, \quad k = 1, 2, \cdots, n.$$

累加得

$$\frac{1}{a_0} - \frac{1}{a_n} < 1,$$

所以

$$\frac{1}{a_n} > 2 - 1 = 1,$$

即$a_n < 1$. 从而有

$$\frac{1}{a_{k-1}} - \frac{1}{a_k} > \frac{1}{n+1}, \quad k = 1, 2, \cdots, n.$$

累加得

$$\frac{1}{a_0} - \frac{1}{a_n} > \frac{n}{n+1},$$

即

$$\frac{1}{a_n} < 2 - \frac{n}{n+1} = \frac{n+2}{n+1},$$

从而

$$a_n > \frac{n+1}{n+2} > \frac{n-1}{n} = 1 - \frac{1}{n},$$

故

$$1 - \frac{1}{n} < a_n < 1.$$

【题 2. 4. 9】 （第 19 届 IMO 试题）在一个有限的实数数列中，任何 7 个连续项的和都是负数，任何 11 个连续项都是正数．试问这样一个数列最多能包含多少个项？

证明 我们证明这个数列至多包含 16 项．

首先证明 17 项就不能具有所述的性质．用反证法．假设有一个 17 项的数列 a_1，a_2，$\cdots$，a_{17} 具有所述的性质．将每连续 11 项写成一行，列成表：

$$a_1 a_2 a_3 \cdots a_{10} a_{11}$$
$$a_2 a_3 a_4 \cdots a_{11} a_{12}$$
$$\vdots$$
$$a_7 a_8 a_9 \cdots a_{16} a_{17}$$

共写成 7 行(恰好写到 a_{17} 为止)．由于表中每一行的和都是正数，所有数的和当然也是正的．

但是，如果先算出各列的和，再将各列和加起来，那么由于每一个列的 7 个数的和都是负的，总和当然是负的，矛盾！

其次，我们可以构造出一个 16 项的数列满足要求．构造数列

5，5，－13，5，5，5，－13，5，5，－13，5，5，5，－13，5，5，

知 $n = 16$ 的数列是存在的．

【点评】 英国选手 Rickard 不仅解答了这道题，而且用两个互素的正整数 p 与 q 分别代替题中的 7 和 11，得出最大项数为 $p + q - 2$．他因此获得了该届的特别奖．

【题 2. 4. 10】 （第 27 届 IMO 试题）正五边形的 5 个顶点各配给一个整数，5 个数的和为正．如果三个相邻的顶点的数分别为 x，y，z，并且 $y < 0$，则施行变换：将 x，y，z 分别换为 $x + y$，$-y$，$y + z$．只要这 5 个数中有一个为负，变换就继续进行下去，问这一过程能否在有限多次后结束？

问题就是能否在有限多次变换后，5 个数全变为非负的．要证明变换在有限步后停止，关键是寻找一个函数，函数的值严格减少，而一个递减的自然数数列只能有有限多项，所以所述过程不能无限继续下去．

为了使函数的值为正整数，当然以用平方或绝对值为好．这样的函数不止一个．设所标的 5 个数为 x_1，x_2，x_3，x_4，x_5，主试委员会提供的参考答案是考虑函数 $\sum (x_{i+1} - x_{i-1})^2$．每经一次操作，这函数的值是严格减少．由于函数值是非负整数，所以经过有限次操作后，就不能再继续操作下去，即这时 5 个数全为非负的．

美国选手约瑟夫·基内的如下解法具有独创性，与命题者提供的解法具有异曲同工之妙，因而荣获特别奖．

设 5 个整数依次为 u_1，u_2，u_3，u_4，u_5，其中 u_5 与 u_1 相邻. 令

$$f(u_1，u_2，\cdots，u_5) = \sum_{i=1}^{5} |u_i| + \sum_{i=1}^{5} |u_i + u_{i+1}| + \sum_{i=1}^{5} |u_i + u_{i+1} + u_{i+2}|$$
$$+ \sum_{i=1}^{5} |u_i + u_{i+1} + u_{i+2} + u_{i+3}|，$$

式中，$u_{5+i} = u_i (i = 1，2，3)$.

不妨设 $u_2 < 0$，经过一次变换后 5 个数为 v_1，v_2，v_3，v_4，v_5，则

$$v_1 = u_1 + u_2，\quad v_2 = -u_2，\quad v_3 = u_3 + u_2，\quad v_4 = u_4，\quad v_5 = u_5，$$

于是

$$f(v_1，v_2，v_3，v_4，v_5) - f(u_1，u_2，u_3，u_4，u_5)$$
$$= |u_1 + u_3 + u_4 + u_5 + 2u_2| - |u_1 + u_3 + u_4 + u_5|.$$

因为 $u_1 + u_2 + u_3 + u_4 + u_5 > 0$，且 $u_2 < 0$，所以

$$-(u_1 + u_3 + u_4 + u_5) < u_1 + u_3 + u_4 + u_5 + 2u_2 < u_1 + u_3 + u_4 + u_5，$$

故

$$|u_1 + u_3 + u_4 + u_5 + 2u_2| < u_1 + u_3 + u_4 + u_5，$$
$$f(v_1，v_2，v_3，v_4，v_5) < f(u_1，u_2，u_3，u_4，u_5).$$

即每经一次变换，f 的值严格递减，所以这种变换经过有限次后必定终止.

【题 2.4.11】（第 29 届 IMO 试题）设 a,b 为正整数，$ab+1$ 整除 $a^2 + b^2$.
证明：$\dfrac{a^2 + b^2}{ab + 1}$ 是完全平方.

从第 1 届 ~ 第 49 届 IMO，负责命题的主试委员会没有办成这样的一件
事：编出一道试题，使每名选手都束手无策. 相反的，却的确有一道试题
（就是本题！），由领队们组成的主试委员会中谁都不会做. 这是一道数论题，
后来给澳大利亚 4 位顶尖的数论专家去解，每一位花了一天的时间，仍然毫无
头绪. 可是参赛的选手却有 11 个人作出了解答. 其中保加利亚一名选手的解
法最为简单，他因此获得本届 IMO 的特别奖. 下面介绍的就是他的证法.

证明　设 $\dfrac{a^2 + b^2}{ab + 1} = q$，则

$$a^2 + b^2 = q(ab + 1).　　　　　　(2.4.3)$$

因而 $(a，b)$ 是不定方程

$$x^2 + y^2 = q(xy + 1)　　　　　　(2.4.4)$$

的一组（整数）解.

如果 q 不是完全平方，那么（2.4.4）的整数解中 x，y 均不为 0，因而

$$q(xy + 1) = x^2 + y^2 > 0 \Rightarrow xy > -1 \Rightarrow xy \geqslant 0 \Rightarrow x，y \text{ 同号}.$$

现在设 a_0，b_0 是（2.4.4）的正整数解中使 $a_0 + b_0$ 为最小的一组解，且

$a_0 \geqslant b_0$. 那么 a_0 是方程

$$x^2 - qb_0x + (b_0^2 - q) = 0 \qquad\qquad (2.4.5)$$

的解.

由韦达定理，方程（2.4.5）的另一个解

$$a_1 = qb_0 - a_0.$$

因为 a_1 是整数，而且 (a_1, b_0) 也是（2.4.4）的解，所以 a_1 与 b_0 同为正. 但由韦达定理

$$a_1 = \frac{b_0^2 - q}{a_0} < \frac{b_0^2}{a_0} \leqslant a_0,$$

这与 $a_0 + b_0$ 为最小矛盾. 这说明 q 一定是完全平方.

【点评】　本题可进一步推广为：设 a，b，n 都是正整数，$n \geqslant 2$，若 $(ab)^{n-1} + 1$ 整除 $a^n + b^n$，则 $\dfrac{a^n + b^n}{(ab)^{n-1} + 1}$ 是某个正整数的 n 次方.

Engel 教授（1993）应用计算机给出了这个问题的优美证明.

假设我们是能力一般的数学家，但我们身边有一台随时可用的电脑. 我们将要展现这道题变得相当简单.

首先我们收集材料，然后研究这些材料，从中找出解题线索. 最后我们看看如何得到所有解. 这个生成解的过程提示了一个优美的证明.

因为 a 和 b 的对称性，我们假设 $a \leqslant b$.

1）容易发现 $a = b$ 时，只有 $a = b = q = 1$. 所以我们可以假设 $a < b$.

2）写一个程序产生满足 $a \leqslant 150$，$b \leqslant 1000$ 的所有解，我们得到如下的结果：

a	1	2	3	4	5	6	7	8	8	9	10	27	30	112
b	1	8	27	64	125	216	343	30	512	279	1000	240	112	418
q	1	4	9	16	25	36	49	4	64	81	100	9	4	4

3）观察上面表格得到这样的结果 $(a, b, q) = (c, c^3, c^2)$. 其实

$$c^2 + c^6 = c^2(c^4 + 1),$$

我们给每个完全平方数找到一个解.

4）让我们观察具有相同 q 值的三数组，如 $q = 4$：

$$
\begin{array}{ccccc}
2 & 8 & 30 & 112 & a \quad b \\
8 & 30 & 112 & 418 & b \quad a_1 \\
4 & 4 & 4 & 4 & q \quad q
\end{array}
$$

每个三数组的第二个数是下个三数组的第一个数. 这里提示了这样的变换

$$(a, b, q) \longmapsto (b, a_1, q).$$

丢番图（Diophantus）方程

$$a^2 + b^2 = q(ab + 1) \text{ 或 } a^2 - qab + b^2 - q = 0 \qquad (2.4.6)$$

是一个关于 a 的二次方程且有两个解 a，a_1，它们满足

$$a + a_1 = qb ， \qquad (2.4.7)$$

$$a \cdot a_1 = b^2 - q . \qquad (2.4.8)$$

方程（2.4.6）说明 a 和 a_1 都是整数，且我们有

$$a_1 = qb - a . \qquad (2.4.9)$$

因为 $q \geqslant 2$ 且 $b > a$，我们有 $a_1 > b$．所以对任意 b，（2.4.6）的两个解 a，a_1 跨越了 b．由对称性，对给定的 a，（2.4.6）的两个解 b，b_1 跨越了 a．所以对固定的 q，我们可以找到更大的一对 a，b 满足（2.4.6）．

我们将要证明在这个向下的解簇中，q 是完全平方数．原来的方程 $a^2 + b^2 = q(ab + 1)$ 说明 ab 不是负数．从而 a 和 b 必须是同号的（可能其中一个是 0）．利用前面的跨越性质，我们依次用小的非负整数替换大的 a，b．最终，其中有一个数变为 0，从而 q 是完全平方数．

第 48 届 IMO 中国国家集训队测试题（四）第 1 题是：

【题 2.4.12】　设正实数 a_1，a_2，$\cdots$，a_n 满足 $a_1 + a_2 + \cdots + a_n = 1$．求证：

$$(a_1 a_2 + a_2 a_3 + \cdots + a_n a_1)\left(\frac{a_1}{a_2^2 + a_2} + \frac{a_2}{a_3^2 + a_3} + \cdots + \frac{a_n}{a_1^2 + a_1} \right) \geqslant \frac{n}{n+1} .$$

此题题型新颖，结构优美，在高手云集的国家集训队做对此题的不足一半，下面的证法 1、证法 2 是笔者给出的．

证法 1　首先由柯西不等式易得下述引理．

引理：设 a_1，a_2，$\cdots$，a_n 是实数，x_1，x_2，$\cdots$，x_n 是正数，则

$$\frac{a_1^2}{x_1} + \frac{a_2^2}{x_2} + \cdots + \frac{a_n^2}{x_n} \geqslant \frac{(a_1 + a_2 + \cdots + a_n)^2}{x_1 + x_2 + \cdots + x_n} .$$

由引理得

$$\frac{a_1}{a_2^2 + a_2} + \frac{a_2}{a_3^2 + a_3} + \cdots + \frac{a_n}{a_1^2 + a_1}$$

$$= \frac{\left(\dfrac{a_1}{a_2}\right)^2}{a_1 + \dfrac{a_1}{a_2}} + \frac{\left(\dfrac{a_2}{a_3}\right)^2}{a_2 + \dfrac{a_2}{a_3}} + \cdots + \frac{\left(\dfrac{a_n}{a_1}\right)^2}{a_n + \dfrac{a_n}{a_1}}$$

$$\geqslant \frac{\left(\dfrac{a_1}{a_2} + \dfrac{a_2}{a_3} + \cdots + \dfrac{a_n}{a_1}\right)^2}{1 + \dfrac{a_1}{a_2} + \dfrac{a_2}{a_3} + \cdots + \dfrac{a_n}{a_1}} ，$$

只需证

$$\left(\sum_{i=1}^{n} a_i a_{i+1} \right)\left(\sum_{i=1}^{n} \frac{a_i}{a_{i+1}} \right)^2 \geqslant \frac{n}{n+1}\left(\sum_{i=1}^{n} \frac{a_i}{a_{i+1}} + 1 \right). \tag{2.4.10}$$

由柯西不等式得

$$\left(\sum_{i=1}^{n} a_i a_{i+1} \right)\left(\sum_{i=1}^{n} \frac{a_i}{a_{i+1}} \right) \geqslant \left(\sum_{i=1}^{n} a_i \right)^2 = 1 ,$$

故要证（2.4.10），只需证

$$\sum_{i=1}^{n} \frac{a_i}{a_{i+1}} \geqslant \frac{n}{n+1}\left(\sum_{i=1}^{n} \frac{a_i}{a_{i+1}} + 1 \right) .$$

而此等价于 $\sum_{i=1}^{n} \dfrac{a_i}{a_{i+1}} \geqslant n$. 这由平均值不等式得证.

证法 2　由引理及题设得

$$\frac{a_1}{a_2} + \frac{a_2}{a_3} + \cdots + \frac{a_n}{a_1} = \frac{a_1^2}{a_1 a_2} + \frac{a_2^2}{a_2 a_3} + \cdots + \frac{a_n^2}{a_n a_1}$$

$$\geqslant \frac{1}{a_1 a_2 + a_2 a_3 + \cdots + a_n a_1} ,$$

因而只需证明

$$\frac{a_1}{a_2^2 + a_2} + \frac{a_2}{a_3^2 + a_3} + \cdots + \frac{a_n}{a_1^2 + a_1} \geqslant \frac{n}{n+1}\left(\frac{a_1}{a_2} + \frac{a_2}{a_3} + \cdots + \frac{a_n}{a_1} \right).$$

由引理得

$$\frac{a_1}{a_2^2 + a_2} + \frac{a_2}{a_3^2 + a_3} + \cdots + \frac{a_n}{a_1^2 + a_1} = \frac{\left(\frac{a_1}{a_2}\right)^2}{a_1 + \frac{a_1}{a_2}} + \frac{\left(\frac{a_2}{a_3}\right)^2}{a_2 + \frac{a_2}{a_3}} + \cdots + \frac{\left(\frac{a_n}{a_1}\right)^2}{a_n + \frac{a_n}{a_1}}$$

$$\geqslant \frac{\left(\frac{a_1}{a_2} + \frac{a_2}{a_3} + \cdots + \frac{a_n}{a_1}\right)^2}{1 + \frac{a_1}{a_2} + \frac{a_2}{a_3} + \cdots + \frac{a_n}{a_1}} ,$$

令 $t = \dfrac{a_1}{a_2} + \dfrac{a_2}{a_3} + \cdots + \dfrac{a_n}{a_1}$ ，则 $t \geqslant n$. 从而只需证

$$\frac{t^2}{1+t} \geqslant \frac{nt}{n+1} .$$

此式等价于 $t \geqslant n$. 证毕.

下面让我们欣赏来自国家集训队选手的 5 种证法.

证法 3　根据上海中学应鲍龙同学的解答整理.

记不等式左边为 S ，约定 $a_{n+1} = a_1$. 由 Hölder 不等式得

$$\left(\sum_{i=1}^{n} a_i a_{i+1} \right) \left(\sum_{i=1}^{n} a_i(a_{i+1}+1) \right) \left(\sum_{i=1}^{n} \frac{a_i}{a_{i+1}^2 + a_{i+1}} \right)$$

$$\geqslant \left(\sum_{i=1}^{n} \sqrt[3]{a_i a_{i+1} \cdot a_i(a_{i+1}+1) \frac{a_i}{a_{i+1}^2 + a_{i+1}}} \right)^3$$

$$= \left(\sum_{i=1}^{n} a_i \right)^3 = 1,$$

即

$$\left(\sum_{i=1}^{n} a_i a_{i+1} \right) \left(\sum_{i=1}^{n} \frac{a_i}{a_{i+1}^2 + a_{i+1}} \right) \left(1 + \sum_{i=1}^{n} a_i a_{i+1} \right) \geqslant 1,$$

$$S \left(1 + \sum_{i=1}^{n} a_i a_{i+1} \right) \geqslant 1,$$

$$S + S \sum_{i=1}^{n} a_i a_{i+1} \geqslant 1,$$

$$\frac{S^2}{\displaystyle\sum_{i=1}^{n} \frac{a_i}{a_{i+1}^2 + a_{i+1}}} + S \geqslant 1.$$

由柯西不等式得

$$\left[(a_2+1) + (a_3+1) + \cdots + (a_1+1) \right] \left(\frac{a_1}{a_2^2 + a_2} + \frac{a_2}{a_3^2 + a_3} + \cdots + \frac{a_n}{a_1^2 + a_1} \right)$$

$$\geqslant \left(\sqrt{\frac{a_1}{a_2}} + \sqrt{\frac{a_2}{a_3}} + \cdots + \sqrt{\frac{a_n}{a_1}} \right)^2 \geqslant n^2,$$

即

$$\frac{a_1}{a_2^2 + a_2} + \frac{a_2}{a_3^2 + a_3} + \cdots + \frac{a_n}{a_1^2 + a_1} \geqslant \frac{n^2}{\displaystyle\sum_{i=1}^{n} a_i + n} = \frac{n^2}{n+1}.$$

因此

$$\frac{S^2}{\dfrac{n^2}{n+1}} + S \geqslant \frac{S^2}{\dfrac{a_1}{a_2^2 + a_2} + \dfrac{a_2}{a_3^2 + a_3} + \cdots + \dfrac{a_n}{a_1^2 + a_1}} + S \geqslant 1,$$

即

$$\frac{n+1}{n^2} S^2 + S - 1 \geqslant 0,$$

$$\left(\frac{n+1}{n} S - 1 \right) \left(\frac{1}{n} S + 1 \right) \geqslant 0.$$

又 $S > 0$，从而 $S \geqslant \dfrac{n}{n+1}$.

【点评】　　Hölder 不等式：

设 a_1，a_2，$\cdots$，a_n，b_1，b_2，$\cdots$，b_n，c_1，c_2，$\cdots$，c_n 是正数，则

$$\left(\sum_{i=1}^{m} a_i b_i c_i\right)^3 \leqslant \left(\sum_{i=1}^{m} a_i^3\right)\left(\sum_{i=1}^{m} b_i^3\right)\left(\sum_{i=1}^{m} c_i^3\right).$$

证法 4　　根据上海中学牟晓生（第 49 届 IMO 金牌获得者）同学的解答整理.

先证

$$\frac{a_1}{a_2^2+a_2}+\frac{a_2}{a_3^2+a_3}+\cdots+\frac{a_n}{a_1^2+a_1} \geqslant \frac{n^2}{n+1}. \qquad (2.4.11)$$

事实上，由于 $a_i > 0 (i=1,~2,~\cdots,~n)$，故 $\{a_i\}$ 与 $\left\{\dfrac{1}{a_i^2+a_i}\right\}$ 逆序. 由

排序不等式知

$$(2.4.11)式左边 \geqslant \frac{a_1}{a_1^2+a_1}+\frac{a_2}{a_2^2+a_2}+\cdots+\frac{a_n}{a_n^2+a_n}$$

$$= \sum_{i=1}^{n}\frac{1}{1+a_i}$$

$$\geqslant \frac{n^2}{\displaystyle\sum_{i=1}^{n}(1+a_i)}=\frac{n^2}{n+1},$$

故 (2.4.11) 式成立.

若 $a_1 a_2 + a_2 a_3 + \cdots + a_n a_1 \geqslant \dfrac{1}{n}$，则由(2.4.11)知原不等式成立.

若 $a_1 a_2 + a_2 a_3 + \cdots + a_n a_1 < \dfrac{1}{n}$，由 Hölder 不等式知

$$\left(\frac{a_1}{a_2^2+a_2}+\frac{a_2}{a_3^2+a_3}+\cdots+\frac{a_n}{a_1^2+a_1}\right)(a_1 a_2 + a_2 a_3 + \cdots + a_n a_1)$$

$$\times\left[(1+a_2)a_1+(1+a_3)a_2+\cdots+(1+a_1)a_n\right]$$

$$\geqslant \left(\sum_{i=1}^{n}\sqrt[3]{\frac{a_i}{a_{i+1}^2+a_{i+1}}\cdot a_i a_{i+1}\cdot a_i(a_{i+1}+1)}\right)^3$$

$$= \left(\sum_{i=1}^{n}a_i\right)^3 = 1 \qquad (约定~a_{n+1}=a_1).$$

又 $(1+a_2)a_1+(1+a_3)a_2+\cdots+(1+a_1)a_n = 1 + \displaystyle\sum_{i=1}^{n}a_i a_{i+1} < \frac{n+1}{n}$，

所以

$$\left(\frac{a_1}{a_2^2+a_2}+\frac{a_2}{a_3^2+a_3}+\cdots+\frac{a_n}{a_1^2+a_1}\right)(a_1 a_2 + a_2 a_3 + \cdots + a_n a_1) \geqslant \frac{n}{n+1}.$$

证法 5　根据东北师范大学附中马腾宇(第 48 届 IMO 银牌获得者)同学的解答整理.

分两种情况：

(1) $\displaystyle\sum_{i=1}^{n} a_i a_{i+1} \geqslant \frac{1}{n}$，见证法 2；

(2) $\displaystyle\sum_{i=1}^{n} a_i a_{i+1} \leqslant \frac{1}{n}$，约定 $a_{n+1} = a_1$.

由柯西不等式

$$\left(\sum_{i=1}^{n} a_i a_{i+1}\right)\left(\sum_{i=1}^{n} \frac{a_i}{a_{i+1}^2 + a_{i+1}}\right) \geqslant \left(\sum_{i=1}^{n} \frac{a_i}{\sqrt{a_{i+1}+1}}\right)^2, \qquad (2.4.12)$$

而

$$\sum_{i=1}^{n} \frac{a_i}{\sqrt{a_{i+1}+1}} = \sum_{i=1}^{n} \frac{a_i^{\frac{3}{2}}}{\sqrt{a_i a_{i+1} + a_i}} \geqslant \frac{\left(\displaystyle\sum_{i=1}^{n} a_i\right)^{\frac{3}{2}}}{\sqrt{\displaystyle\sum_{i=1}^{n}(a_i a_{i+1} + a_i)}} \quad (\text{由权方和不等式})$$

$$= \frac{1}{\sqrt{\displaystyle\sum_{i=1}^{n}(a_i a_{i+1} + a_i)}} = \frac{1}{\sqrt{\displaystyle\sum_{i=1}^{n} a_i a_{i+1} + 1}}$$

$$> \frac{1}{\sqrt{\dfrac{1}{n} + 1}} = \sqrt{\frac{n}{n+1}}. \qquad (2.4.13)$$

由(2.4.12)、(2.4.13)知不等式成立.

【点评】　权方和不等式：

若 $a_i > 0, b_i > 0 (i = 1, 2, \cdots, n)$，$m > 0$，则

$$\sum_{i=1}^{n} \frac{a_i^{m+1}}{b_i^m} \geqslant \frac{\left(\displaystyle\sum_{i=1}^{n} a_i\right)^{m+1}}{\left(\displaystyle\sum_{i=1}^{n} b_i\right)^{m}},$$

式中，等号在 $a_i = \lambda b_i$ 时取得.

权方和不等式的证明：Hölder 不等式的另外一种形式是：设 $a_i > 0$，$b_i > 0 (i = 1, 2, \cdots, n)$，$\dfrac{1}{p} + \dfrac{1}{q} = 1$ 且 $p > 1$，则

$$\sum_{i=1}^{n} a_i b_i \leqslant \left(\sum_{i=1}^{n} a_i^p\right)^{\frac{1}{p}}\left(\sum_{i=1}^{n} b_i^q\right)^{\frac{1}{q}}, \qquad (2.4.14)$$

式中，等号在 $a_i = \lambda b_i$ 时取得.

令 $p = m + 1$，则 $m > 0$，(2.4.14)式变形为

$$\sum_{i=1}^{n} a_i b_i \leqslant \left(\sum_{i=1}^{n} a_i^{m+1}\right)^{\frac{1}{m+1}} \left(\sum_{i=1}^{n} b_i^{\frac{m+1}{m}}\right)^{\frac{m}{m+1}}. \tag{2.4.15}$$

做变换 $a_i = \dfrac{a_i}{b_i^{\frac{m}{m+1}}}$，$b_i = b_i^{\frac{m}{m+1}}$，将 (2.4.15) 式变形为

$$\sum_{i=1}^{n} a_i \leqslant \left(\sum_{i=1}^{n} \frac{a_i^{m+1}}{b_i^m}\right)^{\frac{1}{m+1}} \left(\sum_{i=1}^{n} b_i\right)^{\frac{m}{m+1}}. \tag{2.4.16}$$

将 (2.4.16) 式整理便可得权方和不等式.

证法 6　根据浙江镇海中学沈才立同学（第 47、48 届 IMO 金牌获得者）的解答整理.

（1）若 $a_1 a_2 + a_2 a_3 + \cdots + a_n a_1 \geqslant \dfrac{1}{n}$，由于 $a_i > 0 (i = 1, 2, \cdots, n)$，则

a_1，a_2，$\cdots$，a_n 与 $\dfrac{1}{a_1^2 + a_1}$，$\dfrac{1}{a_2^2 + a_2}$，$\cdots$，$\dfrac{1}{a_n^2 + a_n}$ 反序.

由排序不等式得

$$\frac{a_1}{a_2^2 + a_2} + \frac{a_2}{a_3^2 + a_3} + \cdots + \frac{a_n}{a_1^2 + a_1}$$

$$\geqslant \frac{a_1}{a_1^2 + a_1} + \frac{a_2}{a_2^2 + a_2} + \cdots + \frac{a_n}{a_n^2 + a_n}$$

$$= \frac{1}{a_1 + 1} + \frac{1}{a_2 + 1} + \cdots + \frac{1}{a_n + 1}$$

$$\geqslant \frac{(1 + 1 + \cdots + 1)^2}{(a_1 + 1) + (a_2 + 1) + \cdots + (a_n + 1)} \qquad \text{（柯西不等式）}$$

$$= \frac{n^2}{n + 1},$$

所以

$$(a_1 a_2 + a_2 a_3 + \cdots + a_n a_1)\left(\frac{a_1}{a_2^2 + a_2} + \frac{a_2}{a_3^2 + a_3} + \cdots + \frac{a_n}{a_1^2 + a_1}\right) \geqslant \frac{n}{n + 1}.$$

（2）若 $a_1 a_2 + a_2 a_3 + \cdots + a_n a_1 < \dfrac{1}{n}$，

$$\text{原式左边} = \sum_{1 \leqslant i, j \leqslant n} a_i a_{i+1} \frac{a_j}{a_{j+1}^2 + a_{j+1}} \quad (a_{n+1} = a_1)$$

$$= \frac{1}{2} \sum_{1 \leqslant i, j \leqslant n} \left(a_i a_{i+1} \frac{a_j}{a_{j+1}^2 + a_{j+1}} + a_j a_{j+1} \frac{a_i}{a_{i+1}^2 + a_{i+1}}\right)$$

$$= \frac{1}{2} \sum_{1 \leqslant i, j \leqslant n} a_i a_j \left(\frac{a_{i+1}}{a_{j+1}^2 + a_{j+1}} + \frac{a_{j+1}}{a_{i+1}^2 + a_{i+1}}\right)$$

$$\geqslant \frac{1}{2} \sum_{1 \leqslant i, j \leqslant n} a_i a_j \left(\frac{a_{i+1}}{a_{i+1}^2 + a_{i+1}} + \frac{a_{j+1}}{a_{j+1}^2 + a_{j+1}} \right)$$

$$\left(a_{i+1}, \ a_{j+1} \ 与 \ \frac{1}{a_{i+1}^2 + a_{i+1}}, \ \frac{1}{a_{j+1}^2 + a_{j+1}} \ 反序 \right)$$

$$= \frac{1}{2} \sum_{1 \leqslant i, j \leqslant n} a_i a_j \left(\frac{1}{a_{i+1} + 1} + \frac{1}{a_{j+1} + 1} \right)$$

$$= \sum_{1 \leqslant i, j \leqslant n} a_i a_j \frac{1}{a_{i+1} + 1} = \sum_{i=1}^{n} \frac{a_i}{a_{i+1} + 1} \cdot \sum_{i=1}^{n} a_i$$

$$= \sum_{i=1}^{n} \frac{a_i}{a_{i+1} + 1} = \sum_{i=1}^{n} \frac{a_i^2}{a_i a_{i+1} + a_i}$$

$$\geqslant \frac{\left(\sum_{i=1}^{n} a_i \right)^2}{\sum_{i=1}^{n} a_i a_{i+1} + \sum_{i=1}^{n} a_i} = \frac{1}{\sum_{i=1}^{n} a_i a_{i+1} + 1} \geqslant \frac{1}{\frac{1}{n} + 1} = \frac{n}{n+1}.$$

证法 7　根据北京人大附中张瑞祥同学（第 49 届 IMO 金牌获得者）的解答整理.

首先容易证明如下引理.

引理：设 $a_i > 0 (i = 1, 2, \cdots, n)$，约定 $a_{n+1} = a_1$，则

$$\frac{a_i}{(n+1) a_{i+1}} - \frac{a_i}{a_{i+1} + 1} \geqslant \frac{a_i}{a_{i+1}} \cdot \frac{n}{(n+1)^2} (1 - n a_{i+1}). \quad (2.4.17)$$

事实上，(2.4.17) 式等价于

$$\frac{a_i (1 - n a_{i+1})}{a_{i+1} (n+1)(a_{i+1} + 1)} \geqslant \frac{a_i}{a_{i+1}} \cdot \frac{n}{(n+1)^2} (1 - n a_{i+1})$$

$$\Leftrightarrow \frac{a_i (1 - n a_{i+1})}{(n+1) a_{i+1}} \left(\frac{1}{a_{i+1} + 1} - \frac{n}{n+1} \right) \geqslant 0$$

$$\Leftrightarrow \frac{a_i (1 - n a_{i+1})^2}{(n+1)^2 a_{i+1}^2} \geqslant 0.$$

故引理成立.

在 (2.4.17) 两边分别对 $i = 1, 2, \cdots, n$ 求和，即有

$$\sum_{i=1}^{n} \left(\frac{a_i}{(n+1) a_{i+1}} - \frac{a_i}{a_{i+1} + 1} \right)$$

$$\geqslant \sum_{i=1}^{n} \frac{a_i}{a_{i+1}} \cdot \frac{n}{(n+1)^2} (1 - n a_{i+1})$$

$$= \frac{n}{(n+1)^2} \sum_{i=1}^{n} \frac{a_i}{a_{i+1}} - \frac{n^2}{(n+1)^2} \sum_{i=1}^{n} a_i$$

$$\geqslant \frac{n}{(n+1)^2} \cdot n - \frac{n^2}{(n+1)^2} \qquad （由平均不等式及已知）$$

$$= 0.$$

从而，

$$原式左边 = \left(\sum_{i=1}^{n} a_i a_{i+1} \right) \sum_{i=1}^{n} \left(\frac{a_i}{a_{i+1}} - \frac{a_i}{a_{i+1}+1} \right)$$

$$= \left(\sum_{i=1}^{n} a_i a_{i+1} \right) \left[\sum_{i=1}^{n} \left(\frac{n}{n+1} \cdot \frac{a_i}{a_{i+1}} \right) + \sum_{i=1}^{n} \left(\frac{a_i}{(n+1)a_{i+1}} - \frac{a_i}{a_{i+1}+1} \right) \right]$$

$$\geqslant \frac{n}{n+1} \left(\sum_{i=1}^{n} a_i a_{i+1} \right) \left(\sum_{i=1}^{n} \frac{a_i}{a_{i+1}} \right)$$

$$\geqslant \frac{n}{n+1} \left(\sum_{i=1}^{n} \sqrt{a_i a_{i+1}} \cdot \sqrt{\frac{a_i}{a_{i+1}}} \right)^2 \qquad （柯西不等式）$$

$$= \frac{n}{n+1} \left(\sum_{i=1}^{n} a_i \right)^2 = \frac{n}{n+1}.$$

2.5　研　究　性

　　竞赛数学中的问题，凝聚了许多数学家和数学教育家的心血和智慧．一方面，有些问题本身源于数学研究，是数学家潜心研究精心制作的产物；另一方面，有的问题由于它深刻和广阔的背景，其本身就具有启示性、方向性和开拓性，往往为初等数学研究提出新课题，开拓新领域，提供有力的方法和工具．更何况，对问题的认识也不可能一次彻底完成，没有任何问题是可以解决得十全十美的．

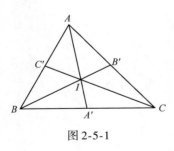

图 2-5-1

【题 2.5.1】　（第 32 届 IMO 试题）图 2-5-1 △ABC，设 I 是它的内心，角 A，B，C 的内角平分线分别与其对边交于 A'，B'，C'，求证：

$$\frac{1}{4} < \frac{AI \cdot BI \cdot CI}{AA' \cdot BB' \cdot CC'} \leqslant \frac{8}{27}. \qquad (2.5.1)$$

证法 1　记 $BC=a$，$CA=b$，$AB=c$，易证

$$\frac{AI}{AA'} = \frac{b+c}{a+b+c},$$

$$\frac{BI}{BB'} = \frac{a+c}{a+b+c}, \frac{CI}{CC'} = \frac{a+b}{a+b+c}.$$

由平均不等式可得

$$\frac{AI \cdot BI \cdot CI}{AA' \cdot BB' \cdot CC'} = \frac{b+c}{a+b+c} \cdot \frac{a+c}{a+b+c} \cdot \frac{a+b}{a+b+c}$$

$$\leqslant \left[\frac{1}{3}\left(\frac{b+c}{a+b+c} + \frac{a+c}{a+b+c} + \frac{a+b}{a+b+c}\right)\right]^3 = \frac{8}{27}.$$

另记 $x = \dfrac{b+c}{a+b+c}$，$y = \dfrac{a+c}{a+b+c}$，$z = \dfrac{a+b}{a+b+c}$. 显然有 $x+y+z=2$. 由三角形两边之和大于第三边的性质可知 $x > \dfrac{1}{2}$，$y > \dfrac{1}{2}$，$z > \dfrac{1}{2}$，且 $|x-y| < |1-z|$. 于是

$$\frac{AI \cdot BI \cdot CI}{AA' \cdot BB' \cdot CC'} = x \cdot y \cdot z > \frac{1}{2} \cdot \left(2 - \frac{1}{2} - z\right) \cdot z$$

$$= \frac{1}{2}\left[-\left(z - \frac{3}{4}\right)^2 + \frac{9}{16}\right].$$

又 $\dfrac{1}{2} < z < 1$，所以

$$\frac{AI \cdot BI \cdot CI}{AA' \cdot BB' \cdot CC'} > \frac{1}{4}.$$

这是主试委员会提供的证法，从数学研究的角度来说，还应该考虑一下能不能用其他方法给出证明. 下面给出另外三种证法.

证法 2 因为 CI 是 $\triangle AA'C$ 中 $\angle ACA'$ 的角平分线，所以

$$\frac{AI}{AA'} = \frac{b}{b + \dfrac{ab}{b+c}} = \frac{b+c}{a+b+c}.$$

同理

$$\frac{BI}{BB'} = \frac{c+a}{a+b+c}, \qquad \frac{CI}{CC'} = \frac{a+b}{a+b+c},$$

因此只需证明

$$\frac{1}{4} < \frac{(a+b)(b+c)(c+a)}{(a+b+c)^3} \leqslant \frac{8}{27}.$$

由平均不等式，得

$$(a+b)(b+c)(c+a) \leqslant \left(\frac{a+b+b+c+c+a}{3}\right)^3 = \frac{8}{27}(a+b+c)^3,$$

即 (2.5.1) 式的右边成立.

又因为三角形两边之和大于第三边，所以

$$\frac{a+b}{a+b+c} > \frac{1}{2}, \quad \frac{b+c}{a+b+c} > \frac{1}{2}, \quad \frac{c+a}{a+b+c} > \frac{1}{2}.$$

令 $\dfrac{a+b}{a+b+c} = \dfrac{1+\varepsilon_1}{2}$，$\dfrac{b+c}{a+b+c} = \dfrac{1+\varepsilon_2}{2}$，$\dfrac{c+a}{a+b+c} = \dfrac{1+\varepsilon_3}{2}$，式中，

ε_1，ε_2，ε_3 均为正数，且 $\varepsilon_1 + \varepsilon_2 + \varepsilon_3 = 1$. 于是

$$\frac{(a+b)(b+c)(c+a)}{(a+b+c)^3} = \frac{(1+\varepsilon_1)(1+\varepsilon_2)(1+\varepsilon_3)}{8}$$

$$> \frac{1+\varepsilon_1+\varepsilon_2+\varepsilon_3}{8} = \frac{1}{4},$$

即 (2.5.1) 式的左边成立.

证法3 这里仅给出 (2.5.1) 式左边的另一种证法.

令 $a=y+z$，$b=z+x$，$c=x+y$，那么

$$4(a+b)(b+c)(c+a) > (a+b+c)^3$$

$$\Leftrightarrow 4(x+y+z+x)(x+y+z+y)(x+y+z+z) > 8(x+y+z)^3$$

$$\Leftrightarrow (x+y+z)^3 + (x+y+z)^2(x+y+z) + (xy+yz+zx)$$

$$\times (x+y+z) + xyz > 2(x+y+z)^3,$$

因为 x，y，$z>0$，所以上式显然成立.

证法4 设 $\triangle ABC$ 各内角的半角为 α，β，γ，内切圆的半径为 r，则

$\alpha + \beta + \gamma = \dfrac{\pi}{2}$，$AI = \dfrac{r}{\sin\gamma}$，$IA' = \dfrac{r}{\sin(\alpha+2\beta)}$. 从而

$$\frac{AI}{AA'} = \frac{1}{2}(1 + \tan\beta\tan\gamma), \qquad \frac{BI}{BB'} = \frac{1}{2}(1 + \tan\gamma\tan\alpha),$$

$$\frac{CI}{CC'} = \frac{1}{2}(1 + \tan\alpha\tan\beta).$$

由平均不等式得

$$\frac{AI \cdot BI \cdot CI}{AA' \cdot BB' \cdot CC'} = \frac{1}{8}(1 + \tan\alpha\tan\beta)(1 + \tan\beta\tan\gamma)(1 + \tan\gamma\tan\alpha)$$

$$\leqslant \frac{1}{8}\left[\frac{1}{3}(1+1+1+\tan\alpha\tan\beta + \tan\beta\tan\gamma + \tan\gamma\tan\alpha)\right]^3$$

$$= \frac{8}{27}.$$

又

$$\frac{AI \cdot BI \cdot CI}{AA' \cdot BB' \cdot CC'} = \frac{1}{8}(1 + \tan\alpha\tan\beta)(1 + \tan\beta\tan\gamma)(1 + \tan\gamma\tan\alpha)$$

$$> \frac{1}{8}(1+1) = \frac{1}{4}.$$

上述证明利用了三角恒等式

$$\tan\alpha\tan\beta + \tan\beta\tan\gamma + \tan\gamma\tan\alpha = 1,$$

式中，$\alpha + \beta + \gamma = \dfrac{\pi}{2}$.

研究了多种证法之后，自然考虑问题的加强或推广.

（1）对(2.5.1)式右边而言，条件"I 是 $\triangle ABC$ 的内心"可减弱为"I 是 $\triangle ABC$ 内任一点"，其他条件不变，结论仍然成立. 证明如下：

由三角形的面积关系易知

$$\frac{IA'}{AA'} + \frac{IB'}{BB'} + \frac{IC'}{CC'} = 1 ,$$

所以

$$\frac{AI}{AA'} + \frac{BI}{BB'} + \frac{CI}{CC'} = 2 .$$

由平均不等式得

$$\frac{AI \cdot BI \cdot CI}{AA' \cdot BB' \cdot CC'} \leqslant \left(\frac{\frac{AI}{AA'} + \frac{BI}{BB'} + \frac{CI}{CC'}}{3} \right)^3 = \frac{8}{27} ,$$

等号当且仅当 $\dfrac{AI}{AA'} = \dfrac{BI}{BB'} = \dfrac{CI}{CC'} = \dfrac{2}{3}$ ，即 I 是 $\triangle ABC$ 的重心时成立.

（2）对于钝角 $\triangle ABC$，其他条件不变，不等式(2.5.1)的右边可加强为

$$\frac{AI \cdot BI \cdot CI}{AA' \cdot BB' \cdot CC'} \leqslant 1 - \frac{\sqrt{2}}{2},$$

即

$$\frac{(a + b)(b + c)(c + a)}{(a + b + c)^3} \leqslant 1 - \frac{\sqrt{2}}{2}. \tag{2.5.2}$$

(2.5.2) 式的证明要用到优超不等式.

若两实数组 (x_1, x_2, x_3) 和 (y_1, y_2, y_3) 符合

① $x_1 \geqslant x_2 \geqslant x_3$，$y_1 \geqslant y_2 \geqslant y_3$；

② $x_1 \leqslant y_1$，$x_1 + x_2 \leqslant y_1 + y_2$，$x_1 + x_2 + x_3 = y_1 + y_2 + y_3$.

则称 (x_1, x_2, x_3) 被 (y_1, y_2, y_3) 优超，记作 $(x_1, x_2, x_3) < (y_1, y_2, y_3)$.

设 $(x_1, x_2, x_3) < (y_1, y_2, y_3)$，$x_i, y_i \in (a, b)$（$i = 1, 2, 3$）则对 (a, b) 上的任意凸函数 $f(x)$，有

$$f(x_1) + f(x_2) + f(x_3) \geqslant f(y_1) + f(y_2) + f(y_3). \tag{2.5.3}$$

证明　不妨设 $a > b \geqslant c$，$p = \dfrac{1}{2}(a + b + c)$，构造数组 $(\sqrt{2} - 1)2p$，$(2 - \sqrt{2})p$，$(2 - \sqrt{2}\, p)$，因 $\triangle ABC$ 为钝角三角形，故 $a^2 > b^2 + c^2 \geqslant 2bc$，有 $2a^2 > (b + c)^2$，$\sqrt{2}\, a > b + c$，$(\sqrt{2} + 1)a > 2p$，$(\sqrt{2} - 1)2p < a$ 以及

$$(\sqrt{2} - 1)2p + (2 - \sqrt{2})p = \sqrt{2}\, p \leqslant \frac{a}{2} + p = a + \frac{b + c}{2} \leqslant a + b,$$

$$(\sqrt{2}-1)2p+(2-\sqrt{2})p+(2-\sqrt{2})p=2p=a+b+c.$$

由上述各式可知

$$((\sqrt{2}-1)2p,(2-\sqrt{2})p,(2-\sqrt{2})p)<(a,b,c).$$

易知函数 $f(x)=\ln(2p-x)$ 是凸函数，利用 (2.5.3) 式，得

$$\ln[2p-(\sqrt{2}-1)2p]+\ln[2p-(2-\sqrt{2})p]+\ln[2p-(2-\sqrt{2})p]$$
$$\geq\ln(2p-a)+\ln(2p-b)+\ln(2p-c),$$

此式整理后便得（2.5.2）式.

（3）在题设条件下，还有如下不等式成立：

$$\frac{5}{4}<\frac{AI\cdot BI}{AA'\cdot BB'}+\frac{BI\cdot CI}{BB'\cdot CC'}+\frac{CI\cdot AI}{CC'\cdot AA'}\leq\frac{4}{3}. \tag{2.5.4}$$

证明　设 $BC=a$，$CA=b$，$AB=c$，易得

$$\frac{AI}{AA'}=\frac{b+c}{a+b+c}, \qquad \frac{BI}{BB'}=\frac{c+a}{a+b+c}, \qquad \frac{CI}{CC'}=\frac{a+b}{a+b+c}.$$

故只需证明

$$\frac{5}{4}<\frac{(b+c)(c+a)+(c+a)(a+b)+(a+b)(b+c)}{(a+b+c)^2}\leq\frac{4}{3}$$

$$\Leftrightarrow\frac{5}{4}<\frac{a^2+b^2+c^2+3ab+3bc+3ca}{(a+b+c)^2}\leq\frac{4}{3}$$

$$\Leftrightarrow\frac{1}{4}<\frac{ab+bc+ca}{(a+b+c)^2}\leq\frac{1}{3}$$

$$\Leftrightarrow 3(ab+bc+ca)\leq(a+b+c)^2<4(ab+bc+ca)$$

$$\Leftrightarrow ab+bc+ca\leq a^2+b^2+c^2<2ab+2bc+2ca. \tag{2.5.5}$$

（2.5.5）式的左边是显然的. 下证右边.

因 $|a-b|<c$，所以 $(a-b)^2<c^2$，$a^2+b^2-c^2<2ab$. 同理 $b^2+c^2-a^2<2bc$，$c^2+a^2-b^2<2ca$.

将上面三式相加便得（2.5.5）式的右边.

对不等式（2.5.4）右边而言，条件"I 是 $\triangle ABC$ 的内心"可减弱为"I 是 $\triangle ABC$ 内任意一点"，其他条件不变结论仍成立.

（4）不等式（2.5.1）可以推广为更一般的情形.

设 P 为 $\triangle ABC$ 内任意一点，AP，BP，CP 的延长线分别交 BC，CA，AB 于 A'，B'，C'. 记 $AP=x$，$BP=y$，$CP=z$，$PA'=u$，$PB'=v$，$PC'=w$，则有

$$8(x+u)(y+v)(z+w)\geq27xyz\geq216uvw, \tag{2.5.6}$$

$$\frac{x}{u}+\frac{y}{v}+\frac{z}{w}\geq6, \tag{2.5.7}$$

$$\frac{xy}{uv} + \frac{yz}{vw} + \frac{zx}{wu} \geqslant 12 , \tag{2.5.8}$$

$$\frac{u}{x} + \frac{v}{y} + \frac{w}{z} \geqslant \frac{3}{2} , \tag{2.5.9}$$

$$\frac{uv}{xy} + \frac{vw}{yz} + \frac{wu}{zx} \geqslant \frac{3}{4} , \tag{2.5.10}$$

$$\frac{uv}{(x+u)(y+v)} + \frac{vw}{(y+v)(z+w)} + \frac{wu}{(z+w)(x+u)} \leqslant \frac{1}{3} , \tag{2.5.11}$$

不等式(2.5.6)~(2.5.11)中等号当且仅当 P 为 $\triangle ABC$ 的重心时成立. 其中 (2.5.8) 是北美大学生数学竞赛题.

证明　如图 2-5-2 所示, 设 $\triangle PBC$, $\triangle PCA$, $\triangle PAB$ 的面积分别为 S_1, S_2, S_3, 则由三角形面积比的性质知

$$\frac{u}{x+u} = \frac{S_1}{S_1 + S_2 + S_3} , \tag{2.5.12}$$

$$\frac{v}{y+v} = \frac{S_2}{S_1 + S_2 + S_3} , \tag{2.5.13}$$

$$\frac{w}{z+w} = \frac{S_3}{S_1 + S_2 + S_3} . \tag{2.5.14}$$

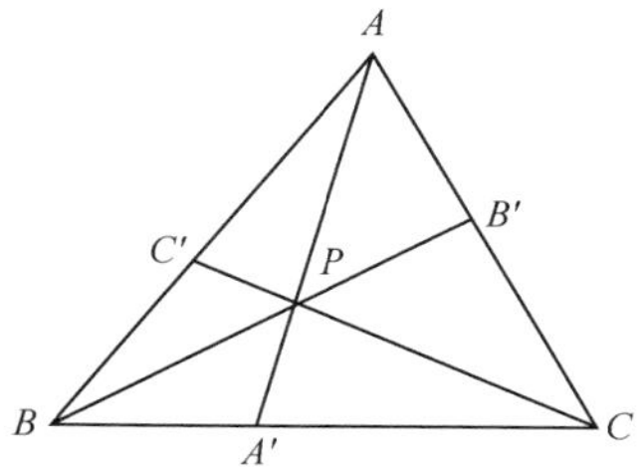

由(2.5.12)得

$$\frac{x}{u} + 1 = 1 + \frac{S_2 + S_3}{S_1} ,$$

即

$$\frac{x}{u} = \frac{S_2 + S_3}{S_1} .$$

同理由(2.5.13)、(2.5.14)得

$$\frac{y}{v} = \frac{S_3 + S_1}{S_2} , \qquad \frac{z}{w} = \frac{S_1 + S_2}{S_3} ,$$

于是

$$\frac{x}{u} \cdot \frac{y}{v} \cdot \frac{z}{w} = \frac{S_2 + S_3}{S_1} \cdot \frac{S_3 + S_1}{S_2} \cdot \frac{S_1 + S_2}{S_3} .$$

但 $S_2 + S_3 \geqslant 2\sqrt{S_2 S_3}$, $S_3 + S_1 \geqslant 2\sqrt{S_3 S_1}$, $S_1 + S_2 \geqslant 2\sqrt{S_1 S_2}$, 故

$$\frac{x}{u} \cdot \frac{y}{v} \cdot \frac{z}{w} \geqslant 8 ,$$

即

$$xyz \geqslant 8uvw , \tag{2.5.15}$$

式中, 等号当且仅当 $S_1 = S_2 = S_3$, 即 P 为 $\triangle ABC$ 的重心时成立.

图 2-5-2

将 (2.5.12)、(2.5.13)、(2.5.14) 三式相加得

$$\frac{u}{x+u}+\frac{v}{y+v}+\frac{w}{z+w}=1. \tag{2.5.16}$$

由平均不等式得

$$2=\frac{x}{x+u}+\frac{y}{y+v}+\frac{z}{z+w}\geqslant 3\left[\frac{xyz}{(x+u)(y+v)(z+w)}\right]^{\frac{1}{3}},$$

从而

$$8(x+u)(y+v)(z+w)\geqslant 27xyz. \tag{2.5.17}$$

式中，等号当且仅当

$$\frac{x}{x+u}=\frac{y}{y+v}=\frac{z}{z+w}=\frac{2}{3},$$

即 P 为 $\triangle ABC$ 的重心时成立.

由(2.5.15)、(2.5.16)即知不等式(2.5.6)成立，且其中等号当且仅当 P 为 $\triangle ABC$ 的重心时成立.

利用不等式 (2.5.15) 及平均不等式即得不等式(2.5.7)和(2.5.8).

将恒等式 (2.5.16) 去分母后展开并整理得

$$xyz=2uvw+xvw+ywu+zuv.$$

因为

$$\frac{uv}{xy}+\frac{vw}{yz}+\frac{wu}{zx}=\frac{1}{xyz}(xvw+ywu+zuv)$$
$$=\frac{1}{xyz}(xyz-2uvw)=1-\frac{2uvw}{xyz},$$

故由不等式 (2.5.15) 可得

$$\frac{uv}{xy}+\frac{vw}{yz}+\frac{wu}{zx}\geqslant\frac{3}{4}. \tag{2.5.18}$$

式中，等号当且仅当 P 为 $\triangle ABC$ 的重心时成立.

在熟知的不等式

$$(a_1+a_2+a_3)^2\geqslant 3(a_1a_2+a_2a_3+a_3a_1) \tag{2.5.19}$$

（a_1，a_2，a_3 为实数）中，令 $a_1=\frac{u}{x}$，$a_2=\frac{v}{y}$，$a_3=\frac{w}{z}$，并利用不等式 (2.5.18) 可得

$$\left(\frac{u}{x}+\frac{v}{y}+\frac{w}{z}\right)^2\geqslant\frac{9}{4},$$

从而

$$\frac{u}{x}+\frac{v}{y}+\frac{w}{z}\geqslant\frac{3}{2}.$$

即得（2.5.9），而其中等号当且仅当 P 为 $\triangle ABC$ 的重心时成立.

在不等式（2.5.19）中，令 $a_1 = \dfrac{u}{x+u}$，$a_2 = \dfrac{v}{y+v}$，$a_3 = \dfrac{w}{z+w}$，并利用恒等式（2.5.16）即可得到不等式（2.5.11）.

不等式（2.5.11）中等号当且仅当 $\dfrac{x}{x+u} = \dfrac{y}{y+v} = \dfrac{z}{z+w} = \dfrac{2}{3}$ 及 $\dfrac{u}{x+u} = \dfrac{v}{y+v} = \dfrac{w}{z+w} = \dfrac{1}{3}$，即 P 为 $\triangle ABC$ 的重心时成立.

【题 2.5.2】　（第 25 届 IMO 试题）设 x，y，z 为非负数，且 $x+y+z=1$，求证：

$$0 \leqslant yz + zx + xy - 2xyz \leqslant \frac{7}{27}. \qquad (2.5.20)$$

这道题是 Arthur Engel 教授提供的，这个问题源于数学研究. 他的命题过程是这样的（恩格尔，1989）：

设 S 是一个 n 行 n 列的矩阵，元素是 a_{ij}. S 的积和式定义为

$$\text{per}(S) = \sum_{\sigma} a_{1\sigma(1)} a_{2\sigma(2)} \cdots a_{n\sigma(n)}.$$

求和遍及 $(1, 2, \cdots, n)$ 的一切排列 σ. S 称为双随机矩阵，是指它的每一行元素的和，每一列元素的和都等于 1.

在 1927 年，Van der Waerden 猜想：对于双随机矩阵 S，成立着不等式

$$\text{per}(S) \geqslant \frac{n!}{n^n},$$

等号当且仅当 $a_{ij} = \dfrac{1}{n}$ 时成立，这里 i，$j = 1$，2，$\cdots$，n. 这一猜想直到 1984 年前不久才被证明. 我原想即使当 $n=3$ 时，结果也不会显然，于是决心对 $n=3$ 来试一试. Minc 写过一本叫《积和式》的书，他写于 Van der Waerden 猜想未被证明之前，书中提到 $n=3$ 时，猜想是解决了，但绝不是显然的.

因此，我是从矩阵

$$S = \begin{bmatrix} a_1 & a_2 & a_3 \\ b_1 & b_2 & b_3 \\ c_1 & c_2 & c_3 \end{bmatrix}$$

开始讨论，由于

$$1 = (a_1+a_2+a_3)(b_1+b_2+b_3)(c_1+c_2+c_3) = \text{per}(S) + 其余 21 项，由此$$

我作了大量的运算，最终我得到下列题目：

x，y，$z \geqslant 0$ 且 $x+y+z=1$，求证：$0 \leqslant yz+zx+xy-2xyz \leqslant \dfrac{7}{27}$（第 25 届

IMO 第 1 题).

首先，我们给出（2.5.20）的 9 种不同证法.

证法 1 （综合法）根据柯西不等式，得

$$(x + y + z)\left(\frac{1}{x} + \frac{1}{y} + \frac{1}{z}\right) \geqslant 9,$$

即 $yz + zx + xy \geqslant 9xyz \geqslant 2xyz$，即（2.5.20）左边成立.

由对称性，不妨设 $x \geqslant y \geqslant z$，于是 $0 \leqslant z \leqslant \frac{1}{3}$，即 $1 - 2z > 0$. 根据平均值不等式有 $xy \leqslant \left(\frac{x + y}{2}\right)^2$，从而得

$$(1 - 2z)xy \leqslant (1 - 2z)\left(\frac{x + y}{2}\right)^2 = \frac{1}{4}(1 - 2z)(1 - z)^2,$$

于是

$$
\begin{aligned}
yz + zx + xy - 2xyz &= z(y + x) + (1 - 2z)xy \\
&\leqslant z(1 - z) + \frac{1}{4}(1 - 2z)(1 - z)^2 \\
&\leqslant \frac{1}{4}[1 + z^2(1 - 2z)] \\
&\leqslant \frac{1}{4}\left\{1 + \left[\frac{1}{3}(z + z + 1 - 2z)\right]^3\right\} = \frac{7}{27},
\end{aligned}
$$

即（2.5.20）右边成立.

证法 2 （构造法）由 $x + y + z$，$yz + zx + xy$，xyz 使我们联想到三次方程韦达定理（或 x，y，z 的初等对称函数），据此构造等式

$$\frac{1}{4}(1 - 2x)(1 - 2y)(1 - 2z) = \frac{1}{4} - \frac{1}{2}(x + y + z) + (xy + yz + zx) - 2xyz.$$

显然 $1 - 2x$，$1 - 2y$，$1 - 2z$ 至少有一个为非负，不妨设 $1 - 2x$，$1 - 2y$，$1 - 2z$ 均为正（否则，也不难证明下式成立），由平均不等式得

$$上式左边 \leqslant \frac{1}{4}\left(\frac{1 - 2x + 1 - 2y + 1 - 2z}{3}\right)^3 = \frac{1}{4} \times \frac{1}{27},$$

所以

$$yz + zx + xy - 2xyz \leqslant \frac{1}{4} \times \frac{1}{27} - \frac{1}{4} + \frac{1}{2} = \frac{7}{27}.$$

另外，x，y，z 均小于等于 1，所以

$$
\begin{aligned}
yz + zx + xy - 2xyz &\geqslant yz + zx + xy - yz - xy \\
&\geqslant 0.
\end{aligned}
$$

证法 3 （增量法）由对称性，不妨设 $x \geqslant y \geqslant z$，则 $z \leqslant \frac{1}{3}$，

$x + y \geqslant \dfrac{2}{3}$. 故可设 $z = \dfrac{1}{3} - \lambda$, $x + y = \dfrac{2}{3} + \lambda$, 式中, $0 \leqslant \lambda \leqslant \dfrac{1}{3}$. 于是

$$yz + zx + xy - 2xyz = z(y + x) + xy(1 - 2z)$$
$$= \left(\dfrac{1}{3} - \lambda\right)\left(\dfrac{2}{3} + \lambda\right) + xy\left(\dfrac{1}{3} + 2\lambda\right).$$

这显然是一个非负数, 故 $yz + zx + xy - 2xyz \geqslant 0$. 又 $\dfrac{1}{3} + 2\lambda \geqslant 0$, $xy \leqslant \left(\dfrac{x + y}{2}\right)^2$, 所以

$$yz + zx + xy - 2xyz \leqslant \left(\dfrac{1}{3} - \lambda\right)\left(\dfrac{2}{3} + \lambda\right) + \dfrac{1}{4}\left(\dfrac{2}{3} + \lambda\right)^2\left(\dfrac{1}{3} + 2\lambda\right)$$
$$= \dfrac{7}{27} - \dfrac{1}{4}\lambda^2(1 - 2\lambda) \leqslant \dfrac{7}{27}.$$

证法 4 （增量法）
$$yz + zx + xy - 2xyz = (x + y + z)(yz + zx + xy) - 2xyz$$
$$= (y + z)yz + (z + x)zx + (x + y)xy + xyz \geqslant 0.$$

当 $x = 1$, $y = z = 0$ 时, 上式中等号成立;

当 $x = y = z = \dfrac{1}{3}$ 时, $yz + zx + xy - 2xyz = \dfrac{7}{27}$.

设 $x = \alpha + \dfrac{1}{3}$, $y = \beta + \dfrac{1}{3}$, $z = \gamma + \dfrac{1}{3}$, 则 $\alpha + \beta + \gamma = 0$, 但 α, β, γ 不全为零.

$$yz + zx + xy - 2xyz = \dfrac{1}{3}(\beta\gamma + \gamma\alpha + \alpha\beta) - 2\alpha\beta\gamma + \dfrac{7}{27}.$$

只需证

$$\dfrac{1}{3}(\beta\gamma + \gamma\alpha + \alpha\beta) - 2\alpha\beta\gamma \leqslant 0$$

即可.

不妨设 $\alpha \geqslant \beta \geqslant \gamma$, 因 α, β, γ 不全为正, 也不全为负, 故必有 $\alpha > 0$, $\gamma < 0$, $6\beta \geqslant 1$. 用 $\gamma = -(\alpha + \beta)$ 代入上面不等式左边, 得

$$\dfrac{1}{3}(-\alpha^2 - \beta^2 - \alpha\beta) + 2\alpha\beta(\alpha + \beta) = \dfrac{1}{3}[\alpha^2(6\beta - 1) + \alpha\beta(6\beta - 1) - \beta^2]$$
$$= \dfrac{1}{3}[\alpha(6\beta - 1)(\alpha + \beta)\beta^2]$$
$$= \dfrac{1}{3}[-\alpha\gamma(6\beta - 1)\beta^2] \leqslant 0.$$

证法 5 （放缩法） 由对称性, 不妨设 $x \geqslant y \geqslant z$, 则 $x \geqslant \dfrac{1}{3}$, $y \leqslant \dfrac{1}{2}$,

109

$z \leqslant \dfrac{1}{3}$，有

$$yz + zx + xy - 2xyz = y(z + x) + zx(1 - 2y) \geqslant 0 ,$$

$$yz + zx + xy - 2xyz \leqslant y(z + x) + zx(1 - 2y) + (x - \frac{1}{3})(1 - 2y)(\frac{1}{3} - z)$$

$$= y(1 - y) + (1 - 2y)(\frac{1}{3}x + \frac{1}{3}z - \frac{1}{9})$$

$$= y(1 - y) + \frac{1}{9}(1 - 2y)(2 - 3y)$$

$$= -\frac{1}{3}(y - \frac{1}{3})^2 + \frac{7}{27} \leqslant \frac{7}{27}.$$

证法 6　（构造法）由题设，$0 \leqslant x \leqslant 1$，所以 $yz \geqslant xyz$. 同理 $zx \geqslant xyz$，$xy \geqslant xyz$，因此

$$yz + zx + xy - 2xyz \geqslant xyz + xzy + xyz - 2xyz \geqslant 0.$$

设 $f(l) = (l - x)(l - y)(l - z)$，并记 $yz + zx + xy = m$，$xyz = n$，则 $f(l) = l^3 - l^2 + ml - n$，有 $2f(\frac{1}{2}) = m - 2n - \frac{1}{4}$. 因此，只需证明了 $f(\frac{1}{2}) \leqslant \dfrac{1}{216}$ 成立，即可得

$$yz + zx + xy - 2xyz = m - 2n = 2f(\frac{1}{2}) + \frac{1}{4} \leqslant \frac{1}{108} + \frac{1}{4} = \frac{7}{27}.$$

（1）当 x，y，z 都不大于 $\dfrac{1}{2}$ 时，

$$f(\frac{1}{2}) = (\frac{1}{2} - x)(\frac{1}{2} - y)(\frac{1}{2} - z)$$

$$\leqslant \left\{ \frac{1}{3}\left[(\frac{1}{2} - x) + (\frac{1}{2} - y) + (\frac{1}{2} - z) \right] \right\}^3$$

$$= \left[\frac{1}{3}(\frac{3}{2} - 1) \right]^3 = \frac{1}{216} ;$$

（2）当 x，y，z 中有一个大于 $\dfrac{1}{2}$ 时，另外两个都不会大于 $\dfrac{1}{2}$，这时 $f(\frac{1}{2}) \leqslant 0 \leqslant \dfrac{1}{216}$.

综合（1）、（2）可知 $f(\frac{1}{2}) \leqslant \dfrac{1}{216}$ 成立.

证法 7　（磨光法）(2.5.20) 式左边不等式的证法同上. 下证 (2.5.20) 式右边的不等式.

110

易知，当 $x = y = z = \dfrac{1}{3}$ 时，所证不等式中等号成立. 由对称性不妨设 $x \geqslant y \geqslant z$，则 $x \geqslant \dfrac{1}{3} \geqslant z$. 令 $x' = \dfrac{1}{3}$，$y' = y$，$z' = x + z - \dfrac{1}{3}$. 于是有 $x' + z' = x + z$，$x' \cdot z' \geqslant x \cdot z$，因此

$$yz + zx + xy - 2xyz = y(x + z) + (1 - 2y)xz \leqslant y'(x' + z') + (1 - 2y')x'z'$$

$$= y'z' + z'x' + x'y' - 2x'y'z' = \dfrac{1}{3}(y' + z') + \dfrac{1}{3}y'z'$$

$$\leqslant \dfrac{2}{9} + \dfrac{1}{27} = \dfrac{7}{27}.$$

证法 8 （调整法）$yz + zx + xy - 2xyz \geqslant 0$ 的证法同上，以下证明

$$f(x, y, z) = yz + zx + xy - 2xyz$$

$(x \geqslant 0, y \geqslant 0, z \geqslant 0, x + y + z = 1)$ 当且仅当 $x = y = z = \dfrac{1}{3}$ 时，达到最大值 $f\left(\dfrac{1}{3}, \dfrac{1}{3}, \dfrac{1}{3}\right) = \dfrac{7}{27}$.

（1）当 $x = 0$ 时，$y + z = 1$，这时

$$f(0, y, z) = yz \leqslant \left(\dfrac{y + z}{2}\right)^2 = \dfrac{1}{4} < \dfrac{7}{27},$$

同理 $f(x, 0, z) < \dfrac{7}{27}$，$f(xy, 0) < \dfrac{7}{27}$；

（2）当 $x \geqslant \dfrac{1}{2}$ 时，$1 - 2x \leqslant 0$，这时

$$f(x, y, z) = yz(1 - 2x) + x(z + y)$$

$$\leqslant x(1 - x) = -\left(x - \dfrac{1}{2}\right)^2 + \dfrac{1}{4} \leqslant \dfrac{1}{4} \leqslant \dfrac{7}{27},$$

同理，当 $y \geqslant \dfrac{1}{2}$ 或 $z \geqslant \dfrac{1}{2}$ 时，$f(x, y, z) \leqslant \dfrac{7}{27}$.

综合（1）、（2）可知，只有当 x, y, z 都不等于 0，并且都小于 $\dfrac{1}{2}$ 时，$f(x, y, z)$ 才可能达到最大值.

（3）对于任意一个常数 $z_0 \in \left(0, \dfrac{1}{2}\right)$，有 $1 - 2z_0 > 0$，

$$f(x, y, z_0) = \varphi(x, y)$$

$$= (1 - 2z_0)xy + z_0(1 - z_0).$$

当且仅当 $x = y$ 时达到最大值，这是说，只要 $x \neq y$，$f(x, y, z)$ 不会达到最大值. 同理，$y \neq z$ 或 $z \neq x$ 时亦然.

因此，当且仅当 $x = y = z = \dfrac{1}{3}$ 时，$f(x, y, z)$ 达到最大值 f

$\left(\dfrac{1}{3},\ \dfrac{1}{3},\ \dfrac{1}{3}\right)=\dfrac{7}{27}$，　即

$$yz+zx+xy-2xy\leqslant\dfrac{7}{27}.$$

证法 9　利用 Schur 不等式，见【题 4.5.3】.

以上 9 证法几乎涉及了证明不等式的所有方法、技巧. 由证法 1 可以看出

$$yz+zx+xy-9xyz\geqslant0.$$

换句话说，我们可以估计 $yz+zx+xy-9xyz$ 的上、下界.

由此启发我们把（2.5.20）式中 xyz 项的系数一般化为任意实数 λ，得到

（1）设 x，y，z 为非负数，且 $x+y+z=1$，λ 为实数，对于函数 $f=yz+zx+xy+\lambda xyz$ 有

$$f\geqslant\min\left(0,\ \dfrac{\lambda+9}{27}\right),\qquad(2.5.21)$$

$$f\leqslant\max\left(\dfrac{1}{4},\ \dfrac{\lambda+9}{27}\right),\qquad(2.5.22)$$

其中，（2.5.21）式中等号当且仅当 $\lambda\geqslant-9$，且 x，y，z 中任两个为零或 $\lambda\leqslant-9$，$x=y=z=\dfrac{1}{3}$ 时成立.（2.5.22）式中等号当且仅当 $\lambda\leqslant-\dfrac{9}{4}$，且 x，y，z 中一个为零，另两个均为 $\dfrac{1}{2}$ 或 $\lambda\geqslant-\dfrac{9}{4}$，$x=y=z=\dfrac{1}{3}$ 时成立.

把 $x+y+z=1$ 这一条件拓广为 $x+y+z=s>0$，用 $\dfrac{x}{s}$，$\dfrac{y}{s}$，$\dfrac{z}{s}$，λs 分别代替（2.5.20）中的 x，y，z，λ，则得到

（2）设 x，y，z 为非负数，且 $x+y+z=s>0$，λ 为实数，对于函数 $f=yz+zx+xy+\lambda xyz$ 有

$$f\geqslant\min\left(0,\ \dfrac{s^2(\lambda s+9)}{27}\right),\qquad(2.5.23)$$

$$f\leqslant\max\left(\dfrac{s^2}{4},\ \dfrac{s^2(\lambda s+9)}{27}\right),\qquad(2.5.24)$$

其中，（2.5.23）式中等号当且仅当 $\lambda\geqslant-\dfrac{9}{s}$，且 x，y，z 中任两个为 0 或 $\lambda\leqslant-\dfrac{9}{s}$，$x=y=z=\dfrac{s}{3}$ 时成立.（2.5.24）式中等号当且仅当 $\lambda\leqslant-\dfrac{9}{4s}$，且 x，y，z 中一个为零，另两个均为 $\dfrac{s}{2}$ 或 $\lambda\geqslant-\dfrac{9}{4s}$，$x=y=z=\dfrac{s}{3}$ 时成立.

证明见杨克昌（1991）.

还可将三个变数 x，y，z 推广到 n 个变数的情况，限于篇幅，不再论述.

最后, 让我们来看(2.5.20)式与几个常见不等式的联系. 从中也可以看出(2.5.20)式的另一种来源.

若 a, b, c 为三角形三边长, 则

$$a^2(b+c-a) + b^2(c+a-b) + c^2(a+b-c) \leqslant 3abc. \quad (2.5.25)$$

这是第 6 届 IMO 第 2 题, 事实上, (2.5.25) 对任意非负数 a, b, c 都成立. (2.5.25) 可改写为

$$a^3 + b^3 + c^3 + 3abc \geqslant a^2(b+c) + b^2(c+a) + c^2(a+b). \quad (2.5.26)$$

由 (2.5.26) 不难推出当 x, y, z 为非负数时, 有

$$\frac{7}{6}(x^3 + y^3 + z^3) + \frac{5}{2}xyz \geqslant x^2(y+z) + y^2(z+x) + z^2(x+y). \quad (2.5.27)$$

(2.5.27)可改写为

$$(x+y+z)(xy+yz+zx) - 2xyz \leqslant \frac{7}{27}(x+y+z)^3. \quad (2.5.28)$$

取 $x+y+z=1$, 即得(2.5.20).

由平均值不等式得

$$(x+y+z)(xy+yz+zx) \geqslant 9xyz,$$

故

$$(x+y+z)(xy+yz+zx) - 2xyz \geqslant 7xyz \geqslant 0,$$

因此

$$0 \leqslant (x+y+z)(xy+yz+zx) - 2xyz \leqslant \frac{7}{27}(x+y+z)^3. \quad (2.5.29)$$

易知(2.5.20)式和(2.5.29)式是等价的. 且(2.5.29)式左边那个不等式是平凡的; 而(2.5.29)式右边的不等式则表示 $\left(\sum x\right)^3$, $\left(\sum x\right)$, $\left(\sum yz\right)$ 与 xyz 之间线性组合的一种不等关系, 这是一个有意义的课题.

最后, 我们来看 M. S. Klamkin 对 1983 年瑞士数学奥林匹克的一道几何极值问题的一些推广.

【题 2.5.3】　设长方形 $ABCD$ 的一对对边分别是半径为 a, b 的同心圆的弦 (图 2-5-3). 求长方形 $ABCD$ 的最大面积.

设 $AD = 2x$, 则

$$S_{ABCD} = 2x\left(\sqrt{a^2 - x^2} + \sqrt{b^2 - x^2}\right).$$

这道题用微积分的方法很容易, 这里我们给出一个初等解法.

由对称性, 易知

$$S_{ABCD} = 4S_{\triangle BOA},$$

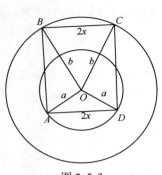

图 2-5-3

$$S_{\triangle BOA} = \frac{1}{2}ab\sin\angle BOA \leqslant \frac{1}{2}ab,$$

所以，当 $\angle BOA = 90°$，即当 $\sqrt{a^2+b^2} = \sqrt{a^2-x^2} + \sqrt{b^2-x^2}$ 时，$S_{\triangle BOA}$ 达到最大值. 将 $\sqrt{a^2+b^2} = \sqrt{a^2-x^2} + \sqrt{b^2-x^2}$ 两边平方，求得 $x = \dfrac{ab}{\sqrt{a^2+b^2}}$，此时 $\max[ABCD] = 2ab$.

现在我们寻求一些可能的推广. 一个容易想到的推广就是求

$$x\left(\sqrt{a^2-x^2} + \sqrt{b^2-x^2} + \sqrt{c^2-x^2}\right)$$

的最大值. 当然这是一个相当棘手的问题.

另一个推广就是用梯形来代替上题中的长方形（图 2-5-3）. 现在我们要求下面含有两个变量的表达式的最大值：

$$(x+y)\left(\sqrt{a^2-x^2} + \sqrt{b^2-y^2}\right).$$

对于多元微积分来说，这是一个很好的题目. 然而，这个问题用几何方法很容易解决. 如果图 2-5-4 中的 4 个三角形的以 P 为顶点的 4 个角都是直角，那么这 4 个三角形的面积都将达到最大值. 此时，

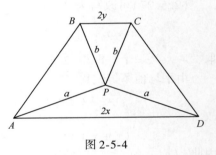

图 2-5-4

梯形的对角线互相垂直，且对角线长均为 $a+b$. 可求得当 $x = \dfrac{a}{\sqrt{2}}$，$y = \dfrac{b}{\sqrt{2}}$ 时，

$$\max[ABCD] = \frac{(a+b)^2}{2}.$$

我们下一个推广是将维数增加到三维，考虑求一个长方体的最大体积. 这个长方体的上、下底面分别内接于半径为 a 和 b 的同心球.

设这个长方体的底面的长和宽分别为 $2x$，$2y$，则

$$V = 4xy\left(\sqrt{a^2-x^2-y^2} + \sqrt{b^2-x^2-y^2}\right).$$

现在我们求 V 的最大值.

一种方法是仿照前面求长方形的最大面积的情形，知 $V \leqslant 8x\sqrt{a^2-x^2} \cdot \sqrt{b^2-x^2}$（可求得长方体的以 $2y$ 为边的侧面积的最大值为 $4\sqrt{a^2-x^2} \cdot \sqrt{b^2-x^2}$），两边平方，换元后等价于求 $t(\alpha-t)(\beta-t)$ 的最大值.

要求 $t(\alpha-t)(\beta-t)$ 的最大值，从几何意义来看，就是要求一个开口长方

体盒子的体积的最大值，这个长方体盒子是这样构成的：先从一个长和宽分别为 2α，2β 的长方形的 4 个角上挖去 4 个边长为 t 的正方形，然后再折起来得到一个开口的长方体盒子. 容易求得这个开口的盒子的体积为 $t \cdot (2\alpha - 2t) \cdot (2\beta - 2t)$. 有些学生根据 AM-GM 不等式，得到

$$\frac{(\alpha + \beta)}{3} = \frac{[2t + (\alpha - t) + (\beta - t)]}{3}$$

$$\geqslant \sqrt[3]{2t(\alpha - t)(\beta - t)}.$$

这当然没错，但是要使得等号成立，需满足 $2t = \alpha - t = \beta - t$，即当 $\alpha = \beta$ 时，等号才能取得. 这样回到 $V \leqslant 8x\sqrt{a^2 - x^2} \cdot \sqrt{b^2 - x^2}$，就会得到 $a = b$，不符合题意.

现在我们根据加权 AM-GM 不等式，有

$$\frac{[t + r(\alpha - t) + s(\beta - t)]}{3} \geqslant \sqrt[3]{rst(\alpha - t)(\beta - t)}.$$

首先不等式的左边必须是一个常数，即 $r + s = 1$. 要使得等号成立，必须 $t = r(\alpha - t) = s(\beta - t)$，消去 r，s，得到

$$\frac{1}{(\alpha - t)} + \frac{1}{(\beta - t)} = \frac{1}{t}.$$

这正好对应于 $t(\alpha - t)(\beta - t)$ 的对数求导为 0 的情形，即

$$[\ln t(\alpha - t)(\beta - t)]' = [\ln t + \ln(\alpha - t) + \ln(\beta - t)]'$$

$$= \frac{1}{t} - \frac{1}{(\alpha - t)} - \frac{1}{(\beta - t)} = 0.$$

另一种方法是由 $x^2 + y^2 \geqslant 2xy$，令 $\lambda = 2xy$ 知

$$\max V = \max 2\lambda^2 \left(\sqrt{a^2 - \lambda^2} + \sqrt{b^2 - \lambda^2} \right).$$

这又回到了前面的情形.

对于更进一步的一些推广，我们可以求下面这些表达式的最大值：

$$xyz \left(\sqrt{a^2 - x^2 - y^2 - z^2} + \sqrt{b^2 - x^2 - y^2 - z^2} \right),$$

$$xyzw \left(\sqrt{a^2 - x^2 - y^2 - z^2 - w^2} + \sqrt{b^2 - x^2 - y^2 - z^2 - w^2} \right), \cdots,$$

这些形式都相似，把它们的解答留给读者研究.

至此，我们通过对三道数学竞赛试题的研究，展示了竞赛数学问题的研究性. 关于这方面的例子很多，如对 Weitzenbock 不等式（第 3 届 IMO 第 2 题）的研究，已经得到 20 多种不同的证法，还对其本身进行了加强和推广，已推广到 n 边形和 n 维欧几里得空间. 又如对"祖冲之点集"的研究（第 2 届祖冲之初中数学邀请赛第 6 题）、对 Heilbron 型问题的研究等.

数学的真正组成部分是问题和解.
——P. R. Halmos

第3章
竞赛数学的问题与方法

3.1　数　列

数列的形式多样、种类繁多，除一般外表形式较简单的实数数列外，还有三角函数数列、反三角函数数列、组合数列、复数数列、整数数列等. 而整数数列是数学奥林匹克命题者比较青睐的，因为整数数列的问题常常涉及代数技巧、递归关系、整除性和互素等. 因此有关的问题也灵活多样、纷繁复杂.

3.1.1　背景分析

数列问题主要涉及三大学科，内容如下.

1）分析：数列可以看作一个定义域为正整数集（或它的有限子集）的函数（离散函数），当自变量从小到大依次取值时对应的一列函数值. 因此数列是一类特殊的函数值，数列研究是函数研究的继续，运用函数的观点研究数列是研究数列问题的基本方法之一. 与函数性质相类似，数列也有单调性、有界性、周期性等. 掌握这些性质并灵活运用于解题，对提高解题能力大有裨益.

2）代数：恒等变形、方程、不等式.

3）数论：整除、互素、完全平方数、同余.

3.1.2　基本问题

奥林匹克数学中的数列问题主要有三类：

1）求递归数列的通项.

2）数列的求和.

3）讨论数列的性质：如单调性、有界性、周期性、不等问题、整数问题等.

3.1.3　方法技巧

1）递归数列通项的求法主要有：归纳法、迭代法、累加法、累乘法、换元法、特征根法等.

2）常用的数列求和方法有：直接求和法、转化求和法、倒序相加法、错位相减法、裂项相消法等.

3）研究数列的性质常常用到：构造法（构造函数、构造数列）、反证法、归纳法、估计、对应等方法技巧.

4）递推方法：对没有直接给出递归关系的问题，通过建立递归关系求解，这就是所谓递推方法. 运用递推方法的关键是建立递归关系. 在建立递归关系遇到困难时，往往可从初始值及简单情形的推算中寻求启示.

3.1.4　概念定理

1）对于一个数列我们把它的若干连续项之间的关系叫做递归关系. 如 $a_n = a_{n-1} + d\ (n \geqslant 2)$，$a_n = q^{a_{n-1}}(n \geqslant 2)$，$a_n = a_{n-1} + a_{n-2}(n \geqslant 3)$ 都是递归关系，把由递归关系所确定的数列叫做递归数列.

等差数列、等比数列都是递归数列，求递归数列的通项是递归数列的基本问题，对于一个递归数列，如果掌握了它的通项公式，我们就可以从整体上把握该数列.

2）与单调函数相仿，若数列 $\{a_n\}$ 各项满足关系式

$$a_n \leqslant a_{n+1} \qquad (a_n \geqslant a_{n+1}),$$

则称为递增（递减）数列，如 $\left\{\dfrac{1}{n}\right\}$ 为递减数列. $\left\{\dfrac{n}{n+1}\right\}$ 与 $\{n^2\}$ 则是递增数列. 递增数列与递减数列统称为单调数列. 数列的递增、递减性质，称为数列的单调性.

显然，严格递减的自然数列只有有限项.

严格递增有上界的自然数列只有有限项.

3）与函数的有界性一样，数列 $\{a_n\}$ 有上（下）界，即存在某常数 $M(m)$，对一切 n，有

$$a_n \leqslant M \qquad (a_n \geqslant m),$$

称 $M(m)$ 为数列 $\{a_n\}$ 的上（下）界. 若数列 $\{a_n\}$ 既有上界，又有下界，则称数列 $\{a_n\}$ 为有界数列. 若对任意正数 $M>0$，都存在 $n \in \mathbf{N}$，使得

$$|a_n| > M,$$

则称数列 $\{a_n\}$ 为无界数列.

显然，数列 $\{a_n\}$ 为有界数列的充要条件是存在 $M>0$，对一切 $n \in \mathbf{N}$，都有 $|a_n| < M$.

4）与周期函数类似，对于数列 $\{a_n\}$，若存在一个固定的正整数 T，使得

$$a_{n+T} = a_n,$$

则称数列 $\{a_n\}$ 为以 T 为周期的周期数列. T 的最小值称为最小正周期，简称为周期. 如循环小数的各个位上的数字构成周期数列，$\left\{\sin\dfrac{n\pi}{2}\right\}$ 是以 4 为周期的数列.

显然，周期数列是有界数列. 反之，不一定成立.

设 T 是周期数列 $\{a_n\}$ 的最小正周期，T' 是它的另一个周期的充分必要条件是 $T \mid T'$.

3.1.5　经典赛题

【例 3.1.1】　设 $T_0 = 2$，$T_1 = 3$，$T_2 = 6$，且对于 $n \geqslant 3$ 有

$$T_n = (n+4)T_{n-1} - 4nT_{n-2} + (4n-8)T_{n-3},$$

这个数列的前几项是

$$2,\ 3,\ 6,\ 14,\ 40,\ 152,\ 784,\ 5\,168,\ 40\,576.$$

求 T_n 的形如 $T_n = A_n + B_n$ 的通项公式，其中 $\{A_n\}$，$\{B_n\}$ 是熟知的数列.

解　由 $T_8 = 40\ 576 = 8! + 2^8$，$T_7 = 5\ 168 = 7! + 2^7$，$T_6 = 784 = 6! + 2^6$ 等猜想 $T_n = n! + 2^n$. 用数学归纳法证明如下：

（1）当 $n = 0$，1，2 时，猜想显然成立.

（2）假设当 $n = 0$，1，2，$\cdots$，$k-1$ 时成立，那么当 $n = k$ 时

$$\begin{aligned}
T_k &= (k+4)T_{k-1} - 4kT_{k-2} + (4k-8)T_{k-3} \\
&= (k+4)\left[(k-1)! + 2^{k-1}\right] - 4k\left[(k-2)! + 2^{k-2}\right] \\
&\quad + (4k-8)\left[(k-3)! + 2^{k-2}\right] \\
&= k! + 2^k.
\end{aligned}$$

这就是说，当 $n = k$ 时猜想也是正确的.

因此，对于任意非负整数 n，均有 $T_n = n! + 2^n$.

【点评】　这里根据已知的递归关系逐次求出前若干项 a_1，a_2，$\cdots$，a_k，由此猜想出 a_n 的一般表达式，再用数学归纳法证明所猜想的表达式是正确的.

【例 3.1.2】　实数数列 $\{a_n\}$ 满足：$a_0 \neq 0$，1，$a_1 = 1 - a_0$，$a_{n+1} = 1 - a_n(1-a_n)$（$n = 1, 2, \cdots$）. 证明：对任意正整数 n，都有

$$a_0 a_1 \cdots a_n \left(\frac{1}{a_0} + \frac{1}{a_1} + \cdots + \frac{1}{a_n}\right) = 1.$$

分析　以欲证式子的形式，不难想到应使用归纳法. 而将 n 和 $n-1$ 代入欲证式子之后所体现出的差异则可作为第一步的归纳结论.

证明　先用归纳法证明对任意正整数 n 有 $a_0 a_1 \cdots a_{n-1} = 1 - a_n$，当 $n = 1$ 时显然. 若 $n = k$ 时成立，考虑 $n = k+1$ 时有 $a_0 a_1 \cdots a_k = (1 - a_k)\,a_k = 1 - a_{k+1}$ 也成立.

下面利用归纳法来证明原题，$n = 1$ 时显然. 若 $n = k$ 时成立，考虑 $n = k+1$ 时

$$\begin{aligned}
&a_0 a_1 \cdots a_{k+1}\left(\frac{1}{a_0} + \frac{1}{a_1} + \cdots + \frac{1}{a_{k+1}}\right) \\
&= a_{k+1} \cdot a_0 a_1 \cdots a_k\left(\frac{1}{a_0} + \frac{1}{a_1} + \cdots + \frac{1}{a_{k+1}}\right) \\
&= a_{k+1} \cdot \left(1 + \frac{a_0 a_1 \cdots a_k}{a_{k+1}}\right) = a_{k+1} \cdot \left(1 + \frac{1 - a_{k+1}}{a_{k+1}}\right) \\
&= 1
\end{aligned}$$

也成立. 证毕.

【点评】　本题的逆命题也成立. 即如果对任意正整数 n 都有 $a_0 a_1 \cdots a_n\left(\frac{1}{a_0} + \frac{1}{a_1} + \cdots + \frac{1}{a_n}\right) = 1$，那么可推出 $a_0 \neq 0$，1，$a_1 = 1 - a_0$，$a_{n+1} = 1 - a_n(1-a_n)$.

证明也很容易，因为原题结论式子对每个变量均为一次函数.

【例3.1.3】　求斐波那契数列

$$a_1 = a_2 = 1, \quad a_{n+1} = a_n + a_{n-1}, \quad n = 2, 3, \cdots$$

的通项公式.

解　设 $a_{n+1} - \alpha a_n = \beta(a_n - \alpha a_{n-1})$，则 $a_{n+1} = (\alpha+\beta)a_n - \alpha\beta a_{n-1}$，与原递推公式比较可知 $\alpha+\beta=1$，$\alpha\beta=-1$，因此，α，β 是方程 $x^2 - x - 1 = 0$ 的两根. α，$\beta = \frac{1}{2}(1\pm\sqrt{5})$，由此可知 $\{a_{n+1}-\alpha a_n\}$ 与 $\{a_{n+1}-\beta a_n\}$ 是公比分别为 β，α 的等比数列，所以 $a_{n+1}-\alpha a_n = \beta^{n-1}(1-\alpha\cdot 1) = \beta^n$. 同理 $a_{n+1}-\beta a_n = \alpha^n$，两式相减得

$$a_n = \frac{\alpha^n - \beta^n}{\alpha - \beta},$$

故

$$a_n = \frac{1}{\sqrt{5}}\left[\left(\frac{1+\sqrt{5}}{2}\right)^n - \left(\frac{1-\sqrt{5}}{2}\right)^n\right].$$

【点评】　一般地，由递归关系式 $a_n = pa_{n-1} + qa_{n-2}$（$q\neq0$，$n=2$，$3$，$\cdots$）所确定的数列，可先求出方程 $x^2 - px - q = 0$（称为特征方程）的两根 x_1，x_2（称为特征根）.

（1）当 $x_1 \neq x_2$ 时，$a_n = \alpha_1 x_1^n + \alpha_2 x_2^n$；

（2）当 $x_1 = x_2$ 时，$a_n = (\beta_1 + n\beta_2)x_1^n$.

式中，α_i，β_i（$i=1$，2）是由初始值确定的常数.

利用上述结论求递归数列通项的方法称为特征根法.

【例3.1.4】　已知数列 $\{a_n\}$ 满足 $a_1 = 0$，

$$a_{n+1} = 5a_n + \sqrt{24a_n^2 + 1}, \quad n \geq 1, \tag{3.1.1}$$

试求数列 $\{a_n\}$ 的通项公式.

解　将(3.1.1)式移项、平方，整理得

$$a_{n+1}^2 - 10a_n \cdot a_{n+1} + (a_n^2 - 1) = 0. \tag{3.1.2}$$

调整(3.1.2)式的下标，整理得

$$a_{n-1}^2 - 10a_n \cdot a_{n-1} + (a_n^2 - 1) = 0. \tag{3.1.3}$$

由(3.1.2)、(3.1.3)两式看出，a_{n+1} 和 a_{n-1} 是方程

$$x^2 - 10a_n x + (a_n^2 - 1) = 0$$

的根，而由已知的递推关系易知 $a_n \geq 0$ 并且严格递增，所以 $a_{n-1} \neq a_{n+1}$. 从而由韦达定理得

$$a_{n-1} + a_{n+1} = 10a_n,$$

即

$$a_{n+1} = 10a_n - a_{n-1}, \qquad n \geqslant 2. \tag{3.1.4}$$

（3.1.4）的特征方程是 $x^2 - 10x + 1 = 0$，两特征根为 $x_{1,2} = 5 \pm 2\sqrt{6}$，故可设

$$a_n = \alpha_1 (5 + 2\sqrt{6})^n + \alpha_2 (5 - 2\sqrt{6})^n.$$

因为 $a_1 = 0$，$a_2 = 1$，所以

$$\alpha_1 (5 + 2\sqrt{6}) + \alpha_2 (5 - 2\sqrt{6}) = 0,$$
$$\alpha_1 (5 + 2\sqrt{6})^2 + \alpha_2 (5 - 2\sqrt{6})^2 = 1.$$

解得

$$\alpha_1 = \frac{\sqrt{6}}{24}(5 - 2\sqrt{6}), \quad \alpha_2 = -\frac{\sqrt{6}}{24}(5 + 2\sqrt{6}).$$

故

$$a_n = \frac{\sqrt{6}}{24} \left[(5 + 2\sqrt{6})^{n-1} - (5 - 2\sqrt{6})^{n-1} \right].$$

【点评】 从(3.1.4)式出发，我们可以用数学归纳法证明：对一切 $n \in \mathbf{N}$，a_n 都是整数.

由上述几例我们看到，递归数列与数学归纳法有着密切的联系. 一方面，数学归纳法可用来求解递归关系式（例 3.1.1）；另一方面，递归函数是指一个定义在正整数集 $\mathbf{N}$ 上的函数 $f(n)$，它的值是这样确定的：①$f(1)$ 已知；②如果已知 $f(1), f(2), \cdots, f(n-1)$，那么 $f(n)$ 根据某种关系也就完全确定了. 从这个定义可以明显看出，它只不过是数学归纳法的一种变形而已. 这里所说的确定 $f(n)$ 的某个关系，通常是一个联系 $f(n)$ 及其前 k 项（k 为定数）$f(n-k), f(n-k+1), \cdots, f(n-1)$ 的一个方程

$$f(n) = S[f(n-k), f(n-k+1), \cdots, f(n-1)]. \tag{3.1.5}$$

式中，$n = k+1$，$k+2$，$\cdots$ 叫做 k 阶递归方程. $f(n)$ 称为 k 阶递归函数，如例 3.1.3 是二阶的，例 3.1.1 是三阶的. 当 n 取第一个值 $k+1$ 时，（3.1.5）式成为

$$f(k+1) = S[f(1), f(2), \cdots, f(k)].$$

因此，为了确定 $f(k+1)$，必须先给出开头 k 项 $f(1)$，$f(2)$，$\cdots$，$f(k)$ 的值. 这 k 个值称为 k 阶递归方程的初始条件. $f(k+1)$ 确定后，在(3.1.5)式中令 $n = k+2$ 又可得到

$$f(k+2) = S[f(2), f(3), \cdots, f(k+1)].$$

再依次令 $n = k+3$，$k+4$，$\cdots$，就可以确定 $f(k+3)$，$f(k+4)$，$\cdots$.

【例 3.1.5】 设 $x_1 = x_2 = 1$，$x_3 = 4$，对所有 $n \geqslant 1$，

$$x_{n+3}=2x_{n+2}+2x_{n+1}-x_n.$$

求证：x_n 是一个完全平方数，$n\geq 1$.

证明　我们首先注意到 $x_1=x_2=1^2$，$x_3=2^2$，$x_4=3^2$，$x_5=5^2$，$x_6=8^2$ 等，使得我们产生猜想：$x_n=F_n^2$，这里的 F_n 是 Fibonacci 数列的第 n 项. Fibonacci 数列的定义是 $F_1=F_2=1$，$F_{n+1}=F_n+F_{n-1}(n\geq 2)$. 下面我们证明这个猜想成立. 假设对所有的 $k\leq n+2$ 猜想成立，则

$$x_{n+3}=2F_{n+2}^2+2F_{n+1}^2-F_n^2=2F_{n+2}^2+2F_{n+1}^2-(F_{n+2}-F_{n+1})^2$$
$$=F_{n+2}^2+F_{n+1}^2+2F_{n+1}F_{n+2}=(F_{n+2}+F_{n+1})^2=F_{n+3}^2,$$

即证明了结论.

【例3.1.6】　设 a_n 为下述正整数 N 的个数：N 的各位数字之和为 n，且每位数字只能取 1、3 或者 4. 求证：a_{2n} 是完全平方数.

证明　直接计算有 $a_1=a_2=1$，$a_3=2$，$a_4=4$，因 N 的每位数字只能取 1、3 或 4，故数字之和为 n 的数可以视为数字之和为 $n-4$ 的添上一位 4，也可以由数字之和为 $n-3$ 的添上一位 3，或者由数字之和为 $n-1$ 的添上一位 1 来构成，即有

$$a_n=a_{n-1}+a_{n-3}+a_{n-4},\qquad n>4.$$

再引进递归数列 $\{F_n\}$：$F_1=1$，$F_2=2$，且

$$F_{n+2}=F_{n+1}+F_n,\qquad n\geq 1.$$

用数学归纳法（递推）可证明：

$$\begin{cases}a_{2n}=F_n^2\\ a_{2n+1}=F_nF_{n+1},\end{cases}$$

所以 a_{2n} 是完全平方数.

【点评】　此题的背景是：有 n 级台阶，每次要么上一级，要么上三级，要么上四级，共有多少种不同的上法？当 n 是偶数时，这种"上法的数目"为完全平方数. 如果能认识到这个背景，那么会顺利地得到递推关系

$$a_n=a_{n-1}+a_{n-3}+a_{n-4},\qquad n>4.$$

从而得到题目求解的正确思路.

【例3.1.7】　已知 $a_1=a_2=1$，$a_{n+2}=\dfrac{a_{n+1}^2+(-1)^{n-1}}{a_n}$，求证：对一切 $n\in\mathbf{N}^+$，a_n 都是正整数.

分析　直接证明比较困难，我们不妨从特殊情况入手来考察前若干项.

$$a_1=1,\quad a_2=1,\quad a_3=\frac{1^2+(-1)^0}{1}=2,\quad a_4=\frac{2^2+(-1)^1}{1}=3,$$
$$a_5=\frac{3^2+(-1)^2}{2}=5,\quad a_6=\frac{5^2+(-1)^3}{3}=8,\cdots$$

前 6 项的数值使我们发现从第三项起每一项等于其前两项之和，再求几项会仍然一致，这给我们带来了希望，因此我们着手证明比原题强得多的命题（A）：

如果 $a_1 = a_2 = 1$，且 $a_{n+2} = \dfrac{a_{n+1}^2 + (-1)^{n-1}}{a_n}$，那么对一切 $n \in \mathbf{N}^+$ 有 $a_{n+2} = a_{n+1} + a_n$.

证明　当 $n = 1$ 时，$a_3 = \dfrac{1^2 + (-1)^0}{1} = 2 = 1 + 1 = a_1 + a_2$，命题（A）成立.

假设 $n = k$（$k \in \mathbf{N}^+$）时命题（A）成立，即 $a_{k+2} = a_{k+1} + a_k$.

当 $n = k + 1$ 时，由 $a_{k+2} = \dfrac{a_{k+1}^2 + (-1)^{k-1}}{a_k}$ 知 $(-1)^k = a_{k+1}^2 - a_{k+2} \cdot a_k$，

于是

$$
\begin{aligned}
a_{k+3} &= \frac{a_{k+2}^2 + (-1)^k}{a_{k+1}} = \frac{a_{k+2}^2 + a_{k+1}^2 - a_{k+2} \cdot a_k}{a_{k+1}} \\
&= \frac{a_{k+2}(a_{k+2} - a_k) + a_{k+1}^2}{a_{k+1}} \\
&= \frac{a_{k+2} \cdot a_{k+1} + a_{k+1}^2}{a_{k+1}} \\
&= a_{k+2} + a_{k+1},
\end{aligned}
$$

命题（A）成立，故对一切 $n \in \mathbf{N}^+$ 命题（A）成立，再由 $a_1 = a_2 = 1$，$a_{n+2} = a_{n+1} + a_n$ 及数学归纳法易知对一切 $n \in \mathbf{N}^+$ 都有 a_n 为正整数.

【点评】　这里从特殊情况入手进行实验，发现题设中隐含着更强的结论——递归关系 $a_{n+2} = a_{n+1} + a_n$，从而提出加强命题.

【例 3.1.8】　数列 $\{a_n\}_{n \geqslant 0}$ 其定义为，$a_0 = a_1 = 1$，对所有 $n \geqslant 1$，

$$a_{n+1} = 14a_n - a_{n-1}.$$

求证：数 $2a_n - 1$ 是完全平方数，$n \geqslant 0$.

证明　我们有 $2a_0 - 1 = 1$，$2a_1 - 1 = 1$，$2a_2 - 1 = 5^2$，$2a_3 - 1 = 19^2$，$2a_4 - 1 = 71^2$，如果我们定义 $b_0 = -1$，$b_1 = 1$，$b_2 = 5$，$b_3 = 19$，$b_4 = 71$，则 $b_{n+1} = 4b_n - b_{n-1}$，$1 \leqslant n \leqslant 3$.

我们将证明 $2a_n - 1 = b_n^2$，这里 $b_0 = -1$，$b_1 = 1$，$b_{n+1} = 4b_n - b_{n-1}$，$n \geqslant 1$.

假设对 1，2，$\cdots$，n 这些都成立，观察

$$
\begin{aligned}
2a_{n+1} - 1 &= 14(2a_n - 1) - (2a_{n-1} - 1) + 12 = 14b_n^2 - b_{n-1}^2 + 12 \\
&= 16b_n^2 - 8b_n b_{n-1} + b_{n-1}^2 - 2b_n^2 + 8b_n b_{n-1} - 2b_{n-1}^2 + 12 \\
&= (4b_n - b_{n-1})^2 - 2(b_n^2 + b_{n-1}^2 - 4b_n b_{n-1} - 6)
\end{aligned}
$$

$$= b_{n+1}^2 - 2(b_n^2 + b_{n-1}^2 - 4b_n b_{n-1} - 6).$$

因此，只需证明 $b_n^2 + b_{n-1}^2 - 4b_n b_{n-1} - 6 = 0$，这也可由归纳法证明得到. 对 $n=1$，$n=2$，等式显然成立，假设对 n 成立，观察

$$b_{n+1}^2 + b_n^2 - 4b_{n+1} b_n - 6 = (4b_n - b_{n-1})^2 + b_n^2 - 4(4b_n - b_{n-1})b_n - 6$$
$$= b_n^2 + b_{n-1}^2 - 4b_n b_{n-1} - 6 = 0,$$

即是所需的结果.

【点评】 $\{a_n\}$ 和 $\{b_n\}$ 的特征方程分别是 $x^2 - 14x + 1 = 0$ 和 $x^2 - 4x + 1 = 0$，其根恰好对应成平方关系，有兴趣的读者可以研究一下原因.

【例 3.1.9】 设 a，b，c 是正实数，数列 $\{a_n\}_{n \geqslant 1}$，其定义为 $a_1 = a$，$a_2 = b$，且对所有 $n \geqslant 2$，

$$a_{n+1} = \frac{a_n^2 + c}{a_{n-1}}, \qquad n \geqslant 2.$$

求证：当且仅当 a，b 和 $\dfrac{a^2 + b^2 + c}{ab}$ 都是正整数时，数列中的每一项都是正整数.

证明 很显然，数列中的各项都是正数，重新改写递推关系式得

$$a_{n+1} a_{n-1} = a_n^2 + c,$$

用 $n-1$ 代替 n 得

$$a_n a_{n-2} = a_{n-1}^2 + c,$$

两等式相减整理得

$$a_{n-1}(a_{n+1} + a_{n-1}) = a_n(a_n + a_{n-2}),$$

因此

$$\frac{a_{n+1} + a_{n-1}}{a_n} = \frac{a_n + a_{n-2}}{a_{n-1}}, \qquad n \geqslant 3.$$

即数列 $b_n = \dfrac{a_{n+1} + a_{n-1}}{a_n}$ 是常数，令 $b_n = k(n \geqslant 2)$，则数列 a_n 满足递推关系

$$a_{n+1} = ka_n - a_{n-1}, \qquad n \geqslant 2.$$

因为 $a_3 = \dfrac{b^2 + c}{a} = kb - a$，推出

$$k = \frac{a^2 + b^2 + c}{ab}.$$

现在，如果 a，b 和 k 是正整数，对 $n \geqslant 1$ 就推出 a_n 是一个整数；反过来，假设 a_n 是正整数，那么 a，b 是正整数，$k = \dfrac{a_3 + a}{b}$ 是一个有理数，设 $k = \dfrac{p}{q}$，这里 p 和 q 是互素的整数. 我们现在要证明 $q = 1$. 假设 $q > 1$，从递推关

系式我们得到

$$q(a_{n+1}+a_{n-1})=pa_n.$$

因此，对所有 $n \geqslant 2$，q 整除 a_n. 我们通过对 s 归纳，证明对所有 $n \geqslant s+1$，q^s 整除 a_n，$s=1$ 时成立. 假设对所有 $n \geqslant s$，q^{s-1} 整除 a_n，有

$$a_{n+2}=\frac{p}{q}a_{n+1}-a_n,$$

等价于

$$\frac{a_{n+2}}{q^{s-1}}=p\,\frac{a_{n+1}}{q^s}-\frac{a_n}{q^{s-1}}.$$

如果 $n \geqslant s$，则 q^{s-1} 整除 a_n 和 a_{n+2}，因此 q^s 整除 a_{n+1}. 故对所有 $n \geqslant s+1$，q^s 整除 a_n. 最后，我们有

$$a_{s+2}=\frac{a_{s+1}^2+c}{a_s},$$

或者

$$c=a_s a_{s+2}-a_{s+1}^2.$$

这意味着 c 能被 $q^{2(s-1)}$ 整除，$s \geqslant 1$. 因为 $c>0$，矛盾.

【例 3.1.10】 设数列 $\{x_n\}_{n \geqslant 1}$ 满足 $x_1=1$，$x_2=4$，且对于大于 1 的一切整数 n，

$$x_n=\sqrt{x_{n-1}x_{n+1}+1}.$$

（1）证明：这个数列的所有项都是正整数；

（2）证明：对一切整数 $n \geqslant 1$，$2x_n x_{n+1}+1$ 是完全平方数.

证明 （1）首先注意到可以在数列 $\{x_n\}$ 中添加一项 $x_0=0$ 得到新的数列 $\{x_n\}$（$n \geqslant 0$），这样，对 $n \geqslant 1$ 有

$$x_n^2=x_{n+1}x_{n-1}+1,$$
$$x_{n+1}^2=x_{n+2}x_n+1.$$

两式相减得 $x_{n+1}(x_{n+1}+x_{n-1})=x_n(x_{n+2}+x_n)$，即

$$\frac{x_{n+2}+x_n}{x_{n+1}}=\frac{x_{n+1}+x_{n-1}}{x_n}=\cdots=\frac{x_2+x_0}{x_1}=4,$$

于是 $x_{n+1}=4x_n-x_{n-1}$（显然对所有的 $n \geqslant 1$，$x_n \neq 0$）.

因为 $x_0=0$，$x_1=1$，由数学归纳法知对所有的 $n \geqslant 1$，$x_n \in \mathbf{N}$.

（2）由（1）知

$$0=x_{n+1}(x_{n+1}-4x_n+x_{n-1})=x_{n+1}^2-4x_{n+1}x_n+x_{n+1}x_{n-1}$$
$$=x_{n+1}^2-4x_{n+1}x_n+x_n^2-1=(x_{n+1}-x_n)^2-(2x_{n+1}x_n+1),$$

故 $2x_{n+1}x_n+1=(x_{n+1}-x_n)^2$ 是一个完全平方数，即对一切整数 $n \geqslant 1$，$2a_n a_{n+1}+$

1是完全平方数.

【例3.1.11】 设正数列 x_1，x_2，$\cdots$，x_n，$\cdots$ 满足 $(8x_2-7x_1)x_1^7=8$ 及

$$x_{k+1}x_{k-1}-x_k^2=\frac{x_{k-1}^8-x_k^8}{(x_kx_{k-1})^7},\quad k\geqslant 2.$$

求证：正实数 a，使得当 $x_1>a$ 时，有单调性 $x_1>x_2>\cdots>x_n>\cdots$；当 $0<x_1<a$ 时，不具有单调性.

分析 题目中给出的数列，递推式是两项推出一项，而且次数较高，因此应设法简化递推式. 在递推式中我们发现左边是 2 次的，而右边是 -6 次的，两边相差 8 次. 而给出的最初等式恰恰是 8 次的方程，从此我们可以得出解题途径.

解法1 首先证明引理，当 $k\geqslant 1$ 时，都有 $(8x_{k+1}-7x_k)x_k^7=8$.

利用数学归纳法，当 $k=1$ 时自然成立，假设 $k=n$ 时成立，考虑 $k=n+1$.

由原递推式得 $(x_{n+2}x_n-x_{n+1}^2)x_n^7x_{n+1}^7=x_n^8-x_{n+1}^8$.

由归纳假设，$(8x_{n+1}-7x_n)x_n^7=8$，因此将上式左边乘以 8，右边乘以 $(8x_{n+1}-7x_n)x_n^7$，得

$$8(x_{n+2}x_n-x_{n+1}^2)x_n^7x_{n+1}^7=(x_n^8-x_{n+1}^8)(8x_{n+1}-7x_n)x_n^7.$$

两边同时除以 x_n^7（由归纳假设 $x_n\neq 0$），再展开得

$$8x_{n+2}x_nx_{n+1}^7-8x_{n+1}^9=8x_n^8x_{n+1}-7x_n^9-8x_{n+1}^9+7x_nx_{n+1}^8.$$

移项，约去一个 x_n 得 $8x_{n+2}x_{n+1}^7-7x_{n+1}^8=8x_n^7x_{n+1}-7x_n^8$. 因此 $8x_{n+2}x_{n+1}^7-7x_{n+1}^8=8$，当 $k=n+1$ 时引理也成立，所以引理对于所有的正整数 k 都成立.

下面回到原题，我们知道 $x_{k+1}=\dfrac{1}{x_k^7}+\dfrac{7}{8}x_k$，下面将证明，当 $x>\sqrt[8]{8}$ 时，有

$$x>\frac{1}{x^7}+\frac{7}{8}x>\sqrt[8]{8}.$$

首先，由 $x>\sqrt[8]{8}$ 得 $x^8>8$，故 $\dfrac{1}{x^7}<\dfrac{1}{8}x$，因此左边不等式成立. 而右边不等式可以由 $\dfrac{1}{x^7}$ 和 7 个 $\dfrac{1}{8}x$ 的算术-几何平均值不等式得到.

因此，当 $x_1>\sqrt[8]{8}$ 时，有 $x_1>x_2>\cdots>x_n>\cdots$，而当 $x_1<\sqrt[8]{8}$ 时，同样由算术-几何平均值不等式得 $x_2>\sqrt[8]{8}>x_1$，而 $x_2>x_3>\cdots>x_n>\cdots$ 即数列无单调性，因此所求的 a 即为 $\sqrt[8]{8}$.

【点评】 得出相邻两项之间的递推公式，是解决问题的关键. 如果按一般办法取几个特殊值去计算，将非常烦琐. 本题考察了考生对于代数式的计算能力和分析能力.

解法 2　由 $x_{k+1}x_{k-1}-x_k^2=\dfrac{x_{k-1}^8-x_k^8}{(x_kx_{k-1})^7}$，有

$$\frac{x_{k+1}}{x_k}-\frac{x_k}{x_{k-1}}=\frac{1}{x_k^8}-\frac{1}{x_{k-1}^8},$$

即

$$\frac{x_{k+1}}{x_k}-\frac{1}{x_k^8}=\frac{x_k}{x_{k-1}}-\frac{1}{x_{k-1}^8}=\cdots=\frac{x_2}{x_1}-\frac{1}{x_1^8}=\frac{7}{8}.$$

于是，$x_{k+1}=\dfrac{7}{8}x_k+x_k^{-7}$，当 $x_1>0$ 时，$x_k>0$（$k\geqslant2$）.

由 $x_{k+1}-x_k=x_k\left(x_k^{-8}-\dfrac{1}{8}\right)$，当 $x_k^{-8}-\dfrac{1}{8}<0$，即 $x_k>8^{\frac{1}{8}}$ 时，有 $x_{k+1}-x_k<0$，即 $x_{k+1}<x_k$（$k\geqslant1$）.

而 $x_{k+1}=\dfrac{7}{8}x_k+x_k^{-7}\geqslant8\sqrt[8]{\dfrac{1}{8^7}}=8^{\frac{1}{8}}$，且当 $x_k=8^{\frac{1}{8}}$ 时，等号成立.

于是，取 $a=8^{\frac{1}{8}}$，当 $x_k>8^{\frac{1}{8}}$ 时

$$x_1>x_2>\cdots>x_n\cdots;$$

当 $x_1<8^{\frac{1}{8}}$ 时

$$x_2>x_1\ \text{且}\ x_2>x_3>\cdots>x_n\cdots.$$

故所求常数 $a=8^{\frac{1}{8}}$.

【例 3. 1. 12】　数列 $\{a_m\}_{m>0}$ 定义如下：a_0 是一个小于 $\sqrt{1998}$ 的有理数，且如果 $a_n=\dfrac{p_n}{q_n}$，其中 p_n，q_n 是互素的两个整数，则

$$a_{n+1}=\frac{p_n^2+5}{p_nq_n}.$$

证明：对所有 n，有 $a_n<\sqrt{1998}$.

证明　我们只要证明这样的结论即可：如果 $\dfrac{p}{q}<\sqrt{1998}$，则 $\dfrac{p}{q}+\dfrac{5}{pq}<\sqrt{1998}$.

令 $n=1998q^2-p^2$，我们将要证明 $n\notin\{1,\cdots,10\}$，故如果 $n>0$，就有 $n\geqslant11$. 注意到 $1998=2\times27\times37$，我们有

$$n\equiv-p^2\equiv0,\ -1,\ -4,\ -7\ (\mathrm{mod}\ 9),$$

所以 $n\neq1,3,4,6,7,10$. 现在只要把 $n=2,5,8$ 也排除掉就可以了，我们通过模 37 来完成.

如果 $n=2$，则
$$1 \equiv p^{36} \equiv (-2)^{18} \equiv (-512)^2 \equiv 6^2 \equiv -1 \pmod{37},$$
矛盾.

如果 $n=5$，则
$$1 \equiv p^{36} \equiv (-5)^{18} \equiv (-14)^6 \equiv 11^3 \equiv -1 \pmod{37},$$
再次导出矛盾.

如果 $n=8$，$n=2$ 的情况说明 -8 也不是模 37 的二次剩余，矛盾.

我们推得 $n \geq 11$，所以对 $p>5$ 有
$$1998p^2q^2 \geq p^2(p^2+11) > p^4+10p^2+25,$$
从而得到 $\dfrac{p}{q}+\dfrac{5}{(pq)}<\sqrt{1998}$. 对 $p \leq 5$，我们有 $\dfrac{p}{q}+\dfrac{5}{(pq)} \leq \dfrac{10}{q<\sqrt{1998}}$，结论显然成立.

【点评】 通过模 1998 求余，$n=11$ 是不能被排除掉的数中最小的，因为 787^2+11 能被 1998 整除. 然而，利用 $\sqrt{1998}$ 的连分数展开，我们得到这个最小值是 $n=26$，当 $p=134$，$q=3$ 时取到.

【例 3.1.13】 证明，对每一个正整数 n，$a_n = \dfrac{(2+\sqrt{3})^n - (2-\sqrt{3})^n}{2\sqrt{3}}$ 都是整数，并求所有的正整数 n，使得 a_n 被 3 整除.

证明 容易算出 $a_1=1$，$a_2=4$. 令 $c_1=\dfrac{1}{2\sqrt{3}}$，$c_2=-\dfrac{1}{2\sqrt{3}}$，$x_1=2+\sqrt{3}$，$x_2=2-\sqrt{3}$，则
$$a_n = c_1 x_1^n + c_2 x_2^n.$$
易知 x_1，x_2 是方程 $x^2=4x-1$ 的根，从而知 a_n 满足递归关系式
$$a_{n+2}=4a_{n+1}-a_n, \qquad n=1,2.$$
由数学归纳法易知 a_n 是整数.

将这个数列的前几项模 3，可得
$$1, 1, 0, 2, 2, 0, 1, 1, \cdots$$
即 $\{a_n(\bmod 3)\}$ 是周期为 6 的周期数列，并且 $a_3 \equiv a_6 \equiv 0 \pmod 3$，所以，当且仅当 $n \equiv 0 \pmod 3$ 时，$3 \mid a_n$.

【例 3.1.14】 数 $0.a_1a_2\cdots a_n\cdots$ 是有理数吗？其中，如果 n 为素数，则 $a_n=1$；否则 $a_n=0$.

解 假设 $0.a_1a_2\cdots a_n\cdots$ 是有理数，则数列 $\{a_n\}$ 是周期数列. 不妨设 $\{a_n\}$ 是从第 N 项起的周期为 T 的周期数列，即

$$a_{n+T} = a_n, \qquad n \geqslant N$$

成立，必有素数 $p \geqslant N$，则 $a_p = 1$，又有

$$a_{p+pT} = a_p = 1.$$

但 $p+pT = p(1+T)$ 是合数，故 $a_{p+pT} = 0$，矛盾. 所以 $0. a_1 a_2 \cdots a_n \cdots$ 不是有理数.

【例 3. 1. 15】　数列 a_1，a_2，$\cdots$，a_n，$\cdots$ 由下列规则确定：当 $n \geqslant 1$ 时，$a_{2n} = a_n$，且当 $n \geqslant 0$ 时，$a_{4n+1} = 1$，$a_{4n+3} = 0$. 求证：这个数列不是周期数列.

分析　证明一个数列不是周期数列，通常用反证法，先假定数列是周期数列，然后推出矛盾.

证明　假定这个数列是周期数列，且其最小周期为 T. 若 $T = 2t - 1$ $(t \geqslant 1)$，则由已知

$$1 = a_{4n+1} = a_{4n+1+2T} = a_{4(n+t-1)+3} = 0,$$

矛盾；若 $T = 2t (t \geqslant 1)$，则由已知

$$a_{2n+T} = a_{2n} = a_n.$$

又 $a_{2n+T} = a_{2(n+t)} = a_{n+t}$，所以 $a_{n+t} = a_n$，对一切正整数 n 成立，即 t 是 $\{a_n\}$ 的一个周期，这与假设 $T = 2t$ 是最小周期矛盾.

故 $\{a_n\}$ 不是周期数列.

【例 3. 1. 16】　数列 $\{a_n\}_{n \geqslant 0}$ 由如下关系给出：$a_0 = 4$，$a_1 = 22$，$a_n = 6a_{n-1} - a_{n-2}$ $(n \geqslant 2)$. 求证：存在正整数数列 $\{x_n\}_{n \geqslant 0}$，$\{y_n\}_{n \geqslant 0}$，使得

$$a_n = \frac{y_n^2 + 7}{x_n - y_n}, \qquad n \geqslant 0.$$

证明　观察可知，对所有的 n，a_n 是一个正偶数，数列 $\{a_n\}_{n \geqslant 0}$ 是递增的. 如果我们把递推关系写成如下形式：

$$a_n - a_{n-1} = 5(a_{n-1} - a_{n-2}) + 4a_{n-2}.$$

则数列 $\{a_n\}$ 递增可由数学归纳法导出.

令

$$x_n = \frac{a_n + a_{n-1}}{2}, \qquad y_n = \frac{a_n - a_{n-1}}{2},$$

式中，$x_0 = 3$，$y_0 = 1$，则

$$x_n = 3x_{n-1} + 4y_{n-1},$$
$$y_n = 2x_{n-1} + 3y_{n-1}.$$

我们有 $a_n = x_n + y_n$，因此只需证明对所有的 n 有

$$x_n + y_n = \frac{y_n^2 + 7}{x_n - y_n} \quad \text{或者} \quad x_n^2 = 2y_n^2 + 7.$$

用归纳法. 当 $n = 0$ 时，等式显然成立. 假设 $x_{n-1}^2 = 2y_{n-1}^2 + 7$ 成立，则

129

$$x_n^2 - 2y_n^2 - 7$$

$$= (3x_{n-1} + 4y_{n-1})^2 - 2(2x_{n-1} + 3y_{n-1})^2 - 7$$

$$= x_{n-1}^2 - 2y_{n-1}^2 - 7 = 0,$$

即证明了我们的论断.

【例 3.1.17】 给定 n 个两两不相等的正数 a_1，a_2，$\cdots$，a_n，用这些数构成所有可能的和(加数的个数从 1 到 n). 求证：在这些和中，至少有 $\dfrac{n(n+1)}{2}$ 个数两两不等.

分析 不必把所有可能的和都写出来，关键是在这些和中找出 $\dfrac{n(n+1)}{2}$ 个互不相等的数，一个容易实现的方法是利用 a_1，a_2，$\cdots$，a_n 互不相等构造一个严格单调数列.

证明 不妨设 $a_1 < a_2 < \cdots < a_n$，于是以下各数：

$$a_1，a_2，\cdots，a_{n-1}，a_n，$$

$$a_1 + a_n，a_2 + a_n，\cdots，a_{n-1} + a_n，$$

$$a_1 + a_{n-1} + a_n，a_2 + a_{n-1} + a_n，\cdots，a_{n-2} + a_{n-1} + a_n，$$

$$\cdots\cdots$$

$$a_1 + a_2 + \cdots + a_n，$$

依次(自左至右,由上而下)严格递增，而且个数恰好是

$$n + (n-1) + (n-2) + \cdots + 2 + 1 = \frac{n(n+1)}{2}.$$

【点评】 $\dfrac{n(n+1)}{2}$ 是最优的，不能再改进了，因为 1，2，$\cdots$，n 这 n 个自然数仅能构成 $\dfrac{n(n+1)}{2}$ 个不同的和数.

【例 3.1.18】 Fibonacci 数列由递推关系

$$a_1 = a_2 = 1，a_{k+2} = a_{k+1} + a_k，\qquad k = 1，2，\cdots \qquad (3.1.6)$$

确定. 证明：每个正整数都可以表示成数列(3.1.6)中不同项的和，并且任意两个被加数都不是数列中的相邻项.

证明 考虑严格递增的正整数数列

$$1 = a_2，a_3，\cdots，a_n，a_{n+1}，\cdots，$$

每个正整数 k 必落在某两个相邻项之间，即存在 $n \geqslant 2$，使得 $a_n \leqslant k < a_{n+1}$. 若 $k = a_n$，则结论显然成立；否则，由递推公式(3.1.6)得出

$$0 < k - a_n < a_{n-1}.$$

于是，同理表明存在 $s < n-1$，使得 $a_s \leqslant k - a_n < a_{s+1}$. 若 $k - a_n = a_s$，即

$k=a_s+a_n$，则已证毕（注意 $n \geqslant s+2$）．否则又有

$$0<k-a_n-a_s<a_{s-1},$$

且 $s-1<n-2$．重复上述论证，最终得出 $k=a_n+a_s+a_r+\cdots+a_l$，并且下标 n，s，r，$\cdots$，l 中，每两个至少相差 2．

【点评】 这是一个关于正整数表示的有趣问题．容易看出，这种表示并不唯一．

【例 3.1.19】 设有正实数数列 $\{a_n\}$ 使得表达式 $\dfrac{a_k+a_n}{1+a_k \cdot a_n}$ 之值仅依赖于脚标之和 $k+n$，亦即当 $k+n=m+l$ 时，必有

$$\frac{a_k+a_n}{1+a_k \cdot a_n}=\frac{a_m+a_l}{1+a_m \cdot a_l}. \qquad (3.1.7)$$

试证：数列 $\{a_n\}$ 有界．

证明 这里要设法由（3.1.7）导出 a_n 的上界、下界．为方便起见，记

$$A_{k+n}=\frac{a_k+a_n}{1+a_k \cdot a_n}，\quad 则$$

$$A_n=A_{1+(n-1)}=\frac{a_1+a_{n-1}}{1+a_1 \cdot a_{n-1}}, \qquad n>1.$$

我们来考察函数 $f(x)=\dfrac{a_1+x}{1+a_1 x}$，其中 $x>0$．容易验证

$$f(x) \geqslant \begin{cases} \dfrac{1}{a_1}, & a_1>1; \\ 1, & a_1=1; \\ a_1, & 0<a_1<1. \end{cases}$$

因而，对任何 a_1 值，都存在 $\alpha \in (0, 1]$，使得 $f(x) \geqslant \alpha$．从而，对任何 n 都有 $A_n \geqslant \alpha$（如可取 a_1 与 $\dfrac{1}{a_1}$ 中较小者作为 α）．

这样便有 $A_{2n}=A_{n+n}=\dfrac{2a_n}{1+a_n^2} \geqslant \alpha$，即 $\alpha a_n^2-2a_n+\alpha \leqslant 0$．解之得 $\dfrac{(1-\sqrt{1-\alpha^2})}{\alpha}$ $\leqslant a_n \leqslant \dfrac{(1+\sqrt{1-\alpha^2})}{\alpha}$，于是只要取 $m=\dfrac{(1-\sqrt{1-\alpha^2})}{\alpha}$，$M=\dfrac{(1+\sqrt{1-\alpha^2})}{\alpha}$，便对一切 n，都有 $m \leqslant a_n \leqslant M$，即数列 $\{a_n\}$ 有界．

【点评】 具有题述性质的由非常数构成的数列是存在的．例如，令 $p>q \geqslant 1$，则数列

$$a_n=\frac{p^n-q}{p^n+q}, \qquad n=1，2，\cdots$$

便具有上述的性质.

判定数列的有界性，可利用有界数列的定义，按照已知条件，找出数列的上、下界，或者利用某些基本初等函数的有界性来证明.

【例 3.1.20】　设 $0<a<1$，定义 $a_1=1+a$，$a_n=\dfrac{1}{a_{n-1}}+a(n\geq 2)$，试证：对一切 $n\in\mathbf{N}$，都有 $a_n>1$.

分析　我们先来试着证明命题本身.

当 $n=1$ 时，$a_1=1+a>1$，命题成立.

假设当 $n=k$ 时，命题成立，即有 $a_k>1$. 要证当 $n=k+1$ 时，命题仍成立，亦即有 $a_{k+1}>1$. 但这时我们却只能得到

$$a_{k+1}=\frac{1}{a_k}+a<1+a.$$

这不是我们所希望得到的结论. 可见，直接证明原命题难以奏效.

反思刚才的挫折，发现我们要想能顺利地实现归纳过渡，不仅要给出 a_n 的下界估计（即大于 1），还要给出 a_n 的上界估计，这正是实现归纳过渡的关键所在.

证明　当 $n=1$ 时，$a_1=1+a>1$，且有

$$a_1=1+a=\frac{1-a^2}{1-a}<\frac{1}{1-a}.$$

假设当 $n=k$，也有 $1<a_k<\dfrac{1}{1-a}$，那么当 $n=k+1$ 时

$$a_{k+1}=\frac{1}{a_k}+a>\frac{1}{\dfrac{1}{1-a}}+a=(1-a)+a=1,$$

及 $a_{k+1}=\dfrac{1}{a_k}+a<1+a=\dfrac{1-a^2}{1-a}<\dfrac{1}{1-a}$，即 $1<a_{k+1}<\dfrac{1}{1-a}$. 于是，对一切 $n\in\mathbf{N}$ 都有 $1<a_n<\dfrac{1}{1-a}$，当然也就有 $a_n>1$.

【**点评**】　原题只要求证 $a_n>1$，我们证明了一个更强的不等式 $1<a_n<\dfrac{1}{1-a}$. 这个不等式由于具有较强的归纳假设，因而在作归纳过渡时，反而显得更加容易，这便是加强命题带来的好处. 当然何时加强命题，如何加强命题却具有相当的困难和很大的灵活性.

【例 3.1.21】　设整数 $m\geq 2$，a 为正实数，b 为非零实数，数列 $\{x_n\}$ 定义如下：$x_1=b$，$x_{n+1}=ax_n^m+b(n=1,2,\cdots)$. 证明：

（1）当 $b<0$ 且 m 为偶数时，数列 $\{x_n\}$ 有界的充要条件是 $ab^{m-1}\geq -2$；

（2）当 $b<0$ 且 m 为奇数，或 $b>0$ 时，数列 $\{x_n\}$ 有界的充要条件是

$$ab^{m-1}\leqslant\frac{(m-1)^{m-1}}{m^m}.$$

分析　题目要证的结论比较复杂，需要先行解读 $ab^{m-1}\geqslant-2$ 和 $ab^{m-1}\leqslant\frac{(m-1)^{m-1}}{m^m}$ 所代表的含义．结合数列的构成，并对几个简单情况进行试验后，我们发现 $ab^{m-1}\geqslant-2$ 就是 $b\leqslant x_2\leqslant-b$（在第一问的条件下），而 $ab^{m-1}\leqslant\frac{(m-1)^{m-1}}{m^m}$ 则表示方程 $ax^m+b=x$ 有正根（$b>0$ 时）及 $ax^m+b=x$ 有负根（$b<0$ 且 m 为奇数时）．这样，将数列是否有界与刚才得到的中间结论建立关系，已经不算一个很难的问题了．

证明　（1）若 $ab^{m-1}\geqslant-2$，则 $b\leqslant x_2\leqslant-b$，下面利用归纳法证明数列的每一项都在 $[b,-b]$ 中．x_1 已经在 $[b,-b]$ 中，若 $x_k\in[b,-b]$，则 $b=0+b\leqslant ax_k^m+b\leqslant ab^m+b\leqslant-b$，即 $x_{k+1}\in[b,-b]$，因此数列是有界的；若 $ab^{m-1}<-2$，则有 $x_2>-x_1>0$．因此 $x_3=ax_2^m+b>ab^m+b=x_2$．再由 ax^m+b 在 $(0,\infty)$ 上的单调性知这个数列从第三项起是严格递增且大于 0 的．对于任意 $i\geqslant3$，$x_{i+2}-x_{i+1}=a(x_{i+1}^m-x_i^m)>ax_i^{m-1}(x_{i+1}-x_i)>-ab^{m-1}(x_{i+1}-x_i)>x_{i+1}-x_i$，即数列相邻两项之间的差距越来越大，因此数列无界．

（2）如果 $b<0$ 且 m 为奇数，我们可以令 $y_i=-x_i$，$\forall i$，那么数列 $\{y_n\}$ 由 $y_1=-b$，$y_{n+1}=ay_n^m+(-b)$ 给出，这样可以转化为讨论 $\{y_n\}$ 有界的充要条件，而 $ab^{m-1}\leqslant\frac{(m-1)^{m-1}}{m^m}$ 是否成立，并不因 b 符号改变而改变．因此，我们可以假设 b 是一个正数．

当 $b>0$ 时，$ab^{m-1}\leqslant\frac{(m-1)^{m-1}}{m^m}$ 等价于一个 a 与 $m-1$ 个 $\frac{b}{m-1}$ 的几何平均值不大于 $\frac{1}{m}$，也等价于方程 $ax^m+(m-1)\cdot\frac{b}{m-1}=x$ 有正根，即 $ax^m+b=x$ 有正根．那么，当 $ab^{m-1}\leqslant\frac{(m-1)^{m-1}}{m^m}$ 时，不妨设方程 $ax^m+b=x$ 的其中一个正根为 x_0．显然 $x_0>b=x_1$，再由 ax^m+b 在 $(0,\infty)$ 上的单调性和 $ax_0^m+b=x_0$ 知 $x_0>x_n$（$\forall n\in\mathbf{N}$），即数列有界；当 $ab^{m-1}>\frac{(m-1)^{m-1}}{m^m}$ 时，方程 $ax^m+b=x$ 没有正根．设函数 $y=ax^m-x+b$ 在 $[0,\infty)$ 上的最小值为 k．那么显然数列中每一项均为正数，且 $x_{i+1}-x_i=ax_i^m-x_i+b\geqslant k$，这样的数列显然是无界的．证毕．

【点评】　题目很复杂，关键是思考数列的走向，摸清楚数列的趋势.

【例3.1.22】　设 $\{a_n\}$ 为正数数列，其中 a_1 可任意取，对 $n \geq 1$，$a_{n+1}^2 = a_n + 1$. 证明：至少有一个 n 使 a_n 为无理数.

证明　对初始点 a_1 分 $a_1 = \dfrac{1+\sqrt{5}}{2}$，$a_1 > \dfrac{1+\sqrt{5}}{2}$，$a_1 < \dfrac{1+\sqrt{5}}{2}$ 三种情形讨论.

若 $a_1 = \dfrac{1+\sqrt{5}}{2}$，结论显然成立.

若 $a_1 > \dfrac{1+\sqrt{5}}{2}$，则 $a_1^2 - a_1 - 1 > 0$. 因此 $a_2^2 = a_1 + 1 < a_1^2$，即 $a_1 > a_2$. 又 $a_2 = \sqrt{a_1 + 1} > \sqrt{\dfrac{1+\sqrt{5}}{2} + 1} = \dfrac{1+\sqrt{5}}{2}$，于是由数学归纳法易知 $\{a_n\}$ 严格递减并以 $\dfrac{1+\sqrt{5}}{2}$ 为下界.

如果 a_n 全为有理数，则一定存在自然数 N 及自然数列 $\{b_n\}$ 使 $a_n = \dfrac{b_n}{N}$，并且 $\{b_n\}$ 为严格递减的自然数列，但严格递减的自然数列只能有有限多项，而数列 $\{a_n\}$ 显然有无限多项，矛盾. 故 $\{a_n\}$ 中必有无理数.

若 $a_1 < \dfrac{1+\sqrt{5}}{2}$，则 $\{a_n\}$ 严格递增并以 $\dfrac{1+\sqrt{5}}{2}$ 为上界. 根据严格递增有上界的自然数列只能有有限多项，推出 $\{a_n\}$ 中必有无理数.

【点评】　这里将数列 $\{a_n\}$ "放大" 为 $\{Na_n\}$，从有理数列变为自然数列，再利用严格递减的自然数列只有有限项或严格递增有上界的自然数列只有有限项导出矛盾，技巧性较强. 这两条性质在处理类似的问题中很有用，望读者注意总结.

某些命题要求或可转化为证明某种步骤只能进行有限次，我们常将每一步骤与一个取正整数值的函数相对应，然后证明对应的函数值至少比前一步对应的函数值减少1，由于第一步所对应的函数值是有限数，而一个严格递减的自然数列只能有有限项，所以函数值递减的过程不能无限制地继续下去，必然在有限步后终止.

【例3.1.23】　将5个小圆纸片排成一圈，在每张纸上填入一个整数，使得这5个整数之和为正，若某圆纸片上的数为负数 x，则进行如下调整：将该纸片上的数改成 $|x|$，同时将它左右两圆纸片上的数均减少 $|x|$，若调整后纸片上仍有负数，就继续调整，求证：经过有限次调整后所有纸片上数字均为非负数.

134

证明 设 5 个圆纸片上的数依次为 x_1，x_2，$\cdots$，x_5，则 $S=x_1+x_2+\cdots+x_5>0$. 不失一般性，令 $x_2<0$，调整后的数依次为

$$x_1'=x_1+x_2，\quad x_2'=-x_2，\quad x_3'=x_3+x_2，\quad x_4'=x_4，\quad x_5'=x_5，$$

显然 $x_1'+x_2'+\cdots+x_5'=x_1+x_2+\cdots+x_5=S$.

容易验证下述 11 个关系式：

$$|x_1'+x_2'|+|x_3'+x_4'+x_5'|=|x_1|+|S-x_1|，$$
$$|x_2'+x_3'|+|x_1'+x_4'+x_5'|=|x_3|+|S-x_3|，$$
$$|x_3'+x_4'|+|x_1'+x_2'+x_5'|=|x_1+x_5|+|x_2+x_3+x_4|，$$
$$|x_4'+x_5'|+|x_1'+x_2'+x_3'|=|x_4+x_5|+|x_1+x_2+x_3|，$$
$$|x_1'+x_5'|+|x_2'+x_3'+x_4'|=|x_3+x_4|+|x_1+x_2+x_5|，$$
$$|x_1'|+|S-x_1'|=|x_1+x_2|+|x_3+x_4+x_5|，$$
$$|x_2'|=|x_2|，$$
$$|x_3'|+|S-x_3'|=|x_2+x_3|+|x_1+x_4+x_5|，$$
$$|x_4'|+|S-x_4'|=|x_4|+|S-x_4|，$$
$$|x_5'|+|S-x_5'|=|x_5|+|S-x_5|，$$
$$|S-x_2'|<|S-x_2|.$$

将上述关系式相加，所得两个和式为相同形式的五元函数 $f(x_1',x_2',\cdots,x_5')$ 与 $f(x_1,x_2,\cdots,x_5)$. 因为

$$|S-x_2|-|S-x_2'|=2|x_2|\geqslant 2，$$

所以每次调整后函数 f 的值至少减少 2. 但 $f\geqslant 0$，故经有限次调整后必然使纸片上的数均非负.

【点评】 此题与第 27 届 IMO 第 3 题极为相像，请读者加以比较，见 【题 2.4.10】. 有时候，上述"递减"过程表现为"递增"，此时要求有上界，才能终止"过程". 另外，考虑 $3\sum x_i + 2\sum x_i x_{i+1}$ 也可（$x_6=x_1$）.

【例 3.1.24】 在 $m\times n$ 的方格表的每个格子中都填上一个数，允许同时改变某一行或某一列数的符号，证明：只要经过有限次的这种改变，即可使每一行、每一列数字之和都非负.

证明 我们来改变其和为负值的每一行、每一列数字的符号，这种做法或许会"弄糟"其他行或列. 但是，表中所有数字之和 S 在每一次变号后都是严格增加的，并且 S 所增加的值不趋于零且不无限制增大（这种增加量只能取有限种不同的值），因此它必在某一时刻达到最大值. 而一旦它不能再增加，则表中每一行与每一列的数字之和都非负了.

【点评】 将表中所有数字之和及每一次变号后的所有数字之和依次记为 S_1，S_2，$\cdots$，S_n，$\cdots$，则数列 $\{S_n\}$ 严格递增且有上界.

135

【例 3. 1. 25】 　在 m 个红点与 n 个蓝点之间，每一红点均有蓝点与它连接成线段，同样每一蓝点也必有红点与它连接成线段，但并不与所有红点连接成线段，证明：必存在两个红点 R_j 与 R_k，它们与蓝点 B_p 与 B_q 两两之间只与一个异色点连接.

分析　据本题的条件，构造序列如下：

$$R_1 \cdot B_1 \qquad （每一红点均有蓝点与它连接），$$
$$B_1 \times R_2 \qquad （每一蓝点不与所有红点连接）.$$

这时，如果存在 B_2，与 R_2 连接但与 R_1 不连接，则命题要求的两对点已找到；否则，若与 R_2 连接的 B 均与 R_1 连接，把构造过程继续下去：

$$R_2 \cdot B_2 \qquad （每一红点均有蓝点与它连接）.$$

这样又开始一个循环. 这个过程能无限延续吗？

证明　用记号 $R \cdot B$ 表示红点 R 与蓝点 B 之间有线段相连，用记号 $R \times B$ 表示红点 R 与蓝色 B 之间无线段相连，则不妨设 $R_1 \cdot B_1$，且存在 $R_2 \times B_1$，$R_2 \cdot B_2$，又有 $R_1 \cdot B_2$，否则命题已成立，我们用反证法来证明命题.

若不存在这样的 4 点，则我们可构造点列：

$$R_1，B_1，R_2，B_2，\cdots，R_k，B_k，$$

使当

$$j \le i \text{ 时}，R_j \cdot B_i， \tag{3.1.8}$$
$$j > i \text{ 时}，R_j \times B_i \tag{3.1.9}$$

(当 $k = 2$ 时，即上述情形) 则必存在 R_{k+1}，B_{k+1} 仍然满足上述条件 $(3.1.8)$、$(3.1.9)$.

因为 $B_k \cdot R_i (i = 1, 2, \cdots, k)$ 必存在 $B_k \times R_{k+1}$，且 $R_{k+1} \times B_1$，B_2，$\cdots$，B_{k-1}（否则 B_i，B_k，R_k，R_{k+1} 即为满足要求的 4 点）.

如果到某个 k 值终止，那么，点列中所有 $j \le k$，$R_j \cdot B_k$，即蓝点 B_k 与所有红点均有连接，与条件矛盾；要无限地做下去，又与蓝点个数 n 及红点个数 m 的有界性矛盾，命题得证.

【例 3. 1. 26】 　一副纸牌共 52 张，其中"方块"、"梅花"、"红心"、"黑桃"每种花色的牌各 13 张，标号依次是 2，3，$\cdots$，10，J，Q，K，A，其中相同花色、相邻标号的两张牌称为"同花顺牌"，并且 A 与 2 也算是顺牌（即 A 可以当成 1 使用）. 试确定，从这副牌中取出 13 张牌，使每种标号的牌都出现，并且不含"同花顺牌"的取牌方法数.

解　一般化为下述问题：

设 $n \ge 3$，从 $A = (a_1, a_2, \cdots, a_n)$，$B = (b_1, b_2, \cdots, b_n)$，$C = (c_1, c_2, \cdots, c_n)$，$D = (d_1, d_2, \cdots, d_n)$ 这 4 个数列中选取 n 个项，且满足：

1）1，2，$\cdots$，n 每个下标都出现；

2）下标相邻的任两项不在同一个数列中（下标 n 与 1 视为相邻），其选取方法数记为 x_n，确定 x_n 的表达式.

将一个圆盘分成 n 个扇形格，如图 3-1-1 所示，顺次编号为 1，2，$\cdots$，n，并将数列 A，B，C，D 各染一种颜色，对于任一个选项方案，如果下标为 i 的项取自某颜色数列，则将第 i 号扇形格染上该颜色.

于是 x_n 就成为将圆盘的 n 个扇形格染 4 色，使相邻格不同色的染色方法数. 易知，$x_1 = 4$，$x_2 = 12$，$x_n + x_{n-1} = 4 \cdot 3^{n-1}$　（$n \geqslant 3$），　　　　　　（3.1.10）

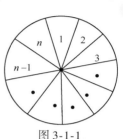

图 3-1-1

将（3.1.10）写作 $(-1)^n x_n - (-1)^{n-1} x_{n-1} = -4 \cdot (-3)^{n-1}$.

因此
$$(-1)^{n-1} x_{n-1} - (-1)^{n-2} x_{n-2} = -4 \cdot (-3)^{n-2};$$
$$\cdots\cdots$$
$$(-1)^3 x_3 - (-1)^2 x_2 = -4 \cdot (-3)^2;$$
$$(-1)^2 x_2 = -4 \cdot (-3).$$

相加得，$(-1)^n x_n = (-3)^n + 3$，于是 $x_n = 3^n + 3 \cdot (-1)^n$（$n \geqslant 2$）. 因此，$x_{13} = 3^{13} - 3$. 这就是所求的取牌方法数.

问　题

1. 设 n 是正整数，定义：
$$f(n) = 1 + \frac{1}{2} + \frac{1}{3} + \cdots + \frac{1}{n}.$$

例如，$f(1) = 1$，$f(2) = 1 + \frac{1}{2}$，$f(3) = 1 + \frac{1}{2} + \frac{1}{3}$，求证：
$$n + f(1) + f(2) + f(3) + \cdots + f(n-1) = nf(n).$$
式中，$n = 2$，3，4，$\cdots$.

2. 证明：存在数 A 和 B，使得对每个 $n \in \mathbf{N}^+$，有
$$a_1 + a_2 + \cdots + a_n = A\tan n + Bn,$$
式中，$a_k = \tan k \cdot \tan(k-1)$.

3. 已知 $\alpha^{2005} + \beta^{2005}$ 可表示成以 $\alpha + \beta$，$\alpha\beta$ 为变元的二元多项式，求这个多项式的系数之和.

4. 已知数列 $\{a_n\}$ 满足 $a_1 = 1$，$a_2 = 3$，$a_{n+2} = 3a_{n+1} - 2a_n$（$n \in \mathbf{N}^*$）.

（1）证明：数列 $\{a_{n+1} - a_n\}$ 是等比数列；

（2）求数列 $\{a_n\}$ 的通项公式.

5. 设数列 $\{a_n\}$ 的前 n 项和为 S_n，且方程 $x^2 - a_n x - a_n = 0$ 有一根为 $S_n - 1$ $(n = 1, 2, 3, \cdots)$，求 $\{a_n\}$ 的通项公式.

6. 数列 $\{a_n\}$ 定义如下：$a_1 = 2$，$a_{n+1} = a_n^2 - a_n + 1$ $(n = 1, 2, \cdots)$，证明：

$$1 - \frac{1}{2003^{2003}} < \frac{1}{a_1} + \frac{1}{a_2} + \cdots + \frac{1}{a_{2003}} < 1.$$

7. 设非负等差数列 $\{a_n\}$ 的公差 $d \neq 0$，记 S_n 为数列 $\{a_n\}$ 的前 n 项和，证明：

（1）若 m，n，$p \in \mathbf{N}^+$，且 $m + n = 2p$，则 $\dfrac{1}{S_m} + \dfrac{1}{S_n} \geqslant \dfrac{2}{S_p}$；

（2）若 $a_{503} \leqslant \dfrac{1}{1005}$，则 $\displaystyle\sum_{n=1}^{2007} \frac{1}{S_n} > 2008$.

8. 设 $a_n = \displaystyle\sum_{k=1}^{n} \frac{1}{k(n+1-k)}$，求证：当正整数 $n \geqslant 2$ 时，$a_{n+1} < a_n$.

9. 对任意正整数 n，设 a_n 是方程 $x^3 + \dfrac{x}{n} = 1$ 的实数根，求证：

（1）$a_{n+1} > a_n$；

（2）$\displaystyle\sum_{i=1}^{n} \frac{1}{(i+1)^2 a_i} < a_n$.

10. 设 a_1，a_2，$\cdots$，a_n 为大于等于 1 的实数，$n \geqslant 1$，$A = 1 + a_1 + a_2 + \cdots + a_n$. 定义

$$x_0 = 1, \qquad x_k = \frac{1}{1 + a_k x_{k-1}}, \qquad 1 \leqslant k \leqslant n.$$

证明：$x_1 + x_2 + \cdots + x_n > \dfrac{n^2 A}{n^2 + A^2}$.

11. 正整数序列 $\{a_n\}$ 按如下方式构成：a_0 为某个正整数，如果 a_n 可以被 5 整除，则 $a_{n+1} = \dfrac{a_n}{5}$；如果 a_n 不能被 5 整除，则 $a_{n+1} = [\sqrt{5}\, a_n]$（其中 $[x]$ 表示不超过 x 的最大整数）. 证明：数列 a_n 自某一项开始递增.

12. 正数数列 $\{x_n\}$，$\{y_n\}$ 满足条件：x_1，x_2，y_1，y_2 都大于 1，且对一切正整数 n，有

$$x_{n+2} = x_n + x_{n+1}^2, \qquad y_{n+2} = y_n^2 + y_{n+1}.$$

证明：存在正整数 n，使得 $x_n > y_n$.

13. 把 n 个数的严格递增数列放在第一行，将这 n 个数的位置做某种调整后放在第二行，然后把这两行的对应元素相加，把所得到的新数列放在第三行，已知第三行的 n 个数仍然是严格递增的. 求证：第一行和第二行是相同的.

14. 设 $a_i = \min\left\{ k + \dfrac{i}{k} \,\middle|\, k \in \mathbf{N}^* \right\}$，试求 $S_{n^2} = [a_1] + [a_2] + \cdots + [a_{n^2}]$ 的值，其中 $n \geqslant 2$，$[x]$ 表示不超过 x 的最大整数.

15. 设正实数的数列 x_0，x_1，$\cdots$，x_{1995} 满足以下条件：

（1）$x_0 = x_{1995}$；

（2）$x_{i-1} + \dfrac{2}{x_{i-1}} = 2x_i + \dfrac{1}{x_i}$，$i = 1$，$2$，$\cdots$.

求所有满足上述条件的数列中 x_0 的最大值.

16. 试求最小的正整数 n，使得对于满足条件 $\displaystyle\sum_{i=1}^{n} a_i = 2007$ 的任一具有 n 项的正整数数列 a_1，a_2，$\cdots$，a_n，其中必有连续的若干项之和等于 30.

17. 设正整数 a 不是完全平方数，求证：对每一个正整数 n，

$$S_n = \{\sqrt{a}\} + \{\sqrt{a}\}^2 + \cdots + \{\sqrt{a}\}^n$$

的值都是无理数. 这里 $\{x\} = x - [x]$，其中 $[x]$ 表示不超过 x 的最大整数.

18. 是否存在着这样的正整数 n，它能使等差数列 $n+1$，$2n+1$，$3n+1$，$4n+1$，$\cdots$ 中不含有正整数的立方？

19. 求证：存在奇数数列 $(x_n)_{n \geqslant 3}$，$(y_n)_{n \geqslant 3}$，使得对所有 $n \geqslant 3$，

$$7x_n^2 + y_n^2 = 2^n.$$

20. 证明：对任意整数 n（$n \geqslant 3$），存在 n 个呈算术级数递增的正整数 a_1，a_2，$\cdots$，a_n，n 个呈几何级数递增的正整数 b_1，b_2，$\cdots$，b_n，满足

$$b_1 < a_1 < b_2 < a_2 < \cdots < b_n < a_n.$$

并给出 $n = 5$ 时，满足要求的一组正整数.

21. 数列 $\{a_n\}_{n \geqslant 1}$，其定义为 $a_1 = a_2 = 1$，$a_3 = 199$，对所有 $n \geqslant 3$，

$$a_{n+1} = \dfrac{1989 + a_n a_{n-1}}{a_{n-2}}.$$

求证：数列中所有的项都是正整数.

22. 令 $\{a_n\}_{n \geqslant 0}$ 为一个数列满足 $a_0 = a_1 = 5$，且对所有正整数 n 有

$$a_n = \dfrac{a_{n-1} + a_{n+1}}{98}.$$

证明：对所有非负整数 n 有

$$\dfrac{a_n + 1}{6}$$

是一个完全平方数.

23. 设 $\{a_n\}_{n \geqslant 1}$ 是一个正整数的递增数列，使得

（1）对所有 $n \geq 1$，$a_{2n} = a_n + n$；

（2）如果 a_n 是一个素数，那么 n 是一个素数.

求证：对所有 $n \geq 1$，$a_n = n$.

24. 数列 a_1，a_2，$\cdots$ 定义如下：
$$a_n = 2^n + 3^n + 6^n - 1, \quad n = 1, 2, 3, \cdots.$$
求与此数列的每一项都互素的所有正整数.

25. 设 a_1，a_2，$\cdots$ 是一个整数数列，其中既有无穷多项是正整数，又有无穷多项是负整数. 如果对每一个正整数 n，整数 a_1，a_2，$\cdots$，a_n 被 n 除后所得到的 n 个余数互不相同，证明：每个整数恰好在数列 a_1，a_2，$\cdots$ 中出现一次.

26. 对于正整数 n，令 $f_n = \left[n\sqrt{2008} \right] + \left[n\sqrt{2009} \right]$，求证：数列 f_1，f_2，$\cdots$ 中有无穷多个奇数和无穷多个偶数（$[x]$ 表示不超过 x 的最大整数）.

27. 数列 a_0，a_1，$\cdots$ 满足
$$a_0 = 0, \quad a_1 = 1, \quad a_{n+1} = 2a_n + (a-1)a_{n-1},$$
式中，$n \in \mathbf{N}^+$，且 $a \in \mathbf{N}$ 是参数. $p_0 > 2$ 是给定的素数，求满足下面两个条件的 a 的最小值：

（1）如果 p 是素数，且 $p \leq p_0$，则 a_p 被 p 整除；

（2）如果 p 是素数，且 $p > p_0$，则 a_p 不被 p 整除.

28. 设整数 $k > 1$，$a_0 = 4$，$a_1 = a_2 = (k^2 - 2)^2$，且对所有的 $n \geq 2$，
$$a_{n+1} = a_n a_{n-1} - 2(a_n + a_{n-1}) - a_{n-2} + 8.$$
求证：对所有的正整数 n，$2 + \sqrt{a_n}$ 是完全平方数.

140

3.2　不　等　式

不等式是中学数学乃至现代数学中的重要内容，D. S. Mitrinovic 指出："今天，不等式在数学的所有领域里都起着重要的作用，并且提供了一个非常活跃而有吸引力的研究领域". 作为奥林匹克数学的热门专题之一，不等式问题一直活跃在各类数学竞赛之中. 这是因为：不等式是学好数学的基本功，是研究"分析"的主要工具；无论在数学研究还是在生产实践中都有广泛的应用；不等式的证明是训练和培养学生推理论证能力和辩证唯物主义观点的重要题材；不等式自成一体，有着严谨的结构和优美的定理.

3.2.1　背 景 分 析

不等式问题主要涉及三大学科，内容如下.

1）代数：恒等变形（凑项、拆项、配方、分解）、变量代换、放缩变换、三角（三角函数、三角代换、正弦定理、余弦定理）、根的判别式、构造等式等.

2）几何：构造图形（平几、立几、解几）.

3）分析：构造函数、函数思想与函数方法、函数的单调性、有界性、凹凸性等.

3.2.2　基 本 问 题

奥林匹克数学中的不等式问题主要有 5 类：

1）解不等式.

2）证明不等式.

3）最值问题.

4）含参数的不等式问题：即确定不等式恒成立时参数应满足的必要条件、充分条件、取值范围及参数的最值等，这是近年来在国内外数学竞赛中出现的新题型. 这类问题由于题目本身没有提供答案，要求选手自己去寻找、探索、发现和确定答案，再进行论证，因而难度较大、解法灵活多样、无统一的路子可走，需要一定的技巧.

5）不等关系在解题中应用：一个数学问题中，往往同时存在若干个量，研究它们彼此间的关系，常常归结于不等式问题. 作为一种工具，不等式广泛运用于解决数学问题，如我们所熟悉的求函数的定义域、值域、函数的单调性、有界性、凹凸性的判定，直线与二次曲线位置关系的确定、方程根的分布等，这种在解题过程中，根据题设条件设法建立不等式，控制变量，经过讨论，从而获得结论的方法，可用于研究众多的数学问题. 运用不等式关系解决数学问题，不仅要求解题者谙熟常用不等式，具有灵活、敏捷地进行不等式交换（放大、缩小等）的能力，而且要有深刻的洞察力，善于依据已知条件建立不等式关系. 正因为如此，在近几年国内外数学竞赛中，不仅有传统的不等式证明题、讨论题，还经常出现利用不等式估计去解决多项式、方程、几何、组合、数论的题目.

其中第 1）、3）类是传统问题，第 2）类是重点，第 4）、5）类是热点.

3.2.3　方 法 技 巧

证明不等式的常用方法有：比较法（求差、求商）、分析法、综合法、分析综合法、反证法、数学归纳法、放缩法、换元法（增量法、三角代换、复数代换、对称代换）、构造法（构造等式、构造方程、构造多项式、构造函数、构造数列、构造图形）等.

3.2.4　概 念 定 理

1）10 条性质（略）.

2）平均不等式. 对任意的正数 a_1，a_2，$\cdots$，a_n，有

$$\frac{n}{\frac{1}{a_1}+\frac{1}{a_2}+\cdots+\frac{1}{a_n}}\leq \sqrt[n]{a_1 a_2\cdots a_n}$$

$$\leq \frac{a_1+a_2+\cdots+a_n}{n}\leq \sqrt{\frac{a_1^2+a_2^2+\cdots+a_n^2}{n}},$$

三个不等式中的等号都是当且仅当 $a_1=a_2=\cdots=a_n$ 时成立.

上述四个式子分别称为 n 个正数 a_1，a_2，$\cdots$，a_n 的调和平均、几何平均、算术平均、平方平均.

3）柯西（Cauchy）不等式. 设两组实数 a_1，a_2，$\cdots$，a_n 和 b_1，b_2，$\cdots$，b_n，则

$$(a_1 b_1+a_2 b_2+\cdots+a_n b_n)^2$$
$$\leq (a_1^2+a_2^2+\cdots+a_n^2)(b_1^2+b_2^2+\cdots+b_n^2)，\tag{3.2.1}$$

式中，当且仅当 $\frac{a_1}{b_1}=\frac{a_2}{b_2}=\cdots=\frac{a_n}{b_n}$（约定 $b_i\neq 0$）时等号成立.

其标准基础的证明是利用二次函数的性质，考虑函数

$$f(x)=(a_1-b_1 x)^2+(a_2-b_2 x)^2+\cdots+(a_n-b_n x)^2.$$

显然，对所有的 x，$f(x)\geq 0$. 因此，作为二次函数，它的判别式 $\Delta\leq 0$. 注意到

$$\Delta=4(a_1 b_1+a_2 b_2+\cdots+a_n b_n)^2-4(a_1^2+a_2^2+\cdots+a_n^2)$$
$$\cdot(b_1^2+b_2^2+\cdots+b_n^2)，$$

由此不等式成立.

如果我们要使（3.2.1）式中的等号成立，那么 $\Delta=0$，且方程有一个实数根 x_0. 从而得

$$(a_1-b_1x_0)^2+(a_2-b_2x_0)^2+\cdots+(a_n-b_nx_0)^2=f(x_0)=0.$$

所以 $a_1-b_1x_0=a_2-b_2x_0=\cdots=a_n-b_nx_0=0$，即 $\dfrac{a_1}{b_1}=\dfrac{a_2}{b_2}=\cdots=\dfrac{a_n}{b_n}=x_0$.

反过来，如果 $\dfrac{a_1}{b_1}=\dfrac{a_2}{b_2}=\cdots=\dfrac{a_n}{b_n}$，那么 $f(x)=0$ 有一个实数根，所以 $\Delta\geqslant0$，因为 Δ 不能为正，所以 $\Delta=0$，从而我们在（3.2.1）式中取得等号.

另外一种证明方法是利用一个很简单的引理，这个引理在证明代数不等式方面作用重大.

引理　如果 a，b，x，y 是实数，且 x，$y>0$，那么下列不等式成立：

$$\frac{a^2}{x}+\frac{b^2}{y}\geqslant\frac{(a+b)^2}{x+y}.$$

这个不等式的证明很简单.

两次应用这个引理，我们可以把两项不等式扩展为三项不等式. 事实上，

$$\frac{a^2}{x}+\frac{b^2}{y}+\frac{c^2}{z}\geqslant\frac{(a+b)^2}{x+y}+\frac{c^2}{z}\geqslant\frac{(a+b+c)^2}{x+y+z}$$

通过简单的归纳推理，可以得到.

对所有的实数组 a_1，a_2，$\cdots$，a_n 和 x_1，x_2，$\cdots$，x_n，且 x_1，x_2，$\cdots$，$x_n>0$，有

$$\frac{a_1^2}{x_1}+\frac{a_2^2}{x_2}+\cdots+\frac{a_n^2}{x_n}\geqslant\frac{(a_1+a_2+\cdots+a_n)^2}{x_1+x_2+\cdots+x_n}.$$

当且仅当 $\dfrac{a_1}{x_1}=\dfrac{a_2}{x_2}=\cdots=\dfrac{a_n}{x_n}$ 时，等号成立.

我们应用这个引理，证明柯西不等式.

$$a_1^2+a_2^2+\cdots+a_n^2=\frac{a_1^2b_1^2}{b_1^2}+\frac{a_2^2b_2^2}{b_2^2}+\cdots+\frac{a_n^2b_n^2}{b_n^2}$$
$$\geqslant\frac{(a_1b_1+a_2b_2+\cdots+a_nb_n)^2}{b_1^2+b_2^2+\cdots+b_n^2}.$$

由此得到

$$(a_1^2+a_2^2+\cdots a_n^2)(b_1^2+b_2^2+\cdots+b_n^2)\geqslant(a_1b_1+a_2b_2+\cdots+a_nb_n)^2.$$

当且仅当 $\dfrac{a_1}{b_1}=\dfrac{a_2}{b_2}=\cdots=\dfrac{a_n}{b_n}$ 时，等号成立.

下面用第三种方法来证明柯西不等式.

要证明（3.2.1）式成立，只需要证明

$$\frac{a_1b_1 + a_2b_2 + \cdots + a_nb_n}{\sqrt{(a_1^2 + a_2^2 + \cdots + a_n^2)(b_1^2 + b_2^2 + \cdots + b_n^2)}} \leqslant 1.$$

由不等式左边的式子，得

$$\sum_{i=1}^{n} \frac{a_ib_i}{\sqrt{\left(\sum_{j=1}^{n} a_j^2\right)\left(\sum_{j=1}^{n} b_j^2\right)}} = \sum_{i=1}^{n} \frac{a_i}{\sqrt{\sum_{j=1}^{n} a_j^2}} \cdot \frac{b_i}{\sqrt{\sum_{j=1}^{n} b_j^2}}$$

$$\leqslant \sum_{i=1}^{n} \frac{1}{2}\left(\frac{a_i^2}{\sum_{j=1}^{n} a_j^2} + \frac{b_i^2}{\sum_{j=1}^{n} b_j^2}\right) = \frac{1}{2}\left(\frac{\sum_{i=1}^{n} a_i^2}{\sum_{j=1}^{n} a_j^2} + \frac{\sum_{i=1}^{n} b_i^2}{\sum_{j=1}^{n} b_j^2}\right) = 1,$$

即命题得证.

还可以利用拉格朗日恒等式

$$\left(\sum_{i=1}^{n} a_i^2\right)\left(\sum_{i=1}^{n} b_i^2\right) - \left(\sum_{i=1}^{n} a_ib_i\right)^2 = \sum_{1 \leqslant i < j \leqslant n} (a_ib_j - a_jb_i)^2$$

证明柯西不等式.

柯西不等式涉及两个实数组，因此应用柯西不等式的关键在于根据问题本身的特点，巧妙地选取两组实数.

柯西不等式可以推广为：设 a_{ij}（$i, j = 1, \cdots, n$）是正实数，则

$$(a_{11}^n + \cdots + a_{1n}^n) \cdots (a_{n1}^n + \cdots + a_{nn}^n)$$
$$\geqslant (a_{11}a_{21}\cdots a_{n1} + \cdots + a_{1n}a_{2n}\cdots a_{nn})^n.$$

4）排序不等式. 设有两个有序组 $a_1 \leqslant a_2 \leqslant \cdots \leqslant a_n$ 及 $b_1 \leqslant b_2 \leqslant \cdots \leqslant b_n$，则

$$a_1b_n + a_2b_{n-1} + \cdots + a_nb_1 \qquad （反序和）$$
$$\leqslant a_1b_{j1} + a_2b_{j2} + \cdots + a_nb_{jn} \qquad （乱序和）$$
$$\leqslant a_1b_1 + a_2b_2 + \cdots + a_nb_n. \qquad （同序和）$$

排序不等式是一个概括性很强的不等式，由它可推出许多经典不等式（如平均不等式、柯西不等式、切比雪夫不等式等），掌握并熟练运用排序不等式，对解决某些不等式问题很有帮助. 显然，运用排序不等式的关键是两个有序数组的选取.

5）切比雪夫（Tchebychev）不等式. 设有两个有序实数组 $a_1 \leqslant a_2 \leqslant \cdots \leqslant a_n$ 及 $b_1 \leqslant b_2 \leqslant \cdots \leqslant b_n$，则

$$\sum_{i=1}^{n} a_ib_{n+1-i}（反序和） \leqslant \frac{1}{n}\left(\sum_{i=1}^{n} a_i\right)\left(\sum_{i=1}^{n} b_i\right) \leqslant \sum_{i=1}^{n} a_ib_i（同序和）.$$

6）三角形不等式 $|a| - |b| \leqslant |a \pm b| \leqslant |a| + |b|$，左边等号成立当且仅当

$ab \leqslant 0$，右边等号成立当且仅当 $ab \geqslant 0$. 一般地，有 $|\pm a_1 \pm a_2 \pm \cdots \pm a_n| \leqslant |a_1| + |a_2| + \cdots + |a_n|$.

7）贝努利（Bernoulli）不等式

当 $x > -1$，$\alpha < 0$ 或 $\alpha > 1$ 时，有 $(1+x)^\alpha > 1 + \alpha x$，

当 $x > -1$，$0 < \alpha < 1$ 时，有 $(1+x)^\alpha < 1 + \alpha x$.

8）凸函数.

求函数最大值和最小值的一般方法是：先求出函数在定义域上的驻点，然后求函数在这些驻点和定义域区间端点的函数值，最后比较这些值找出函数的最大值和最小值. 但凸函数的最大值是在定义域区间端点上取到的.

如图 3-2-1 所示，从几何上看，定义在区间 I 上的凸函数 f 具有这样的特征：任取曲线 $y = f(x)$ 上两点 A，B，则曲线弧 AB 完全在弦 AB 的下方. 由此我们给出下列定义.

定义 设有函数 $f: I \to \mathbf{R}$，若对任意两点 x_1，$x_2 \in I$ 及 $\lambda \in [0, 1]$，有

$$f(\lambda x_1 + (1-\lambda)x_2) \leqslant \lambda f(x_1) + (1-\lambda)f(x_2), \qquad (3.2.2)$$

称 f 为 I 上的凸函数.

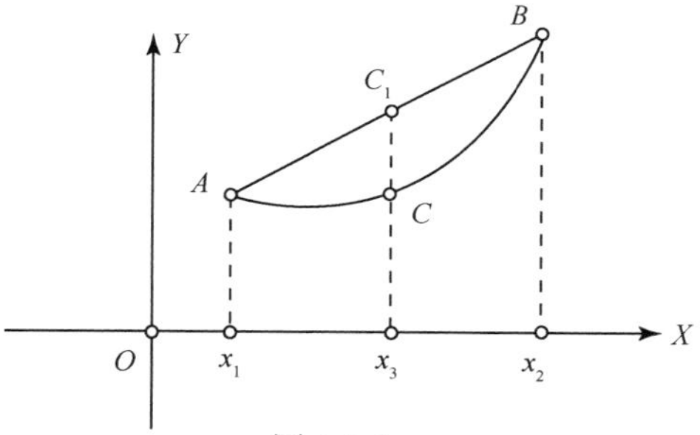

图 3-2-1

我们一般取 $\lambda = 1/2$ 来检验一个函数是不是凸函数.

定理 $f: I \to \mathbf{R}$ 是凸函数的充要条件是对任意 $[x_1, x_2] \in I$ 及 $x \in (x_1, x_2)$，有

$$\frac{f(x) - f(x_1)}{x - x_1} \leqslant \frac{f(x_2) - f(x_1)}{x_2 - x_1}. \qquad (3.2.3)$$

证明 (3.2.3) 式仅是 (3.2.2) 式的变形，取 $\lambda = \dfrac{x_2 - x}{x_2 - x_1}$ 即可.

(3.2.3) 式的几何意义是：设 A 是曲线上的定点，C 是曲线上的动点，则当 C 右移时，弦 AC 的斜率增大.

当 f 可微时，有下面结论：

对任意 $[x_1, x_2] \in I$，有 $f(x_2) \geqslant f(x_1) + f'(x_1)(x_2 - x_1)$.

在(3.2.3)式中令 $x \to x_1$，左边极限为 $f'(x_1)$，即可得到上面结论. 如果 f 在定义域上存在二阶导数，由泰勒公式可得

$$f(x) = f(x_1) + f'(x_1)(x - x_1) + \frac{f''(\xi)}{2}(x - x_1)^2.$$

式中，ξ 是区间 $[x_1, x]$ 上的某个数.

而 $f(x) \geqslant f(x_1) + f'(x_1)(x - x_1)$ 等价于 $f''(\xi) \geqslant 0$，所以如果 f 在定义域上存在二阶导数，则 f 是凸函数等价于 $f''(x) \geqslant 0$.

这样我们就得到两种检验凸函数的方法：①函数 $f: I \to \mathbf{R}$，若对任意两点 $x_1, x_2 \in I$，有 $f\left(\dfrac{x_1 + x_2}{2}\right) \leqslant \dfrac{f(x_1) + f(x_2)}{2}$，则 f 为 I 上的凸函数；②如果 f 在定义域上存在二阶导数，且对 $\forall x \in I$，有 $f''(x) \geqslant 0$，则 f 为 I 上的凸函数.

9）琴生（Jensen）不等式. 设 $f(x)$ 是区间 I 内一个凸函数，那么，对于 I 内任意 n 个实数 $x_1, x_2, \cdots, x_n$，有

$$\frac{1}{n}[f(x_1) + f(x_2) + \cdots + f(x_n)] \geqslant f\left[\frac{1}{n}(x_1 + x_2 + \cdots + x_n)\right],$$

等号成立当且仅当 $x_1 = x_2 = \cdots = x_n$.

它的加权形式是：如果 f 是区间 I 上的凸函数，那么对任意 n 点 $x_1, x_2, \cdots, x_n \in I$，及任意正数 $\lambda_1, \lambda_2, \cdots, \lambda_n$ 满足 $\lambda_1 + \lambda_2 + \cdots + \lambda_n = 1$，有

$$f(\lambda_1 x_1 + \lambda_2 x_2 + \cdots + \lambda_n x_n) \leqslant \lambda_1 f(x_1) + \lambda_2 f(x_2) + \cdots + \lambda_n f(x_n).$$

类似地，设有函数 $f: I \to \mathbf{R}$，若对任意两点 $x_1, x_2 \in I$ 及 $\lambda \in [0, 1]$，有

$$f(\lambda x_1 + (1 - \lambda) x_2) \geqslant \lambda f(x_1) + (1 - \lambda) f(x_2), \tag{3.2.4}$$

称 f 为 I 上的凹函数.

可以看出，对于凹函数来说，类似的不等式同样成立，只需要把 $\leqslant$ 处替换成 $\geqslant$ 即可.

如果 f 有二阶导数，那么 f 是 I 上的凹函数当且仅当在区间 I 上 $f'' \leqslant 0$.

10）幂平均不等式. 设 $a_1, a_2, \cdots a_n$ 是正数，$\alpha > \beta > 0$，则

$$\left(\frac{1}{n}\sum_{i=1}^{n} \alpha_i^{\beta}\right)^{\frac{1}{\beta}} \leqslant \left(\frac{1}{n}\sum_{i=1}^{n} \alpha_i^{\alpha}\right)^{\frac{1}{\alpha}}$$

11）赫尔德（Hölder）不等式. 设 $a_1, a_2, \cdots, a_m, b_1, b_2, \cdots, b_m, c_1, c_2, \cdots, c_m$ 是正数，则

$$\left(\sum_{i=1}^{m} a_i b_i c_i\right)^3 \leqslant \left(\sum_{i=1}^{m} a_i^3\right)\left(\sum_{i=1}^{m} b_i^3\right)\left(\sum_{i=1}^{m} c_i^3\right).$$

下面给出 Hölder 不等式的一个漂亮证明：记 $A = \displaystyle\sum_{i=1}^{m} a_i^3$，$B = \displaystyle\sum_{i=1}^{m} b_i^3$，$C = \displaystyle\sum_{i=1}^{m} c_i^3$，且 $x_i = \dfrac{a_i}{\sqrt[3]{A}}$，$y_i = \dfrac{b_i}{\sqrt[3]{B}}$，$z_i = \dfrac{c_i}{\sqrt[3]{C}}$ $(i = 1, 2, \cdots, m)$，则

$$\sum_{i=1}^{m} x_i^3 = \sum_{i=1}^{m} \frac{a_i^3}{A} = 1 = \sum_{i=1}^{m} y_i^3 = \sum_{i=1}^{m} z_i^3.$$

对每个 $i = 1$，2，$\cdots$，m，利用 AM-GM 不等式得到

$$x_i y_i z_i = \sqrt[3]{x_i^3 y_i^3 z_i^3} \leqslant \frac{1}{3} \ (x_i^3 + y_i^3 + z_i^3).$$

对 $i = 1$，2，$\cdots$，m 求和，我们得到

$$\sum_{i=1}^{m} x_i y_i z_i \leqslant \frac{1}{3} \sum_{i=1}^{m} \ (x_i^3 + y_i^3 + z_i^3)$$

$$= \frac{1}{3} \Big(\sum_{i=1}^{m} x_i^3 + \sum_{i=1}^{m} y_i^3 + \sum_{i=1}^{m} z_i^3 \Big)$$

$$= \frac{1}{3} (1 + 1 + 1) = 1.$$

因为 $x_i y_i z_i = \dfrac{a_i b_i c_i}{\sqrt[3]{ABC}}$，我们得到 $\sum\limits_{i=1}^{m} a_i b_i c_i \leqslant \sqrt[3]{ABC}$，证毕.

一般地，有

设 a_{ij}（$i = 1$，2，$\cdots$，n；$j = 1$，2，$\cdots$，m）是正数，α_j（$j = 1$，2，$\cdots$，m）是正数，且 $\sum\limits_{j=1}^{m} \alpha_j = 1$，则

$$\sum_{i=1}^{n} a_{i_1}^{\alpha_1} a_{i_2}^{\alpha_2} \cdots a_{i_m}^{\alpha_m} \leqslant \Big(\sum_{i=1}^{n} a_{i_1} \Big)^{\alpha_1} \Big(\sum_{i=1}^{n} a_{i_2} \Big)^{\alpha_2} \cdots \Big(\sum_{i=1}^{n} a_{i_m} \Big)^{\alpha_m}.$$

特殊地，取 $m = 2$，有

设 a_1，a_2，$\cdots$，a_n 和 b_1，b_2，$\cdots$，b_n 是两组正数，p，q 是正数，且 $\dfrac{1}{p} + \dfrac{1}{q} = 1$，则

$$\sum_{i=1}^{n} a_i b_i \leqslant \Big(\sum_{i=1}^{n} a_i^p \Big)^{\frac{1}{p}} \Big(\sum_{i=1}^{n} b_i^q \Big)^{\frac{1}{q}}.$$

当 $p = q = 2$ 时，就是柯西不等式.

12）阿贝尔（Abel）求和公式.

连续型数学中许多结果（如积分中的一些经典的不等式）是通过类比把它转化为离散型数学问题，然后再求极限得到的. 但有时连续型数学中的一些概念比与之对应的离散型数学概念更容易理解. Abel 求和公式是分部积分公式的离散型类比. 下面就是 Abel 求和公式：

a_1，a_2，$\cdots$，a_n 和 b_1，b_2，$\cdots$，b_n 是两组有限的数，则有

$$a_1 b_1 + a_2 b_2 + \cdots + a_n b_n = (a_1 - a_2) b_1 + (a_2 - a_3)(b_1 + b_2) + \cdots$$

$$+ (a_{n-1} - a_n)(b_1 + b_2 + \cdots + b_{n-1})$$

$$+ a_n (b_1 + b_2 + \cdots + b_n).$$

147

这与分部积分公式明显相似的地方是：积分对应的是对各项求和，而微分对应的是相邻两项的差.

13）6 类特殊不等式：对称型不等式、三角形边长不等式、绝对值不等式、数列与和式不等式、整不等式与函数不等式.

3.2.5 经典赛题

【例 3.2.1】 设 $0 < x$，y，$z < 1$，$u = x(1-y)$，$v = y(1-z)$，$w = z(1-x)$，求证：

$$(1-u-v-w)\left(\frac{1}{u}+\frac{1}{v}+\frac{1}{w}\right) \geqslant 3,$$

并确定等号成立的条件.

分析 不等式中有负数出现是一件麻烦事，如果可能的话，我们希望将负数换为正数，或者正数、负数分开处理.

证明

$$(1-u-v-w)\left(\frac{1}{u}+\frac{1}{v}+\frac{1}{w}\right)$$

$$=\frac{1-v-w}{u}+\frac{1-u-w}{v}+\frac{1-u-v}{w}-3$$

$$=\frac{1-y(1-z)-z(1-x)}{x(1-y)}+\frac{1-x(1-y)-z(1-x)}{y(1-z)}+\frac{1-x(1-y)-y(1-z)}{z(1-x)}-3$$

$$=\frac{(1-y)(1-z)+zx}{x(1-y)}+\frac{(1-x)(1-z)+xy}{y(1-z)}+\frac{(1-y)(1-x)+yz}{z(1-x)}-3$$

$$=\left(\frac{1-z}{x}+\frac{z}{1-y}\right)+\left(\frac{1-x}{y}+\frac{x}{1-z}\right)+\left(\frac{1-y}{z}+\frac{y}{1-x}\right)-3$$

$$=\left(\frac{1-z}{x}+\frac{x}{1-z}\right)+\left(\frac{1-x}{y}+\frac{y}{1-x}\right)+\left(\frac{1-y}{z}+\frac{z}{1-y}\right)-3$$

$$\geqslant(2+2+2)-3=3.$$

等号成立当且仅当

$$\frac{1-z}{x}=\frac{x}{1-z}, \quad \frac{1-x}{y}=\frac{y}{1-x}, \quad \frac{1-y}{z}=\frac{z}{1-y},$$

即 $x=y=z=\dfrac{1}{2}$.

【例 3.2.2】 设 $0 \leqslant x$，y，$z \leqslant 1$，求证：

$$\frac{x}{1+y+z}+\frac{y}{1+z+x}+\frac{z}{1+y+x}+(1-x)(1-y)(1-z) \leqslant 1.$$

148

证法 1　由 x，y，z 对称性，不妨设 $0 \leqslant x \leqslant y \leqslant z \leqslant 1$，则

$$\frac{x}{1+y+z}+\frac{y}{1+z+x}+\frac{z}{1+y+x}+(1-x)(1-y)(1-z)$$

$$=\frac{x}{1+y+z}+\frac{y}{1+z+x}+\frac{z}{1+y+x}+\frac{1-z}{1+y+x}(1-x)(1-y)(1+x+y)$$

$$\leqslant\frac{x}{1+y+z}+\frac{y}{1+z+x}+\frac{z}{1+y+x}$$

$$+\frac{1-z}{1+y+x}\sqrt[3]{\frac{(1-x)+(1-y)+(1+x+y)}{3}}$$

$$=\frac{x}{1+y+z}+\frac{y}{1+z+x}+\frac{1}{1+y+x}$$

$$\leqslant\frac{x}{1+y+x}+\frac{y}{1+y+x}+\frac{1}{1+y+x}=1.$$

证法 2　对任意非负数 α 和 β，考虑函数

$$x \mapsto \frac{\alpha}{x+\beta}.$$

当 $x \geqslant 0$ 时，它是凸函数. 把不等式左边的表达式看作是每个变量的函数，则表达式是两个凸函数与两个线性函数的和，所以它是凸函数. 这样，当其中两个变量固定，第三个变量在区间的一个端点上时，表达式取得最大值. 所以表达式的值总是小于它通过适当选取 x，y，z 所达到的最大值. 很容易检验 8 种可能的情况，表明表达式的值不会超过 1.

【点评】 1）不等式证明有时用到这样的性质：一些实函数在定义域区间的端点取得最值. 考虑两类函数：线性函数，它的最大值和最小值分别在定义域区间的两个端点上取得；凸函数，它的最大值在定义域区间的端点上取得. 本题解题的思想就是把表达式分别看作各个变量的线性函数或凸函数，并由此确定表达式的上界或下界.

2）这个不等式表明其左端代数式的上界为 1，若对其下界作估计，可得如下结果：设 $0 \leqslant x$，y，$z \leqslant 1$，则有

$$\frac{x}{1+y+z}+\frac{y}{1+z+x}+\frac{z}{1+y+x}+(1-x)(1-y)(1-z)>\frac{1}{2}.$$

3）这个问题可以推广为

设 $0 \leqslant x_i \leqslant 1$（$i=1$，$2$，$\cdots$，$n$），$x_1+x_2+\cdots+x_n=s$，则有

$$\sum_{i=1}^{n}\frac{x_i}{1+s-x_i}+\prod_{i=1}^{n}(1-x_i) \leqslant 1.$$

【例 3.2.3】　设 a，b，c 为非负实数，证明：

$$\frac{a+b+c}{3}-\sqrt[3]{abc} \leqslant \max\left\{(\sqrt{a}-\sqrt{b})^2，(\sqrt{b}-\sqrt{c})^2，(\sqrt{c}-\sqrt{a})^2\right\}.$$

证法 1 我们证明一个更强的不等式

$$a+b+c-3\sqrt[3]{abc} \leq (\sqrt{a}-\sqrt{b})^2+(\sqrt{b}-\sqrt{c})^2+(\sqrt{c}-\sqrt{a})^2.$$

如果 $abc=0$，则结果是显然的. 所以我们假设 a，b，$c>0$. 同用一个适当的因子分别乘以 a，b，c，我们可以假定 $abc=1$. 不失一般性，假设 a 和 b 都大于或等于 1，或者都小于或等于 1. 所要证的不等式变成

$$0 \leq a+b+c-2\sqrt{ab}-2\sqrt{bc}-2\sqrt{ca}+3$$

$$=(\sqrt{a}-\sqrt{b})^2+\frac{1}{ab}-\frac{2}{\sqrt{a}}-\frac{2}{\sqrt{b}}+3$$

$$=(\sqrt{a}-\sqrt{b})^2+\left(\frac{1}{\sqrt{a}}-1\right)^2+\left(\frac{1}{\sqrt{b}}-1\right)^2+\frac{1}{ab}-\frac{1}{a}-\frac{1}{b}+1$$

$$=(\sqrt{a}-\sqrt{b})^2+(\frac{1}{\sqrt{a}}-1)^2+(\frac{1}{\sqrt{b}}-1)^2+(\frac{1}{a}-1)(\frac{1}{b}-1).$$

【点评】 要重视最简单不等式的应用

$$x^2 \geq 0,$$

当且仅当 $x=0$ 时等式成立.

证法 2 不失一般性，假设 b 在 a 和 c 之间，则所要证的不等式成为

$$a+b+c-3\sqrt[3]{abc} \leq 3(c+a-2\sqrt{ac}).$$

把不等式右边减去左边看作关于 b 的函数，则它是凹函数（它的二次导数是 $-\left(\frac{2}{3}\right)(ac)^{1/3}b^{-5/3}$），所以它的最小值在区间 $[a, c]$ 的其中一个端点上取得. 这样，不失一般性，我们假设 $a=b$. 再者，我们可以通过放缩变量得到 $a=b=1$，结论变成

$$\frac{2c+3c^{\frac{1}{3}}+1}{6} \geq c^{\frac{1}{2}}.$$

这是加权 AM-GM 不等式的一个特例.

【例 3.2.4】 设 t_1，t_2，$\cdots$，t_n 是 n 个已知实数，满足 $0<t_1 \leq t_2 \leq \cdots \leq t_n < 1$，求证：

$$(1-t_n)^2\left[\frac{t_1}{(1-t_1^2)^2}+\frac{t_2^2}{(1-t_2^3)^2}+\cdots+\frac{t_n^n}{(1-t_n^{n+1})^2}\right] < 1.$$

证明

不等式左边 $\leq \dfrac{t_1}{(1+t_1)^2}+\dfrac{t_2^2}{(1+t_2+t_2^2)^2}+\cdots+\dfrac{t_n^n}{(1+t_n+t_n^2+\cdots+t_n^n)^2}$

$$< \frac{t_1}{1 \cdot (1+t_1)}+\frac{t_2^2}{(1+t_2)\ (1+t_2+t_2^2)}+\cdots$$

$$+\frac{t_n^n}{(1+t_n+\cdots+t_n^{n-1})\ (1+t_n+\cdots+t_n^n)}$$

$$= \left(1 - \frac{1}{1+t_1}\right) + \left(\frac{1}{1+t_2} - \frac{1}{1+t_2+t_2^2}\right) + \cdots$$

$$+ \left(\frac{1}{(1+t_n+\cdots+t_n^{n-1})} - \frac{1}{(1+t_n+\cdots+t_n^n)}\right)$$

$$\leqslant 1 - \frac{1}{1+t_n+\cdots+t_n^n} < 1.$$

【点评】 贯穿全题的思想是放缩, 大胆地放大或缩小(必须合情合理!), 谨慎地添或减是放缩方法的基本策略. 许多情形, 就这么放一步或缩一点, 问题的本质就暴露出来, 规律就找到了. 一般可考虑利用添项、舍项、已知不等式, 以及函数的增减性等将欲证不等式的一端或两端进行放大或缩小.

【例 3.2.5】 设 $s_n = 1 + \frac{1}{2} + \frac{1}{3} + \cdots + \frac{1}{n}$, n 为大于 2 的正整数, 求证:

$$n\,(n+1)^{\frac{1}{n}} - n < s_n < n - (n-1)\,n^{-\frac{1}{n-1}}.$$

分析 欲证不等式左边相当于

$$\frac{n+s_n}{n} > (n+1)^{\frac{1}{n}},$$

右边相当于

$$\frac{n-s_n}{n-1} > n^{-\frac{1}{n-1}}.$$

它们有点像平均不等式, 于是考虑用平均不等式给出如下简洁的证明.

证明

$$\frac{n+s_n}{n} = \frac{(1+1) + (1+\frac{1}{2}) + \cdots + (1+\frac{1}{n})}{n}$$

$$= \frac{2 + \frac{3}{2} + \frac{4}{3} + \cdots + \frac{n+1}{n}}{n}$$

$$> \sqrt[n]{2 \cdot \frac{3}{2} \cdot \frac{4}{3} \cdot \cdots \cdot \frac{n+1}{n}}$$

$$= (n+1)^{\frac{1}{n}},$$

即原不等式左边成立.

又

$$\frac{n-s_n}{n-1} = \frac{(1-1) + (1-\frac{1}{2}) + (1-\frac{1}{3}) + \cdots + (1-\frac{1}{n})}{n-1}$$

151

$$= \frac{\frac{1}{2}+\frac{2}{3}+\cdots+\frac{n-1}{n}}{n-1} > \sqrt[n-1]{\frac{1}{2}\cdot\frac{2}{3}\cdots\frac{n-1}{n}}$$

$$= n^{-\frac{1}{n-1}},$$

即原不等式右边也成立.

【点评】　　上述证明的技巧主要是制造出 n 个或 $n-1$ 个正数的和，一般地，应用平均不等式的关键是在不等式的一端制造出 n 个数的"和"或"积".

【例3.2.6】　　试证：对任意正数 a_1，a_2，$\cdots$，a_n，$n \geqslant 2$，有

$$\sum_{i=1}^{n} \frac{a_i}{s-a_i} \geqslant \frac{n}{n-1},$$

其中 $s = \sum_{i=1}^{n} a_i$.

证明　　令 $b_i = s - a_i > 0$ $(i=1, 2, \cdots, n)$，则 $\sum_{i=1}^{n} b_i = (n-1)s$，由平均不等式得

$$\sum_{i=1}^{n} \frac{a_i}{s-a_i} = \sum_{i=1}^{n} \frac{s-b_i}{b_i} = s\cdot\sum_{i=1}^{n} \frac{1}{b_i} - n$$

$$\geqslant sn\sqrt[n]{\frac{1}{b_1}\frac{1}{b_2}\cdots\frac{1}{b_n}} - n = sn\frac{1}{\sqrt[n]{b_1 b_2\cdots b_n}} - n$$

$$\geqslant \frac{sn^2}{b_1 + b_2 + \cdots + b_n} - n$$

$$= \frac{sn^2}{(n-1)s} - n = \frac{n}{n-1}.$$

【点评】　　本题也可以用切比雪夫不等式或琴生不等式给出证明.

【例3.2.7】　　设 a，b，c，d 是四边形的边长，p 是其周长，求证：

$$\frac{abc}{d^2}+\frac{bcd}{a^2}+\frac{cda}{b^2}+\frac{dab}{c^2} \geqslant p.$$

证明　　构造恒等式

$$a^3 b^3 c^3 + b^3 c^3 d^3 + c^3 d^3 a^3 + d^3 a^3 b^3$$

$$= \frac{a^3 b^3 c^3 + b^3 c^3 d^3 + c^3 d^3 a^3}{3} + \frac{b^3 c^3 d^3 + c^3 d^3 a^3 + d^3 a^3 b^3}{3}$$

$$+ \frac{c^3 d^3 a^3 + d^3 a^3 b^3 + a^3 b^3 c^3}{3} + \frac{d^3 a^3 b^3 + a^3 b^3 c^3 + b^3 c^3 d^3}{3}.$$

将上式右端 4 项分别利用平均不等式，化简得

$$a^3b^3c^3+b^3c^3d^3+c^3d^3a^3+d^3a^3b^3$$
$$\geq a^2b^2c^3d^2+b^2c^2d^3a^2+c^2d^2a^3b^2+d^2c^2b^3a^2$$
$$=a^2b^2c^2d^2\ (a+b+c+d)$$
$$=a^2b^2c^2d^2P,$$

两端除以 $a^2b^2c^2d^2>0$ 即得证.

【点评】 上述证法的关键在于恒等式的构造，看上去很简单，但并不容易想到，这正是不等式证明的难点. 本题还可以进一步推广为：

【例 3.2.8】 设实数 $a_i>0$（$i=1$，2，$\cdots$，$n+1$），求证：

$$a_1a_2\cdots a_{n+1}(a_1^{-n}+a_2^{-n}+\cdots+a_{n+1}^{-n})\geq a_1+a_2+\cdots+a_{n+1}.$$

证明 令 $a_i=\dfrac{1}{x_i}$，$x_i>0(i=1,2,\cdots,n+1)$，则我们只需证明

$$x_1^n+x_2^n+\cdots+x_{n+1}^n\geq x_1x_2\cdots x_n+x_2x_3\cdots x_{n+1}+\cdots+x_{n+1}x_1\cdots x_{n-1}.$$

构造等式

$$x_1^n+x_2^n+\cdots+x_{n+1}^n$$
$$=\frac{1}{n}(x_1^n+x_2^n+\cdots+x_n^n)+\frac{1}{n}(x_2^n+x_3^n+\cdots+x_{n+1}^n)+\cdots$$
$$+\frac{1}{n}(x_{n+1}^n+x_1^n+\cdots+x_n^n).$$

将上式右端各项分别应用平均不等式即得证.

【点评】 从以上例子看出，对给定的式子作适当变形，如配项、拆项、分组、分解、配因式等是证明不等式的关键所在，如何适当变形要具体问题具体分析，具有很大的灵活性和技巧性.

【例 3.2.9】 设正实数 a，b，c 满足

$$a+b+c\geq abc,$$

求证：不等式 $\dfrac{2}{a}+\dfrac{3}{b}+\dfrac{6}{c}\geq 6$，$\dfrac{2}{b}+\dfrac{3}{c}+\dfrac{6}{a}\geq 6$，$\dfrac{2}{c}+\dfrac{3}{a}+\dfrac{6}{b}\geq 6$ 中至少有两个成立.

证明 用反证法. 假设 $\dfrac{2}{a}+\dfrac{3}{b}+\dfrac{6}{c}$，$\dfrac{2}{b}+\dfrac{3}{c}+\dfrac{6}{a}$，$\dfrac{2}{c}+\dfrac{3}{a}+\dfrac{6}{b}$ 中有两个小于 6，依对称性，不妨设

$$\frac{2}{a}+\frac{3}{b}+\frac{6}{c}<6,\ \frac{2}{c}+\frac{3}{a}+\frac{6}{b}<6,$$

将两不等式相加得

$$\frac{5}{a}+\frac{9}{b}+\frac{8}{c}<12.$$

153

由 $a+b+c \geqslant abc$ 得

$$\frac{1}{a} \geqslant \frac{bc-1}{b+c},$$

从而

$$\frac{5(bc-1)}{b+c} + \frac{9}{b} + \frac{8}{c} < 12,$$
$$5b^2c^2 + 12bc - 12b^2c - 12bc^2 + 9c^2 + 8b^2 < 0,$$
$$(2bc-2b-3c)^2 + b^2(c-2)^2 < 0,$$

矛盾.

【点评】　若把欲证的不等式看作一个命题，则用反证法来证明不等式就与用反证法相同了. 即当直接证明不等式有困难时，可以借助反证法，否定结论，寻找矛盾，从而间接证明要证的结论.

【例 3.2.10】　设 x，y，$z \in (0,1)$，满足

$$\sqrt{\frac{1-x}{yz}} + \sqrt{\frac{1-y}{zx}} + \sqrt{\frac{1-z}{xy}} = 2,$$

求 xyz 的最大值.

分析　对于根式的和，求最值. 一般不好直接变换. 在没有好的入手点时，应先通过尝试确定最值取到的条件. 由于是求乘积的最大值，我们先不妨设三个变元都相等，解出 $x=y=z=\dfrac{3}{4}$，此时三者乘积为 $\dfrac{27}{64}$. 下面再去证明这个就是所求最大值.

证明　当 $x=y=z=\dfrac{3}{4}$ 时，$xyz=\dfrac{27}{64}$. 下面证明 xyz 不能比 $\dfrac{27}{64}$ 再大了.

若不然，由条件式得

$$\sqrt{x(1-x)} + \sqrt{y(1-y)} + \sqrt{z(1-z)} = 2\sqrt{xyz} > \frac{3}{4}\sqrt{3}.$$

由柯西不等式有 $x(1-x) + y(1-y) + z(1-z) > \left(\dfrac{3}{4}\sqrt{3}\right)^2 / 3 = \dfrac{9}{16}$.

另外，由 $xyz > \dfrac{27}{64}$ 得 $x+y+z > 3\sqrt[3]{\dfrac{27}{64}} = \dfrac{9}{4}$，因此

$$x(1-x) + y(1-y) + z(1-z) \leqslant x+y+z - \frac{(x+y+z)^2}{3}$$

$$= \frac{9}{16} - \frac{1}{3}\left(x+y+z-\frac{3}{4}\right)\left(x+y+z-\frac{9}{4}\right) < \frac{9}{16}.$$

矛盾! 综上所述，xyz 的最大值是 $\dfrac{27}{64}$.

【点评】　这是一个需要利用反证法来简化问题的不等式题目，若不采取反证法，则证明难度会大大增加．这个问题的原型是一个三角极值问题：

设 A，B，$C \in \left(0, \dfrac{\pi}{2}\right)$，且 $\sin 2A + \sin 2B + \sin 2C = 4\sin A \sin B \sin C$，求 $f = \cos A \cos B \cos C$ 的最大值．

改为普通极值问题后，别有一番风味．

【例 3. 2. 11】　设实数 a_1，a_2，$\cdots$，a_n，b_1，b_2，$\cdots$，b_n 满足

$$
\begin{aligned}
(a_1^2 + a_2^2 + \cdots + a_n^2 - 1)&(b_1^2 + b_2^2 + \cdots + b_n^2 - 1) \\
&> (a_1 b_1 + a_2 b_2 + \cdots + a_n b_n - 1)^2.
\end{aligned}
\tag{3.2.5}
$$

求证：$a_1^2 + a_2^2 + \cdots + a_n^2 > 1$ 且 $b_1^2 + b_2^2 + \cdots + b_n^2 > 1$．

证法 1　（反证法）假设 $a_1^2 + a_2^2 + \cdots + a_n^2$ 与 $b_1^2 + b_2^2 + \cdots + b_n^2$ 中只有一个小于或等于 1，则不等式（3.2.5）左边小于等于 0，右边为正，矛盾.

假设 $a_1^2 + a_2^2 + \cdots + a_n^2 \leqslant 1$ 且 $b_1^2 + b_2^2 + \cdots + b_n^2 \leqslant 1$，则由柯西不等式知 $a_1 b_1 + a_2 b_2 + \cdots + a_n b_n \leqslant 1$.

由 AM-GM 不等式知

$$
\left(1 - \sum_{i=1}^{n} a_i^2\right)\left(1 - \sum_{i=1}^{n} b_i^2\right) \leqslant \left(1 - \frac{\sum_{i=1}^{n} a_i^2 + \sum_{i=1}^{n} b_i^2}{2}\right)^2 \leqslant \left(1 - \sum_{i=1}^{n} a_i b_i\right)^2
$$

与（3.2.5）矛盾.

证法 2　（反证法）如果 $a_1^2 + a_2^2 + \cdots + a_n^2$ 与 $b_1^2 + b_2^2 + \cdots + b_n^2$ 中只有一个小于或等于 1，则不等式（3.2.5）左边小于等于 0，右边为正，显然不成立.

现假设 $a_1^2 + a_2^2 + \cdots + a_n^2 \leqslant 1$ 且 $b_1^2 + b_2^2 + \cdots + b_n^2 \leqslant 1$，要证明

$$
\left(1 - \sum_{i=1}^{n} a_i^2\right)\left(1 - \sum_{i=1}^{n} b_i^2\right) \leqslant \left(\sum_{i=1}^{n} a_i b_i - 1\right)^2.
\tag{3.2.6}
$$

令 $a = 1 - (a_1^2 + a_2^2 + \cdots + a_n^2)$，$b = 1 - (b_1^2 + b_2^2 + \cdots + b_n^2)$，则 a，b 都是非负实数．则将（3.2.6）式两边同乘以 4，可以得到（3.2.6）的等价形式

$$
(2 - 2a_1 b_1 - 2a_2 b_2 - \cdots - 2a_n b_n)^2 \geqslant 4ab.
$$

注意到

$$
\begin{aligned}
&2 - 2a_1 b_1 - 2a_2 b_2 - \cdots - 2a_n b_n \\
&= (a_1 - b_1)^2 + (a_2 - b_2)^2 + \cdots + (a_n - b_n)^2 + a + b \\
&\geqslant a + b \geqslant 0,
\end{aligned}
$$

于是 $(2 - 2a_1 b_1 - 2a_2 b_2 - \cdots - 2a_n b_n)^2 \geqslant (a + b)^2 \geqslant 4ab$，即得证.

证法 3　直接由 Aczel 不等式可以证明（3.2.6）式.

Aczel 不等式：若 x_1，x_2，$\cdots$，x_m，y_1，y_2，$\cdots$，$y_m \in \mathbf{R}$ 使得 $x_1^2 > x_2^2 + \cdots + x_m^2$，则

$$(x_1 y_1 - x_2 y_2 - \cdots - x_m y_m)^2 \geqslant (x_1^2 - x_2^2 - \cdots - x_m^2)(y_1^2 - y_2^2 - \cdots - y_m^2).$$

从 Aczel 不等式的结构形式来看，它与一元二次方程的判别式相似. 因此，考虑构造一个二次函数，使它的判别式符合结论的形式，从考察函数的性质入手进行论证.

构造二次函数

$$f(t) = (x_1 t + y_1)^2 - \sum_{i=2}^{m}(x_i t + y_i)^2.$$

注意到 $f\left(-\dfrac{y_1}{x_1}\right) \leqslant 0$，$f(x)$ 的二次项系数为正，因而 $f(x)$ 与 x 轴有交点，即 $f(x) = 0$ 有实根，则判别式的值非负，即结论成立.

【点评】　这里是通过构造二次函数，借助其判别式证明不等式，主要依据有两条：

1）若二次方程 $ax^2 + bx + c = 0$ 有实根，则判别式 $\Delta = b^2 - 4ac \geqslant 0$；

2）对于二次函数 $f(x) = ax^2 + bx + c = 0$，若 $a > 0$，则

$$f(x) \geqslant 0 \text{ 等价于 } \Delta = b^2 - 4ac \leqslant 0.$$

类似地可证以下各不等式：

1）柯西不等式；

2）（Oppenheim 不等式）求证：三个实数 A，B，C 使不等式

$$A(x-y)(y-z) + B(y-z)(z-x) + C(z-x)(x-y) \leqslant 0$$

对一切实数 x，y，z 成立的充要条件是

$$A^2 + B^2 + C^2 \leqslant 2(AB + BC + CA)，\text{且 } A，B，C \geqslant 0；$$

3）（Polya-Szego 不等式）设 $0 < m_1 \leqslant a_i \leqslant M_1$，$0 < m_2 \leqslant b_i \leqslant M_2$（$i = 1, 2, \cdots, n$），则

$$\frac{\left(\sum\limits_{i=1}^{n} a_i^2\right)\left(\sum\limits_{i=1}^{n} b_i^2\right)}{\left(\sum\limits_{i=1}^{n} a_i b_i\right)^2} \leqslant \frac{1}{4}\left(\sqrt{\frac{M_1 M_2}{m_1 m_2}} + \sqrt{\frac{m_1 m_2}{M_1 M_2}}\right)^2.$$

【例 3.2.12】　设 a_1，a_2，$\cdots$，a_n（$n > 1$）是实数，且 $A + \sum\limits_{i=1}^{n} a_i^2 < \dfrac{1}{n-1}\left(\sum\limits_{i=1}^{n} a_i\right)^2$，试证：$A < 2a_i a_j$（$1 \leqslant i < j \leqslant n$）.

证明　考虑到题设中出现有常系数 $n-1$，我们运用柯西不等式作如下

变形：

$$\left(\sum_{i=1}^{n} a_i\right)^2 = \left[(a_1 + a_2) + a_3 + a_4 + \cdots + a_n\right]^2$$

$$\leqslant \underbrace{(1 + 1 + \cdots + 1)}_{n-1} \cdot \left[(a_1 + a_2)^2 + a_3{}^2 + a_4{}^2 + \cdots + a_n{}^2\right]$$

$$= (n - 1)\left(\sum_{i=1}^{n} a_i{}^2 + 2a_1 a_2\right).$$

再由题设得

$$A < -\left(\sum_{i=1}^{n} a_i{}^2\right) + \frac{1}{n-1}\left(\sum_{i=1}^{n} a_i\right)^2$$

$$\leqslant -\left(\sum_{i=1}^{n} a_i{}^2\right) + \left(\sum_{i=1}^{n} a_i{}^2 + 2a_1 a_2\right) = 2a_1 a_2,$$

故

$$A < 2a_1 a_2.$$

同理对于 $1 \leqslant i < j \leqslant n$ 有 $A < 2a_i a_j$.

【例 3.2.13】 已知 a，b，c，$d > 0$，且 $a \leqslant 1$，$a+b \leqslant 5$，$a+b+c \leqslant 14$，$a+b+c+d \leqslant 30$，求证：$\sqrt{a}+\sqrt{b}+\sqrt{c}+\sqrt{d} \leqslant 10$.

证法 1　由柯西不等式和 $a \leqslant 1$，$a+b \leqslant 5$，$a+b+c \leqslant 14$，$a+b+c+d \leqslant 30$，可得

$$(\sqrt{a}+\sqrt{b}+\sqrt{c}+\sqrt{d})^2 \leqslant (12a+6b+4c+3d)\left(\frac{1}{12}+\frac{1}{6}+\frac{1}{4}+\frac{1}{3}\right)$$

$$= \frac{10}{12}\left[6a+2(a+b)+(a+b+c)+3(a+b+c+d)\right]$$

$$\leqslant \frac{10}{12}(6\times 1+2\times 5+14+3\times 30) = 100,$$

所以 $\sqrt{a}+\sqrt{b}+\sqrt{c}+\sqrt{d} \leqslant 10$.

证法 2　函数 $f:(0,+\infty) \to (0,+\infty)$；$f(x)=\sqrt{x}$ 是凹函数，因此，对任意正实数 $\lambda_1, \lambda_2, \cdots, \lambda_n$ 且 $\lambda_1 + \lambda + \cdots + \lambda_n = 1$，我们有

$$\lambda_1 f(x_1) + \lambda_2 f(x_2) + \cdots + \lambda_n f(x_n) \leqslant f(\lambda_1 x_1 + \lambda_2 x_2 + \cdots + \lambda_n x_n).$$

令 $n=4$，$\lambda_1 = \frac{1}{10}$，$\lambda_2 = \frac{2}{10}$，$\lambda_3 = \frac{3}{10}$，$\lambda_4 = \frac{4}{10}$，由此

$$\frac{1}{10}\sqrt{a} + \frac{2}{10}\sqrt{\frac{b}{4}} + \frac{3}{10}\sqrt{\frac{c}{9}} + \frac{4}{10}\sqrt{\frac{d}{16}} \leqslant \sqrt{\frac{a}{10}+\frac{b}{20}+\frac{c}{30}+\frac{d}{40}},$$

所以

$$\sqrt{a}+\sqrt{b}+\sqrt{c}+\sqrt{d} \leqslant 10\sqrt{\frac{12a+6b+4c+3d}{120}},$$

而
$$12a+6b+4c+3d = 3(a+b+c+d)+(a+b+c)+2(a+b)+6a$$
$$\leq 3\cdot 30+14+2\cdot 5+6\cdot 1 = 120,$$

从而命题成立.

【点评】 我们可以证明一个更一般的结论：

已知 a_1，a_2，$\cdots$，a_n 为正实数，$0\leq b_1\leq b_2\leq\cdots\leq b_n$，且对 $\forall k\leq n$，有 $a_1+a_2+\cdots+a_k\leq b_1+b_2+\cdots+b_k$，则
$$\sqrt{a_1}+\sqrt{a_2}+\cdots+\sqrt{a_n}\leq\sqrt{b_1}+\sqrt{b_2}+\cdots+\sqrt{b_n}.$$

原来的题目是这个结论的一个特例，只要令 $n=4$，$b_k=k^2(k=1,2,3,4)$.
下面证明这个结论.

$$\frac{a_1}{\sqrt{b_1}}+\frac{a_2}{\sqrt{b_2}}+\cdots+\frac{a_n}{\sqrt{b_n}}=a_1\left(\frac{1}{\sqrt{b_1}}-\frac{1}{\sqrt{b_2}}\right)+(a_1+a_2)\left(\frac{1}{\sqrt{b_2}}-\frac{1}{\sqrt{b_3}}\right)$$
$$+(a_1+a_2+a_3)\left(\frac{1}{\sqrt{b_3}}-\frac{1}{\sqrt{b_4}}\right)+\cdots$$
$$+(a_1+a_2+\cdots+a_n)\frac{1}{\sqrt{b_n}},$$

括号中的差都大于 0. 由已知条件可知上式小于或等于

$$b_1\left(\frac{1}{\sqrt{b_1}}-\frac{1}{\sqrt{b_2}}\right)+(b_1+b_2)\left(\frac{1}{\sqrt{b_2}}-\frac{1}{\sqrt{b_3}}\right)+\cdots+(b_1+b_2+\cdots+b_n)\frac{1}{\sqrt{b_n}}$$
$$=\sqrt{b_1}+\sqrt{b_2}+\cdots+\sqrt{b_n},$$

所以 $\dfrac{a_1}{\sqrt{b_1}}+\dfrac{a_2}{\sqrt{b_2}}+\cdots+\dfrac{a_n}{\sqrt{b_n}}\leq\sqrt{b_1}+\sqrt{b_2}+\cdots+\sqrt{b_n}.$

由柯西不等式得

$$(\sqrt{a_1}+\sqrt{a_2}+\cdots+\sqrt{a_n})^2$$
$$=\left(\sqrt[4]{b_1}\sqrt{\frac{a_1}{\sqrt{b_1}}}+\sqrt[4]{b_2}\sqrt{\frac{a_2}{\sqrt{b_2}}}+\cdots+\sqrt[4]{b_n}\sqrt{\frac{a_n}{\sqrt{b_n}}}\right)^2$$
$$\leq\left(\sqrt{b_1}+\sqrt{b_2}+\cdots+\sqrt{b_n}\right)\left(\frac{a_1}{\sqrt{b_1}}+\frac{a_2}{\sqrt{b_2}}+\cdots+\frac{a_n}{\sqrt{b_n}}\right)$$
$$\leq(\sqrt{b_1}+\sqrt{b_2}+\cdots+\sqrt{b_n})^2,$$

从而有 $\sqrt{a_1}+\sqrt{a_2}+\cdots+\sqrt{a_n}\leq\sqrt{b_1}+\sqrt{b_2}+\cdots+\sqrt{b_n}.$

这里处理 $\sum\dfrac{a_n}{\sqrt{b_n}}$ 的方法是阿贝尔求和法. 一般地，有

阿贝尔不等式：设 a_i，$b_i\in\mathbf{R}(i=1,2,\cdots,n)$，$b_1\geq b_2\geq\cdots\geq b_n>0$，

$$S_K = a_1 + a_2 + \cdots + a_k, \quad k = 1, 2, \cdots, n.$$

又记 $M = \max\limits_{1 \leqslant k \leqslant n} S_k$, $m = \min\limits_{1 \leqslant k \leqslant n} S_k$, 则 $mb_1 \leqslant \sum\limits_{i=1}^{n} a_i b_i \leqslant Mb_1$.

【例 3.2.14】　设 $p_1 \leqslant p_2 \leqslant \cdots \leqslant p_n$, 求 $x_1 \geqslant x_2 \geqslant \cdots \geqslant x_n$, 使得"距离"

$$d = (p_1 - x_1)^2 + (p_2 - x_2)^2 + \cdots + (p_n - x_n)^2$$

为最小.

解　设 $p = \dfrac{1}{n}(p_1 + p_2 + \cdots + p_n)$, 很自然地猜测在 $x_1 = x_2 = \cdots = x_n = p$ 时, d 为最小, 即

$$(p_1 - x_1)^2 + (p_2 - x_2)^2 + \cdots + (p_n - x_n)^2$$
$$\geqslant (p_1 - p)^2 + (p_2 - p)^2 + \cdots + (p_n - p)^2. \tag{3.2.7}$$

不妨设 $p = 0$, 否则用 $p_i - p$ 代替 p_i, $x_i - p$ 代替 x_i. 因此, 只需证明

$$\sum_{i=1}^{n} (p_i - x_i)^2 \geqslant \sum_{i=1}^{n} p_i^2. \tag{3.2.8}$$

而 (3.2.8) 左边 $= \sum\limits_{i=1}^{n} p_i^2 + \sum\limits_{i=1}^{n} x_i^2 - 2 \sum\limits_{i=1}^{n} x_i p_i \geqslant \sum\limits_{i=1}^{n} p_i^2 - 2 \sum\limits_{i=1}^{n} x_i p_i$, 只需证明

$$\sum_{i=1}^{n} x_i p_i \leqslant 0. \tag{3.2.9}$$

由于 $\{p_i\}$ 与 $\{x_i\}$ 反序, 所以对 $1, 2, \cdots, n$ 的任一排列 $j_1, j_2, \cdots, j_n$ 由排序不等式得

$$\sum_{i=1}^{n} x_i p_i \leqslant \sum_{i=1}^{n} p_i x_{j_i}. \tag{3.2.10}$$

逐次取 $j_i = i, i+1, \cdots, n, 1, \cdots, i-1 (i = 1, 2, \cdots, n)$, 然后将所得的 n 个形如 (3.2.10) 的不等式相加得

$$n \sum_{i=1}^{n} x_i p_i \leqslant \sum_{i=1}^{n} p_i \sum_{ji=1}^{n} x_{ji} = \left(\sum_{i=1}^{n} x_i \right) \cdot \left(\sum_{i=1}^{n} p_i \right) = 0,$$

(最后一步利用了 $p = 0$), 这就是 (3.2.9) 式. 因此 (3.2.8) 式、(3.2.7) 式均成立.

【点评】　将若干个形如 (3.2.10) 的不等式相加以产生所需要的结果, 是解题的关键. 切比雪夫不等式也是用这个方法证明的.

【例 3.2.15】　若 $x_1, x_2, \cdots, x_m$ 是正数, $m > 1$, 且 $(m-1)s = x_1 + x_2 + \cdots + x_m$, 则

$$\frac{x_1^n}{x_2 + \cdots + x_m} + \frac{x_2^n}{x_3 + \cdots + x_m + x_1} + \cdots + \frac{x_m^n}{x_1 + \cdots + x_{m-1}}$$
$$\geqslant \left(\frac{m-1}{m} \right)^{n-2} s^{n-1}. \tag{3.2.11}$$

159

证明　不妨设 $x_1 \geq x_2 \geq \cdots \geq x_n > 0$，则 $x_1^n \geq x_2^n \geq \cdots \geq x_m^n > 0$，

$$0 < x_2 + \cdots + x_m \leq x_3 + \cdots + x_m + x_1 \leq \cdots \leq x_1 + \cdots + x_{m-1},$$

$$\frac{x_1^n}{x_2 + \cdots + x_m} \geq \frac{x_2^n}{x_3 + \cdots + x_m + x_1} \geq \cdots \geq \frac{x_m^n}{x_1 + \cdots + x_{m-1}} > 0.$$

由切比雪夫不等式得

$$(x_2 + \cdots + x_m) \frac{x_1^n}{x_2 + \cdots + x_m} + (x_3 + \cdots + x_m + x_1)$$

$$\cdot \frac{x_2^n}{x_3 + \cdots + x_m + x_1} + \cdots + (x_1 + \cdots + x_{m-1}) \frac{x_m^n}{x_1 + \cdots + x_{m-1}}$$

$$\leq \frac{1}{m} \Big[(x_2 + \cdots + x_m) + (x_3 + \cdots + x_m + x_1) + \cdots$$

$$+ (x_1 + \cdots + x_{m-1}) \Big] \cdot \left(\frac{x_1^n}{x_2 + \cdots + x_m} + \frac{x_2^n}{x_3 + \cdots + x_m + x_1} + \cdots \right.$$

$$\left. + \frac{x_m^n}{x_1 + \cdots + x_{m-1}} \right),$$

从而(3.2.11)式左边 $\geq \dfrac{m}{m-1} \cdot \dfrac{1}{x_1 + x_2 + \cdots + x_m} (x_1^n + x_2^n + \cdots + x_m^n).$

再由切比雪夫不等式得

$$x_1^n + x_2^n + \cdots + x_m^n$$

$$\geq \frac{1}{m} (x_1^{n-1} + x_2^{n-1} + \cdots + x_m^{n-1})(x_1 + x_2 + \cdots + x_m)$$

$$\geq \frac{1}{m^2} (x_1^{n-2} + x_2^{n-2} + \cdots + x_m^{n-2})(x_1 + x_2 + \cdots + x_m)^2$$

$$\geq \cdots \geq \frac{1}{m^{n-1}} (x_1 + x_2 + \cdots + x_m)^n$$

$$(3.2.11) \quad 式左边 \geq \frac{1}{(m-1) m^{n-2}} (x_1 + x_2 + \cdots + x_m)^{n-1}$$

$$= \frac{1}{(m-1) m^{n-2}} \big[(m-1) s \big]^{n-1} = \left(\frac{m-1}{m} \right)^{n-2} s^{n-1}.$$

【点评】　当 $m = 3$ 时，即为第 28 届 IMO 预选题.

若 a，b，c 是三角形的三边，且 $2s = a + b + c$，则

$$\frac{a^n}{b+c} + \frac{b^n}{a+c} + \frac{c^n}{a+b} \geq \left(\frac{2}{3} \right)^{n-2} s^{n-1}, \quad n \geq 1.$$

当 $n = 1$ 时，(3.2.11) 式成为

$$\frac{x_1}{x_2 + \cdots + x_m} + \frac{x_2}{x_3 + \cdots + x_m + x_1} + \cdots + \frac{x_m}{x_1 + \cdots + x_{m-1}} \geq \frac{m}{m-1}.$$

【例 3.2.16】　求最大的常数 k，使对 x，y，$z \in \mathbf{R}^+$，有

$$\frac{x}{\sqrt{y+z}}+\frac{y}{\sqrt{x+z}}+\frac{z}{\sqrt{y+x}} \geqslant k\sqrt{x+y+z}. \qquad (3.2.12)$$

解　在（3.2.12）中令 $x=y=z=1$，得 $k \leqslant \sqrt{\dfrac{3}{2}}$.

下一步考虑对 $k = \sqrt{\dfrac{3}{2}}$ 不等式（3.2.12）是否成立. 下面证明

$$\frac{x}{\sqrt{y+z}}+\frac{y}{\sqrt{x+z}}+\frac{z}{\sqrt{y+x}} \geqslant \sqrt{\frac{3}{2}}\sqrt{x+y+z}. \qquad (3.2.13)$$

由柯西不等式得

$$\left(x\sqrt{y+z}+y\sqrt{z+x}+z\sqrt{x+y}\right)\left(\frac{x}{\sqrt{y+z}}+\frac{y}{\sqrt{x+z}}+\frac{z}{\sqrt{y+x}}\right)$$

$$\geqslant (x+y+z)^2,$$

即

$$\frac{x}{\sqrt{y+z}}+\frac{y}{\sqrt{x+z}}+\frac{z}{\sqrt{y+x}} \geqslant \frac{(x+y+z)^2}{x\sqrt{y+z}+y\sqrt{z+x}+z\sqrt{x+y}}. \qquad (3.2.14)$$

不妨设 $x \geqslant y \geqslant z$，则 $\sqrt{y+z} \leqslant \sqrt{z+x} \leqslant \sqrt{x+y}$，由切比雪夫不等式得

$$x\sqrt{y+z}+y\sqrt{z+x}+z\sqrt{x+y}$$

$$\leqslant \frac{1}{3}(x+y+z)\left(\sqrt{y+z}+\sqrt{z+x}+\sqrt{x+y}\right).$$

$$\leqslant \frac{1}{3}(x+y+z)\cdot\sqrt{3\left[(y+z)+(z+x)+(x+y)\right]} \qquad (3.2.15)$$

$$=\sqrt{\frac{2}{3}}\cdot(x+y+z)^{\frac{3}{2}}$$

综合 (3.2.15)、(3.2.14) 即得 (3.2.13).

【点评】　1）由本题可见，确定使不等式恒成立的参数的最值，一般要经过两个步骤：一是估计参数的上界或下界；二是说明参数取得所求出的上界或下界. 解决这类问题就论证过程而言仍然是采取证明不等式的一些常用方法，但要求选手有较强的探索能力.

2）不等式 (3.2.13) 也可直接利用切比雪夫不等式证明如下.

不妨设 $x \geqslant y \geqslant z$，则 $\dfrac{1}{\sqrt{y+z}} \geqslant \dfrac{1}{\sqrt{x+z}} \geqslant \dfrac{1}{\sqrt{x+y}}$，由切比雪夫不等式得

$$\frac{x}{\sqrt{y+z}}+\frac{y}{\sqrt{z+x}}+\frac{z}{\sqrt{x+y}}$$

$$\geqslant\frac{1}{3}(x+y+z)\left(\frac{1}{\sqrt{y+z}}+\frac{1}{\sqrt{x+z}}+\frac{1}{\sqrt{y+x}}\right)$$

$$\geqslant\frac{1}{3}(x+y+z)\frac{9}{\sqrt{y+z}+\sqrt{z+x}+\sqrt{x+y}}$$

$$\geqslant3(x+y+z)\frac{1}{\sqrt{(1+1+1)\left[(y+z)+(z+x)+(x+y)\right]}}$$

$$=\sqrt{\frac{3}{2}}\sqrt{x+y+z}.$$

【例 3.2.17】　设 a，b，c 是给定复数，记 $|a+b|=m$，$|a-b|=n$，已知 $mn\neq0$，求证：$\max\{|ac+b|,|a+bc|\}\geqslant\dfrac{mn}{\sqrt{m^2+n^2}}$.

证法 1　因为 $\max\{|ac+b|,|a+bc|\}\geqslant\dfrac{|b|\cdot|ac+b|+|a|\cdot|a+bc|}{|b|+|a|}$

$$\geqslant\frac{|b(ac+b)-a(a+bc)|}{|b|+|a|}$$

$$=\frac{|b^2-a^2|}{|b|+|a|}\geqslant\frac{|b+a|\cdot|b-a|}{\sqrt{2(|a|^2+|b|^2)}},$$

又

$$m^2+n^2=|a-b|^2+|a+b|^2=2(|a|^2+|b|^2),$$

所以

$$\max\{|ac+b|,|a+bc|\}\geqslant\frac{mn}{\sqrt{m^2+n^2}}.$$

证法 2　注意到

$$ac+b=\frac{1+c}{2}(a+b)-\frac{1-c}{2}(a-b),$$

$$a+bc=\frac{1+c}{2}(a+b)+\frac{1-c}{2}(a-b).$$

令 $\alpha=\dfrac{1+c}{2}(a+b)$，$\beta=\dfrac{1-c}{2}(a-b)$，则

$$|ac+b|^2+|a+bc|^2=|\alpha-\beta|^2+|\alpha+\beta|^2=2(|\alpha|^2+|\beta|^2),$$

所以

$$\max\{|ac+b|,\ |a+bc|\}^2\geqslant|\alpha|^2+|\beta|^2=\left|\frac{1+c}{2}\right|^2m^2+\left|\frac{1-c}{2}\right|^2n^2.$$

因此只需要证明

$$\left|\frac{1+c}{2}\right|^2 m^2 + \left|\frac{1-c}{2}\right|^2 n^2 \geqslant \frac{m^2 n^2}{m^2 + n^2}.$$

等价变形为

$$\left|\frac{1+c}{2}\right|^2 m^4 + \left|\frac{1-c}{2}\right|^2 n^4 + \left(\left|\frac{1+c}{2}\right|^2 + \left|\frac{1-c}{2}\right|^2\right) m^2 n^2 \geqslant m^2 n^2, \quad (3.2.16)$$

事实上

$$\left|\frac{1+c}{2}\right|^2 m^4 + \left|\frac{1-c}{2}\right|^2 n^4 + \left(\left|\frac{1+c}{2}\right|^2 + \left|\frac{1-c}{2}\right|^2\right) m^2 n^2$$

$$\geqslant 2\left|\frac{1+c}{2}\right|\left|\frac{1-c}{2}\right| m^2 n^2 + \left(\left|\frac{1+2c+c^2}{4}\right| + \left|\frac{1-2c+c^2}{4}\right|\right) m^2 n^2$$

$$= \left(\left|\frac{1-c^2}{2}\right| + \left|\frac{1+2c+c^2}{4}\right| + \left|\frac{1-2c+c^2}{4}\right|\right) m^2 n^2$$

$$\geqslant \left(\left|\frac{1-c^2}{2} + \frac{1+2c+c^2}{4} + \frac{1-2c+c^2}{4}\right|\right) m^2 n^2$$

$$= m^2 n^2,$$

故（3.2.16）得证.

证法 3　由已知得

$$m^2 = |a+b|^2 = (a+b)\overline{(a+b)} = (a+b)(\bar{a}+\bar{b}) = |a|^2 + |b|^2 + a\bar{b} + \bar{a}b,$$

$$n^2 = |a-b|^2 = (a-b)\overline{(a-b)} = (a-b)(\bar{a}-\bar{b}) = |a|^2 + |b|^2 - a\bar{b} - \bar{a}b,$$

从而 $|a|^2 + |b|^2 = \dfrac{m^2 + n^2}{2}$, $a\bar{b} + \bar{a}b = \dfrac{m^2 - n^2}{2}$.

令 $c = x + y\mathrm{i}$, x, $y \in \mathbf{R}$, 则

$$|ac+b|^2 + |a+bc|^2 = (ac+b)\overline{(ac+b)} + (a+bc)\overline{(a+bc)}$$

$$= |a|^2|c|^2 + |b|^2 + a\bar{b}\bar{c} + \bar{a}b\,\bar{c}$$

$$\quad + |a|^2 + |b|^2|c|^2 + \bar{a}bc + a\bar{b}\bar{c}$$

$$= (|c|^2+1)(|a|^2+|b|^2) + (c+\bar{c})(a\bar{b}+\bar{a}b)$$

$$= (x^2+y^2+1)\frac{m^2+n^2}{2} + 2x\frac{m^2-n^2}{2}$$

$$\geqslant \frac{m^2+n^2}{2}x^2 + (m^2-n^2)x + \frac{m^2+n^2}{2}$$

$$= \frac{m^2+n^2}{2}\left(x + \frac{m^2-n^2}{m^2+n^2}\right)^2 - \frac{m^2+n^2}{2}\left(\frac{m^2-n^2}{m^2+n^2}\right)^2 + \frac{m^2+n^2}{2}$$

163

$$\geqslant \frac{m^2+n^2}{2}-\frac{1}{2}\frac{(m^2-n^2)^2}{m^2+n^2}$$

$$=\frac{2m^2n^2}{m^2+n^2},$$

所以

$$\max\{\,|ac+b|^2,\ |a+bc|^2\}\geqslant\frac{m^2n^2}{m^2+n^2},$$

即

$$\max\{\,|ac+b|,\ |a+bc|\}\geqslant\frac{mn}{\sqrt{m^2+n^2}}.$$

证法 4　构造一个图形（图 3-2-2），其中 C 为复数 c 在平面上对应的点，M $\left(\dfrac{n^2-m^2}{n^2+m^2},\ 0\right)$，$X(-1,\ 0)$，$Y(1,\ 0)$.

由斯特瓦尔特定理有

$$XM\cdot CY^2+YM\cdot CX^2$$
$$=CM^2\cdot XY^2+XM\cdot YM\cdot XY,$$

所以

$$XM\cdot CY^2+YM\cdot CX^2\geqslant XM\cdot YM\cdot XY,$$

$$(3.2.17)$$

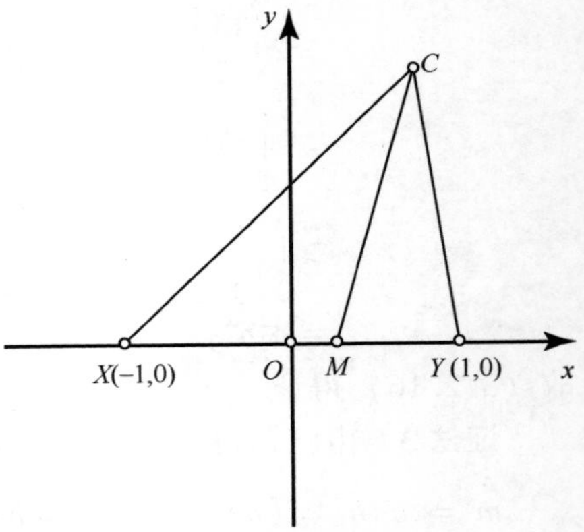

于是，由 $CX=|1+c|$，$CY=|1-c|$，$XM=\dfrac{2n^2}{n^2+m^2}$，$MY=\dfrac{2m^2}{n^2+m^2}$，$XY=2$，将它

图 3-2-2

们代入（3.2.17）式中即有

$$\left|\frac{1+c}{2}\right|^2m^2+\left|\frac{1-c}{2}\right|^2n^2\geqslant\frac{m^2n^2}{m^2+n^2},$$

回到证法 2，即得证.

【例 3.2.18】　给定整数 $n\geqslant 3$，实数 a_1，a_2，$\cdots$，a_n 满足 $\min\limits_{1\leqslant i<j\leqslant n}|a_i-a_j|=1$，

求 $\sum\limits_{k=1}^{n}|a_k|^3$ 的最小值.

分析　首先考虑等号成立的条件. 在 a_1，a_2，$\cdots$，a_n 两两的差有下限的前提下，要想使它们的绝对值的立方和尽量小，这些数应当集中在数轴上 0 的两侧且彼此之间尽量近. 再结合对称性不难猜到当 $a_i=i-\dfrac{n+1}{2}(i=1,2,\cdots,$ $n)$ 时取到最小值. 下面先给 a_1，a_2，$\cdots$，a_n 排个序，再考虑为什么这样取就是最小值. 我们发现, 这样取使得 a_1 和 a_n, a_2 和 a_{n-1} 等彼此都互为相反数. 由此出发, 可得到问题的证明部分.

解　不妨设 $a_1 < a_2 < \cdots < a_n$, 则对 $1 \leqslant k \leqslant n$, 有

$$|a_k| + |a_{n-k+1}| \geqslant |a_{n-k+1} - a_k| \geqslant |n+1-2k|,$$

所以

$$\sum_{k=1}^{n} |a_k|^3 = \frac{1}{2} \sum_{k=1}^{n} (|a_k|^3 + |a_{n+1-k}|^3)$$

$$= \frac{1}{2} \sum_{k=1}^{n} (|a_k| + |a_{n+1-k}|)$$

$$\cdot \left(\frac{3}{4} (|a_k| - |a_{n+1-k}|)^2 + \frac{1}{4} (|a_k| + |a_{n+1-k}|)^2 \right)$$

$$\geqslant \frac{1}{8} \sum_{k=1}^{n} (|a_k| + |a_{n+1-k}|)^3 \geqslant \frac{1}{8} \sum_{k=1}^{n} |n+1-2k|^3.$$

当 n 为奇数时,

$$\sum_{k=1}^{n} |n+1-2k|^3 = 2 \cdot 2^3 \cdot \sum_{i=1}^{\frac{n-1}{2}} i^3 = \frac{1}{4} (n^2 - 1)^2.$$

当 n 为偶数时,

$$\sum_{k=1}^{n} |n+1-2k|^3 = 2 \sum_{i=1}^{\frac{n}{2}} (2i-1)^3$$

$$= 2 \left(\sum_{j=1}^{n} j^3 - \sum_{i=1}^{\frac{n}{2}} (2i)^3 \right)$$

$$= \frac{1}{4} n^2 (n^2 - 2).$$

所以, 当 n 为奇数时, $\sum_{k=1}^{n} |a_k|^3 \geqslant \frac{1}{32} (n^2 - 1)^2$, 当 n 为偶数时, $\sum_{k=1}^{n} |a_k|^3 \geqslant \frac{1}{32} n^2 (n^2 - 2)$, 等号均在 $a_i = i - \frac{n+1}{2}$ $(i = 1, 2, \cdots, n)$ 处成立.

因此, $\sum_{k=1}^{n} |a_k|^3$ 的最小值为 $\frac{1}{32} (n^2 - 1)^2$ (n 为奇数), 或者 $\frac{1}{32} n^2 (n^2 - 2)$ (n 为偶数).

【点评】　相对于这个简单的配对方法来说, 更多的考生在考场上选用了较为自然但是十分复杂的调整法. 不过 "条条大路通罗马", 这个典型的不等式问题只要考生具备不等式的功底和基本技巧, 均可以完成.

【例 3.2.19】　设整数 $n > 3$, 非负实数 $a_1, a_2, \cdots, a_n$ 满足

$$a_1 + a_2 + \cdots + a_n = 2,$$

求 $\dfrac{a_1}{a_2^2+1}+\dfrac{a_2}{a_3^2+1}+\cdots+\dfrac{a_n}{a_1^2+1}$ 的最小值.

解　由 $a_1+a_2+\cdots+a_n=2$ 知，问题等价于求下式的最大值：

$$a_1-\frac{a_1}{a_2^2+1}+a_2-\frac{a_2}{a_3^2+1}+\cdots+a_n-\frac{a_n}{a_1^2+1}$$

$$=\frac{a_1a_2^2}{a_2^2+1}+\frac{a_2a_3^2}{a_3^2+1}+\cdots+\frac{a_na_1^2}{a_1^2+1}$$

$$\leqslant\frac{1}{2}(a_1a_2+a_2a_3+\cdots+a_na_1).$$

上式最后一步的不等式成立是因为 $x^2+1\geqslant 2x$. 当 $x>0$，$y\geqslant 0$ 时，$\dfrac{1}{2x}\geqslant$

$\dfrac{1}{x^2+1}$，$\dfrac{yx^2}{2x}\geqslant\dfrac{yx^2}{x^2+1}$，即 $\dfrac{yx^2}{x^2+1}\leqslant\dfrac{1}{2}xy$；当 $x=0$ 时，上式也成立. 于是我们建立

如下引理：

引理　若 a_1，a_2，$\cdots$，$a_n\geqslant 0$，$n\geqslant 4$，则

$$4(a_1a_2+a_2a_3+\cdots+a_{n-1}a_n+a_na_1)\leqslant(a_1+a_2+\cdots+a_n)^2.$$

设 $f(a_1,a_2,\cdots,a_n)=4(a_1a_2+a_2a_3+\cdots+a_{n-1}a_n+a_na_1)-(a_1+a_2+\cdots+a_n)^2$.

下面用数学归纳法证明

$$f(a_1,\ a_2,\ \cdots,\ a_n)\leqslant 0. \tag{3.2.18}$$

当 $n=4$ 时，不等式（3.2.18）等价于

$$4(a_1+a_3)(a_2+a_4)\leqslant(a_1+a_2+a_3+a_4)^2,$$

由平均值不等式知，命题成立.

假设不等式（3.2.18）当 $n=k\,(k\geqslant 4)$ 时成立. 对于 $n=k+1$，不妨设 $a_k=\min\{a_1,\ a_2,\ \cdots,\ a_k,\ a_{k+1}\}$，则

$$f(a_1,a_2,\cdots,a_{k+1})-f(a_1,a_2,\cdots,a_{k-1},a_k+a_{k+1})$$

$$=4[a_{k-1}a_k+a_ka_{k+1}+a_1a_{k+1}-a_{k-1}(a_k+a_{k+1})-(a_k+a_{k+1})a_1]$$

$$=-4[(a_{k-1}-a_k)a_{k+1}+a_1a_k]\leqslant 0,$$

即

$$f(a_1,a_2,\cdots,a_{k+1})\leqslant f(a_1,a_2,\cdots,a_{k-1},a_k+a_{k+1}).$$

由归纳假设知，上式右边小于等于 0. 即当 $n=k+1$ 时（3.2.20）成立. 引理证毕.

由引理知

$$\frac{1}{2}(a_1a_2+a_2a_3+\cdots+a_na_1)$$

$$\leqslant\frac{1}{8}(a_1+a_2+\cdots+a_n)^2=\frac{1}{8}\times 2^2=\frac{1}{2},$$

所以 $\dfrac{a_1 a_2^2}{a_2^2+1}+\dfrac{a_2 a_3^2}{a_3^2+1}+\cdots+\dfrac{a_n a_1^2}{a_1^2+1}\leqslant\dfrac{1}{2}$，即 $\dfrac{a_1}{a_2^2+1}+\dfrac{a_2}{a_3^2+1}+\cdots+\dfrac{a_n}{a_1^2+1}\geqslant\dfrac{3}{2}$.

当 $a_1=a_2=1$，$a_3=\cdots=a_n=0$ 时，上式可取等号，故所求最小值为 $\dfrac{3}{2}$.

【点评】　　涉及正整数 n 的不等式，可视为一个关于正整数 n 的命题，考虑用数学归纳法论证.

【例 3.2.20】　　求证：存在互不相同的正整数 n_1，n_2，$\cdots$，n_k 使得

$$\pi^{-1992}<33-\left(\dfrac{1}{n_1}+\dfrac{1}{n_2}+\cdots+\dfrac{1}{n_k}\right)<\pi^{-1959}.$$

分析　　此题的难度在于已知信息少，而要我们"巧妇做无米之炊"，人为地构造出欲证不等式，仔细观察欲证不等式的结构发现，数 33，π^{-1992}，π^{-1959} 都是"蒙"人的，只需找出适当的正整数 n_1，n_2，$\cdots$，n_k，并给出和式 $\dfrac{1}{n_1}+\dfrac{1}{n_2}+\cdots+\dfrac{1}{n_k}$ 的估计即可.

证明　　设 a，b 都是已知实数，且 $0<a<b$，选择正整数 n 使得 $n>\dfrac{1}{a}$ 且 $n>\dfrac{1}{b-a}$. 因为 $\dfrac{1}{n}<a$ 且调和级数 $\sum\dfrac{1}{n}$ 是发散的，所以存在一个最大非负整数 x 使得

$$\sum_{i=0}^{x}\dfrac{1}{n+i}\leqslant a\text{ 且 }\sum_{i=0}^{x+1}\dfrac{1}{n+i}>a.$$

运用 $n>\dfrac{1}{b-a}$ 推出 $b-a>\dfrac{1}{n}$，即 $a+\dfrac{1}{n}<b$，则有

$$a<\sum_{i=0}^{x+1}\dfrac{1}{n+i}\leqslant a+\dfrac{1}{n+x+1}<a+\dfrac{1}{n}<b,$$

即 $a<\displaystyle\sum_{i=0}^{x+1}\dfrac{1}{n+i}<b$.

令 $a=33-\pi^{-1959}$，$b=33-\pi^{-1992}$，选择如上定义的 n，x，则存在 $x+2$ 个不同的自然数 n，$n+1$，$\cdots$，$n+x$，$n+x+1$，使得

$$33-\pi^{-1959}<\sum_{i=0}^{x+1}\dfrac{1}{n+i}<33-\pi^{-1992},$$

即 $\pi^{-1992}<33-\displaystyle\sum_{i=0}^{x+1}\dfrac{1}{n+i}<\pi^{-1959}$.

【例 3.2.21】　　给定实数 a_1，a_2，$\cdots$，a_n，对每个 $1\leqslant i\leqslant n$，定义

$$d_i=\max\{a_j:1\leqslant j\leqslant i\}-\min\{a_j:i\leqslant j\leqslant n\},$$

且令 $d=\max\{d_i:1\leqslant i\leqslant n\}$.

167

（1）证明对任意实数 $x_1 \le x_2 \le \cdots \le x_n$，有 $\max\{|x_i - a_i| : 1 \le i \le n\} \ge \dfrac{d}{2}$；

（2）证明存在实数 $x_1 \le x_2 \le \cdots \le x_n$ 使等号成立.

分析　解答此题主要是要找出 d 的含义，其他自然迎刃而解.

不难看出其实 d 就是 $\max\{(a_i - a_j) : 1 \le i \le j \le n\}$，那么我们只要假设 d 等于某个 a_i 减去某个 $a_j (1 \le i \le j \le n)$，再行讨论 a_i，a_j 与 x_i，x_j 之间的关系，就一定能证明第一问. 而第二问的构造，则需要我们利用第一问的结论，先行考虑最"坏"的角标，再行构造.

证明　我们先将 d_i 写成 $\max\{(a_k - a_j) : 1 \le k \le i \le j \le n\}$，那么 $d = \max\{(a_k - a_j) : 1 \le k \le i \le j \le n\} = \max\{(a_k - a_j) : 1 \le k \le j \le n\}$.

下面先来证明（1），不妨设 $d = a_k - a_j$，其中 $1 \le k \le j \le n$，那么对任意的一组 $x_1 \le x_2 \le \cdots \le x_n$，我们考虑其中的 x_k 和 x_j.

$$(a_k - x_k) + (x_j - a_j) \ge a_k - a_j = d,$$

所以 $\max\{|x_i - a_i| : 1 \le i \le n\} \ge \max(a_k - x_k, x_j - a_j) \ge \dfrac{d}{2}$.

再来考虑（2）. 为了使得 $\{x_i\}$ 是不减的数列，而且最接近 $\{a_i\}$，我们令

$$x_i = \frac{\max\{a_k : 1 \le k \le i\} + \min\{a_j : i \le j \le n\}}{2}.$$

首先，由于 $\max\{a_k : 1 \le k \le i\}$ 和 $\min\{a_j : i \le j \le n\}$ 都是随着 i 的增大而递增（或者不变）的，所以我们显然有 $x_1 \le x_2 \le \cdots \le x_n$.

又对于任意的 i，比较 a_i 与 x_i，

$$x_i - a_i = \frac{\max\{a_k : 1 \le k \le i\} - a_i}{2} - \frac{a_i - \min\{a_j : i \le j \le n\}}{2}$$

$$\le \max\left\{ \left| \frac{\max\{a_k : 1 \le k \le i\} - a_i}{2} \right|, \left| \frac{a_i - \min\{a_j : i \le j \le n\}}{2} \right| \right\} \quad (\text{这两项都是正的})$$

$$\le \frac{d}{2},$$

证毕.

【点评】　这是 2007 年 IMO 第一题，难度比较合适，其主要难点在于破解 d 的含义和第二问的构造，对于一个具有很高竞赛水平的选手来说，给出完全的解答只是时间问题，参赛的强队几乎都是满分. 第一问 3 分，第二问 4 分，遗憾的是中国队有两名选手分别在第二问丢 4 分和 2 分，致使他们痛失金牌，中国队与第一名俄罗斯队仅相差 3 分屈居第二.

【例 3.2.22】　设 a，b，$c > 0$ 且 $ab + bc + ca = 1$，求证：

$$\sqrt[3]{\frac{1}{a} + 6b} + \sqrt[3]{\frac{1}{b} + 6c} + \sqrt[3]{\frac{1}{c} + 6a} \le \frac{1}{abc}. \tag{3.2.19}$$

证明　由幂平均不等式

$$\frac{1}{3}(u+v+w)\leqslant\sqrt[3]{\frac{1}{3}(u^3+v^3+w^3)}.$$

令 $u=\sqrt[3]{\dfrac{1}{a}+6b}$，$v=\sqrt[3]{\dfrac{1}{b}+6c}$，$w=\sqrt[3]{\dfrac{1}{c}+6a}$，则

$$\sqrt[3]{\frac{1}{a}+6b}+\sqrt[3]{\frac{1}{b}+6c}+\sqrt[3]{\frac{1}{c}+6a}$$

$$\leqslant\frac{3}{\sqrt[3]{3}}\sqrt[3]{\frac{1}{a}+6b+\frac{1}{b}+6c+\frac{1}{c}+6a}$$

$$=\frac{3}{\sqrt[3]{3}}\sqrt[3]{\frac{ab+bc+ca}{abc}+6(a+b+c)}$$

$$=\frac{3}{\sqrt[3]{3}}\sqrt[3]{\frac{1}{abc}+3\left[(a+b)+(b+c)+(c+a)\right]}.$$

由 $ab+bc+ca=1$ 得

$$a+b=\frac{1-ab}{c}=\frac{ab-(ab)^2}{abc},$$

$$b+c=\frac{1-bc}{a}=\frac{bc-(bc)^2}{abc},$$

$$c+a=\frac{1-ca}{b}=\frac{ca-(ca)^2}{abc},$$

于是

$$\sqrt[3]{\frac{1}{a}+6b}+\sqrt[3]{\frac{1}{b}+6c}+\sqrt[3]{\frac{1}{c}+6a}\leqslant\frac{3}{\sqrt[3]{3}}\sqrt[3]{\frac{4-3\left[(ab)^2+(bc)^2+(ca)^2\right]}{abc}}.$$

由柯西不等式得

$$3\left[(ab)^2+(bc)^2+(ca)^2\right]\geqslant(ab+bc+ca)^2=1,$$

于是（3.2.19）式左边 $\leqslant\dfrac{3}{\sqrt[3]{3}}\sqrt[3]{\dfrac{3}{abc}}=\dfrac{3}{\sqrt[3]{abc}}$，所以只需证

$$\frac{3}{\sqrt[3]{abc}}\leqslant\frac{1}{abc}\,\text{等价于}\,(abc)^2\leqslant\frac{1}{27}.$$

因为 $(abc)^2=(ab)(bc)(ca)\leqslant\left(\dfrac{ab+bc+ca}{3}\right)^3=\dfrac{1}{27}$，故不等式（3.2.19）

成立．显然，等号成立当且仅当 $a=b=c=\dfrac{1}{\sqrt{3}}$．

【点评】　我们可以证明下列更一般的不等式．

若 a，b，$c>0$ 且 $ab+bc+ca=1$，t_1，t_2，$t_3>0$，则

$$3abc(t_1+t_2+t_3)\leqslant\frac{2}{3}+at_1^3+bt_2^3+ct_3^3. \tag{3.2.20}$$

取 $t_1 = \dfrac{1}{3}\sqrt[3]{\dfrac{1}{a}+6b}$，$t_2 = \dfrac{1}{3}\sqrt[3]{\dfrac{1}{b}+6c}$，$t_3 = \dfrac{1}{3}\sqrt[3]{\dfrac{1}{c}+6a}$，即知（3.2.21）式成立.

（3.2.20）式可由以下三个不等式相加导出：

$$3abct_1 \leqslant \frac{1}{9}+\frac{1}{3}bc+at_1^3, \tag{3.2.21}$$

$$3abct_2 \leqslant \frac{1}{9}+\frac{1}{3}ca+bt_2^3,$$

$$3abct_3 \leqslant \frac{1}{9}+\frac{1}{3}ab+ct_3^3.$$

由对称性，只需证明（3.2.21）.

由 $1-bc=a(b+c)$ 得

$$(1-bc)+\frac{at_1^3}{bc}=a\left(b+c+\frac{t_1^3}{bc}\right)\geqslant 3a\sqrt[3]{bc\cdot\frac{t_1^3}{bc}}=3at_1,$$

所以

$$3abct_1 \leqslant bc(1-bc)+at_1^3=bc\left(\frac{2}{3}-bc\right)+\frac{1}{3}bc+at_1^3$$

$$\leqslant \left[\frac{bc+\left(\frac{2}{3}-bc\right)}{2}\right]^2+\frac{1}{3}bc+at_1^3$$

$$=\frac{1}{9}+\frac{1}{3}bc+at_1^3.$$

【例 3.2.23】 设 a_1，a_2，$\cdots$，$a_n>0$（$n>1$），记 g_n 是它们的几何平均数，且

$$A_k=\frac{a_1+a_2+\cdots+a_k}{k}, \quad k=1,2,\cdots,n,$$

G_n 是 A_1，A_2，$\cdots$，A_n 的几何平均数，求证：

$$\sqrt[n]{\frac{G_n}{A_n}}+\frac{g_n}{G_n}\leqslant n+1, \tag{3.2.22}$$

并讨论等号成立的条件.

证明 $\dfrac{g_n}{G_n}=\sqrt[n]{\displaystyle\prod_{k=1}^{n}\frac{a_k}{A_k}}=\sqrt[n]{\displaystyle\prod_{k=1}^{n}\frac{kA_k-(k-1)A_{k-1}}{A_k}}$

$$=\sqrt[n]{\prod_{k=1}^{n}\left[k-(k-1)\frac{A_{k-1}}{A_k}\right]}.$$

为方便起见，设 $A_0=0$，$x_1=1$，$x_k=\dfrac{A_{k-1}}{A_k}$（$k=2$，3，$\cdots$，n），则

$$\frac{g_n}{G_n} = \sqrt[n]{\prod_{k=1}^{n} [k - (k-1)x_k]},$$

$$\sqrt[n]{\frac{G_n}{A_n}} = \sqrt[n^2]{\frac{A_1 A_2 \cdots A_n}{A_n^n}} = \sqrt[n^2]{x_2 x_3^2 \cdots x_n^{n-1}},$$

从而

$$n\sqrt[n]{\frac{G_n}{A_n}} + \frac{g_n}{G_n} = n \cdot \sqrt[n^2]{x_2 x_3^2 \cdots x_n^{n-1}} + \sqrt[n]{\prod_{k=1}^{n} [k - (k-1)x_k]}.$$

由平均不等式得

$$n \cdot \sqrt[n^2]{x_2 x_3^2 \cdots x_n^{n-1}} = n \cdot \sqrt[n^2]{x_1^{\frac{n(n+1)}{2}} x_2 x_3^2 \cdots x_n^{n-1}}$$

$$\leqslant \frac{1}{n} \left[\frac{n(n+1)}{2} x_1 + \sum_{k=2}^{n} (k-1)x_k \right]$$

$$= \frac{(n+1)}{2} x_1 + \frac{1}{n} \sum_{k=2}^{n} (k-1)x_k, \qquad (3.2.23)$$

式中, 等号成立当且仅当 $x_k = 1$ $(k = 1, 2, \cdots, n)$.

$$\sqrt[n]{\prod_{k=1}^{n} [k - (k-1)x_k]} \leqslant \frac{1}{n} \sum_{k=1}^{n} [k - (k-1)x_k]$$

$$= \frac{n+1}{2} - \frac{1}{n} \sum_{k=2}^{n} (k-1) x_k, \qquad (3.2.24)$$

等号成立当且仅当 $k - (k-1)x_k = 1 (k = 1, 2, \cdots, n)$, 即 $x_k = 1$, $k = 1$, $2, \cdots, n$.

由(3.2.23)式、(3.2.24)式即知等式(3.2.22)成立, 等号成立当且仅当 $a_1 = a_2 = \cdots = a_n$.

【点评】　特殊地, 取 $n = 3$, 可得到一个富有挑战性的问题.

【例 3.2.24】　设 a, b, $c > 0$, 求证:

$$3\sqrt[9]{\frac{9a(a+b)}{2(a+b+c)^2}} + \sqrt[3]{\frac{6bc}{(a+b)(a+b+c)}} \leqslant 4.$$

证明　$\sqrt[9]{\dfrac{9a(a+b)}{2(a+b+c)^2}} = \sqrt[9]{\dfrac{2a}{a+b} \cdot \dfrac{3(a+b)}{2(a+b+c)} \cdot \dfrac{3(a+b)}{2(a+b+c)} \cdot 1^6}$

$$\leqslant \frac{1}{9} \left[\frac{2a}{a+b} + \frac{3(a+b)}{2(a+b+c)} \cdot 2 + 1 \cdot 6 \right],$$

（均值不等式）

$\sqrt[3]{\dfrac{6bc}{(a+b)(a+b+c)}} = \sqrt[3]{\dfrac{2b}{a+b} \cdot \dfrac{3c}{a+b+c} \cdot 1}$

$$\leqslant \frac{1}{3} \left(\frac{2b}{a+b} + \frac{3c}{a+b+c} + 1 \right), \quad （均值不等式）$$

故

$$3 \cdot \sqrt[9]{\frac{9a(a+b)}{2(a+b+c)^2}} + \sqrt[3]{\frac{6bc}{(a+b)(a+b+c)}}$$

$$\leq \frac{1}{3}\left[\frac{2a}{a+b} + \frac{3(a+b)}{a+b+c} + 6\right] + \frac{1}{3}\left(\frac{2b}{a+b} + \frac{3c}{a+b+c} + 1\right) = 4.$$

【例 3.2.25】 设非负实数 a，b，c 满足 $a+b+c=1$，求证：

$$2 \leq (1-a^2)^2 + (1-b^2)^2 + (1-c^2)^2 \leq (1+a)(1+b)(1+c),$$

$$(3.2.25)$$

并确定等号成立的条件.

证法 1 我们希望把这个不等式变为四次齐次式，为此需要将 1 变为 $a+b+c$，则（用 $\sum$ 表示循环和）

$$2 = 2(a+b+c)^4 = 2\sum a^4 + 8\sum a^3 b + 12\sum a^2 b^2 + 24\sum a^2 bc,$$

$$(1-a^2)^2 + (1-b^2)^2 + (1-c^2)^2$$

$$= [(a+b+c)^2 - a^2]^2 + [(a+b+c)^2 - b^2]^2 + [(a+b+c)^2 - c^2]^2$$

$$= 2\sum a^4 + 8\sum a^3 b + 14\sum a^2 b^2 + 32\sum a^2 bc,$$

$$(1+a)(1+b)(1+c) = [(a+b+c)+a][(a+b+c)+b]$$

$$[(a+b+c)+c] \cdot (a+b+c)$$

$$= 2\sum a^4 + 9\sum a^3 b + 14\sum a^2 b^2 + 30\sum a^2 bc.$$

考虑 (3.2.25) 左边的不等式，右边−左边 $= \sum a^2 b^2 + 4\sum a^2 bc \geq 0$.

因为 a，b，$c \geq 0$，等号成立当且仅当上式中所有项都是 0，即 a，b，c 中至少有两个是 0，也就是 $(a,b,c) = (1,0,0),(0,1,0)$ 或 $(0,0,1)$.

考虑 (3.2.25) 右边的不等式，

$$右边−左边 = \sum a^3 b - 2\sum a^2 bc$$

$$= \sum \frac{a^3 b + a^3 b + bc^3}{3} - 2\sum a^2 bc \geq 0.$$

这里运用了 AM-GM 不等式. 等号成立当且仅当 6 个 AM-GM 不等式中的等号均成立，也就是

$$a^3 b = bc^3, \quad a^3 c = cb^3, \quad b^3 a = ac^3,$$

即 $b=0$，$a=c$ 或 $c=0$，$a=b$ 或 $a=0$，$b=c$.

所以，等号成立当且仅当 $(a,b,c) = (\frac{1}{3}, \frac{1}{3}, \frac{1}{3})$，或 $(1,0,0)$，或 $(0,1,0)$，或 $(0,0,1)$.

证法 2 (3.2.25) 等价于

$$0 \leq a^4 + b^4 + c^4 - 2(a^2 + b^2 + c^2) + 1 \leq ab + bc + ca + abc$$

$$\Leftrightarrow 0 \leq (a^2 + b^2 + c^2 - 1)^2 - 2(a^2 b^2 + b^2 c^2 + c^2 a^2) \leq ab + bc + ca + abc$$

$$\Leftrightarrow 0 \leq 4(ab + bc + ca)^2 - 2(ab + bc + ca)^2 + 4abc \leq ab + bc + ca + abc$$

（多次利用 $a+b+c=1$）

$$\Leftrightarrow 0 \leq 2(ab+bc+ca)^2+4abc \leq ab+bc+ca+abc,$$

$0 \leq 2(ab+bc+ca)^2+4abc$ 显然成立. 下证

$$ab+bc+ca+abc \geq 2(ab+bc+ca)^2+4abc$$

$$\Leftrightarrow ab+bc+ca \geq 2(ab+bc+ca)^2+3abc$$

$$\Leftrightarrow (ab+bc+ca)[1-2(ab+bc+ca)] \geq 3abc$$

$$\Leftrightarrow (ab+bc+ca)(a^2+b^2+c^2) \geq 3abc (利用 a+b+c=1).$$

$$(3.2.26)$$

因为 $1=a+b+c \geq 3\sqrt[3]{abc}$ ，所以

$$ab+bc+ca \geq 3\sqrt[3]{a^2b^2c^2} \geq 3\sqrt[3]{a^2b^2c^2} \cdot 3\sqrt[3]{abc} = 9abc,$$

又因为 $a^2+b^2+c^2 \geq \dfrac{1}{3}(a+b+c)^2 = \dfrac{1}{3}$ ，所以不等式(3.2.25)成立，故原不等式成立.

【例 3.2.26】 已知正实数 a，b，c 满足 $abc \geq 1$，求证：

（1）$a^{\frac{a}{b}} b^{\frac{b}{c}} c^{\frac{c}{a}} \geq 1$；

（2）$a^{\frac{a}{b}} b^{\frac{b}{c}} c^c \geq 1$.

证明 （1）首先我们证明：当 $abc=1$ 时，不等式成立. 欲证不等式等价于

$$\frac{a}{b}\ln a + \frac{b}{c}\ln b + \frac{c}{a}\ln c \geq 0.$$

因为函数 $f(x)=x\ln x$ 凸函数，由 Jensen 不等式得

$$\frac{1}{b} \cdot a\ln a + \frac{1}{c} \cdot b\ln b + \frac{1}{a} \cdot c\ln c \geq \left(\frac{a}{b}+\frac{b}{c}+\frac{c}{a}\right) \cdot \ln \frac{\dfrac{a}{b}+\dfrac{b}{c}+\dfrac{c}{a}}{\dfrac{1}{b}+\dfrac{1}{c}+\dfrac{1}{a}}.$$

只需证

$$\frac{a}{b}+\frac{b}{c}+\frac{c}{a} \geq \frac{1}{b}+\frac{1}{c}+\frac{1}{a}.$$

因为 $abc=1$，所以不等式

$$\frac{b}{c}+\frac{c}{a}+\frac{a}{b} \geq \frac{1}{c}+\frac{1}{b}+\frac{1}{a}$$

等价于

$$ab^2+bc^2+ca^2 \geq ab+bc+ca.$$

由 AM-GM 不等式，得

$$\frac{ab^2+2bc^2}{3} \geq \sqrt[3]{(ab^2)(bc^2)^2} = bc.$$

173

同理，$\dfrac{bc^2+2ca^2}{3}\geqslant ca$，$\dfrac{ca^2+2ab^2}{3}\geqslant ab$，把三个不等式相加，即得证.

所以，当 $abc=1$ 时，命题成立.

现在我们回到 $abc\geqslant 1$ 的情形. 令 $x=ar$，$y=br$，$z=cr$，其中 $r=\dfrac{1}{\sqrt[3]{abc}}\leqslant 1$，

那么 $xyz=1$，因此 $x^{\frac{x}{y}}y^{\frac{y}{z}}z^{\frac{z}{x}}\geqslant 1$（利用我们已经证明的特殊情形），从而 $a^{\frac{a}{b}}b^{\frac{b}{c}}c^{\frac{c}{a}}$

$\geqslant a^{\frac{a}{b}}b^{\frac{b}{c}}c^{\frac{c}{a}}r^{\frac{a}{b}+\frac{b}{c}+\frac{c}{a}}=x^{\frac{x}{y}}y^{\frac{y}{z}}z^{\frac{z}{x}}\geqslant 1$.

（2）我们把欲证不等式写成 $\dfrac{a}{b}\ln a+\dfrac{b}{c}\ln b+c\cdot\ln c\geqslant 0$ 这种形式，同上，根据 Jensen 不等式，得

$$\frac{1}{b}\cdot a\ln a+\frac{1}{c}\cdot b\ln b+c\ln c\geqslant\left(\frac{a}{b}+\frac{b}{c}+c\right)\cdot\ln\frac{\dfrac{a}{b}+\dfrac{b}{c}+c}{\dfrac{1}{b}+\dfrac{1}{c}+1}.$$

因此接下来只需要证明

$$\frac{a}{b}+\frac{b}{c}+c\geqslant\frac{1}{b}+\frac{1}{c}+1,$$

或者

$$\frac{ac}{b}+b+c^2\geqslant\frac{c}{b}+c+1.$$

因为 $ac\geqslant\dfrac{1}{b}$，所以只需要证明

$$\frac{1}{b^2}+b+c^2\geqslant\frac{c}{b}+c+1.$$

该不等式可以写成

$$\left(2c-1-\frac{1}{b}\right)^2+\left(1-\frac{1}{b}\right)^2(4b+3)\geqslant 0,$$

而这显然成立，命题得证.

【例 3.2.27】 已知实数 a，b，c，d 满足 $a^2+b^2+c^2+d^2\leqslant 1$，求证：

$$ab+bc+cd+da+ac+bd\leqslant 4abcd+\frac{5}{4}.$$

证明 首先注意到可以利用 AM-GM 不等式得

$$4\sqrt[4]{(abcd)^2}\leqslant a^2+b^2+c^2+d^2\leqslant 1,$$

因此 $\sqrt{|abcd|}\leqslant\dfrac{1}{4}$，或者写成

$$|abcd|\leqslant\frac{1}{16}, \tag{3.2.27}$$

其中 (3.2.27) 式取到等号当且仅当 $a^2=b^2=c^2=d^2$，并且 $a^2+b^2+c^2+d^2=1$，即当且仅当 $a^2=b^2=c^2=d^2=\dfrac{1}{4}$ 时取等号.

对实数 x，y，利用柯西不等式得

$$x+y\leqslant\sqrt{2}\sqrt{x^2+y^2},$$

等号成立当且仅当 $x=y\geqslant0$. 利用上式和 AM-GM 不等式，得

$$
\begin{aligned}
(ab+cd)+(bc+da) &\leqslant\sqrt{2}\sqrt{(ab+cd)^2+(bc+da)^2}\\
&=\sqrt{2}\sqrt{(a^2+c^2)(b^2+d^2)+4abcd}\\
&\leqslant\sqrt{2}\sqrt{\left[\dfrac{1}{2}(a^2+b^2+c^2+d^2)\right]^2+4abcd}\\
&\leqslant\sqrt{2}\sqrt{\dfrac{1}{4}+4abcd}=\dfrac{\sqrt{2}}{2}\sqrt{1+16abcd},
\end{aligned}
$$

等号成立当且仅当 $(ab+cd)=(bc+da)\geqslant0$，且 $a^2+c^2=b^2+d^2=\dfrac{1}{2}$.

同理，可得

$$(bc+da)+(ac+bd)\leqslant\dfrac{\sqrt{2}}{2}\sqrt{1+16abcd},$$

等号成立当且仅当 $(bc+da)=(ac+bd)\geqslant0$，且 $a^2+b^2=c^2+d^2=\dfrac{1}{2}$ 和

$$(ab+cd)+(ac+bd)\leqslant\dfrac{\sqrt{2}}{2}\sqrt{1+16abcd},$$

等号成立当且仅当 $(ab+cd)=(ac+bd)\geqslant0$，且 $a^2+d^2=c^2+b^2=\dfrac{1}{2}$.

因此

$$
\begin{aligned}
&ab+bc+cd+da+ac+bd\\
&=\dfrac{1}{2}\big[(ab+cd)+(bc+da)+(bc+da)+(ac+bd)+(ab+cd)+(ac+bd)\big]\\
&\leqslant\dfrac{3\sqrt{2}}{4}\sqrt{1+16abcd},
\end{aligned}
\tag{3.2.28}
$$

等号成立当且仅当 $ab+cd=bc+da=ac+bd\geqslant0$，$a^2=b^2=c^2=d^2=\dfrac{1}{4}$.

令 $x=1+16abcd$，由 (3.2.27) 得 $0\leqslant x\leqslant2$，因此

$$(x+4)^2-\left(3\sqrt{2}\sqrt{x}\right)^2=x^2-10x+16=(x-8)(x-2)\geqslant0,$$

当且仅当 $x=2$ 时等号成立. 因此

$$3\sqrt{2}\sqrt{1+16abcd}\leqslant16abcd+5,\tag{3.2.29}$$

等号成立当且仅当 $abcd=\dfrac{1}{16}$.

最后，由 $(3.2.27)$、$(3.2.28)$、$(3.2.29)$，我们得到

$$ab+bc+cd+da+ac+bd\leqslant\dfrac{3\sqrt{2}}{4}\sqrt{1+16abcd}\leqslant 4abcd+\dfrac{5}{4},$$

等号成立当且仅当 $a^2=b^2=c^2=d^2=\dfrac{1}{4}$，$abcd=\dfrac{1}{16}$ 且 $ab+cd=bc+da=ac+bd\geqslant 0$，

即 $a=b=c=d=\pm\dfrac{1}{2}$ 时等号成立.

【例 3.2.28】　正实数 x，y，z 满足 $xyz\geqslant 1$，证明

$$\dfrac{x^5-x^2}{x^5+y^2+z^2}+\dfrac{y^5-y^2}{y^5+z^2+x^2}+\dfrac{z^5-z^2}{z^5+x^2+y^2}\geqslant 0.$$

证法 1　原不等式等价于

$$\dfrac{x^2+y^2+z^2}{x^5+y^2+z^2}+\dfrac{x^2+y^2+z^2}{y^5+z^2+x^2}+\dfrac{x^2+y^2+z^2}{z^5+x^2+y^2}\leqslant 3.$$

由柯西不等式及题设条件 $xyz\geqslant 1$，得

$$(x^5+y^2+z^2)(yz+y^2+z^2)\geqslant\left[x^2(xyz)^{\frac{1}{2}}+y^2+z^2\right]^2$$
$$\geqslant(x^2+y^2+z^2)^2,$$

即

$$\dfrac{x^2+y^2+z^2}{x^5+y^2+z^2}\leqslant\dfrac{yz+y^2+z^2}{x^2+y^2+z^2}.$$

同理

$$\dfrac{x^2+y^2+z^2}{y^5+z^2+x^2}\leqslant\dfrac{zx+z^2+x^2}{x^2+y^2+z^2},$$
$$\dfrac{x^2+y^2+z^2}{z^5+x^2+y^2}\leqslant\dfrac{xy+x^2+y^2}{x^2+y^2+z^2}.$$

把上面三个不等式相加，并利用 $x^2+y^2+z^2\geqslant xy+yz+zx$，得

$$\dfrac{x^2+y^2+z^2}{x^5+y^2+z^2}+\dfrac{x^2+y^2+z^2}{y^5+z^2+x^2}+\dfrac{x^2+y^2+z^2}{z^5+x^2+y^2}\leqslant 2+\dfrac{xy+yz+zx}{x^2+y^2+z^2}\leqslant 3.$$

【点评】　这是 2005 年 IMO 第 3 题，本题由韩国提供，平均分为 0.91.
摩尔多瓦选手 Boreico Iurie 的解法获得了特别奖. 他的证法如下：

证法 2　因为

$$\dfrac{x^5-x^2}{x^5+y^2+z^2}-\dfrac{x^5-x^2}{x^3(x^2+y^2+z^2)}=\dfrac{x^2(x^3-1)^2(y^2+z^2)}{x^3(x^5+y^2+z^2)(x^2+y^2+z^2)}\geqslant 0,$$

所以

$$\sum\dfrac{x^5-x^2}{x^5+y^2+z^2}\geqslant\sum\dfrac{x^5-x^2}{x^3(x^2+y^2+z^2)}$$

$$= \frac{1}{x^2 + y^2 + z^2} \sum \left(x^2 - \frac{1}{x} \right)$$

$$\geqslant \frac{1}{x^2 + y^2 + z^2} \sum (x^2 - yz) \, (因为 \, xyz \geqslant 1)$$

$$\geqslant 0.$$

问　题

1. 设 n 是给定的正整数，$n \geqslant 2$，a_1，a_2，$\cdots$，$a_n \in (0，1)$，求

$$\sum_{i=1}^{n} \sqrt[6]{a_i (1 - a_{i+1})}$$

的最大值，这里 $a_{n+1} = a_1$。

2. 设实数 a，b，c 满足 $a^2 + 2b^2 + 3c^2 = \dfrac{3}{2}$，求证：$3^{-a} + 9^{-b} + 27^{-c} \geqslant 1$。

3. 设正实数 x，y 满足 $x^3 + y^3 = x - y$，求证：
$$x^2 + 4y^2 < 1.$$

4. 设 a_1，a_2，a_3，b_1，b_2，b_3 为正数，求证：
$$(a_1 b_2 + a_2 b_1 + a_2 b_3 + a_3 b_2 + a_3 b_1 + a_1 b_3)^2$$
$$\geqslant 4 (a_1 a_2 + a_2 a_3 + a_3 a_1) (b_1 b_2 + b_2 b_3 + b_3 b_1).$$

5. 设 $k > 10$。证明：可在
$$f(x) = \cos x \cos 2x \cos 3x \cdots \cos 2^k x$$
中，将一个 $\cos$ 换为 $\sin$，使得所得到的 $f_1(x)$，对一切实数 x，都有
$$|f_1(x)| \leqslant \frac{3}{2^{k+1}}.$$

6. 证明：$\sin \sqrt{x} < \sqrt{\sin x} \left(0 < x < \dfrac{\pi}{2} \right)$。

7. 设 n，m 都是正整数，并且 $n > m$。证明：对一切 $x \in \left(0，\dfrac{\pi}{2} \right)$，都有
$$2 | \sin^n x - \cos^n x | \leqslant 3 | \sin^m x - \cos^m x |.$$

8. 设 a，b，c 为正数，且 $a + b + c = 3$。证明：$\sqrt{a} + \sqrt{b} + \sqrt{c} \geqslant ab + bc + ca$。

9. 设 $a_1 > 1$，$a_2 > 1$，$a_3 > 1$，$a_1 + a_2 + a_3 = S$。已知对 $i = 1$，2，3 都有 $\dfrac{a_i^2}{a_i - 1} > S$，证明：$\dfrac{1}{a_1 + a_2} + \dfrac{1}{a_2 + a_3} + \dfrac{1}{a_3 + a_1} > 1$。

10. 设 a，b，c 为正数，它们的和等于 1。证明：
$$\frac{1}{1-a} + \frac{1}{1-b} + \frac{1}{1-c} \geqslant \frac{2}{1+a} + \frac{2}{1+b} + \frac{2}{1+c}.$$

11. 设 a，b，c 是正实数，证明：

$$\frac{(2a+b+c)^2}{2a^2+(b+c)^2}+\frac{(2b+c+a)^2}{2b^2+(c+a)^2}+\frac{(2c+a+b)^2}{2c^2+(a+b)^2}\leq 8.$$

12. 设正实数 a, b, c 满足：$abc=1$，求证：对于整数 $k\geq 2$，有

$$\frac{a^k}{a+b}+\frac{b^k}{b+c}+\frac{c^k}{c+a}\geq\frac{3}{2}.$$

13. 设正实数 a, b, c 满足 $a+b+c=1$，证明：

$$10(a^3+b^3+c^3)-9(a^5+b^5+c^5)\geq 1.$$

14. 设 a, b, c 为正实数，证明：

$$(a^5-a^2+3)(b^5-b^2+3)(c^5-c^2+3)\geq(a+b+c)^3.$$

15. 设 a, b, c 为正实数且满足 $abc=1$，试证：

$$\frac{1}{a^3(b+c)}+\frac{1}{b^3(c+a)}+\frac{1}{c^3(a+b)}\geq\frac{3}{2}.$$

16. 设实数 a, b, c, x, y, z 满足 $a\geq b\geq c>0$, $x\geq y\geq z>0$，求证：

$$\frac{a^2x^2}{(by+cz)(bz+cy)}+\frac{b^2y^2}{(cz+ax)(cx+az)}+\frac{c^2z^2}{(ax+by)(ay+bx)}\geq\frac{3}{4}.$$

17. 设自然数 n（$n>3$），而 x_1, x_2, $\cdots$, x_n 是 n 个正数，它们的乘积等于 1，证明：

$$\frac{1}{1+x_1+x_1x_2}+\frac{1}{1+x_2+x_2x_3}+\cdots+\frac{1}{1+x_n+x_nx_1}>1.$$

18. 设 n 为一正整数，证明数 $\sqrt{1}$, $\sqrt{2}$, $\sqrt{3}$, $\cdots$, $\sqrt{n}$ 的算术平均数超过 $2\sqrt{n}/3$.

19. 设 x_1, x_2, $\cdots$, $x_n(n\geq 3)$ 是非负实数，且 $x_1+x_2+\cdots+x_n=1$，证明：

$$x_1^2x_2+x_2^2x_3+\cdots+x_{n-1}^2x_n+x_n^2x_1\leq\frac{4}{27}.$$

20. 设正数列 $x_1\geq x_2\geq x_3\geq\cdots$，且对一切 $m\in\mathbf{N}$，有 $x_1+\frac{x_4}{2}+\frac{x_9}{3}+\cdots+\frac{x_{m^2}}{m}<1$. 求证：对一切 $n\in\mathbf{N}$，有

$$x_1+\frac{x_2}{2}+\frac{x_3}{3}+\cdots+\frac{x_n}{n}<3.$$

21. 已知 $x_i>0$, $k\geq 1$. 求证：

$$\sum_{i=1}^{n}\frac{1}{1+x_i}\cdot\sum_{i=1}^{n}x_i\leq\sum_{i=1}^{n}\frac{x_i^{k+1}}{1+x_i}\cdot\sum_{i=1}^{n}\frac{1}{x_i^k}.$$

22. 设 $f(x_1,x_2,\cdots,x_n)=\dfrac{x_1\sqrt{x_1+x_2+\cdots+x_n}}{(x_1+x_2+\cdots+x_{n-1})^2+x_n}$，其中 x_1, x_2, $\cdots$, $x_n\geq 0$，且 $x_1+x_2+\cdots+x_n\geq 1995$，求证：

$$f(x_1, x_2, \cdots, x_n) \leqslant \frac{1}{2 - \frac{1}{\sqrt{1995}}}. \qquad (\ast)$$

23. 正数列 a_0，a_1，a_2，$\cdots$ 满足 $a_{i-1} a_{i+1} \leqslant a_i^2$（$i = 1$，2，3，$\cdots$），求证：对 $n>1$，有

$$\frac{a_0 + a_1 + \cdots + a_n}{n+1} \cdot \frac{a_1 + \cdots + a_{n-1}}{n-1} \geqslant \frac{a_0 + \cdots + a_{n-1}}{n} \cdot \frac{a_1 + \cdots + a_n}{n}.$$

24. 求证：对任意 a_1，a_2，$\cdots$，$a_n \in \mathbf{R}$，都存在 $k \in \{1,2,\cdots,n\}$，使得对任意不超过 1 的非负实数 $b_1 \geqslant b_2 \geqslant \cdots \geqslant b_n$，都有

$$\left| \sum_{i=1}^{n} b_i a_i \right| \leqslant \left| \sum_{i=1}^{k} a_i \right|.$$

25. 已知实数 x_1，x_2，$\cdots$，$x_n(n>2)$ 满足

$$\left| \sum_{i=1}^{n} x_i \right| > 1, \quad |x_i| \leqslant 1, \quad i = 1, 2, \cdots, n.$$

求证：存在正整数 k，使得 $\left| \sum_{i=1}^{k} x_i - \sum_{i=k+1}^{n} x_i \right| \leqslant 1$.

26. 设 $S = \left\{ \frac{m+n}{\sqrt{m^2+n^2}} \mid m, n \in \mathbf{N} \right\}$，试证：对一切 $x, y \in S$，且 $x<y$，总存在 $z \in S$，使得 $x<z<y$.

27. 设 $x, y, z \in \mathbf{R}^+$，求证：

$$\frac{xy}{z} + \frac{yz}{x} + \frac{zx}{y} > 2\sqrt[3]{x^3 + y^3 + z^3}.$$

28. 利用凸函数证明 AM-GM 不等式，设 x_1，x_2，$\cdots$，$x_n > 0$，那么有

$$\frac{x_1 + x_2 + \cdots + x_n}{n} \geqslant \sqrt[n]{x_1 x_2 \cdots x_n}.$$

29. 证明：如果 $1 \leqslant x_k \leqslant 2$（$k = 1$，2，$\cdots$，$n$），则

$$\left(\sum_{k=1}^{n} x_k \right) \left(\sum_{k=1}^{n} \frac{1}{x_k} \right)^2 \leqslant n^3.$$

30. x_1，x_2，$\cdots$，x_n 都是正数（$n \geqslant 2$），且 $\sum_{i=1}^{n} x_i = 1$，求证：

$$\sum_{i=1}^{n} \frac{x_i}{\sqrt{1-x_i}} \geqslant \frac{\sum_{i=1}^{n} \sqrt{x_i}}{\sqrt{n-1}}.$$

31. 给定 $k \in \mathbf{N}$ 及实数 $a>0$，在下列条件下：

$$k_1 + k_2 + \cdots + k_r = k, \quad k_i \in \mathbf{N}, \ 1 \leqslant r \leqslant k,$$

求 $a^{k_1} + a^{k_2} + \cdots + a^{k_r}$ 的最大值.

32. 已知非负实数 a_1，a_2，$\cdots$，a_n 满足 $\sum\limits_{i=1}^{n} a_i = \dfrac{1}{2}$，求证：

$$\sum_{1 \leqslant i < j \leqslant n} \frac{a_i a_j}{(1-a_i)(1-a_j)} \leqslant \frac{n(n-1)}{2(2n-1)^2}.$$

33. 已知实数 $a > b \geqslant c > d > 0$，且 $ad - bc > 0$，求证：

$$\prod_{k=1}^{n} \left(\frac{a^{\binom{n}{k}} - b^{\binom{n}{k}}}{c^{\binom{n}{k}} - d^{\binom{n}{k}}} \right)^k \geqslant \left(\frac{a^{\frac{2^n}{n+1}} - b^{\frac{2^n}{n+1}}}{c^{\frac{2^n}{n+1}} - d^{\frac{2^n}{n+1}}} \right)^{\binom{n+1}{2}}.$$

34. 数列 $\{a_n\}$ 满足

$$a_1 = \frac{1}{2}, \quad a_{k+1} = -a_k + \frac{1}{2 - a_k}, \quad k = 1, 2, \cdots.$$

证明：不等式

$$\left(\frac{n}{2(a_1 + a_2 + \cdots + a_n)} - 1 \right)^n \leqslant \left(\frac{a_1 + a_2 + \cdots + a_n}{n} \right)^n \left(\frac{1}{a_1} - 1 \right) \left(\frac{1}{a_2} - 1 \right) \cdots \left(\frac{1}{a_n} - 1 \right).$$

35. 已知不等式 $\sqrt{2}(2a+3)\cos\left(\theta - \dfrac{\pi}{4}\right) + \dfrac{6}{\sin\theta + \cos\theta} - 2\sin2\theta < 3a + 6$ 对于 $\theta \in \left[0, \dfrac{\pi}{2}\right]$ 恒成立,求 a 的取值范围.

36. 求最小的实数 m,使得对于满足 $a + b + c = 1$ 的任意正实数 a, b, c，都有
$$m(a^3 + b^3 + c^3) \geqslant 6(a^2 + b^2 + c^2) + 1.$$

37. 一切使 $x + y + z = 1$ 的非负实数 x，y，z，恒有 $a(x^2 + y^2 + z^2) + bxyz \leqslant 1$，求 a，b 必须满足的充分必要条件.

38. 设 m 和 n 是两个给定的正数，且 $m \geqslant n$. 如果对所有的 $0 \leqslant a \leqslant m$，$0 \leqslant b \leqslant n$，$x$ 满足
$$m^2 + n^2 - a^2 - b^2 \geqslant (mn - ab)x,$$
则称 x 对于 m 和 n 来说是"好数". 试求（用 m 和 n 来表示）最大的好数.

39. 给定正整数 $n \geqslant 2$，求最大的实数 λ，使得不等式
$$a_n^2 \geqslant \lambda(a_1 + a_2 + \cdots + a_{n-1}) + 2a_n$$
对任何满足 $a_1 < a_2 < \cdots < a_n$ 的正整数 a_1，a_2，$\cdots$，a_n 均成立.

40. 求最小的正整数 k，使得对于满足 $0 \leqslant a \leqslant 1$ 的所有 a 和所有自然数 n，都有不等式 $a^k(1-a)^n \leqslant \dfrac{1}{(n+1)^3}$.

41. 设 n 是一个固定的整数，$n \geqslant 2$.
（1）确定最小常数 c，使得不等式
$$\sum_{1 \leqslant i < j \leqslant n} x_i x_j (x_i^2 + x_j^2) \leqslant c \left(\sum_{1 \leqslant i \leqslant n} x_i \right)^4$$
对所有的非负实数 x_1，x_2，$\cdots$，x_n 都成立；

（2）对于这个常数 c，确定等号成立的充要条件.

42. 设 a_1，a_2，$\cdots$，a_{2005}；b_1，b_2，$\cdots$，b_{2005} 是实数，使得 $(a_i x - b_i)^2$

$$\geqslant \sum_{\substack{j=1\\(j\neq i)}}^{2005} (a_j x - b_j)，\quad i \in \{1,2,\cdots,2005\}$$ 对任意实数 x 成立. 问：a_1，a_2，$\cdots$，

a_{2005}；b_1，b_2，$\cdots$，b_{2005} 中，最多能有多少个正实数？

43. 给定整数 $n \geqslant 2$，试求不全为零的实数 a_1，a_2，$\cdots$，a_n 满足的充分必要条件，使得存在整数 $0 < x_1 < x_2 < \cdots < x_n$，满足

$$a_1 x_1 + a_2 x_2 + \cdots + a_n x_n \geqslant 0.$$

3.3 多 项 式

多项式理论是古典代数学的主要内容，是现代代数学的源头，其理论与数论有许多类似之处，常常用来选拔数学人才，是数学奥林匹克的重要内容之一.

3.3.1 背 景 分 析

多项式理论主要涉及三大学科，内容如下.

1）代数：运算（加、减、乘、除）、因式分解、相等、零点、次数、系数（整系数、有理系数、实系数、复系数）、求值、对称多项式等.

2）数论：质因数分解、整除性、整系数多项式、整值多项式等.

3）分析：连续性、单调性、不等式、导数与重根、根的分布、迭代与函数方程等.

3.3.2 基 本 问 题

奥林匹克数学中的多项式问题主要有 6 类：

1）多项式根的求解与判定.

2）求满足一定条件的多项式.

3）整除性问题.

4）多项式分解的实施与判定.

5）多项式特定表示的实施与判定（如将已知多项式表示为两个多项式的平方和、平方差等）.

6）构造辅助多项式解题.

3.3.3　方法技巧

解多项式问题的常用方法技巧有：运算技巧（分解、代换、对称、共轭）、待定系数法、次数分析与根数分析、因数分析、奇偶分析、降次（带余除法、辗转相除法、迭代法、递推法）、构造辅助多项式、利用不等关系解题、反证法、数学归纳法等.

3.3.4　概念定理

1）形如 $f(x)=a_nx^n+a_{n-1}x^{n-1}+\cdots+a_1x+a_0$（$a_n\neq0$，$n$ 为非负整数）的代数式为一元 n 次多项式. n 为此多项式的次数，记为 $\deg f(x)=n$. 常数 0 为零多项式，不定义次数. 当 $\deg f(x)=0$ 时，即 $f(x)$ 为零次多项式时，$f(x)$ 为一个非零常数.

2）多项式的加（减）法是把同次项对应系数相加（减）. 多项式的乘法是把一个多项式的各项乘另一个多项式的每一项，然后再合并同类项.

3）多项式的加法和乘法满足交换律、结合律和乘法对加法的分配律，另外还满足次数律，即当 $f(x)$，$g(x)$ 为非零多项式时，

$$\deg(f(x)\cdot g(x))=\deg f(x)+\deg g(x).$$

次数是控制多项式的一个重要指标，从分析多项式的次数入手，正确地比较多项式的次数常能开辟解题途径.

4）两个多项式相等，是指它们的次数相同并且同次项的系数对应相等. 因此，要证明关于多项式的恒等式，可以将等式两边整理后比较同次项的系数；反之，如果已知这个恒等式成立，则可以得到关于同次项系数的等式. 这是多项式理论中许多重要定理证明的重要依据（如韦达定理的证明），也是处理多项式问题的基本出发点之一.

需要指出的是，多项式相等与方程有区别的. 例如，$ax^2+bx+c=0$，若把此式看作多项式相等，则必有 $a=b=c=0$. 若把此式看作方程，就不要求$a=b=c=0$.

5）带余除法.

对于多项式 $f(x)$ 和 $g(x)$，其中 $g(x)\neq 0$，必存在多项式 $q(x)$ 和 $r(x)$，使得 $\deg r(x)<\deg g(x)$ 或 $\deg r(x)=0$，且

$$f(x)=q(x)\cdot g(x)+r(x). \qquad (3.3.1)$$

式中，$f(x),g(x),q(x)$ 和 $r(x)$ 分别称为被除式、除式、商式和余式.

在上述意义下可以证明商式与余式是唯一的. 因此，求 $f(x)$ 除以 $g(x)\neq 0$ 的余式，只要写成上述子，且 $\deg r(x)<\deg g(x)$，则 $r(x)$ 即为所求的余式.

注意（3.3.1）式是一个重要的恒等式，作为我们研究问题的出发点，由此式容易得到如下定理：

6）余数定理.

多项式 $f(x)$ 除以 $x-a$，所得的余数等于 $f(a)$.

由余数定理很自然推出因式定理.

推论 1　因式定理：多项式 $f(x)$ 有一个因式 $x-a$ 的充要条件是 $f(a)=0$.

这样一来，一元 n 次多项式 $f(x)$ 有一个因式 $x-a$ 与多项式的值 $f(a)=0$ 建立了联系，它们之间互为充要条件.

推论 2　若 $f(x)$ 为整系数多项式，a 为整数，则 $f(x)$ 除以 $x-a$ 所得的商也为整系数多项式，余数为整数.

7）多项式的根.

设多项式 $f(x)=a_nx^n+a_{n-1}x^{n-1}+\cdots+a_1x+a_0$，如果 x_0 满足

$$f(x_0)=a_nx_0^n+a_{n-1}x_0^{n-1}+\cdots+a_1x_0+a_0=0,$$

则称 x_0 为多项式 $f(x)$ 的根.

由多项式的定义，因式定理可等价表述为：

8）x_0 是多项式 $f(x)$ 的根的充要条件是 $f(x)$ 有一个因式 $x-x_0$，即 $f(x)=(x-x_0)g(x)$，其中 $g(x)$ 是多项式. 那么 n 次多项式 $f(x)$ 是否一定有根呢？对此，德国著名数学家高斯（Gauss）在 1799 年作出了回答，这就是下面的代数基本定理：

9）任何 $n(\geqslant 1)$ 次多项式 $f(x)$ 在复数范围内至少有一个根.

10）根的个数定理.

任何 $n(\geqslant 1)$ 次多项式 $f(x)$ 在复数范围内恰有 n 个根. 由此得到下面的特例，即 11），12），13）.

11）任意次数 $n\geqslant 0$ 的多项式 $f(x)$ 在复数范围内都可以表示为

$$f(x)=a_n(x-x_1)(x-x_2)\cdots(x-x_n). \qquad (3.3.2)$$

12）多项式相等定理.

如果两个次数都不大于 n 的多项式在 $n+1$ 个点处的值是相同的，则这两个多项式相等.

特殊地，有

13）若多项式 $f(x)=a_nx^n+a_{n-1}x^{n-1}+\cdots+a_1x+a_0$ 有 $n+1$ 个不同的根，则 $a_n=a_{n-1}=\cdots=a_1=a_0=0$.

14）实系数多项式虚根成对定理.

若实系数多项式 $f(x)$ 有一个虚根 $\alpha=a+bi(a,\ b\in\mathbf{R},\ b\neq0)$，那么共轭虚数 $\overline{\alpha}=a-bi$ 也是 $f(x)$ 的根.

15）多项式的重根.

若多项式 $p(x)$ 有根 r，当且仅当存在正整数 m 及多项式 $q(x)$，使 $p(x)=(x-r)^mq(x),q(r)\neq0$ 时，我们称 r 是 $p(x)$ 的 m 重根. 二重根是重数为 2 的根，三重根是重数为 3 的根. 重数为 1 的根称为单根.

若 $p(x)=a_nx^n+a_{n-1}x^{n-1}+\cdots+a_2x^2+a_1x+a_0$，则 $p(x)$ 的导数 $p'(x)$ 定义为

$$p'(x)=na_nx^{n-1}+(n-1)a_{n-1}x^{n-2}+\cdots+2a_2x+a_1.$$

$p'(x)$ 也可写为

$$\lim_{t\to x}\frac{p(t)-p(x)}{t-x}.$$

当且仅当 $p'(r)=0$ 时，$p(x)$ 的根 r 是重数至少为 2 的重根.

一种证明方法是将 $p(t)$ 写成

$$p(t)=(t-r)f(t).$$

这时，若 r 是重数至少为 2 的重根，则 $f(r)=0$. 因此

$$p'(r)=\lim_{t\to r}f(t)=f(r)=0.$$

另外，若假设 $p'(r)=0$，则

$$f(r)=\lim_{t\to r}f(t)=p'(r)=0.$$

因而存在多项式 $g(t)$，使

$$f(t)=(t-r)g(t),$$

所以

$$p(t)=(t-r)^2g(t),$$

即 r 是重数至少为 2 的重根.

16）韦达定理.

设 n 次多项式

$$f(x)=a_nx^n+a_{n-1}x^{n-1}+\cdots+a_1x+a_0 \tag{3.3.3}$$

184

的 n 个根为 x_1，x_2，$\cdots$，x_n，则有

$$
\begin{cases}
x_1+x_2+\cdots+x_n=-\dfrac{a_{n-1}}{a_n}, \\[2mm]
x_1x_2+x_1x_3+\cdots+x_1x_n+\cdots+x_{n-1}x_n=\dfrac{a_{n-2}}{a_n}, \\[2mm]
x_1x_2x_3+x_1x_2x_4+\cdots+x_{n-2}x_{n-1}x_n=-\dfrac{a_{n-3}}{a_n}, \\[2mm]
\qquad\qquad\qquad\vdots \\[2mm]
x_1x_2\cdots x_n=(-1)^n\dfrac{a_0}{a_n}.
\end{cases}
$$

这就是 n 次多项式的根与系数的关系定理（韦达定理），它在多项式理论中有广泛的应用，且常应用于相应的 n 次方程的根与系数的讨论.

注意，韦达定理的逆定理也是成立的，即若 x_1，x_2，$\cdots$，$x_n \in \mathbf{C}$ 满足上述方程组，则它们是多项式（3.3.3）的根.

17）笛卡儿正负号规则.

如果 $a_nx^n+a_{n-1}x^{n-1}+\cdots+a_1x+a_0$ 是一个实系数多项式，按顺序写下所有非零系数的符号（+或−），那么这一多项式的正根个数必不超过变号次数. 因此，若一个实系数多项式的所有非零系数均为正数，那么这一多项式必定没有正根. 例如，$8x^9-7x^6-4x^5+3x^3+1$ 的正根个数不会超过 2.

18）多项式的介值定理.

若一个实系数多项式在实数 u 处取负值，而在实数 v 处取正值，那么在 u 与 v 之间必定至少存在一个该多项式的根.（这是诸如 $\sin x$，e^x 或 $\ln x$（$x>0$）之类的连续函数所具有的介值定理的一个特例.）

19）整除的定义.

在带余除式 $f(x)=q(x)\cdot g(x)+r(x)$ 中，当余式 $r(x)=0$ 时，有 $f(x)=q(x)\cdot g(x)$，此时称 $g(x)$ 整除 $f(x)$，记为 $g(x)\,|\,f(x)$，并称 $g(x)$ 为 $f(x)$ 的因式，而称 $f(x)$ 为 $g(x)$ 的倍式；当 $g(x)$ 不整除 $f(x)$ 时，记为 $g(x)\nmid f(x)$.

20）整除的基本性质.

① $g(x)\,|\,f(x)$ 且 $f(x)\,|\,g(x)\Leftrightarrow f(x)=cg(x)$，其中 c 是非零常数；

② $g(x)\,|\,f(x)$ 且 $f(x)\,|\,h(x)\Rightarrow g(x)\,|\,h(x)$；

③ $g(x)\,|\,f(x)$，$g(x)\,|\,h(x)\Rightarrow g(x)\,|\,[u(x)f(x)+v(x)h(x)]$，其中 $u(x)$，$v(x)$ 为两个任意多项式.

特殊地，有 $g(x)\,|\,f(x)$，$g(x)\,|\,h(x)\Rightarrow g(x)\,|\,[f(x)\pm h(x)]$.

21）若既约真分数 $\dfrac{q}{p}$ 为整系数多项式 $a_n x^n + a_{n-1} x^{n-1} + \cdots + a_1 x + a_0$ 的根，则 $p \mid a_n, q \mid a_0$.

22）艾森斯坦因（Eisenstein）判别法.

设 $f(x) = a_n x^n + a_{n-1} x^{n-1} + \cdots + a_0$ 是一个整系数多项式，如果有一个素数 p，使得

（1）$p \nmid a_n$；

（2）$p \mid a_{n-1}$，a_{n-2}，$\cdots$，a_0；

（3）$p^2 \nmid a_0$.

则 $f(x)$ 不能表示为两个次数都小于 n 的有理系数多项式的乘积.

23）单位根.

设 $\omega = e^{\mathrm{i}\frac{2\pi}{n}} = \cos\dfrac{2\pi}{n} + \mathrm{i}\sin\dfrac{2\pi}{n}$，则多项式 $x^n - 1$ 的 n 个根为 ω，ω^2，$\cdots$，$\omega^n = 1$. 它们称为单位根. 这 n 个单位根对应于一个内接于以原点 O 为圆心的单位圆周的正 n 边形的顶点. 如果 $\gcd(k, n) = 1$，那么 ω^k 的幂也给出全部 n 个单位根. 我们有下面的分解：

$$x^n - 1 = (x-1)(x-\omega)(x-\omega^2)\cdots(x-\omega^{n-1}).$$

特别地，多项式 $x^3 - 1 = (x-1)(x^2 + x + 1)$ 的根为三次单位根. 记 $\bar{z}$ 为 z 的共轭复数，得

$$\omega = \frac{-1 + \mathrm{i}\sqrt{3}}{2}, \quad \omega^2 = \bar{\omega} = \frac{1}{\omega}, \quad \omega^3 = 1, \quad \omega^2 + \omega + 1 = 0.$$

24）对称多项式.

一个多项式 $P(x, y)$ 若满足对所有的 x，y 均有 $P(x, y) = P(y, x)$，则称 $P(x, y)$ 为关于 x, y 的对称多项式. 例如：

① 关于 x, y 的基本对称多项式

$$\sigma_1 = x + y, \quad \sigma_2 = xy.$$

② 幂和多项式

$$s_k = x^k + y^k, \quad k = 0, 1, 2, \cdots.$$

任意一个关于 x，y 的对称多项式可以表示为 σ_1，σ_2 的多项式的形式.

一个多元多项式是对称多项式的充分必要条件是在变量的任意排列（或交换）下保持不变.

如下所示分别是二元、三元与 n 元初等对称多项式：

$$x+y, \qquad xy,$$

$$x+y+z, \qquad xy+xz+yz, \qquad xyz,$$

$$\sigma_1 = \sum_{1 \leqslant i \leqslant n} x_i = x_1 + x_2 + \cdots + x_n,$$

$$\sigma_2 = \sum_{1 \leqslant i < j \leqslant n} x_i x_j = x_1 x_2 + x_1 x_3 + \cdots + x_1 x_n + x_2 x_3 + \cdots + x_{n-1} x_n,$$

$$\sigma_3 = \sum_{1 \leqslant i < j < k \leqslant n} x_i x_j x_k,$$

$$\vdots$$

$$\sigma_n = x_1 x_2 \cdots x_n.$$

对称多项式基本定理. 任意一个 n 元对称多项式 $f(x_1, x_2, \cdots, x_n)$ 都可以表示为基本对称多项式 $\sigma_1, \sigma_2, \cdots, \sigma_n$ 的多项式 $\varphi(\sigma_1, \sigma_2, \cdots, \sigma_n)$，而且这种表示是唯一的.

25）牛顿（Newton）公式.

设 $f(x) = (x-x_1)(x-x_2)\cdots(x-x_n) = x^n - \sigma_1 x^{n-1} + \cdots + (-1)^n \sigma_n$,

$S_k = x_1^k + x_2^k + \cdots + x_n^k \ (k = 0, 1, 2, \cdots)$,

则 $S_k - \sigma_1 S_{k-1} + \sigma_2 S_{k-2} + \cdots + (-1)^{k-1} \sigma_{k-1} S_1 + (-1)^k k \sigma_k = 0$，对于 $1 \leqslant k \leqslant n$,

$S_k - \sigma_1 S_{k-1} + \sigma_2 S_{k-2} + \cdots + (-1)^n \sigma_n S_{k-n} = 0$，对于 $k > n$.

26）多元多项式的因式分解.

记 $P(x_0, x_1, \cdots, x_n)$ 为一给定的待分解的多项式，寻找 P 的因式的一种方法是：观察当 P 内的变量 x_0 用其余变量的某个多项式 $Q(x_1, x_2, \cdots, x_n)$ 取代时，P 是否会恒等于零. 若是，则 $x_0 - Q(x_1, x_2, \cdots, x_n)$ 必定是 P 的一个因式.

齐次多项式：一个多元多项式为齐次多项式的充分必要条件是各项具有相同的次数，即 $p(x_1, x_2, \cdots, x_n)$ 是齐 k 次多项式的充分必要条件是

$$p(tx_1, tx_2, \cdots, tx_n) \equiv t^k p(x_1, x_2, \cdots, x_n).$$

例如，对三个变量 x，y 与 z，$ax+by+cz$ 是齐一次多项式，$ax^2+by^2+cz^2+hxy+gxz+fyz$ 是齐二次多项式（其中 a,b,c,f,g,h 均为常系数）.

27）拉格朗日插值多项式.

设 $x_1, x_2, \cdots, x_{n+1}$ 是两两不等的数，则存在唯一一个次数不超过 n 的多项式 $f(x)$，其表达式为

$$f(x) = \frac{(x-x_2)(x-x_3)\cdots(x-x_{n+1})}{(x_1-x_2)(x_1-x_3)\cdots(x_1-x_{n+1})}f(x_1)$$

$$+\frac{(x-x_1)(x-x_3)\cdots(x-x_{n+1})}{(x_2-x_1)(x_2-x_3)\cdots(x_2-x_{n+1})}f(x_2)+\cdots$$

$$+\frac{(x-x_1)(x-x_2)\cdots(x-x_n)}{(x_{n+1}-x_1)(x_{n+1}-x_2)\cdots(x_{n+1}-x_n)}f(x_{n+1}).$$

28）设 $f(x)$ 是一个函数，称 $f(x+1)-f(x)$ 为 $f(x)$ 的一阶差分，记作 $\Delta f(x)=f(x+1)-f(x)\equiv\Delta f$，把函数 f 的 k 阶差分的一阶差分记作函数 f 的 $k+1$ 阶差分 $(k=1,2,\cdots,n)$，$f(x)$ 的 k 阶差分记作 $\Delta^k f(x)\equiv\Delta^k f$，即 $\Delta(\Delta^k f)\equiv\Delta^{k+1}f$.

差分具有如下性质.

设 $f(x)$ 是一个函数，则其 k 阶差分有如下展开式：

$$\Delta^k f(x)=\sum_{i=0}^{k}(-1)^{k-i}C_k^i f(x+i)$$
$$=\sum_{i=0}^{k}(-1)^i C_k^i f(x+k-i).$$

容易用数学归纳法给出证明. 若 $f(x)$ 是一个 k 次多项式，则 $f(x)$ 具有如下性质：

① 若 $m>k$，$m\in\mathbf{N}^+$，则 $\Delta^m f(x)=0$；

② 若 $f(x)$ 的首次系数为 a_k，则 $\Delta^k f(x)=k!\cdot a_k$.

29）切比雪夫多项式.

对于 $n=0,1,2,\cdots$，存在一个多项式 $T_n(x)$ 使得

$$\cos n\varphi=T_n(\cos\varphi),\tag{3.3.4}$$

φ 为所有实数. 这些属于所谓的切比雪夫多项式，它们有很多令人惊奇的性质和应用.

要求的多项式序列可以根据归纳来构造. 让我们来回想一下这个简短的构造过程. 设 $T_0(x)=1,T_1(x)=x$，则

$$T_{n+1}(x)=2xT_n(x)-T_{n-1}(x),\quad n=1,2,\cdots.\tag{3.3.5}$$

很显然，对于 $n=0$ 和 $n=1$ 时都成立. 假设对于 $k\leq n$ 成立，我们得到

$$T_{n+1}(\cos\varphi)=2\cos\varphi T_n(\cos\varphi)-T_{n-1}(\cos\varphi)$$
$$=2\cos\varphi\cos n\varphi-\cos(n-1)\varphi=\cos(n+1)\varphi,$$

正是要求的.

切比雪夫多项式有不同类型，比如说，多项式 $U_0,U_1,\cdots,U_n,\cdots$ 满足

$$2\cos n\varphi=U_n(2\cos\varphi)$$

对所有 φ 都成立. 从某种意义上说，它们比 T_n 更加简便，首项系数为 1（对

$n>0$). 我们根据定义可以得到

$$U_{n+1}(x) = xU_n(x) - U_{n-1}(x), \quad n=1,2,\cdots$$

同样很明显, 对于所有 $n=0$, 1, 2, $\cdots$, U_n 是整系数.

我们应该注意到多项式 T_n 的另外两个性质, 它们是 (3.3.5) 式和 (3.3.4) 式的直接推论, 分别为

① T_n 是 n 次多项式, 且首项系数为 2^{n-1} ($n \geqslant 1$);

② 如果 $x \leqslant 1$, 那么 $|T_n(x)| \leqslant 1$ ($n \geqslant 1$).

3.3.5　经典赛题

【例 3.3.1】　设整系数 $n>1$ 次多项式 $f(x)$ 在区间 $(0, 1)$ 上有 n 个不全相等的实根. 若 $f(x)$ 的首项系数是 a, 求证: $|a| \geqslant 2^n+1$.

证明　设 x_1, x_2, $\cdots$, x_n 是所给多项式的根, 我们有

$$f(x) = a(x-x_1)(x-x_2)\cdots(x-x_n).$$

因为所有的根均在 $(0, 1)$ 上, 可得 $f(0) \neq 0$, $f(1) \neq 0$. 并且, 当 x 取整数值时, $f(x)$ 也是整数, 所以 $f(0)$, $f(1)$ 均为非零整数. 从而

$$\begin{aligned}
1 &\leqslant |f(0)f(1)| = |a(-1)^n x_1\cdots x_n \cdot a(1-x_1)(1-x_2)\cdots(1-x_n)| \\
&= a^2 x_1(1-x_1) x_2(1-x_2)\cdots x_n(1-x_n),
\end{aligned}$$

不等式 $0<x_k<1$ ($k=1$, 2, $\cdots$, n) 能够保证每个因子均为正. 对任意 x, 都有 $x(1-x) \leqslant \dfrac{1}{4}$, 当且仅当 $x = \dfrac{1}{2}$ 时等号成立 (并不是对所有的 x_k 都成立), 我们得到

$$1 \leqslant a^2 x_1(1-x_1) x_2(1-x_2)\cdots x_n(1-x_n) < \frac{a^2}{4^n},$$

这说明 $|a|>2^n$. 考虑到 a 是一个整数, 我们得到 $|a| \geqslant 2^n+1$.

【点评】　本题综合运用了因式定理和不等关系分析, 使问题得以解决. 关键在于将多项式 $f(x)$ 分解为 $x-a_1$, $x-a_2$, $\cdots$, $x-a_n$ 的乘积, 这种分解技巧在处理多项式问题时经常用到, 为了进一步熟悉这种技巧, 让我们再看一例.

【例 3.3.2】　设非负实系数多项式 $f(x) = x^n + a_1 x^{n-1} + \cdots + a_{n-1}x + 1$ 有 n 个实根, 求证:

(1) $f(2) \geqslant 3^n$;

(2) 对所有 $x \geqslant 0$, 有 $f(x) \geqslant (x+1)^n$;

(3) 对所有 $k=1$, 2, $\cdots$, $n-1$, 有 $a_k \geqslant C_n^k$.

证明   显然当 $x \geq 0$ 时，$f(x)$ 取正值，所以它的所有实根都是负数. 为方便起见，设其为 $-\alpha_1$，$-\alpha_2$，$\cdots$，$-\alpha_n$，其中 α_1，α_2，$\cdots$，α_n 为正. 我们得到

$$f(x) = (x+\alpha_1)(x+\alpha_2)\cdots(x+\alpha_n).$$

根据多项式的根与系数的关系得

$$\alpha_1\alpha_2\cdots\alpha_n = 1.$$

我们将看到，三个命题的证明都依赖于这个等式.

（1）由 AM-GM 不等式，我们得到

$$2+\alpha_k = 1+1+\alpha_k \geq 3\sqrt[3]{1 \cdot 1 \cdot \alpha_k} = 3\sqrt[3]{\alpha_k},$$

对于 $k=1$，2，$\cdots$，n 均成立. 因此

$$f(2) = (2+\alpha_1)(2+\alpha_2)\cdots(2+\alpha_n) \geq 3^n \sqrt[3]{\alpha_1\alpha_2\cdots\alpha_n} = 3^n.$$

（2）这部分我们基本可以用相同的方法证明，这里要用到加权 AM-GM 不等式. 对于所有的非负数 x 和所有的 $k=1$，2，$\cdots$，n，我们有

$$x+\alpha_k = (x+1)\left(\frac{x}{x+1} \cdot 1 + \frac{1}{x+1}\alpha_k\right)$$

$$\geq (x+1) \cdot 1^{\frac{x}{(x+1)}} \cdot \alpha_k^{\frac{1}{(x+1)}} = (x+1)\alpha_k^{\frac{1}{(x+1)}}.$$

如果 $x \geq 0$，那么

$$f(x) \geq (x+1)^n (\alpha_1\alpha_2\cdots\alpha_n)^{\frac{1}{(x+1)}} = (x+1)^n.$$

（3）这是 AM-GM 不等式的又一个结论. 系数 α_k 是 α_1，α_2，$\cdots$，α_n 中所有可能的 k 项乘积之和. 有 C_n^k 个这样的乘积，并且每个 α_k 都包含在其中的 C_{n-1}^{k-1} 个乘积中，因此

$$\alpha_k \geq C_n^k \left[(\alpha_1\alpha_2\cdots\alpha_n)^{C_{n-1}^{k-1}} \right]^{\frac{1}{C_n^k}} = C_n^k.$$

【点评】   本题的证明过程中的一部分曾作为 1989 年全国高中联赛第一试的第三题，即已知 a_1，a_2，$\cdots$，a_n 是 n 个正数，满足 $a_1a_2\cdots a_n = 1$，求证：

$$(2+a_1)(2+a_2)\cdots(2+a_n) \geq 3^n.$$

【例 3.3.3】   已知 a，b，$c \in \mathbf{R}$，求证：a，b，c 都是正数的充要条件是 $a+b+c>0$，$ab+bc+ca>0$，$abc>0$.

证明   必要性显然成立. 下面证明充分性.

由题设条件容易联想到韦达定理的逆定理，设

$$p = a+b+c>0, \quad q = ab+bc+ca>0, \quad r = abc>0,$$

则由韦达定理的逆定理知，a，b，c 是多项式 $P(x) = x^3 - px^2 + qx - r$ 的三个根. 又因为当 $x \leq 0$ 时，$P(x) = x^3 - px^2 + qx - r < 0$，所以 $P(x)$ 的根都是正的，即 a，b，c 都是正数.

【点评】　1）这里我们利用韦达定理的逆定理，构造以 a，b，c 为根的辅助多项式 $P(x)=x^3-px^2+qx-r$，从而将问题转化为证明多项式 $P(x)=x^3-px^2+qx-r$ 的根全为正. 这种构造的技巧在解多项式问题时经常用到.

2）由本题的证明启发我们将此题推广为：

已知 $x_i \in \mathbf{R}(i=1, 2, \cdots, n)$，则 x_i 为正数的充要条件是

$$\begin{cases} x_1+x_2+\cdots+x_n>0, \\ x_1x_2+x_1x_3+\cdots+x_{n-1}x_n>0, \\ \cdots\cdots \\ x_1x_2\cdots x_n>0. \end{cases}$$

证法与例 3.3.3 类似，请读者给出.

【例 3.3.4】　考虑多项式

$$f(x)=\sum_{k=1}^{n} a_k x^k, \quad g(x)=\sum_{k=1}^{n} \frac{a_k}{2^k-1}x^k,$$

式中，a_1，a_2，$\cdots$，a_n 是实数，n 是正整数. 如果 1 和 2^{n+1} 是 $g(x)$ 的零点. 求证：$f(x)$ 有一个正零点小于 2^n.

证明　通过计算可得

$$\begin{aligned} \sum_{j=0}^{n} f(2^j) &= \sum_{j=0}^{n}\sum_{k=1}^{n} a_k 2^{kj} = \sum_{k=1}^{n}\left(\sum_{j=0}^{n} 2^{kj}\right)a_k \\ &= \sum_{k=1}^{n} \frac{2^{k(n+1)}-1}{2^k-1}a_k = \sum_{k=1}^{n} \frac{a_k}{2^k-1}\left[(2^{n+1})^k-1\right] \\ &= g(2^{n+1})-g(1)=0. \end{aligned}$$

我们得到 $f(1)+f(2)+f(2^2)+\cdots+f(2^n)=0$. 对某个 $k<n$，如果 $f(2^k)=0$，结论得证；否则，存在 $1\leqslant i, j\leqslant n$，使得 $f(2^i)f(2^j)<0$，由多项式的介值定理得：f 在 2^i 与 2^j 之间必有一个零点.

【例 3.3.5】　给定绝对值都不大于 10 的整数 a,b,c，三次多项式 $f(x)=x^3+ax^2+bx+c$ 满足条件

$$\left|f(2+\sqrt{3})\right|<0.001,$$

问：$2+\sqrt{3}$ 是否一定是这个多项式的根?

分析　由于 $2+\sqrt{3}$ 已经是一个首项系数为 1 的整系数二次多项式的根，我们只需要做一下带余除法，再进行讨论即可.

解　$2+\sqrt{3}$ 是多项式 x^2-4x+1 的根，我们用它去除 $f(x)=x^3+ax^2+bx+c$.

$$f(x)=(x+a+4)(x^2-4x+1)+(4a+b+15)x+(c-a-4),$$

$$f(2+\sqrt{3})=(4a+b+15)(2+\sqrt{3})+(c-a-4),$$

因此 $\left|(4a+b+15)(2+\sqrt{3})+(c-a-4)\right|<0.0001.$

由题目条件知 $|c-a-4|\leqslant24$，因此 $|4a+b+15|<\dfrac{24.0001}{3.7}<7.$

由于 $3.73<2+\sqrt{3}<3.74$，通过简单的计算检验，当 $|4a+b+15|=1,2,$ $3,4,5,6$ 时，都不可能找到适当的 $c-a-4$ 使得上面的不等式成立.

因此 $|4a+b+15|=0$，显然也有 $c-a-4=0.$

所以 $f(2+\sqrt{3})=0,2+\sqrt{3}$ 是这个多项式的根.

【点评】　本题考查的是估算技巧，如何进行最精确的放缩，是本题的要点.

【例 3.3.6】　设 $z_1,z_2,\cdots,z_n$ 是方程
$$z^n+a_1z^{n-1}+a_2z^{n-2}+\cdots+a_{n-1}z+a_n=0$$
的 n $(n\geqslant1)$ 个复数根，其中 $a_1,a_2,\cdots,a_n$ 为复数，令 $A=\max\limits_{1\leqslant k\leqslant n}|a_k|$，求证：$|z_j|\leqslant1+A,j=1,2,\cdots,n.$

证明　令 $f(z)=z^n+a_1z^{n-1}+a_2z^{n-2}+\cdots+a_{n-1}z+a_n$，反设存在某个 $z_k,1\leqslant k\leqslant n$，使 $|z_k|>1+A$，则有

$$0=|f(z_k)|=\left|z_k^n\left(1+\frac{a_1}{z_k}+\cdots+\frac{a_2}{z_k^{n-1}}+\frac{a_n}{z_k^n}\right)\right|$$

$$=|z_k^n|\left|1+\frac{a_1}{z_k}+\cdots+\frac{a_2}{z_k^{n-1}}+\frac{a_n}{z_k^n}\right|$$

$$\geqslant|z_k^n|\left(1-\frac{|a_1|}{|z_k|}-\cdots-\frac{|a_2|}{|z_k|^{n-1}}-\frac{|a_n|}{|z_k|^n}\right)$$

$$\geqslant|z_k^n|\left(1-\frac{A}{|z_k|}-\cdots-\frac{A}{|z_k|^{n-1}}-\frac{A}{|z_k|^n}\right) \qquad(3.3.6)$$

$$\geqslant|z_k^n|\left(1-\frac{A}{|z_k|}-\cdots-\frac{A}{|z_k|^{n-1}}-\frac{A}{|z_k|^n}-\cdots\right) \qquad(3.3.7)$$

$$=|z_k^n|\left(1-\frac{A}{|z_k|-1}\right)$$

$$=|z_k^n|\left(\frac{|z_k|-(A+1)}{|z_k|-1}\right)>0,$$

这是不可能的. 所以 $f(z)$ 的所有根 $z_j(1\leqslant j\leqslant n)$ 都满足 $|z_j|\leqslant1+A.$

【点评】　从 (3.3.6) 式到 (3.3.7) 式的缩小（从有限向无限过渡）是解答本题的难点和关键所在.

【例 3.3.7】　设 $a_0>a_1>a_2>\cdots>a_n>0$，证明：
$$f(x)=a_0x^n+a_1x^{n-1}+\cdots+a_{n-1}x+a_n=0$$
的一切根都在单位圆的内部（即其复根的模全小于 1）.

分析　显然本题的关键在于证明：当 $|z|>1$ 时，$|f(z)|>0$，且当 $|z|=1$ 时，$|f(z)|$ 也大于零. 但直接证明这些都是不容易的. 因此考虑将 $f(x)$ 乘一个多项式 $g(x)$，对 $g(x)f(x)$ 试证明：$g(x)$ 需与"1"发生关系，因此考虑取 $g(x)=1+x$ 或 $1-x$ 是可行的，经试证可得下述证法.

证明　由于
$$(1-z)f(z)=-a_0z^{n+1}+(a_0-a_1)z^n+(a_1-a_2)z^{n-1}+\cdots+(a_{n-1}-a_n)z+a_n,$$
a_0，a_0-a_1，a_1-a_2，$\cdots$，$a_{n-1}-a_n$，a_n 都是正的，由三角形不等式得
$$|(1-z)f(z)|\geqslant a_0|z|^{n+1}-|(a_0-a_1)z^n+(a_1-a_2)z^{n-1}+\cdots+(a_{n-1}-a_n)z+a_n|$$
$$\geqslant a_0|z|^{n+1}-[(a_0-a_1)|z|^n+(a_1-a_2)|z|^{n-1}+\cdots+(a_{n-1}-a_n)|z|+a_n]$$
$$=a_0|z|^n(|z|-1)+a_1|z|^{n-1}(|z|-1)+\cdots+a_n(|z|-1),\qquad(3.3.8)$$
故当 $|z|>1$ 时，$|(1-z)f(z)|>0$.

由此知，若 $|f(z)|=0$ 时，则有 $|z|\leqslant1$.

下面只需再证 $|z|=1$ 时 $|f(z)|\neq0$ 即可. 事实上，（3.3.8）式中第二个"$\geqslant$"成为等号的充分必要条件是 z^n，z^{n-1}，$\cdots$，z，1 的辐角相等. 因此，当 $|z|=1$ 时，若 $(1-z)f(z)=0$，则 $z=1$，但 $z=1$ 显然不是 $f(x)$ 的根.

综上所述，$f(x)=0$ 的根都在单位圆内部.

【点评】　题中条件"$a_0>a_1>a_2>\cdots>a_n>0$"若换为"$a_n>a_{n-1}>\cdots>a_0>0$"，则令 $x=\dfrac{1}{y}$ 可知 $f(x)=0$ 的根全在单位圆外部. 如果题中条件放宽为"$0\neq a_0\geqslant a_1\geqslant a_2\geqslant\cdots\geqslant a_n\geqslant0$"，用上法可证 $f(x)=0$ 的根都在单位圆上或单位圆内.

【例 3.3.8】　试求具有下述性质的所有实系数多项式：
$$P(x)=x^5+a_4x^4+a_3x^3+a_2x^2+a_1x+a_0,$$
对 $P(x)$ 的任一根 α（实的或复的），$\dfrac{1}{\alpha}$ 及 $1-\alpha$ 也是 $P(x)$ 的根.

解　若 α 是 $P(x)$ 的任一根，$\dfrac{1}{\alpha}$ 及 $1-\alpha$ 也是 $P(x)$ 的根，则 $1-\dfrac{1}{\alpha}$，$\dfrac{1}{1-\alpha}$，$1-\dfrac{1}{1-\alpha}=\dfrac{\alpha}{1-\alpha}$ 也是 $P(x)$ 的根，所以 $\alpha\neq0$，1.

由于 $P(x)$ 为 5 次多项式，则上述 6 个根 α，$\dfrac{1}{\alpha}$，$1-\alpha$，$1-\dfrac{1}{\alpha}$，$\dfrac{1}{1-\alpha}$，

$\dfrac{\alpha}{1-\alpha}$必有两个相同.

分别令这 6 个根两两相等, 可求出 $P(x)$ 的根只能取值于

$$\left\{-1,\ \frac{1}{2},\ 2,\ \frac{1}{2}+\frac{\sqrt{3}}{2}\mathrm{i},\ \frac{1}{2}-\frac{\sqrt{3}}{2}\mathrm{i}\right\},$$

并且有三个实根同时出现.

又因为 $P(x)$ 为实系数多项式, 所以 $\dfrac{1}{2}+\dfrac{\sqrt{3}}{2}\mathrm{i}$, $\dfrac{1}{2}-\dfrac{\sqrt{3}}{2}\mathrm{i}$ 必成对出现.

由此可得, $P(x)$ 有以下 7 种可能:

$$P_1(x)=(x+1)\left(x-\frac{1}{2}\right)(x-2)(x^2-x+1);$$

$$P_2(x)=(x+1)^3\left(x-\frac{1}{2}\right)(x-2);$$

$$P_3(x)=(x+1)\left(x-\frac{1}{2}\right)^3(x-2);$$

$$P_4(x)=(x+1)\left(x-\frac{1}{2}\right)(x-2)^3;$$

$$P_5(x)=(x+1)^2\left(x-\frac{1}{2}\right)^2(x-2);$$

$$P_6(x)=(x+1)\left(x-\frac{1}{2}\right)^2(x-2)^2;$$

$$P_7(x)=(x+1)^2\left(x-\frac{1}{2}\right)(x-2)^2.$$

【点评】　上例是从分析根的情况入手, 求出满足一定条件的多项式. 另外, 从分析系数、次数入手也是解答这类问题的有效方法.

【例 3.3.9】　试确定形如 $a_0x^n+a_1x^{n-1}+\cdots+a_{n-1}x+a_n$ （$a_n=\pm1$, $0\leqslant i\leqslant n$）的全体多项式, 使多项式的根都是实数.

解　不妨先考虑 $a_0=1$, 设其 n 个根为 x_1, x_2, $\cdots$, x_n, 则

$$x_1+x_2+\cdots+x_n=-a_1, \tag{3.3.9}$$

$$x_1x_2+x_1x_3+\cdots+x_{n-1}x_n=a_2, \tag{3.3.10}$$

$$x_1x_2\cdots x_n=(-1)^n a_n. \tag{3.3.11}$$

由 （3.3.9）、（3.3.10） 得

$$x_1^2+x_2^2+\cdots+x_n^2=(-a_1)^2-2a_2=1-2a_2\geqslant0,$$

于是 $a_2\leqslant\dfrac{1}{2}$, 故 $a_2=-1$.

从而 $x_1^2+x_2^2+\cdots+x_n^2=3$, 又由 （3.3.11） 得 $(x_1x_2\cdots x_n)^2=1$, 再利用平均

不等式得 $3 \geqslant n\sqrt[n]{(x_1 x_2 \cdots x_n)^2} = n$，所以 $n \leqslant 3$，即 $n = 1, 2, 3$.

当 $n = 1$ 时所求多项式为 $\pm(x-1), \pm(x+1)$；

当 $n = 2$ 时所求多项式为 $\pm(x^2+x-1), \pm(x^2-x-1)$；

当 $n = 3$ 时所求多项式为 $\pm(x^3+x^2-x-1), \pm(x^3-x^2-x+1), \pm(x^3+x^2-x+1)$（有虚根舍去），$\pm(x^3-x^2-x-1)$（有虚根舍去）.

综上所求多项式共 12 个.

【点评】 此题中我们应用韦达定理和不等关系，求出 n 的取值范围，进而求出 n 的值，得出符合题设条件的全体多项式.

【例 3.3.10】 求多项式 $P(x)$，使
$$(x^2+1) \mid P(x), \quad (x^2+x+1) \mid P(x)+1.$$

解 依整除定义设 $P(x) = (x^2+1)Q(x)$，其中 $Q(x)$ 是多项式，则
$$P(x)+1 = (x^2+1)Q(x)+1 = (x^2+x+1)Q(x)-xQ(x)+1,$$
因此只要取 $Q(x) = -(x+1)$，就有 $(x^2+x+1) \mid P(x)+1$，这时 $P(x) = -(x+1)(x^2+1)$ 满足要求.

195

【例 3.3.11】 设 $P(x), Q(x), R(x)$ 及 $S(x)$ 都是多项式，且满足
$$P(x^5)+xQ(x^5)+x^2R(x^5) = (x^4+x^3+x^2+x+1)S(x). \quad (3.3.12)$$
试证：$(x-1) \mid P(x)$.

证明 方程 $x^5-1 = 0$ 的根为 $1, w, w^2, w^3, w^4$，这里 w 是任一 5 次单位根，对于 w^k，我们有 $(w^k)^5 = (w^5)^k = 1$（k 为整数），又有 $1+w+w^2+w^3+w^4 = 0$.

依次将 $x = w, w^2, w^3$ 代入（3.3.12）可得
$$P(1)+wQ(1)+w^2R(1) = 0, \quad (3.3.13)$$
$$P(1)+w^2Q(1)+w^4R(1) = 0, \quad (3.3.14)$$
$$P(1)+w^3Q(1)+w^6R(1) = 0. \quad (3.3.15)$$

这说明一元二次方程 $F(x) = P(1)+Q(1)x+R(1)x^2$ 有三个不同的根 w, w^2, w^3. 由多项式相等定理知 $P(1) = Q(1) = R(1) = 0$，故 $(x-1) \mid P(x)$.

【点评】 这里我们由等式（3.3.13）、（3.3.14）、（3.3.15）和多项式根的定义，顺理成章地构造出以 w, w^2, w^3 为根的一元二次方程 $F(x) = P(1)+Q(1)x+R(1)x^2$，使得解题过程大为简化，比通常采用消元法简捷得多，而且同时推出了 $(x-1) \mid Q(x), (x-1) \mid R(x)$. 若在（3.3.12）中令 $x = 1$ 则可推得 $S(1) = 0$，从而 $(x-1) \mid S(x)$.

【例 3.3.12】 设 $f(x) = x^n+5x^{n-1}+3$，其中 n 是大于 1 的整数. 求证：$f(x)$ 不能表示为两个多项式的乘积，其中每一个多项式都具有整数系数而且它们的次数都不低于一次.

证明　熟知 $x^n+5x^{n-1}+3$ 的一次因式只可能为 $x\pm1$，$x\pm3$，易验证 ±1，±3 都不是多项式 $f(x)$ 的根，所以 $f(x)$ 无一次因式.

设 $f(x)=(b_sx^s+b_{s-1}x^{s-1}+\cdots+b_0)(c_tx^t+c_{t-1}x^{t-1}+\cdots+c_0)$，其中 $b_s,b_{s-1},\cdots,b_0$，$c_t,c_{t-1},\cdots,c_0$ 都是整数，并且 $s+t=n$（s，$t\geq2$）.

由于 $b_0c_0=3$，不妨设 $b_0=1$，$c_0=3$. 由于 $f(x)$ 的系数不全被 3 整除，所以 c_0，$\cdots$，c_{t-1}，c_t 中必有一个不被 3 整除. 设其中第一个不被 3 整除的是 c_k（$k\leq t$），则 mod3 后，$f(x)$ 中次数最低的（不同于 0 的）项是 $b_0c_kx^k$. 另外

$$f(x)\equiv x^n+5x^{n-1}(\bmod 3)，$$

而 $n-1=s+t-1\geq1+t>k$，矛盾.

【点评】　反证法与同余、不等关系分析等联系是论证多项式不能"分解"的有效手段.

【例 3.3.13】　设 $f(x)=a_nx^n+a_{n-1}x^{n-1}+\cdots+a_1x\pm p$ 为整系数多项式，其中 p 为素数且

$$|a_n|+|a_{n-1}|+\cdots+|a_1|<p.$$

求证：$f(x)$ 不能分解为（非常数的）整系数多项式之积.

分析　注意 p 为素数，因此，若 $f(x)$ 可分解为整系数多项式之积

$$f(x)=g(x)h(x)，$$

则可令

$$g(x)=b_kx^k+b_{k-1}x^{k-1}+\cdots+b_1x+1，\quad k\geq1，\quad|b_k|\geq1.$$

由韦达定理知 $g(x)$ 根之积的绝对值为 $\dfrac{1}{|b_k|}\leq1$.

由此知，若能证明 $f(x)$ 的根的绝对值都大于 1（注意 $g(x)$ 的根都是 $f(x)$ 的根！）就会得出矛盾，从而结论证出.

证明　先证 $f(x)$ 的一切根的绝对值（模）都大于 1. 事实上，若 $|c|\leq1$，则

$$|a_nc^n+a_{n-1}c^{n-1}+\cdots+a_1c|\leq|a_n||c|^n+|a_{n-1}||c|^{n-1}+\cdots+|a_1||c|$$
$$\leq|a_n|+|a_{n-1}|+\cdots+|a_1|<p.$$

由此知 $f(c)\neq0$. 因此，$f(x)$ 的一切根的绝对值都大于 1.

再设 $f(x)=g(x)h(x)$，其中 $g(x)$，$h(x)$ 都是整系数多项式，比较常数项，注意 p 为素数，于是可令

$$g(x)=b_kx^k+b_{k-1}x^{k-1}+\cdots+b_1x+1,k\geq1,|b_k|\geq1.$$

由韦达定理知，$g(x)$ 根（它们也都是 $f(x)$ 的根）之积的绝对值为

$$\frac{1}{|b_k|}\leq1.$$

于是 $g(x)$ 至少有一个根的绝对值小于或等于 1，因此 $f(x)$ 至少有一个根的绝对值小于或等于 1，矛盾.

所以，$f(x)$ 不能分解为整系数多项式之积.

【点评】　由本题结论，可以导出许多形式简单的特例. 例如，多项式

$$x^n + x + 3 \quad (n \geqslant 2),$$

$$x^n + x^3 + x^2 + x + 5 \quad (n \geqslant 4),$$

及

$$x^n + x^{n-1} + x^2 + x + 7 \quad (n \geqslant 4),$$

均不能分解为两个（非常数）整系数多项式的乘积.

【例 3.3.14】　设多项式

$$f(x) = a_0 x^n + a_1 x^{n-1} + \cdots + a_{n-1} x + a_n$$

满足条件

（1）$0 < a_0 < a_1 < \cdots < a_{n-1} < a_n$；

（2）$a_n = p^m$，这里 p 为素数（$m \in \mathbf{N}$），且 p 不整除 a_{n-1}.

求证：$f(x)$ 不能分解为（非常数的）整系数多项式之积.

证明　由（1）及例 3.3.7 的点评知，$f(x)$ 的任一根的模均大于 1.

假设有多项式 $g(x)$，$h(x)$ 使得

$$f(x) = g(x)h(x) = (b_0 x^r + \cdots + b_r)(c_0 x^s + \cdots + c_s), \tag{3.3.16}$$

式中，$1 \leqslant r \leqslant n-1$，$1 \leqslant s \leqslant n-1$，$r+s = n$，而 b_j，c_j 均为整数，将（3.3.16）式右端展开并与 $f(x)$ 比较系数，得

$$a_{n-1} = b_{r-1} c_s + b_r c_{s-1}, \tag{3.3.17}$$

$$p^m = |a_n| = |b_r| \cdot |c_s|. \tag{3.3.18}$$

因为 p 不整除 a_{n-1}，故由（3.3.17）可知，b_r，c_s 均为整数，不能都是 p 的倍数，不妨设 p 不整除 b_r，再由（3.3.18）可推出 $|c_s| = p^m$ 及 $|b_r| = 1$.

若记 $g(x)$ 的根为 β_1，β_2，$\cdots$，β_r，由韦达定理有

$$|\beta_1||\beta_2|\cdots|\beta_r| = \left|\frac{b_r}{b_0}\right| \leqslant |b_r| = 1. \tag{3.3.19}$$

但 β_i（$1 \leqslant i \leqslant r$）均是 $f(x)$ 的根，从而 $\beta_i > 1$（$1 \leqslant i \leqslant r$），所以

$$|\beta_1||\beta_2|\cdots|\beta_r| > 1,$$

这与（3.3.19）式产生矛盾.

【点评】　上述两例都是通过研究多项式根的性质来论证其不能"分解"，做法是：先由多项式（系数的）特点导出其根的分布信息，再结合相关知识（多项式、不等式、数论等）证明（通常是用反证法）所说的多项式不能"分解".

【例 3.3.15】 试证：多项式 $P(z)$ 是关于 $z \in \mathbf{C}$ 的偶函数的充分必要条件是存在多项式 $Q(z)$，使得

$$P(z) \equiv Q(z)Q(-z), \quad z \in \mathbf{C}.$$

证明 充分性. 如果 $P(z) \equiv Q(z)Q(-z)$，则 $P(-z) \equiv Q(-z)Q(z) = P(z)$，即 $P(z)$ 是偶函数.

必要性. 如果 $P(z) \equiv 0$，只要取 $Q(z) \equiv 0$，就有 $P(z) \equiv Q(z)Q(-z)$. 现在设非零多项式 $P(z)$ 为偶函数，对多项式 $P(z)$ 的非零根的个数 m 用归纳法证明：存在多项式 $Q(z)$，使得 $P(z) \equiv Q(z)Q(-z)$.

当 $m = 0$ 时，多项式 $P(z)$ 具有形式 $P(z) = az^n (a \neq 0)$. 由于 $P(z)$ 是偶函数，所以 $n = 2k$，$k \in \mathbf{Z}^+$，取多项式 $Q(z) = bz^n$，其中 $b^2 = (-1)^k a$. 因为 $az^n = bz^k \cdot b(-z)^k$，所以多项式 $Q(z)$ 满足要求.

假设结论对小于 m 的正整数成立，下面证明结论对 m 成立. 事实上，如果 α 是多项式的非零根，则

$$P(-\alpha) = P(\alpha) = 0,$$

所以

$$P(z) = (z-\alpha)(z+\alpha)R(z),$$

式中，$R(z)$ 是多项式.

因为 $R(-z) \cdot [(-z)^2 - \alpha^2] \equiv P(-z) \equiv P(z) \equiv R(z) \cdot (z^2 - \alpha^2)$，故 $R(-z) = R(z)$，即 $R(z)$ 是偶函数且非零根的个数为 $m-2$.

由归纳假设，存在多项式 $S(z)$，使得 $R(z) \equiv S(z) \cdot S(-z)$，取 $Q(z) = \mathrm{i}(z-\alpha)S(z)$，则

$$
\begin{aligned}
P(z) &\equiv (z-\alpha)(z+\alpha)S(z)S(-z) \equiv (z-\alpha)S(z)(z+\alpha)S(-z) \\
&\equiv \mathrm{i}(z-\alpha)S(z) \cdot \mathrm{i}(-z-\alpha)S(-z) \\
&\equiv Q(z)Q(-z).
\end{aligned}
$$

这就证明了结论对 m 成立，结论证毕.

【点评】 这里我们选择多项式 $P(z)$ 的非零根的个数 m 为归纳对象，由 $P(z) = (z-\alpha)(z+\alpha)R(z)$ 减少根的个数，巧妙地利用 $R(z)$ 作为桥梁完成了从小于 m 到 m 的过渡. 在证题过程中，多次构造出满足要求的多项式，使得证明顺利完成，值得借鉴.

【例 3.3.16】 设 $P_1(x)$，$P_2(x)$，$\cdots$，$P_n(x)$ 为实系数多项式，证明存在实系数多项式 $A_r(x)$，$B_r(x)$ ($r = 1,2,3$) 满足

$$
\begin{aligned}
\sum_{s=1}^{n} (P_s(x))^2 &= (A_1(x))^2 + (B_1(x))^2 \\
&= (A_2(x))^2 + x(B_2(x))^2 \\
&= (A_3(x))^2 - x(B_3(x))^2.
\end{aligned}
$$

证明　由于实系数多项式的虚根成对出现，对于一对共轭根 $a\pm bi$，
$$(x-a-bi)(x-a+bi)=(x-a)^2+b^2$$
为实系数多项式，所以在实数范围内，每一个（一元）多项式可以分解成一次或二次因式之积．据此可设

$$\sum_{s=1}^{n}(P_s(x))^2=a(x-\alpha_1)^{m_1}\cdots(x-\alpha_s)^{m_s}(x^2+p_1x+q_1)\cdots$$
$$(x^2+p_tx+q_t),\qquad (3.3.20)$$

式中，a，α_1，$\cdots$，α_s，p_1，$\cdots$，p_t，q_1，$\cdots$，q_t 都是实数，m_1，$\cdots$，m_s 都是正整数，并且

$$p_r^2\leqslant 4q_r,\qquad r=1,2,\cdots,t.\qquad (3.3.21)$$

由于 $\sum_{s=1}^{n}(P_s(x))^2\geqslant 0$，所以 m_j $(1\leqslant j\leqslant s)$ 都是偶数（否则在 x 由小于 α_j 变到大于 α_j 时，（3.3.20）式右边变号），并且 $a>0$.

注意由（3.3.21）式得出 $q_r\geqslant 0$ 及 $2\sqrt{q_r}\geqslant p_r\geqslant -2\sqrt{q_r}$，所以

$$x^2+p_rx+q_r=\left(x+\frac{p_r}{2}\right)^2+\left(\sqrt{q_r-\frac{p_r^2}{4}}\right)^2$$
$$=(x-\sqrt{q_r})^2+x\left(\sqrt{p_r+2\sqrt{q_r}}\right)^2$$
$$=(x+\sqrt{q_r})^2-x\left(\sqrt{-p_r+2\sqrt{q_r}}\right)^2,$$

式中，$x+\frac{p_r}{2}$，$\sqrt{q_r-\frac{p_r^2}{4}}$，$x-\sqrt{q_r}$，$\sqrt{p_r+2\sqrt{q_r}}$，$x+\sqrt{q_r}$，$\sqrt{-p_r+2\sqrt{q_r}}$ 都是实多项式.

由于

$$(A^2(x)+B^2(x))(C^2(x)+D^2(x))$$
$$=(A(x)C(x)+B(x)D(x))^2+(A(x)C(x)-B(x)D(x))^2,$$
$$(A^2(x)\pm xB^2(x))(C^2(x)\pm xD^2(x))$$
$$=(A(x)C(x)+B(x)D(x))^2\pm(A(x)C(x)-B(x)D(x))^2,$$

而（3.3.20）式中每个因式均可写成 $A^2(x)+B^2(x)$ 或 $A^2(x)\pm xB^2(x)$ 的形式，所以 $\sum_{s=1}^{n}(P_s(x))^2$ 也能写成同样的形式.

【点评】　由上述证明过程得到实系数多项式因式分解定理.

任意一个 n 次实系数多项式 $f(x)$ 可以表示为
$$f(x)=a_n(x-\alpha_1)^{m_1}\cdots(x-\alpha_s)^{m_s}(x^2+p_1x+q_1)\cdots(x^2+p_tx+q_t),$$
如果不计因式书写顺序，这种表示是唯一的，其中，$s,t\geqslant 0$，$s+2t=n$，a_n 是多项

式 $f(x)$ 的首项系数，$\alpha_1,\cdots,\alpha_s \in \mathbf{R}$ 是 $f(x)$ 的全部实根，重根按重数计算，而 $p_1,\ \cdots,\ p_t,\ q_1,\ \cdots,\ q_t \in \mathbf{R}$，且 $p_i^2 \leqslant 4q_r$ $(r=1,\ 2,\ \cdots,\ t)$．

【**例 3.3.17**】　设 x，y 是实数，求证：存在实系数多项式 $P(x,y) \geqslant 0$，$P(x,y)$ 不能写成实系数多项式的平方和．

证明

$$P(x,y) = (x^2+y^2-1)\,x^2y^2 + \frac{1}{27}$$

是满足条件的多项式．证明如下：

首先证明 $P(x,y) \geqslant 0$．

若 $x^2+y^2-1 \geqslant 0$，显然 $P(x,y) > 0$；若 $x^2+y^2-1 < 0$，则

$$(1-x^2-y^2)\,x^2y^2 \leqslant \left(\frac{1-x^2-y^2+x^2+y^2}{3}\right)^3 = \frac{1}{27},$$

即 $(x^2+y^2-1)\,x^2y^2 \geqslant -\dfrac{1}{27}$，所以 $P(x,y) \geqslant 0$．

下证 $P(x,y)$ 不能写成实系数多项式的平方和．反设

$$P(x,y) = \sum_{i=1}^{n} Q_i^2(x,y),$$

式中，$\deg P(x,y) = 6$，$\deg Q_i(x,y) \leqslant 3$．可设

$$Q_i(x,y) = A_i x^3 + B_i x^2 y + C_i xy^2 + D_i y^3 + E_i x^2 + F_i xy + G_i y^2 + H_i x + I_i y + J_i.$$

比较 $P(x,\ y)$ 和 $\displaystyle\sum_{i=1}^{n} Q_i^2(x,\ y)$ 中 x^6，y^6 的系数，得

$$\sum_{i=1}^{n} A_i^2 = \sum_{i=1}^{n} D_i^2 = 0,$$

即 $A_i = D_i = 0$ $(i=1,\ 2,\ \cdots,\ n)$．

比较 x^4，y^4 对应的系数，得

$$\sum_{i=1}^{n} E_i^2 = \sum_{i=1}^{n} G_i^2 = 0,$$

即 $E_i = G_i = 0$ $(i=1,\ 2,\ \cdots,\ n)$．

比较 x^2，y^2 对应的系数，得

$$\sum_{i=1}^{n} H_i^2 = \sum_{i=1}^{n} I_i^2 = 0,$$

即 $H_i = I_i = 0$ $(i=1,\ 2,\ \cdots,\ n)$．

因此

$$Q_i(x,\ y) = B_i x^2 y + C_i xy^2 + F_i xy + J_i.$$

最后，比较 x^2y^2 的系数，得

$$\sum_{i=1}^{n} F_i^2 = -1,$$

这与 F_i 是实数矛盾. 证毕.

【例 3.3.18】　求证：对任意 $n \in \mathbf{N}$，都有

$$\sum_{1 \le i_1 < i_2 < \cdots < i_k \le n} \frac{1}{i_1 i_2 \cdots i_k} = n, \qquad (3.3.22)$$

其中，求和是对所有取自集合 $\{1, 2, \cdots, n\}$ 的数组 $i_1 < i_2 < \cdots < i_k$ （$k = 1$, $2, \cdots, n$）进行的.

分析　观察和式（3.3.22）的结构特征，联想到韦达定理，构造以 $-\dfrac{1}{1}$,

$-\dfrac{1}{2}, \cdots, -\dfrac{1}{n}$ 为根的一元 n 次多项式 $P(x)$，将求 $\dfrac{1}{i_1 i_2 \cdots i_k}$ 转化为求多项式

$P(x)$ 的系数和.

证明　考虑多项式 $P(x) = \left(x + \dfrac{1}{1}\right)\left(x + \dfrac{1}{2}\right) \cdots \left(x + \dfrac{1}{n}\right)$，它的展开式为

$$P(x) = x^n + a_1 x^{n-1} + a_2 x^{n-2} + \cdots + a_n.$$

由韦达定理得

$$a_1 = \sum_{i=1}^{n} \frac{1}{i_1}, \quad a_2 = \sum_{1 \le i_1 < i_2 \le n} \frac{1}{i_1 i_2}, \cdots, \quad a_n = \frac{1}{1 \cdot 2 \cdot \cdots \cdot n},$$

于是

$$\sum_{1 \le i_1 < i_2 < \cdots < i_k \le n} \frac{1}{i_1 i_2 \cdots i_k} = a_1 + a_2 + \cdots + a_n$$

$$= P(1) - 1 = \left(1 + \frac{1}{1}\right)\left(1 + \frac{1}{2}\right) \cdots \left(1 + \frac{1}{n}\right) - 1$$

$$= \frac{2 \cdot 3 \cdot \cdots \cdot (n+1)}{1 \cdot 2 \cdot \cdots \cdot n} - 1$$

$$= (n+1) - 1 = n.$$

【例 3.3.19】　直角坐标系 xOy 中，n 个点 $M_1(x_1, y_1), M_2(x_2, y_2), \cdots$, $M_n(x_n, y_n)$ 满足 $y_1 > 0, \cdots, y_k > 0, y_{k+1} < 0, \cdots, y_n < 0$（$1 \le k \le n$），横轴上排列有 $n+1$ 个点 $A_1, A_2, \cdots, A_{n+1}$，并且对每个点 A_j（$1 \le j \le n+1$）有

$$\sum_{i=1}^{k} \angle M_i A_j X = \sum_{i=k+1}^{n} \angle M_i A_j X,$$

这里 $\angle M_i A_j X$ 是 $\overrightarrow{A_j X}$ 和横轴正方向之间的夹角（角度的大小在 0 与 π 之间）.
试证：点集 $\{M_1, \cdots, M_n\}$ 关于横轴对称.

分析　若将 M_j（$1 \le j \le n$）视为复平面上的点，要证 $\{M_1, \cdots, M_n\}$ 关于横轴对称，只需证点 $M_1, \cdots, M_n$ 所对应的复数 $z_1, \cdots, z_n$ 恰好成对地出现共轭. 根

201

据实系数多项式虚根成对定理，即证虚数 $z_1,\cdots,z_n$ 为某一实系数多项式的根，因此考虑构造以虚数 $z_1,\cdots,z_n$ 为根的一元 n 次多项式 $f(x)=(z_1-x)\cdots(z_n-x)$，然后设法证 $f(x)$ 是实系数多项式即可.

证明　设 M_j 为复平面上的点，其对应的复数为 $z_j=x_j+\mathrm{i}y_j$ （$1\leqslant j\leqslant n$），点 A_j 对应的复数为 $A_j(1\leqslant j\leqslant n+1)$. 考虑关于 x 的 n 次多项式

$$f(x)=(z_1-x)\cdots(z_n-x).$$

由题设条件易知，对每个 $A_j(1\leqslant j\leqslant n+1)$，数 $z_1-A_j,\cdots,z_n-A_j$ 的辐角之和为 0，故 $f(x)$ 在 $A_j(1\leqslant j\leqslant n+1)$ 处的值都是实数.

现在将 $f(x)$ 写成

$$f(x)=p(x)+\mathrm{i}q(x)$$

的形式，其中 $p(x),q(x)$ 均是次数 $\leqslant n$ 的实系数多项式，则 $q(x)$ 在 A_j（$1\leqslant j\leqslant n+1$）处的值都是 0，由多项式相等定理知 $q(x)=0$，即 $f(x)=p(x)$ 是实系数多项式，所以其虚根 $z_j=x_j+\mathrm{i}y_j$ 的共轭 $\overline{z_j}=x_j-\mathrm{i}y_j$ 也是其根. 又 $f(x)$ 的根 $z_1,\cdots,z_n$ 全为虚数，所以点集 $\{M_1,\cdots,M_n\}$ 关于横轴对称.

【例 3.3.20】　设 n 次多项式 $P(x)$ 满足

$$P(k)=\frac{1}{\mathrm{C}_n^k},$$

式中，$k=0,1,2,\cdots,n$，求 $P(n+1)$.

解　由拉格朗日插值公式得

$$P(x)=\sum_{k=0}^{n}\frac{1}{\mathrm{C}_{n+1}^k}\Big(\prod_{\substack{1\leqslant i\leqslant n\\i\neq k}}\frac{x-i}{k-i}\Big)$$

$$=\sum_{k=0}^{n}\frac{\prod_{i\neq k}(x-i)}{\mathrm{C}_{n+1}^k(-1)^{n-k}(n-k)!\,k!}$$

$$=\sum_{k=0}^{n}(-1)^{n-k}\frac{(n+1-k)}{(n+1)!}\prod_{\substack{1\leqslant i\leqslant n\\i\neq k}}(x-i),$$

$$P(n+1)=\sum_{k=0}^{n}(-1)^{n-k}\frac{(n+1-k)}{(n+1)!}\prod_{\substack{1\leqslant i\leqslant n\\i\neq k}}(n+1-i)$$

$$=\sum_{k=0}^{n}\frac{(-1)^{n-k}}{(n+1)!}\prod_{i=0}^{n}(n+1-i)$$

$$=\sum_{k=0}^{n}(-1)^{n-k}.$$

所以，当 n 为奇数时，$P(n+1)=0$；n 为偶数时，$P(n+1)=1$.

【点评】　以上两例的证明过程，在辅助多项式的构造和问题的转化等

方面，有许多的独到之处，其中的精巧构思值得我们细细品味.

【例 3.3.21】 已知当 x 取连续 $n+1$ 个整数时，n 次多项式
$$f(x) = a_n x^n + a_{n-1} x^{n-1} + \cdots + a_1 x + a_0$$
都取整数值，求证：对任意整数 x，$f(x)$ 均取整数值（这样的多项式称为整值多项式）.

证明 设当 x 取 $n+1$ 个连续整数 k_0，k_0+1，$\cdots$，k_0+n（$k_0 \in \mathbf{Z}$）时，$f(k_0)$，$f(k_0+1)$，$\cdots$，$f(k_0+n)$ 都是整数.

由拉格朗日插值公式知，对任一整数 k 及 $x_i = k+i$（$0 \le i \le n$），$f(x)$ 可表示为
$$f(x) = \sum_{i=0}^{n} a_i f(k+i) \prod_{\substack{0 \le j \le n \\ j \ne n}} (x - x_j),$$
式中，$a_i = \prod_{\substack{0 \le j \le n \\ j \ne i}} (x_i - x_j)^{-1} = \prod_{\substack{0 \le j \le n \\ j \ne i}} (i-j)^{-1} = \dfrac{(-1)^{n+i}}{n!} C_n^i.$

比较 x^n 的系数得
$$a_n = \sum_{i=0}^{n} \frac{(-1)^{n+i}}{n!} (C_n^i f(k+i)),$$

所以 $n! \, a_n = \sum_{i=0}^{n} (-1)^{n+i} C_n^i f(k+i).$

令 $k = k_0$，则 $n! \, a_n$ 是整数. 在递推式
$$f(k+n) = n! \, a_n - \sum_{i=0}^{n-1} (-1)^{n+i} C_n^i f(k+i)$$
中依次取 $k = k_0+1$，k_0+2，$\cdots$，k_0+t，$\cdots$（$t \in \mathbf{N}$），则依次可递推出 $f(k_0+n+t)$（$t = 1$，2，$\cdots$）都是整数，同理可得减的部分.

因为 k_0+n+t 和 k_0-t（$t = 1$，2，$\cdots$）合起来可取遍除 k_0+1，k_0+2，$\cdots$，k_0+n 以外的所有整数，所以 $f(x)$ 是整值多项式.

【点评】 1）由此我们可以得到整值多项式的判定定理.

n 次多项式 $f(x)$ 为整值多项式的充要条件是：当 x 取 $n+1$ 个连续整数值时 $f(x)$ 的值均为整数.

2）由上述证明不难看出，下面的结论也成立：当 x 取 $n+1$ 个连续整数时，若 n 次多项式 $f(x)$ 的值均与整数 m 模 d 同余，则对任一整数 x，$f(x)$ 都与整数 m 模 d 同余.

第二种类型的切比雪夫多项式的一个给人印象深刻的应用是证明以下意想不到的结果.

【例 3.3.22】 如果 α 是一个实数，满足 $\dfrac{\alpha}{\pi}$ 和 $\cos \alpha$ 均为有理数，那么

$\cos \alpha$ 为 0，$\pm \dfrac{1}{2}$，± 1 其中之一.

证明　设 $\alpha = (m/n)\,\pi$，其中 m 和 n 是互素的整数. 那么 $n\alpha = m\pi$，所以 $n\alpha$ 是 π 的整数倍，因此 $\cos n\alpha$ 是 1 或 -1. 现在让我们来考虑切比雪夫多项式 U_n，我们有

$$2\cos n\alpha = U_n(2\cos \alpha),$$

这就意味着被假设为有理数的 $2\cos \alpha$ 是下列多项式的一个根

$$f(x) = U_n(x) - 2\cos n\,\alpha.$$

显然，f 有整系数，且首项系数为 1. 根据有理根定理，$2\cos \alpha$ 一定是整数. 另外，我们有 $-2 \leqslant 2\cos \alpha \leqslant 2$，所以 $\cos \alpha$ 实际上只可能为 0，$\pm \dfrac{1}{2}$，± 1.

【例 3.3.23】　将

$$2(x^4 + y^4 + z^4 + w^4) - (x^2 + y^2 + z^2 + w^2)^2 + 8xyzw$$

表示为非常数实多项式的乘积.

解法 1　由于原多项式是一个齐次多项式，因此它的任何一个因式也一定是齐次的.

如果令 $(x, y, z, w) = (1, 1, 1, 1)$，则多项式的值为零. 这启发我们可以试试含有同样多的正项和负项的形如 $x + y - z - w$ 的线性因式. 为此，需要用到因子定理.

如果令 $x = z + w - y$，则所得的多项式作为 y（或 z 或 w）的多项式，其系数全为零，所以是一个零多项式. 从而 $x + y - z - w$ 是一个因式. 由对称性，另两个因式必定为 $x + w - y - z$ 和 $x + z - y - w$. 剩下的是一个一次因式，且一定是对称的，因此它是 $x + y + z + w$.

解法 2　如果原多项式有 4 个线性因式，则由对称性和齐次性，其因式分解必是下面两种形式之一：

(a) $a(x + y + z - bw)(y + z + w - bx) \cdot (z + w + x - by)(w + x + y - bz)$；

(b) $c(x + y + z + w)(x + y + kz + kw) \cdot (x + z + kw + ky)(x + w + ky + kz)$.

如果有一个线性因子至少有 3 个不同的系数，则由变量的对称性，至少有 6 个这样的因子，这就太多了（由次数可知）.

尝试分解式 (a). 比较 x^4 的系数，我们有 $-ab = 1$. 令 $x = y = z = w = 1$，得

$$a(3 - b)^4 = 0,$$

从而有 $b = 3$，$a = -\dfrac{1}{3}$. 但如又令 $z = w = 0$，得

$$x^4 + y^4 - 2x^2 y^2 = -\dfrac{1}{3}(x + y)^2(y - 3x)(x - 3y),$$

当 $x=y=1$ 时上式不成立. 因此（a）不可能.

现尝试（b）. 由 x^4 的系数得 $c=1$. 令 $x=y=z=w=1$, 得 $0=4\times2^3(1+k)^3$, 从而有 $k=-1$. 展开知（b）即所求的分解式.

现证明解法 2 开头的论断（对任意多个变量都适用）. 如果 $P(x,y,z)$ 是一个三元多项式, 则 P 是 n 次齐次多项式的充分必要条件是, 对任意的 t, 有

$$P(tx,ty,tz)=t^nP(x,y,z). \qquad (3.3.23)$$

设 $P(x,y,z)=Q(x,y,z)R(x,y,z)$. 用 tx, ty, tz 代替 x, y, z, 并利用（3.3.23）式得

$$t^nP(x,y,z)=Q(tx,ty,tz)R(tx,ty,tz).$$

固定 x, y, z, 则两边都是关于 t 的多项式, 且方程给出了一个常数与 t^n 的乘积的一个分解. 由于 t 的每一个分解都形如 t^mt^{n-m}, 则存在多项式 H 和 K, 使

$$Q(tx,ty,tz)=t^mH(x,y,z),$$

且

$$R(tx,ty,tz)=t^{n-m}K(x,y,z).$$

令 $t=1$, 即可证明 Q 和 R 都是齐次的.

【点评】　可以证明：题中多项式等于行列式

$$\begin{vmatrix} x & y & z & w \\ y & x & w & z \\ z & w & x & y \\ w & z & y & x \end{vmatrix},$$

并利用行列式求得多项式的分解式.

【例 3.3.24】　证明：$\ln x$ 不能表示成 $\dfrac{f(x)}{g(x)}$ 的形式, 其中 $f(x)$ 和 $g(x)$ 都是关于 x 的多项式.

解　假设 $\ln x=\dfrac{f(x)}{g(x)}$, 且 n 是任意正整数. 那么

$$\frac{f(x^n)}{g(x^n)}=\ln x^n=n\ln x=\frac{nf(x)}{g(x)}.$$

因此, 对于每个 n, 有

$$f(x^n)g(x)=nf(x)g(x^n).$$

如果 $f(x)=a_px^p+\cdots+a_0$, $g(x)=b_qx^q+\cdots+b_0$, 那么

$$f(x^n)g(x)=a_pb_qx^{np+q}+\cdots+a_0b_0,$$

但是 $nf(x)g(x^n)=na_pb_qx^{p+nq}+\cdots+na_0b_0$.

比较两者的首项系数得，对每个 n，有 $a_pb_q=na_pb_q$，这是不可能的.

【点评】 更一般地，可以证明 $\ln x$ 不是代数的，即 $y=\ln x$ 不满足任何形如

$$P_n(x)y^n+P_{n-1}(x)y^{n-1}+\cdots+P_1(x)y+P_0(x)=0$$

的方程，其中每个 $P_i(x)$ 都是多项式. 这可以由

$$\lim_{x\to+\infty}\frac{\ln x}{x}=0$$

这一事实导出. 或者，可以假设上述方程是次数最低的，再用 x^m 代替 x，导出一个次数更低的方程，从而得到矛盾.

【例 3.3.25】 证明：不存在多项式 $p(x)$，使对每一个正整数 n，有

$$p(n)=\ln 1+\ln 2+\cdots+\ln n.$$

证法 1 假定存在这样的多项式 $p(x)$. 注意 $\ln x$ 是增函数，且 $\ln x<x$（由 $\ln$ 函数的定义可知），我们有

$$p(n)<n\ln n<n^2.$$

引理 一个次数 $m\geqslant 1$ 的多项式

$$p(x)=a_0x^m+a_1x^{m-1}+\cdots+a_m$$

具有性质：对充分大的 x，$|p(x)|>x^{m-1}$.

首先将 $p(x)$ 写成以下形式：

$$p(x)=a_0x^m\left(1+\frac{b_1}{x}+\frac{b_2}{x^2}+\cdots+\frac{b_m}{x^m}\right).$$

取充分大的 x，可保证括号中的表达式大于 $\frac{1}{2}$，这样就有

$$|p(x)|>\frac{1}{2}|a_0|x^m.$$

现在取足够大的 x，使 $\dfrac{x|a_0|}{2}>1$，从而 $|p(x)|>x^{m-1}$.

由此推得，如果对足够大的 x 有 $p(x)<x^2$，则 $m\leqslant 2$. 由此得多项式 $p(x)$ 的次数最多是 2.

显然 $p(n)$ 既非常数也非线性. 剩下需考虑的是 $p(x)$ 为二次函数的情形. 在这种情形下，由 $p(1)=\ln 1=0$ 得

$$p(x)=(x-1)(ax+b).$$

计算在 $x=2$ 和 $x=4$ 时的值，得

$$\ln 2=p(2)=2a+b,$$

$$\ln 24=p(4)=3(4a+b).$$

解得 $a=\dfrac{1}{6}\ln3$，$b=\ln2-\dfrac{1}{3}\ln3$．于是 $p(x)=(x-1)\left(\dfrac{x\ln3}{6}+\ln2-\dfrac{1}{3}\ln3\right)$．

从而

$$\begin{aligned}\ln2+\ln3 &=p(3)\\&=2\left(\dfrac{3\ln3}{6}+\ln2-\dfrac{1}{3}\ln3\right),\end{aligned}$$

由此导致 $3\ln2=2\ln3$，即 $2^3=3^2$，矛盾．

证法 2　设对 $n=1$，2，3，有

$$\ln(n!)=p(n)=\sum_{r=0}^{m}a_r n^r，\quad a_m\neq 0，$$

则

$$\ln(n+1)!=\sum_{r=0}^{m}a_r(n+1)^r，$$

从而

$$\ln(n+1)=\sum_{r=0}^{m}a_r(n+1)^r-\sum_{r=0}^{m}a_r n^r．$$

它是一个次数小于等于 $m-1$ 的多项式．由例 3.3.24 知，$\ln x$ 不能表示成某个关于 x 的多项式 $f(x)$．由此导致矛盾，结论得证．

【点评】　$\ln n$ 不是关于 n 的多项式的另一个证明简述如下：由

$$\ln n=b_r n^r+b_{r-1}n^{r-1}+\cdots+b_1 n+b_0，$$

并取 $n=\mathrm{e}^p$，得

$$p=b_r\mathrm{e}^{pr}+b_{r-1}\mathrm{e}^{p(r-1)}+\cdots+b_0，$$

于是

$$\dfrac{p}{\mathrm{e}^{pr}}=b_r+b_{r-1}\mathrm{e}^{-p}+\cdots b_0\mathrm{e}^{-pr}．$$

当 $p\to+\infty$ 时，左边趋于 0，而右边则趋于 b_r，矛盾．

【例 3.3.26】　设 n 是一个正整数，考虑

$$S=\{(x,y,z):x,y,z=0,1,2,\cdots,n，\quad x+y+z>0\}$$

这样一个三维空间中具有 $(n+1)^3-1$ 个点的集合．问最少要多少个平面，它们的并集才能包含 S，但不含 $(0,0,0)$．

分析　可能有人以前做过二维的，大致方法如下：二维时，我们可以考虑最外一圈的 $4n-1$ 个点．如果没有直线 $x=n$ 或 $y=n$，那么每条直线最多过这 $4n-1$ 个点中的两个，故至少需要 $2n$ 条直线．如果有直线 $x=n$ 或 $y=n$，那么将此直线和其上的点去除，再次考虑最外一圈，只不过点数变

成了 $4n-3$ 个，需要至少 $2n-1$ 条直线，再加上去掉的那条正好 $2n$ 条. 如果需要多次去除直线，以至于如 $x=1$，$x=2$，$\cdots$，$x=n$ 这所有 n 条直线全部被去除了，那么剩下 $(0,1)$，$(0,2)$，$\cdots$，$(0,n)$ 至少还需要 n 条直线去覆盖，$2n$ 条也是必需的. $2n$ 条显然是可以做到的，所以二维的最终结果就是 $2n$.

但是将这种方法推向三维的时候，会出现困难. 因为现在用来覆盖的不是直线而是平面，平面等于有了三个自由变量，而且不容易选取标志点来进行考察. 当然，我们要坚信一个事实，就是答案一定是 $3n$，否则题目是没有办法做出来的. 在这个前提下，通过转化，将这个看起来是个组合的题目变成了一个代数题.

解　首先第一步，我们要将每个平面表述成一个三元一次多项式的形式. 比如平面 $x+y+z=1$ 就表示成 $x+y+z-1$. 将所有这些平面表述成此形式后，我们将这些多项式都乘起来. 下面我们需要证明的只有一点，就是乘出来的多项式，至少具有 $3n$ 次（$3n$ 个平面是显然可以做到的，只要证明这点，$3n$ 就是最佳答案了）.

这个乘出来的多项式具有什么特点呢？在 x，y，z 均等于 0 时它不等于 0，在 x，y，z 取其他 $0\sim n$ 的数值时，其值均为 0. 我们发现，当多项式中某一项上具有某个字母的至少 $n+1$ 次时，我们可以将其降低为较低的次数. 我们用的方法就是，利用讨论 x，y，z 在取 0，1，2，$\cdots$，n 值时多项式的取值这一事实，在原多项式里可以减去形如 $x(x-1)(x-2)\cdots(x-n)$ 或者此式子的任何倍数的式子. 从而，如果多项式中某一项的某个字母次数超过 n，可以用此法将其变成小于或等于 n.

我们假设用此法变换过后剩余的多项式是 F，显然 F 的次数不大于原乘积多项式的次数. 我们下面需要证明的就是 F 中 $x^n y^n z^n$ 这一项系数非 0（F 中只有这一项次数是 $3n$）. 要想证明这样的问题，我们需要证明二维即两个未知数时的两个引理.

引理 1　一个关于 x 和 y 的实系数多项式，x 和 y 的次数均不超过 n. 如果此多项式在 $x=y=0$ 时非零，在 $x=p$，$y=q(p,q=0,1,2,\cdots,n$ 且 p，q 不全为 0）时为零，那么此多项式中 $x^n y^n$ 的系数必然不是零.

证明　假设 $x^n y^n$ 的系数是 0. 我们知道，当假设 $y=1$，2，3，$\cdots$，n 中任意一值时，将 y 代入多项式，所得的多项式必须都是零多项式. 这是由于当 y 取这些值时，此多项式为关于 x 的不超过 n 次的多项式，却有 $n+1$ 个零点. 所以假设 y 是常数，按 x 的次数来整理该多项式，x^n 的次数是一个关于 y 的不超过

$n-1$ 次的多项式，但是却有 n 个零点，故为零多项式．因此，当按照 x 的次数来整理多项式时，x 的最高次最多是 $n-1$ 次．现在令 $y=0$ 代入多项式，转化为关于 x 的多项式，最多 $n-1$ 次，但是有 n 个零点（$1,2,\cdots,n$）．因此，这个多项式应当是零多项式，但是这与此多项式在 $x=y=0$ 时非零矛盾！

引理 2　一个关于 x 和 y 的实系数多项式，x 和 y 的次数均不超过 n．如果此多项式在 $x=p$，$y=q$（$p,q=0,1,2,\cdots,n$）时均为 0，则此多项式为零多项式．

证明　对于任意的 $y=0,1,2,\cdots,n$ 代入原多项式，变成关于 x 的不超过 n 次的多项式，这个新多项式必然是零多项式，否则它不可能有 $n+1$ 个零点．所以按 x 的次数来整理原多项式，对于任意的 $k=0,1,2,\cdots,n$，x^k 项的系数 $C_k(y)$ 都是一个关于 y 的不超过 n 次的多项式，但是却有 $n+1$ 个零点，故所有的系数都为零．

回到原题．假设 F 中 $x^n y^n z^n$ 这一项系数为 0，那么设 z 为常数，考虑按 x 和 y 的次数来整理多项式 F．F 中 $x^n y^n$ 项的系数是一个关于 z 的，不超过 $n-1$ 次的多项式．但是，由引理 2，这个多项式却拥有 $1,2,\cdots,n$ 共 n 个零点，故它是零多项式．现在我们令 $z=0$，化归成关于 x 和 y 的多项式．此时 $x^n y^n$ 项的系数已然是 0，但是我们却发现，这个多项式恰恰在 $x=y=0$ 时非零，在 $x=p$，$y=q$（$p,q=0,1,2,\cdots,n$ 且 p,q 不全为 0）时为零，这与刚才的引理 1 矛盾！

综上，我们证明了多项式 F 中 $x^n y^n z^n$ 这一项系数非 0，即原乘积多项式至少有 $3n$ 次，即至少需要 $3n$ 个平面，才能覆盖题目中要求的所有点而不过原点．故原题的答案为 $3n$．

【点评】　这是 2007 年 IMO 的第 6 题，一个很难想出来的题目．最关键的一点就是将这个看似组合几何的题目，转化成纯代数题．尤其是在有二维的背景的前提下，在考场有限的时间内，更是很少有人能跳出思维的局限．这或许就是为什么全世界顶尖的高中生只有区区 5 人做出此题的原因吧．

问　题

1. 给定实数 a，b，c，证明：如下三个方程
$$x^2+(a-b)x+(b-c)=0,$$
$$x^2+(b-c)x+(c-a)=0,$$
$$x^2+(c-a)x+(a-b)=0,$$

至少有一个方程有解.

2. 给定二次三项式 $f(x)=x^2+ax+b$. 已知方程 $f(f(x))=0$ 有 4 个不同实根，且其中两个根的和等于 -1. 证明：$b\leqslant -\dfrac{1}{4}$.

3. 已知 $\alpha^{2005}+\beta^{2005}$ 可表示成以 $\alpha+\beta$，$\alpha\beta$ 为变元的二元多项式，求这个多项式的系数之和.

4. 求满足下述条件的最小正实数 k：对任意不小于 k 的 4 个互不相同的实数 a，b，c，d，都存在 a，b，c，d 的一个排列 p，q，r，s，使得方程
$$(x^2+px+q)(x^2+rx+s)=0$$
有 4 个互不相同的实数根.

5. 已知实系数多项式 $\varphi(x)=ax^3+bx^2+cx+d$ 有 3 个正根，且 $\varphi(0)<0$，求证：
$$2b^3+9a^2d-7abc\leqslant 0.$$

6. 设 n 是正整数，a，b，c 是有理数，对所有整数 m，代数式
$$\frac{1}{n}m^3+am^2+bm+c$$
都是整数，求证：n 一定是 1，2，3 或 6.

7. 试求实数 a 的个数，使得对于每个 a，关于 x 的三次方程 $x^3=ax+a+1$ 都有满足 $|x|<1000$ 的偶数根.

8. 设 P，Q，R 都是实系数多项式，它们之中既有二次多项式，也有三次多项式，并且满足关系式 $P^2+Q^2=R^2$. 证明：其中必有一个三次多项式的根全是实根.

9. 三角形的三边之长是某个系数为有理数的三次方程的根. 证明：该三角形的高是某个系数为有理数的 6 次方程的根.

10. 设 $P(x)$ 为整系数多项式，且有 6 个不同整数 a_1，a_2，$\cdots$，a_6，使得 $P(a_1)=P(a_2)=\cdots=P(a_6)=-12$. 试证不存在整数 k 使 $P(k)=0$.

11. 设 n 次多项式
$$P(x)=ax^n-ax^{n-1}+c_2x^{n-2}+\cdots+c_{n-2}x^2-n^2bx+b$$
恰有 n 个正根，求这些根.

12. 给定多项式
$$P(x)=a_0x^n+a_1x^{n-1}+\cdots+a_{n-1}x+a_n.$$
令 $m=\min\{a_0,\ a_0+a_1,\cdots,\ a_0+a_1+\cdots+a_n\}$. 求证：当 $x\geqslant 1$ 时，有 $P(x)\geqslant mx^n$.

13. 设 k 是正整数，求一切多项式 $P(x)=a_n+a_{n-1}x+\cdots+a_1x^{n-1}+a_0x^n$，式中，$a_i$ 是实数，满足等式 $P(P(x))=(P(x))^k$.

14. 已知 2007 个实数 x_1，x_2，$\cdots$，x_{2007} 满足方程组

$$\sum_{k=1}^{2007} \frac{x_k}{n+k} = \frac{1}{2n+1}, \qquad n=1，2，\cdots，2007，$$

计算 $\displaystyle\sum_{k=1}^{2007} \frac{x_k}{2k+1}$ 的值.

15. 设 $n \geqslant 2$，对于 n 元数集 $A = \{a_1，a_2，\cdots，a_n\}$，$B = \{b_1，b_2，\cdots，b_n\}$，证明：

$$\sum_{k=1}^{n} \frac{\prod\limits_{i=1}^{n}(a_k+b_i)}{\prod\limits_{\substack{i \neq k \\ 1 \leqslant i \leqslant n}}(a_k-a_i)} = \sum_{k=1}^{n} \frac{\prod\limits_{i=1}^{n}(b_k+a_i)}{\prod\limits_{\substack{i \neq k \\ 1 \leqslant i \leqslant n}}(b_k-b_i)}.$$

16. 已知多项式 $P(x) = x^k + c_{k-1}x^{k-1} + \cdots + c_1 x + c_0$ 整除多项式 $(x+1)^n - 1$，式中，k 为偶数，c_0，c_1，$\cdots$，c_{k-1} 为奇数. 证明：$(k+1) \mid n$.

17. 求证：存在 10 个互不相同的实数 a_1，a_2，$\cdots$，a_{10} 使得方程
$$(x-a_1)(x-a_2)\cdots(x-a_{10}) = (x+a_1)(x+a_2)\cdots(x+a_{10})$$
恰有 5 个互不相同的实根.

18. 设 $f(x) = a_n x^n + a_{n-1}x^{n-1} + \cdots + a_1 x + a_0$ 是一个 $n \geqslant 1$ 次的整系数多项式，求证：存在无限多个正整数 m，使得
$$f(m) = a_n m^n + a_{n-1}m^{n-1} + \cdots + a_1 m + a_0$$
不是素数.

19. 能否找到三元实数组 $(a，b，c)$，使其中每一个数都不是整数的立方，且对任意的正整数 n，
$$S_n = a^{\frac{n}{3}} + b^{\frac{n}{3}} + c^{\frac{n}{3}}$$
都是整数?

20. 设 $f(x) = a_0 x^n + a_1 x^{n-1} + \cdots + a_{n-1}x + p a_n$，$a_0$，$a_n \neq 0$，$a_i \in \mathbf{Z}(i = 1，2，\cdots，n)$，$p$ 是素数，且
$$p > \sum_{i=0}^{n-1} |a_i| \cdot |a_n|^{n-i-1}.$$
证明：$f(x)$ 不能分解成两个整系数多项式的乘积.

21. 设 a，b 为两个不相等的实数，证明：方程
$$(a-b)x^n + (a^2-b^2)x^{n-1} + \cdots + (a^n-b^n)x + a^{n+1} - b^{n+1} = 0$$
至多有一个实根.

22. 设 a_0，a_1，$\cdots$，a_n，b_0，b_1，$\cdots$，b_n 是整数，有多项式恒等式
$$(x-b_0)(x-b_1)\cdots(x-b_n) - (x-a_0)(x-a_1)\cdots(x-a_n) = C，$$
式中，$C = (-1)^{n+1}(b_0 b_1 \cdots b_n - a_0 a_1 \cdots a_n) \neq 0$. 求证：$n! \mid C$.

23. 设 $P(x)$ 为整系数多项式，a_n 表示数 $P(n)$ 在十进制计数法下各位数字之和（$n \in \mathbf{N}^+$）. 求证：在数列 a_1，a_2，$\cdots$，a_n，$\cdots$ 中，必有一数重复无穷多次.

24. 给定 $n \geqslant 2$ 个不同点 x_1，x_2，$\cdots$，$x_n \in [-1, 1]$，设 τ_k 表示从 x_k 到其他各点距离之积. 求证：

$$\sum_{k=1}^{n} \frac{1}{\tau_k} \geqslant 2^{n-2},$$

并确定等号成立的条件.

25. 在由 x，y，z 构成的单项式中，挑出满足下列条件的单项式：

（1）系数为 1；

（2）x，y，z 的幂次之和小于等于 5；

（3）交换 x 和 z 的幂次，该单项式不变.

那么你能挑出这样的单项式共有_____个. 在挑出的单项式中，将 x 的幂次最低的两两相乘，又得到一组单项式，将这组单项式相加（同类项要合并）得到一个整式，那么该整式是_____个不同的单项式之和.

26. 若 $F(x, y)$ 中 x 的次数 $\leqslant m-1$，y 的次数 $\leqslant n-1$，且以 $(x,y)=(a_i, b_j)$，$i \in \{1,2,\cdots,n\}$，$j \in \{1,2,\cdots,n\}$ 为根，求证：$F(x, y)$ 为零多项式.

27. 给定多项式 $P(x)$，$Q(x)$. 已知对于某一个多项式 $R(x,y)$ 有等式

$$P(x)-P(y) = R(x,y)\left[Q(x)-Q(y)\right]$$

成立. 证明：存在一个多项式 $S(x)$，使得 $P(x)=S(Q(x))$.

28. 证明：下面两个多项式当变量取实数值时都是非负的，但是每一个都不能表示为若干个实多项式的平方和.

（1）$x^2y^2+y^2z^2+z^2x^2+w^4-4xyzw$；

（2）$x^4y^2+y^4z^2+z^4x^2-3x^2y^2z^2$.

29. 设 b_1，b_2，$\cdots$，b_{32} 是正整数，多项式 $(1-x)^{b_1}(1-x^2)^{b_2}\cdots(1-x^{32})^{b_{32}}$ 展开后，如果略去 x 的高于 32 次的项，剩下的是 $1-2x$，求 b_{32}.

30. 求所有的正整数对 m，$n \geqslant 3$，使得存在无穷多个正整数 a，有 $\dfrac{a^m+a-1}{a^n+a^2-1}$ 为整数.

3.4　函 数 方 程

　　函数方程至今还没有完整的理论，解函数方程也没有通用的方法，而往往需要一些特殊的技巧，同时要对函数的本质特征有深刻的理解和认识. 正是这个原因，函数方程成为近年 IMO 的热点内容之一，也引起了数学教育界的广泛兴趣.

3.4.1　背 景 分 析

　　函数方程主要涉及三大学科，内容如下.

　　1）代数：集合、对应、函数、方程、数列、不等式、复数、多项式理论等.

　　2）分析：极限、连续性、微分、积分、迭代，不动点等.

　　3）数论：整除性、奇偶性、带余除法、整数的分类、素数、质因数分解、进位制等.

3.4.2　基 本 问 题

　　竞赛数学中的函数问题主要有三类：

　　1）函数方程的求解与判定（存在性、唯一性等）.

　　2）确定未知函数在某处的值.

　　3）未知函数性质的确定（包括函数的奇偶性、周期性、单调性、有界性、不动点等）.

3.4.3　方 法 技 巧

　　函数方程的常见解法有：

　　1）换元方法. 将原方程的自变量的某个关系式代以一个新变量，或将原方程的自变量代以某个新变量的某个关系式，有时方程得到"简化"；有时得到一个新的函数方程，把新方程和原方程组成含有未知函数的方程组，然后用消元法求得原方程的解.

2）赋值方法. 当函数方程的自变量多于一个时，将其中的一个或几个自变量用一些特殊值代入，有时可以简化方程；有时可以求得未知函数在某些特殊点的值，进而可以猜测、推求函数的表达式.

3）归纳递推.

4）柯西方法. 这是求解涉及定义在 $\mathbf{R}$ 内的连续函数或单调函数的函数方程所采用的方法. 这个方法的求解程序是先求出自变量 x 取自然数（即 $x \in \mathbf{N}$）时函数方程的解，然后依次求出 $x \in \mathbf{Z}$，$x \in \mathbf{Q}$，$x \in \mathbf{R}$ 时函数方程的解.

5）待定系数法. 当函数方程的解 $f(x)$ 是多项式时，可令

$$f(x) = a_n x^n + a_{n-1} x^{n-1} + \cdots + a_1 x + a_0, \qquad a_n \neq 0,$$

代入函数方程，得到关于 a_n，a_{n-1}，$\cdots$，a_1，a_0 及 n 的方程组，解之求得 n 及这些系数，便得到函数方程的解，这方面的例子在多项式一章中已有所述.

3.4.4 概念定理

1）含有未知函数的等式叫做函数方程. 使这个等式成立的未知函数叫做函数方程的解. 求函数方程的（一些或全体）解的过程或证明函数方程无解的过程叫做解函数方程.

2）一个函数的自复合叫做迭代. 一般地，设 $f: D \to D$ 是一个函数，对任意的 $x \in D$，记

$$f^{(0)}(x) = x,$$
$$f^{(1)}(x) = f(x),$$
$$f^{(2)}(x) = f(f(x)),$$
$$f^{(3)}(x) = f(f(f(x))),$$
$$\vdots$$
$$f^{(n+1)}(x) = f(f^{(n)}(x)).$$

则称 $f^{(n)}(x)$ 为 $f(x)$ 的 n 次迭代，并称 n 为 $f^{(n)}(x)$ 的迭代指数. 如果 $f^{(n)}(x)$ 有反函数，则记作 $f^{(-n)}(x)$，这样迭代指数可以取所有整数.

3）含有未知函数迭代的函数方程称为迭代函数方程.

4）方程 $f(x) = x$ 的根称为函数 $f(x)$ 的不动点.

3.4.5　经典赛题

【例 3.4.1】　求解函数方程

$$f(\sin x) + 3f(-\sin x) = \cos x, \quad x \in \left[-\frac{\pi}{2}, \frac{\pi}{2}\right], \tag{3.4.1}$$

这里 f 的定义域是 $[-1, 1]$.

　　解　设 $F(x) = f(\sin x)$，则

$$F(x) + 3F(-x) = \cos x. \tag{3.4.2}$$

用 $-x$ 代换（3.4.2）式中的 x，得到

$$F(-x) + 3F(x) = \cos x. \tag{3.4.3}$$

把（3.4.2）式和（3.4.3）式联立，可解出

$$F(x) = \frac{1}{4}\cos x,$$

即

$$f(\sin x) = \frac{1}{4}\cos x = \frac{1}{4}\sqrt{1 - \sin^2 x},$$

所以 $f(x) = \frac{1}{4}\sqrt{1 - x^2} \quad (-1 \leqslant x \leqslant 1)$.

　　经验证这个函数满足原函数方程（略）.

　　【点评】　一般来说，解函数方程都应验证所求得的函数是否满足原方程，以下除了一些需要说明的问题，均省略验证及声明.

　　【例 3.4.2】　求解函数方程

$$f\left(\frac{x-1}{x+1}\right) + f\left(-\frac{1}{x}\right) + f\left(\frac{1+x}{1-x}\right) = \cos x, \tag{3.4.4}$$

式中，$x \neq 0, \pm 1$.

　　解　设 $g(x) = \frac{x-1}{x+1}$，则 $g^{(4)}(x) = x$，且 $g^{(2)}(x) = -\frac{1}{x}$，$g^{(3)}(x) = \frac{1+x}{1-x}$，则原方程（3.4.4）可以改写为

$$f(g(x)) + f(g^{(2)}(x)) + f(g^{(3)}(x)) = \cos x. \tag{3.4.5}$$

把 x 换成 $g(x)$，得

$$f(g^{(2)}(x)) + f(g^{(3)}(x)) + f(x) = \cos g(x). \tag{3.4.6}$$

再连续换两次，得

$$f(g^{(3)}(x)) + f(x) + f(g(x)) = \cos g^{(2)}(x), \tag{3.4.7}$$

$$f(x) + f(g(x)) + f(g^{(2)}(x)) = \cos g^{(3)}(x). \tag{3.4.8}$$

215

把 (3.4.6)、(3.4.7)、(3.4.8) 三式相加，减去 (3.4.5) 式的两倍，得

$$3f(x) = \cos(g(x)) + \cos(g^{(2)}(x)) + \cos(g^{(3)}(x)) - 2\cos x,$$

故

$$f(x) = \frac{1}{3}\left(\cos\frac{x-1}{x+1} + \cos\frac{1}{x} + \cos\frac{1+x}{1-x} - 2\cos x\right).$$

【点评】 　上述例题与迭代周期有关，一般地，如果 $g^{(p)}(x) = x$，$g^{(k)}(x) \neq x$ $(k = 1, 2, \cdots, p-1)$，则称 $g(x)$ 有迭代周期 p.

如果函数方程具有形式

$$u_1 f(x) + u_2 f(g(x)) + \cdots + u_p f(g^{(p-1)}(x)) = v, \qquad (3.4.9)$$

式中，u_1，u_2，$\cdots$，u_p，v 都是已知函数，而 $g(x)$ 是具有迭代周期 p 的函数，则可以将 x 换成 $g(x)$，得到

$$u_1{}^* f(g(x)) + u_2{}^* f(g^{(2)}(x)) + \cdots + u_{p-1}{}^* f(g^{(p-1)}(x)) + u_p{}^* f(x) = v^*,$$
$$(3.4.10)$$

式中，$u_i{}^* = u_i(g(x))$，$v^* = v_i(g(x))$.

如果由 (3.4.9) 式、(3.4.10) 式联立仍解不出未知函数 $f(x)$，则可以将 (3.4.10) 式中的 x 再换成 $g(x)$，如此代换 $p-1$ 次，得到 p 个方程. 从这 p 个方程中，往往可以确定出 $f(x)$. 例 3.4.2 中 $g^{(4)}(x) = x$，$g(x) = \dfrac{x-1}{x+1}$ 具有迭代周期 4 $(p = 4)$，得到 4 个方程 (3.4.5)、(3.4.6)、(3.4.7) 和 (3.4.8).

【例 3.4.3】 　求对全体实数有定义的严格单调递增的函数 $f(x)$，使得对一切的实数 x，y，有

$$f(f(x) + y) = f(x + y) + f(0). \qquad (3.4.11)$$

解 　在 (3.4.11) 式中，令 $y = -x$，则 (3.4.11) 式变为

$$f(f(x) - x) = 2f(0). \qquad (3.4.12)$$

在 (3.4.11) 式中将 x，y 互换，得

$$f(f(y) + x) = f(x + y) + f(0). \qquad (3.4.13)$$

在 (3.4.13) 式中令 $x = -y$ 得

$$f(f(y) - y) = 2f(0). \qquad (3.4.14)$$

由 (3.4.12) 式和 (3.4.14) 式知，对一切实数 x，y，有

$$f(f(x) - x) = f(f(y) - y).$$

由函数 $f(x)$ 的单调性，得

$$f(x) - x = f(y) - y,$$

即存在常数 c，使得对一切实数 x，有 $f(x) = x + c$.

经检验，它满足给定的条件.

【例 3.4.4】　设 $I = [0, 1]$，$G = \{(x, y) \mid x \in I, y \in I\}$，求 G 到 I 的所有映射 f，使得对任意的 x，y，$z \in I$，有

（1）$f(f(x, y), z) = f(x, f(y, z))$；

（2）$f(x, 1) = x$，$f(1, y) = y$；

（3）$f(zx, zy) = z^k f(x, y)$.

这里的 k 是与 x，y，z 都无关的正数.

解　在（3）中令 $x = 1$ 得
$$f(z, zy) = z^k y.$$

设 $zy = t (t \leqslant z)$，则
$$f(z, t) = z^{k-1} t (t \leqslant z),$$
同理可得 $f(z, t) = t^{k-1} z (t > z)$.

上面两个式子给出的函数已经满足（2）、（3）. 取 $x \geqslant y$，z 足够小，则由以上两式得
$$f(f(x, y), z) = f(x^{k-1}y, z) = x^{(k-1)^2} y^{k-1} z,$$
$$f(x, f(z, y)) = f(x, y^{k-1}z) = x^{k-1} y^{k-1} z.$$
将以上两式代入（1）导出
$$x^{(k-1)^2} = x^{k-1},$$
从而得到 $k = 1$ 或 2.

$k = 2$ 时，$f(x, y) = xy$；$k = 1$ 时，$f(x, y) = \begin{cases} y, & y \leqslant x, \\ x, & y > x. \end{cases}$ 这两个函数显然满足所有条件.

【例 3.4.5】　求所有的函数 $f: \mathbf{N} \to \mathbf{N}$，$\mathbf{N}$ 是非负整数集，同时满足

（1）$f(1) > 0$；

（2）对任意 m，$n \in \mathbf{N}$，都有 $f(m^2 + n^2) = f^2(m) + f^2(n)$.

解　取 $m = n = 0$ 得 $f(0) = 2f^2(0)$，所以 $f(0) = 0$ 或 $f(0) = \frac{1}{2}$（舍去）.

取 $m = 1$，$n = 0$ 得 $f(1) = f^2(1)$，由（1）知 $f(1) = 1$.

类似地，取 $(m, n) = (1, 1)$，$(0, 2)$，$(1, 2)$，$(0, 5)$，$(3, 4)$，$(1, 3)$，$(0, 10)$，$(2, 2)$ 和 $(6, 8)$ 可得
$$f(2) = 2, \ f(4) = 4, \ f(5) = 5, \ f(25) = 25, \ f(3) = 3, \ f(10) = 10,$$
$$f(100) = 100, \ f(8) = 8, \ f(6) = 6.$$

因此，若 $0 \leqslant n \leqslant 6$，则 $f(n) = n$. 于是猜想对所有 $n \in \mathbf{N}$，$f(n) = n$.

下面应用数学归纳法证明.

当 $0 \leqslant n \leqslant 6$ 时，$f(n) = n$，假设对所有小于 n 的自然数（n 是大于 6 的固

217

定整数）命题成立.

（1）当 n 是偶数时，$n = 2k$，由恒等式 $(2k)^2 + (k-5)^2 = (k+3)^2 + (2k-4)^2$，得

$$f^2(2k) + f^2(|k - 5|) = f((2k)^2 + (k - 5)^2) = f((k + 3)^2 + (2k - 4)^2)$$
$$= f^2(k + 3) + f^2(|2k - 4|).$$

即 $f^2(n) = f^2(2k) = f^2(k+3) + f^2(|2k-4|) - f^2(|k-5|)$.

由于 $n > 6$，n 是偶数，于是 $n \geq 8$，$k \geq 4$，从而 $k+3 < 2k$，$|2k-4| < 2k$，$|k-5| < 2k$. 由归纳假设得

$$f^2(n) = (k + 3)^2 + (2k - 4)^2 - (k - 5)^2 = (2k)^2 = n^2.$$

即 $f(n) = n$.

（2）当 n 是奇数时，$n = 2k+1$，由恒等式 $(2k+1)^2 + (k-2)^2 = (k+2)^2 + (2k-1)^2$，得

$$f^2(2k + 1) + f^2(k - 2) = f((2k + 1)^2 + (k - 2)^2) = f((k + 2)^2 + (2k - 1)^2)$$
$$= f^2(k + 2) + f^2(2k - 1),$$

即

$$f^2(n) = f^2(k + 2) + f^2(2k - 1) - f^2(k - 2).$$

又 $k+2 < 2k+1$，$2k-1 < 2k+1$，$k-2 < 2k+1$，由归纳假设得

$$f^2(n) = (k + 2)^2 + (2k - 1)^2 - (k - 2)^2 = n^2,$$

即 $f(n) = n$.

综上所述，对任意非负整数 n，都有 $f(n) = n$.

【点评】　有上述几例我们看到，用赋值方法求解函数方程一般分为两个步骤：其一是给变量一个或几个特殊值，借以猜测未知函数的形式；其二是验证具有这一形式的函数满足给定的全部条件.

【例 3.4.6】　设 $f:\mathbf{N} \to \mathbf{N}$，并且对所有正整数 n，有

$$f(n + 1) > f(n), \quad f(f(n)) = 3n,$$

求 $f(1992)$.

解　从简单情形入手，我们先把 f 的表达式求出来.

首先有

$$f(1) = 2, \quad f(2) = 3.$$

因为若 $f(1) = 1$，则 $f(f(1)) = f(1) = 1 \neq 3$，与题设矛盾.

若 $f(1) \geq 3$，由 f 的严格递增性知 $f(3) \geq 5$，所以 $f(f(1)) \geq f(3) \geq 5$，这与 $f(f(1)) = 3$ 矛盾. 所以

$$f(1) = 2, \quad f(2) = f(f(1)) = 3. \tag{3.4.15}$$

因为

$$f(3n) = f(f(f(n))) = 3f(n)，即 f(3n) = 3f(n).$$ (3.4.16)

由（3.4.15）式及（3.4.16）式推得

$$f(3^n) = 2 \cdot 3^n，$$

$$f(2 \cdot 3^n) = 3^{n+1}，\quad n = 0，1，2，\cdots.$$

注意到 $2 \cdot 3^n$ 与 3^{n+1} 之间共有 $3^n - 1$ 个自然数，而 3^n 与 $2 \cdot 3^n$ 之间恰有 $3^n - 1$ 个自然数，由 f 的严格递增性，可得

$$f(3^n + m) = 2 \cdot 3^n + m，$$

式中，$0 \leqslant m \leqslant 3^n$，$n = 0，1，2，\cdots$，所以

$$f(2 \cdot 3^n + m) = f(f(3^n + m)) = 3(3^n + m).$$

于是，有

$$f(n) = \begin{cases} 2 \cdot 3^k + m，& n = 3^k + m，\quad 0 \leqslant m \leqslant 3^k， \\ 3(3^k + m)，& n = 2 \cdot 3^k + m，\quad 0 \leqslant m \leqslant 3^k. \end{cases}$$

因为 $1992 = 2 \cdot 3^6 + 534$，所以

$$f(1992) = 3(3^6 + 534) = 3789.$$

【点评】　此题是 1992 年英国 MO 的压轴题，可以进一步推广为：

设 k （$k \geqslant 1$）为奇数，求正整数集 $\mathbf{N}$ 到 $\mathbf{N}$ 的一个严格递增函数 f，使得对一切正整数 n，$f(f(n)) = kn$.

当 $k = 1$ 时，可以取 $f(n) = n$. 当 $k = 3$ 时，即例 3.4.6，由此读者不难推测出推广问题的结果并给出证明.

【例 3.4.7】　设 $f: \mathbf{Q} \to \mathbf{Q}$ 满足

（1）$f(1) = 2$；

（2）$f(xy) = f(x)f(y) - f(x+y) + 1$.

试求 $f(x)$.

解　在（2）中令 $y = 1$，得

$$f(x) = f(x)f(1) - f(x+1) + 1 = 2f(x) - f(x+1) + 1，$$

即 $f(x+1) = f(x) + 1$. (3.4.17)

以 $x - 1$ 代 x 得 $f(x) = f(x-1) + 1$，则

$$f(x-1) = f(x) - 1.$$ (3.4.18)

由（3.4.17）式、（3.4.18）式及归纳法易得 $\forall m \in \mathbf{Z}$，有

$$f(x+m) = f(x) + m.$$

取 $x = 1$，则 $f(1+m) = f(1) + m = m + 2$. 故 $\forall m \in \mathbf{Z}$，$f(m) = m + 1$，即

$$f(x) = x + 1，\quad x \in \mathbf{Z}.$$

于是，$\forall \dfrac{m}{n} \in \mathbf{Q}$ （$m \in \mathbf{Z}$，$n \in \mathbf{Z}$，$(m, n) = 1$），有

$$n + 1 = f(n) = f\left(\frac{n}{m} \times m\right)$$

$$= f\left(\frac{n}{m}\right) \cdot f(m) - f\left(\frac{n}{m} + m\right) + 1$$

$$= (m + 1)f\left(\frac{n}{m}\right) - \left[f\left(\frac{n}{m}\right) + m\right] + 1$$

$$= mf\left(\frac{n}{m}\right) - m + 1.$$

故 $f\left(\frac{n}{m}\right) = \frac{n}{m} + 1$，即 $f(x) = x + 1$ $(x \in \mathbf{Q})$.

不难验证，$f(x) = x + 1$ $(x \in \mathbf{Q})$ 满足所有的条件.

【点评】 对本题，若加上 $f(x)$ 是 $\mathbf{R}$ 上的连续函数这个条件，则结论对一切的 $x \in \mathbf{R}$ 成立. 事实上，对任何 $x \in \mathbf{R}$，存在 $x_n \in \mathbf{Q}$，使 $\lim\limits_{n\to\infty} x_n = x$. 于是由连续性得

$$f(x) = \lim_{n\to+\infty} f(x_n) = \lim_{n\to+\infty} x_n + 1 = x + 1.$$

【例 3.4.8】 求适合以下条件的所有函数 $f: [1, +\infty) \to [1, +\infty)$.

(1) $f(x) \leqslant 2(x+1)$；

(2) $f(x+1) = \frac{1}{x}\left[(f(x))^2 - 1\right]$.

解 $f(x) = x + 1$ 显然满足要求. 我们证明仅此一解.

一方面

$$f(x) = \sqrt{1 + xf(x + 1)}, \tag{3.4.19}$$

因此，由 $f(x) \leqslant a(x+1)$，$a > 1$ 可得

$$f(x) \leqslant \sqrt{1 + xa(x + 2)} \leqslant \sqrt{a(x^2 + 2x + 1)} = a^{\frac{1}{2}}(x + 1).$$

从而，由已知 $f(x) \leqslant 2(x+1)$ 可逐步推出

$$f(x) \leqslant 2^{\frac{1}{2^n}}(x + 1).$$

令 $n \to +\infty$ 得 $f(x) \leqslant x + 1$.

另一方面，$f(x) \geqslant 1$，所以由 (3.4.19) 式得

$$f(x) \geqslant \sqrt{1 + x} \geqslant x^{\frac{1}{2}} = x^{1 - \frac{1}{2}}.$$

假设 $f(x) \geqslant x^{1 - \frac{1}{2^n}}$，则

$$f(x) \geqslant \sqrt{1 + x \cdot x^{1 - \frac{1}{2^n}}} \geqslant \sqrt{x^{2 - \frac{1}{2^n}}} = x^{1 - \frac{1}{2^{n+1}}}.$$

因此，恒有 $f(x) \geqslant x^{1 - \frac{1}{2^n}}$，令 $n \to +\infty$ 得

$$f(x) \geqslant x.$$

设 $f(x) \geqslant x+1-\dfrac{1}{2^n}$（$n \geqslant 0$），则

$$f(x) = \sqrt{1+xf(x+1)} \geqslant \sqrt{1+x\left(x+1+1-\dfrac{1}{2^n}\right)}$$

$$> \sqrt{x^2 + 2\left(1-\dfrac{1}{2^{n+1}}\right)x + \left(1-\dfrac{1}{2^{n+1}}\right)^2}$$

$$= x + \left(1-\dfrac{1}{2^{n+1}}\right).$$

因此，恒有 $f(x) \geqslant x+1-\dfrac{1}{2^n}$，令 $n \to +\infty$ 得

$$f(x) \geqslant x+1.$$

综上所述，$f(x) = x+1$.

【点评】　本题由不等导出相等，证得唯一性，技巧独具一格.

【例 3.4.9】　设 $n \geqslant 2$ 为一固定整数，确定在区间 $(0, a)$ 上有界且适合函数方程

$$f(x) = \dfrac{1}{n^2}\left[f\left(\dfrac{x}{n}\right) + f\left(\dfrac{x+a}{n}\right) + \cdots + f\left(\dfrac{x+(n-1)a}{n}\right)\right] \quad (3.4.20)$$

的所有函数.

解　设 $f(x)$ 是在 $x \in (0, a)$ 上有界且适合（3.4.20）的函数，由于 $f(x)$ 在 $(0, a)$ 上有界，所以存在正常数 M，使得

$$|f(x)| < M, \quad 0 < x < a. \quad (3.4.21)$$

对于 $k=0, 1, \cdots, n-1$ 有 $0 < \dfrac{x+ka}{n} < a$，故由（3.4.21）式得

$$\left|f\left(\dfrac{x+ka}{n}\right)\right| < M, \quad 0 \leqslant k \leqslant n-1, \quad 0 < x < a.$$

于是由（3.4.20）式，对于 $0<x<a$ 有

$$|f(x)| = \dfrac{1}{n^2}\left|f\left(\dfrac{x}{n}\right) + f\left(\dfrac{x+a}{n}\right) + \cdots + f\left(\dfrac{x+(n-1)a}{n}\right)\right|$$

$$\leqslant \dfrac{1}{n^2}\left[\left|f\left(\dfrac{x}{n}\right)\right| + \left|f\left(\dfrac{x+a}{n}\right)\right| + \cdots + \left|f\left(\dfrac{x+(n-1)a}{n}\right)\right|\right]$$

$$< \dfrac{1}{n^2}(\underbrace{M+M+\cdots+M}_{n\text{个}M}),$$

即 $|f(x)| < \dfrac{M}{n}$.

用 $\dfrac{M}{n}$ 代替 M 并重复上面论证得

$$|f(x)| < \frac{M}{n^2}, \quad 0 < x < a.$$

按此方法继续下去，则有

$$|f(x)| < \frac{M}{n^m}, \quad 0 < x < a, \quad m = 0, 1, 2, \cdots.$$

令 $m \to +\infty$，得 $f(x) = 0$，$0 < x < a$.

【点评】　此题利用有界条件 $|f(x)| < M$，导出 $|f(x)| < \frac{M}{n}$，然后多次重复

这一过程，由常数 M，$\frac{M}{n}$，$\frac{M}{n^2}$，$\cdots$，$\frac{M}{n^m}$，导出变量，再利用极限，令 $m \to +\infty$

逼出 $f(x) = 0$.

【例 3.4.10】　求所有多项式 $P(x)$，使得对任意的 $x \in \mathbf{R}$，有

$$xP(x - 1) = (x - 26)P(x).$$

解　对于 $xP(x-1) = (x-26)P(x)$，令 $x = 0, 1, 2, \cdots, 25$ 易得

$$P(0) = P(1) = P(2) = \cdots = P(25) = 0.$$

所以多项式 $P(x)$ 必有因式 x，$x-1$，$x-2$，$\cdots$，$x-25$. 于是可设

$$P(x) = x(x - 1)(x - 2)\cdots(x - 25)Q(x),$$

将上式代入 $xP(x-1) = (x-26)P(x)$，并约去相同的因式得

$$Q(x - 1) = Q(x).$$

由此得到 $Q(0) = Q(1) = Q(2) = \cdots$，因此 $Q(x)$ 恒为常数 a，故所求多项式为

$$P(x) = ax(x - 1)(x - 2)\cdots(x - 25).$$

【点评】　上例是从分析根的情况入手，求出满足一定条件的多项式. 另外，从分析系数、次数入手也是解答这类问题的有效方法.

【例 3.4.11】　求所有实系数多项式 $P(x)$，使得对一切 $x \in \mathbf{R}$，有

$$P(x) \cdot P(2x^2 - 1) = P(x^2) \cdot P(2x - 1).$$

解法 1　设 $\deg P(x) = n$，显然

$$P(2x - 1) = 2^n P(x) + R(x),$$

式中，$R(x) = 0$ 或 $\deg R(x) < n$，则

$$P(x)[2^n P(x^2) + R(x^2)] = P(x^2)[2^n P(x) + R(x)],$$

即 $P(x)R(x^2) = P(x^2)R(x)$.

若 $R(x) \neq 0$，记 $\deg R(x) = m$，则 $n + 2m = m + 2n$，即 $m = n$，矛盾. 因此，$R(x) = 0$，即

$$P(2x - 1) = 2^n P(x),$$

$$P(2x + 1) = 2^n P(x + 1).$$

则多项式 $Q(x) = P(x+1)$ 满足 $Q(2x) = 2^n Q(x)$. 设 $Q(x) = \sum\limits_{i=0}^{n} a_i x^i$, 则

$$2^i a_i = 2^n a_i, \qquad 0 \leqslant i \leqslant n-1,$$

即 $a_i = 0$ $(0 \leqslant i \leqslant n-1)$, 故 $P(x) = c$ 或 $P(x) = c(x-1)^n$, $c \in \mathbf{R}$, $n \geqslant 1$. 不难验证, 这些多项式满足题设的要求.

解法 2　设 $D(x) = \gcd(P(x), P(2x-1))$, 则可设

$$P(x) = D(x)F(x), \quad P(2x-1) = D(x)G(x),$$

式中, $F(x)$, $G(x)$ 是互素的多项式. 于是

$$P(x^2) = D(x^2)F(x^2), \quad P(2x^2-1) = D(x^2)G(x^2),$$

从而 $D(x)G(x)D(x^2)F(x^2) = D(x)F(x)D(x^2)G(x^2)$, 即

$$G(x)F(x^2) = F(x)G(x^2).$$

因为 $F(x)$, $G(x)$ 互素, 同样 $G(x^2)$, $F(x^2)$ 也互素, 所以

$$F(x^2) \mid F(x), \quad G(x) \mid G(x^2),$$

从而 $F(x)$, $G(x)$ 都是常数. 于是 $P(2x-1) = 2^n P(x)$. 以下解答同解法 1.

【例 3.4.12】证明: 仅对唯一的常数 b, 存在实函数 f, 使对所有的实数 x 和 y, 有

$$f(x-y) = f(x) - f(y) + bxy.$$

（注：本题中的实函数 f 是指对所有的实数 x, 函数 $f(x)$ 都存在, 且值是实数.）

解　令 $x = y = a$, 这里 a 是任取的, 则 $f(0) = ba^2$. 因为 $f(0)$ 是一个确定的值, 而 a 任取, 所以 $b = 0$. 满足这一条件的函数确实存在, 比如 $f(x) = mx$ 就满足 $f(x-y) = f(x) - f(y)$.

【点评】　本题要判断满足要求的函数是否存在. 对这类问题的解答, 如果存在, 就构造出其中的一个函数的表达式; 如果不存在, 要说明理由.

【例 3.4.13】　设 $f: [0,1] \to [0,1]$, 已知存在 $\lambda \in (0,1)$, 使得 $f(\lambda) \neq 0$, $f(\lambda) \neq \lambda$. 且对任意 x, $y \in [0,1]$, $x+y \leqslant 1$, 都有 $0 \leqslant f(x) + y \leqslant 1$ 且 $f(f(x)+y) = f(x) + f(y)$.

（1）给出一个这样函数的例子;

（2）证明: 对任意实数 $x \in [0,1]$, 都有 $f^{(2010)}(x) = f(x)$.

解　（1）$f(x) = \begin{cases} 0, & 0 \leqslant x < 1/2, \\ 1/2, & 1/2 \leqslant x < 1, \\ 1, & x = 1. \end{cases}$

下面验证这个函数满足条件:

对 $\lambda = \dfrac{3}{4}$, 有 $f(\lambda) \neq 0$, $f(\lambda) \neq \lambda$;

当 $x<\dfrac{1}{2}$ 时，有 $f(f(x)+y)=f(x)+f(y)$ 成立；

当 $\dfrac{1}{2}\leqslant x<1,y=\dfrac{1}{2}$ 时，$f(f(x)+y)=f(\dfrac{1}{2}+\dfrac{1}{2})=1=f(x)+f(y)$ 成立；

当 $x=1$，$y=0$ 时，$f(f(x)+y)=1=f(x)+f(y)$ 成立；

当 $\dfrac{1}{2}<x<1$，$y<\dfrac{1}{2}$ 时，$f(f(x)+y)=f(\dfrac{1}{2}+y)=\dfrac{1}{2}=f(x)+f(y)$ 成立.

（2）若 $f(0)=a>0$，令 $y=0$ 可得 $f(f(x))=f(x)+a$.

由上式用数学归纳法可得 $f(na)=(n+1)a$，$\left(n=1,\ 2,\ \cdots,\ \left[\dfrac{1}{a}\right]\right)$.

所以当 $n=\left[\dfrac{1}{a}\right]$ 时有 $f(na)=(n+1)a>1$，矛盾，从而 $f(0)=0$，$f(f(x))=f(x)$.

故 $f^{(2010)}(x)=f(x)$，命题得证.

【例 3.4.14】　是否存在函数 f：$\mathbf{N}\to\mathbf{N}$ 满足

（1）$f(f(n))=f(n)+n$；

（2）$f(1)=2$；

（3）$f(n+1)>f(n)$.

解　这样的函数存在. 取 $\alpha=\dfrac{\sqrt{5}+1}{2}$，$\beta=\dfrac{\sqrt{5}-1}{2}$，令 $f(n)=[\alpha n+\beta]$，$n\in$

$\mathbf{N}$，我们证明 $f(n)$ 满足条件 f：$\mathbf{N}\to\mathbf{N}$，并且

$$f(1)=[\alpha+\beta]=[\sqrt{5}]=2;$$
$$f(n+1)=[(n+1)\alpha+\beta]=[\alpha n+\beta+\alpha]$$
$$\geqslant[\alpha n+\beta+1]=f(n)+1>f(n);$$
$$f(f(n))=[\alpha[\alpha n+\beta]+\beta]=[(1+\beta)[\alpha n+\beta]+\beta]$$
$$=[\alpha n+\beta]+[\beta[\alpha n+\beta]+\beta]$$
$$=f(n)+[\beta[\alpha n+\beta]+\beta]. \qquad (3.4.22)$$

显然 $\alpha n+\beta$ 不是整数，于是有

$$[\beta[\alpha n+\beta]+\beta]<\beta(\alpha n+\beta)+\beta$$
$$=n+\beta^2+\beta=n+1,$$
$$[\beta[\alpha n+\beta]+\beta]>\beta(\alpha n+\beta-1)+\beta$$
$$=n+\beta^2>n,$$

故 $[\beta[\alpha n+\beta]+\beta]=n$.

由（3.4.22）得

$$f(f(n))=f(n)+n,$$

所以, $f(n)=[\alpha n+\beta]$ $(n\in\mathbf{N})$ 满足所有的条件.

【点评】   所求的 $f(n)$ 不是唯一的, 有多种构造形式, 如

1) $f(n)=\left[\dfrac{\sqrt{5}+1}{2}n+\dfrac{1}{2}\right]$;

2) $f(n)=\left[\dfrac{\sqrt{5}-1}{2}(n+1)\right]+n$;

3) $f(1)=2$, $f(n)=n+\max\{i<n\,|\,f(i)\le n\}$.

可以验证 1)、2)、3) 所构造的函数满足题目中所给的条件.

下面我们讨论几个从函数方程出发研究未知函数性质的问题.

【例 3.4.15】   设 $f(x)$ 满足函数方程

$$f(x+a)=\dfrac{1}{2}+\sqrt{f(x)-f^2(x)}, \quad x\in R, \qquad (3.4.23)$$

式中 a 为给定的正数. 求证: $f(x)$ 是周期函数, 并对 $a=1$ 举出满足 (3.4.23) 的非常值函数.

解   由所给的条件, 我们猜测函数 $f(x)$ 的周期可能与 a 有关, 尝试计算 $f(x+2a)$, 得到

$$\begin{aligned}
f(x+2a) &= \dfrac{1}{2}+\sqrt{f(x+a)-f^2(x+a)}\\
&= \dfrac{1}{2}+\sqrt{\dfrac{1}{2}+\sqrt{f(x)-f^2(x)}-\left(\dfrac{1}{2}+\sqrt{f(x)-f^2(x)}\right)^2}\\
&= \dfrac{1}{2}+\sqrt{\dfrac{1}{2}+\sqrt{f(x)-f^2(x)}-\dfrac{1}{4}-\sqrt{f(x)-f^2(x)}-f(x)+f^2(x)}\\
&= \dfrac{1}{2}+\sqrt{\left(\dfrac{1}{2}-f(x)\right)^2}\\
&= \dfrac{1}{2}+\left|\dfrac{1}{2}-f(x)\right|.
\end{aligned}$$

注意 $f(x)\ge\dfrac{1}{2}$, 故 $f(x+2a)=f(x)$ 对所有的 $x\in\mathbf{R}$ 都成立, $f(x)$ 是以 $2a$ 为周期的周期函数.

一个满足条件的函数是

$$f(x)=\begin{cases}\dfrac{1}{2}, & 2n\le x<2n+1,\\ 1, & 2n+1\le x<2n+2\end{cases} \quad (n\in\mathbf{Z}).$$

当 $a=1$ 时, 易验证其满足 (3.4.23).

【点评】　所求的 $f(x)$ 不是唯一的，有多种构造形式．例如，当 $a=1$ 时，取

$$f(x) = \frac{1}{2} + \frac{1}{2}\left|\sin\frac{\pi x}{2}\right|.$$

【例 3.4.16】　设 f: $\mathbf{N} \to \mathbf{R}$ 且满足

（1）$f(x+1) = \dfrac{f^2(x)+a-1}{2(f(x)-1)}$　$(a>0)$；

（2）$f(x)>1$.

求证：$f(x)$ 在 $\mathbf{N}_+$ 上是递减的．

证明　只需证明对一切 $x \in \mathbf{N}$，$f(x) \geqslant f(x+1)$.

事实上，$f(x) - f(x+1) = \dfrac{(f(x)-1)^2 - a}{2\ (f(x)-1)}$．当 $x \in \mathbf{N}_+$ 时，$x \in \mathbf{N}$，则

$f(x-1)>1$，又 a 大于 0，所以

$$f(x) - 1 = \frac{1}{2}\left[f(x-1) - 1 + \frac{a}{f(x-1)-1} \right]$$

$$\geqslant \frac{1}{2} \times 2 \times \sqrt{[f(x-1)-1] \cdot \frac{a}{f(x-1)-1}}$$

$$= \sqrt{a}.$$

从而 $[f(x)-1]^2 \geqslant a$，又 $f(x)>1$ $(x \in \mathbf{N}_+)$，所以

$$f(x) \geqslant f(x+1),$$

故 $f(x)$ 在 $\mathbf{N}^*$ 上是递减的．

【例 3.4.17】　设 $P(x)$ 及 $Q(x)$ 是多项式，且对任意实数 x，有

$$P(x^2 - x + 1) = Q(x^2 + x + 1). \tag{3.4.24}$$

求证：$P(x)$ 及 $Q(x)$ 都是常数．

证明　若 $P(x)$ 为零多项式（即 $P(x) \equiv 0$），则 $Q(x)$ 也为零多项式．现设 $P(x)$ 为非零多项式，把恒等式（3.4.24）中的 x 代之以 $-x$，得

$$P(x^2 + x + 1) = Q(x^2 - x + 1),$$

从而

$$\begin{aligned}
P(x^2 - x + 1) &= Q(x^2 + x + 1) \\
&= Q[(x+1)^2 - (x+1) + 1] \\
&= P[(x+1)^2 + (x+1) + 1] \\
&= P(x^2 + 3x + 3).
\end{aligned}$$

令 $f(x) = x^2 - x + 1$，$g(x) = x^2 + 3x + 3$，则 $P(f(x)) = P(g(x))$，且当 $x>0$ 时，$g(x)>f(x)$．因 $f(x) = \left(x - \dfrac{1}{2}\right)^2 + \dfrac{3}{4}$，故 $f(x)$ 的图像是以 $\left(\dfrac{1}{2}, \dfrac{3}{4}\right)$ 为顶

点，开口向上的抛物线．于是，对任何 $a>\dfrac{3}{4}$，方程 $f(x)=a$ 总有一个正根 $\zeta>$ $\dfrac{1}{2}$，且 $g(\zeta)>f(\zeta)$．

现在令 $f(x)=1$，记其正根为 $\zeta_0(=1)$，有 $g(\zeta_0)$（$=7$）$>f(\zeta_0)$，且
$$P(f(\zeta_0))=P(g(\zeta_0)).$$
再令 $f(x)=g(\zeta_0)$（$=7$），记其正根为 $\zeta_1(=3)$，有 $g(\zeta_1)$（$=21$）$>f(\zeta_1)=$ $g(\zeta_0)$，且
$$P(f(\zeta_1))=P(g(\zeta_1)).$$
至此得 $P(f(\zeta_0))=P(g(\zeta_0))=P(g(\zeta_1))$，且 $f(\zeta_0)<g(\zeta_0)<g(\zeta_1)$．上述迭代过程可以无限延续，这表明对无穷多个不同实数 x，$P(x)$ 取相同的值．所以，$P(x)$ 是常数，从而 $Q(x)$ 也是常数．

【例 3.4.18】 设 $f(t)$，$g(t)$，$h(t)$ 都是实变量的实值函数，证明：存在实数 x，y，z，使 $0\leqslant x$，y，$z\leqslant 1$，且
$$|xyz-f(x)-g(y)-h(z)|\geqslant\dfrac{1}{3}.$$

如果 $\dfrac{1}{3}$ 被任何一个常数 $c>\dfrac{1}{3}$ 代替，则上述结论不成立，即结论中的 $\dfrac{1}{3}$ 是最佳可能．

证明 考虑下面 6 个数：
$$N_1=1-f(1)-g(1)-h(1),$$
$$N_2=1-f(1)-g(1)-h(1),$$
$$N_3=0+f(0)+g(1)+h(1),$$
$$N_4=0+f(1)+g(0)+h(1),$$
$$N_5=0+f(1)+g(1)+h(0),$$
$$N_6=0-f(0)-g(0)-h(0).$$

因为 $\sum N_i=2$，所以 N_i 中至少有一个大于或等于 $\dfrac{1}{3}$．于是在 $(x,y,z)=(1,1,1)$，$(0,1,1)$，$(1,0,1)$，$(1,1,0)$，$(0,0,0)$ 中，至少有一个使所给的关系式成立．为了证明 $\dfrac{1}{3}$ 是最佳的可能，下面具体给出三个函数 f，g，h，使其恰好得到 $\dfrac{1}{3}$．

设 $f(x)=g(x)=h(x)=\dfrac{3x-1}{9}$，则
$$|xyz-f(x)-g(y)-h(z)|$$

$$= \left| xyz - \frac{x+y+z}{3} + \frac{1}{3} \right|.$$

现在只需证明对所有的 $0 \leqslant x,\ y,\ z \leqslant 1$，有

$$\frac{1}{3} \geqslant xyz - \frac{x+y+z}{3} + \frac{1}{3} \geqslant -\frac{1}{3}.$$

因为表达式对每一个变量都是线性的，所以它的极值在端点处取到，由此可得结论.

【点评】 此问题的一个简化形式是 1959 年普特南数学竞赛试题 A-4.

设 $f(x)$，$g(x)$ 都是实变量的实值函数，证明：存在实数 x_1，x_2，满足下列三个不等式：

$$0 \leqslant x_1 \leqslant 1, \quad 0 \leqslant x_2 \leqslant 1, \quad |x_1 x_2 - f(x_1) - g(x_2)| \geqslant \frac{1}{4}.$$

此问题的推广参见 Mathematics Magazine，62（1989）：198；63（1990）：194~197.

【例 3.4.19】 设 $f(x)$ 满足条件：

(1) $f(x+1) = f(x) + 1$ $(-\infty < x < +\infty)$；　　　　(3.4.25)

(2) 当 $x \leqslant y$ 时，$f(x) \leqslant f(y)$.

求证：对任意正整数 m 和 n，有

$$\left| \frac{f^{(n)}(0)}{n} - \frac{f^{(m)}(0)}{m} \right| \leqslant \frac{1}{n} + \frac{1}{m}. \tag{3.4.26}$$

证明 由 (1) 可知，对任一自然数 k，有

$$f^{(k)}(x+1) = f^{(k)}(x) + 1. \tag{3.4.27}$$

而且由 (3.4.27) 式得

$$f^{(k)}(x+1) - (x+1) = f^{(k)}(x) - x, \tag{3.4.28}$$

即 $f^{(k)}(x) - x$ 是周期为 $T = 1$ 的函数.

任取 $0 \leqslant x \leqslant 1$，由 (2) 得知 $f^{(k)}(x)$ 不减，故

$$f^{(k)}(0) \leqslant f^{(k)}(x) \leqslant f^{(k)}(1) = f^{(k)}(0) + 1. \tag{3.4.29}$$

$x \geqslant 0$ 及 $x - 1 \leqslant 0$，由 (3.4.29) 式得

$$f^{(k)}(0) - 1 + x \leqslant f^{(k)}(x) \leqslant f^{(k)}(0) + 1 + x, \tag{3.4.30}$$

即

$$f^{(k)}(0) - 1 \leqslant f^{(k)}(x) - x \leqslant f^{(k)}(0) + 1, \quad 0 \leqslant x \leqslant 1. \tag{3.4.31}$$

但因为 $f^{(k)}(x) - x$ 是以 1 为周期的函数，故由 (3.4.31) 式在 $[0, 1]$ 上成立可知它对一切 x 成立，即

$$f^{(k)}(0) - 1 \leqslant f^{(k)}(x) - x \leqslant f^{(k)}(0) + 1, \quad -\infty < x < +\infty. \tag{3.4.32}$$

取 $k=n$，任取 x_0 并顺次取 $x_j=f^{(nj)}(x_0)$（$j=0$，1，2，$\cdots$，$m-1$）代入 (3.4.32) 式得

$$\begin{cases} f^{(n)}(0) - 1 \leqslant f^{(n)}(x_0) - x_0 \leqslant f^{(n)}(0) + 1, \\ f^{(n)}(0) - 1 \leqslant f^{(2n)}(x_0) - f^{(n)}(x_0) \leqslant f^{(n)}(0) + 1, \\ f^{(n)}(0) - 1 \leqslant f^{(3n)}(x_0) - f^{(2n)}(x_0) \leqslant f^{(n)}(0) + 1, \\ \qquad\qquad\qquad \vdots \\ f^{(n)}(0) - 1 \leqslant f^{(mn)}(x_0) - f^{((m-1)n)}(x_0) \leqslant f^{(n)}(0) + 1. \end{cases} \quad (3.4.33)$$

把 (3.4.33) 式中的各式相加，得

$$m(f^{(n)}(0) - 1) \leqslant f^{(mn)}(x_0) - x_0 \leqslant m(f^{(n)}(0) + 1). \quad (3.4.34)$$

同用 mn 除，得

$$\frac{f^{(n)}(0)}{n} - \frac{1}{n} \leqslant \frac{f^{(mn)}(x_0) - x_0}{mn} \leqslant \frac{f^{(n)}(0)}{n} + \frac{1}{n}, \quad (3.4.35)$$

即

$$-\frac{1}{n} \leqslant \frac{f^{(mn)}(x_0) - x_0}{mn} - \frac{f^{(n)}(0)}{n} \leqslant \frac{1}{n}. \quad (3.4.36)$$

交换 m，n，又可得

$$-\frac{1}{m} \leqslant \frac{f^{(mn)}(x_0) - x_0}{mn} - \frac{f^{(m)}(0)}{m} \leqslant \frac{1}{m}. \quad (3.4.37)$$

把 (3.4.37) 式乘以负号，得

$$-\frac{1}{m} \leqslant \frac{f^{(m)}(0)}{m} - \frac{f^{(mn)}(x_0) - x_0}{mn} \leqslant \frac{1}{m}. \quad (3.4.38)$$

再把 (3.4.36) 式和 (3.4.38) 式相加，得

$$-\left(\frac{1}{m} + \frac{1}{n}\right) \leqslant \frac{f^{(m)}(0)}{m} - \frac{f^{(n)}(0)}{n} \leqslant \frac{1}{m} + \frac{1}{n}, \quad (3.4.39)$$

此即所要证的不等式 (3.4.26).

【点评】　本题的解法中，用了较高的技巧. 如利用条件（1）及（2）导出 (3.4.27)、(3.4.28) 及 (3.4.29)；又利用了 $(f^{(k)}(x)-x)$ 的周期性把 (3.4.31) 中的不等式从 $0 \leqslant x \leqslant 1$ 推广到 $-\infty < x < +\infty$；在 (3.4.32) 中令 $x=x_0$，x_1，$\cdots$，$x_{m-1}(x_j=f^{(nj)}(x_0))$ 导出一串不等式再相加；在 (3.4.36) 中交换 m，n 的位置，等等. 这些做法看似平常，却不易想到，值得反复揣摩.

最后，给出几个与不动点有关的问题.

【例 3.4.20】　G 是形如 $f(x)=ax+b$（a 和 b 都是实数）的实变数 x 的非常数函数集，且 G 具有下列性质：

（1）若 f，$g \in G$，则 $g \circ f \in G$，其中定义 $(g \circ f)(x)=g[f(x)]$；

（2）若 $f \in G$ 且 $f(x) = ax + b$，则反函数 f^{-1} 也属于 G（这里 $f^{-1}(x) = \dfrac{x-b}{a}$）;

（3）对 G 中每个 f，存在一个实数 x_f，使得

$$f(x_f) = x_f.$$

证明：总存在一个实数 k，对所有 $f \in G$ 有 $f(k) = k$.

分析　条件（3）表明，对每一个 $f \in G$，都有一个不动点 x_f，使得 $f(x_f) = x_f$. 最后我们证明，G 中所有函数 f，必有一公共不动点 k.

设 $f(x) = ax + b$ 的不动点为 x_f，即 $ax_f + b = x_f$.

若 $a \neq 1$，则 $x_f = \dfrac{-b}{a-1}$ 是 f 的唯一不动点；

若 $a = 1$ 且 $b = 0$，则任何实数都是 $f(x)$ 的不动点；

若 $a = 1$ 且 $b \neq 0$，则 f 的不动点不存在，这时 $f \notin G$. 所以，我们只需证明，当 $f(x) = ax + b$（$a \neq 1$）$\in G$ 时，必有 $\dfrac{-b}{a-1}$ 为常数. 这时取 $k = \dfrac{-b}{a-1}$，则对任何 $f \in G$，都有 $f(k) = k$.

证明　首先，我们证明若 $g_1(x) = ax + b_1 \in G$，$g_2(x) = ax + b_2 \in G$，则 $b_1 = b_2$.

事实上，由性质（1）、（2）有

$$g_2^{-1}[g_1(x)] = \frac{(ax+b_1) - b_2}{a} = x + \frac{b_1 - b_2}{a} \in G.$$

由（3）知 $g_2^{-1}[g_1(x)]$ 存在不动点，故 $b_1 = b_2$.

其次，对形如 $h(x) = x + b$ 的函数，当 $b \neq 0$ 时，$h(x) \notin G$；当 $b = 0$ 时，对任何实数 k 都有 $h(k) = k$. 故只需考虑 G 中形如 $f(x) = ax + b$（$a \neq 1$）的函数.

设 $f_1(x) = a_1 x + b_1$（$a_1 \neq 1$）$\in G$，$f_2(x) = a_2 x + b_2$（$a_2 \neq 1$）$\in G$，那么由性质（1）得

$$f_1[f_2(x)] = a_1(a_2 x + b_2) + b_1 = a_1 a_2 x + a_1 b_2 + b_1 \in G,$$
$$f_2[f_1(x)] = a_2(a_1 x + b_1) + b_2 = a_1 a_2 x + a_2 b_1 + b_2 \in G.$$

由前面的证明便有

$$a_1 b_2 + b_1 = a_2 b_1 + b_2,$$

即 $\dfrac{-b_1}{a_1 - 1} = \dfrac{-b_2}{a_2 - 1}$.

上式表明，对任何 $f(x) = ax + b$（$a \neq 1$）$\in G$，$\dfrac{-b}{a-1}$ 为常数，取 $k =$

$\dfrac{-b}{a-1}$，则

$$f(k) = f\left(\dfrac{-b}{a-1}\right) = a\left(\dfrac{-b}{a-1}\right) + b = \dfrac{-b}{a-1} = k,$$

即知题中结论成立.

【例 3.4.21】　设 $\{f(n)\}$ 是取正整数值的严格递增序列. 已知 $f(2)=2$，当 m，n 互素时，$f(mn)=f(m)f(n)$，求证：$f(n)=n$.

分析　此例是在题设条件下证 $f(n)$ 取自然数 n（$\geqslant 2$）时均为不动点.

证明　$f(3)f(7) = f(21) < f(22) = f(2)f(11) = 2f(11)$
$$< 2f(14) = 2f(2)f(7) = 4f(7),$$

从而有 $f(3) < 4$.

但 $f(3) > f(2) = 2$，于是 $f(3) = 3$.

若原命题不真，假设 $f(n) \neq n$ 的最小正整数 n 为 $n_0 \geqslant 4$. 因此 $f(n_0) > f(n_0 - 1) = n_0 - 1$，故只能 $f(n_0) > n_0$. 又 $\{f(n)\}$ 是严格增加的，故当 $n \geqslant n_0$ 时，
$$f(n) > n. \tag{3.4.40}$$

下面分两种情况讨论：

（1）当 n_0 是奇数时，2 和 $n_0 - 2$ 互素，故
$$f[2(n_0 - 2)] = f(2)f(n_0 - 2) = 2(n_0 - 2). \tag{3.4.41}$$
又因 $n_0 \geqslant 4$，故 $2(n_0 - 2) \geqslant n_0$，从而（3.4.41）式与（3.4.40）式矛盾.

（2）当 n_0 是偶数时，2 和 $n_0 - 1$ 互素，同理有
$$f[2(n_0 - 1)] = f(2)f(n_0 - 1) = 2(n_0 - 1). \tag{3.4.42}$$
又因 $n_0 \geqslant 4$，故 $2(n_0 - 1) \geqslant n_0$，从而（3.4.42）式与（3.4.40）式矛盾.

综上所述，无论如何，（3.4.40）式不能成立. 证毕.

【例 3.4.22】　求出所有的函数 f，它的定义域为一切正实数，并且函数值为正实数，满足下述条件：

（1）$f[xf(y)] = yf(x)$，$\forall x$，$y \in \mathbf{R}^+$；

（2）当 $x \to +\infty$ 时，$f(x) \to 0$.

分析　当 $x = y > 0$ 时，有 $f[xf(x)] = xf(x)$ 知 $xf(x)$ 为其不动点.

解　首先证 $x = 1$ 是 $f(x)$ 的不动点，即 $f(1) = 1$. 在条件（1）中取 $x = 1$，$y = \dfrac{1}{f(1)}$ 得

$$f\left[1 \cdot f\left(\dfrac{1}{f(1)}\right)\right] = \dfrac{1}{f(1)} \cdot f(1) = 1. \tag{3.4.43}$$

再在条件（1）中取 $y = 1$，$x = \dfrac{1}{f(1)}$ 得

$$f(1) = f\left[\frac{1}{f(1)} \cdot f(1)\right] = 1 \cdot f\left(\frac{1}{f(1)}\right). \tag{3.4.44}$$

比较 (3.4.43)、(3.4.44) 两式得 $f[f(1)] = 1$.

又在条件 (1) 中令 $x=1$，$y=1$ 得 $f[1 \cdot f(1)] = 1 \cdot f(1)$，故 $f(1) = 1$.

再证 $x=1$ 是唯一的不动点.

设 $x=a$ 是不动点，即有 $f(a) = a$.

(1) 当 $a>1$ 时，

$$f(a^x) = f(a^{x-1} \cdot a) = f[a^{x-1} \cdot f(a)] = af(a^{x-1})$$
$$= a \cdot f(a^{x-2} \cdot a) = a \cdot f[a^{x-2} \cdot f(a)] = \cdots = a^x,$$

即 $x=a^x$ 也是不动点. 而

$$\lim_{x \to +\infty} f(a^x) = \lim_{x \to +\infty} a^x = +\infty,$$

这与条件 (2) 矛盾，故 $a>1$ 不可能.

(2) 当 $0<a<1$ 时，因

$$f(1) = f\left(\frac{1}{a} \cdot a\right) = f\left[\frac{1}{a} \cdot f(a)\right] = a \cdot f\left(\frac{1}{a}\right) = 1,$$

则 $f\left(\frac{1}{a}\right) = \frac{1}{a}$，即 $x = \frac{1}{a}$ 也是不动点，而 $\frac{1}{a} > 1$，这又回到了 (1) 的情形.

综合 (1)、(2) 可得，$x=1$ 是唯一不动点.

最后，令 $x=y$，由已知条件 (1) 得 $f[xf(x)] = xf(x)$，即对任意 $x>0$，$xf(x)$ 是不动点，而 $x=1$ 是唯一不动点，所以 $xf(x) \equiv 1$，即 $f(x) = \frac{1}{x}$.

【例 3.4.23】　求出所有定义在非负整数集上且在非负整数集中取值的函数 f，使其满足

$$f(m + f(n)) = f(f(m)) + f(n) \tag{3.4.45}$$

解　在 (3.4.45) 式中令 $m=n=0$，得

$$f(f(0)) = f(f(0)) + f(0),$$

于是 $f(0) = 0$.

在 (3.4.45) 中令 $m=0$，利用 $f(0) = 0$ 得

$$f(f(n)) = f(n). \tag{3.4.46}$$

设 A 是所有满足 $f(x)=x$ 的非负整数 x 组成的集合，由 (3.4.46) 可知对一切 $n \in \mathbf{N}$，$f(n) \in A$，若 $a, b \in A$，$a \geq b$，则在 (3.4.45) 中令 $m=a-b$，$n=b$ 可得

$$a = f(a - b + b) = f(a - b + f(b))$$
$$= f(f(a - b)) + f(b) = f(a - b) + b,$$

故 $f(a-b) = a-b$，即 $a-b \in A$.

设 A 中最小非零元素为 k，任取 $m \in A$，设 $m = pk + r$（$p \in \mathbf{N}$, $0 \leq r \leq m-1$），则 $m - k \in A$, $m - 2k \in A$, $\cdots$, $m - pk \in A$，于是 $r \in A$. 由 k 的最小性知 $r = 0$. 可见 A 中所有元素均为 k 的倍数. 另外，对任意 a, $b \in A$，在 (3.4.45) 中令 $m = a$, $n = b$，有

$$f(a + b) = f(a + f(b)) = f(f(a)) + f(b) = a + b,$$

故 $a + b \in A$，表明 k 的所有倍数均属于 A. 因此

$$A = \{pk \mid p = 0, 1, 2, \cdots\}.$$

由 (3.4.46) 知 $k \mid f(n)$. 设 $f(r) = a_r k$（$r = 0, 1, \cdots, k-1$），其中 $a_0 = 0$. 对于任意非负整数 x，设 $x = pk + r$（p 为非负整数，$0 \leq r \leq k-1$），在 (3.4.45) 中令 $m = r$, $n = pk$，由 (3.4.46) 可得

$$f(x) = f(pk + r) = f(r + f(pk)) = f(f(r)) + f(pk)$$
$$= f(r) + f(pk) = a_r k + pk.$$

容易验证，函数 $f(x) = a_r k + pk$ 满足要求，即为所求. 这里 $a_1, a_2, \cdots, a_{k-1}$ 为任意一组非负整数，$a_0 = 0$.

问　题

1. 设 $f(x, y)$ 是一个不恒等于零的二元实函数. 如果对所有的 x, y 有 $f(x, y) = kf(y, x)$，则 k 的值是什么？

2. 设 $a > 0$，函数 $f: (0, +\infty) \to \mathbf{R}$ 满足 $f(a) = 1$. 如果对任意正实数 x, y 有

$$f(x)f(y) + f\left(\frac{a}{x}\right)f\left(\frac{a}{y}\right) = 2f(xy),$$

求证：$f(x)$ 为常数.

3. 求所有满足

$$xf(y) + yf(x) = (x + y)f(x)f(y), \quad x, y \in \mathbf{R}$$

的函数 $f: \mathbf{R} \to \mathbf{R}$.

4. 设函数 $f: \mathbf{R} \to \mathbf{R}$ 满足

$$f(f(x) + y) = f(x^2 - y) + 4f(x)y, \quad \forall x, y \in \mathbf{R},$$

求 f.

5. 求所有的函数 $f: \mathbf{Z} \to \mathbf{Z}$，同时满足
（1）f 不是常值函数；
（2）对任意 x, $y \in \mathbf{Z}$ 都有 $f(x) + f(y) = f(x+y) f(x-y)$.

6. 求所有的函数 $f: \mathbf{R}^+ \to \mathbf{R}^+$，使得对任意 x, $y \in \mathbf{R}^+$ 都有

$$f(x + y) + f(x)f(y) = f(xy) + f(x) + f(y).$$

7. 函数 $f(n)$ 对一切正整数 $n > 1$ 有定义，且满足条件：

（1）当 p 为素数时，$f(p)=p$；

（2）对一切正整数 $u,v(u>1,v>1)$，$uf(v)+vf(u)=f(uv)$.

求 $f(n)$.

8. 求所有实系数多项式 $P(x)$，使得对任意的 $x\in\mathbf{R}$，有

$$(x+1)P(x-1)+(x-1)P(x+1)=2xP(x).$$

9. 求所有的实系数多项式 $f(x)$，使得对于满足 $ab+bc+ca=0$ 的一切实数 a，b，c 都有

$$f(a-b)+f(b-c)+f(c-a)=2f(a+b+c)$$

成立.

10. 确定是否存在一个一一映射 $f: \mathbf{R}\rightarrow\mathbf{R}$，使得对所有的 x 都满足

$$f(x^2)-f^2(x)\geqslant\frac{1}{4},$$

11. 是否存在有界函数 $f: \mathbf{R}\rightarrow\mathbf{R}$，使得 $f(1)>0$，且对一切的 x，$y\in\mathbf{R}$，都有 $f^2(x+y)\geqslant f^2(x)+2f(xy)+f^2(y)$ 成立？

12. 证明不存在函数：$f: \mathbf{R}^+\rightarrow\mathbf{R}^+$，使得对任意 x，$y\in\mathbf{R}^+$，都有

$$(f(x))^2\geqslant f(x+y)(f(x)+y).$$

13. 设 $g(x)$ 是 $\mathbf{R}$ 上的奇函数，且当 $x>0$ 时，$g(x)>0$，是否存在函数 f：$\mathbf{R}\rightarrow\mathbf{R}$，适合

$$f(f(x))=g(x).$$

14. 设 $A_n=\{1, 2, \cdots, n\}$，证明或否定下列命题.

对所有 $n\geqslant2$，存在函数 $f: A_n\rightarrow A_n$，满足条件：

$$f(f(k))=g(g(k))=k, \quad k=1, 2, \cdots, n$$

及 $g(f(k))=k+1$，$k=1, 2, \cdots, n-1$.

15. 对任意两个正整数 x 与 y，有唯一的正整数 $f(x, y)$ 与之对应，且函数 $f(x, y)$ 具有性质：

（1）对任意正整数 x 与 y，$f(x, y)=f(y, x)$；

（2）对任意正整数 x，$f(x, x)=x$；

（3）对任意正整数 x 与 y，当 $y>x$ 时，

$$(y-x)f(x, y)=yf(x, y-x).$$

求证：恰有一个函数 $f(x, y)$ 满足上述三个性质，并求出这个函数.

16. 设函数 $f(x)$ 对所有的实数 x 都满足 $f(x+2\pi)=f(x)$，求证：存在 4 个函数 $f_i(x)$ $(i=1, 2, 3, 4)$ 满足：

（1）对 $i=1,2,3,4$，$f_i(x)$ 是偶函数，且对任意的实数 x，有 $f_i(x+\pi)=f_i(x)$；

（2）对任意的实数 x，有 $f(x)=f_1(x)+f_2(x)\cos x+f_3(x)\sin x+$

$f_4(x)\sin 2x$.

17. 设函数 $f(x)$ 满足 $f(x+1)-f(x)=2x+1(x\in\mathbf{R})$，且当 $x\in[0,1]$ 时有 $|f(x)|\leqslant 1$. 证明：当 $x\in\mathbf{R}$ 时，有 $|f(x)|\leqslant 2+x^2$.

18. 对任意实数 x 与 y，函数 f 和 g 都有 $g(f(x))=x$，且 $f(g(y))=y$. 若对于所有实数 x，$f(x)=kx+h(x)$，其中 k 是常数，$h(x)$ 是周期函数. 求证：$g(x)$ 同样也可以表示为一个线性函数与一个周期函数之和.

19. 设 $f:\mathbf{R}\to\mathbf{R}$ 是满足下列条件的函数：

（1）对所有的 x，$y\in\mathbf{R}$，$f(x+y)+f(x-y)=2f(x)f(y)$；

（2）存在某个 x_0 使得 $f(x_0)=-1$.

证明：f 是周期函数.

20. 求所有的函数 $f:\mathbf{R}^+\to\mathbf{R}^+$，使得对任意 x，$y\in\mathbf{R}^+$ 都有
$$f(f(x)+y)=xf(1+xy).$$

21. 求所有的函数 $f:\mathbf{R}\to\mathbf{R}$，使得对任意实数 x，y 都有
$$f(x)f(yf(x)-1)=x^2f(y)-f(x).$$

22. 求所有参数 $a>0$，使得存在函数 $f:\mathbf{R}\to\mathbf{R}$ 同时满足

（1）$f(x)=ax+1-a$，$x\in(2,3)$；

（2）$f(f(x))=3-2x$，$x\in\mathbf{R}$.

23. 设 $f(x)$ 是一个非减实函数，使经过曲线 $y=f(x)$ 上任何两点的直线斜率都非负. 设 c 是任意实数，求证：方程
$$x=c-f(x+f(c)).$$
有唯一解.

24. 求所有的函数 $f:(0,+\infty)\to(0,+\infty)$，满足对所有的正实数 w，x，y，z，$(wx=yz)$ 都有
$$\frac{(f(w))^2+(f(x))^2}{f(y^2)+f(z^2)}=\frac{w^2+x^2}{y^2+z^2}.$$

25. 已知数列 $\{a_n\}$ 中 $a_1=2$，$a_{n+1}=(\sqrt{2}-1)(a_n+2)(n=1,2,3,\cdots)$.

（1）求 $\{a_n\}$ 的通项公式；

（2）若数列 $\{b_n\}$ 中，$b_1=2$，$b_{n+1}=\dfrac{3b_n+4}{2b_n+3}$（$n=1$，$2$，$3$，$\cdots$）.

证明：$\sqrt{2}<b_n\leqslant a_{4n-3}$，$n=1$，$2$，$3$，$\cdots$.

26. 设 A 是实数有限集合，$|A|\geqslant 2$，设 $f:A\to A$ 满足
$$|f(x)-f(y)|<|x-y|,\qquad\forall x,y\in A,x\neq y,$$
证明：存在 $x\in A$，使得 $f(x)=x$.

27. 函数 $f:\mathbf{R}\to\mathbf{R}$ 满足下述条件：

（1）对任意 x，$y \in \mathbf{R}$，都有 $|f(x)-f(y)| \leqslant |x-y|$；

（2）存在 $k \in \mathbf{N}^*$，使得 $f^{(k)}(0)=0$（这里 $f^{(1)}(x)=f(x)$，$f^{(n+1)}(x)=f(f^{(n)}(x))$）．证明：$f(0)=0$ 或 $f(f(0))=0$.

28．求所有函数 f：$\mathbf{R} \rightarrow \mathbf{R}$，在零点连续，且
$$f(x+2f(y))=f(x)+y+f(y).$$

29．找出所有从实数集 $\mathbf{R}$ 到 $\mathbf{R}$ 的函数 f，使得对所有 x，y，z，$t \in \mathbf{R}$，有
$(f(x)+f(z))(f(y)+f(t))=f(xy-zt)+f(xt+yz)$.

30．确定所有的函数 f：$\mathbf{R} \rightarrow \mathbf{R}$，其中 $\mathbf{R}$ 是实数集，使得对任意 x，$y \in \mathbf{R}$，恒有 $f(x-f(y))=f(f(y))+xf(y)+f(x)-1$ 成立．

31．设 $\mathbf{N}$ 是全部正整数的集合，f 是从 $\mathbf{N}$ 映射到自身的函数，且对于 $\mathbf{N}$ 中的任何 s 与 t，皆满足 $f(t^2 f(s))=s(f(t))^2$．试在所有的函数 f 中，确定 $f(1998)$ 可能达到的最小值．

236

3.5　平面几何

　　平面几何以其严谨的逻辑体系、直观的几何图形、精巧的思维方法、优美的定理和灵活多样的问题，在数学教育中占有重要的地位．爱因斯坦曾指出："如果欧几里得未能激起你少年时代的热情，那你就不是一个天才的科学家."在竞赛数学中，除了常规的平面几何问题外，着重在共线共点共圆、几何变换、轨迹、几何不等式、几何极值、充要条件等方面，强调运动变化的观点．

3.5.1　背景分析

　　竞赛数学中的平面几何问题除了广泛涉猎平面几何的内容、方法之外，还涉及代数与解析几何的有关内容．

　　1）代数：运算、求值、恒等变形、方程、不等式、函数的最值、复数、向量等．

　　2）解析几何：解析法证题．

　　3）三角函数．

　　几何中的两个基本量是线段的长度和角的大小．三角函数的本质是用线段长度之比来表示角的大小，从而将两个基本量联系在一起，因此三角函数

就不可避免地渗透到几何问题中，使我们可以借助三角函数来解决一些较难的几何问题，这种运用三角知识解答几何问题的方法叫做三角法.

用三角法求解几何问题，其基本思想是利用三角函数的定义，利用正弦定理、余弦定理等三角形的重要定理或常用公式，把线段和角的关系式转化为三角函数的关系式，即几何问题三角化，从而通过三角变形、三角计算、解三角方程或证明三角不等式来完成几何问题的解答.

3.5.2　基本问题

平面几何问题有证明题、计算题、轨迹题、作图题等，它们是相通的. 计算题先把答案告诉你，就成了证明题；轨迹题要分完备性和纯粹性两方面给出证明；作图题要说明作得合理，必须给出证明. 由此可见，证明题是核心. 证明题又可分为两大类：一类是等式型问题；另一类是不等式型问题. 若要证明两线平行、两线垂直、点共线、线共点、点共圆、圆共点、定值问题，这些结论可以用等式表达，都是等式型问题. 结论中明显摆出等号，如证明两角相等、两线段相等、线段及角的和差倍分、比例式，当然也都是等式型问题. 若要证明点在圆内或圆外、某三条线段可构成三角形或某个不等式，就是不等式型问题.

3.5.3　方法技巧

1）竞赛数学中的平面几何问题广泛涉及数学中的方法技巧，如综合法、分析法、同一法、穷举法、反证法、特殊化、一般化、归纳、类比、全等法、相似法、变换法（平移、旋转、对称、位似）、面积法、代数法、三角法、解析法、向量法、复数法等.

2）证明 A、B、C 三点共线的常用方法有：

① 见图 3-5-1，设 B 在线段 XY 上，证明
$$\angle ABX+\angle XBC=180°\text{或}\angle ABX=\angle CBY,$$
而在图 3-5-2 中应改为证明
$$\angle ABX=\angle CBX.$$

② 证明 AB，AC 与同一条直线垂直或平行.

③ 证明 $AB+BC=AC$.

237

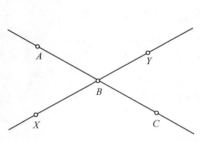

图 3-5-1

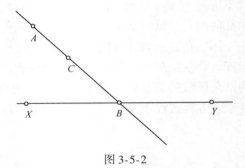

图 3-5-2

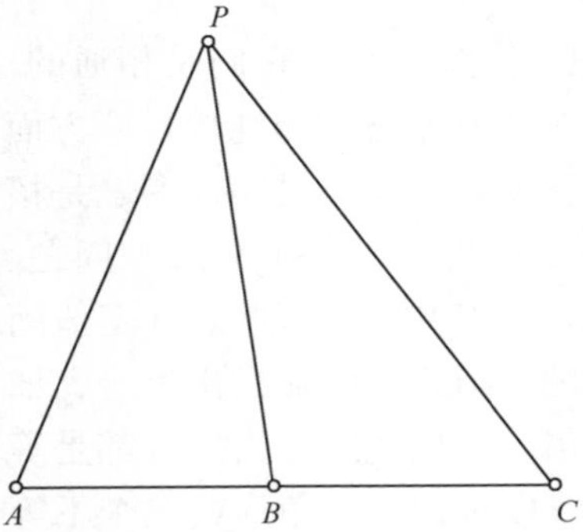

④ 见图 3-5-3，证明 $S_{\triangle PAC} = S_{\triangle PAB} + S_{\triangle PBC}$.

⑤ 利用梅涅劳斯定理的逆定理.

⑥ 证明 A，C 是以 B 为中心的中心对称点.

⑦ 证明 A，C 是以 B 为位似中心的位似对应点.

3）证明几条直线共点的常用方法有：

① 确定其中两直线的交点，证明其交点在第三（或其余的）直线上.

a. 直接证明交点过第三条直线；

b. 把两条直线的交点与第三条直线上的两个点分别连接起来，证明两连线重合；

c. 连接交点与第三条直线上的一点，证明此直线就是第三条直线；

d. 证明两条直线的交点与第三条直线上的两个点共线.

② 证明各条直线都经过某个特殊点.

③ 利用已知的共点定理，如三角形的三条中线交于一点，三角形的三条高交于一点，三角形的三个内角平分线交于一点，塞瓦定理等.

④ 利用位似变换性质②.

4）在同一圆周上的若干点称为共圆点，或称这些点共圆. 证明若干个点共圆，一般都转化为四点共圆. 证明 A，B，C，D 四点共圆的常用方法是：

① 利用圆的定义.

② 证明两个点对于另两个点为端点的线段的张角相等（两个点在此线段所在直线的同侧）.

③ 证明四点为顶点的四边形的对角互补.

图 3-5-3

④ 证明四点为顶点的四边形的外角等于它的内对角.

⑤ 利用圆幂定理的逆定理.

⑥ 利用托勒密定理的逆定理.

3.5.4　概念定理

1) 圆的基本性质.

① 与圆有关的角（圆周角、圆心角、弦切角）定理.

② 垂径定理及弦、弧、径之间的关系.

③ 圆的切线性质和判定定理、切线长定理、相交弦定理、切割线定理、割线定理.

④ 直线与圆、圆与圆的位置关系及有关性质.

2) 合同变换. 保持两点距离不变的平面几何变换称为合同变换.

在合同变换下，共线点变为共线点，共点线变为共点线，射线变为射线，角变为相等的角，三角形变为与其全等的三角形. 即合同变换下不改变图形的形状和大小，只改变其位置. 合同变换有平移、对称和旋转三种形式.

3) 对称变换. 把一个图形 F 变到它关于直线 L 的轴对称图形 F'，这样的变换叫做关于直线 L 的对称变换. 对称变换又称为反射变换，它使得任意点 A 与其对应点 A' 的连线被同一直线 L 垂直平分，L 称为对称轴或反射轴.

对称有两条重要性质：

① 对应线段相等.

② 对应直线（段）或者平行，或者交于对称轴且两直线的夹角被对称轴平分.

4) 平移变换. 把图形 F 上的所有点都按一定方向移动一定距离形成图形 F'，则由 F 到 F' 的变换叫做平移变换，简称平移.

平移变换的性质是对应线段平行且相等.

当问题中涉及平行线段或相等线段时，往往利用平移.

5) 旋转变换. 把图形 F 绕定点 O 旋转一个定角 α 得到图形 F' 的变换称为旋转变换. α 叫旋转角，定点 O 叫旋转中心，这种变换简记为 $R_0(a)$.

旋转变换有两条性质：

① 对应线段相等.

② 对应直线的夹角等于旋转角. 特别地，当旋转角为 90° 时，两对应线

段垂直且相等.

当问题中涉及线段相等且有定角或等角时，往往利用旋转变换. 旋转变换的一个重要特例是中心对称变换，即关于中心 O 的对称就是绕中心 O 转 $180°$ 的旋转变换.

6）相似变换. 一个平面上的点到自身的变换，如果对于平面上任意两点 A，B，以及对应点 A'，B'，总有 $A'B' = kAB$（k 为正实数），那么这个变换叫做相似变换. 其中 k 叫做相似比，相似比为 k 的相似变换记作 H（k）.

相似变换的主要性质有：

① 在相似变换下，共线点对应共线点，射线对应射线，角对应角.

② 相似变换保持三点的单比不变，即若 A，B，$C \xrightarrow{H(k)} A'$，B'，C'，则

$$\frac{AB}{BC} = \frac{A'B'}{B'C'}.$$

③ 相似变换保持两直线夹角的大小不变.

④ 相似变换把一个图形变为与它相似的图形.

7）位似变换. 设 O 是平面上一定点，H 是平面上的变换. 若对任一对对应点 P，P' 都有 $\overrightarrow{OP'} = k \overrightarrow{OP}$（$k$ 为非零实数），则称 H 为位似变换. 记为 H（O，k），其中 O 叫做位似中心，k 叫做位似比.

位似变换是相似变换的一种特殊形式. 定义中的条件 "$\overrightarrow{OP'} = k \overrightarrow{OP}$" 等价于如下三个条件：

① O，P，P' 三点共线.

② $OP' = |k|OP$.

③ 当 $k>0$ 时，P，P' 在点 O 的同侧（此时 O 叫做外位似中心）；当 $k<0$ 时，P，P' 在点 O 的异侧（此时 O 叫做内位似中心）.

位似变换的主要性质有：

① 一对位似对应点与位似中心三点共线.

② 三组对应点分别确定的三条直线共点，都通过位似中心.

③ 在位似变换下，对应线段互相平行.

④ 位似变换把任意图形变为它的相似图形. 因而，位似变换保持角度不变且保持对应边的比值不变.

8）$\triangle ABC$ 中，设 h_a 为 a 边上的高，R，r 分别为 $\triangle ABC$ 外接圆、内切圆的半径，$p = \frac{1}{2}(a+b+c)$，则

$$S_{\triangle ABC} = \frac{1}{2}ah_a = \frac{1}{2}ab\sin C$$

$$= rp = \sqrt{p(p-a)(p-b)(p-c)}$$

$$= 2R^2 \sin A \sin B \sin C = \frac{abc}{4R}$$

$$= \frac{1}{4}(a^2 \cot A + b^2 \cot B + c^2 \cot C).$$

三角形的面积公式形式多样，注意根据问题需要灵活选取.

9）相似三角形面积的比等于相似比的平方. 等底（或等高）的三角形的面积比等于其所对应的高（或底）的比.

10）共边定理. 若直线 PQ 和 AB 交于点 M，则（图 3-5-4，有 4 种情形）

$$\frac{\triangle PAB}{\triangle QAB} = \frac{PM}{QM}.$$

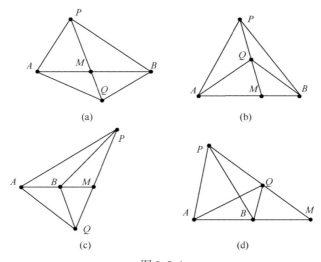

(a)　　　　　　　　(b)

(c)　　　　　　　　(d)

图 3-5-4

由图 3-5-4 可以看出，共边定理的成立并不依赖 PQ 和 AB 的具体位置关系.

11）共角定理.

若 $\angle ABC = \angle A'B'C'$ 或 $\angle ABC + \angle A'B'C' = 180°$，则

$$\frac{\triangle ABC}{\triangle A'B'C'} = \frac{AB \cdot BC}{A'B' \cdot B'C'}.$$

12）三角形的五心及其性质.

① 三角形的重心：三角形的三条中线的交点. 重心到顶点的距离是它到对边中点距离的 2 倍.

② 三角形的垂心：三角形的三条高的交点.

③ 三角形的外心：三角形的三边的垂直平分线的交点. 外心就是三角形的外接圆圆心.

④ 三角形的内心：三角形的三条内角平分线的交点. 内心就是三角形的内切圆圆心.

⑤ 三角形的旁心：三角形的一条内角平分线和另外两条外角平分线的交点. 旁心就是三角形的旁切圆圆心.

13）几个著名的几何定理.

①梅涅劳斯（Menelaus）定理. 如果一条直线和 $\triangle ABC$ 的三边 BC，CA，AB 或其延长线分别交于 P，Q，R 三点，那么

$$\frac{BP}{PC} \cdot \frac{CQ}{QA} \cdot \frac{AR}{RB} = 1.$$

其逆定理也成立.

② 塞瓦（ceva）定理. 设 O 是 $\triangle ABC$ 内任意一点，AO，BO，CO 分别交对边于 P，Q，R 三点，那么

$$\frac{BP}{PC} \cdot \frac{CQ}{QA} \cdot \frac{AR}{RB} = 1.$$

其逆定理也成立.

③ 托勒密（Ptolemy）定理. 圆内接四边形 $ABCD$ 的两组对边乘积之和等于它的两条对角线的乘积，即

$$AB \cdot CD + BC \cdot DA = AC \cdot BD.$$

其逆定理也成立.

④ 托勒密定理的推广. 在凸四边形 $ABCD$ 中，有

$$AB \cdot CD + BC \cdot DA \geq AC \cdot BD$$

当且仅当 $ABCD$ 是圆内接四边形时，上式等号成立.

⑤ 西姆松（Simson）定理. 从 $\triangle ABC$ 的外接圆上任意一点 P 向三边 BC，CA，AB 或其延长线引垂线，垂足分别为 P，Q，R，则 P，Q，R 三点共线.

⑥ 欧拉定理. 设 r 和 R 分别是三角形的内切圆和外接圆的半径，则 $R \geq 2r$，等号成立当且仅当三角形为正三角形.

⑦ 厄尔多斯–莫德尔（Erdör-Mordell）不等式. 设 P 为 $\triangle ABC$ 内任意一点，P 到三边的距离分别为 x，y，z，则

$$PA + PB + PC \geq 2(x + y + z),$$

等号成立当且仅当 $\triangle ABC$ 为正三角形，且 P 为 $\triangle ABC$ 的中心.

⑧ 斯特瓦尔特定理. 在 $\triangle ABC$ 中，D 是 BC 上一点，且 $\frac{BD}{DC} = \frac{m}{n}$，$BC = a$，$AC = b$，$AB = c$，则

$$AD^2 = \frac{mb^2 + nc^2}{m + n} - \frac{mna^2}{(m + n)^2}.$$

特别地，三角形的中线长为 $m_a = \dfrac{1}{2}\sqrt{2b^2 + 2c^2 - a^2}$.

14）几个重要的极值点：到三角形三顶点距离之和最小的点——费马点，到三角形三顶点距离的平方和最小的点——重心，三角形内到三边距离之积最大的点——重心.

15）根轴及其性质.

从一点 A 作一圆周的任一割线，从 A 起到和圆周相交为止的两线段之积，称为 A 点对于此圆周的幂.

对于两已知圆有等幂的点的轨迹，称为两圆的根轴（或等幂轴）. 两圆的根轴是一条垂直于连心线的直线.

现在我们来确定根轴与两圆的位置关系.

如图 3-5-5 所示，O_1，O_2 是两圆的圆心，R_1，R_2 是两圆的半径. 在两圆外作一点 P，则点 P 关于第一个圆的幂是 $(PO_1 + R_1)(PO_1 - R_1)$. 同理，点 P 关于第二个圆的幂是 $(PO_2 + R_2)(PO_2 - R_2)$. 如果 P 关于两个圆的幂相等，则应有下面的等式成立：$(PO_1 + R_1)(PO_1 - R_1) = (PO_2 + R_2)(PO_2 - R_2)$，变形为 $PO_1^2 - PO_2^2 = R_1^2 - R_2^2$. 作 P 点关于两圆连线 O_1O_2 的射影 Q，对 $\triangle QPO_1$ 和 $\triangle PQO_2$ 应用勾股定理得 $QO_1^2 - QO_2^2 = R_1^2 - R_2^2$. 显然，所有在直线 PQ 上的点都满足条件 $(PO_1 + R_1)(PO_1 - R_1) = (PO_2 + R_2)(PO_2 - R_2)$，所以，我们得到根轴的位置是：垂直于 O_1O_2 并与两圆的圆心的位置满足等式 $QO_1^2 - QO_2^2 = R_1^2 - R_2^2$ 的一条垂线 PQ. 显然，如果这两圆相交，则根轴通过它们的交点.

243

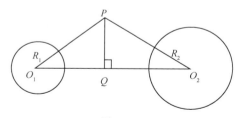

图 3-5-5

如果是三个圆心不共线的圆，则有：第一对圆的根轴与第二对圆的根轴的相交点关于第三对圆具有相同的幂，这个点叫做根心. 我们还可以得出结论：这三对圆的根轴共点于 P，如图 3-5-6 所示.

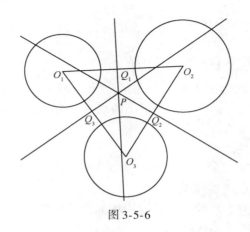

图 3-5-6

若两圆相交，其根轴就是公共弦所在的直线；

若两圆相切，其根轴就是过两圆切点的公切线；

若两圆相离，则两圆的四条公切线的中点在根轴上；

三个圆，其两两的根轴或相交于一点，或互相平行.

16）等周问题.

在周长一定的 n 边形的集合中，正 n 边形的面积最大；

在周长一定的简单的闭曲线的集合中，圆的面积最大；

在面积一定的 n 边形的集合中，正 n 边形的周长最小；

在面积一定的简单闭曲线的集合中，圆的周长最小.

3.5.5　经典赛题

【例 3.5.1】　　P 为平行四边形 $ABCD$ 内一点，试证以 PA，PB，PC，PD 为边，可以构成一个凸四边形，其面积恰为 □$ABCD$ 面积的一半.

分析　　如图 3-5-7 所示，PA，PB，PC，PD 是从一点出发的一束线段，要构成首尾相连的凸四边形，必须将部分线段移动位置，并且不改变它们的长度，由于已知条件中有较多的平行线，故考虑运用平移变换，将 PA，PD 分别平移到 $P'B$，$P'C$ 的位置. 于是 $ABP'P$，$PP'CD$ 是平行四边形，$BP' = AP$，$P'C = PD$，所以四边形 $BP'CP$ 是一个以 AP，BP，CP，DP 为边的凸四边形，且

$$S_{\text{四边形}BP'CP} = S_{\triangle BPP'} + S_{\triangle PP'C} = S_{\triangle ABP} + S_{\triangle PCD} = \frac{1}{2}S_{\square ABCD}.$$

【例 3.5.2】　　设正三角形 ABC 内接于半径为 r_1 的圆 O，圆外有一点 P，$PO = r_2$（$r_2 > r_1$），证明 PA，PB，PC 三线段可构成一个三角形，并计算其面积.

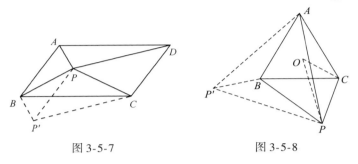

图 3-5-7　　　　　　　　　　　图 3-5-8

证明　　如图 3-5-8 所示，由对称性不妨设 P 点与 A 点分居线段 BC 的两侧. 将 $\triangle ACP$ 绕 A 点顺时针旋转 $60°$，得到 $\triangle ABP'$，则 $AP' = AP$，$BP' = PC$，$\angle ACP = \angle ABP'$，又 $\triangle APP'$ 是等边三角形，故 $PP' = PA$.

因为 P，C，A，B 四点不共圆，所以 $\angle ABP + \angle ABP' = \angle ABP + \angle ACP \neq 180°$，即 P'，B，P 三点不共线，所以 BP'，BP，PP' 能构成三角形（不会退化为线段）. 从而 PA，PB，PC 可构成三角形，它与图 3-5-8 中的 $\triangle PBP'$ 全等.

于是所求三角形面积为 $\triangle PBP'$ 的面积，设 $\angle POC = \alpha$，则有

$$
\begin{aligned}
S_{\triangle PBP'} &= S_{\triangle APP'} - S_{\triangle ABP'} - S_{\triangle ABP} \\
&= S_{\triangle APP'} - S_{\triangle ABP} - S_{\triangle ACP} \\
&= S_{\triangle APP'} - S_{\triangle ABC} - S_{\triangle BPC} \\
&= \frac{\sqrt{3}}{4} PA^2 - S_{\triangle ABC} - S_{\triangle OBP} - S_{\triangle OCP} + S_{\triangle BOC} \\
&= \frac{\sqrt{3}}{4} \left[r_1^2 + r_2^2 - 2 r_1 r_2 \cos(120° + \alpha) \right] - \frac{3\sqrt{3}}{4} r_1^2 \\
&\quad - \frac{1}{2} r_1 r_2 \sin(120° - \alpha) - \frac{1}{2} r_1 r_2 \sin\alpha + \frac{\sqrt{3}}{4} r_1^2 \\
&= \frac{\sqrt{3}}{4} (r_2^2 - r_1^2).
\end{aligned}
$$

【点评】　　对题设中含有正三角形的平面几何问题，往往可用旋转角为 $60°$ 或 $120°$ 的旋转变换处理，旋转中心可选取正三角形的某一顶点或中心.

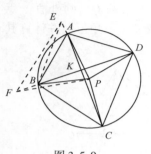

图 3-5-9

【例 3.5.3】　在凸四边形 $ABCD$ 中（图 3-5-9），两对角线 AC 与 BD 互相垂直，两对边 AB 与 DC 不平行．点 P 为线段 AB 与 CD 的垂直平分线的交点，且 P 在四边形 $ABCD$ 的内部．证明：四边形 $ABCD$ 为圆内接四边形的充分必要条件是 $\triangle ABP$ 与 $\triangle CDP$ 的面积相等．

证法 1　先证必要性．当 A，B，C，D 四点共圆时，$S_{\triangle ABP} = S_{\triangle CDP}$．

因 AB，CD 不平行，P 为线段 AB，CD 的垂直平分线的交点，故 P 为四边形 $ABCD$ 外接圆的圆心，有 $PA = PB = PC = PD$．

设 AC，BD 交于 K，则

$$\frac{1}{2}(\angle APB + \angle CPD)$$

$$= \frac{1}{2}(\overset{\frown}{AB} + \overset{\frown}{CD}) \text{ 的度数}$$

$$= \angle DBC + \angle ACB,$$

所以，$\angle APB + \angle CPD = 180°$，进而知 $\sin\angle APB = \sin\angle CPD$，于是

$$S_{\triangle ABP} = \frac{1}{2}PA \cdot PB\sin\angle APB = \frac{1}{2}PC \cdot PD\sin\angle CPD = S_{\triangle CDP}.$$

再证充分性．当 $S_{\triangle ABP} = S_{\triangle CDP}$ 时，A，B，C，D 4 点共圆．

如果 $PA = PD$，依题设即知 A，B，C，D 都在以 P 为圆心的圆周上，否则，不妨假设 $PA < PD$，于是可在 KA 延长线上取一点 E，使 $PE = PD$，在 KB 延长线上取一点 F，使 $PF = PC$，则四边形 $EDCF$ 共圆，且对角线 EC，FD 相互垂直．由必要性证明可知 $S_{\triangle PEF} = S_{\triangle PCD}$．另外，无论点 P 位置如何，总有直线 BP 与线段 AC 相交，可知 E 到直线 BP 的距离大于 A 到直线 BP 的距离，从而有 $S_{\triangle ABP} < S_{\triangle EBP}$，同理 $S_{\triangle EFP} > S_{\triangle EBP}$．于是可得 $S_{\triangle EFP} > S_{\triangle ABP} = S_{\triangle CDP}$．矛盾．

证法 2　如图 3-5-10 所示，不妨设 BA，CD 交于 Q，AC，BD 交于 G，E，F 分别为 AB，CD 的中点，H 为 EG 的延长线与 CD 的交点．

若 A，B，C，D 四点共圆，依题设知 GE 为直角 $\triangle AGB$ 的斜边上的中线，可知 $\angle HGC = \angle AGE = \angle GAE = \angle GDC$．从而知 $\angle HGC + \angle HCG = \angle GDC + \angle DCG = 90°$，有 $EH \perp CD$，所以 $EG // PF$．同理可证 $GF // PE$．于是四边形 $PFGE$ 为平行四边形．此时，

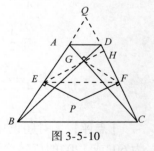

图 3-5-10

$$PF = EG = \frac{1}{2}AB, \quad PE = GF = \frac{1}{2}CD, \quad 所以$$

$$S_{\triangle ABP} = \frac{1}{2}AB \cdot PE = \frac{1}{4}AB \cdot CD$$

$$= \frac{1}{2}PF \cdot CD = S_{\triangle CDP}.$$

必要性得证.

若 $S_{\triangle ABP} = S_{\triangle CDP}$，则 $\dfrac{EG}{GF} = \dfrac{AB}{CD} = \dfrac{PF}{EP}$. 又

$$\angle EGF = \angle EGB + \angle BGC + \angle FGC$$

$$= 90° + \angle QBD + \angle QCA$$

$$= 90° + (\angle GDC - \angle Q) + \angle GCD$$

$$= 180° - \angle Q = \angle EPF,$$

故 $\triangle GEF \cong \triangle PFE$. 进而易知四边形 $PFGE$ 为平行四边形，有 $EH \perp CD$，于是

$$\angle CDB = 90° - \angle DGH = 90° - \angle EGB = 90° - \angle ABG = \angle BAC,$$

所以，A，B，C，D 四点共圆. 充分性得证.

【例 3.5.4】　设 D 是锐角三角形 ABC 内部的一个点，使得 $\angle ADB = \angle ACB + 90°$，并有 $AC \cdot BD = AD \cdot BC$.

（1）计算比值 $\dfrac{AB \cdot CD}{AC \cdot BD}$；

（2）求证：$\triangle ACD$ 的外接圆和 $\triangle BCD$ 的外接圆在 C 点的切线互相垂直.

解　（1）如图 3-5-11，将 BD 绕 D 依顺时针方向旋转 $90°$ 到 DE，连 AE，BE.

由已知 $\angle ADE = \angle ADB - 90° = \angle ACB$，

$\dfrac{AD}{DE} = \dfrac{AD}{DB} = \dfrac{AC}{CB}$，所以 $\triangle ADE \backsim \triangle ACB$.

故

$$\frac{AD}{AC} = \frac{AE}{AB}.$$

又 $\angle BAE = \angle DAE - \angle DAB = \angle CAB - \angle DAB = \angle CAD$，从而

$$\triangle BAE \backsim \triangle CAD, \quad \frac{AB}{AC} = \frac{BE}{CD},$$

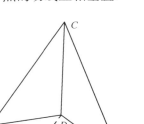

图 3-5-11

所以

$$\frac{AB \cdot CD}{AC \cdot BD} = \frac{BE}{CD} \cdot \frac{CD}{BD} = \frac{BE}{BD} = \sqrt{2}.$$

（2）设 CT_1，CT_2 分别为 $\triangle ACD$，$\triangle BCD$ 的外接圆在 C 点的切线，则 $\angle DCT_1 = \angle CAD$，$\angle DCT_2 = \angle CBD$，从而两切线的夹角

$$\angle T_1CT_2 = \angle CAD + \angle CBD = \angle ADB - \angle ACB = 90^\circ.$$

【点评】　　这里通过旋转变换将题中角的"和差"关系转化为角相等，构造出一个等腰直角三角形和两对相似三角形，使问题得以巧妙的解决.

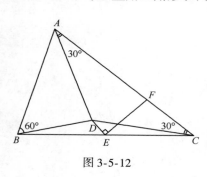

图 3-5-12

【例 3.5.5】　　如图 3-5-12 所示，设 D 是 $\triangle ABC$ 内的一点，满足 $\angle DAC = \angle DCA = 30^\circ$，$\angle DBA = 60^\circ$，$E$ 是 BC 边的中点，F 是 AC 边的三等分点，满足 $AF = 2FC$. 求证：$DE \perp EF$.

分析　　通过分析点之间的关系，可以看到，A，C，D 三个点，包括 F，它们的位置关系都是十分确定的，而 B 仅仅与 A 和 D 存在着一个关系，E 是 BC 中点. 因此，可以固定 A，C，D，F 来进行考虑.

证法 1　　取 AC 中点 M，CD 中点 N. 容易得 $FN \perp DN$，又显然有 $FM \perp DM$，故 F，N，D，M 四点共圆，其中 DF 为一条直径. 由 $\angle DCA = 30^\circ$ 知在此圆中，弧 MFN 对应的圆周角为 60°.

以 C 为位似中心，2 为位似比例，作此圆的位似圆. 显然，A，D 都在这个位似圆上. 又因为劣弧 AD 所对应的圆周角为 60°，因此 B 也在这个位似圆上.

所以 BC 的中点 E，在 F，N，D，M 所确定的圆上. 又由于 DF 是直径，故 $DE \perp EF$.

【点评】　　分清本末，用位似进行证明，是解决本题的捷径. 另外，用复数也可以得到同样的效果. 下面的证法 2 则十分轻巧.

证法 2　　如图 3-5-13 所示，作 $DM \perp AC$ 于 M，$FN \perp CD$ 于 N，连接 EM，EN，DM，NF.

设 $CF = a$，$AF = 2a$，则

$$CN = CF \cdot \cos30^\circ = \frac{\sqrt{3}a}{2} = \frac{1}{2}CD,$$

即 N 是 CD 的中点.

又因为 M 是 AC 边上的中点，E 是 BC 边上的中点，所以 $EM // AB$，$EN // BD$，得

$$\angle MEN = \angle ABD = 60^\circ = \angle MDC,$$

故 M，D，E，N 四点共圆.

又显然有 D，M，F，N 四点共圆，所

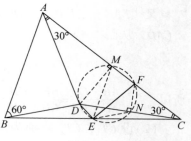

图 3-5-13

以 D, E, F, M, N 五点共圆, 从而 $\angle DEF = 90°$.

【例 3.5.6】　在圆内接四边形 $ABCD$ 中, 过对角线 AC 和 BD 的交点向 AB 和 CD 分别作垂线, 垂足分别为 E, F. 求证: EF 垂直于 AD 和 BC 中点的连线.

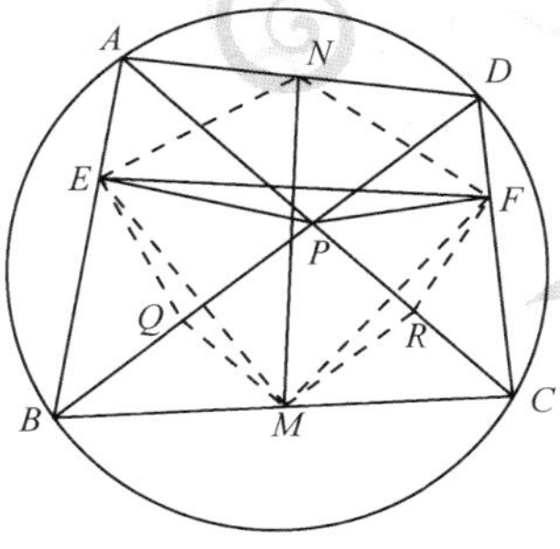

证法 1　如图 3-5-14 所示, 设 M, N 分别是 BC 和 DA 的中点. 我们将证明 $EM = FM$, $EN = FN$.

设 AC 和 BD 相交于 P, Q 和 R 分别是 BP 和 CP 的中点, 则 EQ 是 $\mathrm{Rt}\triangle PEB$ 斜边上的中线, 从而 $EQ = PQ$.

易知 $PQMR$ 是平行四边形, 所以 $PQ = RM$, 从而 $EQ = RM$. 同理 $QM = PR = FR$. 又

$$\angle EQM = \angle EQP + \angle PQM$$
$$= 2\angle EBP + \angle MRP$$
$$= 2\angle PCF + \angle MRP$$
$$= \angle PRF + \angle MRP$$
$$= \angle MRF,$$

所以 $\triangle EQM \cong \triangle MRF$. 从而 $EM = FM$, 同理 $EN = FN$, 故 $EF \perp MN$.

图 3-5-14

证法 2　如图 3-5-15 所示, 设 M, N 分别是 BC 和 DA 的中点, T 是 BD 的中点. 易知 $\triangle ABP \backsim \triangle DCP$, 所以

$$\frac{EP}{FP} = \frac{AB}{CD} = \frac{NT}{TM}.$$

又 $NT \parallel AB$, $EP \perp AB$, 所以 $EP \perp NT$. 同理 $FP \perp TM$.

所以 $\triangle EPF$ 与 $\triangle NTM$ 是旋转 $90°$ 的相似三角形, 故 $EF \perp MN$.

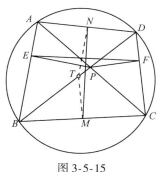

图 3-5-15

【例 3.5.7】　给定锐角三角形 PBC, $PB \neq PC$. 设 A, D 分别是边 PB, PC 上的点, 连接 AC, BD, 相交于点 O. 过点 O 分别作 $OE \perp AB$, $OF \perp CD$, 垂足分别为 E, F, 线段 BC, AD 的中点分别为 M, N.

(1) 若 A, B, C, D 4 点共圆, 求证: $EM \cdot FN = EN \cdot FM$;

(2) 若 $EM \cdot FN = EN \cdot FM$, 是否一定有 A, B, C, D 四点共圆? 证明你的结论.

分析　画一个比较标准的图形不难看出 $EM = FM$, $EN = FN$, 再结合 E,

F，M，N 的取法容易想到作 OA，OB，OC，OD 的中点后可以利用三角形的中位线以及直角三角形的斜边中线来作一些文章. 若能想到这里，则第一问已然解决. 第二问虽然有些难，但是如果第一问是连接中点的做法，在第二问中很容易想到利用余弦定理来求等号成立的充要条件.

解 （1）如图 3-5-16，设 Q，R 分别是 OB，OC 的中点，连接 EQ，MQ，FR，MR，则

$$EQ = \frac{1}{2}OB = RM, \quad MQ = \frac{1}{2}OC = RF.$$

又 $OQMR$ 是平行四边形，所以 $\angle OQM = \angle ORM$.

由题设 A，B，C，D 4 点共圆，所以

$$\angle ABD = \angle ACD.$$

于是

$$\angle EQO = 2\angle ABD = 2\angle ACD = \angle FRO.$$

所以

$$\angle EQM = \angle EQO + \angle OQM = \angle FRO + \angle ORM = \angle FRM.$$

故

$$\triangle EQM \cong \triangle MRF.$$

所以

$$EM = FM.$$

同理可得

$$EN = FN.$$

所以

$$EM \cdot FN = EN \cdot FM.$$

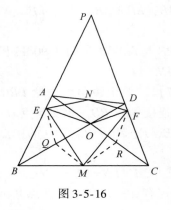 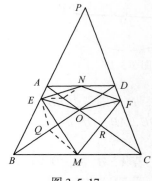

图 3-5-16　　　　　　　　图 3-5-17

（2）如图 3-5-17，设 $OA = 2a$，$OB = 2b$，$OC = 2c$，$OD = 2d$，$\angle OAB = \alpha$，

$\angle OBA = \beta$，$\angle ODC = \gamma$，$\angle OCD = \theta$，则

$$\cos \angle EQM = \cos(\angle EQO + \angle OQM) = \cos(2\beta + \angle AOB) = -\cos(\alpha - \beta).$$

因此

$$EM^2 = EQ^2 + QM^2 - 2EQ \cdot QM \cdot \cos \angle EQM = b^2 + c^2 + 2bc \cos(\alpha - \beta).$$

对 EN，FN，FM 有同样的等式. 故我们有：

$$EN \cdot FM = EM \cdot FN$$

$$\Leftrightarrow EN^2 \cdot FM^2 = EM^2 \cdot FN^2$$

$$\Leftrightarrow (a^2 + d^2 + 2ad \cos(\alpha - \beta))(b^2 + c^2 + 2bc \cos(\gamma - \theta))$$

$$= (a^2 + d^2 + 2ad \cos(\gamma - \theta))(b^2 + c^2 + 2bc \cos(\alpha - \beta))$$

$$\Leftrightarrow (\cos(\gamma - \theta) - \cos(\alpha - \beta))(ab - cd)(ac - bd) = 0.$$

因为 $\alpha + \beta = \gamma + \theta$，所以第一个因式等于 0 等价于 $\alpha = \gamma$，$\beta = \theta$（这就是 4 点共圆）或者 $\alpha = \theta$，$\beta = \gamma$（这代表 $AB /\!/ CD$ 不可能）；第二个因式等于 0 等价于 $AD /\!/ BC$；第三个因式等于 0 等价于 4 点共圆.

因此，当 $EM \cdot FN = EN \cdot FM$ 时，并不一定有 A，B，C，D 4 点共圆. 事实上，当 $AD /\!/ BC$ 时也有 $EM \cdot FN = EN \cdot FM$，且由 $PB \neq PC$ 知，此时 A，B，C，D 4 点必不共圆，因此答案是否定的.

【点评】　作为 2009CMO 的第 1 题，本题的第一问非常简单，其实就是例 3.5.6（2000 年美国国家队选拔考试题第 1 天第 2 题）. 第二问的反例对于几何功底稍差的学生来说并不容易想到，但反例也在常理之中. 本题考查了考生几何的基本知识和功底.

【例 3.5.8】　三角形一角的顶点在其他两角之内外平分线上的射影是共线的 4 点.

已知：BE，CF 分别是 $\angle ABC$ 与 $\angle ACB$ 的平分线，BG，CH 分别是 $\angle ABX$ 与 $\angle ACY$ 的平分线，$AE \perp BE$ 于 E，$AF \perp CF$ 于 F，$AG \perp BG$ 于 G，$AH \perp CH$ 于 H.

求证：G，F，E，H 四点共线.

分析 1　4 点共线问题可化归为两次三点共线. 若证明了 G，F，E 三点共线，又证明了 F，E，H 三点共线，则 G，F，E，H 四点共线.

如图 3-5-18，因为 BE 平分 $\angle ABC$，所以 A 关于 BE 的对称点 A'' 一定落在 BC 上且 $BA = BA''$，又 $BE \perp AE$，所以 E 是 AA'' 的中点；同理 A 关于 CF 的对称点 A' 落在 BC 上，F 是 AA' 的中点，由中位线定理得 $FE /\!/ BC$. 只需证 $GE /\!/ BC$ 就可证明 G，F，E 三点共线.

因为 $\angle ABX$ 与 $\angle ABC$ 是邻补角，BG 平分 $\angle ABX$，BE 平分 $\angle ABC$，所以 $GB \perp BE$，即 $\angle GBE = 90°$.

251

因为 $AE \perp BE$，$AG \perp BG$，所以 $\angle AEB = \angle AGB = 90°$.

从而四边形 $AGBE$ 是矩形. 则有 $\angle GEB = \angle ABE = \angle EBC$，$GE /\!/ BC$，故 G，F，E 三点共线，同理 F，E，H 三点共线.

因为 F，E 两点决定一条直线，所以 G，F，E，H 四点共线.

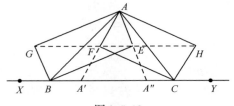

图 3-5-18

分析 2　如图 3-5-19 所示，延长 AG，AH 分别交 BC 于 G'，H'.

由于 $\angle ABG = \angle G'BG$，$\angle AGB = \angle G'GB$，$BG = BG$，所以

$$\triangle ABG \cong \triangle G'BG,$$

$$AG = GG' = \frac{1}{2}AG'.$$

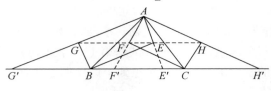

图 3-5-19

换句话说，以 A 为位似中心，$2 : 1$ 为位似比作位似变换，则 G 点变为直线 BC 上的一点 G'.

同理，在所述变换下，F，E，H 分别变为 BC 上的点 F'，E'，H'. 由于 G'，F'，E'，H' 在同一条直线 BC 上，所以在变换前，G，F，E，H 也在一条直线上.

【点评】　比较上述两种解法，解法一入手自然，但过程较繁；解法二通过构造辅助图形，建立位似变换，一举证得 4 点共线，思路明了，过程简捷，由此可见位似变换在证点共线中的威力.

【例 3.5.9】　三个全等的圆有一个公共点 K，并且都在 $\triangle ABC$ 内，每个圆与 $\triangle ABC$ 的两条边相切. 证明：$\triangle ABC$ 的内心 I、外心 O 与 K 共线.

分析　要证三点共线，若能证其中两点是以第三点为位似中心的一对对应点即可.

证明　如图 3-5-20 所示，设已知圆的圆心为 O_1，O_2，O_3，由于 $\odot O_1$ 与

AB，AC 相切，所以 O_1 在 $\angle BAC$ 的平分线 AI 上. 同理 O_2 在 BI 上，O_3 在 CI 上.

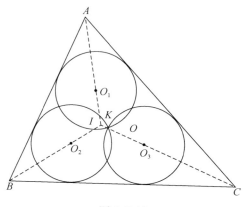

图 3-5-20

由于 $\odot O_1$，$\odot O_2$ 均与 AB 相切，所以 O_1，O_2 到 AB 的距离相等，即 $O_1 O_2 /\!/ AB$. 同理 $\triangle O_1 O_2 O_3$ 的其他两边分别与 BC，CA 平行.

于是 $\triangle O_1 O_2 O_3$ 与 $\triangle ABC$ 位似，位似中心为 I.

由于 K 是 $\odot O_1$，$\odot O_2$，$\odot O_3$ 的公共点，所以 $KO_1 = KO_2 = KO_3$，即 K 是 $\triangle O_1 O_2 O_3$ 的外心.

因此 $\triangle ABC$ 的外心 O、$\triangle O_1 O_2 O_3$ 的外心 K 与位似中心 I 共线.

【点评】 本题若不用位似变换证明，不仅麻烦，而且思路难以看清.

【例 3.5.10】 如图 3-5-21 所示，过圆 O 的直径 AA' 的一端 A' 引圆 O 的切线 $A'T$，设 P 为直线 $A'T$ 上异于 A' 的任意一点，在线段 OP 上任取一点 E，直线 AE，$A'E$ 与圆 O 分别交于 C，D，DO 与圆 O 交于 B，求证：P，C，B 三点共线.

证法 1 如图 3-5-22 所示，连接 BC，设其与 OP 交于 P'，下证 P' 重合于 P.

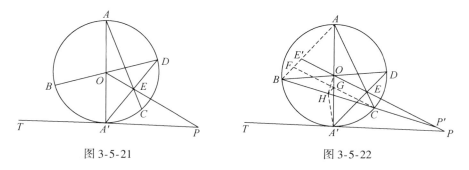

图 3-5-21   图 3-5-22

因 A 与 A'，B 与 D 关于 O 成中心对称，故直线 AB 与 OP 的交点 E' 是点 E 的对称点.

过 C 作 $CF /\!/ PO$，交 AB 于 F，记 CF 与 AA' 的交点为 G，则 G 是 CF 的中点.

取 BC 的中点 H，连接 OH，GH，则 $OH \perp BC$，$GH /\!/ AB$，所以

$$\angle GHC = \angle ABC = \angle AA'C$$
$$\Rightarrow G，H，A'，C \ 4 \text{点共圆}$$
$$\Rightarrow \angle GA'H = \angle GCH = \angle OP'H$$
$$\Rightarrow O，H，A'，P' \ 4 \text{点共圆}$$
$$\Rightarrow \angle OA'P' = \angle OHP' = 90°,$$

所以 P' 在切线 $A'T$ 上，从而 P' 重合于 P，因此 P，C，B 三点共线.

【点评】　在图 3-5-23 所示的情况下，应以 $\angle GHB$ 代替 $\angle GHC$.

证法 2　如图 3-5-24，设直线 BC 与 $A'T$ 交于 P'，下证 O，E，P' 共线. 记直线 $A'T$ 与 BD，AC 的交点分别为 L，M，BD 与 AC 的交点为 N，因 A'，E，D 分别为 $\triangle LMN$ 三边或其延长线上共线三点，故由梅涅劳斯定理得

$$\frac{LD}{DN} \cdot \frac{NE}{EM} \cdot \frac{MA'}{A'L} = 1, \qquad \frac{LB}{BN} \cdot \frac{NC}{CM} \cdot \frac{MP'}{P'L} = 1, \qquad \frac{LO}{ON} \cdot \frac{NA}{AM} \cdot \frac{MA'}{A'L} = 1.$$

上述三式相乘得

$$\left(\frac{LO}{ON} \cdot \frac{NE}{EM} \cdot \frac{MP'}{P'L} \right) \left(\frac{LD \cdot LB}{A'L^2} \cdot \frac{MA'^2}{CM \cdot AM} \cdot \frac{NC \cdot NA}{BN \cdot DN} \right) = 1.$$

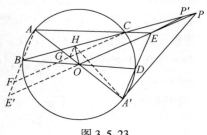

图 3-5-23

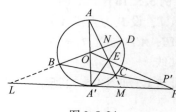

图 3-5-24

因 $A'T$ 为 $\odot O$ 的切线，LBD 与 MCA 为 $\odot O$ 的割线，故
$$LD \cdot LB = A'L^2, \qquad CM \cdot AM = MA'^2.$$

又 BD，AC 为 $\odot O$ 的两相交弦，故 $BN \cdot DN = NC \cdot NA$. 所以 $\dfrac{LO}{ON} \cdot \dfrac{NE}{EM}$

$\dfrac{MP'}{P'L} = 1$，从而 O，E，P' 共线.

此即 P' 是直线 OE 与 $A'T$ 的交点. 但题设给出 OE 与 $A'T$ 的交点为 P，故

P' 重合于 P. 因此 P，C，B 三点共线.

【例 3.5.11】　已知凸四边形 $ABCD$ 满足 $AB=BC$，$AD=DC$. E 是线段 AB 上一点，F 是线段 AD 上一点，满足 B，E，F，D 四点共圆. 作 $\triangle DPE$ 顺向相似于 $\triangle ADC$，作 $\triangle BQF$ 顺向相似于 $\triangle ABC$. 求证：A，P，Q 三点共线.

（注：两个三角形顺向相似是指它们的对应顶点同按顺时针方向或同按逆时针方向排列.）

分析　这是 2008 女子数学奥林匹克试题，得分率很低. 由于题目中出现较多的等腰相似形，有同学采取了解析几何的方法，这是很正常的想法. 现在我们从纯几何的方法来思考.

若要证明三点共线，最常用的方法就是梅涅劳斯逆定理，现在 P 点和 Q 点都已经在给定的直线上，尚缺一个比例. 我们记 M 为 BQ 与 EP 的交点，看看能否一步得出结论. 首先经过角的计算可以得 $BM=EM$，但是这实际并不起作用，而在利用梅涅劳斯逆定理列式时出现的 MP 与 MQ 相当难以计算. 若是采用减法，其复杂度将不亚于解析法. 如何规避 PM 与 MQ 的长度呢？那只有以 $\triangle MPQ$ 为定理中的三角形，那条线则只能是直线 AB，但是 PQ 与其交点并不知道在哪，这似乎走入了死胡同. 但是仔细思考就会发现，由于题目要证三点共线，那它们一定就是共线的，那么 PQ 与 AB 的交点就是 A. 在一番计算后我们发现，用此种方法确实可以证明结论. 但是在题目的证明过程中，为了叙述方便漂亮，我们换用一个假设的方法.

证法 1　首先，若四边形 $ABCD$ 为菱形，那么，记过 B，E，F，D 四点的圆之圆心为 O，则 $\angle DOE=2\angle DBE=2\angle BDA=\angle ADC=\angle DPE$，故 P 点与 O 点重合，同理 Q 点也与 O 点重合，那么 A，P，Q 自然共线. 下设 $ABCD$ 并非菱形.

由相似可得 $\dfrac{DP}{BQ}=\dfrac{\dfrac{DE\cdot AD}{AC}}{\dfrac{BF\cdot AB}{AC}}=\left(\dfrac{AD}{AB}\right)^2\neq1$，因此我们连接 PQ，并在直线 PQ

上，线段 PQ 外取唯一的一点 R，使 $\dfrac{PR}{RQ}=\dfrac{DP}{BQ}$.

设直线 BQ 与 EP 相交于 M，我们有 $\angle BEP=\pi-\angle AED-\angle DEP=\pi-\angle AFB-\angle DAC=\angle ABF+\angle BAC=\angle ABF+\angle QBF=\angle ABQ$，故 $BM=EM$. 再由梅涅劳斯逆定理，由于 $\dfrac{PE}{EM}\cdot\dfrac{MB}{BQ}\cdot\dfrac{QR}{RP}=1$，故 B，E，R 三点共线. 同理 D，F，R 三点共线. 因此，R 就是直线 BE 与 DF 的交点 A，而这也证明了 A，P，Q 三点共线.

【点评】　这道题目直接利用梅涅劳斯逆定理是不能完成证明的，而本证法则规避了 PM 与 MQ 的长度，从而"必须"让直线 AB 去截三角形 PQM，稍微绕了一下圈子就得到了正确解答. 题目对考生的几何基本知识及思维方式都是一个考验.

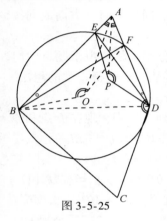

图 3-5-25

证法 2　见图 3-5-25，将 B，E，F，D 四点所共圆的圆心记作 O. 连接 OB，OF，BD.

在 $\triangle BDF$ 中，O 是外心，故 $\angle BOF = 2\angle BDA$.

又 $\triangle ABD \backsim \triangle CBD$，故 $\angle CDA = 2\angle BDA$.

于是 $\angle BOF = \angle CDA = \angle EPD$. 由此可知等腰 $\triangle BOF \backsim \triangle EPD$.　　　　　　(3.5.1)

另外，由 B，E，F，D 4 点共圆知

$$\triangle ABF \backsim \triangle ADE.\qquad(3.5.2)$$

综合 (3.5.1)，(3.5.2) 两式可知，四边形 $ABOF \backsim$ 四边形 $ADPE$，由此得

$$\angle BAO = \angle DAP.\qquad(3.5.3)$$

同理，可得

$$\angle BAO = \angle DAQ.\qquad(3.5.4)$$

(3.5.3)，(3.5.4) 两式表明 A，P，Q 三点共线.

【点评】　当四边形 $ABCD$ 不是菱形时，A，P，Q 三点共线与 B，E，F，D 四点共圆互为充要条件.

可利用同一法给予说明. 如图 3-5-26 所示，取定 E 点，考虑让 F 点沿着直线 AD 运动.

根据相似变换可知，这时 Q 点的轨迹必是一条直线，它经过 P 点（由充分性保证）.

以下只要说明这条轨迹与直线 AP 不重合即可，即只要论证 A 点不在轨迹上.

为此，作 $\triangle BAA' \backsim \triangle BQF \backsim \triangle ABC$. 于是由 $\angle BAA' = \angle ABC$ 可得 $A'A \parallel BC$.

又因四边形 $ABCD$ 不是菱形，故 AD 不平行于 BC.

这就表明 A'，A，D 三点不共线，也就保证了 A 点不在轨迹上.

因此，只有当 B，E，F，D 四点共圆时，Q 点才落在直线 AP 上.

而当四边形 $ABCD$ 是菱形时，见图 3-5-27，不管 E，F 位置如何，所得到的 P，Q 两点总位于对角线 AC 上.

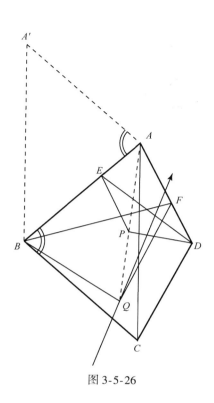

图 3-5-26

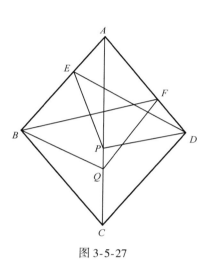

图 3-5-27

【例 3. 5. 12】　$\triangle A_1 A_2 A_3$ 是一个非等腰三角形，它的边分别为 a_1，a_2，a_3，其中 a_i 是 A_i 的对边（$i = 1$，2，3），M_i 是边 a_i 的中点。$\triangle A_1 A_2 A_3$ 的内切圆 $\odot I$ 切边 a_i 于 T_i 点，S_i 是 T_i 关于 $\angle A_i$ 平分线的对称点。求证：$M_1 S_1$，$M_2 S_2$，$M_3 S_3$ 三线共点.

分析　如图 3-5-28，由 $M_1 M_2 /\!/ A_2 A_1$，我们希望证明 $S_1 S_2 /\!/ A_2 A_1$. 由题设，T_1 与 S_1，T_2 与 T_3 都关于 $A_1 B_1$ 对称，则 $\overparen{T_1 T_2} = \overparen{T_3 S_1}$. 又 T_2 与 S_2，T_3 与 T_1 关于 $A_2 B_2$ 对称，则 $\overparen{T_1 T_2} = \overparen{T_3 S_2}$. 所以 $\triangle T_3 S_1 S_2$ 是等腰三角形，有 $T_3 I \perp S_1 S_2$. 因 $T_3 I \perp A_2 A_1$，故 $S_1 S_2 /\!/ A_2 A_1$. 同理，$S_2 S_3 /\!/ A_3 A_2$，$S_3 S_1 /\!/ A_1 A_3$.

又 $M_1 M_2 /\!/ A_2 A_1$，$M_2 M_3 /\!/ A_3 A_2$，$M_3 M_1 /\!/ A_1 A_3$，于是，$\triangle M_1 M_2 M_3$ 和 $\triangle S_1 S_2 S_3$ 的对应边两两平行，故这两三角形或全等或位似.

由于 $\triangle S_1 S_2 S_3$ 内接于内切圆 I，而 $\triangle M_1 M_2 M_3$ 内接于九点圆，且 $\triangle A_1 A_2 A_3$ 为不等边三角形，故内切圆与九点圆不重

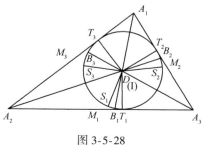

图 3-5-28

合. 所以 △$S_1S_2S_3$ 与 △$M_1M_2M_3$ 位似. 可证 M_1S_1，M_2S_2，M_3S_3 共点，即共点于位似中心.

【例 3.5.13】 设 D 是 △ABC 内一点，过 B，D 作一个圆 ω_1，过 C，D 作一个圆 ω_2，使得 ω_1 和 ω_2 的异于 D 的交点在 AD 上. 记 ω_1 和 ω_2 与 BC 的交点分别为 E，F，DF 和 AB 相交于 X，DE 和 AC 相交于 Y. 求证：$XY /\!/ BC$.

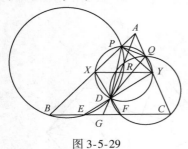

图 3-5-29

证法1 如图 3-5-29，设圆 ω_1 和 ω_2 异于点 D 的交点为 R，AB 与圆 ω_1 异于点 B 的交点为 P，AC 与圆 ω_2 异于点 C 的交点为 Q. 由圆幂定理得

$$AP \cdot AB = AR \cdot AD = AQ \cdot AC,$$

即 A，R，D 在圆 ω_1 和 ω_2 的根轴上.

所以 B，C，Q，P 四点共圆，从而 $\angle AQP = \angle ABC$.

为了证明 $XY /\!/ BC$，只需证 $\angle AXY = \angle ABC$，或 $\angle AQP = \angle AXY$，即证明 P，Q，Y，X 四点共圆.

因为 B，E，D，P 四点共圆，$\angle PDY = \angle PBE = \angle ABC$，所以 $\angle AQP = \angle PDY$，从而 P，Q，Y，D 四点共圆. 同理可证 P，Q，D，X 四点共圆. 于是 P，Q，Y，D，X 共圆. 故 P，Q，X，Y 四点共圆，证毕.

证法2 只需证 $\dfrac{AX}{XB} = \dfrac{AY}{YC}$. $\qquad\qquad\qquad\qquad$ (3.5.5)

设 AD 与 BC 相交于 G，由 △ABG，截线 XF 和 △ACG，截线 YE，应用门纳劳斯定理得

$$\frac{AX}{XB} \cdot \frac{BF}{FG} \cdot \frac{GD}{DA} = 1, \quad \frac{AY}{YC} \cdot \frac{CE}{EG} \cdot \frac{GD}{DA} = 1.$$

所以 $\dfrac{AX}{XB} \cdot \dfrac{BF}{FG} = \dfrac{AY}{YC} \cdot \dfrac{CE}{EG}$.

为证 (3.5.5) 式，只需证 $\dfrac{BF}{FG} = \dfrac{CE}{EG}$，或 $EG \cdot BF = CE \cdot FG$.

由圆幂定理得

$$EG \cdot BG = GD \cdot GR = GF \cdot GC,$$

故

$$EG \cdot BF = EG(BG + GF) = EG \cdot BG + EG \cdot GF$$
$$= GF \cdot GC + EG \cdot GF = GF(GC + EG)$$
$$= CE \cdot FG,$$

证毕.

【例 3.5.14】　设 A，B，C，D，E 5 点中，$ABCD$ 是一个平行四边形，$BCED$ 是一个圆内接四边形. 设 l 是通过 A 的一条直线，l 与线段 DC 交于点 F. 且 l 与直线 BC 交于点 G. 若 $EF=EG=EC$，求证：l 是 $\angle DAB$ 的平分线.

证法 1　如图 3-5-30 所示，作等腰 $\triangle ECF$ 和等腰 $\triangle EGC$ 的高 EK 和 EL.

由条件易知 $\triangle ADF \backsim \triangle GCF$，因此

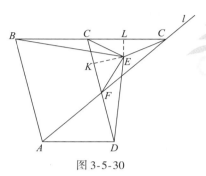

图 3-5-30

$$\frac{AD}{GC}=\frac{DF}{CF} \Rightarrow \frac{BC}{CG}=\frac{DF}{CF} \Rightarrow$$

$$\frac{BC}{CL}=\frac{DF}{CK} \Rightarrow \frac{BC+CL}{CL}=\frac{DF+FK}{CK}$$

$$\Rightarrow \frac{BL}{CL}=\frac{DK}{CK} \Rightarrow \frac{BL}{DK}=\frac{CL}{CK}. \quad (3.5.6)$$

又由 $\angle LBE=\angle EDK$ 知 $\mathrm{Rt}\triangle BLE \backsim \mathrm{Rt}\triangle DKE$，所以

$$\frac{BL}{DK}=\frac{EL}{EK}. \qquad (3.5.7)$$

由 (3.5.6)、(3.5.7) 两式知 $\dfrac{CL}{CK}=\dfrac{EL}{EK}$，这意味着 $\triangle CLE \backsim \triangle CKE$，所以 $\dfrac{CL}{CK}=\dfrac{CE}{CE}=1$，因此 $CL=CK \Rightarrow CG=CF$.

故 $\angle BAG=\angle GAD$，结论得证.

【点评】　本题也可先从结论入手，如果 l 是 $\angle DAB$ 的平分线，那么我们有 $AD=DF$，$CF=CG$，即 $BG=CD$. 在以 E 为圆心的圆上，BG 和 CD 是两条割线. 问题的重点就是讨论这两条割线. 不难看出这两条割线在圆内和圆外部分的比例相等，且分别与 BE，DE 所夹的角大小相等. 由此可以证明这两条割线的长度相等.

证法 2　作 $\triangle BCD$ 和 $\triangle CFG$ 的外接圆. 由于 $AD /\!/ CG$，我们有 $\dfrac{CF}{CG}=\dfrac{DF}{AD}=\dfrac{DF}{BC}$.

现在作 $EM \perp BG$ 于 M，$EN \perp CD$ 于 N，由 $\angle EDC=\angle EBC$ 知 $\triangle EDN \backsim \triangle EBM$，故

$$\frac{EN}{EM}=\frac{DN}{BM}=\frac{DF+\dfrac{CF}{2}}{BC+\dfrac{CG}{2}}=\frac{CF}{CG}=\frac{CN}{CM}.$$

故 $\triangle ECM \backsim \triangle ECN$. 我们有 $CM=CN$ 即 $CF=CG$，所以 $\angle BAG=\angle CFG=$

$\angle CGF = \angle DAG$.

因此 l 是 $\angle DAB$ 的平分线，证毕.

【点评】　证法 2 的关键是去寻找割线 DC 和割线 BG 之间的关系，只要确定了这个大方向，用到的也只是圆的基本知识. 如果实在不能用几何方法诠释，也可以用三角进行计算，只是会多花一些时间而已.

【例 3.5.15】　设 $A_1A_2A_3A_4$ 为 $\odot O$ 的内接四边形，H_1，H_2，H_3，H_4，依次为 $\triangle A_2A_3A_4$，$\triangle A_3A_4A_1$，$\triangle A_4A_1A_2$，$\triangle A_1A_2A_3$ 的垂心. 求证：H_1，H_2，H_3，H_4 4 点在同一圆上，并定出该圆的圆心位置.

分析　这是一个典型的四点共圆问题，解题的关键在于发现四边形 $H_1H_2H_3H_4$ 与 $A_1A_2A_3A_4$ 中心对称，要求我们从整体上看问题，注意运动与数学美. 下面给出它的多种证法，以体现各种方法在几何解题中的应用.

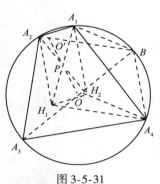

图 3-5-31

解法 1　见图 3-5-31，过 A_3 作 $\odot O$ 的直径 A_3B. 连 BA_1，BA_2，BA_4，H_1A_2，H_1A_4，H_2A_1，H_2A_4. 因 A_2H_1，BA_4 都垂直于 A_3A_4，故 $A_2H_1 /\!/ BA_4$. 因 A_4H_1，BA_2 都垂直于 A_2A_3，故 $A_4H_1 /\!/ BA_2$. 因此四边形 $H_1A_4BA_2$ 为平行四边形，从而 $A_2H_1 /\!/ BA_4$.

同理，四边形 $H_2A_4BA_1$ 为平行四边形.

因此，$A_1H_2 /\!/ BA_4$，从而 $A_2H_1 /\!/ A_1H_2$，连接 H_1，H_2. 则四边形 $A_1A_2H_1H_2$ 为平行四边形.

连接 A_1H_1，A_2H_2. 由平行四边形的性质知对角线 A_1H_1 与 A_2H_2 互相平分. 设它们的交点为 P，则 $A_1P = PH_1$，$A_2P = PH_2$.

同理可得 A_2H_2 与 A_3H_3 互相平分，则交点为 A_2H_2 的中点，故为 P. 同理 A_3H_3 与 A_4H_4 互相平分于点 P，即 $A_3P = PH_3$，$A_4P = PH_4$，于是 A_i 和 H_i（$i = 1$，2，3，4）关于点 P 是中心对称的.

因为 A_1，A_2，A_3，A_4 共圆，故 H_1，H_2，H_3，H_4 这四点也共圆，其圆心是点 O 关于点 P 的中心对称点.

连接 OP，延长 OP 到 O'，使 $PO' = OP$，则 O' 是 H_1，H_2，H_3，H_4 所决定的圆的圆心.

解法 2　如图 3-5-32 所示，过 $\triangle A_2A_3A_4$ 的外接圆的圆心 O 作 A_3A_4 的垂线 OM，垂足为 M，作直线 A_2B，连接 BA_3，BA_4 及 H_1A_2，H_1A_3，H_1A_4.

因 BA_3 和 A_4H_1 同垂直于 A_2A_3，故 $BA_3 /\!/ A_4H_1$. 同理 $BA_4 /\!/ A_3H_1$，故四边形 $BA_4H_1A_3$ 为平

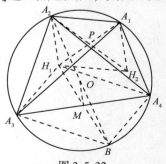

图 3-5-32

行四边形. 由于 M 是 A_3A_4 的中点, 故 B, M, H_1 共线. OM 为 $\triangle BA_2H_1$ 的中位线, $A_2H_1 /\!/ OM$, 且 $A_2H_1 = 2 \cdot OM$.

同理, 在 $\triangle A_1A_3A_4$ 中, 有 $A_1H_2 /\!/ OM$, 且 $A_1H_2 = 2 \cdot OM$. 因此, 有 $A_2H_1 /\!/ A_1H_2$, 四边形 $A_1A_2H_1H_2$ 为平行四边形.

连接 A_1H_1, A_2H_2, 由平行四边形的性质知 A_1H_1 与 A_2H_2 互相平分, 设交点为 P. 同理, A_2H_2 与 A_3H_3 互相平分于 P, A_3H_3 与 A_4H_4 互相平分于 P.

（以下同解法 1.）

解法 3　见图 3-5-31, 设 $\odot O$ 的半径是 R, 并设 P 是线段 A_1H_1 的中点. 连接 OP 并延长到 O', 使 $O'P = OP$.

易知, 四边形 $OA_1O'H_1$ 是平行四边形, 故 $O'H_1 = OA_1 = R$.

过 A_3 作 $\odot O$ 的直径 A_3B, 连接 BA_4, 则 A_2H_1, BA_4 同垂直于 A_3A_4, 故 $A_2H_1 /\!/ BA_4$. 因 A_4H_1, BA_2 同垂直于 A_2A_3. 故 $A_4H_1 /\!/ BA_2$, 因此, 四边形 $H_1A_4BA_2$ 为平行四边形, 从而 $A_2H_1 /\!/ BA_4$.

同理可证, $A_1H_2 /\!/ BA_4$, 所以 $A_2H_1 /\!/ A_1H_2$, P 也是 A_2H_2 的中点, 从而 $O'H_2 = OA_2 = R$.

类似地, 可证 $O'H_3 = OA_3 = R$, $O'H_4 = OA_4 = R$, 所以 $O'H_1 = O'H_2 = O'H_3 = O'H_4 = R$. 即 H_1, H_2, H_3, H_4 在以 O' 为中心、R 为半径的圆上.

解法 4　过点 A_3 作一条与 A_3A_4 垂直的直线, 并用 K 表示该直线与四边形 $A_1A_2A_3A_4$ 的外接圆相交的不同于 A_3 的交点（图 3-5-33）. 因为 $A_2H_1 \perp A_3A_4$, 所以 $A_2H_1 /\!/ KA_3$. 又因为 $A_3H_1 \perp A_2A_4$, 且 KA_4 是直径, $\angle KA_2A_4 = 90°$, 所以 $A_3H_1 /\!/ KA_2$. 因此 $KA_2H_1A_3$ 是平行四边形, $A_1H_2 \underline{\underline{/\!/}} KA_3$. 于是 $A_2H_1 \underline{\underline{/\!/}} A_1H_2$, 所以 $A_1A_2H_1H_2$ 是平行四边形.

（以下解法同解法 1.）

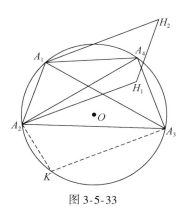

图 3-5-33

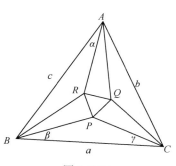

图 3-5-34

261

解法 5　见图 3-5-32，过 $\triangle A_2A_3A_4$ 的外接圆的圆心 O 作 A_3A_4 的垂线 OM，垂足为 M，则有 $A_2H_1 \underline{\underline{\parallel}} 2OM$，$A_1H_2 \underline{\underline{\parallel}} 2OM$，所以 $A_2H_1 \underline{\underline{\parallel}} A_1H_2$，因此 $A_1A_2H_1H_2$ 是平行四边形.

（以下解法同解法 1.）

【例 3.5.16】　（莫利定理）如图 3-5-34 所示，在 $\triangle ABC$ 中 AQ，AR，BR，BP，CP，CQ 是各角的三等分线，每相邻的角的三等分线相交而得 $\triangle PQR$，求证：$\triangle PQR$ 是等边三角形.

分析　可应用正、余弦定理，求 $\triangle PQR$ 三边的长看是否相等，若算出其中一个可用 $\triangle ABC$ 的各元素的对称式表示，则可知三边相等.

证明　设 $\triangle ABC$ 的三边长为 a，b，c，三内角为 3α，3β，3γ，则 $\alpha+\beta+\gamma=60°$.

在 $\triangle ABR$ 中，由正弦定理得 $AR = \dfrac{c\sin\beta}{\sin(\alpha+\beta)}$.

不失一般性，设 $\triangle ABC$ 的外接圆直径为 1，则由正弦定理知 $c=\sin3\gamma$，所以

$$
\begin{aligned}
AR &= \frac{\sin3\gamma \cdot \sin\beta}{\sin(60° - \gamma)} \\
&= \frac{\sin\beta \cdot \sin\gamma(3 - 4\sin^2\gamma)}{\frac{1}{2}(\sqrt{3}\cos\gamma - \sin\gamma)} \\
&= \frac{\sin\beta \cdot \sin\gamma(3\cos^2\gamma - \sin^2\gamma)}{\frac{1}{2}(\sqrt{3}\cos\gamma - \sin\gamma)} \\
&= 2\sin\beta \cdot \sin\gamma(\sqrt{3}\cos\gamma + \sin\gamma) \\
&= 4\sin\beta \cdot \sin\gamma\sin(60° + \gamma).
\end{aligned}
$$

同理 $AQ=4\sin\beta\sin\gamma \cdot \sin(60°+\beta)$.

在 $\triangle ARQ$ 中，由余弦定理得

$$
\begin{aligned}
RQ^2 &= 16\sin^2\beta\sin^2\gamma\big[\sin^2(60° + \gamma) + \sin^2(60° + \beta) \\
&\quad - 2\sin(60° + \gamma) \cdot \sin(60° + \beta)\cos\alpha\big] \\
&= 16\sin^2\alpha\sin^2\beta\sin^2\gamma.
\end{aligned}
$$

这是一个关于 α，β，γ 的对称式，同理可得 PQ^2，PR^2 有相同的对称式，故 $PQ=RQ=PR$，所以 $\triangle PQR$ 是正三角形.

【点评】　此定理是直到 1900 年才被发现的，曾作为 1982 年上海市数学竞赛题.

【例 3.5.17】　设 $ABCDE$ 是凸五边形，AD 为对角线，已知 $\angle EAD >$

$\angle ADC$，$\angle EDA > \angle DAB$，求证：$AE+ED>AB+BC+CD$.

证明　如图 3-5-35 所示，过点 B 和 C 分别关于 AD 中点 F 的对称点 B' 和 C'，因为 $\angle EAD > \angle ADC$，$\angle EDA > \angle DAB$，所以点 B' 和 C' 在 $\triangle AED$ 内，于是问题转化为证明 $AE+ED>AC'+C'B'+B'D$.

延长 AC'，交边 ED 于点 P，延长 DB' 交 AP 于点 Q，则

$$AE + EP > AP = AC' + C'Q + QP,$$
$$QP + PD > QD = QB' + B'D,$$
$$C'Q + QB' > C'B'.$$

以上三式相加即得证.

图 3-5-35

【点评】　本题所使用的方法称为"化直法"，即设法将折线化为直线段，根据两点间直线段最短，实行这样的操作后长度总是减少的. 这种化直的方法灵活多样，应当具体问题具体分析. 其中几何变换是"化直法"的重要工具.

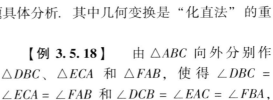

图 3-5-36

【例 3.5.18】　由 $\triangle ABC$ 向外分别作 $\triangle DBC$、$\triangle ECA$ 和 $\triangle FAB$，使得 $\angle DBC = \angle ECA = \angle FAB$ 和 $\angle DCB = \angle EAC = \angle FBA$，如图 3-5-36 所示，求证：

$$AF + FB + BD + DC + CE + EA \geqslant AD + BE + CF,$$

并讨论等号成立的条件.

证明　在四边形 $ABCD$ 中应用托勒密定理得

$$AB \cdot CD + AC \cdot BD \geqslant AD \cdot BC,$$

即

$$\frac{AB \cdot CD}{BC} + \frac{AC \cdot BD}{BC} \geqslant AD.$$

由题设易知 $\triangle BCD$、$\triangle CAE$ 和 $\triangle ABF$ 相似，从而

$$\frac{AB \cdot CD}{BC} = BF, \qquad \frac{AC \cdot BD}{BC} = CE.$$

故 $BF+CE \geqslant AD$.

同理

$$AF + CD \geqslant BE, \quad AE + BD \geqslant CF.$$

将上述三个不等式相加即得欲证不等式. 其中等号成立当且仅当

$ABDC$、$BCEA$ 和 $CAFB$ 都是圆内接四边形，从而

$$\angle BAC = 180° - \angle BDC = 180° - \angle CEA = \angle ABC.$$

类似地，$\angle BCA = \angle ABC = \angle CAB$，于是 $\triangle ABC$ 是等边三角形，并且

$$\angle BDC = \angle CEA = \angle AFB = 180° - \angle ACB = 120°.$$

综上所述，等号成立当且仅当 $\triangle ABC$ 是等边三角形，且 $\angle BDC = 120°$。

【例 3.5.19】 设 P 为 $\triangle ABC$ 内部或边界上一点，P 到三边距离分别为 PD，PE，PF，求证：$PA+PB+PC \geqslant 2(PD+PE+PF)$。

这个不等式称为厄尔多斯–莫德尔不等式，是当代著名数学家厄尔多斯在 1935 年提出的一个猜想，两年之后莫德尔给出了一个证明，后来又有人给出了较简单的证明．我们这里介绍的证法是张景中先生利用他纯熟的面积方法给出的．

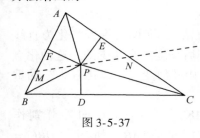

图 3-5-37

证明 如图 3-5-37 所示，设 $PD=x$，$PE=y$，$PF=z$，过 P 作直线交 AB 于 M，交 AC 于 N，使 $\angle AMN = \angle ACB$，则 $\triangle AMN \backsim \triangle ACB$。

又 $AP \cdot MN \geqslant 2S_{\triangle AMN} = 2S_{\triangle AMP} + 2S_{\triangle ANP} = y \cdot AN + z \cdot AM$，即

$$AP \geqslant y \cdot \frac{AN}{MN} + z \cdot \frac{AM}{MN}.$$

若以 a，b，c 记 $\triangle ABC$ 之三边，则 $\dfrac{AN}{MN} = \dfrac{c}{a}$，$\dfrac{AM}{MN} = \dfrac{b}{a}$，于是

$$AP \geqslant y \cdot \frac{c}{a} + z \cdot \frac{b}{a}.$$

同理

$$BP \geqslant z \cdot \frac{a}{b} + x \cdot \frac{c}{b}, \quad CP \geqslant x \cdot \frac{b}{c} + y \cdot \frac{a}{c}.$$

将三式相加得

$$PA + PB + PC \geqslant \left(\frac{b}{c} + \frac{c}{b}\right) \cdot x + \left(\frac{a}{c} + \frac{c}{a}\right) \cdot y + \left(\frac{b}{a} + \frac{a}{b}\right) \cdot z$$

$$\geqslant 2(x + y + z).$$

等号成立，当且仅当 $\triangle ABC$ 为正三角形，且 P 点为 $\triangle ABC$ 中心。

【点评】 厄尔多斯–莫德尔不等式是一个很强的不等式，由于 P 点可在三角形内部和边上任意选择，三角形的形状又是任意的，因此它可以推出许多不等式．

【例 3.5.20】 设 P 为锐角 $\triangle ABC$ 的内心，求证：$PA+PB+PC \geqslant \dfrac{2}{\sqrt{3}} l$，

式中，l 是 $\triangle ABC$ 的内切圆的三个切点组成的三角形的周长.

　　证明　如图 3-5-38 所示，连接 PD，PE，PF，则 $PD = PE = PF = r$，式中，r 是内切圆半径.

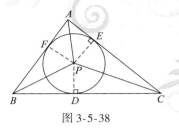

图 3-5-38

　　由厄尔多斯-莫德尔不等式得

$$PA + PB + PC \geqslant 2(PD + PE + PF)$$
$$= 6r = \frac{2}{\sqrt{3}}(3\sqrt{3}\,r) \geqslant \frac{2}{\sqrt{3}}(DE + EF + FD)$$
$$= \frac{2}{\sqrt{3}}\,l,$$

其中后一不等式用到结论：''在一个圆的所有内接三角形中，等边三角形的周长最大.''

　　【**例 3.5.21**】　设在圆内接六边形 $ABCDEF$ 中，$AB = BC$，$CD = DE$，$EF = FA$，试证：（1）AD，BE，CF 三条对角线交于一点；（2）$AB+BC+CD+DE+EF+FA \geqslant AD+BE+CF$.

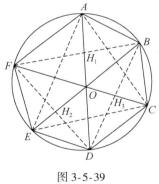

图 3-5-39

　　证明　（1）如图 3-5-39 所示，连接 AE，EC，CA.

　　因 $CD = DE$，故 $\overset{\frown}{CD} = \overset{\frown}{DE}$，即 AD 是 $\angle EAC$ 的内角平分线. 同理，BE，CF 分别为 $\angle AEC$，$\angle ECA$ 的内角平分线. 所以，它们必交于一点.

　　（2）设 AD，BE，CF 交于 O 点，连接 DF，FB，BD，则易知

$$\triangle DEF \cong \triangle DOF，且关于 DF 对称；$$
$$\triangle BCD \cong \triangle BOD，且关于 BD 对称；$$
$$\triangle ABF \cong \triangle OBF，且关于 FB 对称.$$

所以

$$DE = OD, \quad EF = OF, \quad OE \perp DF;$$
$$CD = OD, \quad BC = OB, \quad OC \perp BD;$$
$$AB = OB, \quad AF = OF, \quad AO \perp BF.$$

于是

$$AB + BC + CD + DE + EF + FA = 2(OB + OD + OF).$$

故欲证不等式等价于

$$2(OB + OD + OF) \geqslant AD + BE + CF.$$
$$\Leftrightarrow OB + OD + OF \geqslant OA + OE + OC$$

$$= 2(OH_1 + OH_2 + OH_3).$$

对于 $\triangle BDF$ 来说这恰是厄尔多斯–莫德尔不等式，等号成立当且仅当 $BD = DF = FB$，即 $ABCDEF$ 为正六边形.

【点评】 由上述证明可知，O 是 $\triangle BDF$ 的垂心. 因此也可以通过证点 O 是 $\triangle BDF$ 的垂心来证 AD，BE，CF 共点. 再由此推出（2）. 这种证法可少作三条辅助线 BD，DF，FB.

【例3.5.22】 设 P 为 $\triangle ABC$ 内一点，求证 $\angle PAB$，$\angle PBC$，$\angle PCA$ 中至少有一个小于或等于 $30°$.

证法1 如图 3-5-40 所示，过 P 作 $PD \perp BC$，$PE \perp AC$，$PF \perp AB$，D，E，F 为垂足，则

$$PA + PB + PC \geqslant 2(PD + PE + PF).$$

所以下述三个不等式

$$PA \geqslant 2PF, \quad PB \geqslant 2PD, \quad PC \geqslant 2PE$$

中至少有一个成立. 不妨设 $PA \geqslant 2PF$，即

$$\sin \angle PAB = \frac{PF}{PA} \leqslant \frac{1}{2}.$$

于是

$$\angle PAB \leqslant 30° \text{ 或 } \angle PAB \geqslant 150°.$$

当 $\angle PAB \geqslant 150°$ 时，$\angle PBC$，$\angle PCA$ 均小于等于 $30°$.

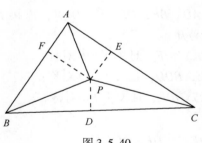

图 3-5-40

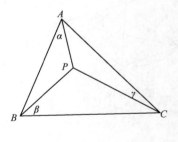

图 3-5-41

证法2 如图 3-5-41 所示，令 $\alpha = \angle PAB$，$\beta = \angle PBC$，$\gamma = \angle PCA$. 于是，P 到 AB 的距离 $= PA \sin \alpha = PB \sin(B - \beta)$，$P$ 到 BC 的距离 $= PB \sin \beta = PC \sin(C - \gamma)$，$P$ 到 CA 的距离 $= PC \sin \gamma = PA \cdot \sin(A - \alpha)$，从而

$$\sin \alpha \cdot \sin \beta \cdot \sin \gamma = \sin(A - \alpha) \sin(B - \beta) \cdot \sin(C - \gamma).$$

由 $\ln \sin x$ 在 $(0, \pi)$ 内的凸性可知

$$\sin^2 \alpha \, \sin^2 \beta \, \sin^2 \gamma$$

$$= \sin\alpha\sin(A - \alpha)\sin\beta\sin(B - \beta)\sin\gamma\sin(C - \lambda)$$

$$\leqslant \sin^6 \frac{\alpha + A - \alpha + \beta + B - \beta + \gamma + C - \gamma}{6}$$

$$= \frac{1}{64}.$$

于是

$$\sin\alpha \ \sin\beta \ \sin\gamma \leqslant \frac{1}{8}.$$

由此可知 α，β，γ 中存在一个，如 α 满足 $\sin\alpha \leqslant \frac{1}{2}$. 所以，或者 $\alpha \leqslant$ $30°$，或者 $\alpha \geqslant 150°$. 后一种情况必有 β，γ 都小于 $30°$.

【点评】　本题也可以不用厄尔多斯-莫德尔不等式证明，而证法 2 用琴生不等式给出证明. 由此可见，厄尔多斯-莫德尔不等式相当于某个函数的凸性.

【例 3.5.23】　设 $\triangle ABC$ 的外接圆半径为 R，P 是 $\triangle ABC$ 内一点，求证：

$$\frac{PA}{BC^2} + \frac{PB}{CA^2} + \frac{PC}{AB^2} \geqslant \frac{1}{R}.$$

证明　如图 3-5-42 所示，设 X，Y，Z 分别是 P 点向 $\triangle ABC$ 三边 BC，CA，AB 所作垂线的垂足，首先证明

$$PA\sin A \geqslant PY\sin C + PZ\sin B. \qquad (3.5.8)$$

因为 $\angle AYP = \angle AZP = 90°$，所以 A，Z，P，Y 四点共圆，且 AP 是四边形 $AZPY$ 外接圆的直径.

由正弦定理得

$$YZ = PA\sin A.$$

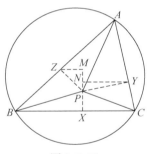

图 3-5-42

设 M，N 分别是 Z，Y 向直线 PX 所作垂线的垂足.

由 $\angle BZP = \angle BXP = 90°$ 知，P，Z，B，X 四点共圆，从而 $\angle MPZ = \angle B$. 所以 $ZM = PZ\sin B$. 同理 $YN = PY\sin C$. 显然 $YZ \geqslant YN + MZ$，从而 (3.5.8) 式成立.

(3.5.8) 式两边同乘以 $2R$，并应用正弦定理得

$$aPA \geqslant cPY + bPZ.$$

同理 $bPB \geqslant aPZ + cPX$，$cPC \geqslant bPX + aPY$，故

$$\frac{PA}{a^2} + \frac{BP}{b^2} + \frac{PC}{c^2} \geqslant PX\left(\frac{b}{c^3} + \frac{c}{b^3}\right) + PY\left(\frac{c}{a^3} + \frac{a}{c^3}\right) + PZ\left(\frac{a}{b^3} + \frac{b}{a^3}\right)$$

$$\geq \frac{2PX}{bc} + \frac{2PY}{ca} + \frac{2PZ}{ab}$$

$$= \frac{4S_{\triangle ABC}}{abc} = \frac{1}{R}.$$

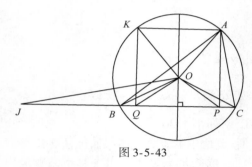

图 3-5-43

【例 3.5.24】 设锐角 $\triangle ABC$ 的外心为 O，从 A 作 BC 的高，垂足为 P，且 $\angle BCA \geq \angle ABC + 30°$（图 3-5-43）. 证明：$\angle CAB + \angle COP < 90°$.

证法 1 设 $\alpha = \angle CAB$，$\beta = \angle ABC$，$\gamma = \angle BCA$，$\delta = \angle COP$. 作 A，P 分别关于 BC 中垂线的对称点 K，Q. 设 R 为 $\triangle ABC$ 外接圆半径，则 $OA = OB = OC = OK = R$. 由于 $KQPA$ 为矩形，所以 $QP = KA$. 注意

$$\angle AOK = \angle AOB - \angle KOB$$
$$= \angle AOB - \angle AOC = 2\gamma - 2\beta \geq 60°.$$

因 $OA = OK = R$，有 $KA \geq R$，$QP \geq R$，所以

$$OP + R = OQ + OC > QC = QP + PC \geq R + PC,$$

从而 $OP > PC$. 因此在 $\triangle COP$ 中，$\angle PCO > \delta$，而 $\alpha = \frac{1}{2}\angle BOC = \frac{1}{2}(180° - 2\angle PCO) = 90° - \angle PCO$，即 $\alpha + \delta < 90°$.

证法 2 如前所述，只需证明 $OP > PC$. 由正弦定理有 $AB = 2R\sin\gamma$，$AC = 2R\sin\beta$，于是

$$BP - PC = AB\cos\beta - AC\cos\gamma$$
$$= 2R(\sin\gamma\cos\beta - \sin\beta\cos\gamma)$$
$$= 2R\sin(\gamma - \beta).$$

又 $30° \leq \gamma - \beta < \gamma < 90°$，故 $BP - PC \geq R$. 因此，我们得到

$$R + OP = BO + OP > BP \geq R + PC,$$

即 $OP > PC$.

证法 3 我们先证明 $R^2 > CP \cdot CB$. 由于 $CB = 2R\sin\alpha$，$CP = AC\cos\gamma = 2R\sin\beta\cos\gamma$，只需证明 $\frac{1}{4} > \sin\alpha\sin\beta\cos\gamma$. 注意 $1 > \sin\alpha = \sin(\gamma + \beta) = \sin\gamma\cos\beta + \sin\beta\cos\gamma$，$\frac{1}{2} \leq \sin(\gamma - \beta) = \sin\gamma\cos\beta - \sin\beta\cos\gamma$，所以 $\frac{1}{4} > \sin\beta\cos\gamma$，从而 $\frac{1}{4} > \sin\alpha\sin\beta\cos\gamma$.

在直线 BC 上取点 J 使得 $CJ \cdot CP = R^2$. 因为 $R^2 > CP \cdot CB$，所以 $CJ > CB$，则 $\angle OBC > \angle OJC$. 而 $\dfrac{OC}{CJ} = \dfrac{PC}{CO}$，且 $\angle JCO = \angle OCP$，有 $\triangle JCO \backsim \triangle OCP$，$\angle OJC = \angle PCO = \delta$. 于是 $\delta < \angle OBC = 90° - \alpha$，即 $\alpha + \delta < 90°$.

【例 3.5.25】 设 $\triangle ABC$ 的三边为 a，b，c，A，B，C 为各边所对的角（用弧度单位），求证：

$$\frac{aA + bB + cC}{a + b + c} < \frac{\pi}{2}.$$

证明 设 $a = x+y$，$b = x+z$，$c = y+z$，则

$$\frac{aA + bB + cC}{a + b + c} = \frac{(x+y)A + (x+z)B + (y+z)c}{2(x+y+z)}$$

$$< \frac{1}{2}(A + B + C) = \frac{\pi}{2}.$$

【点评】 关于三角形的边长构成的不等式属于几何不等式，处理这类题型最主要的技巧是作变量代换，使几何问题代数化，这已成为一种比较固定的代换模式.

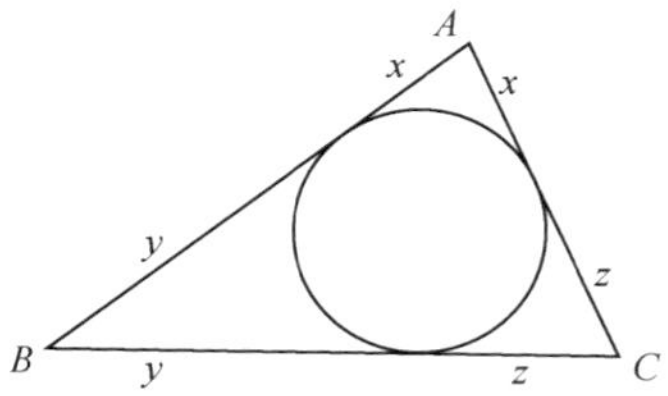

图 3-5-44

因为任一三角形总有内切圆（图 3-5-44），所以存在 x，y，z，使得 $a = x+y$，$b = x+z$，$c = y+z$. 反过来，若三个正数 a，b，c 可表示为上面的形式，易见 $a+b>c$，$b+c>a$，$c+a>b$，因而 a，b，c 可是三角形的三边长. 故 a，b，c 是三角形三边长的充要条件是

$$\begin{cases} a = y + z, \\ b = z + x, \\ c = x + y. \end{cases}$$

于是，三角形边长不等式 $f(a, b, c) \geqslant 0 \Leftrightarrow f(y+z, z+x, x+y) \geqslant 0$，这样就将几何不等式 $f(a, b, c) \geqslant 0$ 转化成代数不等式 $f(y+z, z+x, x+y) \geqslant 0$，并且如果有 $a \geqslant b \geqslant c > 0$，则相应有 $z \geqslant y \geqslant x > 0$ 成立.

【例 3.5.26】 设 a，b，c 是三角形的边长，求证：
$$a^2 b(a - b) + b^2 c(b - c) + c^2 a(c - a) \geqslant 0.$$
证明 设 $a = y+z$，$b = z+x$，$c = x+y$，则原不等式等价于
$$(x + y)^2 (y + z)(x - z) + (y + z)^2 (z + x)(y - x)$$
$$+ (z + x)^2 (x + y)(z - y) \geqslant 0,$$
即
$$\frac{x^2}{y} + \frac{y^2}{z} + \frac{z^2}{x} \geqslant x+y+z.$$

由柯西不等式，有

$$(x + y + z)^2 = \left(\sqrt{y} \cdot \frac{x}{\sqrt{y}} + \sqrt{z} \cdot \frac{y}{\sqrt{z}} + \sqrt{x} \cdot \frac{z}{\sqrt{x}} \right)^2$$

$$\leqslant (x + y + z) \left(\frac{x^2}{y} + \frac{y^2}{z} + \frac{z^2}{x} \right),$$

即原不等式成立.

【例 3.5.27】　（费恩斯列尔-哈德维格尔不等式）设 $\triangle ABC$ 的三边为 a，b，c，面积为 Δ，求证：

$$a^2 + b^2 + c^2 \geqslant 4\sqrt{3}\Delta + (a - b)^2 + (b - c)^2 + (c - a)^2.$$

证明　设 $a = y + z$，$b = z + x$，$c = x + y$，则原不等式等价于

$$(y + z)^2 + (z + x)^2 + (x + y)^2$$

$$\geqslant 4\sqrt{3xyz(x + y + z)} + (z - y)^2 + (x - z)^2 + (y - x)^2,$$

即 $xy + yz + zx \geqslant \sqrt{3xyz\ (x + y + z)}$，亦即

$$x^2 y^2 + y^2 z^2 + z^2 x^2 \geqslant x^2 yz + y^2 zx + z^2 xy. \tag{3.5.9}$$

$$(x^2 y^2 + y^2 z^2)/2 \geqslant xy^2 z,$$

$$(y^2 z^2 + z^2 x^2)/2 \geqslant yz^2 x,$$

$$(z^2 x^2 + x^2 y^2)/2 \geqslant zx^2 y,$$

以上三式两边分别相加可得 （3.5.9） 式，即原不等式成立.

【点评】　由本题推得外森比克不等式

$$a^2 + b^2 + c^2 \geqslant 4\sqrt{3}\Delta,$$

它曾经被作为第 3 届 IMO 试题.

【例 3.5.28】　设 a，b，c 是三角形的三边长，求证：

$$(-a + b + c)(a - b + c) + (a - b + c)(a + b - c) + (a + b - c)(-a + b + c)$$

$$\leqslant \sqrt{abc}(\sqrt{a} + \sqrt{b} + \sqrt{c}). \tag{3.5.10}$$

证法 1　我们可以将条件 a，b，c 是三角形的三边长加强为 a，b，$c > 0$，（3.5.10） 式的左边可化为

$$-a^2 - b^2 - c^2 + 2ab + 2bc + 2ca,$$

于是 （3.5.10） 式等价于

$$2ab + 2bc + 2ca \leqslant a^2 + b^2 + c^2 + a\sqrt{bc} + b\sqrt{ac} + c\sqrt{ab}.$$

$$\tag{3.5.11}$$

设 $a = x^2$，$b = y^2$，$c = z^2$，则 （3.5.11） 式等价于

$$x^4 + y^4 + z^4 + x^2 yz + xy^2 z + xyz^2 \geqslant 2(x^2 y^2 + y^2 z^2 + z^2 x^2).$$

由平均不等式得

$$2x^2 y^2 \leqslant x^3 y + xy^3,$$

于是只需证
$$x^4 + y^4 + z^4 + x^2yz + xy^2z + xyz^2 \geq x^3y + y^3z + z^3x + xy^3 + yz^3 + zx^3,$$
$$\Leftrightarrow x^2(x-y)(x-z) + y^2(y-z)(y-x) + z^2(z-x)(z-y) \geq 0.$$
$$(3.5.12)$$

不失一般性，可设 $x \geq y \geq z$，那么
$$x^2(x-y)(x-z) \geq y^2(y-z)(x-y) = -y^2(y-z)(y-x),$$
$$z^2(z-x)(z-y) \geq 0,$$
从而不等式（3.5.12）成立，故原不等式成立.

证法2　我们可以证明加强的不等式.

若 a，b，$c > 0$，则
$$\sum (-a+b+c)(a-b+c) \leq \sqrt{abc}(\sqrt{a} + \sqrt{b} + \sqrt{c}). \quad (3.5.13)$$
等号成立条件，若 $a=b=c$ 或 a，b，c 有两个数相等且第三个是零.

（3.5.13）式的左边可以化为
$$(\sqrt{a} + \sqrt{b} + \sqrt{c})(-\sqrt{a} + \sqrt{b} + \sqrt{c})(\sqrt{a} - \sqrt{b} + \sqrt{c})(\sqrt{a} + \sqrt{b} - \sqrt{c}).$$

设 $\sqrt{a}=x$，$\sqrt{b}=y$，$\sqrt{c}=z$，则（3.5.13）式等价于
$$(x+y+z)(-x+y+z)(x-y+z)(x+y-z) \leq xyz(x+y+z).$$
$$(3.5.14)$$

（3.5.14）式即等价于
$$(-x+y+z)(x-y+z)(x+y-z) \leq xyz$$
$$x^3 + y^3 + z^3 + 3xyz \geq xy(x+y) + yz(y+z) + z(z+x).$$

（舒尔不等式，见 448 页 4.5.3）

证法3　不妨设 $a \geq b \geq c > 0$，则（3.5.10）式等价于
$$c^2 - (a-b)^2 + a^2 - (b-c)^2 + b^2 - (a-c)^2 \leq \sqrt{abc}(\sqrt{a} + \sqrt{b} + \sqrt{c})$$
$$\Leftrightarrow 2ab + 2bc + 2ca - a^2 - b^2 - c \leq \sqrt{ab}\sqrt{bc} + \sqrt{ab}\sqrt{ac} + \sqrt{ac}\sqrt{bc}$$
$$\Leftrightarrow ab + bc + ca - \sqrt{ab}\sqrt{bc} - \sqrt{ab}\sqrt{ac} - \sqrt{ac}\sqrt{bc} \leq a^2 + b^2 + c^2 - ab - bc - ca$$
$$\Leftrightarrow \frac{1}{2}\left[(\sqrt{ab} - \sqrt{bc})^2 + (\sqrt{ab} - \sqrt{ac})^2 + (\sqrt{ac} - \sqrt{bc})^2\right]$$
$$\leq \frac{1}{2}\left[(a-b)^2 + (b-c)^2 + (c-a)^2\right]$$
$$\Leftrightarrow (\sqrt{ab} - \sqrt{bc})^2 + (\sqrt{ab} - \sqrt{ac})^2 + (\sqrt{ac} - \sqrt{bc})^2$$
$$\leq (a-b)^2 + (b-c)^2 + (c-a)^2. \quad (3.5.15)$$

由 a，b，c 是三角形的三边，易证
$$\sqrt{a} + \sqrt{b} > \sqrt{c}, \qquad \sqrt{b} + \sqrt{c} > \sqrt{a}, \qquad \sqrt{a} + \sqrt{c} > \sqrt{b},$$

故
$$(\sqrt{ab}-\sqrt{bc})^2=(\sqrt{b})^2(\sqrt{a}-\sqrt{c})^2<(\sqrt{a}+\sqrt{c})^2(\sqrt{a}-\sqrt{c})^2=(a-c)^2.$$

同理 $(\sqrt{ab}-\sqrt{ac})^2<(b-c)^2$，$(\sqrt{ac}-\sqrt{bc})^2<(c-a)^2$，三式相加得 (3.5.15) 式，从而原不等式成立.

证法 4 作代换 $a=x+y$，$b=y+z$，$c=z+x$，则原不等式等价于
$$4\sum xy\leqslant\sqrt{(x+y)(y+z)(z+x)}(\sqrt{x+y}+\sqrt{y+z}+\sqrt{z+x})$$
$$=\sum(x+y)\sqrt{(z+x)(z+y)}.$$

因为 $\sqrt{(z+x)(z+y)}\geqslant\sqrt{(z+\sqrt{xy})^2}=z+\sqrt{xy}$，所以
$$\sum(x+y)\sqrt{(z+x)(z+y)}\geqslant\sum(x+y)(z+\sqrt{xy})$$
$$=\sum(x+y)z+\sum(x+y)\sqrt{xy}$$
$$\geqslant2\sum xy+\sum(2\sqrt{xy})\sqrt{xy}$$
$$=2\sum xy+2\sum xy$$
$$=4\sum xy,$$

从而不等式成立.

【例 3.5.29】 设 P 为正 n 边形 $A_1A_2\cdots A_n$ 内的任意一点，直线 A_iP 交正 n 边形 $A_1A_2\cdots A_n$ 的边界于另一点 $B_i(i=1,2,\cdots,n)$，证明：$\displaystyle\sum_{i=1}^{n}PA_i\geqslant\sum_{i=1}^{n}PB_i$.

分析 很明显，相比 $\displaystyle\sum_{i=1}^{n}PA_i$ 来说，右边的 $\displaystyle\sum_{i=1}^{n}PB_i$ 更加难以计算. 因此将问题转化成 $2\displaystyle\sum_{i=1}^{n}PA_i\geqslant\sum_{i=1}^{n}A_iB_i$ 是一个不错的主意. 由于 $\displaystyle\sum_{i=1}^{n}A_iB_i$ 有明显的上限，我们可以依此来处理 $\displaystyle\sum_{i=1}^{n}PA_i$.

证明 我们将证明等价命题：$2\displaystyle\sum_{i=1}^{n}PA_i\geqslant\sum_{i=1}^{n}A_iB_i$. 设正 n 边形内最长的一条对角线(三角形的时候为边)长度为 l，那么 $\displaystyle\sum_{i=1}^{n}A_iB_i\leqslant nl$. 下证 $2\displaystyle\sum_{i=1}^{n}PA_i\geqslant nl$.

当 n 是偶数时，令 $n=2k$，那么对任意的 i 有 $A_iA_{i+k}=l$(记 $A_{n+p}=A_p$，下同)，我们对所有的 i 求和得 $2\displaystyle\sum_{i=1}^{n}PA_i\geqslant\sum_{i=1}^{n}A_iA_{i+k}=nl$.

当 n 是奇数时，令 $n=2k+1$，那么对任意的 i 有 $A_iA_{i+k}=l$，同样对所有的 i 求和得 $2\displaystyle\sum_{i=1}^{n}PA_i\geqslant\sum_{i=1}^{n}A_iA_{i+k}=nl$，证毕.

【点评】 转化成 $2\sum_{i=1}^{n} PA_i \geqslant \sum_{i=1}^{n} A_iB_i$ 是整个证明的关键. *Crux* 杂志2006年第二期的一篇文章里就叙述了这个问题的推广, 以及一个变形. 在其问题里, B_i 不是 PA_i 与多边形的交点, 而是与其外接圆的交点, 而当时的问题, 不仅是要证明 $\sum_{i=1}^{n} PA_i \geqslant \sum_{i=1}^{n} PB_i$, 还要证明 $\sum_{i=1}^{n} PA_i^2 \geqslant \sum_{i=1}^{n} PB_i^2$, 这无疑增加了难度. 下面给出这个问题的证明.

先不妨设正 n 边形 $A_1A_2\cdots A_n$ 内接于复平面上的单位圆, 且 A_1 点代表的数恰为 1. 再设 P 点代表的复数为 z, 并记 $\omega = e^{2\pi i/n}$, 则有

$$\sum_{k=1}^{n}(PA_k)^2 = \sum_{k=1}^{n}|\omega^k - z|^2 = \sum_{k=1}^{n}(\omega^k - z)(\overline{\omega^k} - \bar{z})$$
$$= \sum_{k=1}^{n}(1 + |z|^2 - z\omega^{-k} - \bar{z}\omega^k)$$
$$= n(1 + |z|^2) - z\sum_{k=1}^{n}\omega^{-k} - \bar{z}\sum_{k=1}^{n}\omega^k = n(1 + |z|^2).$$

而由圆幂定理
$$PA_k \cdot PB_k = (1 - PO^2) = 1 - |z|^2 (O \text{ 为复平面原点}),$$
因此
$$(PA_k)^2 + (PB_k)^2 = (PA_k + PB_k)^2 - 2PA_k \cdot PB_k$$
$$= (A_kB_k)^2 - 2(1 - |z|^2)$$
$$\leqslant 4 - 2(1 - |z|)^2 = 2(1 + |z|^2).$$

所以 $\sum_{k=1}^{n}(PA_k)^2 + (PB_k)^2 \leqslant 2n(1 + |z|)^2 = 2\sum_{k=1}^{n}(PA_k)^2$, 平方和的不等式得到了证明.

而代数和的不等式, 只要利用 $\sum_{k=1}^{n}PA_k = \sum_{k=1}^{n}|\omega^k - z| = \sum_{k=1}^{n}|1 - \omega^{-k}z| \geqslant \left|n - z\sum_{k=1}^{n}\omega^{-k}\right| = n$ 和 $\sum_{k=1}^{n}(PA_k + PB_k) = \sum_{k=1}^{n}A_kB_k \leqslant 2n$ 即可得证.

【例 3.5.30】 将半径为 1, 2, 3, 4, 5, 6 的 6 个圆任意沿直线 l 排成一串 (6 个圆与 l 切于不同的 6 个点, 切点相邻的两圆外切, 见图 3-5-45), 共有 6! 种排法, 问哪种排法使首尾两圆的外公切线最长? 并证明你的结论.

证明 我们将证明, 依次按半径为 1, 3, 5, 6, 4, 2 或 2, 4, 6, 5, 3, 1 的顺序排列时, 首尾两圆的外公切线最长.

如图 3-5-45 所示, 设 $\odot O_i$ 的半径为 r_i, 且与直线 l 相切于 T_i ($1 \leqslant i \leqslant 6$). 对 $1 \leqslant i \leqslant 5$, 由勾股定理易知

$$T_i T_{i+1}^2 = (r_i + r_{i+1})^2 - (|r_i - r_{i+1}|)^2 = 4r_i r_{i+1},$$

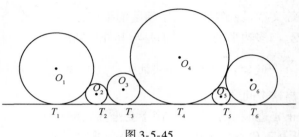

图 3-5-45

因此

$$T_1 T_6 = T_1 T_2 + T_2 T_3 + T_3 T_4 + T_4 T_5 + T_5 T_6$$

$$= 2(\sqrt{r_1 r_2} + \sqrt{r_2 r_3} + \sqrt{r_3 r_4} + \sqrt{r_4 r_5} + \sqrt{r_5 r_6}). \qquad (3.5.16)$$

由于 r_1, $\cdots$, r_6 是 1, $\cdots$, 6 的一个排列，故 $T_1 T_6$ 的表达式 (3.5.16) 可改写为

$$T_1 T_6 = 2(\sqrt{1 \cdot r_1'} + \sqrt{2 \cdot r_2'} + \sqrt{3 \cdot r_3'} + \sqrt{4 \cdot r_4'} + \sqrt{5 \cdot r_5'}).$$

由排序不等式易知，在 $r_1' \leqslant r_2' \leqslant r_3' \leqslant r_4' \leqslant r_5'$ 且每个数尽可能地大时，$T_1 T_6$ 的值最大，于是我们先（尝试着）取 $r_5' = r_4' = 6$.

另外，r_1', r_2', r_3' 只能是 1, 2, 3, 4, 5 中的某三个数，并且互不相等，所以取 $r_1' = 3$, $r_2' = 4$, $r_3' = 5$. 按前面所说，这样选取的 r'_1, r'_2, $\cdots$, r'_6, 将使 $T_1 T_6$ 的值最大. 下面我们需要进一步检查这种选取是否相容.

事实上，由于此时

$$\sum_{i=1}^{5} \sqrt{i r_i'} = \sqrt{1 \times 3} + \sqrt{2 \times 4} + \sqrt{3 \times 5} + \sqrt{4 \times 6} + \sqrt{5 \times 6}$$

$$= \sqrt{1 \times 3} + \sqrt{3 \times 5} + \sqrt{5 \times 6} + \sqrt{6 \times 4} + \sqrt{4 \times 2}$$

$$= \sqrt{2 \times 4} + \sqrt{4 \times 6} + \sqrt{6 \times 5} + \sqrt{5 \times 3} + \sqrt{3 \times 1},$$

故上述的选取是相容的，于是依次取 $r_i'(1 \leqslant i \leqslant 6)$ 为 1, 3, 5, 6, 4, 2, 或 2, 4, 6, 5, 3, 1 时，$T_1 T_6$ 的值最大.

【点评】　将本题的最大值改为最小值，同样可以（用调整法）解决，但有一些困难，有兴趣的读者不妨自己试试.

【例 3.5.31】　设 M 是定圆 O 的直径 AB 上的定点 $(M \neq O, A, B)$，P, Q 是位于直线 AB 同侧的圆 O 上的两动点，使 $\angle PMA = \angle QMB$，求证：直线 PQ 过定点.

证明　连接 PO 及 QM 并延长分别交圆 O 于 P_1 及 M_1（图 3-5-46），因

$\angle PMA = \angle QMB = \angle AMM_1$，故 $\overset{\frown}{PA} = \overset{\frown}{AM_1}$（对称性）。

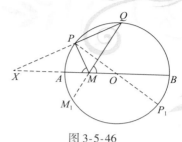

图 3-5-46

又 $\overset{\frown}{PA} = \overset{\frown}{P_1B}$，所以 $\overset{\frown}{AM_1} = \overset{\frown}{BP_1}$.

由圆内角定理及圆周角定理，有

$$\angle QMB = \frac{1}{2}(\overset{\frown}{BQ} + \overset{\frown}{AM_1}) \text{ 的度数},$$

$$\angle QPO = \frac{1}{2}(\overset{\frown}{BQ} + \overset{\frown}{BP_1}) \text{ 的度数}.$$

故 $\angle QMB = \angle QPO$，从而 Q，P，M，O 四点共圆.

因 M 不是圆心 O，故 PQ 与 AB 不平行. 设直线 PQ 与直线 AB 相交于 X，证明：X 是定点.

设 $OA = r$，$AM = a$，$XA = x$，由圆幂定理有

$$XM \cdot XO = XP \cdot XQ = XA \cdot XB,$$

即 $(a+x)(r+x) = x(2r+x)$，解得 $x = \dfrac{ar}{r-a}$.

因 a，r 为定值，故 x 为定长，从而 X 为定点，命题得证.

【例 3.5.32】　在一个平面中，C 为一个圆周，直线 l 是圆周的一条切线，M 为 l 上一点. 试求具有如下性质的所有点 P 的集合：在直线上存在两个点 Q 和 R，使得 M 是线段 QR 的中点，且 C 是 $\triangle PQR$ 的内切圆.

解　如图 3-5-47，设 $\odot O$ 与 $\triangle PQR$ 三边切点分别为 D，E，F，$\odot O$ 的半径为 r，$MD = x$，$DR = a$，那么 $MQ = a+x$，$FQ = a+2x$. 又设 $PE = PF = b$，则

$$S_{\triangle POM} = S_{\triangle PRM} - S_{\text{四边形} POMR}$$

$$= \frac{1}{2}S_{\triangle PQR} - \frac{1}{2}r(b + a + a + x)$$

$$= \frac{1}{2} \cdot \frac{1}{2}r(b + b + a + a + x + a + x + a + 2x)$$

$$= \frac{1}{2}r(b + 2a + x)$$

$$= \frac{1}{2}rx$$

为一常数.

如图 3-5-48，设 T 是 DO 与 $\odot O$ 的另一个交点，那么 $S_{\triangle TOM} = \frac{1}{2}MD \cdot OT = \frac{1}{2}rx = S_{\triangle POM}$. 所以 $PT // OM$. 由于 M，O，T 均为定点，故 P 点集合为过

275

T 且平行于 MO 的一条射线.

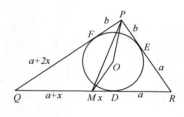
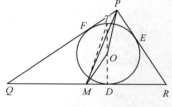

图 3-5-47　　　　　　　　　　　　　　图 3-5-48

【点评】　本题是轨迹问题，当然可以用解析法处理，思路更为简单直接，只是运算复杂一点.

【例 3.5.33】　设 $\triangle ABC$ 是锐角三角形，点 D，E，F 分别在 BC，CA，AB 边上，线段 AD，BE，CF 经过 $\triangle ABC$ 的外心 O. 已知以下 6 个比值：

$$\frac{BD}{DC},\ \frac{CD}{DB},\ \frac{AE}{EC},\ \frac{CE}{EA},\ \frac{AF}{FB},\ \frac{BF}{FA}$$

中至少有两个是整数，求证：$\triangle ABC$ 是等腰三角形.

分析　本题其实就是要证明三对互为倒数的比值中有一对是 1.

在分析这 6 个比值的关系时，可以发现，它们其实就是三个三角形 AOB，BOC，COA 彼此的面积之比. 再结合 $\triangle ABC$ 是锐角三角形，问题可迎刃而解.

证法 1　我们不难证明 $\frac{BD}{DC},\ \frac{CD}{DB},\ \frac{AE}{EC},\ \frac{CE}{EA},\ \frac{AF}{FB},\ \frac{BF}{FA}$ 是三个三角形 AOB，BOC，COA 彼此的面积比值，而当这三个三角形有两个面积相等时，$\triangle ABC$ 是等腰三角形. 现在假设 $\triangle ABC$ 不是等腰三角形，但此 6 个比值却至少有两个是整数，那么只有下面两种情况.

情况 1：三个三角形 AOB，BOC，COA 的面积有一个是其他两个的倍数.

情况 2：三个三角形 AOB，BOC，COA 的面积有两个同为第三个的倍数.

在上面两个情况中，两个"倍数"都不是一倍，也不能相同.

但是我们考虑到 $\triangle ABC$ 是锐角三角形，我们知道三角形 AOB，BOC，COA 任意两个的面积之和都大于第三个. 比如说 $\frac{S_{\triangle AOB}+S_{\triangle BOC}}{S_{\triangle AOC}}=\frac{BO}{OE}>1$（因为点 B 在劣弧 AC 关于 O 的对称的弧上）. 因此在情况 1 和情况 2 中，我们分别令三角形 AOB 的面积是另两个的 x 倍和 y 倍，以及三角形 AOB 的面积是另两个的 $\frac{1}{x}$ 和 $\frac{1}{y}$（其中 x 和 y 是不同且不为 1 的正整数）. 无论如何，总能得

到 $|x-y|<1$ 或者 $\dfrac{1}{x}+\dfrac{1}{y}>1$ 这样的矛盾式，故我们的假设不成立，所以 $\triangle ABC$ 是等腰三角形.

【点评】　将比值转化为面积比，并得出面积间的关系是证法 1 的关键.

证法 2　从这 6 个比值中取出两个，共有两种类型：（Ⅰ）涉及同一边；（Ⅱ）涉及不同的边.

情形（Ⅰ）：如果同一边上的两个比值同时是整数，不妨设为 $\dfrac{BD}{DC}$ 和 $\dfrac{CD}{DB}$. 因它们互为倒数，又同是整数，故必须都取 1，即得 $BD=DC$. 由于 O 是 $\triangle ABC$ 的外心，进而得 AD 是 BC 边的中垂线，于是 $AB=AC$.

情形（Ⅱ）：记 $\angle CAB=\alpha$，$\angle ABC=\beta$，$\angle BCA=\gamma$. 因 $\triangle ABC$ 是锐角三角形，故 $\angle BOC=2\alpha$，$\angle COA=2\beta$，$\angle AOB=2\gamma$. 于是

$$\frac{BD}{DC}=\frac{S_{\triangle OAB}}{S_{\triangle OAC}}=\frac{\sin 2\gamma}{\sin 2\beta},$$

同理

$$\frac{CE}{EA}=\frac{\sin 2\alpha}{\sin 2\gamma},\quad \frac{AF}{FB}=\frac{\sin 2\beta}{\sin 2\alpha}.$$

设上述 6 个比值中有两个同时是整数，且涉及不同的边，则有如下两种类型.

存在整数 m 和 n，使得

$$\sin 2x=m\sin 2z\ \text{且}\ \sin 2y=n\sin 2z,\tag{3.5.17}$$

或

$$\sin 2z=m\sin 2x\ \text{且}\ \sin 2z=n\sin 2y,\tag{3.5.18}$$

式中，x，y，z 是 α，β，γ 的某种排列.

以下构造 $\triangle A_1B_1C_1$，使得它的三个内角分别为 $180°-2\alpha$，$180°-2\beta$，$180°-2\gamma$. 如图 3-5-49 所示，过 A，B，C 分别作 $\triangle ABC$ 外接圆的切线，所围成的 $\triangle A_1B_1C_1$ 即满足要求.

根据正弦定理，$\triangle A_1B_1C_1$ 的三边与 $\sin 2\alpha$，$\sin 2\beta$，$\sin 2\gamma$ 成正比. 在（3.5.17）、（3.5.18）两种情况下，可知其三边之比分别为 $1:m:n$ 或 $m:n:mn$.

对于（3.5.17）式，由三角形两边之和大于第三边，可知必须 $m=n$.

对于（3.5.18）式，同样，需保证

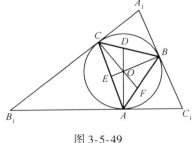

图 3-5-49

$m+n>mn$，即 $(m-1)(n-1)<1$，由此 m 和 n 中必有一个为 1.

无论在哪种情况下，都导致 $\triangle A_1B_1C_1$ 是等腰三角形，因此 $\triangle ABC$ 也就是等腰三角形.

问　题

1. $\triangle ABC$ 的 $\angle C$ 是直角. 该三角形的内切圆切 AC，BC 及 AB 边于 M，K 及 N 点. 从 K 点作直线垂直于线段 MN，并交直角边 AC 于 X 点，证明：$CK=AX$.

2. 过圆外一点 P 作圆的两条切线 PA，PB，A，B 为切点，再过点 P 作圆的一条割线分别交圆于 C，D 两点，过切点 B 作 PA 的平行线分别交直线 AC，AD 于 E，F，求证：$BE=BF$.

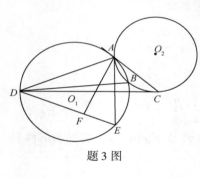

题 3 图

3. 如题 3 图所示，圆 O_1 与圆 O_2 交于 A，B 两点. 过点 O_1 的直线 DC 交圆 O_1 于 D 且切圆 O_2 于 C，CA 切圆 O_1 于 A，圆 O_1 的弦 AE 与直线 DC 垂直. 过 A 作 AF 垂直于 DE，F 为垂足，求证：BD 平分线段 AF.

4. 设 C，D 是以 O 为圆心、AB 为直径的半圆上的任意两点，过点 B 作 $\odot O$ 的切线交直线 CD 于 P，直线 PO 与直线 CA，AD 分别交于点 E，F，证明，$OE=OF$.

5. 在 $\triangle ABC$ 的边 AB，BC，CA 上分别取点 P，Q，R，使得 $AP=CQ$，且四边形 $RPBQ$ 是圆内接四边形. 过点 A，C 分别作 $\triangle ABC$ 的外接圆的切线，交直线 RP，RQ 于点 X，Y，证明：$RX=RY$.

6. 在以 O 为顶点的角的一条边上取一点 A，在另一条边上取两点 B，C，其中点 B 位于点 O 与点 C 之间. 作 $\triangle OAB$ 的内切圆，圆心为 O_1；再作 $\triangle OAC$ 的一个旁切圆，圆心为 O_2，使之与边 AC 相切，且与边 OA 和 OC 的延长线相切，证明：如果 $O_1A=O_2A$，则 $\triangle ABC$ 为等腰三角形.

7. 在锐角 $\triangle ABC$ 中作高 AA'，BB'. 令 D 是 $\triangle ABC$ 外接圆的弧 ACB 上的一点. 假设直线 AA'，BD 相交于点 P，直线 BB'，AD 相交于点 Q，证明：直线 $A'B'$ 通过线段 PQ 的中点.

8. 在 $\triangle ABC$ 的外接圆的 AB（不含点 C），BC（不含点 A）上分别取点 K，L，使得直线 $KL /\!/ AC$，证明：$\triangle ABK$ 和 $\triangle CBL$ 的内心到 AC（包含点 B）的中点的距离相等.

9. 设凸四边形 $ABCD$ 对角线交于 O 点. $\triangle OAD$，$\triangle OBC$ 的外接圆交于

O，M 两点，直线 OM 分别交 $\triangle OAB$，$\triangle OCD$ 的外接圆于 T，S 两点，求证：M 是线段 TS 的中点.

10. 设 D 是 $\triangle ABC$ 的边 BC 上的一点，点 P 在线段 AD 上，过点 D 作一直线分别与线段 AB，PB 交于点 M，E，与线段 AC，PC 的延长线交于点 F，N. 如果 $DE=DF$，求证：$DM=DN$.

11. 圆 Γ_1 和 Γ_2 相交于点 M 和 N，设 l 是圆 Γ_1 和圆 Γ_2 的两条公切线中距离 M 较近的那条公切线. l 与圆 Γ_1 相切于点 A，与圆 Γ_2 相切于点 B. 设经过点 M 且与 l 平行的直线与圆 Γ_1 相交于点 C，与圆 Γ_2 还相交于点 D. 直线 CA 与 DB 相交于点 E，直线 AN 和 CD 相交于点 P，直线 BN 和 CD 相交于点 Q，证明：$EP=EQ$.

12. 一个圆通过 $\triangle ABC$ 的顶点 A，B，分别交线段 AC，BC 于点 D，E，直线 BA 和 ED 交于点 F，直线 BD 和 CF 交于点 M，证明：$MF=MC \Leftrightarrow MB \cdot MD = MC^2$.

13. 在菱形 $ABCD$ 的边 BC 上取一点 M. 由 M 分别作对角线 BD，AC 的垂线与直线 AD 交于点 P，Q. 如果直线 PB，QC 与 AM 交于同一点，求比值 $\dfrac{BM}{MC}$.

14. 如题 14 图所示，在 $\triangle ABC$ 中，$\angle A = 60°$，$\triangle ABC$ 的内切圆 I 分别切边 AB，AC 于点 D，E，直线 DE 分别与直线 BI，CI 相交于点 F，G，证明：$FG = \dfrac{1}{2}BC$.

15. $\triangle ABC$ 的角平分线 BB_1 和 CC_1 交于点 I. 直线 B_1C_1 交 $\triangle ABC$ 的外接圆于点 M，N. 证明：$\triangle MIN$ 的外接圆半径是 $\triangle ABC$ 的外接圆半径的二倍.

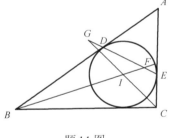

题 14 图

16. 在 $\triangle ABC$ 中，一条经过内心 I 的直线分别与边 AB，BC 交于点 M，N. 已知 $\triangle BMN$ 是锐角三角形，在边 AC 上取点 K，L，使得 $\angle ILA = \angle IMB$，$\angle IKC = \angle INB$，证明：$AM+KL+CN=AC$.

17. 已知 A 是 $\triangle ABC$ 中最小的内角. 点 B，C 将 $\triangle ABC$ 外接圆分为两段弧. U 是 B，C 之间不含 A 的弧上的内点. AB，AC 的中垂线分别交 AU 于 V，W，BV 交 CW 于 T，求证：$AU=TB+TC$.

18. 直角三角形 ABC 中，D 是斜边 AB 的中点，$MB \perp AB$，MD 交 AC 于 N，MC 的延长线交 AB 于 E，证明：$\angle DBN = \angle BCE$.

19. 如题 19 图所示，在 $\triangle ABC$ 中，$\angle ABC = 90°$，D，G 是边 CA 上的两

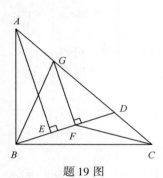

题 19 图

点，连接 BD，BG. 过点 A，G 分别作 BD 的垂线，垂足分别为 E，连接 CF. 若 $BE = EF$，求证：$\angle ABG = \angle DFC$.

20. BC 为圆 Γ 的直径，Γ 的圆心为 O，A 为 Γ 上的一点，$0° < \angle AOB < 120°$，D 是弧 AB（不含 C 的弧）的中点，过 O 平行于 DA 的直线交 AC 于 I，OA 的垂直平分线交 Γ 于 E，F，证明：I 是 $\triangle CEF$ 的内心.

21. 在 $\triangle ABC$ 中，AP 平分 $\angle BAC$ 交 BC 于 P，BQ 平分 $\angle ABC$ 交 CA 于 Q. 已知 $\angle BAC = 60°$，且 $AB + BP = AQ + QB$，问 $\triangle ABC$ 的各角的度数的可能值是多少？

22. 凸四边形 $ABCD$ 的边 AB，BC，CD 的长度相等，M 是 AD 的中点. 已知 $\angle BMC = 90°$，问四边形 $ABCD$ 对角线的交角是多少？

23. 设 $\triangle ABC$ 为锐角三角形，它的外心为 O，将 $\triangle AOC$ 的外心记为 T，边 AC 的中点记为 M. 在边 AB，BC 上分别取点 D，E，使得 $\angle BDM = \angle BEM = \angle ABC$，证明：$BT \perp DE$.

24. $\odot O_1$ 和 $\odot O_2$ 相交于点 A，B. 过点 A 所作的两圆的切线分别与 BO_1 和 BO_2 相交于点 K 和点 L，证明：$KL \parallel O_1 O_2$.

25. 设四边形 $ABCD$ 内接于圆 ω. 过 A 所作的圆 ω 的切线交边 BC 的延长线于点 K，且点 B 位于点 K 和点 C 之间；而过 B 所作的圆 ω 的切线交边 AD 的延长线于点 M，且点 A 位于点 M 和点 D 之间. 已知 $AM = AD$，$BK = BC$，证明：四边形 $ABCD$ 为梯形或正方形.

26. 内接于圆的四边形 $ABCD$ 的两条对角线相交于点 O. 设 $\triangle ABO$ 和 $\triangle CDO$ 的外接圆分别为圆 S_1 和圆 S_2，它们的交点为 O 和 K. 过点 O 分别作 AB 和 CD 的平行线，它们分别与圆 S_1 和圆 S_2 交于点 L 和 M. 在线段 OL 和 OM 上取点 P 和 Q，使得 $OP : PL = MQ : QO$，证明：O，K，P，Q 四点共圆.

27. 如题 27 图所示，$ABCD$ 是圆内接四边形，AC 是圆的直径，$BD \perp AC$，AC 与 BD 的交点为 E，F 在 DA 的延长线上，连接 BF，G 在 BA 的延长线上，使得 $DG \parallel BF$，H 在 GF 的延长线上，$CH \perp GF$. 证明：B，E，F，H 四点共圆.

28. 如题 28 图所示，AB 是圆 O 的直径，C 为 AB 延长线上的一点，过点 C 作圆 O 的割线，与圆 O 交于 D，E 两点，OF 是 $\triangle BOD$ 的外接圆 O_1 的直径，连接 CF 并延长交圆 O_1 于点 G. 求证：O，A，E，G 四点共圆.

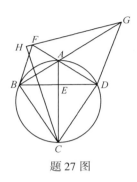

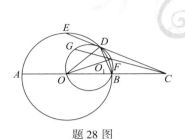

题 27 图　　　　　　　　题 28 图

29. 在 $\triangle ABC$ 中，$a+c=3b$，内心为 I，内切圆在 AB，BC 边上的切点分别为 D，E，设 K 是 D 关于点 I 的对称点，L 是 E 关于点 I 的对称点．求证：A，C，K，L 四点共圆．

30. 如题 30 图所示，$\odot O_1$ 与 $\odot O_2$ 相交于点 C，D，过点 D 的一条直线分别与 $\odot O_1$，$\odot O_2$ 相交于点 A，B，点 P 在 $\odot O_1$ 的弧 AD 上，PD 与线段 AC 的延长线交于点 M，点 Q 在 $\odot O_2$ 的弧 BD 上，QD 与线段 BC 的延长线交于点 N，O 是 $\triangle ABC$ 的外心，求证：$OD \perp MN$ 的充要条件为 P，Q，M，N 四点共圆．

31. 设 $\triangle ABC$ 是一个锐角三角形，P，Q 是边 BC 上的点．取点 C_1，使得凸四边形 $APBC_1$ 有外接圆，且 $QC_1 \parallel CA$，C_1 与 Q 在直线 AB 的异侧，取点 B_1，使得凸四边形 $APCB_1$ 有外接圆，且 $QB_1 \parallel BA$，B_1 与 Q 在直线 AC 的异侧，证明：B_1，C_1，P，Q 四点共圆．

32. 如题 32 图所示，在锐角 $\triangle ABC$ 中，$AB<AC$，AD 是边 BC 上的高，P 是线段 AD 内一点．过 P 作 $PE \perp AC$，垂足为 E，作 $PF \perp AB$，垂足为 F．O_1，O_2 分别是 $\triangle BDF$，$\triangle CDE$ 的外心．求证：O_1，O_2，E，F 四点共圆的充要条件为 P 是 $\triangle ABC$ 的垂心．

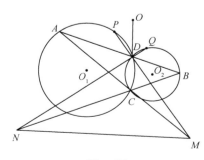

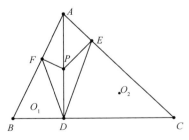

题 30 图　　　　　　　　题 32 图

33. 凸四边形 $ABCD$ 的对角线 BD 不平分 $\angle ABC$ 也不平分 $\angle CDA$. $ABCD$ 的内点 P 满足 $\angle PBC = \angle DBA$，$\angle PDC = \angle BDA$，证明：当且仅当 $AP = CP$ 时，$ABCD$ 为圆内接四边形.

34. 已知 H 是锐角三角形 ABC 的垂心，以边 BC 的中点为圆心，过点 H 的圆与直线 BC 相交于两点 A_1，A_2；以边 CA 的中点为圆心，过点 H 的圆与直线 CA 相交于两点 B_1，B_2；以边 AB 的中点为圆心，过点 H 的圆与直线 AB 相交于两点 C_1，C_2，证明：六点 A_1，A_2，B_1，B_2，C_1，C_2 共圆.

35. 设点 P 在 $\triangle ABC$ 的外接圆弧 BC（不含点 A 的弧）上，直线 CP 和 AB 相交于点 E，直线 BP 和 AC 相交于点 F，边 AC 的垂直平分线交边 AB 于点 J，边 AB 的垂直平分线交边 AC 于点 K，求证：

$$\frac{CE^2}{BF^2} = \frac{AJ \cdot JE}{AK \cdot KF}.$$

36. 对边不平行的四边形 $ABCD$ 外切于以 O 为圆心的圆，证明：点 O 为四边形 $ABCD$ 的两组对边中点连线的交点，当且仅当 $OA \cdot OC = OB \cdot OD$.

37. 设点 D 为等腰 $\triangle ABC$ 的底边 BC 上一点，F 为过 A，D，C 三点的圆在 $\triangle ABC$ 内的弧上一点，过 B，D，F 三点的圆与边 AB 交于点 E，求证：$CD \cdot EF + DF \cdot AE = BD \cdot AF$.

38. 已知直线 l 与单位圆 S 相切于点 P，点 A 与圆 S 在 l 的同侧，且 A 到 l 的距离为 $h(h>2)$，从点 A 作 S 的两条切线，分别与 l 交于 B，C 两点，求线段 PB 与线段 PC 的长度之乘积.

39. 在 $\triangle ABC$ 中，$AB \neq AC$ 分别以 AB，AC 为边，向外作两个三角形 $\triangle ABD$ 和 $\triangle ACE$ 使得 $\angle ABD = \angle ACE$，$\angle BAD = \angle CAE$，设 CD 与 AB 交于点 P，BE 与 AC 交于点 Q，求证：$AP = AQ$ 的充要条件是 $S_{\triangle ABC}^2 = S_{\triangle ABD} \cdot S_{\triangle ACE}$.

40. 在 $\triangle ABC$ 中，$\angle BCA$ 的平分线与 $\triangle ABC$ 的外接圆交于点 R，与 BC 的垂直平分线交于点 P，与边 AC 的垂直平分线交于点 Q. 设 K 与 L 分别是边 BC 和 AC 的中点，证明：$\triangle RPK$ 和 $\triangle RQL$ 的面积相等.

41. 在 $\triangle ABC$ 中，BB_1 是角平分线，过点 B_1 作 BC 的垂线交 $\triangle ABC$ 外接圆上的弧 BC 于点 K，过点 B 作 AK 的垂线交 AC 于点 L，求证：点 K，L，以及弧 AC（不含点 B 的弧）的中点在同一条直线上.

42. 设 $\triangle ABC$ 的外心和内心分别为 O 和 I. 其旁切圆 ω_a 分别与边 AB，AC 的延长线相切于点 K，M，与边 BC 相切于点 N. 已知线段 KM 的中点 P 位于 $\triangle ABC$ 的外接圆上，证明：O，N，I 三点共线.

43. 如题 43 图所示，在 $\triangle PBC$ 中，$\angle PBC = 60°$，过点 P 作 $\triangle PBC$ 的外接圆 ω 的切线，与 CB 的延长线交于点 A. 点 D 和 E 分别在线段 PA 和圆 ω 上，使得 $\angle DBE = 90°$，$PD = PE$. 连接 BE，与 PC 相交于点 F. 已知 AF，BP，

CD 三线共点.

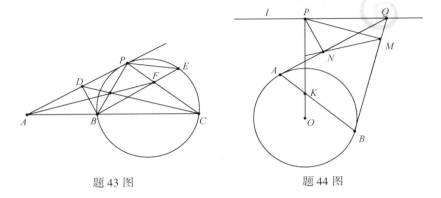

题 43 图　　　　　　　　题 44 图

（1）求证：BF 是 $\angle PBC$ 的角平分线；

（2）求 $\tan \angle PCB$ 的值.

44. 如题 44 图，圆 O（圆心为 O）与直线 l 相离，作 $OP \perp l$，P 为垂足．设点 Q 是 l 上任意一点（不与点 P 重合），过点 Q 作圆 O 的两条切线 QA 和 QB，A 和 B 为切点，AB 与 OP 相交于点 K. 过点 P 作 $PM \perp QB$，$PN \perp QA$，M 和 N 为垂足，求证：直线 MN 平分线段 KP.

45. 等腰三角形 ABC 中 $AB = AC$. 假设

（1）M 是 BC 的中点，O 是直线 AM 上的点，使得 OB 垂直 AB；

（2）Q 是线段 BC 上不同于 B 和 C 的一个任意点；

（3）E 在直线 AB 上，F 在直线 AC 上，使得 E，Q 和 F 是不同的且共线的.

求证：$OQ \perp EF$ 当且仅当 $QE = QF$.

46. 设 $ABCD$ 是一个圆内接四边形. 从点 D 向直线 BC，CA 和 AB 作垂线，其垂足分别为 P，Q 和 R，证明：$PQ = QR$ 的充分必要条件是 $\angle ABC$ 的平分线、$\angle ADC$ 的平分线和 AC 这三条直线相交于一点.

47. 设 A，B，C，D 是一条直线上依次排列的四个不同的点. 分别以 AC，BD 为直径的两圆相交于 X 和 Y，直线 XY 交 BC 于 Z. 若 P 为直线 XY 上异于 Z 的一点，直线 CP 与以 AC 为直径的圆相交于 C 及 M，直线 BP 与以 BD 为直径的圆相交于 B 及 N，试证：AM，DN 和 XY 三线共点.

48. 设 P 是 $\triangle ABC$ 内一点，$\angle APB - \angle ACB = \angle APC - \angle ABC$，又设 D，E 分别是 $\triangle APB$ 及 $\triangle APC$ 的内心，证明：AP，BD，CE 交于一点.

49. 在正三角形 ABC 的三边上依下列方式选取 6 个点：在边 BC 上选点 A_1，A_2，在边 CA 上选点 B_1，B_2，在边 AB 上选点 C_1，C_2，使得凸六边形

$A_1A_2B_1B_2C_1C_2$ 的边长都相等，证明：直线 A_1B_2，B_1C_2，C_1A_2 共点.

50. 设圆 O 的内接凸四边形 $ABCD$ 的两条对角线 AC，BD 的交点为 P，过 P，B 两点的圆 O_1 与过 P，A 两点的圆 O_2 相交于两点 P 和 Q，且圆 O_1，圆 O_2 分别与圆 O 相交于另一点 E，F，求证：直线 PQ，CE，DF 共点或者互相平行.

51. 已知 D 是 $\triangle ABC$ 的边 AB 上的任意一点，E 是边 AC 上的任意一点，连接 DE，F 是线段 DE 上的任意一点，设 $\dfrac{AD}{AB}=x$，$\dfrac{AE}{AC}=y$，$\dfrac{DE}{DE}=z$，证明：

$$\sqrt[3]{S_{\triangle BDF}}+\sqrt[3]{S_{\triangle CEF}}\leqslant \sqrt[3]{S_{\triangle ABC}}.$$

52. 设 P 为正三角形 ABC 内一点，点 D，E，F 为 P 关于 BC，CA，AB 的对称点，则 $\triangle DEF \leqslant \triangle ABC$.

53. 在平面上给定了 6 个红点、6 个蓝点、6 个绿点，其中任何三点不共线，证明：以同色点为顶点的所有三角形的面积之和不超过这些给定点所形成的所有三角形的面积之和的四分之一.

54. 求最小常数 $a>1$，使得对正方形 $ABCD$ 内部任一点 P，都存在 $\triangle PAB$，$\triangle PBC$，$\triangle PCD$，$\triangle PDA$ 中的某两个三角形，使得它们的面积之比属于区间 $[a^{-1},\ a]$.

55. 在等腰直角 $\triangle ABC$ 中，$CA=CB=1$，点 P 是 $\triangle ABC$ 边界上任意一点，求 $PA \cdot PB \cdot PC$ 的最大值.

56. 设 $\triangle ABC$ 的三边长分别为 $AB=c$，$BC=a$，$CA=b$，a，b，c 互不相等，AD，BE，CF 分别为 $\triangle ABC$ 的内角平分线，且 $DE=DF$，证明：

（1）$\dfrac{a}{b+c}=\dfrac{b}{c+a}+\dfrac{c}{a+b}$；

（2）$\angle BAC>90°$.

57. 设 I 是 $\triangle ABC$ 的内心，并设 $\triangle ABC$ 的内切圆与三边 BC，CA，AB 分别相切于点 K，L，M. 过 B 点平行于 MK 的直线分别交直线 LM 及 LK 于点 R 和 S，证明：$\angle RIS$ 是锐角.

58. 设 $\triangle ABC$ 的外心为 O. 在其边 AB 和 BC 上分别取点 M 和 N，使得 $2\angle MON=\angle AOC$，证明：$\triangle MBN$ 的周长不小于边 AC 之长.

59. 设 I 为 $\triangle ABC$ 的内心，P 是 $\triangle ABC$ 内部的一点，满足
$$\angle PBA+\angle PCA=\angle PBC+\angle PCB.$$
证明：$AP\geqslant AI$，并说明等号成立的充分必要条件是 $P=I$.

60. 设 $ABCDEF$ 是凸六边形，满足 $AB=BC=CD$，$DE=EF=FA$，$\angle BCD=\angle EFA=60°$. 设 G 和 H 是这六边形内部的两点，使得 $\angle AGB=\angle DHE=120°$，试证：

$$AG+GB+GH+DH+HE \geqslant CF.$$

61. 设 $ABCDEF$ 是凸六边形且 $AB \parallel ED$，$BC \parallel FE$，$CD \parallel AF$. 又设 R_A，R_C，R_E 分别表示 $\triangle FAB$、$\triangle BCD$ 及 $\triangle DEF$ 的外接圆半径，p 表示六边形的周长，求证：$R_A+R_C+R_E \geqslant \dfrac{p}{2}$.

62. 在凸四边形 $ABCD$ 的外部分别作正三角形 ABQ、正三角形 BCR、正三角形 CDS、正三角形 DAP，记四边形 $ABCD$ 的对角线之和为 x，四边形 $PQRS$ 的对边中点连线之和为 y，求 $\dfrac{y}{x}$ 的最大值.

63. 对于平面上任意三点 P，Q，R，我们定义 $m(PQR)$ 为三角形 PQR 最短的一条高线的长度（当 P，Q，R 共线时，令 $m(PQR)=0$）. 设 A，B，C 为平面上三点，对此平面上任意一点 X，求证：

$$m(ABC) \leqslant m(ABX) + m(AXC) + m(XBC).$$

64. 给定一个凸六边形，其中的每一组对边都具有如下性质：这两条边的中点之间的距离等于它们长度之和的 $\dfrac{\sqrt{3}}{2}$ 倍，证明：该六边形的所有内角相等.（一个凸六边形 $ABCDEF$ 共有三组对边：AB 和 DE；BC 和 EF；CD 和 FA.）

65. 给定平行四边形 $ABCD(AB<BC)$，在它的边 BC 与 CD 上任取两点 P，Q，使得 $CP=CQ$，证明：对 P，Q 的一切不同取法，所得的 $\triangle APQ$ 的外接圆都经过一个除了点 A 以外的公共点.

66. 设 $\triangle ABC$ 为锐角三角形，顶点 B，C 关于直线 AC，AB 的对称点分别为 B'，C'. 设 P 为 $\triangle ABB'$ 和 $\triangle ACC'$ 的外接圆除点 A 之外的另一个交点，证明：$\triangle ABC$ 的外心位于直线 PA 上.

67. 锐角三角形 ABC 中 $AB \neq AC$，以 BC 边为直径的圆分别交 AB，AC 于 M，N. O 为 BC 的中点，两个角 BAC，MON 的平分线交于 R，证明：两个三角形 BMR，CNR 的外接圆有一公共点在 BC 边上.

68. 给定凸四边形 $ABCD$，$BC=AD$，且 BC 不平行于 AD. 设点 E 和 F 分别在边 BC 和 AD 的内部，满足 $BE=DF$. 直线 AC 和 BD 相交于点 P，直线 BD 和 EF 相交于点 Q，直线 EF 和 AC 相交于点 R，证明：当点 E 和 F 变动时，三角形 PQR 的外接圆经过除点 P 外的另一个定点.

69. 在锐角 $\triangle APD$ 的边 AP 和 PD 上各取一点 B 和 C. 四边形 $ABCD$ 的两条对角线相交于点 Q. $\triangle APD$ 和 $\triangle BPC$ 的垂心分别为 H_1 和 H_2，证明：如果直线 H_1H_2 经过 $\triangle ABQ$ 和 $\triangle CDQ$ 的外接圆的交点 X，那么它必定经过 $\triangle BQC$ 和 $\triangle AQD$ 的外接圆的交点 $Y(X \neq Q，Y \neq Q)$.

70. 设 P 是锐角三角形 ABC 内一点，AP，BP，CP 分别交边 BC，CA，AB 于点 D，E，F，已知 $\triangle DEF \backsim \triangle ABC$，求证：$P$ 是 $\triangle ABC$ 的重心.

71. 设锐角 $\triangle ABC$ 的三边长互不相等. O 为其外心，点 A' 在线段 AO 的延长线上，使得 $\angle BA'A = \angle CA'A$. 过点 A' 分别作 $A'A_1 \perp AC$，$A'A_2 \perp AB$，垂足分别为 A_1，A_2. 作 $AH_A \perp BC$，垂足为 H_A. 记 $\triangle H_A A_1 A_2$ 的外接圆半径为 R_A，类似地可得 R_B，R_C，求证：

$$\frac{1}{R_A} + \frac{1}{R_B} + \frac{1}{R_C} = \frac{2}{R},$$

式中，R 为 $\triangle ABC$ 的外接圆半径.

72. 设 $\triangle ABC$ 的三个旁切圆分别与边 BC，CA，AB 相切于点 A'，B'，C'. $\triangle A'B'C'$，$\triangle AB'C'$，$\triangle A'BC'$ 的外接圆分别与 $\triangle ABC$ 的外接圆再次相交于点 C_1，A_1，B_1. 证明：$\triangle A_1B_1C_1$ 与 $\triangle ABC$ 的内切圆在各自三条边上的切点所形成的三角形相似.

73. 设 AH_1，BH_2，CH_3 是锐角 $\triangle ABC$ 的三条高线，$\triangle ABC$ 的内切圆与边 BC，CA，AB 分别相切于点 T_1，T_2，T_3. 设直线 l_1，l_2，l_3 分别是直线 H_2H_3，H_3H_1，H_1H_2 关于直线 T_2T_3，T_3T_1，T_1T_2 的对称直线，证明：l_1，l_2，l_3 所确定的三角形，其顶点都在 $\triangle ABC$ 的内切圆上.

74. 圆 Γ 与 $\triangle ABC$ 的外接圆相切于点 A，与边 AB 交于点 K，且和边 BC 相交. 过点 C 作圆 Γ 的切线，切点为 L，连接 KL，交边 BC 于点 T，证明：线段 BT 的长等于点 B 到圆 Γ 的切线长.

75. 四边形 $ABCD$ 既可外切于圆，又可内接于圆，且四边形 $ABCD$ 的内切圆与边 AB，BC，CD，DA 分别相切于点 K，L，M，N. $\angle A$ 和 $\angle B$ 的外角平分线相交于点 K'，$\angle B$ 和 $\angle C$ 的外角平分线相交于点 L'，$\angle C$ 和 $\angle D$ 的外角平分线相交于点 M'，$\angle D$ 和 $\angle A$ 的外角平分线相交于点 N'. 证明：直线 KK'，LL'，MM'，NN' 经过同一个点.

76. 与等腰 $\triangle ABC$ 两腰 AB，AC 都相切的圆 Γ 交边 BC 于点 K，L. 连接 AK，交圆 Γ 于另一点 M. P，Q 分别是点 K 关于点 B，C 的对称点，证明：$\triangle PMQ$ 的外接圆与圆 Γ 相切.

77. 将 $\triangle ABC$ 的外接圆记作 Ω，点 P 在圆周 Ω 上. 将 $\triangle ABC$ 的分别与边 BC，CA 相切的旁切圆的圆心记作 I_A，I_B，证明：$\triangle I_A CP$ 和 $\triangle I_B CP$ 的外心连线的中点就是圆 Ω 的圆心.

78. 在凸四边形 $ABCD$ 中，$BA \neq BC$. ω_1 和 ω_2 分别是 $\triangle ABC$ 和 $\triangle ADC$ 的内切圆. 假设存在一个圆 ω 与射线 BA（不包括线段 BA）相切，与射线 BC（不包括线段 BC）相切，且与直线 AD 和直线 CD 都相切，证明：圆 ω_1 和 ω_2 的两条外公切线的交点在圆 ω 上.

3.6　数　论

研究整数性质和方程(组)整数解的数学分支叫数论. 它不但有悠久的历史，而且至今有着强大的生命力，素有"数学皇后"之美称，高斯曾这样称赞道："数学是科学的女皇，数论是数学的女皇." 数论问题叙述简明，"很多数论问题可以从经验中归纳出来，并且仅用三言两语就能向一个行外人解释清楚，但要证明它却远非易事." 因而有人说："用以发现天才，在初等数学中再也没有比数论更好的课程了. 任何学生，如能把当今任何一本数论教材中的习题做出，就应当受到鼓励，并劝他将来从事数学方面的工作." 所以在国内外各级各类的数学竞赛中，数论问题总是占有相当大的比重. 历届 IMO 中，几乎都离不开数论方面的题目，而且占有越来越重要的地位.

3.6.1　背景分析

竞赛数学中的数论问题主要涉及三大学科，内容如下：

1）数论：整除性、奇数与偶数、最大公约数与最小公倍数、素数与合数、唯一分解定理、同余式、同余类、剩余系、简单的不定方程、进位制、高斯函数 $[x]$ 等.

2）代数：方程、恒等变换、因式分解、乘法公式、函数、数列、不等式、估计、二项式定理等.

3）组合：抽屉原理、容斥原理、乘法原理、排列组合等.

3.6.2　基本问题

竞赛数学中的数论问题主要有如下 8 类：

1）整除性问题.

2）证明两数互素(或求它们的最大公约数).

3）数性的判断(如整数、奇数、偶数、素数、合数、完全平方数等).

4）整数的分解与分拆.

5）与高斯函数 $[x]$ 有关的问题.

6）余数问题.

7）不定方程解的存在性及求解.

8）杂题.

3.6.3 方法技巧

竞赛数学中的数论问题，技巧性强，以极少的知识生出无穷的变化. 方法多变，技巧灵活，着重考查富于创造性、灵活性的方法技巧. 常用的方法技巧有：枚举法、分类（同余）、排序、估计（缩小取值范围）、从特殊到一般、数学归纳法、极端原理、反证法、无穷递降法、奇偶分析、构造法等.

3.6.4 概念定理

1）整数集的离散性. n 与 $n+1$ 之间不再有其他整数. 因此，不等式 $x < y$ 与 $x \leqslant y-1$ 是等价的.

2）带余除法. 若 a，b 是两个整数，则存在两个整数 q，r，使得

$$a = bq + r, \ 0 \leqslant r < |b|,$$

且 q，r 是唯一的.

特别地，如果 $r=0$，则 $a=bq$. 这时，a 被 b 整除，记作 $b \mid a$，也称 b 是 a 的约数（或因数），a 是 b 的倍数.

3）最大公约数. 若整数 d 是 n 个整数 a_1，a_2，$\cdots$，a_n 的每一个的因数，则称 d 为 a_1，a_2，$\cdots$，a_n 的公约数. a_1，a_2，$\cdots$，a_n 的所有公约数的最大者称为它们的最大公约数（或最大公约数），记作 $(a_1, a_2, \cdots, a_n)$.

4）若 $a=bq+c$，则 $(a, b)=(b, c)$.

5）若 n 个整数 a_1，a_2，$\cdots$，a_n 的最大公约数为 1，就说 a_1，a_2，$\cdots$，a_n 互素（也称互质）. 如果 a_1，a_2，$\cdots$，a_n 中每两个都互素，就说它们两两互素.

应当注意，$(a_1, a_2, \cdots, a_n)=1$ 不能保证 a_1，a_2，$\cdots$，a_n 两两互素.

6）裴蜀定理. 设 a，b 是整数，则 $(a, b) \mid d$ 的充要条件是存在整数 u，v，使得

$$ua + vb = d.$$

特别地，a，b 互素（也就是 $(a, b)=1$）的充要条件是，存在整数 u，v，使得

$$ua + vb = 1.$$

在 a，b 都是正整数时，可以改述成如下的形式：正整数 a，b 互素的充要条件是存在正整数 u，v，使得

$$ua - vb = 1.$$

7）若 $(a, b) = 1$，$a \mid bc$，则 $a \mid c$.

8）若 $(a, b) = 1$，$(a, c) = 1$，则 $(a, bc) = 1$. 进而 $(a^n, b^n) = 1$.

9）若 $m \mid a$，$m \mid b$，则 $m \mid (a, b)$.

10）若整数 m 是 n 个非零整数 a_1，a_2，$\cdots$，a_n 中的每一个的倍数，则称 m 是 a_1，a_2，$\cdots$，a_n 的公倍数，在 a_1，a_2，$\cdots$，a_n 的所有正公倍数中的最小者称为它们的最小公倍数，记作 $[a_1, a_2, \cdots, a_n]$.

11）设 $m = [a_1, a_2, \cdots, a_n]$（$n \geq 2$），而 k 是 a_1，a_2，$\cdots$，a_n 的任一公倍数，则有 $m \mid k$.

12）若 a_1，a_2，$\cdots$，a_n 两两互素，则 $[a_1, a_2, \cdots, a_n] = | a_1 a_2 \cdots a_n |$.

13）设 a，$b \in \mathbf{N}^+$，则 $(a, b) \cdot [a, b] = ab$.

14）设 p 为大于 1 的整数，它至少有两个正约数，即 1 与 p. 如果 p 只有这两个正约数，就称它为素数（或素数），否则称其为合数.

于是，全体正整数共分为三类：1，素数，合数.

15）若 p 是一个素数，则对任一整数 a，$p \mid a$ 或者 $(p, a) = 1$.

16）设 p 是素数，且 $p \mid ab$，则 $p \mid a$ 或者 $p \mid b$.

特别地，若 p 是素数，且 $p \mid a^n (n \in \mathbf{N}^+)$，则 $p \mid a$.

17）唯一分解定理. 每一个大于 1 的自然数 n 都可以写成素数的连乘积，即可表示成

$$n = p_1^{\alpha_1} \cdot p_2^{\alpha_2} \cdot \cdots \cdot p_k^{\alpha_k} \tag{3.6.1}$$

的形式，其中 $p_1 < p_2 < \cdots < p_k$ 为素数，α_1，α_2，$\cdots$，α_k 为自然数. 并且，这种表示是唯一的.（3.6.1）式称为 n 的素因数分解或标准分解.

18）设 $n > 1$，如果所有不大于 $\sqrt{n}$ 的素数都不能整除 n，则 n 是素数.

19）勒让德（Legendre）定理. 在整数 $n!$ 的素因子分解式中，素数 p 作为因子出现的次数是

$$\left[\frac{n}{p} \right] + \left[\frac{n}{p^2} \right] + \left[\frac{n}{p^3} \right] + \cdots.$$

20）设 n 的分解式为（3.6.1）式，则它的正因数个数为

$$d(n) = (\alpha_1 + 1)(\alpha_2 + 1)\cdots(\alpha_k + 1),$$

正因数之和为

$$\sigma(n) = \frac{p_1^{\alpha_1 + 1} - 1}{p_1 - 1} \cdot \frac{p_2^{\alpha_2 + 1} - 1}{p_2 - 1} \cdots \frac{p_k^{\alpha_k + 1} - 1}{p_k - 1}.$$

21）设 a，b 是任意两个正整数，且
$$a=p_1^{\alpha_1} \cdot p_2^{\alpha_2} \cdots \cdots p_k^{\alpha_k}，\alpha_i \geqslant 0，i=1，2，\cdots，k；$$
$$b=p_1^{\beta_1} \cdot p_2^{\beta_2} \cdots \cdots p_k^{\beta_k}，\beta_i \geqslant 0，i=1，2，\cdots，k.$$
则 a，b 的最大公约数与最小公倍数分别为
$$(a，b)=p_1^{\gamma_1} \cdot p_2^{\gamma_2} \cdot \cdots \cdot p_k^{\gamma_k}，$$
$$[a，b]=p_1^{\delta_1} \cdot p_2^{\delta_2} \cdot \cdots \cdot p_k^{\delta_k}，$$
式中，$\gamma_i=\min\{\alpha_i，\beta_i\}$，$\delta_i=\max\{\alpha_i，\beta_i\}$（$i=1，2，\cdots，k$）.

22）任一正整数 a 都可以唯一地表示为
$$a=k^2 l，$$
式中，k 是正整数，$l=1$ 或是不同素数之积.

23）任一正整数 a 都可以唯一地表示为
$$a=2^m t，$$
式中，m 是非负整数，t 是正奇数.

24）对于任意的实数 x，称不超过 x 的最大整数为 x 的高斯函数（或取整函数），记作 $[x]$. 用 $\{x\}$ 表示 $x-[x]$，称为 x 的小数部分.

25）高斯函数 $[x]$ 具有如下性质：

① $[x] \leqslant x < [x]+1$；

② $[x]$ 是不减函数，即若 $x \leqslant y$，则 $[x] \leqslant [y]$；

③ 当 n 为整数时，$[n+x]=n+[x]$；

④ $[x]+[y] \leqslant [x+y]$；

⑤ $[-x]=\begin{cases} -[x]，& x \in \mathbf{Z}，\\ -[x]-1，& x \notin \mathbf{Z}；\end{cases}$

⑥ 设 m，n 为正整数，则数列 1，2，$\cdots$，$n-1$，n 中，m 的倍数有 $\left[\dfrac{n}{m}\right]$ 项.

26）设 m 为正整数，a，b 为整数. 若用 m 去除 a，b 所得的余数相同，则称 a 与 b 关于 m 同余，记作
$$a \equiv b(\bmod m)；\qquad\qquad (3.6.2)$$
否则称 a 与 b 关于模 m 不同余，记作 $a \not\equiv b(\bmod m)$，其中 m 称为模，（3.6.2）式又称作同余式.

27）整数 a，b 对模 m 同余的充要条件是 $m \mid a-b$（即 $a-b=qm$）.

28）同余具有如下基本性质（与等式的性质相同或相近）：

① （反身性）$a \equiv a(\bmod m)$；

② （对称性）若 $a \equiv b(\bmod m)$，则 $b \equiv a(\bmod m)$；

③ （传递性）若 $a \equiv b(\bmod m)$，$b \equiv c(\bmod m)$，则 $a \equiv c(\bmod m)$；

④ 若 $a \equiv b(\bmod m)$，$c \equiv d(\bmod m)$，则

$$a \pm c \equiv b \pm d (\mathrm{mod} m) ;$$

⑤ 若 $a \equiv b (\mathrm{mod} m)$，$c \equiv d (\mathrm{mod} m)$，则

$$ac \equiv bd (\mathrm{mod} m) ;$$

⑥ 若 $a \equiv b (\mathrm{mod} m)$，$n \in \mathbf{N}^+$，则

$$a^n \equiv b^n (\mathrm{mod} m) ;$$

⑦ 若 $ac \equiv bc (\mathrm{mod} m)$，则

$$a \equiv b (\mathrm{mod}\ \frac{m}{(c,\ m)}) ;$$

⑧ 若 $a \equiv b (\mathrm{mod} m)$，$m = qn$，$n \in \mathbf{N}^+$，则

$$a \equiv b (\mathrm{mod} n) ;$$

⑨ 若 $a \equiv b (\mathrm{mod} m_i)$（$i = 1,\ 2,\ \cdots,\ k$），则

$$a \equiv b (\mathrm{mod} [m_1,\ m_2,\ \cdots,\ m_i]) .$$

29）关于模 m 同余的一切数的集合，称为以 m 为模的剩余类（或同余类）. 在 m 个以 m 为模的相异的剩余类中，各取一个数，所得的 m 个数，称为模 m 的一个完全剩余系，简称完系. $0,\ 1,\ 2,\ \cdots,\ m-1$ 称为 m 的最小非负完全.

30）设 $(a,\ m) = 1$，b 是任意整数，若 $x_0,\ x_1,\ \cdots,\ x_{n-1}$ 是 m 的一个完全剩余系，则 $ax_0 + b,\ ax_1 + b,\ \cdots,\ ax_n + b$ 也是模 m 的一个完全剩余系.

31）欧拉函数. 对于正整数 m，以 $\varphi(m)$ 表示在 $0,\ 1,\ \cdots,\ m-1$ 这 m 个数中与 m 互素的数的个数，这样便得到了一个定义在自然数集上的函数，叫做欧拉函数.

32）欧拉定理. 设 $m > 1$，$(a,\ m) = 1$，则

$$a^{\varphi(m)} \equiv 1 (\mathrm{mod} m) .$$

如果 $(a,\ p) = 1$，则

$$a^{p-1} \equiv 1 (\mathrm{mod} p) .$$

33）费马小定理. 设 p 是素数，则对任意整数 a 都有

$$a^p \equiv a (\mathrm{mod} p) .$$

34）设正整数 $m_1,\ m_2,\ \cdots,\ m_k$ 两两互素，则对于任意给定的整数 $a_1,\ a_2,\ \cdots,\ a_k$，同余方程组

$$x \equiv a_i (\mathrm{mod} m_i) ,\quad i = 1,\ 2,\ \cdots,\ k$$

一定有解，并且它的全部解可以写成

$$x = a_1 b_1 m_2 m_3 \cdots m_k + a_2 b_2 m_1 m_3 \cdots m_k + \cdots + a_k b_k m_1 m_2 \cdots m_{k-1} + l m_1 m_2 \cdots m_k ,$$

式中，b_i 满足

$$\frac{m_1 m_2 \cdots m_k}{m_i} b_i \equiv 1 (\mathrm{mod} m_i) ,\ i = 1,\ 2,\ \cdots,\ k,\ l \text{ 为任一整数}.$$

35）对任意的 $g > 1$，每个自然数都可以唯一地表示成

$$a_n g^n + a_{n-1} g^{n-1} + \cdots + a_1 g + a_0$$

的形式，其中 $a_i \in \{0, 1, 2, \cdots, g-1\}$（$0 \leqslant i \leqslant n$），并且 $a_n \neq 0$.

36）线性丢番图方程. 若 a，b，c 是三个整数，g 是 a 与 b 的最大公约数，则方程 $ax + by = c$ 有整数解的充分必要条件是 g 整除 c.

若 (x_0, y_0) 是其中一个解，则

$$\left\{ \left(x_0 + \frac{bt}{g}, \ y_0 - \frac{at}{g} \right) \mid t \text{ 为整数} \right\}$$

是方程的所有整数解所组成的集合.

特别地，若 a，b 互素，则 $ax + by = 1$ 有整数解. 与此互逆，若方程 $ax + by = 1$ 有整数解，则 a 与 b 一定互素.

37）二次剩余. 若 m 是一正整数，a 是与 m 互素的整数，那么 a 是模 m 的二次剩余的充分必要条件为存在某一整数 x，使 $x^2 \equiv a (\bmod m)$. 若 a 不是二次剩余，则称 a 为二次非剩余.

对前几个素数 p，我们列出不超过 p 的关于模 p 的二次剩余.

p	二次剩余
2	1
3	1
5	1, 4
7	1, 2, 4
11	1, 3, 4, 5, 9
13	1, 3, 4, 9, 10, 12
17	1, 2, 4, 8, 9, 13, 15, 16
19	1, 4, 5, 6, 7, 9, 11, 16, 17

38）舍九法. 若 $a_r a_{r-1} \cdots a_1 a_0$ 是一个正整数在十进制下的数字表达式，那么这个整数除以 9 所得的余数等于 $a_r + a_{r-1} + \cdots + a_1 + a_0$ 除以 9 所得的余数. 特别地，一个数能被 9 整除的充分必要条件是它的各位数字之和能被 9 整除.

39）威尔逊定理. 正整数 n 为一素数的充分必要条件是

$$(n-1)! \equiv -1 \pmod{n}.$$

40）“勾股数”的性质. 如果 x，y，z 是勾股数，亦即

$$x^2 + y^2 = z^2, \tag{3.6.3}$$

且 $(x, y) = d$，那么(3.6.3)式的全部正整数解为（x，y 的顺序不加区别）

$$x = 2uvd, \ (u, v) = 1, \ u, \ v \text{ 一奇一偶,}$$

$$y = (u^2 - v^2)d,$$

$$z = (u^2 + v^2)d,$$

这组解称为勾股数.

41）佩尔方程 $x^2 - Dy^2 = 1$（D 是正的非完全平方数）有无数多组正整数解. 设 x_1，y_1 是使 $x_1 + \sqrt{D}y_1$ 取得最小值的一组正整数解（称为最小解），则它的全部正整数解是

$$x_n = \frac{1}{2}\left[(x_1 + \sqrt{D}y_1)^n + (x_1 - \sqrt{D}y_1)^n\right],$$

$$y_n = \frac{1}{2\sqrt{D}}\left[(x_1 + \sqrt{D}y_1)^n - (x_1 - \sqrt{D}y_1)^n\right], \qquad n = 1, \ 2, \ \cdots.$$

293

3.6.5 经典赛题

【例 3.6.1】 证明：$N = \dfrac{5^{125} - 1}{5^{25} - 1}$ 是合数.

分析 证明一个数是合数的基本方法是分解，指出它有异于 1 及自身的正因数.

证明 令 $x = 5^{25}$，则有

$$N = \frac{x^5 - 1}{x - 1} = x^4 + x^3 + x^2 + x + 1$$

$$= (x^2 + 3x + 1)^2 - 5x(x + 1)^2$$

$$= (x^2 + 3x + 1)^2 - (5^{13})^2(x + 1)^2$$

$$= \left[(x^2 + 3x + 1) - 5^{13}(x + 1)\right]\left[(x^2 + 3x + 1) + 5^{13}(x + 1)\right],$$

其两个因数都是大于 1 的自然数，故 N 是合数.

【例 3.6.2】 证明：形如

$$\underbrace{3000\cdots001}_{n-1 \text{个} 0}, \qquad n = 1, \ 2, \ \cdots$$

的数不可能是完全平方数.

证明　用反证法. 设 $3\underbrace{000\cdots001}_{n-1个0}=R^2$，$R\in\mathbf{N}$，则

$$R^2-1=3\times10^n,$$
$$(R-1)(R+1)=3\times2^n\times5^n.$$

由于 $R-1$ 与 $R+1$ 不可能都是 5 的倍数，故 $R-1$ 和 $R+1$ 中有且只有一个是 5 的倍数.

若 $R+1=A\cdot5^n$，$A\in\mathbf{N}$，则 $R-1=A\cdot5^n-2$，于是

$$A\times5^n\times(A\cdot5^n-2)=3\times2^n\times5^n.$$

由此得 $5^n\leqslant3\times2^n+2$，但 $n\geqslant2$ 时，这个不等式不成立，所以只能 $n=1$. 当 $n=1$ 时，所给的数为 31，不是完全平方数.

若 $R-1=A\cdot5^n$，可类似地导出矛盾.

【例 3.6.3】　试求所有的整数 a，b，c，其中 $1<a<b<c$，且使得 $(a-1)(b-1)(c-1)$ 是 $abc-1$ 的约数.

分析　解答此题首先要估计出 $s=\dfrac{abc-1}{(a-1)(b-1)(c-1)}(s\in\mathbf{N})$ 的取值

范围，然后再对可能的情况逐一检验，以确定问题的解.

解　由题设有 $a\geqslant2$，$b\geqslant3$，$c\geqslant4$，故

$$\frac{a-1}{a}=1-\frac{1}{a}\geqslant\frac{1}{2},\ \frac{b-1}{b}\geqslant\frac{2}{3},\ \frac{c-1}{c}\geqslant\frac{3}{4}.$$

所以 $\dfrac{(a-1)(b-1)(c-1)}{abc}\geqslant\dfrac{1}{4}$，即 $abc\leqslant4(a-1)(b-1)(c-1)$，故

$$s=\frac{abc-1}{(a-1)(b-1)(c-1)}<\frac{abc}{(a-1)(b-1)(c-1)}\leqslant4.$$

由题设知 $s\in\mathbf{N}^+$，从而 $s=1$，2，3. 下面分三种情况讨论：

（1）若 $s=1$，即 $(a-1)(b-1)(c-1)=abc-1$，亦即 $a+b+c=ab+bc+ca$. 但由 $a<ab$，$b<bc$，$c<ca$ 知 $a+b+c<ab+bc+ca$，矛盾.

（2）若 $s=2$，即

$$2(a-1)(b-1)(c-1)=abc-1<abc,\qquad(3.6.4)$$

从而 a，b，c 全为奇数. 再由 $c>b>a>1$ 得 $a\geqslant3$，$b\geqslant5$，$c\geqslant7$.

若 $b\geqslant7$，则 $c\geqslant9$，从而

$$\frac{(a-1)(b-1)(c-1)}{abc}=\left(1-\frac{1}{a}\right)\left(1-\frac{1}{b}\right)\left(1-\frac{1}{c}\right)$$
$$\geqslant\frac{2}{3}\cdot\frac{6}{7}\cdot\frac{8}{9}=\frac{32}{63}>\frac{1}{2}.$$

这与 (3.6.4) 式矛盾，所以只能有 $b=5$，$a=3$. 代入 (3.6.4) 式得 $16(c-1)=15c-1$，即 $c=15$.

（3）若 $s=3$，即

$$3(a-1)(b-1)(c-1)=abc-1<abc, \qquad (3.6.5)$$

若 $a\geqslant 3$，则 $b\geqslant 4$，$c\geqslant 5$，从而

$$\frac{(a-1)(b-1)(c-1)}{abc}\geqslant \frac{2}{3}\cdot \frac{3}{4}\cdot \frac{4}{5}=\frac{2}{5}>\frac{1}{3}.$$

这与(3.6.5)式矛盾，所以只能有 $a=2$.

若 $b\geqslant 5$，则

$$\frac{(a-1)(b-1)(c-1)}{abc}\geqslant \frac{1}{2}\cdot \frac{4}{5}\cdot \frac{5}{6}=\frac{1}{3}.$$

这与(3.6.5)式矛盾，所以只能有 $b=4$、$a=2$，代入（3.6.5）式得 $9(c-1)=8c-1$，解得 $c=8$.

综上讨论得本题解为 $(a,b,c)=(3,5,15)$ 和 $(2,4,8)$.

【点评】 估计变数或式子的取值范围，对有关整数的命题而言有着特殊的作用，如能将取值范围确定在一个有限区间内，就能够对可能的情况逐一检验，以确定问题的解.

【例 3.6.4】 试确定满足下述条件的正整数数列 $\{a_n\}$（$n\geqslant 1$）：

（1）$a_n\leqslant n\sqrt{n}$，$n=1,2,\cdots$；

（2）对任意正整数 m,n（$m\neq n$），均有 $(m-n)\mid a_m-a_n$.

解 由恒等式

$$m^k-n^k=(m-n)(m^{k-1}+m^{k-2}n+\cdots+mn^{k-2}+n^{k-1})$$

可见，对非负整数 k 及整数 $m\neq n$，有 $(m-n)\mid(m^k-n^k)$，从而 $a_n=n^k$（$n\geqslant 1$）均满足条件（2）. 再结合条件（1），我们就有理由猜想符合要求的全部数列是 $a_n=1$（$n\geqslant 1$）及 $a_n=n$（$n\geqslant 1$）. 此外，条件（1）表明 $a_1=1$ 及 $a_2=1$ 或 2. 下面自然地分两种情况来讨论.

若 $a_2=1$，由（2）知，当 $n\geqslant 3$ 时，有 $(n-1)\mid(a_n-a_1)$，$(n-2)\mid(a_n-a_2)$，即

$$(n-1)\mid(a_n-1),(n-2)\mid(a_n-1).$$

因 $n-1$ 与 $n-2$ 显然互素，从而 $(n-1)(n-2)\mid(a_n-1)$，于是

$$a_n-1=0，或者 a_n-1\geqslant(n-1)(n-2).$$

但当 $n\geqslant 5$ 时，易知 $(n-1)(n-2)>n\sqrt{n}$. 故由（1）推出此时必有 $a_n=1$. 进一步，由（1）及

$$(8-3)\mid(a_8-a_3)，即 5\mid(a_3-1)$$

可知必须 $a_3=1$. 类似地有 $a_4=1$，从而 $a_n=1$（$n\geqslant 1$）.

若 $a_2=2$，对于 $n\geqslant 3$，我们由

$$(n-1)|(a_n-1), (n-2)|(a_n-2)$$

导出

$$(n-1)|[a_n-1-(n-1)], (n-2)|[a_n-2-(n-2)],$$

即有 $(n-1)|(a_n-n)$，$(n-2)|(a_n-n)$．于是 $(n-1)(n-2)|(a_n-n)$，故 $a_n=n$，或者 $|a_n-n|\geqslant(n-1)(n-2)$．但当 $n\geqslant4$ 时，后者不能成立．从而 $a_n=n$（$n\geqslant4$）．由此便极易推出 $a_3=3$，所以 $a_n=n$（$n\geqslant1$）．

【点评】　用估计方法处理整除问题，我们常从 $x\mid y$ 导出 $|x|\leqslant|y|$，除非 $y=0$．这一小技巧不可忽视．

【例 3.6.5】　证明：存在无穷多个正整数 n，使得 $2n$ 可表示成三个正整数的平方和，而 $2n^2$ 可表示成三个正整数的四次方之和．

证明　从简单的情形着手试验，比如取 $n=3$，看 3 是否符合要求．事实上

$$2\times3=1^2+1^2+2^2,\quad 2\times3^2=1^4+1^4+2^4.$$

由此可得

$$2(3k^2)=k^2+k^2+(2k)^2,$$
$$2(3k^2)^2=k^4+k^4+(2k)^4,$$

故 $n=3k^2$ 符合问题的要求，其中 k 为任意正整数．

【点评】　这一灵巧解法的关键是看出问题可化归为求出一个符合要求的 n．

【例 3.6.6】　求证：存在无穷多个不能表示为形如 m^2+p 的整数，其中 m 为正整数，p 为素数．

证明　我们证明整数 $(3n+2)^2(n=1,2,\cdots)$ 符合条件．事实上，如果存在 m，$n\geqslant1$ 及素数 p，使得 $(3n+2)^2=m^2+p$，则

$$p=(3n+2-m)(3n+2+m).$$

由于 p 是素数，$0<3n+2-m<3n+2+m$，故

$$3n+2-m=1,\quad 3n+2+m=p.$$

因而 $p=3(2n+1)$，与 p 是素数矛盾．

【例 3.6.7】　是否有无穷多个整数 $n(n\geqslant2)$，使方程

$$x_1^2+x_2^3+x_3^4+\cdots+x_n^{n+1}=x_{n+1}^{n+2} \tag{3.6.6}$$

有无穷多组正整数解 $(x_1,x_2,\cdots,x_{n+1})$？证明你的结论．

解　回答是肯定的．首先，如 $(x_1,x_2,\cdots,x_{n+1})$ 是解，则对任一正整数 $b=a^{(n+1)!}$（其中 a 是正整数），取 $x_i'=x_i\cdot b^{\frac{n+2}{i+1}}(i=1,2,\cdots,n+1)$，则 $(x_1',x_2',\cdots,x_{n+1}')$ 也是解．

其次，令 $x_1=2$，$x_2=3$，$x_3=1$，$x_4=x_5=\cdots=x_{n+1}=2$，则

$$x_1^2+x_2^3+x_3^4+x_4^5+\cdots+x_n^{n+1}$$
$$=2^2+3^3+1^4+2^5+2^6+\cdots+2^{n+1}$$
$$=2^5+2^5+2^6+\cdots+2^{n+1}=2^{n+2}=x_{n+1}^{n+2}.$$

对于任意正整数 $n(n\geqslant 4)$，$(2,3,1,2,\cdots,2)$ 皆为方程的解，因而证得对于 $n\geqslant 4$，方程 $(3.6.6)$ 均有无穷多组正整数解.

【例 3.6.8】　设 n 是奇数，试证：存在 $2n$ 个整数 a_1，a_2，$\cdots$，a_n，b_1，b_2，$\cdots$，b_n，使得对任意一个整数 k $(0<k<n)$，下列 $3n$ 个数：

$$a_i+a_{i+1},\ a_i+b_i,\ b_i+b_{i+k},\ i=1,2,\cdots,n$$

（其中 $a_{n+1}=a_1$，$b_{n+j}=b_j$，$0<j<n$）被 $3n$ 除所得余数互不相同.

　　证明　这是一个存在性问题，由题目要求启发我们取 $a_i=3i-2$，$b_i=3i-3$ $(i=1,2,\cdots,n)$，则有

$$a_i+a_{i+1}=3i-2+3(i+1)-2=6i-1=6(i-1)+5;$$
$$a_i+b_i=3i-2+3i-3=6i-5=6(i-1)+1;$$
$$b_i+b_{i+k}=3i-3+3(i+k)-3=6(i-1)+3k.$$

上述三组数模 3 不同余，因此模 $3n$ 也不同余，亦即任何来自不同组的两个数被 $3n$ 除所得的余数不相同.

　　下证同一组内任何两数模 $3n$ 不同余.

　　事实上，若存在 p，q，$1\leqslant p\leqslant q\leqslant n$，使得

$$6(p-1)+r\equiv 6(q-1)+r(\bmod 3n),$$

式中，$r=1$，2 或 $3k$，则

$$6(p-1)\equiv 6(q-1)(\bmod 3n),$$
$$6p\equiv 6q(\bmod 3n),$$
$$2(p-q)\equiv 0(\bmod n).$$

因 n 是奇数，知 $2(p-q)=0$，即有 $p=q$，与 $p<q$ 矛盾.

　　所以无论第一组（$r=2$）、第二组（$r=1$）或第三组（$r=3k$），组内任何两数模 $3n$ 不同余.

　　综上所述，知所取 $2n$ 个数 a_1，a_2，$\cdots$，a_n，b_1，b_2，$\cdots$，b_n 为符合题目要求的 $2n$ 个整数.

　　【点评】　本题也可取 $a_i=3i$，$b_i=3i-1$ $(i=1,2,\cdots,n)$，则三组数（$3n$ 个）

$$a_i+a_{i+1}=3(2i+1),$$
$$a_i+b_i=6i-1,$$
$$b_i+b_{i+k}=3(2i+k)-2$$

满足要求，证略.

【例 3. 6. 9】 是否存在 1000000 个相继整数，使得每一个都含有重复的素因子，即都被某个素数的平方整除.

分析 问题中的 1000000 并不是关键，我们可以证明更强的命题：

存在 n 个相继正整数，使得每一个都含有重复的素因子.

事实上，如果存在 n 个相继正整数

$$m+1，m+2，\cdots，m+n，$$

那么，证明的目标就是 $m \equiv -i(\bmod p_i^2)$ 有解，而这就是孙子定理.

证法 1 令 $p_1，p_2，\cdots，p_n$ 是 n 个相异素数，由孙子定理，同余方程组

$$\begin{cases} x \equiv -1(\bmod p_1^2)，\\ x \equiv -2(\bmod p_2^2)，\\ \qquad\vdots \\ x \equiv -n(\bmod p_n^2) \end{cases}$$

有解. 设这个解为 m，则 n 个相继整数 $m+1，m+2，\cdots，m+n$ 中的每一个都能被某个素数的平方整除.

【点评】 这个证明相当简洁，如果不采用孙子定理，而用数学归纳法证明此题则显得冗繁. 下面是用数学归纳法证明本题的过程，大家不妨对两个证法作一比较.

证法 2 当 $n=1$ 时，只要取一个素数的平方，比如 4，则 $n=1$ 时，命题成立.

假设 $n=k$ 时命题成立，即有 k 个相继整数 $m+1，m+2，\cdots，m+k$，它们分别含有重复的素因子 $p_1，p_2，\cdots，p_k$. 那么，任取一个与 $p_1，p_2，\cdots，p_k$ 都不相同的素数 p_{k+1}，当 $t=1，2，\cdots，p_{k+1}^2$ 时，考查下面的 p_{k+1}^2 个数：

$$tp_1^2 p_2^2 \cdots p_k^2 + m + k + 1. \tag{3.6.7}$$

这 p_{k+1}^2 个数中任两数的差是形如 $\alpha p_1^2 p_2^2 \cdots p_k^2 (1 \leqslant \alpha \leqslant p_{k+1}^2 - 1)$ 的数，这些数都不能被 p_{k+1}^2 整除. 于是(3.6.7)中的数除以 p_{k+1}^2 得到的余数两两不同. 因此，一定存在一个数 $t_0(1 \leqslant t_0 \leqslant p_{k+1}^2)$，使

$$p_{k+1}^2 \mid t_0 p_1^2 p_2^2 \cdots p_k^2 + m + k + 1，$$

从而 $t_0 p_1^2 p_2^2 \cdots p_k^2 + m + 1$，$t_0 p_1^2 p_2^2 \cdots p_k^2 + m + 2$，$\cdots$，$t_0 p_1^2 p_2^2 \cdots p_k^2 + m + k$，$t_0 p_1^2 p_2^2 \cdots p_k^2 + m + k + 1$ 分别能被 $p_1^2，p_2^2，\cdots，p_k^2，p_{k+1}^2$ 整除，即都含有重复因子，于是命题对 $n=k+1$ 成立.

故对所有自然数 n，命题成立.

【例 3. 6. 10】 求证：对任何正整数 n，存在 n 个相继的正整数，它们都不是素数的正整数幂.

分析　事实上，如果能证明存在 n 个相继正整数，它们中的每一个都能被至少两个不同素数的乘积整除，显然这 n 个相继正整数就都不是素数的正整数幂. 这样，这道第 30 届 IMO 试题只不过是例 3.6.9 的一个变化而已.

证明　取 $2n$ 个不同的素数 p_1，p_2，$\cdots$，p_n；q_1，q_2，$\cdots$，q_n. 由孙子定理，同余方程组

$$\begin{cases} x \equiv -1 \,(\mathrm{mod}\, p_1 q_1), \\ x \equiv -2 \,(\mathrm{mod}\, p_2 q_2), \\ \qquad\quad \vdots \\ x \equiv -n \,(\mathrm{mod}\, p_n q_n) \end{cases}$$

有解. 设此解为 m，则 $m+1$，$m+2$，$\cdots$，$m+n$ 是 n 个相继正整数，它们中的每一个都至少含有两个不同的素因数. 因而，每一个都不是素数的正整数幂.

【点评】　这是第 30 届 IMO 的第 5 题，主试委员会提供的解答是：令 $N = ((n+1)!)^2 + 1$，那么，只要证明

$$((n+1)!)^2 + 2，\cdots，((n+1)!)^2 + n + 1$$

都不是素数的整数幂就可以了. 这可以用反证法证，此略. 但这 n 个相继正整数的构造是很难想到的，而孙子定理要自然得多.

【例 3.6.11】　设 $n(n>3)$ 是给定的奇数. 假设 n 能分解为 $n=uv$，其中 u，v 都是整数，且满足 $0 < u-v \leqslant \sqrt[4]{64n}$，证明：$n$ 的这种分解是唯一的.

证明　唯一性命题往往采用反证法论证，但本题采用反证法不易奏效. 我们的想法是通过直接解出 u，v 来证实所说的唯一性. 已知条件给出了一个含有(未知量) u，v 的等式：$n=uv$. 我们还需要建立一个关于 u，v 的等式.

容易看出，考虑 $u+v$ 的值较为适宜. 这可以由 $u+v$ 的上界、下界两方面的(精致)估计来确定. 论证的出发点是一个简单的恒等式

$$\left(\frac{u+v}{2}\right)^2 = \left(\frac{u-v}{2}\right)^2 + uv. \tag{3.6.8}$$

一方面，由(3.6.8)式及已知条件有

$$\left(\frac{u+v}{2}\right)^2 \leqslant \left(\frac{\sqrt[4]{64n}}{2}\right)^2 + n$$

$$= n + 2\sqrt{n} < (\sqrt{n}+1)^2,$$

即 $\dfrac{u+v}{2} < \sqrt{n} + 1$. 但 n 为奇数，故 u，v 均是奇数，从而 $\dfrac{u+v}{2}$ 为整数，

299

所以

$$\frac{u+v}{2} \leqslant [\sqrt{n}+1] = [\sqrt{n}]+1 .$$

另一方面，因 $u-v>0$，故由 $(3.6.8)$ 式又有 $(\frac{u+v}{2})^2 \geqslant n$，即 $\frac{u+v}{2} >$

$\sqrt{n}$，从而 $\frac{u+v}{2} \geqslant [\sqrt{n}]+1$.

综合两个方面的估计，便得出 $\frac{u+v}{2}=[\sqrt{n}]+1$，即 $u+v=2([\sqrt{n}]+1)$.

结合 $uv=n$ 及 $0<v<u$ 就唯一地确定了 u，v.

【例 3.6.12】　确定所有的正整数对 (n,p)，满足 p 是一个素数，$n \leqslant$ $2p$，且 $(p-1)^n+1$ 能够被 n^{p-1} 整除.

解　设 (n,p) 满足题意.

若 $n=1$，则 $(p-1)^n+1=p$，$n^{p-1}=1$. 所有的素数 p 满足题意.

若 $n>1$，取 n 的最小质因子 q. 由题意知

$$(p-1)^n \equiv -1(\bmod q) . \tag{3.6.9}$$

故 $(p-1,q)=1$，由费马小定理知

$$(p-1)^{q-1} \equiv 1(\bmod q) . \tag{3.6.10}$$

（1）若 $q=2$，$(3.6.10)$ 式即 $p-1 \equiv 1(\bmod 2)$，得 $p=2$. 此时 $n \mid 2$. 又 $q=2$，$q \mid n$，故 $n=2$. 易知 $(n,p)=(2,2)$ 也满足题意.

（2）若 $q>2$，则 q，n 均为奇数. 因 q 是 n 的最小质因子，故 $(q-1,n)$ $=1$，则 n，$2n$，$\cdots$，$(q-1)n$ 构成 $\bmod(q-1)$ 的完系，设其中 $un(1 \leqslant u \leqslant q-1)$ 使得

$$un \equiv 1(\bmod q-1) .$$

令 $v=\dfrac{un-1}{q-1}$，则由 $(3.6.9)$、$(3.6.10)$ 两式得

$$p-1 \equiv (p-1)^{1+v(q-1)} \equiv (p-1)^{un} \equiv (-1)^u(\bmod q) .$$

由 $(3.6.9)$ 式知 $p-1 \not\equiv 1(\bmod q)$，故 $p-1 \equiv -1(\bmod q)$，即 $q \mid p$，所以 $p=q$.

由 $n \leqslant 2p$，$p \mid n$ 知 $n=p$ 或 $2p$. 又 n 是奇数，故 $n=p$，即有

$$p^{p-1} \mid (p-1)^p+1 . \tag{3.6.11}$$

$p=q$ 是奇数，故

$$(p-1)^p+1=p^p-p^{p-1} \cdot C_p^{p-1}+\cdots-p^2 \cdot C_p^2+p \cdot C_{p-1}^1+1$$

$$\equiv -p^2 \cdot \frac{p(p-1)}{2}+p^2$$

$$\equiv p^2 (\bmod\, p^3),$$

则 $p^3 \mid (p-1)^p + 1$，结合 (3.6.11) 式知 $p-1 < 3$，故 $p = 3$.

此时，可验证 $(n,p) = (3,3)$ 也满足题意.

综上所述，所有满足题意的正整数对 (n,p) 是 $(2,2)$、$(3,3)$ 或 $(1,p)$，其中 p 为任何素数.

【例 3.6.13】　求所有三元正整数组 (x, y, z)，使得 $\sqrt{\dfrac{2005}{x+y}} + \sqrt{\dfrac{2005}{y+z}} +$

$\sqrt{\dfrac{2005}{z+x}}$　是一个整数.

解　记 $M = \sqrt{\dfrac{2005}{x+y}} + \sqrt{\dfrac{2005}{y+z}} + \sqrt{\dfrac{2005}{z+x}}$. 若 M 为整数，则

$$\begin{aligned}
(x+y)(y+z)(z+x)M &= (y+z)(z+x)\sqrt{2005(x+y)} \\
&\quad + (z+x)(x+y)\sqrt{2005(y+z)} \\
&\quad + (x+y)(y+z)\sqrt{2005(z+x)}
\end{aligned}$$

为整数.

由于 x, y, z 为正整数，故 $2005(x+y)$，$2005(y+z)$，$2005(z+x)$ 均为完全平方数.

而 $2005 = 5 \cdot 401$，所以

$$2005 \mid (x+y), \quad 2005 \mid (y+z), \quad 2005 \mid (z+x).$$

故 $x = \dfrac{1}{2}\big[(x+y)+(z+x)-(y+z)\big]$ 能被 2005 整除，即 $2005 \mid x$.

同理可证 $2005 \mid y$，$2005 \mid z$. 故可设

$$x = 2005 x_1, \quad y = 2005 y_1, \quad z = 2005 z_1,$$

且 $x_1 + y_1$，$y_1 + z_1$，$z_1 + x_1 \geqslant 4$. 从而

$$M = \sqrt{\dfrac{1}{x_1 + y_1}} + \sqrt{\dfrac{1}{y_1 + z_1}} + \sqrt{\dfrac{1}{z_1 + x_1}} \leqslant \dfrac{3}{2}.$$

由于 M 为整数，故 $M = 1$.

记 $a = \sqrt{y_1 + z_1}$，$b = \sqrt{z_1 + x_1}$，$c = \sqrt{x_1 + y_1}$，则 a，b，c 均为正整数，且有 $\dfrac{1}{a} + \dfrac{1}{b} + \dfrac{1}{c} = 1$.

不妨设 $a \leqslant b \leqslant c$，则 $1 = \dfrac{1}{a} + \dfrac{1}{b} + \dfrac{1}{c} \leqslant \dfrac{3}{a}$，故 $a \leqslant 3$.

又 $\dfrac{1}{a} < 1$，故 $a > 1$，从而 $1 < a \leqslant 3$.

若 $a=2$，则 $\dfrac{1}{b}+\dfrac{1}{c}=\dfrac{1}{2}$，由 $b\leqslant c$ 知 $\dfrac{1}{2}=\dfrac{1}{b}+\dfrac{1}{c}\leqslant\dfrac{2}{b}$，故 $b\leqslant 4$，从而 $2\leqslant b\leqslant 4$.

易验证，此时 $(b,c)=(3,6)$ 或 $(4,4)$，故此时 $\{a,b,c\}=\{2,3,6\}$ 或 $\{2,4,4\}$（这里的集合为多重集，下同）.

若 $a=3$，则易知 $\{a,b,c\}=\{3,3,3\}$.

综上有 $\{a,b,c\}=\{2,3,6\}$，$\{2,4,4\}$，$\{3,3,3\}$. 故
$$\{x_1+y_1,\ y_1+z_1,\ z_1+x_1\}=\{a^2,\ b^2,\ c^2\}$$
$$=\{4,9,36\},\ \{4,16,16\},\ \{9,9,9\}.$$

由于 $(x_1+y_1)+(y_1+z_1)+(z_1+x_1)=2(x_1+y_1+z_1)$ 为偶数，故只可能是 $\{x_1+y_1,\ y_1+z_1,\ z_1+x_1\}=\{4,16,16\}$，此时 $x_1+y_1+z_1=\dfrac{1}{2}(4+16+16)=18$. 故
$$\{x_1,\ y_1,\ z_1\}=\{2,2,14\}.$$

所以 $\{x,y,z\}=\{2005\times 2,\ 2005\times 2,\ 2005\times 14\}=\{4010,4010,28070\}$.

从而所求的所有三元数组为 $\{x,y,z\}=(4010,4010,28070)$，$(4010,28070,4010)$，$(28070,4010,4010)$.

容易验证它们均满足题条件.

【例 3.6.14】　观察下列各式：
$$1=1^2,$$
$$2=-1^2-2^2-3^2+4^2,$$
$$3=-1^2+2^2,$$
$$4=-1^2-2^2+3^2,$$
$$5=1^2+2^2,$$
$$6=1^2-2^2+3^2.$$

由此猜想，任何一个正整数 n 都可表示为
$$n=\varepsilon_1 1^2+\varepsilon_2 2^2+\varepsilon_3 3^2+\cdots+\varepsilon_m m^2,$$
式中，m 是正整数，$\varepsilon_i=1$ 或 $-1(i=1,2,\cdots,m)$. 证明这个猜想.

解　连续平方数的差构成一个公差为 2 的等差数列：
$$1^2-0^2=1,\ 2^2-1^2=3,\ 3^2-2^2=5,\ 4^2-3^2=7,\ \cdots.$$

每隔一个取项（没有两个项含有相同的平方数）可得到两个公差都是 4 的等差数列：
$$1^2-0^2=1,\ 3^2-2^2=5,\ 5^2-4^2=9,\ \cdots;$$
$$2^2-1^2=3,\ 4^2-3^2=7,\ 6^2-5^2=11,\ \cdots.$$

因此 $[(q+3)^2-(q+2)^2]-[(q+1)^2-q^2]=4$，$q=0,1,2,\cdots.$ 即对 $q=0,1,2,\cdots$，有

$$4 = q^2 - (q + 1)^2 - (q + 2)^2 + (q + 3)^2.$$

所以，如果 n 可表示成

$$n = \varepsilon_1 1^2 + \varepsilon_2 2^2 + \varepsilon_3 3^2 + \cdots + \varepsilon_m m^2$$

的形式，则 $n + 4$ 也可表示成这种形式：

$$n + 4$$
$$= \varepsilon_1 1^2 + \varepsilon_2 2^2 + \varepsilon_3 3^2 + \cdots + \varepsilon_m m^2 + (m + 1)^2 - (m + 2)^2 - (m + 3)^2 + (m + 4)^2.$$

因为 1，2，3，4 都可表示成所要求的形式，由此推出所有整数都可如此表示. 现在已经很容易写出这样的表达式了. 对 $k \geqslant 1$，

$$1 + 4k = 1^2 + \sum_{1}^{2k} (-1)^{j+1} \left[(2j)^2 - (2j + 1)^2 \right],$$

$$2 + 4k = -1^2 - 2^2 - 3^2 + 4^2 + \sum_{2}^{2k+1} (-1)^{j} \left[(2j + 1)^2 - (2j + 2)^2 \right],$$

$$3 + 4k = -1^2 + 2^2 + \sum_{1}^{2k} (-1)^{j+1} \left[(2j + 1)^2 - (2j + 2)^2 \right],$$

$$4 + 4k = -1^2 - 2^2 + 3^2 + \sum_{2}^{2k+1} (-1)^{j} \left[(2j)^2 - (2j + 1)^2 \right].$$

【点评】　如将平方改为立方，你能得到一个类似的结论吗？

【例 3.6.15】　在一本老版本的书 *Ripley's Believe It Or Not* 中，指出

$$N = 526315789473684210$$

是一个恒数，即如果它被任何一个正整数乘，所得的乘积总包含 0，1，2，$\cdots$，9 十个数字，其中数字的次序可以不同，也可能有重复.

（1）证明或否定上述结论；

（2）是否存在比上述数更小的恒数？

解　（1）结论不成立. 理由如下：

显然有

$$2N = 1052631578947368420.$$

从而

$$19N = 20N - N = 9999999999999999990,$$

并不包含所有十个数字.

（2）不存在恒数！我们采用反证法. 假定 N 是一个恒数. 我们可以将 N 表示为 $2^a 5^b M$ 的形式，其中 M 与 2 和 5 都互素.

因为 $2^b 5^a N = 10^{a+b} M$ 也是一个恒数，所以所有 M 的倍数一定都包含那 9 个非零数字. 现在引用欧拉定理：如果 a 与 n 互素，则

$$a^{\varphi(n)} - 1 = kn,$$

式中，$\varphi(n)$（欧拉 φ 函数）是不超过 n 且与 n 互素的正整数的个数. 于是我们有

$$10^{\varphi(M)} - 1 = kM . \qquad (3.6.12)$$

这导致矛盾，因为 kM 应当包含所有 9 个非零数字，而 (3.6.12) 式的左边却只包含 9.

【点评】　我们可以给出一个更为初等的证明．假定 N 是一个恒数，并考虑下面 N 个数被 N 所除的余数：

$$1,\ 11,\ 111,\ \cdots,\ 111\cdots1,$$

其中最后一个数共有 N 位．因为最多有 $N-1$ 个不同的非零余数，所以或者上述数中有一个数能被 N 整除，从而 N 不是恒数；或者其中有两个数，设为

$$R = \underbrace{111\cdots1}_{r\uparrow1},\ S = \underbrace{111\cdots1}_{s\uparrow1},\ s > r$$

有相同的余数，在这种情形下，这两数的差

$$S - R = \underbrace{11\cdots1}_{s-r\uparrow1}\underbrace{00\cdots0}_{r\uparrow0}$$

能被 N 整除，从而 N 也不是恒数．

【例 3.6.16】　（Hermite 恒等式）若 n 是正整数，x 为实数，则

$$\sum_{i=0}^{n-1}\left[x+\frac{i}{n}\right] = [nx]. \qquad (3.6.13)$$

证明　令 $f(x) = \sum_{i=0}^{n-1}\left[x+\frac{i}{n}\right] - [nx]$，则

$$f\left(x+\frac{1}{n}\right) = \sum_{i=0}^{n-1}\left[x+\frac{1}{n}+\frac{i}{n}\right] - \left[n\left(x+\frac{1}{n}\right)\right]$$

$$= \sum_{i=0}^{n-1}\left[x+\frac{i+1}{n}\right] - [nx+1]$$

$$= \sum_{i=0}^{n-1}\left[x+\frac{i}{n}\right] - [x] + [x+1] - [nx] - 1$$

$$= \sum_{i=0}^{n-1}\left[x+\frac{i}{n}\right] - [nx]$$

$$= f(x),$$

故 $f(x)$ 是以 $\frac{1}{n}$ 为周期的周期函数．

当 $x \in \left[0, \frac{1}{n}\right)$ 时，显然有 $f(x) \equiv 0$．由上述关于周期的讨论知，对任意实数 x，(3.6.13) 式成立．

【例 3.6.17】　设 n 为整数，计算和式

$$\left[\frac{n+1}{2}\right] + \left[\frac{n+2}{2^2}\right] + \left[\frac{n+2^2}{2^3}\right] + \left[\frac{n+2^3}{2^4}\right] + \cdots.$$

解　由 Hermite 恒等式，有

$$[x] + \left[x + \frac{1}{2}\right] = [2x],$$

即

$$\left[x + \frac{1}{2}\right] = [2x] - [x].$$

于是

$$\left[\frac{n + 2^k}{2^{k+1}}\right] = \left[\frac{n}{2^{k+1}} + \frac{1}{2}\right] = \left[2 \cdot \frac{n}{2^{k+1}}\right] - \left[\frac{n}{2^{k+1}}\right]$$

$$= \left[\frac{n}{2^k}\right] - \left[\frac{n}{2^{k+1}}\right],$$

因此

$$\sum_{k=0}^{\infty}\left[\frac{n + 2^k}{2^{k+1}}\right] = \sum_{k=0}^{\infty}\left(\left[\frac{n}{2^k}\right] - \left[\frac{n}{2^{k+1}}\right]\right) = \left[\frac{n}{2^0}\right] = n.$$

【例 3.6.18】　给定正整数 n，及实数 $x_1 \leqslant x_2 \leqslant \cdots \leqslant x_n$，$y_1 \geqslant y_2 \geqslant \cdots \geqslant y_n$，满足

$$\sum_{i=1}^{n} i x_i = \sum_{i=1}^{n} i y_i.$$

证明：对任意实数 α，有

$$\sum_{i=1}^{n} x_i[i\alpha] \geqslant \sum_{i=1}^{n} y_i[i\alpha].$$

这里，$[\beta]$ 表示不超过实数 β 的最大整数.

证明　记 $z_i = x_i - y_i$，则 $z_1 \leqslant z_2 \leqslant \cdots \leqslant z_n$ 且 $\sum_{i=1}^{n} i z_i = 0$，只需要证明

$$\sum_{i=1}^{n} z_i[i\alpha] \geqslant 0. \qquad (3.6.14)$$

令 $\Delta_1 = z_1$，$\Delta_2 = z_2 - z_1$，$\cdots$，$\Delta_n = z_n - z_{n-1}$，则 $z_i = \sum_{j=1}^{i} \Delta_j (1 \leqslant i \leqslant n)$，所以

$$0 = \sum_{i=1}^{n} i z_i = \sum_{i=1}^{n} i \sum_{j=1}^{i} \Delta_j = \sum_{j=1}^{n} \Delta_j \sum_{i=j}^{n} i,$$

从而

$$\Delta_1 = -\frac{\sum_{j=2}^{n} \Delta_j \sum_{i=j}^{n} i}{\sum_{i=1}^{n} i}. \qquad (3.6.15)$$

于是

$$\sum_{i=1}^{n} z_i[i\alpha] = \sum_{i=1}^{n}[i\alpha]\sum_{j=1}^{i}\Delta_j = \sum_{j=1}^{n}\Delta_j\sum_{i=j}^{n}[i\alpha]$$

$$= \sum_{j=2}^{n} \Delta_j \sum_{i=j}^{n} [i\alpha] - \sum_{j=2}^{n} \Delta_j \left(\frac{\sum_{i=j}^{n} i}{\sum_{i=1}^{n} i} \right) \sum_{i=1}^{n} [i\alpha]$$

$$= \sum_{j=2}^{n} \Delta_j \sum_{i=j}^{n} i \cdot \left(\frac{\sum_{i=j}^{n} [i\alpha]}{\sum_{i=j}^{n} i} - \frac{\sum_{i=1}^{n} [i\alpha]}{\sum_{i=1}^{n} i} \right),$$

故 (3.6.14) 式转化为证明对任意的 $2 \leqslant j \leqslant n$，有

$$\frac{\sum_{i=j}^{n} [i\alpha]}{\sum_{i=j}^{n} i} \geqslant \frac{\sum_{i=1}^{n} [i\alpha]}{\sum_{i=1}^{n} i}$$

$$\Leftrightarrow \frac{\sum_{i=j}^{n} [i\alpha]}{\sum_{i=j}^{n} i} \geqslant \frac{\sum_{i=1}^{j-1} [i\alpha]}{\sum_{i=1}^{j-1} i} \Leftrightarrow \frac{\sum_{i=1}^{n} [i\alpha]}{\sum_{i=1}^{n} i} \geqslant \frac{\sum_{i=1}^{j-1} [i\alpha]}{\sum_{i=1}^{j-1} i}. \qquad (3.6.16)$$

故只需要证明对任意的 $k \geqslant 1$，有

$$\frac{\sum_{i=1}^{k+1} [i\alpha]}{\sum_{i=1}^{k+1} i} \geqslant \frac{\sum_{i=1}^{k} [i\alpha]}{\sum_{i=1}^{k} i}.$$

而上述不等式等价于

$$[(k+1)\alpha] \cdot \frac{k}{2} \geqslant \sum_{i=1}^{k} [i\alpha] \Leftrightarrow \sum_{i=1}^{k} ([(k+1)\alpha]$$
$$- [i\alpha] - [(k+1-i)\alpha]) \geqslant 0.$$

注意 $[x+y] \geqslant [x]+[y]$ 对任意实数 x，y 成立，上述不等式显然成立，从而 (3.6.16) 式得证.

【例 3.6.19】　设 n 为正整数，令

a_1 表示 $x+2y=n$ 的非负整数解 (x,y) 的对数，

a_2 表示 $2x+3y=n-1$ 的非负整数解 (x,y) 的对数，

……

a_n 表示 $nx+(n+1)y=1$ 的非负整数解 (x,y) 的对数.

证明：$a_1 + a_2 + \cdots + a_n = n$.

分析　观察当 $n=7$ 时的情形，

$x+2y=7$ 有 4 对解 $(1,3)$，$(3,2)$，$(5,1)$，$(7,0)$；

$2x+3y=6$ 有 2 对解 $(3，0)$，$(0，2)$；

$3x+4y=5$ 有 0 对解；

$4x+5y=4$ 有 1 对解 $(1，0)$；

$5x+6y=3$ 有 0 对解；

$6x+7y=2$ 有 0 对解；

$7x+8y=1$ 有 0 对解.

且 $4+2+0+1+0+0+0=7$.

所列出的 7 对解的坐标之和为 1，2，3，4，5，6，7(虽然不是按此顺序)．这启发我们对一般情形考虑 $x+y$，并设法通过 $x+y$ 的和将解与 1，2，$\cdots$，n 一一对应起来.

证明　对 $x+2y=n$ 的任一解 $(x，y)$，我们有

$$\frac{n}{2}=\frac{1}{2}(x+2y)\leqslant x+y\leqslant x+2y\leqslant n；$$

而对满足 $\frac{n}{2}\leqslant k\leqslant n$ 的任意整数 k，方程组 $\begin{cases}x+2y=n，\\x+y=k\end{cases}$ 有唯一解 $(x，y)=$ $(2k-n，n-k)$．

类似地，对 $2x+3y=n-1$ 的任一解 $(x，y)$，我们有

$$\frac{n-1}{3}\leqslant x+y\leqslant\frac{n-1}{2}；$$

而对满足 $\frac{n-1}{3}\leqslant k\leqslant\frac{n-1}{2}$ 的任意整数 k，方程组

$$\begin{cases}2x+3y=n-1，\\x+y=k\end{cases}$$

有唯一解 $(x，y)=(3k-(n-1)，n-1-2k)$．

一般地，$ix+(i+1)y=n-i+1$ 的任一解 $(x，y)$ 满足

$$\frac{n+1-i}{i+1}\leqslant x+y\leqslant\frac{n+1-i}{i}；$$

而且对满足 $\frac{n+1-i}{i+1}\leqslant k\leqslant\frac{n+1-i}{i}$ 的任意的 k，方程组

$$\begin{cases}ix+(i+1)y=n-i+1，\\x+y=k\end{cases}$$

有唯一解 $(x，y)=((i+1)k-(n+1-i)，(n+1-i)-ik)$．

下面证明，对 $k=1$，2，$\cdots$，n，存在唯一的整数 i，使

$$\frac{n+1-i}{i+1}\leqslant k\leqslant\frac{n+1-i}{i}$$

这一不等式等价于　　$\dfrac{n+1-k}{k+1} \leqslant i \leqslant \dfrac{n+1}{k+1}$.

注意

$$\frac{n+1-k}{k+1},\ \ \frac{n+2-k}{k+1},\ \cdots,\ \frac{n+(k+1)-k}{k+1}=\frac{n+1}{k+1}$$

是 $k+1$ 个分母是 $k+1$ 的连续分数，从而其中恰有一个整数 i，因此对每一个 $k=1$，2，$\cdots$，n，我们恰好可以找到一个方程，使这个方程恰有一个解满足 $x+y=k$.

【例 3.6.20】　求证：方程

$$x^2 + y^2 = z^5 + z \tag{3.6.17}$$

有无穷多组正整数解 x，y，z，使 $(x, y, z)=1$.

证明　方程 (3.6.17) 可变形为

$$x^2+y^2=z(z^4+1).$$

取 $z=a^2+b^2$，利用熟知的斐波那契恒等式

$$(a^2+b^2)(c^2+d^2)=(ad \pm bc)^2 + (ac \mp bd)^2 \tag{3.6.18}$$

（即任两平方和之积仍为平方和），得

$$x=a(a^2+b^2)^2+b,\ y=b(a^2+b^2)^2-a,$$
$$z=a^2+b^2$$

是方程 (3.6.17) 的解.

当 $(a, b)=1$ 时，因 $x=a(a^2+b^2)^2+b=az^2+b$，故 x，y 的公约数也是 b 的因数；$y=bz^2-a$，故 y，z 的公约数也是 a 的因数，从而 $(x, y, z)=1$，这就证得原方程 (3.6.17) 有无穷多组互素的正整数解.

【例 3.6.21】　证明方程

$$x^4 + y^4 = z^2 \tag{3.6.19}$$

无正整数解.

证明　首先注意 x，y，z 中，如果 $(x, y)=d > 1$，那么 $d^2 \mid z$，可以用 dx_1，dy_1，d^2z_1 代替 x，y，z，方程 (3.6.19) 可化为

$$x_1^4 + y_1^4 = z_1^2.$$

其中 $(x_1, y_1)=1$. 所以不妨设 $(x, y)=1$. 由勾股数（这里设 x 为偶数），有

$$x^2=2uv,\ (u, v)=1, \tag{3.6.20}$$
$$y^2=u^2 - v^2, \tag{3.6.21}$$
$$z=u^2 + v^2, \tag{3.6.22}$$

(3.6.21) 式即

$$v^2 + y^2 = u^2. \tag{3.6.23}$$

由 $(x, y)=1$ 得 $(v, y)=1$，且 v，y 一奇一偶，y 为奇数（x，y 一奇一偶），

所以 v 为偶数. 再一次利用勾股数, 得

$$v = 2st, \quad (s, \ t) = 1, \tag{3.6.24}$$
$$y = s^2 - t^2, \tag{3.6.25}$$
$$u = s^2 + t^2. \tag{3.6.26}$$

由 (3.6.24)、(3.6.20) 式得

$$x^2 = 4ust, \quad (s, \ t) = 1, \quad (u, \ st) = 1,$$

所以 u, s, t 都是平方数. 可设

$$u = m^2, \quad s = c^2, \quad t = d^2,$$

代入 (3.6.26) 式得

$$c^4 + d^4 = m^2,$$

显然 $m \leqslant u < z$.

这样, 从 (3.6.19) 式的一组正整数解 (x, y, z) 可以导出它的另一组正整数解 (c, d, m), 其中 $m < z$. 同理, 从 (c, d, m) 又可以导出正整数解 (c', d', m'), 其中 $m' < m$, 这一过程可以无穷地继续下去. 但是, 小于 z 的正整数却只有有限多个, 所以上述过程不能无限制地继续下去. 这一矛盾说明 (3.6.19) 式没有正整数解.

【点评】　1) 本题所使用的方法称为无穷递降法. 这一方法的实质是利用最小数原理, 这一原理等价于数学归纳法, 所以无穷递降法无非是数学归纳法的一种形式, 并且常常与反证法联用.

运用这一方法的关键是从方程的一组解 (假定有这样的解) 造出一组新的解, 新解在某一方面比原来的解严格地小 (在例 3.6.21 中, 解的第三坐标 z 严格减小).

2) 由 (3.6.19) 式无正整数解立即推出方程

$$x^4 + y^4 = z^4$$

无正整数解, 这是费马大定理的特例 $(n = 4)$.

【例 3.6.22】　求最小的正整数 n 使得 $19n + 1$ 和 $95n + 1$ 都是完全平方数.

解　设 $95n + 1 = x^2$, $19n + 1 = y^2$, 其中 x, y 是正整数, 消去 n 得

$$x^2 - 5y^2 = -4,$$

这是一个一般佩尔方程, 它的最小解为 $(u_0, v_0) = (1, 1)$. 它的解可以由

$$\frac{x_n \pm y_n \sqrt{5}}{2} = \left(\frac{1 \pm \sqrt{5}}{2} \right)^n, \quad n = 1, \ 3, \ 5, \ \cdots$$

确定. 于是, 可以求得

$$x_n = \left(\frac{1 + \sqrt{5}}{2} \right)^n + \left(\frac{1 - \sqrt{5}}{2} \right)^n, \quad y_n = \frac{1}{\sqrt{5}} \left[\left(\frac{1 + \sqrt{5}}{2} \right)^n - \left(\frac{1 - \sqrt{5}}{2} \right)^n \right],$$

$n = 1，3，5，\cdots$.

注意 y_n 的表达式与斐波那契数列 $\{F_k\}$ 的通项公式的一致性，可知

$$y_m = F_{2m-1}，\qquad m = 1，2，3，\cdots.$$

而数列 $\{F_{2m-1}\}$ 的前几项为：$2，5，13，34，89，233，610，1597，\cdots$.

现在问题就转化为在这些项中找到一个最小的数使得其模 19 余 1. 而 $F_{17} = 1597 \equiv 1 (\mathrm{mod}\,19)$，故问题的答案即为

$$n = \frac{1}{19}(F_{17}^2 - 1) = 134232 .$$

【例 3.6.23】 设 a 与 b 为正整数，已知 $4ab - 1$ 整除 $(4a^2 - 1)^2$，证明：$a = b$.

分析 要从 $4ab - 1$ 整除 $(4a^2 - 1)^2$ 推出 $a = b$ 不是一件容易的事情，我们可以看到的是 $4ab - 1$ 和 $(4a^2 - 1)^2$ 被 $4a$ 除的余数有特点，可以从此入手来分析.

证明 $4ab - 1$ 和 $(4a^2 - 1)^2$ 被 $4a$ 除的余数分别是 -1 和 1，因此它们的商应当模 $4a$ 余 -1. 所以，我们可以不妨假设 $\dfrac{(4a^2 - 1)^2}{4ab - 1} = 4ac - 1$，即

$$(4ab - 1)(4ac - 1) = (4a^2 - 1)^2，$$

化简得

$$b + c - 2a = 4a(bc - a^2) .$$

如果 $b \neq a$，那么 $c \neq a$. 显然我们有 $b + c > 2a$，否则 $b + c < 2a$，左边将不是 $4a$ 的倍数. 可以假设 $b + c = 2a + k$，其中 k 是正整数，那么 $bc - a^2 = 4ak$. 通过上面两式我们有 $(b - c)^2 = 4(4a^2k^2 + 4a^2k - k)$，所以 $4a^2k^2 + 4a^2k - k$ 必须是一个完全平方数. 由于 $4a^2k^2 + 4a^2k - k < (2ak + a)^2$，可以假设 $4a^2k^2 + 4a^2k - k = (2ak + a - x)^2$，其中 x 是正整数，化简得

$$(a - x)^2 = k(4ax - 1) .$$

我们将证明这个不定方程没有正整数解. 若不然，假设其中使得 $a + x + k$ 最小的一组解是 $a = a_0$，$x = x_0$，$k = k_0$. 由 a 和 x 的对称性可以假设 $a_0 > x_0$，方程化为

$$a_0^2 - a_0(4k_0x_0 + 2x_0) + (x_0^2 + k_0) = 0.$$

易见 $a_0 < 4k_0x_0 + 2x_0$，再由 $(a_0 - 4x_0k_0 - x_0)(a_0 - x_0) = k_0(4x_0^2 - 1) > 0$ 得

$$a_0 > 4k_0x_0 + x_0 .$$

故我们令 $a_1 = 4k_0x_0 + 2x_0 - a_0$ 代替 a_0，方程依然成立，并且我们有 $0 < a_1 < a_0$. 这与 $a = a_0$，$x = x_0$，$k = k_0$ 是和最小的解矛盾！证毕.

【例 3.6.24】 设整数 $m \geq 2$，a_1，a_2，$\cdots$，a_m 都是正整数，证明：存在无穷多个正整数 n，使得数 $a_1 \cdot 1^n + a_2 \cdot 2^n + \cdots + a_m \cdot m^n$ 都是合数.

分析　要证明某个数是合数，无非就是找到它的一个非 1 又非自身的因子（素因子）. 我们每找一个 n，就要找 $a_1 \cdot 1^n + a_2 \cdot 2^n + \cdots + a_m \cdot m^n$ 的一个素因子. 这样过于麻烦，比较直接的想法就是能不能"一劳永逸"，选取一个适当的因子能够整除无穷多个形如 $a_1 \cdot 1^n + a_2 \cdot 2^n + \cdots + a_m \cdot m^n$ 的数.

证明　令 p 为 $a_1 + 2a_2 + \cdots + ma_m$ 的一个素因子，那么当 $n = k(p-1)+1$（k 为正整数）时，$a_i \cdot i^n = a_i \cdot i^{k(p-1)+1} \equiv ia_i (\bmod p)$（费马小定理），即 $a_1 \cdot 1^n + a_2 \cdot 2^n + \cdots + a_m \cdot m^n \equiv a_1 + 2a_2 + \cdots + ma_m \equiv 0 (\bmod p)$.

由于 a_1，a_2，$\cdots$，a_m 都是正整数，故当 k 为正整数时，$a_1 \cdot 1^n + a_2 \cdot 2^n + \cdots + a_m \cdot m^n$ 大于 p，是一个合数. 因此有无穷多个 n 使 $a_1 \cdot 1^n + a_2 \cdot 2^n + \cdots + a_m \cdot m^n$ 是合数，证毕.

【点评】　本题考查了数论中同余的基本知识与费马小定理的应用.

【例 3.6.25】　求所有的素数对 (p, q)，使得 $pq \mid 5^p + 5^q$.

分析　题目的形式及对解答的要求都明显地告诉我们需要频繁地使用费马小定理. 在去除了一些特殊情况后，不难得到像 $5^{q-1} \equiv -1 (\bmod p)$ 这样的式子. 下面结合费马小定理，并借助阶的思想（这里直接使用阶反而会绕弯路）可以轻松得出解答.

解　若 $2 \mid pq$，不妨设 $p=2$，则 $2q \mid 5^2 + 5^q$，故 $q \mid 5^q + 25$.

由费马小定理，$q \mid 5^q - 5$，得 $q \mid 30$，即 $q=2, 3, 5$. 易验证素数对 $(2, 2)$ 不合要求，$(2, 3)$，$(2, 5)$ 合乎要求.

若 pq 为奇数且 $5 \mid pq$，不妨设 $p=5$，则 $5q \mid 5^5 + 5^q$，故 $q \mid 5^{q-1} + 625$.

当 $q = 5$ 时素数对 $(5, 5)$ 合乎要求，当 $q \neq 5$ 时，由费马小定理有 $q \mid 5^{q-1} - 1$，故 $q \mid 626$. 由于 q 为奇素数，而 626 的奇素因子只有 313，所以 $q = 313$. 经检验素数对 $(5, 313)$ 合乎要求.

若 p，q 都不等于 2 和 5，则有 $pq \mid 5^{p-1} + 5^{q-1}$，故

$$5^{p-1} + 5^{q-1} \equiv 0 (\bmod p). \tag{3.6.27}$$

由费马小定理，得

$$5^{p-1} \equiv 1 (\bmod p), \tag{3.6.28}$$

故由（3.6.27）、（3.6.28）两式得

$$5^{q-1} \equiv -1 (\bmod p). \tag{3.6.29}$$

设 $p - 1 = 2^k(2r-1)$，$q - 1 = 2^l(2s-1)$，其中 k，l，r，s 为正整数. 若 $k \leq l$，则由（3.6.28）、（3.6.29）两式易知

$$1 = 1^{2^{l-k}(2s-1)} \equiv (5^{p-1})^{2^{l-k}(2s-1)} = 5^{2^l(2r-1)(2s-1)} = (5^{q-1})^{2r-1} \equiv (-1)^{2r-1} \equiv -1 (\bmod p),$$

这与 $p \neq 2$ 矛盾！所以 $k > l$.

同理有 $k < l$，矛盾！即此时不存在合乎要求的 (p, q).

综上所述，所有满足题目要求的素数对 (p, q) 为

$$(2, 3), (3, 2), (2, 5), (5, 2), (5, 5), (5, 313), (313, 5).$$

【点评】　这是 2009 年 CMO 第 2 题，对于一个熟悉数论基本知识并能熟练运用的考生来说，本题十分简单. 很多考生在解题中利用了阶的性质，只可惜他们中有相当一部分人对阶的掌握不够扎实，在顺理成章地使用时忘记去掉 $p=2(q=2)$ 的情况，以至于丢掉了 $(2, 3)$ 和 $(3, 2)$ 这两组显而易见的解答，出现了重大的失误. 本题考察了考生的数论基本知识和方法.

【例 3. 6. 26】　一堆球，如果是偶数个，就平均分成两堆并拿走一堆，如果是奇数，就添加一个，再平均分成两堆，也拿走一堆，这个过程称为一次"均分". 若只有一个球，就不做"均分". 当最初一堆球(奇数个，约七百多时)经 10 次均分，并添加了 8 个球后，仅余下 1 个球. 请计算一下最初这堆球是多少个？

解　设最初有 N 个球，$N = a_{k-1} \cdot 2^{k-1} + a_{k-2} \cdot 2^{k-2} + \cdots + a_1 \cdot 2 + 1$，这里 $a_{k-1} = 1$，a_1，a_2，$\cdots$，a_{k-2} 取值 0 或 1. 第一次要添加 1 个，分成两堆，拿走一堆后余下的球的个数是

$$a_{k-1} \cdot 2^{k-2} + a_{k-2} \cdot 2^{k-3} + \cdots + a_1 + 1.$$

如果 $a_1 = 1$，则不必添加(或认为添加了 0 个球)，就可以分成两堆. 此时，两次共添加的球是 $1 = [1 + (1 - a_1)]$ 个. 如果 $a_1 = 0$，则添加 $1 = [2 - (1 + a_1)]$ 个，两次共添加的球也是 $[1 + (1 - a_1)]$ 个. 所以，无论 $a_1 = 1$ 还是 $a_1 = 0$，两次均分，都需要共添加 $[1 + (1 - a_1)]$ 个球，经过两次均分后，余下小堆的球数是

$$a_{k-1} \cdot 2^{k-3} + a_{k-2} \cdot 2^{k-4} + \cdots + a_2 + 1.$$

同理，第三次"均分"，需要添加 $[2 - (a_2 + 1)]$ 个球，连同第一、二次"均分"时添加的球共添加了 $[1 + (1 - a_1) + (1 - a_2)]$ 个球. 并且，均分一次，k 位数 N 就减少一位. 如此下去，经过 k 次"均分"，就余下 1 个球，总共添加的球的个数是

$$k - (a_1 + \cdots + a_{k-2} + a_{k-1}).$$

由题设，$k = 10$，$k - (a_1 + \cdots + a_{k-2} + a_{k-1}) = 10 - (a_1 + \cdots + a_8 + 1) = 8$，则 $a_1 + \cdots + a_8 = 1$，a_1，a_2，$\cdots$，a_8 中只有 1 个是 1，其他全部是 0，N 的可能值中最大的是 $2^9 + 2^8 + 1 = 512 + 256 + 1 = 769$；次大的是 $2^9 + 2^7 + 1 = 641$. 因此，最初有 769 个球.

【例 3. 6. 27】　设 n 是一个大于 1 的整数. 有 n 个灯 L_0，L_1，$\cdots$，L_{n-1} 作环状排列. 每个灯的状态要么"开"要么"关". 现在进行一系列的步骤

s_0，s_1，$\cdots$，s_i，$\cdots$. 步骤 s_j，按下列规则影响 L_j 的状态(它不改变其他所有的灯的状态)：

如果 L_{j-1} 是"开"的，则 s_j 改变 L_j 的状态，使它从"开"到"关"或者从"关"到"开"；

如果 L_{j-1} 是"关"的，则 s_j 不改变 L_j 的状态. 上面的叙述中灯的编号，应按 $\mathrm{mod}\,n$ 同余的方式理解，即

$$L_{-1} = L_{n-1}, \qquad L_0 = L_n, \qquad L_1 = L_{n+1}, \cdots.$$

假设开始时全部灯都是"开"的，求证：

(1) 存在一个正整数 $M(n)$ 使得经过 $M(n)$ 个步骤后，全部灯再次全为"开"的；

(2) 若 n 为 2^k 型的数，则经过 $n^2 - 1$ 个步骤之后，全部的灯都是"开"的；

(3) 若 n 为 $2^k + 1$ 型的数，则经过 $n^2 - n + 1$ 个步骤之后，全部的灯都是"开"的.

证明　用 0 表示"关"，1 表示"开"，每种状态 $(L_0 L_1 \cdots L_{n-1})$ 成为一个长为 n 的 0，1 数列，第 s_i 步即 $L'_i = L_{i-1} + L_i$，这里的"$=$"号实际上是"($\equiv$ mod2)"，即

$$1 + 0 = 1, \qquad 0 + 1 = 1, \qquad 0 + 0 = 0, \qquad 1 + 1 = 0.$$

(1) 状态 $A_j = (L_0 L_1 \cdots L_{n-1})$ 的种数有限(每个 L_i 可取 0 或 1，A_j 共 2^n 种).因此 A_0，A_n (由 A_0 经 n 步得到的状态)，A_{2n}，$\cdots$ 中必有两种相同，设 $A_{kn} = A_{hn}$，$h > k$，则递推得

$$A_{kn-1} = A_{hn-1}, \qquad A_{kn-2} = A_{hn-2}, \cdots$$

直至 $A_0 = A_{(h-k)n}$. 即对于 $A_0 = (11 \cdots 1)$，可取 $M(n) = (h-k)n$.

(2) 先证引理：对于 $n = 2^k$，

$$\underbrace{1010\cdots10}_{n\text{个}} \xrightarrow{\ (n-2)n\ \text{步}\ } 100\cdots0,$$

而且在这过程中末尾一数恒为 0.

证明用归纳法. 奠基显然，假设结论对 n 成立，则对 $2n$，

$$\underbrace{1010\cdots10}_{n\text{个}}\underbrace{1010\cdots10}_{n\text{个}} \xrightarrow[\text{(归纳假设)}]{\ (n-2)\cdot2n\ \text{步}\ } \underbrace{10\cdots0}_{n\text{个}}\underbrace{10\cdots0}_{n\text{个}} \xrightarrow{\ 2n\ \text{步}\ }$$

$$\underbrace{11\cdots1}_{n\text{个}}\underbrace{00\cdots0}_{n\text{个}} \xrightarrow{\ 2n\ \text{步}\ } \underbrace{1010\cdots10}_{n\text{个}}\underbrace{00\cdots0}_{n\text{个}} \xrightarrow[\text{(归纳假设)}]{\ (n-2)\cdot2n\ \text{步}\ } \underbrace{10\cdots0}_{n\text{个}}\underbrace{00\cdots0}_{n\text{个}},$$

共用 $(n-2)\cdot2n + 2n + 2n + (n-2)\cdot2n = (2n-2)\cdot2n$ 步，并且在此过程中末尾恒为 0.

现在回到原题，由引理得

$$\underbrace{11\cdots1}_{n\uparrow} \xrightarrow{\;n-1\,\text{步}\;} 010101\cdots01 \xrightarrow{\;(n-2)n\,\text{步}\;} 000\cdots01$$

（注意 $0101\cdots01$ 可看作 $10101\cdots0$，因为 L_{n-1} 即 L_{-1}）

$$\xrightarrow{\;1\,\text{步}\;} 00\cdots01 \xrightarrow{\;n-1\,\text{步}\;} 11\cdots1 ,$$

共 $n-1+(n-2)n+1+(n-1)=n^2-1$ 步.

（3）记 $m=2^k=n-1$，则由引理得

$$\underbrace{11\cdots1}_{n\uparrow} \xrightarrow{\;n\,\text{步}\;} \underbrace{010\cdots10}_{n\uparrow} \xrightarrow{\;(m-2)n\,\text{步}\;} \underbrace{010\cdots0}_{m\uparrow} \xrightarrow{\;n\,\text{步}\;}$$

$$\underbrace{011\cdots1}_{m\uparrow} \xrightarrow{\;1\,\text{步}\;} \underbrace{11\cdots1}_{}$$

共 $n+(m-2)n+n+1=n^2-n+1$ 步.

【例 3.6.28】 给定整数 $n\geqslant3$，证明：存在 n 个互不相同的正整数组成的集合 S，使得对 S 的任意两个不同的非空子集 A，B，数

$$\frac{\sum\limits_{x\in A}x}{|A|} \text{ 与 } \frac{\sum\limits_{x\in B}x}{|B|}$$

是互素的合数.（这里 $\sum\limits_{x\in X}x$ 与 $|X|$ 分别表示有限数集 X 的所有元素之和及元素个数.）

分析 题目中对 $\dfrac{\sum\limits_{x\in A}x}{|A|}$ 与 $\dfrac{\sum\limits_{x\in B}x}{|B|}$ 的要求实际上有 4 点：①互不相同；②均为整数；③彼此互素；④均为合数. 不难想到当 S 作线性变换时它的每个非空子集的元素平均值也在作同样的线性变换. 因此在本问题中，我们应当先主后次，优先解决根本的要求，而对于可以利用线性变换来满足的要求则可以在主要部分构造出来后依次来满足. 经过简单的分析可以发现，只有①是用线性变换无法满足的，其他如②可以把 S 中的数都乘以 $n!$，③则可以乘上一个足够大的整数阶乘后再加 1，④更是可以利用中国剩余定理. 在 4 个要求的先后顺序排定后，即可整理出一套构造的步骤. 在接下来的解答中，笔者介绍一个自己想到的巧妙的构造方法. 为了体现步骤，下面的构造被分为 4 步，依次满足所需的每个条件.

证明 我们用 $f(X)$ 表示有限数集 X 中元素的算术平均.

第一步，取 n 个大于 n 且互不相同的素数 p_1，p_2，$\cdots$，p_n. 我们先证明，对集合 $S_1=\left\{\dfrac{\prod\limits_{i=1}^{n}p_i}{p_j}:1\leqslant j\leqslant n\right\}$ 的任意两个不同的非空子集 A，B，有

$f(A) \neq f(B)$.

事实上，因为 A，B 不同，故 S_1 中至少有一个元素恰出现在其中. 不妨设 $\dfrac{\prod\limits_{i=1}^{n} p_i}{p_1} \in A$ 且 $\dfrac{\prod\limits_{i=1}^{n} p_i}{p_1} \notin B$，那么 B 中每个元素都被 p_1 整除，即 $p_1 \mid n!\, f(B)$. 但 A 中恰有一个元素不被 p_1 整除，并由 $p_1 > n$ 知 p_1 不整除 $n!\, f(A)$. 因此 $n!\, f(A) \neq n!\, f(B)$，得 $f(A) \neq f(B)$.

第二步，令 $S_2 = \{n!\, x : x \in S_1\}$，则对于 S_2 的任意两个不同的非空子集 A，B，有 $f(A)$ 与 $f(B)$ 为不同的正整数.

事实上，由 S_2 的构造易知存在 S_1 的两个不同的非空子集 A_1，B_1，使 $f(A) = n!\, f(A_1)$，$f(B) = n!\, f(B_1)$. 由 $f(A_1) \neq f(B_1)$ 知 $f(A) \neq f(B)$，再由 $|A|$，$|B| \leqslant n$ 及 S_1，S_2 的构造知 $f(A)$ 与 $f(B)$ 均为正整数.

第三步，令 K 为 S_2 中的最大元，则对于集合 $S_3 = \{K!\, x + 1 : x \in S_2\}$ 的任意两个不同的非空子集 A，B，有 $f(A)$ 与 $f(B)$ 互素且均大于 1 的正整数.

首先由 S_3 的构造易知存在 S_2 的两个不同的非空子集 A_1，B_1，使 $f(A) = K!\, f(A_1) + 1$，$f(B) = K!\, f(B_1) + 1$. 由前面的结论可得 $f(A)$ 与 $f(B)$ 为不同且均大于 1 的正整数. 下证 $f(A)$ 与 $f(B)$ 互素，若不然，则存在大于 1 的素数 p 为 $f(A)$ 与 $f(B)$ 的公约数. 显然 $p \mid (K! \cdot |f(A_1) - f(B_1)|)$. 由 $0 < f(A_1)$，$f(B_1) \leqslant K$ 及 $f(A_1) \neq f(B_1)$ 知 $1 \leqslant |f(A_1) - f(B_1)| \leqslant K$，因此 $p \leqslant K$，即 $p \mid K!\, f(A_1)$，从而 $p \mid 1$ 矛盾！

第四步，令 L 为 S_3 中的最大元，则对于集合 $S_4 = \{L! + x : x \in S_3\}$ 的任意两个不同的非空子集 A，B，有 $f(A)$ 与 $f(B)$ 为互素的合数.

首先由 S_4 的构造易知存在 S_3 的两个不同的非空子集 A_1，B_1，使 $f(A) = L! + f(A_1)$，$f(B) = L! + f(B_1)$. 由前面结论知 $f(A)$ 与 $f(B)$ 为不同的正整数. 因为 L 为 S_3 中的最大元，所以 $f(A_1) \mid L!$，即 $f(A_1) \mid f(A)$. 再结合 $f(A_1) < f(A)$ 知 $f(A)$ 为合数，同理 $f(B)$ 为合数. 下面只需证 $f(A)$ 与 $f(B)$ 互素，若不然，则存在大于 1 的素数 p 为 $f(A)$ 与 $f(B)$ 的公约数. 显然 $p \mid (L! \cdot |f(A_1) - f(B_1)|)$. 由 $0 < f(A_1)$，$f(B_1) \leqslant L$ 及 $f(A_1) \neq f(B_1)$ 知 $1 \leqslant |f(A_1) - f(B_1)| \leqslant L$，因此 $p \leqslant L$，即 $p \mid f(A_1)$ 且 $p \mid f(B_1)$，而这与 $f(A_1)$，$f(B_1)$ 互素矛盾！

综上所述，我们分 4 步构造出的集合 S_4 满足问题的全部要求.

【点评】　这个看起来很难的构造题目，其实最难的部分却是分析中出现的列出 4 个条件并排好序. 很多考生在考场上或是忘记了元素的平均值应当彼此不同，或是同时考虑几个条件而顾此失彼. 相信如果他们能在纸上列出这样一个简短的提纲，这个问题也并不是那么困难. 本题考查了考生对于数论中一些技巧的熟练掌握，逻辑的严密性，以及少量的组合思维.

问　题

1. 证明：$2006^2 + 2004 \times 2005 \times 2007 \times 2008$ 是一个完全平方数.

2. 求最大的正整数 n，使得 $3^{1024} - 1$ 能被 2^n 整除.

3. 检查 1000000 以内的所有自然数，只要它的数字和是 17 的倍数，就把它们统统叠加起来，试证明：所得的总和也一定能被 17 整除.

4. 对于自然数 $n(n>3)$，我们用 "$n?$" 表示所有小于 n 的素数的乘积. 试解方程

$$n? = 2n + 16.$$

5. 试求能够对某些正整数 a，n，m 满足等式 $x + y = a^n$，$x^2 + y^2 = a^m$ 的所有正整数对 (x, y).

6. 两个正整数是这样的：它们的和、差及其中的某一个除以另一个的商都是阶乘数. 求所有这样的两个数（阶乘数 $n! = n(n-1) \cdots 3 \times 2 \times 1$）.

7. 已知在所有素数中只有两个素数的倒数写成循环小数后具有周期 7，如 $1/4649 = 0.\overset{\centerdot}{0}00215\overset{\centerdot}{1}$，求另外一个具有这种性质的素数.

8. 已知两个十进制纯循环小数的和与积都是周期为 T 的纯循环小数，证明：这两个循环小数的周期不超过 T.

9. 数 1

　　$1+2=3$，

　　$1+2+3=6$，

　　$1+2+3+4=10$，

　　$\vdots$

称为三角形数.

（1）如果 t 是三角形数，求证：$9t+1$ 也是三角形数.

（2）找出一对不同于 $(9, 1)$ 的整数对 (a, b)，使 $at+b$ 是三角形数，其中 t 是三角形数.

10. 设 a_1，a_2，$\cdots$，a_{10} 为正整数，$a_1 < a_2 < \cdots < a_{10}$. 将 a_k 的不等于自身的最大约数记为 b_k. 已知 $b_1 > b_2 > \cdots > b_{10}$，证明：$a_{10} > 500$.

11. 已知正整数 N. 为了寻求最接近于 $\sqrt{N}$ 的整数，打算利用下列方法：先去寻找最接近 N 的完全平方数 a^2，于是 a 就是所要寻找的这个整数. 那么用这个方法能肯定找到正确的答案吗？

12. 现有 19 张卡片. 能否在每张卡片上各写一个非 0 数码, 使得可以用这 19 张卡片能且只能排成 1 个可以被 11 整除的 19 位数?

13. 已知三个相邻自然数的立方和是一个自然数的立方, 证明: 这三个相邻自然数中间的那个数是 4 的倍数.

14. 证明: 对于任何大于 2 的整数 k, 总能找到 k 个不同的正整数, 从而使这些数中的任意两个数之积能被这两个数之差所整除.

15. 设 d 是异于 2, 5, 13 的任一整数, 求证: 在集合 $\{2, 5, 13, d\}$ 中可以找到两个不同的元素 a, b, 使得 $ab - 1$ 不是完全平方数.

16. 试求具有如下性质的最小的正整数: 它可以表示为 2002 个各位数字之和相等的正整数之和, 又可以表示为 2003 个各位数字之和相等的正整数之和.

17. 对任一正整数 n, 令 $f(n)$ 表示第 n 个非平方数的正整数, 即
$$f(1)=2, f(2)=3, f(3)=5, f(4)=6,$$
$$f(5)=7, f(6)=8, f(7)=10, \cdots.$$

证明:
$$f(n)=n + \{\sqrt{n}\},$$
式中, $\{x\}$ 表示最接近于 x 的整数. (如 $\{\sqrt{1}\} = 1$, $\{\sqrt{2}\} = 1$, $\{\sqrt{3}\} = 2$, $\{\sqrt{4}\} = 2$.)

18. 数列 $f_{n+1}(x)=f_1(f_n(x))$, 其中 $f_1(x)=2x + 1$, $n=1, 2, \cdots$. 试证: 对任意的 $n \in \{11, 12, 13, \cdots\}$, 必存在一个由 n 唯一确定的 $m_0 \in \{0, 1, \cdots, 1993\}$, 使 $1995 \mid f_n(m_0)$.

19. 证明: 对每一个正整数 n, 丢番图方程
$$\frac{1}{x_1} + \frac{1}{x_2} + \cdots + \frac{1}{x_n} + \frac{1}{x_1 x_2 \cdots x_n} = 1$$
至少有一个解.

20. (1) 求不定方程 $mn + nr + mr = 2(m + n + r)$ 的正整数解 (m, n, r) 的组数;

(2) 对于给定的整数 $k > 1$, 证明: 不定方程 $mn + nr + mr = k(m + n + r)$ 至少有 $3k + 1$ 组正整数解 (m, n, r).

21. 设 m 为正整数, 如果存在某个正整数 n, 使得 m 可以表示为 n 和 n 的正约数个数(包括 1 和自身)的商, 则称 m 是 "好数", 求证:

(1) 1, 2, $\cdots$, 17 都是 "好数";

(2) 18 不是 "好数".

22. 证明: 对任意正整数 n,

$$S_n = \binom{2n+1}{0} \cdot 2^{2n} + \binom{2n+1}{2} \cdot 2^{2n-2} \cdot 3 + \cdots + \binom{2n+1}{2n} \cdot 3^n$$

是两个连续自然数的平方和.

23. 设正整数 a，b 使 $15a+16b$ 和 $16a-15b$ 都是正整数的平方，求这两个平方数中较小的数能够取到的最小值.

24. 求所有的由 4 个正整数 a，b，c，d 组成的数组，使数组中任意三个数的乘积除以剩下的一个数的余数都是 1.

25. 已知正整数 x，y 满足 $2x^2 - 1 = y^{15}$. 证明：如果 $x > 1$，则 x 能被 5 整除.

26. 求所有的正整数对 (a, b)，使得 $\dfrac{a^2}{2ab^2 - b^3 + 1}$ 为正整数.

27. 设 n 为大于 1 的整数，全部正因数为 d_1，d_2，$\cdots$，d_k，其中 $1 = d_1 < d_2 < \cdots < d_k = n$，记

$$D = d_1 d_2 + d_2 d_3 + \cdots + d_{k-1} d_k.$$

（1）证明：$D < n^2$；

（2）确定所有的 n，使得 D 能整除 n^2.

28. 设 a，$b \in \mathbf{N}^+$，且对任意 $n \in \mathbf{N}^+$，都有

$$(a^n + n) \mid (b^n + n),$$

证明：$a = b$.

29. 证明：方程组

$$\begin{cases} x^6 + x^3 + x^3 y + 9y = 147^{157}, \\ x^3 + x^3 y + y^2 + y + z^9 = 157^{147} \end{cases}$$

没有整数解.

30. 确定是否存在满足下列条件的正整数 n：n 恰好能够被 2000 个互不相同的素数整除，且 $2^n + 1$ 能够被 n 整除.

31. 设 p 为素数. 证明：存在素数 q，使得对任意整数 n，数 $n^p - n$ 都不能被 q 整除.

32. 证明：从任意 200 个整数中，总可以取出 100 个，其和为 100 的倍数.

33. 设 p 是大于 3 的素数. 证明：介于 1 到 $p - 1$ 之间（含）的（p 的）二次剩余之和可被 p 整除.

34. 设 m，n 是整数，$m > n \geqslant 2$，$S = \{1, 2, \cdots, m\}$，$T = \{a_1, a_2, \cdots, a_n\}$ 是 S 的一个子集. 已知 T 中的任两个数都不能同时整除 S 中的任何一个数，求证：

$$\frac{1}{a_1} + \frac{1}{a_2} + \cdots + \frac{1}{a_n} < \frac{m+n}{m}.$$

35. 设 A 是正整数集的无限子集，$n > 1$ 是给定的整数. 已知对任意一个不整除 n 的素数 p，集合 A 中均有无穷多个元素不被 p 整除，证明：对任意整数 $m > 1$，$(m, n) = 1$，集合 A 中均存在有限个不同元素，其和 S 满足 $S \equiv 1$（$\mathrm{mod}\, m$），且 $S \equiv 0$（$\mathrm{mod}\, n$）.

36. 试确定所有同时满足

$$q^{n+2} \equiv 3^{n+2}(\mathrm{mod}\, p^n)，\quad p^{n+2} \equiv 3^{n+2}(\mathrm{mod}\, q^n)$$

的三元数组 (p, q, n)，其中 p，q 为奇素数，n 为大于 1 的整数.

37. 设集合 $P = \{1, 2, 3, 4, 5\}$，对任意 $k \in P$ 和正整数 m，记

$$f(m, k) = \sum_{i=1}^{5} \left[m \sqrt{\frac{k+1}{i+1}} \right]，$$

其中 $[a]$ 表示不大于 a 的最大整数，求证：对任意正整数 n，存在 $k \in P$ 和正整数 m，使得 $f(m, k) = n$.

38. 设 a，b，c，d 为整数，$a > b > c > d > 0$，且满足 $ac + bd = (b + d + a - c)(b + d - a + c)$，证明：$ab + cd$ 不是素数.

39. 证明：存在无穷多个正整数 n，使得 $n^2 + 1$ 有一个大于 $2n + \sqrt{2n}$ 的质因子.

40. 设 p 是一个奇素数. 考虑集合 $\{1, 2, \cdots, 2p\}$ 满足以下两条件的子集 A：

（1）A 恰有 p 个元素；

（2）A 中所有元素之和可被 p 整除.

试求所有这样的子集 A 的个数.

41. 设 n，p，q 都是正整数，且 $n > p + q$. 若 x_0，x_1，$\cdots$，x_n 是满足下面条件的整数：

（1）$x_0 = x_n = 0$；

（2）对每个整数 $i (1 \leqslant i \leqslant n)$ 或者 $x_i - x_{i-1} = p$ 或者 $x_i - x_{i-1} = -q$.

证明：存在一对标号 (i, j)，使 $i < j$，$(i, j) \neq (0, n)$ 且 $x_i = x_j$.

3.7　组　合　数　学

组合数学源远流长，它研究的是和在某种特定的规则下安排某些物体有关的问题，诸如符合要求的安排是否存在；当存在的时候，如何把它们实际

构造出来；如何计算符合要求的安排究竟有多少种；给定了一个离散的目标函数，需要确定在怎样的安排下，该目标函数取得最大值(或最小值)等，这些问题依次称为存在性问题、构造问题、计数问题和最优化问题．在 1990 年春的一次学术报告中，沃尔夫数学奖获得者盖尔范德说："我年岁越大越相信，绝大多数艰深数学问题的背后都有一个组合论问题．"

3.7.1　背 景 分 析

组合数学主要涉及三大学科，内容如下．

1）代数：集合、映射、赋值、恒等式、不等式、估计、数列、二项式定理、多项式等．

2）数论：整除性、奇偶性、同余、剩余类等．

3）分析：微分、积分、级数等．

3.7.2　基 本 问 题

奥林匹克数学中的组合问题主要有以下 5 类：

1）计数问题．

2）组合恒等式．

3）存在性问题．

4）构造性问题．

5）最优化问题．

3.7.3　方 法 技 巧

1）计数方法：排列组合公式、排除法、乘法原理、加法原理、容斥原理、递推方法、映射方法、母函数等．

2）证明组合恒等式的常用方法有：赋值、利用基本组合恒等式、递推方法、归纳法、富比尼（Fubini）原理、母函数等．

3）处理存在性问题的常用方法有：构造法、抽屉原理、最小数原理、极端原理、归纳法、反证法、奇偶分析、分类、染色与赋值等．

4）求解最优化问题的基本策略是先估界，再构造实例或通过论证说明这个界能够达到. 在解题的过程中，常常用到构造法、反证法、归纳法、极端原理、抽屉原理、估计、分类、枚举、局部调整等手段.

3.7.4　概念定理

1）乘法原理. 设 n 个集合 A_1，A_2，$\cdots$，A_n 包含元素的个数依次为 $|A_1|$，$|A_2|$，$\cdots$，$|A_n|$，则从这 n 个集合中依次各取一个元素 a_1，a_2，$\cdots$，a_n 构成有序组 $(a_1, a_2, \cdots, a_n)$ 的个数等于 $|A_1| \times |A_2| \times \cdots \times |A_n|$，即
$$|\{(a_1, a_2, \cdots, a_n) \mid a_1 \in A_1, \cdots, a_2 \in A_2, \cdots, a_n \in A_n\}|$$
$$= |A_1| \times |A_2| \times \cdots \times |A_n|.$$

应用乘法原理的关键在于将一个比较复杂的"全过程"恰当地分成几个连续进行的较为简单的"分过程".

利用乘法原理可以推得下列组合公式：

2）选排列公式. 从 n 个不同的元素中任取 k 个元素（不许重复）排成一列，其排列数为
$$P_n^k = n(n-1)(n-2)\cdots(n-k+1) = \frac{n!}{(n-k)!}.$$
当 $n = k$ 时，上述公式称为全排列公式
$$P_n = n(n-1)\cdots 2 \cdot 1 = n!.$$

3）组合公式. 从 n 个不同的元素中任取 k 个为一组（不许重复），其组合数为
$$C_n^k = \frac{P_n^k}{k!} = \frac{n!}{k!\,(n-k)!}.$$

4）允许重复的排列公式. 从 n 个不同的元素中可重复地取 k 个排成一排，排列数为
$$\underbrace{n \cdot n \cdots n}_{k\text{个}} = n^k.$$

5）圆排列公式. 元素环绕在一条封闭曲线上的排列，称为圆排列. 而上面所说的则可称为线排列. 由于圆排列没有首尾，所以任一元素绕圆的一个方向转一圈后，对线排列来说有 k 种方法，而圆排列只有一种（设选 k 个元素来排）. 因此 n 个元素中取 k 个元素的圆排列数为
$$\frac{P_n^k}{k} = \frac{n!}{k(n-k)!}.$$

特别地，取 n 个元素的圆排列数是 $(n-1)!$ 种.

6）集合的分划与覆盖. 设 A_1，A_2，$\cdots$，A_n 是集合 A 的非空子集，如果

① $A_i \neq A_j$ $(i \neq j)$；

② $A_i \cap A_j = \varnothing(i \neq j)$；

③ $A = A_1 \cup A_2 \cup \cdots \cup A_n$，

则称 $(A_1$，A_2，$\cdots$，$A_n)$ 是集合 A 的一个 n 类分划，A_i 称为分划的部分，若上面的条件 ② 不成立，则称 $(A_1$，A_2，$\cdots$，$A_n)$ 为 A 的一个覆盖.

7）加法原理. 若 $(A_1$，A_2，$\cdots$，$A_n)$ 是 A 的一个分划，则

$$|A| = |A_1| + |A_2| + \cdots + |A_n|.$$

在这里，我们着眼于子集间的互斥性，将 A 进行分划，就是将它所有的元素按适当的标准进行分类，分类时应防止元素的重复出现和遗漏，选择的分类标准要有利于 $\sum_{i=1}^{n} |A_i|$ 的计算. 因此，应用加法原理的关键在于把一个元素个数较多的集合分划为若干个两两不交的元素且个数较少的子集，即把整体分成若干个局部，使得每个局部的元素个数便于计数. 但是具体问题往往是复杂的，常常扭成一团，难以找到两两不交而又便于计数的分划，而要把条理分清楚就得用加法原理的推广——容斥原理.

8）容斥原理. 若 A_1，A_2，$\cdots$，A_n 是 A 的子集，$A = A_1 \cup A_2 \cup \cdots \cup A_n$，则

$$|A| = \left| \bigcup_{i=1}^{n} A_i \right|$$

$$= \sum_{i=1}^{n} |A_i| - \sum_{1 \leqslant i < j \leqslant n} |A_i \cap A_j| + \sum_{1 \leqslant i < j < k \leqslant n} |A_i \cap A_j \cap A_k| + \cdots$$

$$+ (-1)^{n-1} |A_1 \cap A_2 \cap \cdots \cap A_n|. \tag{3.7.1}$$

（3.7.1）式可用数学归纳法给出证明. 应当指出，当 A_1，A_2，$\cdots$，A_n 两两不交时，容斥原理即是加法原理. 容斥原理是 19 世纪英国数学家西尔维斯特发现的. 它是组合计数的一个重要工具，容斥原理的另一种形式是：

9）逐步淘汰原理. 设 A_1，A_2，$\cdots$，A_n 是集合 A 的子集，则

$$|\overline{A_1} \cap \overline{A_2} \cap \cdots \cap \overline{A_n}|$$

$$= |A| - \sum_{i=1}^{n} |A_i| + \sum_{1 \leqslant i < j \leqslant n} |A_i \cap A_j| - \sum_{1 \leqslant i < j < k \leqslant n} |A_i \cap A_j \cap A_k| + \cdots$$

$$+ (-1)^{n} |A_1 \cap A_2 \cap \cdots \cap A_n|. \tag{3.7.2}$$

逐步淘汰原理与数论中著名的筛法有密切联系，它是一种逐步筛去重复的个数的计数方法，在数论中有着广泛的应用.

可以看出，这两个原理源于同一思想，即不断地使用包含与排除，因此又统称包含与排除原理或多退少补原理. 公式（3.7.1）用来计算至少具有某

n 个性质之一的元素的个数，而公式(3.7.2)则用来计算不具有某 n 个性质中的任何一个的元素的个数.

10）映射与计数. 假定 A 与 B 是两个非空有限集，而 f：$A \rightarrow B$ 是一个映射，则易知以下结论成立：

① 若 f：$A \rightarrow B$ 是单射，则 $|A| \leq |B|$.

② 若 f：$A \rightarrow B$ 是满射，则 $|A| \geq |B|$.

特别应指出，若存在 A 到 B 的倍数映射，即 A 中 k 个元对应 B 中的一个元的满射，则有 $|A|=k|B|$.

③ 若 f：$A \rightarrow B$ 是一一映射（一一对应），则 $|A|=|B|$.

一一映射也可以看成倍数 $k=1$ 的倍数映射.

利用上述结论求解计数问题的关键在于找一个能与集 A 建立映射关系且又便于计算其元素个数的集 B，从而使原问题转化为较易求解的问题. 如何寻求 B，如何建立 A 到 B 上的映射，往往需要相当的技巧.

11）二项式定理

$$(x+y)^n = \sum_{k=0}^{n} C_n^k x^{n-k} y^k .$$

12）基本组合恒等式. 常用的基本组合恒等式有：

$$C_n^k = C_n^{n-k} ; \tag{3.7.3}$$

$$C_n^k = C_{n-1}^k + C_{n-1}^{k-1} ; \tag{3.7.4}$$

$$C_n^k = C_n^{n-k} ; \tag{3.7.5}$$

$$C_n^k = \frac{n}{k} C_{n-1}^{k-1} ; \tag{3.7.6}$$

$$C_n^k C_k^m = C_n^m C_{n-m}^{k-m} = C_n^{k-m} C_{n-k+m}^m , \quad m \leq k \leq n ; \tag{3.7.7}$$

$$C_n^0 + C_n^1 + C_n^2 + \cdots + C_n^m = 2^n ; \tag{3.7.8}$$

$$C_n^0 - C_n^1 + C_n^2 + \cdots + (-1)^n C_n^n = 0 ; \tag{3.7.9}$$

$$C_n^0 + C_n^2 + \cdots = C_n^1 + C_n^3 + \cdots = 2^{n-1} . \tag{3.7.10}$$

13）母函数.

设 a_0，a_1，$\cdots$，a_n，$\cdots$ 是一列已知数，称形式幂级数

$$f(x) = \sum_{k=0}^{\infty} a_k x^k = a_0 + a_1 x + \cdots + a_n x^n + \cdots \tag{3.7.11}$$

为此数列的母函数. 所谓"形式"的意思，是我们不讨论(3.7.11)式的收敛与发散问题，而把它当作一个对象加以研究和使用. 另外，对于有穷数列 a_1，a_2，$\cdots$，a_n，我们也当无穷数列来对待，只要令 $a_{n+1}=a_{n+2}=\cdots=0$ 就可以了. 如二项式系数序列 C_n^0，C_n^1，$\cdots$，C_n^n 的母函数是

$$f_n(x) = \sum_{k=0}^{n} C_n^k x^k = (1+x)^n,$$

而数列 1，1，…，1，… 的母函数是

$$g_1(x) = \sum_{n=0}^{\infty} x^n = \frac{1}{1-x}.$$

14）富比尼原理.

富比尼原理也叫算两次原理，它可通俗地叙述为：

对于一个适当的量，从两个方面去考虑它，然后综合起来得到一个关系式，这种解题方法称为富比尼原理.

在列方程解应用题时，正是应用这一原理列方程的. 富比尼原理可以用来建立等式，建立不等式或导出矛盾.

15）第一抽屉原理.

设有 m 个元素分属于 n 个集合且 $m > kn(m, n, k \in \mathbf{N})$，则必有一个集合中至少有 $k+1$ 个元素.

16）第二抽屉原理.

设有 m 个元素分属于 n 个两两不交的集合且 $m < kn$，则必有一个集合中至多有 $k-1$ 个元素.

17）最小数原理.

在正整数的非空子集 M 中，必定有一个最小数.

18）极端原理.

当要"证明有一个 x 它具有性质 $p(x)$"类型的涉及存在性的问题，常常考查某些"极端的"、"临界的"状态，极端状态的存在常常是认识存在性结论这种类型的问题的关键，这种通过考察具有极端性元素的状态来实现解题的思想称为极端原理.

19）由若干个不同的顶点与连接其中某些(或全部)顶点的边所组成的图形称为图. 如果图中有 n 个顶点，每两点之间都有一条边，则称之为 n 点完全图，记为 K_n，将每条边都染上红蓝两色之一，称之为二染色；每条边都染上 K 种颜色之一，称之为 K 染色. 将 K_n 的 n 个顶点中选出 m 个顶点，则这 m 个顶点连同它们之间的连线所构成的图形称为原图的一个有 m 个顶点的完全子图. 如果以图中三个顶点为顶点的三角形的三条边染有同种颜色，则称之为同色三角形.

20）在二染色的 K_6 中，总存在同色三角形(此定理就是本书题 1.1.1，题 1.1.2 的图论表述).

21）在 20)的条件下，总存在两个同色的三角形(此定理就是本书题 1.1.7 的图论表述).

22）在二染色的 K_5 中，没有同色三角形的充要条件是它可分解为一红一蓝两圈（即封闭折线，图论中称之为圈），每个圈恰有 5 条边组成.

3.7.5　经典赛题

【例 3.7.1】　如果从数 1，2，$\cdots$，14 中，按由小到大的顺序取出 a_1，a_2，a_3，使同时满足 $a_2 - a_1 \geqslant 3$ 与 $a_3 - a_2 \geqslant 3$，那么所有符合上述要求的不同取法有多少种？

解　令

$$S = \{1, 2, \cdots, 14\}, \quad S' = \{1, 2, \cdots, 10\},$$
$$T = \{(a_1, a_2, a_3) \mid a_1, a_2, a_3 \in S, a_2 - a_1 \geqslant 3, a_3 - a_2 \geqslant 3\},$$
$$T' = \{(a_1', a_2', a_3') \mid a_1', a_2', a_3' \in S', a_1' < a_2' < a_3'\}.$$

作映射如下：

$$(a_1, a_2, a_3) \to (a_1', a_2', a_3'), (a_1, a_2, a_3) \in T,$$

式中，$a_1' = a_1, a_2' = a_2 - 2, a_3' = a_3 - 4$.

容易验证这是 T 与 T' 之间的一个一一映射，故所求的取法种数恰好等于从 S' 中任取出三个不同数的所有不同取法的种数，即 $C_{10}^3 = 120$ 种.

【点评】　此题的背景是限距组合. 一般地，设集合 $A = \{1, 2, \cdots, n\}$，r 是正整数，A 的任一个 r – 无重组合 $\{i_1, i_2, \cdots, i_r\}$ 的元素可以依自然顺序写出

$$i_1, i_2, \cdots, i_r, \quad \text{且} \quad i_1 < i_2 < \cdots < i_r.$$

如果 k 是一个非负整数，用 $f_k(n, r)$ 表示 A 的满足条件

$$i_{j+1} - i_j \geqslant k + 1, 1 \leqslant j \leqslant r - 1$$

的 r 无重组合 $\{i_1, i_2, \cdots, i_r\}$ 的个数，那么

$$f_k(n, r) = C_{n-(r-1)k}^r \text{（规定 } m > n \text{ 时 } C_n^m = 0\text{）}.$$

【例 3.7.2】　将正整数 n 写成三个正整数之和，顺序不同作为不同写法，共有多少种不同写法？

解法 1　设 $n = x + y + z$，其中 x，y，$z \in \mathbf{N}^*$，则此题等价于方程 $x + y + z = n$ 有多少组正整数解.

因为 $z \geqslant 1$，所以 $x + y = n - z \leqslant n - 1$. 每一满足给定方程的解 (x, y, z) 与坐标平面上满足

$$x + y \leqslant n - 1, x > 0, y > 0$$

的格点（坐标为整数的点）之间一一对应. 这些格点分别在 $n - 2$ 条线段上，$x + y = k(k = 2, 3, \cdots, n - 1)$，所以这些格点共有

$$1 + 2 + 3 + \cdots + (n - 2) = \frac{1}{2}(n - 1)(n - 2) = C_{n-1}^2$$

个，即方程 $x + y + z = n$ 共有 C_{n-1}^2 组正整数解，故有 C_{n-1}^2 种写法.

解法 2　把 n 写成 n 个 1 的和

$$n = \underbrace{1 + 1 + \cdots + 1}_{n \text{个} 1}$$

在上式中的 $n - 1$ 个加号中任意挑选 2 个加号，将其他加号全部计算出来，就得到 n 的一个符合条件的写法；反之亦然. 这种对应是一对一的，于是所求写法种数等于从 $n - 1$ 个加号中挑选 2 个的选法数 C_{n-1}^2.

【点评】　将 n 写成 m 个正整数之和（顺序不同作为不同写法）称为正整数的有序分拆问题.

把 n 写成 m 个正整数之和的所有写法种数记作 $P(n, m)$，把 n 写成若干个正整数之和的所有写法种数记作 $r(n)$. 仿例 3.7.2 可以求得：$P(n, m) = C_{n-1}^{m-1}$，从而

$$r(n) = C_{n-1}^0 + C_{n-1}^1 + \cdots + C_{n-1}^{n-1} = 2^{n-1}.$$

【例 3.7.3】　m 个白球排成一列，从其中选 n 个球涂成黑色，若每两个黑球均不能相邻，问有多少种不同的涂法？

解　若球已经涂好，设想这 n 个黑球，除最后一个外，每一个"吃掉"紧跟在它后面的那个白球，结果剩下的 $m - (n-1) = m - n + 1$ 个球，其中 n 个黑球，这就产生一个从集合

$A = \{$从排成一列的 m 个白球中选 n 个涂黑，每两个黑球均不相邻的涂法$\}$ 到集合，

$B = \{$从排成一列的 $m - n + 1$ 个白球中选 n 个涂黑的涂法$\}$ 的映射 f，它显然是单射.

反过来，对 $y \in B$，令 B 中的那 n 个黑球，除最后一个外，各"吐"出一个白球作为它的右邻，这就产生一个元素 $x \in A$，显然 x 的像是 y. 所以 f 也是满射.

故 f 是一一映射，所以

$$|A| = |B| = C_{m-n+1}^n.$$

【点评】　本例也可叙述为

从 $\{1, 2, \cdots, m\}$ 中，任意选 n 个数（不可重复），问其中无两个相邻的不同选法有多少种？

【例 3.7.4】　从 $\{1, 2, \cdots, n\}$ 中取出 r 个数组成一组 $\{a_1, a_2, \cdots, a_r\}$，允许数字重复出现，且不计这些数的顺序，称为 $\{1, 2, \cdots, n\}$ 的一个 r 可重组合，也称为允许重复的组合. 记从 n 个不同元中每次选取 r 个元

的可重组合数为 F_n^r，试证：$F_n^r = C_{n+r-1}^r$．

证明 由于不考虑 a_i 的顺序，不妨设

$$a_1 \leqslant a_2 \leqslant \cdots \leqslant a_r.$$

设法把可重组合转化为我们熟知的无重组合问题，即设法去掉前式中的等号．为此，用 0，1，2，$\cdots$，$r - 1$ 逐个加到 a_i 上，得

$$1 \leqslant a_1 < a_2 + 1 < a_3 + 2 < \cdots < a_r + r - 1 (\leqslant n + r - 1).$$

于是，在 $\{1, n, \cdots, n\}$ 中取出 r 个的可重组合与在 $\{1, 2, \cdots, n + r - 1\}$ 上取出 r 个的无重组合之间建立一个一一映射，即每一个 $\{1, 2, \cdots, n\}$ 上的可重组合 $\{a_1, a_2, a_3, \cdots, a_r\}$（其中 $a_1 \leqslant a_2 \leqslant a_3 \leqslant \cdots \leqslant a_r$）唯一对应一个 $\{1, 2, \cdots, n + r - 1\}$ 上的无重组合 $\{a_1, a_2 + 1, a_3 + 2, \cdots, a_r + r - 1\}$；反过来，每一个 $\{1, 2, \cdots, n + r - 1\}$ 上的无重组合 $\{b_1, b_2, b_3, \cdots, b_r\}$（其中 $b_1 < b_2 < \cdots < b_r$）唯一对应一个 $\{1, 2, \cdots, n\}$ 上的可重组合 $\{b_1, b_2 - 1, b_3 - 2, \cdots, b_r - r + 1\}$，因此 $F_n^r = C_{n+r-1}^r$．

【点评】 这里我们运用一一映射巧妙地将从 n 个不同元中取出 r 个元的可重组合数的计算转化为从 $n + r - 1$ 个不同元中取 r 个无重组合数计算．

可重组合问题可以转化成许多不同的形式，如

（1）从 n 个不同的字母中可重复地取出 r 个组成单项式，可组成多少个不同的单项式？

这显然就是从 $\{1, 2, \cdots, n\}$ 中可重复地取出 r 个的可重组合问题．

12）将 r 个相同的球分配到 n 个编号分别为 1，2，$\cdots$，n 的盒子，每个盒子里可装任意多个球，问有多少种分配法？

问题可换一种说法，即从 n 个（有编号的）盒子中选出 r 个来装 r 个球，每个盒子可以重复选取，一个盒子出现 k 次就表示要装 k 个球，所以这说法是从 n 个元中取 r 个的可重复的组合．答案为 C_{n+r-1}^r．

【例 3.7.5】 求不定方程

$$x_1 + x_2 + \cdots + x_n = r \tag{3.7.12}$$

有多少组非负整数解 $(x_1, x_2, \cdots, x_n)$？

解 考虑与将 r 个球放入 n 个（有编号的）盒子中的对应．式（3.7.12）的每一组非负整数解 $(x_1, x_2, \cdots, x_n)$ 产生一种放球方法：在编号为 1，2，$\cdots$，n 的盒子中分别放入 x_1，x_2，$\cdots$，x_n 个球；反之，每一种放球的方法产生式（3.7.12）的一组非负整数解，所以两者是一一对应的．由例 3.7.4 点评 2）知，本题答案为 C_{n+r-1}^r．

【例 3.7.6】 不定方程

$$x_1 + x_2 + \cdots + x_n = r \tag{3.7.13}$$

有多少组正整数解 $(x_1, x_2, \cdots, x_n)$？

解 令 $y_i = x_i - 1$（其中 $i = 1, 2, \cdots, n$），则 $(3.7.13)$ 式等价于

$$y_1 + y_2 + \cdots + y_n = r - n \tag{3.7.14}$$

的正整数解与 $(3.7.4)$ 式的非负整数解一一对应. 而由例 3.7.4 知，$(3.7.14)$ 式有

$$C_{(r-n)+n-1}^{r-n} = C_{r-1}^{r-n} = C_{r-1}^{n-1}$$

组非负整数解. 所以方程 $(3.7.13)$ 有同样多组正整数解.

【点评】 本例换个说法即为例 3.7.2 的推广：

将正整数 r 写成 n 个正整数的和，顺序不同作为不同的写法，共有多少种不同的写法？

应用映射还可以证明某些与计数有关的等式或不等式，证明相等可通过一一映射解决，证明不等可通过单射或满射解决问题.

【例 3.7.7】 设 n 是正整数，集合 $\{1, 2, \cdots, 2n\}$ 的一个排列 $(x_1, x_2, \cdots, x_{2n})$ 中，如果有 $|x_i - x_{i+1}| = n$ 对某个 $i(1 \leqslant i \leqslant 2n - 1)$ 成立，那么这个排列称为具有性质 P. 证明：具有性质 P 的排列比不具有性质 P 的排列多.

分析 本题是第 30 届国际数学奥林匹克压轴题. 标准答案是利用容斥原理，但借助于映射更为简洁. 如果能找到 $\{$不具有性质 P 的排列$\}$ 到 $\{$具有性质 P 的排列$\}$ 的一个映射，且能证明它是单射而非满射，问题就解决了.

证明 对于任意一个不具有性质 P 的排列 $(x_1, x_2, \cdots, x_{2n})$，总能找到一个排列 $(x_2, x_3, \cdots, x_{i-1}, x_1, x_i, \cdots, x_{2n})$ 与之对应，其中 $|x_1 - x_i| = n$（对于 $[1, 2n]$ 中的任一自然数 x_1，有且仅有一个 $x_i \in [1, 2n]$，使 $|x_i - x_1| = n$）. 后一种排列显然具有性质 P. 下面来证明这一映射是单射而非满射.

对于不具有性质 P 的两个不同排列：

$$(x_1, x_2, \cdots, x_{2n}), \quad (x_1{'}, x_2{'}, \cdots, x_{2n}{'}),$$

或者有 $x_1 \neq x_1{'}$，或者虽有 $x_1 = x_1{'}$，但 x_2 到 x_{2n} 的排列与 $x_2{'}$ 到 $x_{2n}{'}$ 的排列不同. 对于前者，它们的象 $(x_2, \cdots, x_{i-1}, x_1, x_i, \cdots, x_n)$ 与 $(x_2{'}, \cdots, x_{j-1}{'}, x_1{'}, x_j{'}, \cdots, x_n{'})$ 不同；对于后者，它们的象也是不同排列，因此这一映射是单射.

另外，当 $n = 1$ 时，排列 $(1, 2)$ 与 $(2, 1)$ 都是具有性质 P 的排列，命题显然成立；当 $n \geqslant 2$ 时，由于上述映射的象集是恰有一对相邻元素满足其差绝对值为 n，而具有性质 P 的排列中还恰有两对(或更多)相邻元素满足该性质的排列，因此这一映射不是满射，于是命题得证.

【例 3.7.8】 有甲、乙两副纸牌，各有编号自 1 至 n 的 n 张牌. 洗牌后，配成 n 对，每对甲、乙各有一张. 如果同一对两张牌同号，就说有一个相合. 问：

（1）至少有一个相合的配牌方法有多少种？

（2）没有相合配牌方法有多少种？（$n \geqslant 2$）

解　设所有配牌方法全体记为 S ，满足（1）、（2）的配牌方法依次记为 A ， B ，则有 $S = A \cup B$ ， $A \cap B = \varnothing$.

（1）把 A 分为 n 组， A_i ， i 号牌相合配牌方法全体（$i = 1$ ， 2 ， $\cdots$ ， n）. 显然 $A = A_1 \cup A_2 \cup \cdots \cup A_n$. i 号牌相合，然后把乙牌的其余 $n - 1$ 张牌在甲牌的 1 ， 2 ， $\cdots$ ， $i - 1$ ， $i + 1$ ， $i + 2$ ， $\cdots$ ， n 上随意排列，放在一起配对，故有

$$|A_i| = (n - 1)! \quad i = 1, 2, \cdots, n.$$

同理

$$|A_i \cap A_j| = (n - 2)! \ (1 \leqslant i < j \leqslant n),$$

$$|A_i \cap A_j \cap A_k| = (n - 3)! \ (1 \leqslant i < j < k \leqslant n),$$

$$\vdots$$

$$|A_1 \cap A_2 \cap \cdots \cap A_n| = 0! = 1.$$

再由容斥原理

$$|A| = C_n^1 (n - 1)! - C_n^2 (n - 2)! + C_n^3 (n - 3)! + \cdots + (-1)^{n-1} \cdot C_n^n 0!$$

$$= n! \left(\frac{1}{1!} - \frac{1}{2!} + \frac{1}{3!} - \frac{1}{4!} + \cdots + (-1)^{n-1} \frac{1}{n!} \right)$$

（2）利用逐步淘汰原理直接可以得出（注意 $|S| = n!$ ）

$$|B| = |S| - |A|$$

$$= n! \left(1 - \frac{1}{1!} + \frac{1}{2!} - \frac{1}{3!} + \frac{1}{4!} - \frac{1}{5!} + \cdots + (-1)^n \frac{1}{n!} \right).$$

【点评】　问题（1）是耦合问题. 问题（2）是著名的错位问题，即与原来正整数排列 1 ， 2 ， 3 ， 4 ， $\cdots$ ， n 没有一个相同的排列 i_1 ， i_2 ， $\cdots$ ， i_n 的个数，问题（2）的结果叫欧拉-伯努利错放信笺的总数. 除用逐步淘汰原理能求出这个结果外，还可以用递推方法求出这个结果. 即若用 D_n 表示错位数，则有递推关系

$$D_n = (n - 1)(D_{n-2} + D_{n-1}), \ n = 3, 4, 5, \cdots,$$

式中， $D_1 = 0$ ， $D_2 = 1$.

作为这个结果的直接应用是波兰的一道竞赛题：

某人给 6 个不同的人写了 6 封信，并准备了 6 个写有收信人地址的信封. 试问共有多少种投放信笺的方法，使得每份信笺与信封上的收信人都不相符？

答案是 265 种.

【例 3.7.9】　（欧拉定理）把不超过正整数 n 且与 n 互素的正整数的个

数记为 $\varphi(n)$，称为欧拉函数. 例如，$\varphi(6)=2$，$\varphi(7)=6$，$\varphi(8)=4$，$\varphi(9)=6$ 等. 设 $n=p_1^{\alpha_1}p_2^{\alpha_2}\cdots p_k^{\alpha_k}$ 是正整数 n 的标准质因数分解式，则

$$\varphi(n)=n\left(1-\frac{1}{p_1}\right)\cdot\left(1-\frac{1}{p_2}\right)\cdot\cdots\cdot\left(1-\frac{1}{p_k}\right).$$

证明　记 $A=\{1,2,\cdots,n\}$，设集合 A_i 为能被 p_i 整除的数集（$i=1,2,\cdots,k$），则

$$\varphi(n)=|\bar{A}_1\cap\bar{A}_2\cap\cdots\cap\bar{A}_k|.$$

注意 $|A_i|=\left[\dfrac{n}{p_i}\right]$，$|A_i\cap A_j|=\left[\dfrac{n}{p_ip_j}\right]$，$\cdots$，$|A_1\cap A_2\cap\cdots\cap A_k|=$ $\left[\dfrac{n}{p_1p_2\cdots p_k}\right]$，由逐步淘汰原理知

$$
\begin{aligned}
\varphi(n)&=n-\sum_{i=1}^{k}\left[\frac{n}{p_i}\right]+\sum_{1\leqslant i<j\leqslant k}\left[\frac{n}{p_ip_j}\right]-\cdots+(-1)^k\left[\frac{n}{p_1p_2\cdots p_k}\right]\\
&=n-\left(\frac{n}{p_1}+\cdots+\frac{n}{p_k}\right)+\left(\frac{n}{p_1p_2}+\cdots+\frac{n}{p_{k-1}p_k}\right)-\cdots+(-1)^k\frac{n}{p_1p_2\cdots p_k}\\
&=n\left[1-\frac{1}{p_1}-\cdots-\frac{1}{p_k}+\frac{1}{p_1p_2}+\cdots+\frac{1}{p_{k-1}p_k}-\cdots+(-1)^k\frac{n}{p_1p_2\cdots p_k}\right]\\
&=n\left(1-\frac{1}{p_1}\right)\cdot\left(1-\frac{1}{p_2}\right)\cdot\cdots\cdot\left(1-\frac{1}{p_k}\right)
\end{aligned}
$$

【点评】　若 $(m_1,m_2)=1$，则 $\varphi(m_1m_2)=\varphi(m_1)\varphi(m_2)$.

【例 3.7.10】　6 个国家派代表队参加亚太数学竞赛，比赛共 4 个题. 结果统计如下：

第一题对的学生 235 人；第一、二两题都对的 59 人；第一、三两题都对的 29 人；第一、四两题都对的 15 人；4 个题全对的有 3 人. 又知道有人做对了前三个题，但没有做好第四个题.

求证：存在一个国家，这个国家派出的选手中至少有 47 人恰好只做对了第一题.

证明　设集合

$$I=\{\text{全部选手}\};$$
$$A=\{\text{第一题对的考生}\};$$
$$B=\{\text{第二题对的考生}\};$$
$$C=\{\text{第三题对的考生}\};$$
$$D=\{\text{第四题对的考生}\};$$

则 $|A|=235$，$|A\cap B|=59$，$|A\cap C|=29$，$|A\cap D|=15$，$|A\cap B\cap C\cap D|=3$.

因为 $|A\cap B\cap C|>|A\cap B\cap C\cap D|=3$，而 $|A\cap C\cap D|$，$|A\cap B\cap D|\geqslant3$，可见

$$|A \cap B \cap C| + |A \cap B \cap D| + |A \cap C \cap D| - |A \cap B \cap C \cap D| > 6.$$

注意

$$|A \cap \bar{B} \cap \bar{C} \cap \bar{D}| = |A \cap \overline{(B \cup C \cup D)}|$$

$$= |A \cup B \cup C \cup D| - |B \cup C \cup D|$$

$$= (|A| + |B| + |C| + |D| - |A \cap B| - |A \cap C|$$

$$- |A \cap D| - \cdots + |A \cap B \cap C|$$

$$+ \cdots - |A \cap B \cap C \cap D|) - (|B| + |C| + |D|$$

$$- |B \cap C| - |C \cap D| - |B \cap D| + |B \cap C \cap D|)$$

$$= |A| - |A \cap B| - |A \cap C| - |A \cap D| + |A \cap B \cap C|$$

$$+ |A \cap B \cap D| + |A \cap C \cap D| - |A \cap B \cap C \cap D|$$

$$> 235 - 59 - 29 - 15 + 6 = 138,$$

可见

$$|A \cap \bar{B} \cap \bar{C} \cap \bar{D}| \geqslant 139 = 3 \times 46 + 1 > 3 \times 46.$$

由抽屉原理知,存在一个国家,该国派出的选手中至少有 47 人做对了且只做对了第一题.

【例 3.7.11】　某次运动会开了 n 天 ($n > 1$),发出 m 个奖牌. 第一天发出了 1 个加上余下的奖牌的 $\frac{1}{7}$,第二天发 2 个加上余下的奖牌的 $\frac{1}{7}$,如此继续下去,最后第 n 天刚好发出 n 个奖牌恰无剩余. 问运动会开了几天?共发了多少个奖牌?

解　设第 k 天发出 a_k 个奖牌,则

$$a_1 = 1 + \frac{1}{7}(m-1) = \frac{1}{7}(m+6),$$

$$a_k = k + \frac{1}{7}(m - a_1 - a_2 - \cdots - a_{k-1} - k),$$

$$a_{k+1} = k + 1 + \frac{1}{7}(m - a_1 - a_2 - \cdots - a_{k-1} - a_k - k - 1),$$

于是

$$a_{k+1} - a_k = 1 + \frac{1}{7}(-a_k - 1),$$

即

$$a_{k+1} = \frac{6}{7}a_k + \frac{6}{7},$$

$$a_{k+1} - 6 = \frac{6}{7}(a_k - 6),$$

所以

$$a_k - 6 = (a_1 - 6)\left(\frac{6}{7}\right)^{k-1} = \frac{1}{7}\left(\frac{6}{7}\right)^{k-1}(m - 36),$$

故

$$
\begin{aligned}
m &= a_1 + a_2 + \cdots + a_n \\
&= \frac{1}{7}(m - 36)\left[1 + \frac{6}{7} + \left(\frac{6}{7}\right)^2 + \cdots + \left(\frac{6}{7}\right)^{n-1}\right] + 6n \\
&= (m - 36)\left[1 - \left(\frac{6}{7}\right)^n\right] + 6n,
\end{aligned}
$$

因此，$m = 36 + \dfrac{(n-6) \times 7^n}{6^{n-1}}$.

因为 m，n 是正整数，且 7^n 与 6^{n-1} 互素，所以 $6^{n-1} \mid (n-6)$. 又 $n > 1$，$|n-6| < 6^{n-1}$，故只能 $n=6$，从而 $m=36$. 即运动会共开了 6 天，共发了 36 个奖牌.

【点评】　本题还可从第 k 天后剩下的奖牌数来分析，建立递推关系. 即设 k 天后剩下的奖牌为 u_k 个，记 $u_0 = m$，则

$$u_k = \frac{6}{7}u_{k-1} - \frac{6}{7}k,$$

进而可求解.

【例 3.7.12】　求证：朱世杰恒等式

$$\sum_{k=0}^{r} C_{n+k}^n = C_{n+r+1}^r. \tag{3.7.15}$$

分析　欲证此式，若从形式推导，只要由

$$C_{n+r+1}^r = C_{n+r}^r + C_{n+1}^{r-1} = C_{n+r}^r + C_{n+r-1}^{r-1} + C_{n+r-1}^{r-2} = \cdots$$

多次运用公式(3.7.4)即可. 也可对 r 用数学归纳法证或利用递推方法证. 下面给出另外几种证法.

证法 1　考查恒等式

$$(1+x)^n + (1+x)^{n+1} + \cdots + (1+x)^{n+r} = \frac{(1+x)^{n+r-1} - (1+x)^n}{x},$$

比较上式两端展开式中 x^n 项的系数即得.

证法 2　从组合角度来看，(3.7.15)式右端表示从 $n+r+1$ 个元素 a_1，a_2，$\cdots$，a_{n+r+1} 中选 r 个的组合数，它可分成 a_1 必淘汰和 a_1 必选中两大类：a_1 必淘汰，则从其余 $n+r$ 个之中选 r 个，共 C_{n+r}^r 种选法；如 a_1 必选中，再按 a_2 选中与否分成两个类：如 a_1 选中条件下 a_2 淘汰，则从剩下的 $n+r-1$ 个之中选 $r-1$，共 C_{n+r-1}^{r-1} 种选法；如 a_1 选中条件下 a_2 又选中，再按 a_3 选中与否

分成两个子类：a_3 淘汰，则共有 C_{n+r-2}^{r-2} 种选法，a_3 选上，则按 a_4 选中与否分类，$\cdots$，如此推理，一直到 a_1，a_2，$\cdots$，a_r 选中而 a_{r+1} 淘汰，共有 C_n^0 种选法．可见共有 $C_{n+r}^r + C_{n+r-1}^{r-1} + \cdots + C_{n+1}^1 + C_n^0$ 种选法．故(3.7.15)式成立．

证法 3　借助于可重组合数 P_n^r．

构造如下可重组合模型：国家委托某大学组建一支 r 名成员的专家攻关组，连同该大学可从 $n+2$ 个单位量才选取，每单位名额不限，择优组建(可重组合)．相当于从 $n+2$ 个元素 a_1，a_2，$\cdots$，a_{n+2} 中可重选 r 个，显然共有 C_{n+r+1}^r 种组建方式．另外，从该大学来看，有下述各种可能：

本大学没有人选上，相当于其余 $n+1$ 个单位可重选 r 名，共 C_{n+r}^r 种；

本大学选上 1 名，相当于其余 $n+1$ 个单位可重选 $r-1$ 名，共 C_{n+r-1}^{r-1} 种；

本大学选上 2 名，相当于其余 $n+1$ 个单位可重选出 $r-2$ 名，共 C_{n+r-2}^{r-2} 种；

$\cdots\cdots$

本大学恰选上 r 名，相当于其余 $n+1$ 个单位可重选出 0 名，共 C_n^0 种．再由加法原理即推得式(3.7.15)．

【点评】　证法 1 是通过比较展开式的系数得到式(3.7.15)．证法 2、证法 3 则是使用组合分析的方法，说明等式两端都是对同一组合问题的计数．在这里构造恒等式、构造组合模型都是企图对某一个量找到两种不同的计算方法，以产生所需的恒等式．这种"算两次"的手法，值得我们细细体味．

【例3.7.13】　对任何自然数 n，求证：

$$\sum_{k=0}^n C_n^k 2^k C_{n-k}^{\left[\frac{n-k}{2}\right]} = C_{2n+1}^n, \tag{3.7.16}$$

式中，$C_0^0 = 1$，$\left[\dfrac{n-k}{2}\right]$ 表示 $\dfrac{n-k}{2}$ 的整数部分．

证明　一方面，考虑母函数 $(x+1)^{2n}$，它的 x^n 及 x^{n-1} 的系数和为

$$C_{2n}^n + C_{2n}^{n-1} = C_{2n+1}^n.$$

另一方面

$$(x+1)^{2n} = (x^2+2x+1)^n$$

$$= \sum_{i+j+k=n} \frac{n!}{i!\,j!\,k!}(x^2)^i(2x)^j$$

$$= \sum_{0 \leq i+j \leq n} \frac{n!}{i!\,j!\,(n-i-j)!}(2^j)x^{2i+j}.$$

这里 i，j，k 为非负整数，上式右端 x^n 及 x^{n-1} 的系数之和是

$$\sum_{\substack{0\le i+j\le n\\2i+j=n}}\frac{n!}{i!\,j!\,(n-i-j)!}2^j+\sum_{\substack{0\le i+j\le n\\2i+j=n-1}}\frac{n!}{i!\,j!\,(n-i-j)!}2^j$$

$$=\sum_{0\le i+(n-2i)\le n}\frac{n!}{i!\,(n-2i)!\,i!}2^{n-2i}+\sum_{0\le i+(n-1-2i)\le n}\frac{n!}{i!\,(n-1-2i)!\,(i+1)!}2^{n-2i-1}$$

$$=\sum_{i=0}^{\left[\frac{n}{2}\right]}C_n^{2i}C_{2i}^i 2^{n-2i}+\sum_{i=0}^{\left[\frac{n-1}{2}\right]}C_n^{2i+1}C_{2i+1}^i 2^{n-2i-1}$$

$$=\sum_{\substack{k=0\\k\text{取偶数}}}C_n^k 2^{n-k}C_k^{\left[\frac{k}{2}\right]}+\sum_{\substack{k=1\\k\text{取奇数}}}C_n^k 2^{n-k}C_k^{\left[\frac{k}{2}\right]}$$

$$=\sum_{k=0}^{n}C_n^k 2^{n-k}C_k^{\left[\frac{k}{2}\right]}.$$

在上式右端，令 $n-k=s$，则有

$$\sum_{k=0}^{n}C_n^k 2^{n-k}C_k^{\left[\frac{k}{2}\right]}$$

$$=\sum_{s=0}^{n}C_n^{n-s}2^s C_{n-s}^{\left[\frac{n-s}{2}\right]}$$

$$=\sum_{k=0}^{n}C_n^k 2^k C_{n-k}^{\left[\frac{n-k}{2}\right]}.$$

从而得到了所要证明的恒等式(3.7.16).

需要强调指出的是，应用组合分析不仅可以论证组合恒等式，而且还可以证明与组合有关的不等式.

【例 3.7.14】　对 $n\ge 2$ 求证：

$$2^n < C_{2n}^n < 4^n. \tag{3.7.17}$$

证明　构造集合 $A=\{a_1,\ a_2,\ \cdots,\ a_n,\ a_{n+1},\ \cdots,\ a_{2n}\}$，则 C_{2n}^n 表示从 A 中取 n 个元素的组合数，即由 n 个元素组成的 A 的真子集有 C_{2n}^n 个，而 A 的所有子集数是

$$C_{2n}^0+C_{2n}^1+C_{2n}^2+\cdots+C_{2n}^{2n}=2^{2n}=4^n\ 个,$$

故有 $C_{2n}^n < 4^n$.

又设集合

$$B_1=(a_1,\ a_2,\ \cdots,\ a_n),\ B_2=(a_{n+1},\ a_{n+2},\ \cdots,\ a_{2n}).$$

对于集合 B_1 的一个子集，设其有 r 个元素，若 $r<n$，则从集合 B_2 中任取 $n-r$ 个元素；再连同取出 B_1 的全部元素，这种取法实际上是从集合 A 中取出 n 个元素的一种方式. 注意，若 $1\le r<n$，则从集合 B_2 中取出 $n-r$ 个元素的方式不是唯一的. 因此，集合 B_1 的全部子集数少于从集合 A 中取出 n 个元素组成的子集数，即 $2^n < C_{2n}^n$，故不等式 (3.7.17) 成立.

【例 3.7.15】　设 A 是一个有 n 个元素的集合，A 的 m 个子集 A_1，A_2，

…, A_m 两两互不包含, 求证:

$$\sum_{i=1}^{n} \frac{1}{C_n^{|A_i|}} \leq 1. \tag{3.7.18}$$

证明　由 $\dfrac{1}{C_n^{|A_i|}} = \dfrac{|A_i|!\,(n-|A_i|)!}{n!}$ 知, 欲证不等式 (3.7.18), 只需证下面的不等式:

$$\sum_{i=1}^{n} |A_i|!\,(n-|A_i|)! \leq n!.$$

给定 A_i, 利用 A_i 构造 A 的一些 n 元排列如下:

前 $|A_i|$ 个位置取 A_i 的元素, 后 $(n-|A_i|)$ 个位置取 $\bar{A}_i$ (A_i 在 A 中的补集) 的元素, 即形如下面的一些排列:

$$x_1,\ x_2,\ \cdots,\ x_{|A_i|};\ y_1,\ y_2,\ \cdots,\ y_{n-|A_i|}.$$

式中, $x_k \in A_i (k=1,\ 2,\ \cdots,\ |A_i|)$, $y_r \in \bar{A}_i$, $(r=1,\ 2,\ \cdots,\ n-|A_i|)$. 这样的排列数是 $|A_i|!\,(n-|A_i|)!$.

我们证明, 当 $j \neq i$ 时, A_j 所对应的上述规定的一些排列与 A_i 所对应的排列均不相同. 事实上, 若 A_j 所对应的一个排列

$$x'_1,\ x'_2,\ \cdots,\ x'_{|A_j|};\ y'_1,\ y'_2,\ \cdots,\ y'_{n-|A_j|}$$

与 A_i 所对应的一个排列相同, 则当 $|A_j| \leq |A_i|$ 时, 有 $A_j \subseteq A_i$; 当 $|A_j| > |A_i|$ 时, 有 $A_i \subseteq A_j$, 这均与 $A_1 A_2,\ \cdots,\ A_m$ 两两互不包含矛盾.

由于 $A_i (i=1,\ 2,\ \cdots,\ m)$ 所对应的排列均不相同, 而 A 的 n 个元素排列总数为 $n!$, 所以不等式 (3.7.18) 成立.

【点评】　本题是 1993 年全国高中数学联赛试题, 它取自著名的 Sperner 定理:

设 Z 为 n 元集, $A_1,\ A_2,\ \cdots,\ A_m$ 为 Z 的子集, 互不包含, 则 m 的最大值为 $C_n^{\left[\frac{n}{2}\right]}$.

【例 3.7.16】　一副牌有 $2n+1$ 张, 其中一张"王", $1,\ 2,\ \cdots,\ n$ 各两张. 把这 $2n+1$ 张牌排成一行, 使得王在中间, 且对每个 k, $1 \leq k \leq n$, 两个 k 之间恰有 $k-1$ 张牌, 当 $n \leq 10$ 时, 对怎样的 n, 上述安排是可能的? 对怎样的 n, 上述安排是不可能的?

解　先找必要条件. 我们把 $2n+1$ 个位置从左到右依次记为第 1 号位, 第 2 号位, $\cdots$, 第 $2n+1$ 号位.

对每个 k, $1 \leq k \leq n$, 设左边的那个 k 位于第 a_k 号位, 右边的 k 位于 b_k 号位. 由于两个 k 之间有 $k-1$ 张牌, 所以

$$b_k = a_k + k.$$

即

$$(a_k + b_k) - 2a_k = k.$$

对 k 从 1 到 n 求和，得

$$\sum_{k=1}^{n} (a_k + b_k) - 2\sum_{k=1}^{n} a_k = \sum_{k=1}^{n} k. \tag{3.7.19}$$

由于 $\sum_{k=1}^{n} (a_k + b_k)$ 是除了第 $n+1$ 号位（王所位于的位置）以外的所有位号之和，因此

$$\sum_{k=1}^{n} (a_k + b_k) = (1 + 2 + \cdots + 2n + 1) - (n+1) = 2n(n+1).$$

由 (3.7.19) 式得

$$2\sum_{k=1}^{n} a_k = 2n(n+1) - \frac{1}{2}n(n+1) = \frac{3n(n+1)}{2},$$

即 $\dfrac{3n(n+1)}{2}$ 是偶数.

当 $n \leq 10$ 时，只有 $n = 3$，4，7，8 时，$\dfrac{3n(n+1)}{2}$ 才是偶数. 所以，当 $n = 3$，4，7，8 时，满足题设要求的安排是可能的，具体例子如下：

$n = 3$ 时，　　排法：　　113 王 232，

$n = 4$ 时，　　排法：　　1134 王 3242，

$n = 7$ 时，　　排法：　　1136734 王 5647252，

$n = 8$ 时，　　排法：　　58411547 王 86232736.

当 $n = 1$，2，5，6，9，10 时，满足题设要求的安排不可能.

【点评】　　本题类似于我国首届数学冬令营的第 5 题（题 4.2.68），是在题 4.98 的一般情形的条件中添加了一个元素"王"后生成的. 值得指出的是，尽管在 $n \leq 10$ 时，两题可能排出的 n 都是 3，4，7，8. 但具体的排法却差异很大，请读者加以比较.

【例 3.7.17】　　证明：集合 $\{1, 2, \cdots, 1991, 1992\}$ 中存在一个由 1593 个元素组成的子集，其中没有一个元素是另一个的 4 倍.

证明　　构造证明如下：

因 $1992 \div 4 = 498$，故任何一个大于 498 的整数与 4 的乘积都大于 1992，记 $A_1 = \{499, 500, \cdots, 1992\}$，$|A_1| = 1494$；

$498 \div 4 = 124\cdots2$，记 $A_2 = \{125, 126, \cdots, 498\}$，$|A_2| = 374$，且每个元素的 4 倍都是 A_1 的元素；

$124 \div 4 = 31$，记 $A_3 = \{32, 33, \cdots, 124\}$，$|A_3| = 93$，且每个元素的 4 倍都

是 A_2 的元素;

31÷4=7…3, 记 $A_4=\{8,9,\cdots,31\}$, $|A_4|=24$, 且每个元素的 4 倍都是 A_3 的元素;

7÷4=1…3, 记 $A_5=\{2,3,\cdots,7\}$. $|A_5|=6$, 且每个元素的 4 倍都是 A_4 的元素;

记 $A_6=\{1\}$, 为单元素集, 1 的 4 倍即 4 为 A_5 的元素.

这样一来, $(A_1,A_2,\cdots,A_6)$ 是集合 $\{1,2,\cdots,1992\}$ 的一个分划, 且

$$\{4a\mid a\in A_{i+1}\}\subset A_i,\ i=1,2,3,4,5,$$

令 $A=A_1\cup A_3\cup A_5$, $|A|=1593$, 则 A 即为所求.

【点评】 论证集合分划的存在性问题的常用方法仍然是: 构造法、分类思想、奇偶分析、极端原理、反证法、抽屉原理和数学归纳法.

【例 3.7.18】 给定集合

$$S=\{Z_1,Z_2,\cdots,Z_n\}.$$

式中, $Z_1,Z_2,\cdots,Z_n$ 是非零复数(可看作平面上的非零向量). 求证: 可以把 S 中的元素分成若干组, 使得

(1) S 的每一个元素属于且仅属于其中一组;

(2) 每一组中任一复数与该组所有复数之和的夹角不超过 90°;

(3) 将任意两组中的复数分别求和, 所得的和数之间的夹角大于 90°.

证法 1 对 S 的任何非空子集, 我们将其中所有复数之和的模称为该子集的和模. 在 S 的所有非空子集中(仅有有限个), 选择和模最大的一个非空子集记为 A_1, 并以 a_1 记 A_1 中的所有复数之和.

可以证明 A_1 中任何复数与 a_1 的夹角均不超过 90°. 若不然, 某个 $Z\in A_1$ 与 a_1 的夹角大于 90°, 则 $-Z$ 与 a_1 的夹角小于 90°, 于是

$$|a_1+(-Z)|>|a_1|,$$

但 $|a_1+(-Z)|$ 是 $A_1\setminus\{Z\}$ 的和模, 与 A_1 的选择矛盾.

若有 $A_1=S$, 则结论得证. 否则对集合 $S\setminus A_1$ 进行与 S 同样的处理, 得 A_2, 并以 a_2 记 A_2 的所有复数之和. 同理可证 A_2 中任一复数与 a_2 之夹角不超过 90°. 下证 a_1 和 a_2 的夹角大于 90°.

事实上, 若 a_1 和 a_2 的夹角不超过 90°, 则有 $|a_1+a_2|>|a_1|$, 这与 $|a_1|$ 的选取矛盾.

若有 $S=A_1\cup A_2$, 则结论得证. 否则可以用同样的方法得 A_3 及其所有复数之和 a_3. 同理可证 A_3 中任一复数与 a_3 的夹角不超过 90°, 且 a_3 与 a_1, a_3 与 a_2 的夹角均大于 90°.

这时，有结论 $S=A_1\cup A_2\cup A_3$. 否则，用同样的方法可得 A_4 及 a_4，使得 a_1，a_2，a_3，a_4 成为平面上两两夹角均大于 $90°$ 的 4 个非零复数，这是不可能的.

证法 2 将 $S=\{Z_1,Z_2,\cdots,Z_n\}$ 任意分为三组（允许有一组或两组为空集），满足题述要求（1）.

设三组的向量和分别为 S_1，S_2，S_3. 考虑 $|S_1|^2+|S_2|^2+|S_3|^2$，由于分组的方法仅有有限种，所以 $|S_1|^2+|S_2|^2+|S_3|^2$ 必有最大值.

设 $|S_1|^2+|S_2|^2+|S_3|^2$ 达到最大值，我们来证明这样的分组符合要求（2）、（3）.

为此，引入数量积，即定义向量 a，b 的数量积为

$$a\cdot b=|a|\cdot|b|\cos\alpha,$$

式中，α 是 a，b 的夹角.

易知 $|a|^2=a\cdot a=a^2$ 当且仅当 a，b 之间的夹角为钝角时，$a\cdot b<0$. 此外 $a\cdot(b+c)=a\cdot b+a\cdot c$，即分配律成立.

如果 S_1 与 S_2 之间的夹角不大于 $90°$，那么 $S_1\cdot S_2\geqslant 0$. 从而 $S_1^2+S_2^2\leqslant S_1^2+S_2^2+2S_1\cdot S_2=(S_1+S_2)^2$. 即我们可将第一、二组并为一组，而 $S_1^2+S_2^2+S_3^2$ 不减少，所以可设（3）成立.

如果（2）、（3）不成立，不妨设第一组中 Z_1 与 S_1 的夹角为钝角，即 $Z_1\cdot S_1<0$. 由于 4 个钝角之和大于 $360°$. 所以 Z_1 必与 S_2 或 S_3 的夹角不为钝角. 设 $Z_1\cdot S_3\geqslant 0$，则将 Z_1 并入第三组，这时

$$(S_1-Z_1)^2+(S_3+Z_1)^2$$
$$=S_1^2+S_3^2-2Z_1\cdot S_1+2Z_1\cdot S_3+2Z_1^2$$
$$>S_1^2+S_3^2,$$

与 $S_1^2+S_2^2+S_3^2$ 最大矛盾（以上证明在第二、三组中有空集时仍然有效）. 所以（2）成立.

【点评】 上述两种证法都是利用极端情形，构造出满足要求的分划，在论证的过程中多次用到反证法.

【例 3.7.19】 对于给定的正整数 k，求具有以下性质的最小正整数 n，使得对任给的 n 个整数，必然能从中找出两个数，这两个数的和或差被 $2k+1$ 整除.

证明 显然 n 依赖于 k，n 是 k 的函数. 我们知道，两个数之差被 $2k+1$ 整除时，这两个数对 $2k+1$ 同余. 由此启发我们考查整数被 $2k+1$ 除所得余数的集合（共 $2k+1$ 个元素）

$$M=\{0,1,2,\cdots,2k-1,2k\}.$$

由抽屉原理知，任取 $2k + 2$ 个整数，其中必存在两个数，它们对 $2k + 1$ 同余，这时它们的差可被 $2k + 1$ 整除，因此 $n \leqslant 2k + 2$.

注意，我们还没有用到"两个数的和被 $2k + 1$ 整除"这一条件，看来 $2k + 2$ 大了. 如果两个数中，一个数被 $2k + 1$ 除余数为 $2k$，另一个余 1，则它们的和可被 $2k + 1$ 整除. 同理，两个数中，一个数被 $2k + 1$ 除余数为 $2k - 1$，另一个余数为 2，它们的和也能被 $2k + 1$ 整除，由此启发我们把 M 分划为如下 $k + 1$ 个子集：

$$M = \{0\} \cup \{1, 2k\} \cup \{2, 2k - 1\} \cup \cdots \cup \{k, k + 1\}.$$

容易看出，任取 $k + 2$ 个整数，如果它们被 $2k + 1$ 除所得的余数都不相同，则其中至少有两个落入 $\{0\}$，$\{1, 2k\}$，$\{2, 2k - 1\}$，$\cdots$，$\{k, k + 1\}$ 中的一个集合内，当然不会落入 $\{0\}$ 内. 这样的和被 $2k + 1$ 整除. 如果它们被 $2k + 1$ 除所得的余数中有两个相同，那么这两个相同余数对应的两个整数之差可被 $2k + 1$ 整除，由此可见 $n \leqslant k + 2$.

$k + 2$ 能否减小，首先应当考虑 $k + 1$ 是否具有题目所说的性质：（给定的正整数 k）对于任意 $k + 1$ 个整数，必能从中找出两个数，这两个数的和或差可以被 $2k + 1$ 整除. 考虑下述 $k + 1$ 个数：$\{k + 1, k + 2, \cdots, 2k + 1\}$，其中任两个数的差值在 1，$k$ 之间，因此任两个数之差不能被 $2k + 1$ 整除. 任两个数的和在 $2k + 3$，$4k + 1$ 之间，也不能被 $2k + 1$ 整除. 这表明，存在 $k + 1$ 个数，不具有题目中所说的性质. 故 $n = k + 2$.

【点评】　为了得到最小的(确界) n，必须指出 $k + 1$ 不具备题目中所述的性质. 为此，构造出适当的 $k + 1$ 个数，它们不具备题述性质，这说明 $n \geqslant k + 2$.

本题也可以颠倒一下叙述方式：首先取 $k + 1$ 个数，它们不具备题述性质，这说明 $n \geqslant k + 2$. 然后论证 $k + 2$ 具备题述性质.

【例 3. 7. 20】　试卷上共有 4 道选择题，每题有 3 个可供选择的答案. 一群学生参加考试，结果是对于其中任何 3 人，都有一个题目的答案互不相同. 问参加考试的学生最多有多少人？

解　设每题的三个选择支为 a，b，c，如果参加考试的学生有 10 人，则由第二抽屉原理知，第一题答案分别为 a，b，c 的三组学生中，必有一组不超过 3 人，去掉这组学生，余下的学生中定出 7 人，则他们对第一题的答案只有两种；对于这 7 人关于第二题应用第二抽屉原理知其中必可选出 5 人，他们关于前两题的答案都只有两种可能；对于这 5 人关于第三题应用第二抽屉原理，又知可选出 4 人，他们关于前三题的答案都只有两种；最后，对于这 4 个人关于第四题应用第二抽屉原理，知必可选出 3 人，他们关于 4 个题目的答案，都只有两种，这不满足题中的要求. 可见，所求的最多人数不超过 9，另外，如果 9 个人的答案如表 3-7-1 所示，则每 3 人都至少有一个问题的答案互不相同.

表 3-7-1

人 题	1	2	3	4	5	6	7	8	9
1	a	a	a	b	b	b	c	c	c
2	a	b	c	a	b	c	a	b	c
3	a	b	c	c	a	b	b	c	a
4	a	b	c	b	c	a	c	a	b

故所求人数最多为 9.

【点评】 要求某个离散量的最值，先估计该量的上界或下界，然后再构造实例或通过论证说明这个界是能够达到的，这是解决组合优化问题的有效方法之一.

【例 3.7.21】 求证：在二染色的 K_6 中，总存在两个同色的三角形.

证法 1 我们从已知结论"二染色 K_6 中一定存在同色三角形"出发，再去寻找另一个同色三角形.

设 K_6 的 6 个顶点为 A_1，A_2，$\cdots$，A_6，在二染色 K_6 中必存在同色三角形，不妨设 $\triangle A_1 A_2 A_3$ 是红色三角形. 现在考虑 $\triangle A_4 A_5 A_6$ 的三条边，分两种情况：

（1）$\triangle A_4 A_5 A_6$ 为同色三角形，结论成立；

（2）否则，$\triangle A_4 A_5 A_6$ 的三边中至少有一条蓝边，不妨设 $A_4 A_5$ 为蓝边. 对于边 $A_4 A_1$，$A_4 A_2$，$A_4 A_3$，如果其中有两条红边，那么又出现了一个红色三角形；如果其中有两条蓝边，不妨设 $A_4 A_1$，$A_4 A_2$ 为蓝边；这时 $A_5 A_1$，$A_5 A_2$ 中若有一条是蓝边，则存在一个蓝色三角形；若 $A_5 A_1$，$A_5 A_2$ 都是红边，那么 $\triangle A_5 A_1 A_2$ 为红色三角形. 综合（1）、（2）知，二染色 K_6 中总存在两个同色三角形.

证法 2 应用天津市南开大学李成章老师的"同色角方法".

在二染色 K_6 中，每个点要引出 5 条边，不难算得以每个点为角的顶点，均可至少作出 4 个两边同色的角(以下简称"同色角")，6 个点就是 24 个同色角. 每个同色三角形拥有 3 个同色角，非同色三角形拥有 1 个同色角. 而 K_6 中一共有 20 个三角形，因此必然存在至少 2 个同色三角形. 当然，这个方法可以推广到更大的二染色图.

【点评】 下面两个图形(实线表示染红边、虚线表示染蓝边)在构造反例中很常用：图 3-7-1（两个同色三角形无公共边）、图 3-7-2（两个同色三角形有公共边）.

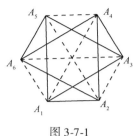
图 3-7-1

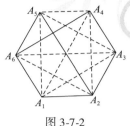
图 3-7-2

【**例 3. 7. 22**】 　求最小正整数 n ，使得任何 n 个无理数中，总有 3 个数，其中每两个数之和都仍是无理数.

解 　显然， $\{\sqrt{2}$ ， $\sqrt{2}$ ， $-\sqrt{2}$ ， $-\sqrt{2}\}$ 这 4 个无理数中的任何 3 个数中都含有一对相反数，两者之和为 0. 不是无理数，不满足要求，故 $n \geqslant 5$.

设 x ， y ， z ， u ， v 是 5 个无理数，我们用 5 个点来代表它们，若两数之和为有理数，则在相应两点间连一条红线，否则连一条蓝线，于是得到一个二染色的 K_5 .

如果二染色的 K_5 中有一个红三角形，则它的顶点所对应的三个数中两两之和均为有理数. 不妨设 $x + y$ ， $y + z$ ， $z + x$ 都是有理数，则

$$x = \frac{1}{2}\big[(x + y) + (z + x) - (y + z)\big]$$

为有理数，矛盾. 可见，这两个染色的 K_5 中不能有红三角形.

下证必有同色三角形. 若不然，由本章概念定理 22 ）知， K_5 中有一个红圈，则它的顶点所对应的 5 个数中两两之和均为有理数. 不妨设 $x + y$ ， $y + z$ ， $z + u$ ， $u + v$ ， $v + x$ 为有理数，则

$$x = \frac{1}{2}\big[(x + y) - (y + z) + (z + u) - (u + v) + (v + x)\big]$$

为有理数，矛盾. 既然没有红三角形，则这个同色三角形必为蓝三角形，这意味着其顶点所对应的三个无理数，两两之和仍为无理数.

综上所述，最小的正整数 $n = 5$.

【**例 3. 7. 23**】 　给定空间中的 9 个点，其中任何 4 点都不共面. 在每一对点之间都连有一条线段，这些线段可染为蓝色或红色，也可不染色. 试求出最小的 n 值，使得将其中任意 n 条线段中的每一条任意地染为红蓝二色之一，在这 n 条线段的集合中都必然包含有一个各边同色的三角形.

解 　首先由本章概念定理 22 ）知，对二染色的图 K_5 ，存在一种染色方法，使得染色后的 K_5 中没有同色三角形. 如图 3-7-3 所示，虚、实线分别表

示两种颜色的边.

如图 3-7-4 所示,构造一个 9 点图,这个图的顶点编号为 1,2,…,9,其中边 $\{1,3\}$,$\{1,4\}$,$\{2,3\}$,$\{2,4\}$ 染成红色(实线),顶点 1 与 2 之间没有边连接,显然此图共有 $C_9^2 - 4 = 32$ 条边,且不存在同色三角形,所以 $n \geqslant 33$.

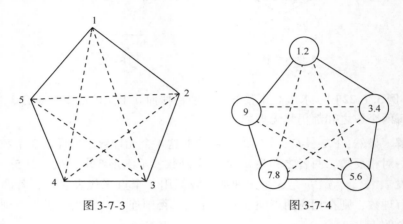

图 3-7-3　　　　　　　　　　　　　图 3-7-4

另外,设染色的线段至少有 33 条,则由于线段共有 $C_9^2 = 36$ 条,不染色的线段至多 3 条.

若点 v_1 引出不染色的线段,则去掉 v_1 及所引出的线段;若剩下的图中还有 v_2 引出的不染色的线段. 则去掉 v_2 及所引出的线段. 依次进行,由于不染色的线段至多有 3 条,所以至多去掉 3 个顶点(及从它们引出的线段),这时至少剩下 6 个点,每两点之间的连线染上红色或蓝色,必存在一个同色三角形.

综上所述,n 的最小值为 33.

【例 3.7.24】　凸 n 边形 P 中的每条边和每条对角线都被染为 n 种颜色中的一种颜色,问:对怎样的 n,存在一种染色方式,使得对于这 n 种颜色中的任何 3 种不同颜色,都能找到一个三角形,其顶点为多边形 P 的顶点,且它的 3 条边分别被染为这 3 种颜色?

分析　成功地解出此问题有两个关键,其一是对较小的整数 n 进行试验,以猜测一般结论;其二则是发现以 P 的顶点为顶点的三角形个数恰好等于在 n 种颜色中选取 3 种不同颜色的方法数(都是 C_n^3). 弄清楚了这两件事,本题即可迎刃而解.

解　当 $n \geqslant 3$ 为奇数时,存在合乎要求的染法;当 n 为偶数,不存在所述的染法.

每 3 个顶点形成一个三角形,三角形的个数为 C_n^3 个,而颜色的三三搭

配也刚好有 C_n^3 种，所以本题相当于要求不同的三角形对应于不同的颜色组合，即形成一一对应. 以下将多边形的边与对角线都称为线段.

对于每一种颜色，其余的颜色形成 C_{n-1}^2 种搭配，所以每种颜色的线段（边或对角线）都应出现在 C_{n-1}^2 个三角形中，而每一条线段都是 $n-2$ 个三角形的边，所以在合乎要求的染法中，每种颜色的线段都应当有

$$\frac{C_{n-1}^2}{n-2} = \frac{n-1}{2}$$

条. 当 n 为偶数时，$\dfrac{n-1}{2}$ 不是整数，所以不可能存在合乎条件的染法. 下设 n 为奇数，我们给出一种染法，并证明它满足题中条件. 自某个顶点开始，按顺时针方向将凸 n 边形的各个顶点依次记为 $A_1, A_2, \cdots, A_n$. 对于 $i \notin \{1, 2, \cdots, n\}$，按 $\bmod n$ 理解顶点 A_i，再将 n 种颜色分别记为颜色 1，2，$\cdots$，n.

下面，将线段 $A_i A_j$ 染成颜色 k，当且仅当 $i + j \equiv 2k \pmod n$. 由于 n 为奇数，2，4，6，$\cdots$，$2n$ 也为一个模 n 的完全剩余系，因此每条线段恰被染了一种颜色. 而对于三种不同的颜色 i，j，k，由 $i + j - k \equiv j + k - i \pmod{n} \Rightarrow i \equiv k \pmod{n}$ 及 $(i + j - k) + (j + k - i) = 2j$，以及对称的结论知三角形 $A_{i+j-k} A_{j+k-i} A_{k+i-j}$ 的三边就恰好被染为这三种颜色，因此这样的染色方式满足题目要求.

【点评】　对于这个组合题只要把握住了几个关键点，就可以完成题目的解答. 本题也是一个考查考生基本功的基础题.

【例 3.7.25】　有一个 9×2004 的方格表，在它的方格里边把正整数 $1 \sim 2004$ 各填 9 次，且在每一列中所填的数之差都不大于 3. 试求第一行数的和的最小可能值.

解　$C_{2003}^2 + 1 = 2005004$.

考查 $9 \times n$ 的方格表，在它的方格里边把正整数 1 到 n 各填 9 次，且在每一列中所填的数之差都不大于 3. 我们用数学归纳法证明：第一行数的和不小于 $C_{n-1}^2 + 1$.

当 $n \leqslant 4$ 时，结论显然. 因为每个方格中的数都不小于 1，且当 $n \leqslant 4$ 时，有 $n \geqslant C_{n-1}^2 + 1$.

接下来作归纳过渡. 如有必要，可以通过调整列的顺序，使得第一行中的数按非降顺序排列. 故可假设第一行中的数已经按非降顺序排列. 以 S_i 表示第一行中不小于 i 的数的个数，并令 $D_i = n - S_i$. 于是，$S_1 = n$，$D_1 = 0$，且第一行数的和等于 $S = S_1 + S_2 + \cdots S_n$. 改写上式，可得

$$S = (n - D_1) + (n - D_2) + \cdots + (n - D_n) \geqslant n(n-3) - (D_1 + D_2 + \cdots + D_n).$$

如果对任意 $i \leqslant n - 3$，都有 $D_i \leqslant i + 1$，则有

$$S \geqslant n(n-3) - [0 + 3 + 4 + \cdots + (n-2)] = \frac{n^2 - 3n + 4}{2},$$

即为所证.

假设存在某个 $k \leqslant n-3$，使得 $D_k \geqslant k+2$. 此时必有 $k \geqslant 2$，则 $k+2 \geqslant 4$. 由于第一行中至少有 $k+2$ 个数小于 k，则该表中的前 $k+2$ 列中的数都不超过 $k+2$. 这表明，所有这样的数全都在前 $k+2$ 列中，因此，后面各列中的数都不小于 $k+3$. 现在将整个表分成两部分：前 $k+2$ 列为第一部分，其余的为第二部分. 由于 $n-1 \geqslant k+2 \geqslant 4$，所以，第一部分中第一行数的和不小于 $C_{k+1}^2 + 1$. 如果将第二部分中的每个数都减去 $k+2$，则得到一个具有 $n-(k+2) \geqslant 1$ 列的满足题意的方格表. 于是，由归纳假设知，它的第一行数的和不小于 $(k+2)(n-k-2) + C_{n-k-1}^2 + 1$. 将上述两个估计值相加，即得 $S \geqslant C_{k+1}^2 + 1 + (k+2)(n-k-2) + C_{n-k-1}^2 + 1 = C_{n-1}^2 + 3$. 我们再给出一个可以达到最小可能值的例子(表 3-7-2).

表 3-7-2

1	1	1	2	3	4	⋯	k	⋯	1998	1999	2000	2001	2001
1	2	3	4	5	6	⋯	$k+2$	⋯	2000	2001	2002	2003	2004
1	2	3	4	5	6	⋯	$k+2$	⋯	2000	2001	2002	2003	2004
1	2	3	4	5	6	⋯	$k+2$	⋯	2000	2001	2002	2003	2004
1	2	3	4	5	6	⋯	$k+2$	⋯	2000	2001	2002	2003	2004
1	2	3	4	5	6	⋯	$k+2$	⋯	2000	2001	2002	2003	2004
1	2	3	4	5	6	⋯	$k+2$	⋯	2000	2001	2002	2003	2004
2	3	4	5	6	7	⋯	$k+3$	⋯	2001	2002	2003	2003	2004
2	3	4	5	6	7	⋯	$k+3$	⋯	2001	2002	2003	2004	2004

【例 3.7.26】　在一次数学竞赛活动中，有一些参赛选手是朋友. 朋友关系是相互的. 如果一群参赛选手中的任何两人都是朋友，我们就称这一群选手为一个"团"(特别地，人数少于 2 的一个群也是一个团).

已知在这次竞赛中，最大的团(人数最多的团)的人数是一个偶数. 证明：我们总能把参赛选手分配到两个教室，使得一个教室中的最大团人数等于另一个教室中最大团的人数.

分析　这是一道纯粹的图论题目，其中的"团"的概念是中学生不曾接触过或者涉足未深的. 而且，这道题其实只有一个条件，要推一个结论，大大加深了此题的难度. 通过仔细分析，我们发现，题目条件很不好利用，而结论也很弱．应当使用反证法，假设不能把参赛选手分配到两个教室，使得一个教室中的最大团人数等于另一个教室中最大团的人数，看看能得出什么矛盾．

证明　首先假设结论不成立．那么当我们把这些人任意分成两组后，两组各自最大团数都不相同．如果我们考虑先将所有人放入同一组，然后一个一个地移动到另一组．那么在移动的途中，必然存在某个时刻，两边的最大团大小差 1，然后下个时刻，两边的最大团的大小颠倒．令 A 为全体学生的集合．A 的一个划分 $A=P\cup Q$，（其中 P，Q 不交）称为次优的，如果说 P 和 Q 中最大团的成员数相差 1．下面我们要先证明，存在一个正整数 k，使得 A 的任意"次优"的划分，其两个部分中的最大团的成员数都是 k 和 $k+1$.

假设并不是如此，比如其中一个次优划分 $P\cup Q$ 的最大团成员数分别是 k 和 $k+1$，而另一个次优划分 $R\cup S$ 的最大团成员数分别是 l 和 $l+1(l>k)$．我们令 P 最大团成员数是 $k+1$，给 P 中所有人发一顶红帽子，给 Q 中所有人发一顶黄帽子．现在我们按照 R 和 S 来划分，假设 R 最大团成员数是 $l+1$，我们将致力于把 R 集合变成 P 集合，把 S 集合变成 Q 集合．现在如果 R 集合有戴黄帽子的，则移动一个至 S 集合，这时新的 R 和 S 最大团成员数依然只能是 l 和 $l+1$，只是不知道哪个是 l 哪个是 $l+1$．总之，每次如果 R 最大团成员数是 $l+1$，则移动 R 中一个黄帽子；如果 S 最大团成员数是 $l+1$，则移动 S 中一个红帽子．如果继续移动下去可以将 R 和 S 变成 P 和 Q，则已经有 $k=l$．若不然，则一定是有一个集合中已经全是同一色的帽子，而且轮到该集合移动成员，无法移动．但是这样就出现了矛盾．因为同一色帽子中最大团成员数最多是 $k+1$，而需要移动成员的集合需要 $l+1$ 个两两认识的人．综上 A 的任意"次优"的划分其两个部分中最大团成员数都是 k 和 $k+1$.

下面我们要证明，对于 A 的任意划分 M 和 N，M 和 N 中都有一个，其最大团成员数不小于 $k+1$，另一个最大团成员数不多于 k．如若不然，假设 M 最大团成员数比 N 的多．则从 M 中一个一个移动成员至 N，直到两集合最大团成员数相差 1 为止．如果之前不是一个不小于 $k+1$ 一个不大于 k，那么最后变成的"次优"划分的最大团成员数将不是 k 和 $k+1$.

从现在开始，我们把一个人数为 s 的团称为"s 团"．接下来我们考虑任何 k 个互相认识的人．如果至少存在一个人，与这 k 个人都认识，那么情况如何呢？

设这 k 个人为 A_1，A_2，$\cdots$，A_k，如果把这 k 个人放在同一间屋子，其他所有人放入另一间屋子，易见另一间屋子存在至少一个"$k+1$ 团"．我们设另一间屋子里所有"$k+1$ 团"的公共元素（人）是 B_1，B_2，$\cdots$，B_r，我们知道另一间屋子里, 有且仅有 B_1, B_2, $\cdots$, B_r 与 A_1, A_2, $\cdots$, A_k 都认识.

事实上, 如果某个 B_i 不认识 A_1, A_2, $\cdots$, A_k, 那么把 B_i 移动到第一间屋子, 两间屋子都不存在 "$k+1$ 团" 了; 而如果另外一个 C 认识 A_1, A_2, $\cdots$, A_k, 而 C 并不是第二间屋子中所有 "$k+1$ 团" 的公共元素. 那么将 C 移动到第一间屋子, 第一间屋子有了 "$k+1$ 团", 而第二间屋子至少还有一个 "$k+1$ 团" 没有被破坏, 矛盾.

下面, 我们假设人数最多的团有 $k+m$ 个人 ($1 \leqslant m \leqslant k+1$), 并设其中一个 "$k+m$ 团" 的所有成员是 A_1, A_2, $\cdots$, A_{k+m}, 我们将证明, 所有的 "$k+1$ 团" 都包含在这个 "$k+m$ 团" 之中. 如若不然, 则至少存在一个 "$k+1$ 团" 不包含在这个 "$k+m$ 团" 之中. 但是显而易见的是, 所有的 "$k+1$ 团" 都要与这个 "$k+m$ 团" 有公共的部分, 否则, 将这两个无公共部分的团放入两个房间将导致矛盾. 我们设不包含于 "$k+m$ 团", 但是与 "$k+m$ 团" 拥有最多公共成员的 "$k+1$ 团" 之一是 A_1, A_2, $\cdots$, A_x, C_1, C_2, $\cdots$, C_{k+1-x}, 它与上面的 "$k+m$ 团" 拥有 x 个公共成员.

如果 $x=k$, 那么将 A_1, A_2, $\cdots$, A_k 置于第一个房间. 由刚才的结论, A_{k+1}, A_{k+2}, $\cdots$, A_{k+m} 与 C_1 都是另一个房间所有 "$k+1$ 团" 的公共元素, 故他们两两认识. 因此 C_1 与所有的 A 都认识, 这与人数最多的团有 $k+m$ 人矛盾!

如果 $x<k$, 由于 C 中每个人最多认识 A 中的 $k-1$ 个人 (否则将存在与 A_1, A_2, $\cdots$, A_{k+m} 有 k 个公共元素的 "$k+1$ 团"), 故存在 C_i 和 A_j ($1 \leqslant i \leqslant k+1-x$; $x+1 \leqslant j \leqslant k+1$) 是不认识的, 我们先把 A_1, A_2, $\cdots$, A_{k+1}, C_1, C_2, $\cdots$, C_{k+1-x} 这些人放入同一房间, 再将 C_i 和 A_j 移出此房间, 现在考虑此房间中有没有 "$k+1$ 团".

如果此房间中有 "$k+1$ 团", 那么这个 "$k+1$ 团" 将不包含在 A_1, A_2, $\cdots$, A_{k+m} 中, 但是它与 A_1, A_2, $\cdots$, A_{k+m} 至少有 $(k+1)-(k-x)=(x+1)$ 个公共成员, 这与假设矛盾!

如果此房间中无 "$k+1$ 团", 那么另一个房间里必然有 "$k+1$ 团", 且 C_i 和 A_j 都是另一个房间所有 "$k+1$ 团" 的公共成员, 所以 C_i 和 A_j 认识, 矛盾!

至此, 我们证明了成员数最多的团, 包含着所有的 "$k+1$ 团". 因此, 这个团的成员数必然是 $2k+1$, (如果至少是 $2k+2$, 则可以对半分出两个 "$k+1$ 团" 来, 如果至多是 $2k$, 则对半后将出现没有任意一边有 "$k+1$ 团") 但这恰恰与题设矛盾!

因此, 我们最初的假设不成立, 命题得证.

【点评】 本题实际上是在做一个逆否命题, 从原来结论的非推出了条件的非. 但是, 即使在考场上考生想到了反过来推理, 想一步步证明命题也是有相当的难度的．这道题目，考的是图论的知识和基本分析，有很高的难度，较往年的第三题，难度有所增大，所有参赛选手只有两位得 7 分．

问　题

1. 能否将自然数 1 至 2002^2 填写到一个 2002×2002 的方格表中，使得对任何一个方格，都或者可以从它所在的行中，或者可以从它所在的列中找出三个数，其中两个数的乘积等于第三个数．

2. 一片骨牌是由两个单位正方形以边对边相连接而成，在每个正方形内标记上数字 1，2，3，4 或 5，所以我们共可得标号为 11，12，13，14，15，22，23，24，25，33，34，35，44，45，55 的 15 片不同的骨牌．将这 15 片骨牌排成一个如题 2 图所示的 5×6 的长方形，每片骨牌的边界已经擦除，请试着把这些骨牌的边界重新画出来．

1	1	3	5	2	3
1	4	3	1	5	2
2	4	5	5	3	2
3	3	1	1	2	4
2	5	4	5	4	4

题 2 图

3. 4 个参赛队在某周进行双循环赛，每两个队之间比赛两次，每个队每天比赛一场．题 3 图中的左边给出了比赛的最后记分牌的一部分，其余部分裂成了 4 块，这些碎块只在一面写有得分情况．一个黑圈表示胜一局，白圈表示负一局．问冠军是哪个参赛队？

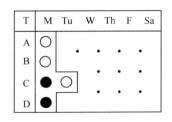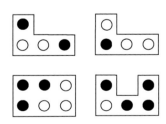

题 3 图

4. 在国际象棋棋盘上放有 8 枚棋子"车"，它们不能相互搏杀，证明：

其中必有某两对棋子之间的距离相等（两枚棋子之间的距离是指它们所在的方格的中心之间的距离）.

5. 办公室里装有 2004 部电话机，其中任意 2 部都用 4 种颜色之一的导线相连. 现知 4 种颜色的导线都有，问是否一定可以找到某几部电话机，在相互连接它们的导线中恰好有 3 种不同的颜色？

6. 坐标平面上的每个整点都被染为 3 种颜色之一，且 3 种颜色的点都有，证明：可找到一个直角三角形，它的 3 个顶点是 3 种不同颜色的点.

7. 直线上分布着 $2k-1$ 条白色线段和 $2k-1$ 条黑色线段. 已知任何一条白色线段都至少与 k 条黑色线段相交，并且任何一条黑色线段都至少与 k 条白色线段相交，证明：可以找到一条黑色线段与所有白色线段都相交，也可以找到一条白色线段与所有黑色线段都相交.

8. 在 $2 \times n$ 方格表的每个方格中都写有一个正数，使得每一列中的两个数的和都等于 1，证明：可以自每一列中删去一个数，使得每一行中剩下的数的和不超过 $\frac{n+1}{4}$.

9. 将 n 个白子与 n 个黑子任意地放在一个圆周上. 从某个白子起，按顺时针方向依次将白子标以 1，2，$\cdots$，n. 再从某个黑子起，按逆时钟方向依次将黑子标以 1，2，$\cdots$，n. 证明：存在连续 n 个棋子（不计黑白），它们的标号所成的集合为 $\{1, 2, \cdots, n\}$.

10. 桌面上一张 100×100 的方格纸被分割为多米诺（指 1×2 的矩形）纸片的并. 两人玩游戏，依次轮流进行如下操作：游戏者将某两个尚未被黏上公共边的小方格沿公共边黏上. 如果一游戏者在他的一次操作后得到了一张连通的纸片（指整个正方形可以通过抓住一个小方格提离桌面），那么，该游戏者失败. 问：在正确策略下谁必定获胜，开始游戏者还是他的对手？

11. 仅由字母 X 和 Y 组成"单词"，单词中字母的个数称为长度. 至少有两个 X 相连的单词称为 "好词"，如 XXY，XXYY，YXYXXX 都是 "好词"，XYYXYYX 不是 "好词"，那么长度为 6 的 "好词" 有多少个？

题 12 图

12. 将 2 个 a 和 2 个 b 共 4 个字母填在如题 12 图所示的 16 个小方格内，每个小方格内至多填 1 个字母，若使相同字母既不同行也不同列，则不同的填法共有多少种？

13. 对于周长为 $n(n \in \mathbf{N}^*)$ 的圆，称满足如下条件的最小的正整数 P_n 为 "圆剖分数"：如果在圆周上有 P_n 个点 A_1，A_2，$\cdots$，A_{p_n}，对于 1，2，$\cdots$，$n-1$ 中的每一个整数 m，都存在两个点 A_i，$A_j(1 \leq i, j \leq P_n)$，以 A_i 和 A_j 为端点的一条

弧长等于 m；圆周上每相邻两点间的弧长顺次构成的序列 $T_n = (a_1, a_2, \cdots, a_{P_n})$ 称为"圆剖分序列"。例如，当 $n = 13$ 时，圆剖分数为 $P_{13} = 4$，如题 13 图所示，图中所标数字为相邻两点之间的弧长，圆剖分序列为 $T_{13} = (1, 3, 2, 7)$ 或 $(1, 2, 6, 4)$。求 P_{21} 和 P_{31}，并各给出一个相应的圆剖分序列。

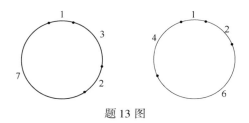

题 13 图

14. 证明周长 $2n$，边长为整数的三角形的个数，等于把数 n 分拆成 3 项的分拆的个数。

15. 求证：

$$\sum_{k=0}^{n-1} (-1)^k C_n^k (n-k)^n = n!.$$

16. 求证：

$$C_{n+1}^1 + 2^2 C_{n+2}^2 + 3^2 C_{n+3}^3 + \cdots + n^2 C_{2n}^n = \frac{n(n+1)^3 C_{2n+1}^{n+1}}{(n+2)(n+3)}.$$

17. 如果素数 p 和自然数 n 满足 $n < p < \dfrac{4n}{3}$，证明：$p \mid \sum_{j=0}^{n} (C_n^j)^2$。

18. 设 n 和 k 是正整数，$k \geq n$，且 $k - n$ 是一个偶数。$2n$ 盏灯依次编号为 $1, 2, \cdots, 2n$，每一盏灯可以"开"和"关"。开始时，所有的灯都是"关"的。对这些灯可进行操作，每一次操作改变其中的一盏灯的开关状态（即"开"变成"关"，"关"变成"开"），我们考虑长度为 k 的操作序列，序列中的第 i 项就是第 i 次操作时被改变开关状态的那盏灯的编号。

设 N 是 k 次操作后灯 $1, \cdots, n$ 是"开"的，灯 $n+1, \cdots, 2n$ 是"关"的状态的所有不同的操作序列的个数；

设 M 是 k 次操作后灯 $1, \cdots, n$ 是"开"的，灯 $n+1, \cdots, 2n$ 是"关"的，但是灯 $n+1, \cdots, 2n$ 始终没有被操作过的所有不同的操作序列的个数。求比值 $\dfrac{N}{M}$。

19. 一座大楼有 4 部电梯，每部电梯可停靠三层（不一定是连续三层，也不一定停最底层）。对大楼中的任意的两层，至少有一部电梯可同时停靠，请问这座大楼最多有几层？

20. 在 4×4 的表格中，可作 18 条直线，即 4 横、4 纵的 8 条直线，从左上到右下和从右上到左下各 5 条对角线，这些对角线可能通过 2，3 或 4 个小方格. 在表格中要放 10 个筹码，每个小方格最多放一个. 若这 18 条直线中某条直线上有偶数个筹码，则得一分. 问最多可以得多少分？

21. 已知 5 个城市两两相连所得的 10 条道路中，至少有一个交叉路口，如题 21 图所示. 又已知 3 个村庄和 3 个城市相连所需的 9 条道路中，至少有一个交叉路口，如图所示. 利用上述结论，问用 15 条道路把 6 个城市两两相连，至少会产生多少个交叉路口？

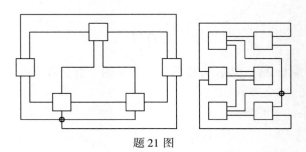

题 21 图

22. 在 8×8 的国际象棋棋盘上放 16 枚棋子车. 试问：它们之中至少有多少"对"棋子可以相互搏杀(同在一行或同在一列里且它们之间没有其他棋子的一对车可以相互搏杀)？

23. 有 16 个球队参加球赛. 每个球队都得与其他各队比一场. 胜队可得 3 分，平局可得 1 分，败队只获 0 分. 如果有某个球队至少获得了最大可能得分的一半时，它就被称为"成功之队"，那么这次比赛最多能产生多少个成功之队？

24. 若干台计算机联网，要求：①任意两台之间最多用一条电缆连接；②任意三台之间最多用两条电缆连接；③两台计算机之间如果没有连接电缆，则必须有另一台计算机和它们都连接电缆. 若按此要求最多可以连 1600 条，问：

（1）参加联网的计算机有多少台？

（2）这些计算机按要求联网，最少需要连多少条电缆？

25. 本题是一道荒诞题：说有 10 头狮子和 15 头老虎被领上舞台表演. 由于驯兽员指挥不当，失去了控制，结果导致野兽们相互撕咬起来. 如果 1 头狮子吃了 3 头老虎就吃饱的话，那么 1 头老虎吃了 2 头狮子也吃饱了. 现在问：吃饱的野兽最多能有几头(不论它们是活的还是被吃了)？要举例说明这种结果如何形成的.

26. 正整数 a_1，a_2，$\cdots$，a_{2006}（可以有相同的)使得 $\dfrac{a_1}{a_2}$，$\dfrac{a_2}{a_3}$，$\cdots$，$\dfrac{a_{2005}}{a_{2006}}$ 两两不相等，问 a_1，a_2，$\cdots$，a_{2006} 中最少有多少个不同的数？

27. 在桌上放着 2004 个小盒子，每个盒子中放有 1 个小球．现知某些球是白色的，白球共有偶数个．允许你指着任意 2 个盒子问："它们中是否至少有 1 个放的是白球？"试问：最少需要询问多少次，你确定出 2 个放的都是白球的盒子？

28. 在桌上放着 2004 个小盒子，每个盒子中放有 1 个小球．现知某些球是白色的，白球共有偶数个．允许你指着任意 2 个盒子问："它们中是否至少有 1 个放的是白球？"试问：最少需要询问多少次，你确定出 1 个盒子，其中放的是白球？

29. 正整数 1 ~ 100 按照如下顺序摆放在一个圆周上：每一个数或者都大于它两侧的邻数，或者都小于它两侧的邻数．将相邻的一对数称为"好的"，如果将它们删去之后，上述性质仍然保持，试问：最少可能有多少对"好的"邻数？

30. 在 2005 张卡片的背面分别写有 2005 个不同的实数，每一次提问可以指着其中任意三张卡片询问写在它们之上的三个数所组成的数集，试问：最少可以通过多少次提问，就一定能了解清楚写在每张卡片背面的都是什么数？

31. 用 5 种颜色将一张 8×8 棋盘上涂色(每个方格涂一种颜色)，如题 31 图所示，R 是红色、Y 是黄色、B 是蓝色、G 是绿色、W 是白色．然后把剩下的方格也用这 5 种颜色填涂，使得所有相同颜色的方格都是通过边与边连着的一整块，整个棋盘被分成了 5 块，问其中最大的一块有多少个方格？

题 31 图

32. 给定大于 2004 的正整数 n，将 1，2，3，$\cdots$，n^2 分别填入 $n \times n$ 棋盘

（由 n 行 n 列方格构成）的方格中，使每个方格恰有一个数. 如果一个方格中填的数大于它所在行至少 2004 个方格内所填的数，且大于它所在列至少 2004 个方格内所填的数，则称这个方格为"优格"，求棋盘中"优格"个数的最大值.

33. 试找出最大的正整数 N，使得无论怎样将正整数 $1\sim400$ 填入 20×20 的方格表中，都能在同一行或同一列中找到两个数，它们的差不小于 N.

34. 把 $1，2，\cdots，30$ 这 30 个数分成 k 个小组（每个数只能恰在一个小组中出现），使得每一个小组中任意两个不同的数的和都不是完全平方数，求 k 的最小值.

35. 已知 A 与 B 是集合 $\{1，2，3，\cdots，100\}$ 的两个子集，满足 A 与 B 的元素个数相同，且为 $A\cap B$ 空集. 若 $n\in A$ 时总有 $2n+2\in B$，则集合 $A\cup B$ 的元素个数最多为（　　）.

（A）62　　　（B）66　　　（C）68　　　（D）74

36. 已知集合 $S=\{1，2，3，\cdots，3n\}$，n 是正整数，T 是 S 的子集，满足对任意的 $x，y，z\in T$（其中 $x，y，z$ 可以相同）都有 $x+y+z\notin T$，求所有这种集合 T 的元素个数的最大值.

37. 已知 $T=\{1，2，3，4，5，6，7，8\}$，对于 $A\subseteq T$，$A\neq\varnothing$，定义 $S(A)$ 为 A 中所有元素之和，问 T 有多少个非空子集 A，使得 $S(A)$ 为 3 的倍数，但不是 5 的倍数？

38. 设集合 $M=\{1，2，\cdots，19\}$，$A=\{a_1，a_2，\cdots，a_k\}\subseteq M$. 求最小的 k，使得对任意 $b\in M$，存在 $a_i，a_j\in A$，满足 $a_i=b$ 或 $a_i\pm a_j=b$（$a_i，a_j$ 可以相同）.

39. 设 $S=\{1，2，\cdots，2005\}$. 若 S 中任意 n 个两两互素的数组成的集合中都至少有一个素数，试求 n 的最小值.

40. 给定正整数 $n(\geqslant2)$，求 $|X|$ 的最小值，使得对集合 X 的任意 n 个二元子集 $B_1，B_2，\cdots，B_n$，都存在集合 X 的一个子集 Y，满足

（1）$|Y|=n$；

（2）对 $i=1，2，\cdots，n$，都有 $|Y\cap B_i|\leqslant1$.

这里 $|A|$ 表示有限集合 A 的元素个数.

41. 设 X 是一个 56 元集合. 求最小的正整数 n，使得对 X 的任意 15 个子集，只要它们中任何 7 个的并的元素个数都不少于 n，则这 15 个子集中一定存在 3 个，它们的交非空.

42. 求出所有的正实数 a，使得存在正整数 n 及 n 个互不相交的无限集合 $A_1，A_2，\cdots，A_n$ 满足 $A_1\cup A_2\cup\cdots\cup A_n=\mathbf{Z}$，而且对于每个 A_i 中的任意

两数 $b>c$，都有 $b-c \geqslant a^i$.

43. n 个棋手参加象棋比赛，每两个棋手比赛一局. 规定胜者得 1 分，负者得 0 分，平局各得 0.5 分. 如果赛后发现任何 m 个棋手中都有一个棋手胜了其余 $m-1$ 个棋手，也有一个棋手输给了其余 $m-1$ 个棋手，就称此赛况具有性质 $P(m)$. 对给定的 $m(m \geqslant 4)$，求 n 的最小值 $f(m)$，使得对具有性质 $P(m)$ 的任何赛况，都有 n 名棋手的得分各不相同.

44. 给定正整数 $n(n \geqslant 2)$，求最大的 λ，使得若有 n 个袋子，每一个袋子中都是一些重量为 2 的整数次幂克的小球，且各个袋子中的小球的总重量都相等，则必有某一重量的小球的总个数至少为 λ.（同一个袋子中可以有相等重量的小球.）

45. 任意给定一个 $mn+1$ 项的实数数列

$$a_1, a_2, \cdots, a_{mn+1,} \qquad\qquad (*)$$

证明：可以从中选出 $m+1$ 项（依（ $*$ ）中顺序）单调递增，或者可以从中选出 $n+1$ 项（依（ $*$ ）中顺序）单调递减.

46. 某次数学竞赛共有 6 个试题，其中任意两个试题都被超过 $\dfrac{2}{5}$ 的参赛者答对了. 但没有一个参赛者能答对所有的 6 个试题，证明：至少有两个参赛者恰好答对了 5 个试题.

47. 给定了一个具有 n（ $n \geqslant 2$）个顶点的"树"（即一个具有 n 个顶点和 $n-1$ 条边的图，由其中任何一个顶点可以沿着边到达任何一个另外的顶点，并且其中没有由边构成的环状的路）. 在该树的各个顶点上分别放有数 x_1，$x_2, \cdots, x_n$，在各条边上分别写有它的两个端点上数的乘积，将所有各边上的数的和记为 S，证明：$\sqrt{n-1}\,(x_1^2 + x_2^2 + \cdots + x_n^2) \geqslant 2S$.

48. 希腊神话中的"多头蛇"神由一些头和颈子组成，每一条颈子连接两个头. 每砍下一剑，可以斩断由某一个头 A 所连出的所有的颈子，但是由头 A 立即长出一些新的颈子联向所有原来不与它相连的头（每个头只连一条颈子）. 只有把"多头蛇"斩为两个互不连通的部分，才算战胜了它. 试找出最小的自然数 N，使得对任何长有 100 个颈子的"多头蛇"神，至多只要砍 N 剑，就可以战胜它.

49. 设 n 个新生中，任意 3 个人中有 2 个人互相认识，任意 4 个人中有 2 个人互不认识，试求 n 的最大值.

50. 某国原有 2002 个城市，其中有些城市之间有道路相连. 今知，如果禁止途经其中任何一个城市，都仍然可以由其余任何一个城市到达其他任何一个城市. 每一年，管理部门都选择一个不自交的道路圈，下令建设一个新的城市，并修筑道路使新城与圈上的每一个城市相连（各修一条路连向圈上的每一个城市），同时关闭圈上的所有道路. 经过若干年后，该国已经没有任何不自交的道路圈. 证明：此时该国恰有一条道路通向外界的城市不少于2002 个.

51. 某城市有若干个广场，有些广场之间由单向行车线路相连，并且自每个广场都刚好有两条往外驶出的线路. 证明：可以把该城市分成 1014 个小区，使得每条线路所连接的两个广场都分属两个不同的小区，并且对于任何两个小区，所有连接它们的线路都是同一个方向的（即都是由小区甲驶往小区乙的单向行车线，或者都是反过来的）.

52. 一队士兵来到兵营，其中每个士兵认识 50～100 个其他士兵. 证明：可以给每个士兵发一顶某种颜色的帽子，且所有帽子的颜色不超过 1331 种，使得（对每个士兵而言）他所认识的所有士兵一共至少拥有 20 种不同颜色的帽子.

53. 围绕一个圆桌坐着来自 25 个国家的 100 名代表，每个国家 4 名代表. 证明：可以将他们分成 4 组，使得每一组中都有来自每个国家的 1 名代表，并且每一组中的任何两名代表都不是圆桌旁的邻座.

3.8　组　合　几　何

　　组合几何是一个新兴的数学分支，是组合数学的思想、方法与传统的平面几何相结合的产物，讨论的是几何对象的组合性质. 例如，计数、凸性、覆盖、嵌入、划分、染色、距离、格点，等等. 组合几何问题，将几何的直观与组合的多变有机地结合起来，优美而富于技巧，其中许多问题因其直观表述而具有很强的吸引力. 同时这类问题的解决往往体现出创造性的数学思想和现代数学精神，正如 J. 帕赫所言：“组合几何学中尚未解决的难题比比皆是，解决这些问题需要新思想与新方法. 组合几何学是有志挑战数学难题者一展身手的最佳领域之一.” 所以深得数学竞赛命题者的偏爱.

3.8.1　背景分析

　　组合几何主要涉及三大学科，内容如下.

　　1）组合：计数的方法与原理、抽屉原理、极端原理、奇偶分析、优化方法、富比尼原理等.

2）几何：常见几何图形的特性、几何变换、几何图形的分割与拼接等.

3）代数：赋值、对应、函数及其性质、不等式、估计.

3.8.2　基本问题

竞赛数学中的组合几何题型与组合数学相近（存在、计数、构造、优化），具体地说大致有以下 6 类：

1）几何计数问题.

2）覆盖与嵌入问题.

3）划分（分割）与拼接问题.

4）染色问题.

5）距离问题.

6）格点问题.

355

3.8.3　方法技巧

组合几何继承了组合数学和平面几何中的经典方法与技巧，如计数的方法与原理、抽屉原理（在这里更多地表现为"从总和经平均到单独"，也有人称为平均原则或计数论证）、富比尼原理、构造法、分类、估计、极端原理等.

3.8.4　概念定理

1）点集的直径是指两个端点都属于这个点集且长度达到最大值的线段.

2）如果对于点集 G 中任意两点 A，B，线段 AB 上的每一个点都属于点集 G，那么 G 就是凸集.

显然线段、直线、射线、凸多边形（包括其内部）、圆、带形、整个平面都是凸集、空集，仅含一个点的集也算作凸集.

3）两个凸集的交是凸集. 一般地，任意多个凸集的交仍然是凸集.

注意，两个凸集的并不一定是凸集. 如两个相离的圆.

4）一个有界闭集，如果是凸集就称为凸图形.

例如，线段、三角形、梯形、圆、椭圆等都是凸图形.

5）包含图形 G 的最小凸图形称为图形 G 的凸包. 一个有限点集的凸包是线段或凸多边形.

6）点集 G 的直径与它的凸包的直径相等.

7）有限点集 F 的凸包由 F 中所有有限个点的凸包合并而成.

8）（Erdös-Szekers 定理）由 $n(n \geqslant 3)$ 个点组成的点集 F，若无三点共线，则它的凸包是凸多边形.

9）（E. Klein 定理）平面上任给 5 个点，其中任何三点都不共线，那么必有 4 点是凸四边形的顶点.

10）设 G 和 F 是两个图形（点集），若 $F \supset G$，或 F 经过运动变成 F'，而 $F' \supset G$，则称图形 F 可以覆盖图形 G.

11）设 F_1, F_2, $\cdots$, F_n 是一组图形，若 $F_1 \cup F_2 \cup \cdots \cup F_n \supset G$，或 F_1, F_2, $\cdots$, F_n 各自经过运动后分别变为 F_1', F_2', $\cdots$, F_n'，而 $F_1' \cup F_2' \cup \cdots \cup F_n' \supset G$，则称 F_1, F_2, $\cdots$, F_n 可覆盖 G.

由覆盖的上述定义可知，要证明一组图形能够覆盖某个图形，必须适当安排这组图形中的各个图形的位置，使它们盖住这个图形，即使这个图形的每个点都属于这组图形中的至少一个图形.

12）若 F_2 覆盖 F_1，F_1 覆盖 G，则 F_2 覆盖 G.

13）若 F 覆盖 G，则 F 的面积 $\geqslant G$ 的面积；反过来，若 F 的面积 $< G$ 的面积，则 F 不能覆盖 G.

14）若 F 覆盖 G，则 F 的直径 $\geqslant G$ 的直径；反过来，若 F 的直径 $< G$ 的直径，则 F 不能覆盖 G.

15）图形 F 能覆盖图形 G，也叫做图形 G 可以嵌入图形 F 中.

16）平均原则. 如果 n 个实数的平均值为 a，那么其中至少有一个数本身不小于 a，也至少有一个数不大于 a.

17）面积重叠原则. 假定有 n 张纸片，它们的面积分别是 A_1, A_2, $\cdots$, A_n，如果我们把这 n 张纸片嵌入到一个面积为 A 的平面区域中，$A_1 + A_2 + \cdots + A_n > A$，则至少有两张纸片发生重叠（即存在面积不为 0 的公共部分）.

18）平面直角坐标系中，纵、横坐标都是整数的点称为整数点（又称格点），以格点为顶点的多边形称为格点多边形.

19）毕克定理. 设格点多边形的内部有 I 个格点，边界上有 P 个格点，则它的面积

$$S = \frac{P}{2} + I - 1.$$

3.8.5 经典赛题

【例 3.8.1】 1933 年冬，波兰布达佩斯大学一间教室里，一群青年参加一个数学讨论会，会上一位叫克莱因的女生提了一个有趣的问题：

（E. Klein 定理）平面上给定 5 个点，其中任何三点都不共线，那么必有 4 点是凸四边形的顶点.

证法 1 设这 5 点为 A_1，A_2，A_3，A_4，A_5，考虑这 5 点的凸边形，由厄尔多斯–泽克勒斯定理知有下面三种情况：

（1）凸包为凸五边形，则其中任意 4 点都可构成凸四边形；

（2）凸包为凸四边形，比如是凸四边形 $A_1A_2A_3A_4$，则此 4 点即为所求；

（3）凸包为三角形如图 3-8-1 所示，可设为 $\triangle A_1A_2A_3$，则 A_4，A_5 在其内部（由于无三点共线，故不会在三角形的边上）. 连接 A_4，A_5 的直线恰与 $\triangle A_1A_2A_3$ 的两条边相交，不妨设与 A_1A_2，A_1A_3 相交，则显然 $A_2A_3A_5A_4$ 为凸四边形.

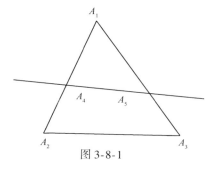

图 3-8-1

证法 2 考查由给定 5 个点为顶点的所有三角形，取其面积最大者，不妨设为 $\triangle A_1A_2A_3$，过它的三个顶点分别作对边的平行线，得到一个 $\triangle A_1'A_2'A_3'$，则易知 A_4，A_5 被 $\triangle A_1'A_2'A_3'$ 所覆盖，直线 A_4A_5 与三线段 A_1A_2，A_2A_3，A_3A_1 之一不相交，设与 A_2A_3 不相交，则 $A_2A_3A_5A_4$ 为凸四边形.

【点评】 1）由 5 点构成的点集，是平面有限点集中简单而又具有代表性的特殊情形，其中浓缩着许多重要信息，是解决复杂点集问题的基础和工具.

2）E. Klein 定理可以推广到 n 点的情形，这就是第 11 届 IMO 第 5 题：

【例 3.8.2】 平面上给出 n 个点（$n>4$），其中没有 3 个点在同一直线上，证明：至少可以找到 C_{n-3}^2 个以上述点为顶点的凸四边形.

证明 若 $n=5$，则由 E. Klein 定理知，此题结论成立.

若 $n>5$，则给定的 n 个点的集合有 C_n^5 个不同的 5 个点的子集合，由 E. Klein 定理知，每个子集合至少有一个以该子集合的点为顶点的凸四边形，因而可得出 C_n^5 个凸四边形. 然而，这些凸四边形中可能有些是相同的，因为对其中每个凸四边形来说，它的四个顶点与另外 $n-4$ 个点中的某个点构成一个 5 个点的子集合，因而每个凸四边形的顶点至多属于 $n-4$ 个 5 个点的子集合。由此可见，不同的凸四边形的个数不会少于 $\dfrac{1}{n-4}C_n^5 \geqslant C_{n-3}^2$ 个。

【点评】　1）本题也可仿照例 3.8.1 证法 2 利用优化方法给出证明，将例 3.8.1 证法 2 中的 5 改为 n，则除 A_1，A_2，A_3 外的 $n-3$ 个点被 $\triangle A_1' A_2' A_3'$ 所覆盖。任取两点 A_4，A_5，则直线 A_4A_5 不可能与 $\triangle A_1A_2A_3$ 三边相交，即至少与一边设为 A_2A_3 不交。那么 $A_2A_3A_5A_4$ 是凸四边形。因此，这样的凸四边形共有 C_{n-3}^2 个。

2）E. Klein 定理也可从另一个角度推广为：

平面上给定 9 个点，其中任何三点都不共线，那么必有 5 个点是凸五边形的顶点。

证明与例 3.8.1 类似，但论证较为复杂，此略。1935 年，厄尔多斯和泽克勒斯利用拉姆塞理论证明了一般的的结论：

对一切整数 $n \geqslant 3$，存在整数 $f(n)$，使得平面上没有三点共线的任意的 $f(n)$ 个点，恒能找到 n 个点，这 n 个点是某个凸 n 边形的顶点。

由上述讨论知 $f(5)=9$，例 3.8.1 表明 $f(4)=5$，显然 $f(3)=3$，但是，具有上述性质的最小正整数 $f(n)$ 的确定（一般而言）尚未解决。厄尔多斯猜测：$f(n)=2^{n-2}+1\,(n \geqslant 3)$。

这个问题表面看很容易，其实很难。例如，$k=6$ 时，按猜测，$N=17$。但是，自 1933 年到 1936 年，厄尔多斯只证明了 $N=71$；到 1960 年，改进至 $N=70$；1965 年，证出 $N=65$；1997 年改进到 37，但与 17 的猜测相差还很远。

【例 3.8.3】　平面上任意 5 点，其中任三点不共线，则以这些点为顶点的三角形中，至少有 3 个非锐角三角形。

证明　设这 5 点为 A，B，C，D，E，我们仍考虑它们的凸包。

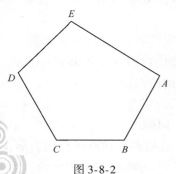

图 3-8-2

（1）如果凸包为凸五边形。如图 3-8-2，注意到其内角和为 $540°$，则其中至少有两个非锐角，可能是相邻两角，设为 $\angle A$ 和 $\angle E$；也可能是不相邻的两角，设为 $\angle A$ 和 $\angle D$。这样，不论哪种情况，都可以得到两个非锐角三角形。

除此之外，再考虑凸四边形 $ABCD$，其中至少也有一个非锐角，从而可得到另一个非锐角三角形。故此时至少有三个非锐角三角形。

（2）凸包为凸四边形，如图 3-8-3，设之为

$ABCD$，则点 E 只能是四边形的内点．连接 AC，由于任三点不共线，故 E 不在线段 AC 上，而必为 $\triangle ACD$ 或 $\triangle ABC$ 的内点．不妨设 E 是 $\triangle ABC$ 的内点，则 $\angle AEB$，$\angle BEC$，$\angle CEA$ 中至少有两个非锐角．同理，连接 BD，在 $\triangle ABD$ 或 $\triangle BCD$ 中，同样可至少找到两个非锐角，考虑到这两种情况下至多有一个公共的非锐角，因此至少有三个非锐角三角形．

（3）凸包为三角形，如图 3-8-4，设之为 $\triangle ABC$，而 D，E 为其内点，则由上面分析即知，$\{\triangle ADB$，$\triangle BDC$，$\triangle CDA\}$ 和 $\{\triangle AEB$，$\triangle BEC$，$\triangle CEA\}$ 中各至少有两个非锐角三角形，从而合起来至少有 4 个非锐角三角形．

由于 5 点中无三点共线，这 5 点集的凸包只有这三种可能情况．因此命题得证．

【点评】 例 3.8.3 的等价命题是：

平面上任意 5 点，其中任三点不共线，则以这些点为顶点的三角形（$C_5^3 = 10$ 个）中，至多有 7 个锐角三角形．

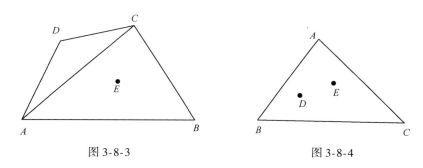

图 3-8-3   图 3-8-4

推广到一般情形就是第 12 届 IMO 第 6 题：

【例 3.8.4】 在平面上给出 100 个点，其中任三点不共线，证明：以上述点为顶点的所有可能的三角形中，至多只有 70% 的三角形为锐角三角形．

证明 100 个点中共有 C_{100}^5 个不同组合的 5 点组，每个 5 点组中都至少有三个非锐角三角形．但每个非锐角三角形的三个顶点都可归属 C_{97}^2 个不同的 5 点组，所以最多都可能被重复计算了 C_{97}^2 次．因此，以这 100 个点为顶点的三角形中，至少有 $3C_{100}^5/C_{97}^2$ 个非锐角三角形，容易算出它们至少占三角形总数 C_{100}^3 的 30%．所以，其中锐角三角形所占的比例不会超过 70%．

例 3.8.4 是讨论点和锐角三角形的关系，它也有推广的形式：

平面上有 n 个点，其中任何三点都不共线，以这 n 个点为顶点的三角形中，最多有多少个锐角三角形？要产生 k 个锐角三角形，至少要有多少个点?

人们猜测，对于第一个问题，锐角三角形的个数最多是 $\dfrac{n(n-1)(n-2)}{6} \times$ 70% . 但是，到目前还没有给出最好结果，即等于 $\left[\dfrac{n(n-1)(n-2)}{6} \times 70\%\right]$ 的证明.

【例 3. 8. 5】　已知 A，B，C，D 是平面上两两距离不超过 1 的 4 个点，今欲作一圆覆盖此 4 点（即 A，B，C，D 在圆内或圆周上），问半径最小应该是多少? 试证明之.

解　设 A，B，C，D 为满足条件的 4 点，能覆盖它们的圆的半径为 R，考虑 4 点的凸包.

（1）若 A，B，C，D 4 点中有一点（设为 D），在 $\triangle ABC$ 的内部或边界上，若 $\triangle ABC$ 为锐角三角形，则有一角，设为 $\angle A \geqslant 60°$，$2R = \dfrac{a}{\sin A} = 1 / \dfrac{\sqrt{3}}{2}$，即 $R \leqslant \dfrac{1}{\sqrt{3}}$. 特别地，当 $AB = BC = CA = 1$ 时，$R = \dfrac{1}{\sqrt{3}}$，比它小的不可能覆盖此 4 点；若 $\triangle ABC$ 为钝角三角形或直角三角形，则以最长边为直径的圆能覆盖此 4 点，故有 $R \leqslant \dfrac{1}{2} < \dfrac{1}{\sqrt{3}}$.

（2）若凸包为四边形，设为 $ABCD$，若有一对对角，设为 $\angle A$，$\angle C$ 均大于 $90°$，则以 BD 为直径的圆即能覆盖此 4 点，故 $R \leqslant \dfrac{1}{2} < \dfrac{1}{\sqrt{3}}$.

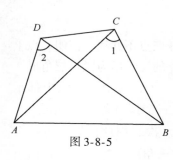
图 3-8-5

若上述情况不发生，四边形 $ABCD$ 4 个内角必有一个，如设为 $\angle D \geqslant 90°$，则 $\angle B < 90°$，又 $\angle A$，$\angle C$ 中至少有一个，不妨设 $\angle A < 90°$，见图 3-8-5.

考查 $\angle 1$，$\angle 2$，并不妨设 $\angle 2 \geqslant \angle 1$，若 $\angle 2 \geqslant \angle 1 \geqslant 90°$，以 AB 为直径的圆可覆盖此 4 点，故 $R \leqslant \dfrac{1}{2} < \dfrac{1}{\sqrt{3}}$. 若 $\angle 2 \geqslant \angle 1$，$\angle 1 < 90°$，

D 必在锐角 $\triangle ABC$ 外接圆内或圆周上，该圆半径 $R \leqslant \dfrac{1}{\sqrt{3}}$.

综上所述，覆盖平面上两两距离不超过 1 的任意 4 点的圆的最小半径为 $R = \dfrac{\sqrt{3}}{3}$.

【例 3.8.6】　试求最大正数 a 和最小的正数 A，使得

（1）任意有限多个正方形，只要面积之和不小于 A，就可将它们平行放置，覆盖单位正方形；

（2）任意有限多个正方形，只要面积之和不大于 a，就可将它们不重叠地平行嵌入单位正方形中．

解　（1）取三个边长为 $1 - \varepsilon$ 的正方形，它们的面积之和 $3(1 - \varepsilon)^2$ 小于 3，但可任意接近 3（当 $\varepsilon \to 0$ 时），每个这种正方形至多覆盖单位正方形的一个顶点，故 $A \geqslant 3$．下证 $A = 3$．

设有正方形边长为 a_1，a_2，$\cdots$，a_n，则 $a_1^2 + a_2^2 + \cdots + a_n^2 \geqslant 3$．不妨设 $a_1 \geqslant a_2 \geqslant \cdots \geqslant a_n$，可设 $a_1 < 1$（否则 a_1 就已盖住），将这些小正方形从大到小，底边对齐地接成行，每行长度到达或刚刚超过 1 即停止，另起一行，令各行的最后一个正方形边长为 h_1，h_2，$\cdots$，h_k，h_{k+1}（最后一行可空），如图 3-8-6 只要证明 $h_1 + h_2 + \cdots + h_k \geqslant 1$ 即可．

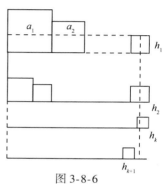

图 3-8-6

由面积关系知

$3 = a_1^2 + a_2^2 + \cdots + a_n^2$

$\leqslant 1 \cdot (1 + h_1) + h_1(1 + h_2) + \cdots + h_{k-1}(1 + h_k) + 1 \cdot h_k$

$\leqslant (1 + h_1) + (h_1 + h_2) + \cdots + (h_{k-1} + h_k) + h_k$

$= 1 + 2(h_1 + h_2 + \cdots + h_k)$，

即 $h_1 + h_2 + \cdots + h_k \geqslant 1$．

（2）取两个边长为 $\dfrac{1}{2} + \varepsilon$ 的正方形，显然它们不能无重叠地嵌入单位正方形中，而面积之和可任意接近 1．故 $a \leqslant \dfrac{1}{2}$．下证 $a = \dfrac{1}{2}$．

同上可令 $a_1 \geqslant a_2 \geqslant \cdots \geqslant a_n$ 且 $\displaystyle\sum_{i=1}^{n} a_i^2 \leqslant \dfrac{1}{2}$．同上排列，但每一行不超过 1 为止，令各行最前面一个正方形边长 h_1，h_2，$\cdots$，h_k，则只要证明 $H = \displaystyle\sum_{i=1}^{k} h_i^2 \leqslant 1$ 即可．

$$\dfrac{1}{2} \geqslant h_1^2 + h_2(1 - h_1) + h_3(1 - h_1) + \cdots + h_k(1 - h_1)$$
$$= h_1^2 + (1 - h_1)(H - h_1) - h_1(1 - h_1)，$$

则 $H \leqslant \dfrac{\dfrac{1}{2} - h_1^2}{1 - h_1} + h_1 = 1 + 2h_1 - \dfrac{1}{2(1 - h_1)}$．

因为 $h_1(1 - h_1) \leqslant \dfrac{1}{4}$，所以 $2h_1 \leqslant \dfrac{1}{2(1 - h_1)}$．故 $H \leqslant 1$．

【点评】　有关覆盖或嵌入问题常常用不等式作工具进行估计．

【例 3.8.7】　　设 S 是直角坐标平面上关于两坐标轴都对称的任意凸图形．在 S 中作一个四边都平行于坐标轴的矩形 A，使其面积最大．把矩形按相似比 $1 : \lambda$ 放大为矩形 A'，使 A' 完全盖住 S．试求对任意平面凸图形 S 都适用的最小的 λ．

分析　按题设可画图 3-8-7，设凸图形 S 的边界与 x 轴，y 轴正向的交点分别是 $P(a, 0)$，$Q(0, b)$，则凸图形 S 一定被矩形

$$A' = \{(x, y) \mid |x| \leqslant a, \; |y| \leqslant b\}$$

所覆盖．

连接 PQ，则 PQ 的中点 $D\left(\dfrac{a}{2}, \dfrac{b}{2}\right)$ 在凸图形 S 中，所以矩形

$$A = \left\{(x, y) \mid |x| \leqslant \dfrac{a}{2}, \; |y| \leqslant \dfrac{b}{2}\right\}$$

也在凸图形 S 中，如图 3-8-8．且矩形 A 与 A' 的相似比为 $1 : 2$，由此 $\lambda \leqslant 2$．

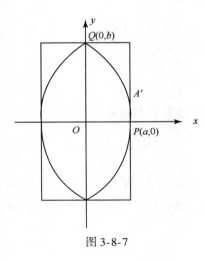

图 3-8-7

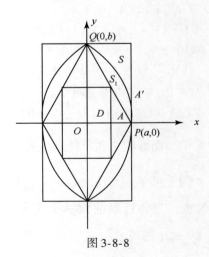

图 3-8-8

同时，由 PQ 所在的直线方程是

$$\dfrac{x}{a} + \dfrac{y}{b} = 1,$$

所以菱形

$$S_1 = \left\{ (x, \, y) \;\middle|\; \left| \frac{x}{a} \right| + \left| \frac{y}{b} \right| \leqslant 1 \right\}$$

是凸图形,盖住 S_1 的最小的四边与坐标轴平行的矩形就是 A'.

因为 $xy = a \cdot b \cdot \dfrac{x}{a} \cdot \dfrac{y}{b}$,所以在 $\dfrac{x}{a} + \dfrac{y}{b} = 1$ 时,xy 的最大值在 $\dfrac{x}{a} = \dfrac{y}{b} = \dfrac{1}{2}$,

即 $x = \dfrac{a}{2}$,$y = \dfrac{b}{2}$ 时取得.

所以在 S_1 中的四边与坐标轴平行的矩形以 A 的面积最大,由此 $\lambda \geqslant 2$,故 $\lambda = 2$.

【例 3.8.8】　(海莱定理)设 M_1,M_2,$\cdots$,$M_n(n \geqslant 3)$ 是平面上 n 个凸集,如果其中每三个集都有公共点,那么这 n 个凸集有公共点.

证明　对 n 用数学归纳法.

当 $n = 3$ 时,命题显然成立.

设命题对于 $n = k(\geqslant 3)$ 成立,我们证明命题对于 $n = k + 1$ 也成立.

设 M_1,M_2,$\cdots$,M_k,M_{k+1} 是 $k + 1$ 个凸集,其中每三个凸集有公共点.根据归纳假设,M_2,M_3,$\cdots$,M_{k+1} 有公共点,设为 A_1,M_1,M_3,$\cdots$,M_{k+1} 有公共点 A_2,M_1,M_2,M_4,$\cdots$,M_{k+1} 有公共点 A_3,$\cdots$,M_1,M_2,$\cdots$,M_k 有公共点 A_{k+1}.现在来考虑点 A_1,A_2,A_3,A_4,如果这 4 个点中有相同的,那么命题显然成立.如果这 4 点互不相同,我们考虑其凸包,有

(1) 凸包为一线段 $A_1 A_2$,那么 $A_4 \in A_1 A_2 \subset M_4$,所以,$A_4$ 是 $M_1, M_2, \cdots, M_{k+1}$ 的公共点.

(2) 凸包是 $\triangle A_1 A_2 A_3$,那么 $\triangle A_1 A_2 A_3 \subset M_4$,而 $A_4 \in \triangle A_1 A_2 A_3$,所以 A_4 是 M_1,M_2,$\cdots$,M_{k+1} 的公共点.

(3) 凸包是四边形 $A_1 A_2 A_3 A_4$,设 A 为对角线 $A_1 A_3$,$A_2 A_4$ 的交点,则 $A \in M_2$(因 A_1,$A_3 \in M_2$),$A \in M_4$,$\cdots$,M_{k+1}.又 $A \in M_1$(因 A_2,$A_4 \in M_1$),$A \in M_3$,所以 A 是 M_1,M_2,$\cdots$,M_{k+1} 的公共点.

综上所述,可知命题对 $n = k + 1$ 成立.

【点评】　在把每三个凸集具有的某种性质推广到 n 个凸集时,往往要利用海莱定理,因此这一定理的应用十分广泛.另外,它的各种特例常被用作数学奥林匹克试题,例如:

(1) (1987 年苏州市高中数学竞赛试题)平面上有 4 个圆,其中任意 3 个圆都有公共点,求证:这 4 个圆必有公共点.

(2) (1951 年匈牙利 MO 试题)同一平面上的 4 个半平面完全覆盖了这个平面,即平面上的任一点至少和 4 个半平面中一个半平面的某一内点重合,证明:从这些半平面中,可以挑选 3 个半平面,它们仍能覆盖全平面.

（3）（第 31 届 IMO 预选题）设 A_1，A_2，$\cdots$，$A_n(n \geqslant 4)$ 是平面内的 n 个凸集，其中每三个集合有一公共点，求证：必有一个点属于所有的集合.

【例 3.8.9】 平面上有 n 个点，其中的每三个点都能用一个半径为 r 的圆覆盖，证明：存在一个半径为 r 的圆覆盖这 n 个点.

证明 以这 n 个点 O_1，O_2，$\cdots$，O_n 为圆心，作半径为 r 的圆，得 n 个圆 $\odot O_1$，$\odot O_2$，$\cdots$，$\odot O_n$.

任取其中的三个圆，由题设知，它们的圆心在一个半径为 r 的圆内，因此这个圆的圆心为所取的三个圆的公共点.

由于 $\odot O_1$，$\odot O_2$，$\cdots$，$\odot O_n$ 中每三个圆都有公共点，根据海莱定理，这 n 个圆有一个公共点 O，O 属于每个 $\odot O_i$，所以 $OO_i \leqslant r$. 于是以 O 为圆心，r 为半径的圆覆盖了这 n 个点 O_1，O_2，$\cdots$，O_n.

【例 3.8.10】 $n(n \geqslant 3)$ 条平行的线段 M_1，M_2，$\cdots$，M_n，如果对于其中任意三条都可作一条直线和它们相交，则可以作一条直线与这 n 条线段都相交.

证明 建立平面直角坐标系，不妨假设已知的 n 条线段与 y 轴平行，于是 M_i 由这样的点 $(x，y)$ 组成：$x=c_i$，$a_i \leqslant y \leqslant b_i$，其中 a_i，b_i，c_i 都是常数，$i=1$，2，$\cdots$，n.

直线 $y=ux+v$ 与 M_i 相交的充要条件为

$$a_i \leqslant c_i u + v \leqslant b_i. \tag{3.8.1}$$

我们考虑另一个平面，xy 平面上的每一条直线 $y=ux+v$，可以用 ux 平面上的一个点 $(u，v)$ 表示. 在平面 uv 上，满足(3.8.1)式的点 $(u，v)$ 组成了一个带形区域 M_i^*，带形区域的边是直线 $a_i=c_i u + v$ 和 $b_i=c_i u + v$.

已知每三条线段有一条直线 $y=ux+v$ 与它们相交，等价于每三个带形区域有一个公共点 $(u，v)$. 由海莱定理可知，全体带形区域有一个公共点 $(u，v)$. 即有一条直线 $y=ux+v$ 与全体线段 M_i 都相交.

【例 3.8.11】 平面上 $6n$ 个圆组成的集合记作 M，其中任意三个圆都不两两相交(包括相切)，求证：一定可以从 M 中取出 n 个圆，使它们两两相离.

证明 用数学归纳法.

当 $n=1$ 时，命题显然成立.

假设 $n=k$ 时，命题成立.

对于 $n=k+1$ 时，我们现在有 $6(k+1)$ 个满足题设条件的圆，为了完成命题的证明，只需找出一个 $\odot A_0$，使它和某 $6k$ 个圆都相离. 于是，由归纳假设，从这 $6k$ 个圆中可取出 k 个圆两两相离，再加上 $\odot A_0$，就得到了 $k+1$ 个两两相离的圆.

现在我们从 $6(k+1)$ 个圆当中，取出半径最小的一个圆作为 $\odot A_0$，下面我们证明与 $\odot A_0$ 相交（包括相切）的圆最多只有 5 个（从而 $\odot A_0$ 至少与 $6k$ 个圆相离）。

事实上，若有 6 个（或多于 6 个）$\odot A_1$，$\odot A_2$，…，$\odot A_6$ 与 $\odot A_0$ 相交. 连接 $A_0 A_i (i=1，2，…，6)$，则必有某个 $\angle A_i A_0 A_{i+1} (A_7 = A_1) \leqslant 60°$. 不妨设 $\angle A_1 A_0 A_2 \leqslant 60°$，如图 3-8-9 所示，连接 $A_1 A_2$，设 $\odot A_0$，$\odot A_1$，$\odot A_2$ 的半径分别为 R_0，R_1，R_2，则 $R_0 \leqslant R_1$，$R_0 \leqslant R_2$.

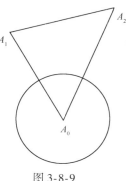

图 3-8-9

因为 $\odot A_0$ 与 $\odot A_1$ 相交（包括相切），所以 $A_0 A_1 \leqslant R_0 + R_1$. 同理 $A_0 A_1 \leqslant R_0 + R_2$.

因为 $\angle A_1 A_0 A_2 \leqslant 60°$，所以 $\angle A_0 A_1 A_2$ 及 $\angle A_0 A_2 A_1$ 中至少有一个不小于 $\angle A_1 A_0 A_2$. 设 $\angle A_0 A_1 A_2 \geqslant \angle A_1 A_0 A_2$，则 $A_1 A_2 \leqslant A_0 A_2 \leqslant R_0 + R_2 \leqslant R_1 + R_2$.

所以，$\odot A_1$ 与 $\odot A_2$ 相交. 从而，有三个圆 $\odot A_0$，$\odot A_1$，$\odot A_2$ 两两相交，与题设矛盾.

至此，用归纳法完成了命题的证明.

【点评】 本题的证明综合运用了归纳法、反证法和极端原理，技巧性很强. 关于此题的背景见本书题 2.88.

【例 3.8.12】 （货郎担问题）某地有 n 个村庄 $A_i (i=1，2，…，n)$，一个货郎从某一村庄 A_1 出发，不重复、不交叉地走完所有村庄 A_i，并回到原地 A_1，问怎么走法？

解 这是美国算法几何杂志上提出的一个问题，要求给出一种走法，可用构造法求解如下：

取任何一点 S 为原点，顺次连接 S 与每一村庄 A_i 的半线 SA_i，取 SA_1 作起始线，这就给出一个程序，通过有限步，作出封闭的简单多边形 $A_1 A_2 \cdots A_n A_1$ 即为所求（图 3-8-10）. 如果自交，就适当选取新路径，新路径会更短而且不交叉.

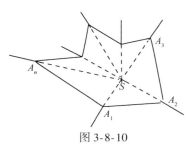

图 3-8-10

【例 3.8.13】 问是否存在一个实数 L，使得如果 m，n 是大于 L 的整数，则 $m \times n$ 矩形可表示为若干 4×6 与 5×7 的矩形之并，且任何两个小矩形至多只在边界上相交？

解 存在. 首先需要一个引理.

引理 如果 a，b 是正整数，则存在数 L_0，使得任何比 L_0 大的 $(a，b)$（a 与 b 的最大公约数)的倍数，都可表示为 $ra + sb$，其中 r，s 是非负整数.

引理的证明　先假定 $(a, b)=1$，则 0，a，$2a$，$\cdots$，$(b-1)a$ 是模 b 的完全剩余类. 于是，对任何大于 $(b-1)a-1$ 的整数 k，都有某个 $q \geqslant 0$，使 $k - qb = ja(j = 0, 1, 2, \cdots, b-1)$，故此时引理成立.

一般地，由于 $\dfrac{a}{(a, b)}$ 与 $\dfrac{b}{(a, b)}$ 互素，由上述结果知对某个 L_1，任何大于 L_1 的整数，都可表为 $\dfrac{ra}{(a, b)} + \dfrac{sb}{(a, b)}$，把有关的量都乘以 (a, b)，便可证明引理.

为解答本问题，我们先构造 20×6 与 20×7 的矩形，由引理知，对充分大的 n，$20 \times n$ 矩形可由若干这样的矩形构成. 然后，再构造 35×5 与 35×7 的矩形，进而可对充分大的 n，由它们构造出 $35 \times n$ 的矩形，然后再构造 42×4 与 42×5 的矩形，以及对充分大的 n，构造 $42 \times n$ 的矩形.

由于 $(20, 35)=5$，存在 5 的倍数 m_0 与 42 互素. 这一点与充分大的 n 无关. 由此，可构造 $m_0 \times n$ 的矩形. 最后，由于 $(m_0, 42)=1$，可以形成所有的 $m \times n$ 矩形，只要 m，n 充分大.

【例 3.8.14】　试证：任意凸 n 边形能够划分成凸五边形的并，这里 $n \geqslant 6$.

证明　我们用归纳法证明任意凸 n 边形可以分割成凸五边形，其中 $n \geqslant 5$(前移起点).

当 $n = 5$ 时，结论显然成立，对于 $n = 6$ 及 $n = 7$，可以像图 3-8-11 那样分割.

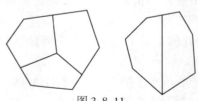

图 3-8-11

当 $n \geqslant 8$ 时，假设对于任意凸 k 边形都能够分割成凸五边形，这里 $5 \leqslant k < n$. 现在引出凸 n 边形的一条对角线，它截出 n 边形相邻五个顶点所构成的五边形，剩下一个 $(n-3)$ 边形. 由于 n 边形是凸的，所以截出的五边形及 $(n-3)$ 边形都是凸的，此外，$5 \leqslant n-3 < n$，故可对剩下的凸 $(n-3)$ 边形应用归纳假设，它也可分割成若干个凸五边形.

【点评】　上述两题都是有关平面图形划分的题目，这也是组合几何中的一类典型问题，通常用构造法证明结论，一个类似的问题是：

给定一个凸 n 边形 $(n \geqslant 4)$，证明它可划分为有限个凸四边形的并.

证明方法与例 3.8.13 类似. 注意, 这里所要求的凸性是至关重要的, 如果不限制这一点, 答案将是否定的, 请看下例.

【例 3.8.15】 试证: 凸多边形不能划分成有限个非凸四边形.

证明 非凸四边形, 即是恰有一个大于 180° 内角的四边形. 假设有一个凸 l 边形 M 能够划分为非凸四边形 M_1, $\cdots$, M_n 之并. 用 $f(M_i)$ 记 M_i 的小于 180° 的三角之和与大于 180° 的角关于 360° 的补角之差. 我们用两种方法计算 $f(M_1) + \cdots + f(M_n)$.

一方面, 设 M_i 的 4 个内角为 α_1, α_2, α_3, α_4, 其中 $\alpha_1 > 180°$, $0 < \alpha_2$, α_3, $\alpha_4 < 180°$. 由定义, $f(M_i)=\alpha_2 + \alpha_3 + \alpha_4 - (360° - \alpha_1)=\alpha_1 + \alpha_2 + \alpha_3 + \alpha_4 - 360°=0°$, 所以

$$f(M_1) + \cdots + f(M_n)=0°. \qquad (3.8.2)$$

另一方面, 我们考查四边形 M_1, $\cdots$, M_n 所有顶角的贡献. 这可分成如下几类计算:

(1) 顶角的顶点是 M 的顶点(注意, M 的每个顶点一定是某些个顶角的顶点). 由于 M 是凸多边形, 故所有这些顶角都小于 180°, 从而它们在 $\sum_{i=1}^{n} f(M_i)$ 中的总贡献等于 M 的内角之和, 即 $(l - 2) \times 180°$.

(2) 顶角的顶点在 M 或 M_i 的边界上(但不与 M 或 M_i 的顶点重合). 这样的顶角显然都小于 180°, 从而它们的总贡献为 $k \times 180°$, 其中 $k(\geqslant 0)$ 是 M 或 M_i 的边界上成为顶点的个数.

(3) 顶角的顶点在 M 的内部. 如果以 M 内一点为顶点的各顶角都小于 180°, 易见这些顶角的贡献是 360°. 设 M 内共有 m 个这样的点, 则所有以这些点为顶点的顶角的总贡献是 $m \times 360°$.

如果以 M 内一点为顶点的顶角中有一个(也只能有一个)大于 180°, 设这些顶角为 β_1, β_2, $\cdots$, β_t, 其中 $\beta_1 > 180°$, $0 < \beta_2$, β_3, $\cdots$, $\beta_t < 180°$, 则这些顶角的贡献为 $\beta_2 + \cdots + \beta_t - (360° - \beta_1)=\beta_1 + \cdots + \beta_t - 360°=0°$, 从而所有以这些点为顶点的顶角的总贡献是 0°.

由上面的(1)、(2)、(3)可知 $f(M_1) + \cdots + f(M_n)=(l - 2) \times 180° \times k \times 180° + m \times 360°$, 特别地, 有

$$f(M_1) + f(M_2) + \cdots + f(M_n) \geqslant (l - 2) \times 180°.$$

这与(3.8.2)式矛盾, 证毕.

【点评】 上述解答用两种不同的方法计算总和 $\sum f(M_i)$, 从而导出矛盾, 这正是反证法所希望的. 注意这里考虑的是所有四边形 "带符号的内角和" 而不仅是内角和. 这是由于 "非凸性" 所决定的, 因为凸四边形与非凸

四边形的内角和都是 360°，内角和并未刻画多边形的凸性或非凸性．就本题而言，类似地，考虑没有刻画非凸性的内角和不可能导出证明．

【例 3.8.16】　平面上有 n 条直线把平面分成若干区域，能否用黑白两种颜色来染色，使任意两个相邻的区域(指它们有公共边界的)都染上不同的颜色？

解　当 $n=1$，2，3 时，不难找出涂色的方法，使之满足题目中的要求．例如，当 $n=3$，且三线不共点，两两相交时，可按图 3-8-12 中的方法涂色．

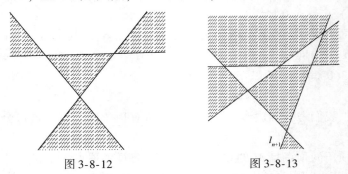

图 3-8-12　　　　　　　　　　图 3-8-13

归纳猜想：对一切正整数 n，都有方法涂色，使之满足题目中的要求．

下面用数学归纳法证明．为了"从 n 推到 $n+1$"，我们只要在 $n+1$ 条中任取 n 条，对于它们分割成的区域，先按题目要求分别涂上黑色的两种颜色，当添上第 $n+1$ 条直线 l_{n+1} 后，l_{n+1} 将平面分成甲、乙两部分(图 3-8-13)．现将甲部分各区域的颜色保持不变，乙部分每一小区域都改变颜色，就得到题目中所要求的涂色方法．

【点评】　例 3.8.16 的结果称为二色定理，它是 1840 年由德国几何学家奥·莫比乌斯(A. Möbius)提出的，将命题中的直线改为圆，结论仍成立．即为第 23 届普特南数学竞赛试题，证法类似．另外，还有四色定理，即平面或球面上的地图，使得相邻区域涂上不同颜色仅需 4 种颜色．这个问题直到 1976 年才由美国数学家用归纳原理在计算机上获得证明(花了 1200 个小时)．

【例 3.8.17】　桌上互不重叠地放有 2010 个大小相等的圆形纸片，问最少要使用几种不同颜色，才能保证无论这些纸片位置如何，总能给它们染色，使得任何两个相切的圆纸片都染有不同的颜色？

解　考虑如图 3-8-14 所示的 11 个圆纸片的情形：显然，A，B，E 三圆片只能染 1 和 3 两种颜色，而且是 A 为一种颜色，B 和 E 为另一种颜色．若只有三种颜色，则 C 和 D 无法染上不同颜色，所以，为了给这 11 个圆纸片染色并满足要求，至少要有 4 种不同颜色．

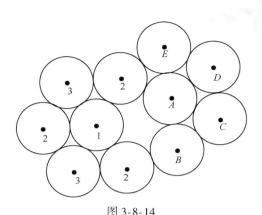

图 3-8-14

下面用归纳法证明只要有 4 种不同颜色，就可以按题中要求进行染色.

假设当 $n=k$ 时，只要 4 种颜色即可按要求染色. 当 $n=k+1$ 时，考虑这 $k+1$ 个圆的圆心的凸包，设 A 是此凸多边形的一个顶点，则显然，以 A 为圆心的圆至多与其他三个圆相切. 按归纳假设，除以 A 为圆心的圆纸片外的其他 k 个圆可用 4 种颜色染色. 染好之后，与圆片 A 相切的圆纸片至多三个，当然至多染有三种颜色，于是只要给圆纸片 A 染上第四种颜色就行了.

【例 3.8.18】　确定平面上所有至少包含三个点的有限点集 S，它们满足下述条件：

对于 S 中任意两个互不相同的点 A 和 B，线段 AB 的垂直平分线是 S 的一个对称轴.

解法 1　S 是正多边形的顶点集.

首先正多边形的顶点集满足题意. 下面证明满足题意的 S 必是正多边形的顶点集.

若 S 满足题意，考虑其凸包 $\widehat{S}$，易证 $\widehat{S}$ 不是线段，故它是多边形，设为多边形 P_1，P_2，$\cdots$，$P_n(n \geqslant 3)$，其中可能出现 S 中的点在多边形边上的情况.

先证凸包 $\widehat{S}$ 内部(包括边界)无 S 中的点. 如图 3-8-15 所示，若凸包内有 S 中的点 K，取距离 K 最远的凸包顶点，不妨设为 P_1，则 KP_1 的垂直平分线 l 是点集 S 的对称轴，取与 K 在同侧的凸包顶点中到 l 距离比 K 大的点 P_i，则 P_i 关于 l 的对称点 P'_i 在 S 中，但 P'_i 比 P_i 到 l 的距离大，不在凸包 $\widehat{S}$ 中，矛盾. 故 $\widehat{S}$

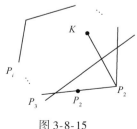

图 3-8-15

369

的顶点集为 S.

线段 P_1，P_3 的垂直平分线是 S 的对称轴，可知 P_2 在此对称轴上，故 $P_1P_2=P_2P_3$. 同理可得 $P_1P_2=P_2P_3=\cdots=P_nP_1$.

当 $n=3$ 时，S 是正三角形的顶点集.

当 $n\geqslant 4$ 时，考虑线段 P_1P_4 的垂直平分线，它是 S 的对称轴，可知 P_2，P_3 关于此直线对称，故 $\angle P_1P_2P_3=\angle P_2P_3P_4$. 同理可得 $\angle P_1P_2P_3=\angle P_2P_3P_4=\cdots=\angle P_nP_1P_2$. 故 S 是正 n 边形的顶点集.

解法 2　设 G 为 S 的重心. 对 S 中任意两点 A，B，记 r_{AB} 为 S 关于线段 AB 的垂直平分线的对称映射. 因为 $r_{AB}(S)=S$，所以 $r_{AB}(G)=G$，这说明 S 中每个点到 G 的距离都相等，因而 S 中的点全在一个圆周上，它们构成一凸多边形 $A_1A_2\cdots A_n(n\geqslant 3)$.

因为 S 的对称映射 $r_{A_1A_3}(A_2)=A_2$，把以 A_1A_3 为边界的两个半平面分别映成它们自己，所以有 $r_{A_1A_3}(A_2)=A_2$，即得 $A_1A_2=A_2A_3$.

同理可证 $A_2A_3=A_3A_4=A_4A_5=\cdots=A_nA_1$.

这说明 $A_1A_2\cdots A_n$ 是一个正 n 边形.

反之易验证，正 n 边形$(n\geqslant 3)$的顶点集合满足题目要求. 因此，S 为正多边形的顶点集合.

【例 3.8.19】　平面内 $n(n\geqslant 3)$ 个点组成集合 S，P 是此平面里 m 条直线组成的集合，满足 S 关于 P 中的每一条直线对称，求证：$m\leqslant n$，并问等号何时成立.

分析　正 n 边形的顶点显然满足要求，我们来看它们有何性质. 不难看出，它们的对称直线都是过同一个点——正 n 边形的中心，而这 n 个点离中心的距离都彼此相等. 这样，我们就得出了找到等号成立条件的路线.

证明　首先我们标出这 n 个点的重心 O，易见，P 里所有 m 条直线都必须过 O，否则 S 不可能关于这条直线对称. 这是因为，关于直线对称的每一对点，其重心必在直线上.

下面，找 S 中不同于 O 的一点 A，做 A 关于 P 中所有直线的对称点，设它们分别为 A_1，A_2，$\cdots$，A_m，下面我们将证明 A_1，A_2，$\cdots$，A_m 是彼此不同的点.

事实上，假设 A_1 和 A_2 是同一个点，如果它不与 A 重合，那么满足条件的直线只能是两点的垂直平分线这一条直线；若它与 A 重合，那么满足条件的直线则只能是过 A 和 O 的那唯一的一条直线.

所以 A_1，A_2，$\cdots$，A_m 是彼此不同的点，也就是说 $m\leqslant n$.

下面我们假设 $m=n$. 也就是说，S 中全体点恰好是 A 点关于 P 中每条直线的对称点. 因此我们知道 S 中每个点与 O 的距离都相等, 并且 O 不在 S 中.

考虑 S 中每个点关于 m 条直线的对称点, 显然都是集合 S. 我们建立复平面, 以 O 为原点, 设 A 点代表 1, 即 S 中所有的点都在 $|z|=1$ 这个单位圆上.

对于每一条直线, 如果它把 A 点对称映射到表示复数 z_0 的 B 点. 那么显而易见, 它将单位圆上任意一点 z 对称映到 $\dfrac{z_0}{z}$. 所以, 若是设 S 中所有的点表示的复数分别是 z_1, z_2, $\cdots$, z_m, 那么我们可以得到如下方程:

$$\frac{z_1}{z_i}\frac{z_2}{z_i}\cdots\frac{z_m}{z_i}=z_1 z_2\cdots z_m , \qquad i=1, 2, \cdots, m .$$

即 $z_i^m = 1 (i = 1, 2, \cdots, m)$. z_1, z_2, $\cdots$, z_m 为 1 的所有 m 次单位根, 故 S 是一个正 n 边形的所有顶点. 当然, 正 n 边形的所有顶点显然可以满足 $m = n$. 因此等号成立当且仅当 S 是一个正 n 边形的所有顶点, P 是 S 所有的 n 条对称轴.

【点评】　考虑 n 个点的重心, 并从其中一个点出发考虑关于所有直线的对称点, 这是解答的关键.

【例 3.8.20】　三角形 T 包含在中心对称的凸多边形 M 之中, 三角形 T' 是三角形 T 关于 T 内部的某个点 P 的对称图形. 证明: 三角形 T' 至少有一个顶点位于多边形 M 的内部或者它的边界上.

证法 1　设 O 为凸多边形 M 的对称中心, A, B, C 为三角形 T 的三个顶点, 而 A', B', C' 为三角形 T' 的三个对应的顶点. 设 $\triangle ABC$ 关于 O 的对称图形为 $\triangle A_0 B_0 C_0$, 显然, $\triangle A_0 B_0 C_0$ 也包含在凸多边形 M 之中. 如果 $P = O$, 则结论显然成立.

下设 $P \neq O$, 并将直线 OP 上以 P 为端点的不包括点 O 的射线记为 d. 于是, d 至少与 $\triangle ABC$ 的一条边相交, 不妨设为 AB. 我们考察位于多边形 M 内部的 $\square ABA_0 B_0$. 直线 OP 在其内部被截出 2 条关于点 O 对称的线段, 且线段 $A'B'$ 与该直线的交点 K 位于 $\square ABA_0 B_0$ 的内部 (图 3-8-16).

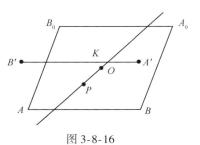

图 3-8-16

由于 $A'B' \underset{=}{\parallel} AB \underset{=}{\parallel} A_0 B_0$, 所以, 点 A' 与点 B' 之一位于该平行四边形内部或其边界上, 否则将会有 $A'B' > AB$, 此种情况不可能.

证法 2　先证明下面的引理.

引理　如果在平面上给定一个 $\triangle XYZ$ 和一个点 S，则 $\triangle XYZ$ 被 $\triangle SXY$，$\triangle SYZ$，$\triangle SZX$ 所覆盖.

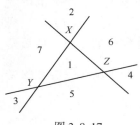

图 3-8-17

如图 3-8-17 所示，事实上，平面被直线 XY，YZ，ZX 分为 7 部分.

如果点 S 位于部分 1 中，则 $\triangle XYZ = \triangle SXY \cup \triangle SYZ \cup \triangle SZX$；

如果点 S 位于部分 2 中，则 $\triangle XYZ \subset \triangle SYZ$（点 S 位于部分 3 或部分 4 中与此类似）；

如果点 S 位于部分 5 中，则 $\triangle XYZ \subset \triangle SXY \cup \triangle SZX$（点 S 位于部分 6 或部分 7 与此类似）. 下面证明原题. 将凸多边形 M 的对称中心记为 O，将三角形 T 记为 $\triangle ABC$，并分别将边 BC，CA，AB 的中点记为 A_1，B_1，C_1.

我们来考察点集 $\{O，A，B_1，C_1\}$ 的凸包多边形 V_A. 显然，V_A 覆盖 $\triangle AB_1C_1$. 类似地，将 V_B 和 V_C 分别定义为点集 $\{O，B，C_1，A_1\}$ 和点集 $\{O，C，A_1，B_1\}$ 的凸包多边形. 于是，V_B 覆盖 $\triangle BC_1A_1$，而 V_C 覆盖 $\triangle CA_1B_1$. 同时

$$V_A \supset \triangle OB_1C_1，\quad V_B \supset \triangle OC_1A_1，\quad V_C \supset \triangle OA_1B_1.$$

记 $V = V_A \cup V_B \cup V_C$.

由引理知 $V \supset \triangle A_1B_1C_1$. 从而，$V$ 覆盖 $\triangle AB_1C_1 \cup \triangle BA_1C_1 \cup \triangle CA_1B_1 \cup \triangle A_1B_1C_1$，即 V 覆盖 $\triangle ABC$. 这表明多边形 V_A，V_B，V_C 之一包含点 P，为确定起见，设 $P \in V_A$（图 3-8-18）.

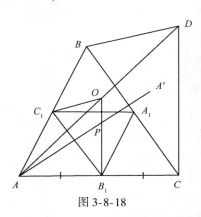

图 3-8-18

设 A' 为三角形 T' 的一个顶点，即点 A 关于点 P 的对称点；再设点 D 为 A 关于点 O 的对称点. 作以点 A 为中心、位似系数 $k=2$ 的同位相似，则点 P

变为点 A'，点 O 变为点 D，点 C_1 变为点 B，点 B_1 变为点 C．因此，多边形 V_A 变为点集 D，A，C，B 的凸包多边形 U，且点 A' 被包含在 U 中．

由于 A，C，$B \in M$，而 M 关于点 O 对称，所以 $D \in M$．由于 M 是凸多边形，所以 $U \subset M$．这表明 $A' \in M$．得证.

【例 3.8.21】　求具有如下性质的最小正整数 n：把正 n 边形 S 的任何 5 个顶点染成红色时，总有 S 的一条对称轴 l，使每一红点关于 l 的对称点都不是红点.

解　当 $n \leqslant 9$ 时，正 n 边形显然不具备题目中所述的性质.

正 n 边形 $A_1A_2 \cdots A_n$ 的对称轴，当 $n = 2k(k \in \mathbf{N})$ 时，有 $2k$ 条对称轴，直线 A_iA_{k+i}（$i = 1$，2，$\cdots$，k）和线段 A_iA_{i+1}（$i = 1$，2，$\cdots$，k）的中垂线；当 $n = 2k + 1(k \in \mathbf{N})$ 时，顶点 A_i（$1 \leqslant i \leqslant 2k + 1$）与线段 $A_{k+i}A_{k+i+1}$ 的中点的连线是对称轴.

当 $n = 10$ 时，把正十边形的顶点 A_1，A_2，A_4，A_6，A_7 染成红色，就不具备题目中所述的性质．记 A_iA_{5+i}（$i = 1$，2，$\cdots$，5）的连线为 l_i，线段 A_iA_{i+1} 的中垂线为 $l_{i+\frac{1}{2}}$（$i = 1$，2，$\cdots$，5）．于是，正十边形的全部对称轴为 l_1，l_2，l_3，l_4，l_5，$l_{\frac{3}{2}}$，$l_{\frac{5}{2}}$，$l_{\frac{7}{2}}$，$l_{\frac{9}{2}}$，$l_{\frac{11}{2}}$ 这 10 条.

当 $i = 1$，2，4 时，l_i 映点 A_i 到点 A_i 自身．因此，l_1，l_2，l_4 不是题目中所要的对称轴．l_3 映点 A_2 到点 A_4，l_5 映点 A_4 到点 A_6，$l_{\frac{3}{2}}$ 映点 A_1 到点 A_2，$l_{\frac{5}{2}}$ 映点 A_1 到点 A_4，$l_{\frac{7}{2}}$ 映点 A_1 到点 A_6，$l_{\frac{9}{2}}$ 映点 A_2 到点 A_7，$l_{\frac{11}{2}}$ 映点 A_4 到点 A_7．所以，全部 10 条对称轴没有一条满足题目性质．因此，正十边形不具备题目中的性质.

完全类似可以证明：当 $n = 11$，12，13 时，如果把点 A_1，A_2，A_4，A_6，A_7 都染成红色，这些正 n 边形都不具备题目中的性质.

下面证明正十四边形具备题目性质.

正十四边形 $A_1A_2 \cdots A_{14}$ 有 7 条对称轴是不通过顶点的，当 i 为奇数时，称点 A_i 为奇顶点；当 i 为偶数时，称点 A_i 为偶顶点．显然，每一条不通过顶点的对称轴都使奇顶点与偶顶点互相对称．设 5 个红顶点中有 m 个奇顶点（$m = 0$，1，$\cdots$，5），则有 $5 - m$ 个偶顶点．从而，染红色的奇顶点与染红色的偶顶点的连线的条数为

$$m(5 - m) \leqslant \left(\frac{5}{2}\right)^2 < 7.$$

由于 $m(5 - m)$ 为整数，则 $m(5 - m) \leqslant 6$．这表明，红色的奇顶点与红色的偶顶点的连线段的中垂线最多只有 6 条．因此，至少还有一条不通过顶点

的对称轴使得任一红点的对称点都不是红点.

【例 3.8.22】　　求证：将平面上的点染三种颜色，必有距离为 1 的两点，染同一种颜色. 但若染 7 种颜色，则可能不存在距离为 1 的两点染同一种染色.

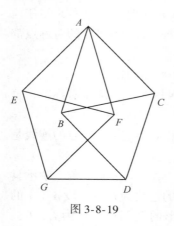

图 3-8-19

证明　对问题的前半部分，构造图 3-8-19，其中 △ABC，△BCD，△AEF，△EFG 均为边长是 1 的正三角形，$DG=1$. 若结论不真，不妨设点 A，B，C 分别染三种不同色 1，2，3，则 D 必染色 1. 同理 E，F 分别染色 2，3，故 G 必染色 1. 这时，D，G 同染色 1，$DG=1$，矛盾.

对问题的后半部分，用边长为 $a\left(\dfrac{2}{3\sqrt{3}}<a<\dfrac{1}{2}\right)$ 的正六边形按图 3-8-20 的方式分割平面，并用 7 种颜色分别染各个正六边形，则距离为 1 的任两点染不同色.

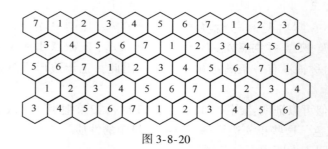

图 3-8-20

【点评】　由本题可引出一个著名的未解决的问题：

求最小正整数 r，使得可用 r 种颜色染平面的点，距离为 1 的任两点染不同颜色.

由例 3.8.22 知 $4\leqslant r\leqslant 7$，这是已知的最佳结果，而这一结果来自智巧的构造（图 3-8-19 与图 3-8-20）.

【例 3.8.23】　（Heilbron 猜想）设平面上任给 n 个点，每两点之间有一个距离，最大距离与最小距离之比记为 λ_n，则 $\lambda_n\geqslant 2\sin\dfrac{(n-2)\pi}{2n}$.

有关此题的背景及相关的赛题见本书题 1.11 ~ 题 1.15，Heilbron 猜想已经被我国徐州师院数学系吴报强先生证明. 为了说明这类问题的一般解决过程，我们先给出 $\lambda_5 \geqslant 2\sin54°$ 的证明过程如下：

考虑 5 点 A，B，C，D，E 的凸包.

（1）若其中有三点，如 A，B，C 共线，且 B 在 A，C 之间，则

$$\lambda_5 \geqslant \frac{AC}{\min(AB, BC)} \geqslant 2 > 2\sin54°,$$

（2）若凸包为三角形，比如为 $\triangle ABC$，而 D，E 在其内部，则 $\angle ADE$，$\angle BDC$，$\angle CDA$ 中至少有一个不小于 120°，不妨设 $\angle ADB \geqslant 120°$，则

$$AB^2 = AD^2 + BD^2 - 2AD \cdot BD\cos\angle ADB$$
$$\geqslant AD^2 + BD^2 + 2AD \cdot BD\cos60°.$$

不妨设 $AD \leqslant BD$，则

$$AB^2 \geqslant 2AD^2(1 + \cos60°) = 4AD^2\cos^2 30° > 4AD^2\sin^2 54°,$$

故 $\lambda_5 \geqslant \dfrac{AB}{AD} > 2\sin54°$.

（3）若凸包为四边形 $ABCD$，E 在其内部，则 E 在 $\triangle ABC$ 或 $\triangle ACD$ 中，由上面证明得

$$\lambda_5 > 2\sin54°.$$

（4）若凸包为五边形 $ABCDE$，则由于内角和为 $(5 - 2) \times 180° = 540°$，5 个内角至少有一个不小于 $\dfrac{540°}{5} = 108°$. 不妨设 $\angle B > 108°$，则

$$AC^2 = AB^2 + BC^2 - 2AB \cdot BC\cos\angle B$$
$$\geqslant AB^2 + BC^2 - 2AD \cdot BD\cos108°.$$

不妨设 $AB \leqslant BC$，则

$$AC^2 \geqslant 2AB^2(1 - \cos108°) = 4AB^2\sin^2 54°,$$

故 $\lambda_5 \geqslant \dfrac{AC}{AB} = 2\sin54°$.

综上所述，恒有 $\lambda_5 \geqslant 2\sin54°$，当且仅当 5 点组成正五边形时等号成立.

相仿地，可以给出一般结论的证明. 在证明中要用以下引理：

在 $\triangle ABC$ 中，若某内角 $\alpha \leqslant \dfrac{\pi}{5}$，则

$$\lambda_{ABC} = \frac{\triangle ABC \text{ 的最大边}}{\triangle ABC \text{ 的最小边}} \geqslant 2\cos\alpha.$$

证明　（1）若这 n 个点中存在三点在一条直线上，不妨假定它们是 A_1，A_2，A_3，且 A_2 在 A_1，A_3 之间，则有

$$\lambda_n \geqslant \lambda_{A_1A_2A_3} = \frac{A_1A_3}{\min\{A_1A_2, A_2A_3\}} \geqslant 2 > 2\cos\frac{\pi}{n}.$$

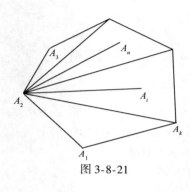

图 3-8-21

（2）这 n 个点中任意三点都不在同一直线上，设它们的凸包为凸 k 边形（$3 \le k \le n$）$A_1A_2\cdots A_k$（图 3-8-21），取这 k 边形中最小内角的顶点，不妨设这点为 A_2，则 $\angle A_3A_2A_1 \le \dfrac{(k-2)\pi}{k} \le \dfrac{(n-2)\pi}{n}$，连接 $A_2A_4, A_2A_5, \cdots$，A_2A_n. 由于没有三点在同一直线上，故 A_2A_4，A_2A_5，$\cdots$，A_2A_n 将 $\angle A_3A_2A_1$ 分成 $n-2$ 个小角. 在这 $n-2$ 个小角中，至少有一个小角（如 $\angle A_iA_2A_j$）不超过 $\dfrac{(k-2)\pi}{(n-2)k} \le \dfrac{\pi}{n}$. 由引理知

$$\lambda_n \ge \lambda_{A_iA_2A_j} \ge 2\cos\frac{\pi}{n} = 2\sin\frac{n-2}{2n}\pi,$$

证毕.

【点评】 1）在上述证明中，事实上，我们已得到了更为精确的定理：平面上任给 n 个点，若存在三点在一条直线上，则 $\lambda_n \ge 2$；若任意三点都不在同一直线上，它们的凸包为凸 k 边形（$3 \le k \le n$），则 $\lambda_n \ge 2\sin\dfrac{kn-4k+4}{2k(n-2)}\pi.$

易知 $\sin\dfrac{kn-4k+4}{2k(n-2)}\pi \ge \sin\dfrac{n-2}{2n}\pi$，且等号当且仅当 $k=n$ 时成立.

2）上述证明（2）中的关键是证明下述命题：

给定平面上 n 个点（$n \ge 3$），无三点共线，那么在这 n 个点中可以挑出三个点，使得从其中一个点引出的通过其他两个点的射线之间的夹角不超过 $\dfrac{\pi}{n}$.

与距离类似，也可以考虑角度（如上述命题）或三角形（多边形）的面积.

【例 3. 8. 24】 平面上任意给定 5 点，其中任三点可以组成一个三角形，每个三角形都有一个面积，令最大面积与最小面积之比为 μ_5，求证：

$$\mu_5 \ge \frac{\sqrt{5}+1}{2}.$$

证明 设 5 个点为 A_1，A_2，A_3，A_4，A_5.

（1）当凸包不是五边形时，必有一点落在某一个三角形中，不妨设 A_4 在 $\triangle A_1A_2A_3$ 之中，则有

$$\mu_5 \ge \frac{S_{\triangle A_1A_2A_3}}{\min(S_{\triangle A_1A_2A_4},\ S_{\triangle A_2A_3A_4},\ S_{\triangle A_1A_3A_4})} \ge 3 > \frac{\sqrt{5}+1}{2}.$$

（2）当凸包为五边形时，作直线 $MN/\!/A_3A_4$，交 A_1A_3 与 A_1A_4 于 M 和 N，则

$$\frac{A_1M}{MA_3}=\frac{A_1N}{NA_4}=\frac{\sqrt{5}-1}{2}.$$

① 如图 3-8-22(a)，若两点 A_2，A_5 中有一点与 A_3，A_4 在 MN 的同侧，则有

$$\mu_5\geqslant\frac{S_{\triangle A_1A_3A_4}}{S_{\triangle A_2A_3A_4}}\geqslant\frac{A_1A_3}{MA_3}$$

$$=1+\frac{A_1M}{MA_3}=1+\frac{\sqrt{5}-1}{2}=\frac{\sqrt{5}+1}{2}.$$

② 如图 3-8-22（b），若两点 A_2，A_5 与 A_1 均在直线 MN 的同一侧，设 A_2A_5 交 A_1A_3 于 O，则 $A_1O\leqslant A_1M$，于是

$$\mu_5\geqslant\frac{S_{\triangle A_2A_3A_5}}{S_{\triangle A_1A_2A_5}}=\frac{S_{\triangle A_2A_3O}}{S_{\triangle A_1A_2O}}=\frac{OA_3}{A_1O}\geqslant\frac{MA_3}{A_1M}=1+\frac{\sqrt{5}-1}{2}=\frac{\sqrt{5}+1}{2}.$$

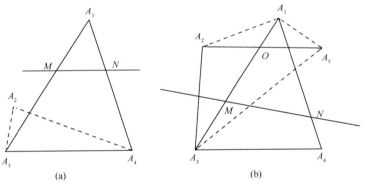

(a)　　　　　　　　　　　　(b)

图 3-8-22

【点评】　对于更一般的情形，可以提出下列问题：

平面上 $n(n\geqslant3)$ 个点，无三点共线，它们构成的集合记为 K，这些点组成的 C_n^3 个三角形中，其最大面积是 T，最小面积是 t，设 $E(K)=T/t$ 且 $E_n=\inf_K E(K)$．

1）求证：$E_6=3$．

2）证明或否定 $E_n\geqslant\dfrac{n^2}{16\log_4 n}$．

【例 3.8.25】　（闵可夫斯基(Minkowski)定理）一个凸集 M 面积大于 4，关于原点 O 对称，证明这个凸集 M 中至少有一个不同于 O 的格点．

证明　考虑所有以偶整点 $(2m,2n)(m,n\in\mathbf{Z})$ 为中心，边长为 2 的正方形．如果正方形含有凸集 M 的点，就将它平移与中心为原点的正方形 K 重合．

这样凸集 M（经过上述平移）就完全落入以原点为中心，边长为 2 的正方形 K 中.

由于点集 M 面积大于 4，必有两个属于 M 的点 A，B 经上述平移后与正方形 K 中同一点 (x_0, y_0) 重合，A，B 的坐标分别为

$$(x_0 + 2r, \ y_0 + 2s), \quad (x_0 + 2m, \ y_0 + 2n).$$

A 关于 O 的对称点 $A_1(-x_0 - 2r, \ -y_0 - 2s)$ 也属于 M. 由于 M 为凸集，线段 A_1B 的中点 C 也属于 M，而由中点坐标公式，C 是格点 $(m-r, \ n-s)$，由于 A，B 不同，C 与原点不同.

【点评】 由上述证明易知：在题设条件下，可适当地平移 M，使 M 至少覆盖三个格点.

【例 3.8.26】 设 m，n 是给定的整数，$4 < m < n$，$A_1A_2\cdots A_{2n+1}$ 是一个正 $2n+1$ 边形，$P = \{A_1, \ A_2, \ \cdots, \ A_{2n+1}\}$. 求顶点属于 P 且恰有两个内角是锐角的凸 m 边形的个数.

分析 要解决这个组合几何计数问题，可以先对较小的 m，n 来画几个图找找规律. 不难发现顶点属于 P 的凸 m 边形最多有两个内角是锐角，而且若恰有两个则必须相邻. 这就为我们的计数打下了基础. 确定此事之后，需要解决的就是对哪几个点进行分析来计数了. 下面的解答中，将给出两种不同的计数方法.

解法 1 先证一个引理：顶点在 P 中的凸 m 边形至多有两个锐角，且有两个锐角时，这两个锐角必相邻.

事实上，设这个凸 m 边形为 $P_1P_2\cdots P_m$，只考虑至少有一个锐角的情况，此时不妨设 $\angle P_mP_1P_2 < \dfrac{\pi}{2}$，则

$$\angle P_2P_jP_m = \pi - \angle P_2P_1P_m > \dfrac{\pi}{2}, \quad 3 \leqslant j \leqslant m-1,$$

更有 $\angle P_{j-1}P_jP_{j+1} > \dfrac{\pi}{2}(3 \leqslant j \leqslant m-1)$.

而 $\angle P_1P_2P_3 + \angle P_{m-1}P_mP_1 > \pi$，故其中至多一个为锐角，这就证明了引理.

由引理知，若凸 m 边形中恰有两个内角是锐角，则它们对应的顶点相邻.

在凸 m 边形中，设顶点 A_i 与 A_j 为两个相邻顶点，且在这两个顶点处的内角均为锐角. 设 A_i 与 A_j 的劣弧上包含了 P 的 r 条边（$1 \leqslant r \leqslant n$），这样的 (i, j) 在 r 固定时恰有 $2n+1$ 对.

(1) 若凸 m 边形的其余 $m-2$ 个顶点全在劣弧 A_iA_j 上，而 A_iA_j 劣弧上有 $r-1$ 个 P 中的点，此时这 $m-2$ 个顶点的取法数为 C_{r-1}^{m-2}.

（2）若凸 m 边形的其余 $m-2$ 个顶点全在优弧 A_iA_j 上，取 A_i，A_j 的对径点 B_i，B_j，由于凸 m 边形在顶点 A_i，A_j 处的内角为锐角，所以，其余的 $m-2$ 个顶点全在劣弧 B_iB_j 上，而劣弧 B_iB_j 上恰有 r 个 P 中的点，此时这 $m-2$ 个顶点的取法数为 C_r^{m-2}．

所以，满足题设的凸 m 边形的个数为

$$(2n+1)\sum_{r=1}^{n}(C_{r-1}^{m-2}+C_r^{m-2})=(2n+1)\Big(\sum_{r=1}^{n}C_{r-1}^{m-2}+\sum_{r=1}^{n}C_r^{m-2}\Big)$$
$$=(2n+1)\Big(\sum_{r=1}^{n}(C_r^{m-1}-C_{r-1}^{m-1})+\sum_{r=1}^{n}(C_{r+1}^{m-1}-C_r^{m-1})\Big)$$
$$=(2n+1)(C_{n+1}^{m-1}+C_n^{m-1}).$$

解法 2　引理同解法 1，下面直接进行计数．

对于一个满足条件的凸 m 边形，考虑与两个锐角顶点分别相邻的两个顶点 A_i 与 A_j（两个锐角顶点本身相邻，它们各自还有一个其他的相邻顶点），它们将正 $2n+1$ 边形的外接圆分为一优一劣两段弧．显然两个锐角顶点在优弧 A_iA_j 上，且若锐角顶点 A_k 与 A_i 相邻，则它们在过 A_j 的直径的同一侧（否则无法形成锐角）．其他的顶点都在劣弧 A_iA_j 上．设劣弧 A_iA_j 上有 r 个 P 中的点（不含 A_i 与 A_j），$1\leqslant r\leqslant n-1$，则其他顶点的取法总数为 $C_r^{m-4}\cdot(n-r-1)^2$．对于每个 $1\leqslant r\leqslant n-1$，有 $2n+1$ 组这样的 A_i 与 A_j．因此满足题设的凸 m 边形的个数为

$$(2n+1)\sum_{r=1}^{n-1}C_r^{m-4}(n-r-1)^2=(2n+1)\sum_{r=1}^{n-1}(C_r^{m-4}C_{n-r-1}^2+C_r^{m-4}C_{n-r}^2)$$
$$=(2n+1)\Big(\sum_{r=1}^{n-1}C_r^{m-4}C_{n-r-1}^2+\sum_{r=1}^{n-1}C_r^{m-4}C_{n-r}^2\Big)$$
$$=(2n+1)(C_{n+1}^{m-1}+C_n^{m-1}).$$

注：这里用到了一个组合恒等式 $\sum_{r=0}^{n}C_r^aC_{n-r}^b=C_{n+1}^{a+b+1}$，它的组合诠释是在一排 $n+1$ 个物品里选取 $a+b+1$ 个，并考虑从左往右数第 $a+1$ 个被选取的物品．若此物品的位置是从左往右数的第 $r+1$ 个，则其他物品的选择方法数恰为 $C_r^aC_{n-r}^b$．

【点评】　要做出这个题目，引理中的内容必须要得到．这个问题考查了选手基本的组合几何转化的能力，以及组合计数与组合计算的技巧．虽然是个难题，但本质上难度并不高．

【例 3.8.27】　在平面上给出了有限个点，对于其中任何三点都存在一个直角坐标系（即两条坐标轴相互垂直，并且两条坐标轴上的长度单位相同），使得它们在该坐标系中的两个坐标都是整数．证明：存在一个直角坐

标系，使得所有的给定点的两个坐标都是整数.

证法 1　考查不在同一直线上的任意三点 A，B，C（如果所有点都在同一直线上，则命题显然成立）. 设 T_1 是使得它们的坐标都是整数的直角坐标系，单位长为 t_1. 观察其余任意一点，称之为 D. 设 T_2 是使得点 B，C，D 的坐标都是整数的直角坐标系，单位长为 t_2. 记线段 BC 的实际长为 $|BC|$，其余线段的实际长类似. 由于线段 BC 长度的平方在坐标系 T_1 和 T_2 之下都是整数，即 $\dfrac{|BC|^2}{t_1^2}$ 与 $\dfrac{|BC|^2}{t_2^2}$ 都是整数，所以 $(\dfrac{t_2}{t_1})^2$ 是有理数. 由于向量 $(\overrightarrow{BC}$，$\overrightarrow{BD})$ 的内积在 T_2 之下是整数，所以，在 T_1 之下是有理数，这是因为

$$\frac{|BC|}{t_1}\cdot\frac{|BD|}{t_1}\cdot\cos\angle CBD=\frac{|BC|}{t_2}\cdot\frac{|BD|}{t_2}\cdot\cos\angle CBD\cdot(\frac{t_2}{t_1})^2$$

是有理数.

同理，向量 $(\overrightarrow{BA}$，$\overrightarrow{BD})$ 的内积在 T_1 之下也是有理数.

设在 T_1 之下，有 $\overrightarrow{BC}=(x，y)$，$\overrightarrow{BA}=(z，t)$，$\overrightarrow{BD}=(p，q)$. 则 $px+qy=m$，$pz+qt=n$ 都是有理数. 从而，$p=\dfrac{mt-ny}{xt-yz}$，$q=\dfrac{nx-mz}{xt-yz}$ 都是有理数. 又因 A，B，C 不在同一直线上，故 $xt-yz\neq 0$. 因此，点 D 在坐标系 T_1 之下具有有理坐标.

最后，只需合理选择坐标单位，即可使得所有点的坐标都是整数.

证法 2　如同证法 1，可以假定 A，B，C 三点不在同一直线上. 我们证明 $\tan\angle BAC$ 或者为有理数，或者不存在. 观察使得这三个点的坐标都是整数的直角坐标系，如果 $x_A=x_B$，则 $\tan\angle BAC=\pm\dfrac{x_C-x_A}{y_C-y_A}$ 为有理数，或者不存在. 对 $x_A=x_C$ 的情形同理可得.

如果 $x_A\neq x_B$，$x_A\neq x_C$，则 $p=\dfrac{y_B-y_A}{x_B-x_A}$ 与 $q=\dfrac{y_C-y_A}{x_C-x_A}$ 都是有理数. 但是 $p=\tan\alpha$，$q=\tan\beta$，其中 α 与 β 分别是射线 AB 与 AC 同 Ox 轴的正方向的夹角，从而由公式

$$\tan\angle BAC=\tan\angle CAB=\tan(\beta-\alpha)=\frac{p-q}{1+pq}$$

即知其为有理数，或者不存在（当 $pq=-1$ 时）. 同理可证，由任何三个给定点形成的夹角的正切值都是有理数，或者不存在. 观察以点 A 为原点，以 AB 为单位向量的直角坐标系（此处将直线 AB 选为 Ax 轴）. 对于任何一个给定点 D，既然 $\tan\angle DAB$ 和 $\tan\angle DBA$ 都是有理数（或者不存在），所以，直

线 AD 和 BD 的方程都是有理系数方程. 因此, D 具有有理坐标. 适当改变坐标单位, 即可使得所有点都具有整数坐标.

问　题

1. 在平面上设置 4 个点, 两两连接形成的 6 条线段只有两种不同的长度, 试画出满足上述要求的所有本质不同的图形.

2. 4 个 2×4 的长方形排成如题 2 图的形状, 则覆盖这个图形的最小圆的半径是多少?

3. 老师说: "要在一个三边长为 2, 2, $2x$ 的三角形内部放置一个尽可能大的圆, 则正实数 x 的值该是多少?"

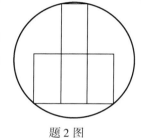

题 2 图

学生 A 说: "我想 $x=1$."

学生 B 说: "我认为 $x=\sqrt{2}$."

学生 C 说: "你们回答都不对!"

他们三人谁的回答是正确的? 为什么?

4. 一个三角形可被剖分成两个等腰三角形, 原三角形的一个内角为 $36°$, 求原三角形最大内角的所有可能值.

5. 已知边长为 2, 3, 6 的正方形各一个, 请你仅剪两刀共分成 5 块, 然后拼成一个正方形.

6. 试将一个正方形分割成若干个等腰梯形.

7. 多方块是将一些正方形依边与边相连接而成的形状. 例如, 题 7 图是一个四方块. 已知 $2\frac{1}{2}$ 方块, 有如图所示的 4 个不同的品种. (用 2 个单位正方形与半个单位正方形依边与边相连接而组成, 旋转翻转视为相同.)

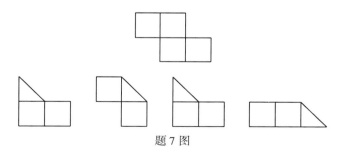

题 7 图

请问 $3\frac{1}{2}$ 方块有多少个不同的品种(旋转翻转视为相同)? 请将它们画

出来.

8. 如题 8 图所示，已知 $3\frac{1}{2}$ 方块有以下 14 个不同的品种，它们的总面积为 $3\frac{1}{2}\times14=49$ 单位，请问它们能否拼成一个 7×7 的正方形？如果能，请拼出；如果不能，请证明.

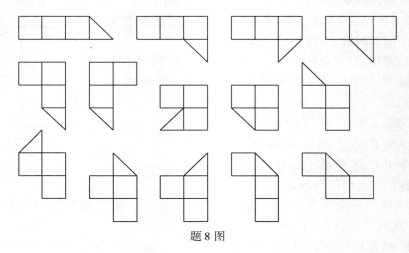

题 8 图

9. 对于某些自然数 n，可以用 n 个大小相同的等边三角形拼成内角都为 $120°$ 的六边形. 例如，$n=10$ 时就可以拼出这样的六边形，见题 9 图. 请从小到大，求出前 10 个这样的 n.

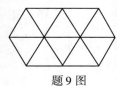

题 9 图

10. 用 $1\times1\times1$，$2\times2\times2$，$3\times3\times3$ 这三种立方体木块，拼成一个 $5\times5\times5$ 的实心正方体，看谁用的积木块最少. 你最少要用多少个积木块？

11. 将一个棱长分别为 36cm、54cm 和 72cm 的长方体切割成一些大小相同、棱长是整数厘米的正方体，然后给这些正方体的表面涂色. 用一高为 14cm、半径为 6cm 圆柱体桶装漆，已知每立方厘米的这种漆可以涂色 72cm². 问：将这个长方体最多能切割成多少个棱长相同的小正方体，用这桶漆可以将它们全部染色？

12. 是否存在这样的凸多面体，它共有 8 个顶点，12 条棱和 6 个面，并且其中有 4 个面，每两个面都有公共棱？

13. 是否存在三边长都为整数的三角形，满足以下条件：最短边长为 2007，且最大的角等于最小角的两倍？

14. 从 4×4 方格表的 25 个结点中，任取 6 个点，其中任三点不共线，而每个小方格的面积为 1. 求证：6 个点中必有 3 点，以这 3 点为顶点的三角形面积不大于 2.

15. 在直角坐标平面上有一个集合 M，它由适合 x，$y \in \mathbf{N}^+$ 并且 $x \leqslant 10$，$y \leqslant 12$ 的点 (x, y) 组成，其中共有 120 个点，每个点染成红、白或蓝色. 证明：存在一个矩形，它的边与坐标轴平行，所有顶点同色，并且都在集合 M 中.

16. 试问：能否在空间中放置 12 个长方体 P_1，P_2，$\cdots$，P_{12}，使得它们的棱分别平行于 Ox，Oy，Oz 轴，并且 P_2 与除了 P_1 和 P_3 之外的各个长方体都相交（即至少有一个公共点）；P_3 与除了 P_2 和 P_4 之外的各个长方体都相交；$\cdots$；P_{12} 与除了 P_{11} 和 P_1 之外的各个长方体都相交；P_1 与除了 P_{12} 和 P_2 之外的各个长方体都相交？（长方体包含其表面）

17. 平面上整点集 $S = \{(a, b) \mid 1 \leqslant a, b \leqslant 5, a, b \in \mathbf{Z}\}$，$T \subseteq S, T \neq \varnothing$，对 S 中任一点 P，总存在 T 中一点 Q，使线段 PQ 上无 S 中的点，问 T 的元素个数最少要多少？

18. 对于两个凸多边形 S，T，如果 S 的顶点都是 T 的顶点，称 S 是 T 的子凸多边形.

（1）求证：当 n 是奇数时（$n \geqslant 5$），对于凸 n 边形，存在 m 个公共边的子凸多边形，使得原多边形的每条边及每条对角线都是这 m 个子凸多边形中的边；

（2）求出上述 m 的最小值，并给出证明.

19. 试确定所有整数 $n > 3$，使得在平面上存在 n 个点 A_1，A_2，$\cdots$，A_n，并存在实数 r_1，r_2，$\cdots$，r_n 满足以下两个条件：

（1）A_1，A_2，$\cdots$，A_n 中任意三点都不在同一直线上；

（2）对于每个三元组 i，j，$k (1 \leqslant i < j < k \leqslant n)$，三角形 $A_i A_j A_k$ 的面积等于 $r_i + r_j + r_k$.

20. 设 P 为正 2006 边形. 如果 P 的一条对角线的两端将 P 的边界分成两部分，每部分都包含 P 的奇数条边，那么该对角线称为"好边". 规定 P 的每条边均为"好边".

已知 2003 条在 P 内部不相交的对角线将 P 分割成若干三角形. 试问在这种分割之下，最多有多少个有两条"好边"的等腰三角形？

21. 求证：任意整点凸五边形（顶点的坐标都是整数）的面积 $\geqslant \dfrac{5}{2}$.

22. 见题 22 图，在 7×8 的长方形棋盘的每个小方格的中心点各放一个棋子. 如果两个棋子所在的小方格共边或共顶点，那么称这两个棋子相连. 现从这 56 个棋子中取出一些，使得棋盘上剩下的棋子，没有 5 个在一条直线(横、竖、斜方向)上依次相连．问最少取出多少个棋子才可能满足要求？并说明理由．

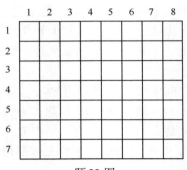

题 22 图

23. 设 $M(a, b)$ 是一个无理点(a, b 为无理数)，对于 $r \in \mathbf{R}^+$，以 M 为圆心，r 为半径的圆周上的有理点的个数记为 $P(M, r)$．试确定，对于所有无理点 M 及所有正实数 r，$P(M, r)$ 是否有最大值？证明你的结论．

24. 如题 24 图所示，由六个边长为 1 的正方形构成的图形，以及它旋转或反射所得的图形称为"勾形"．试求能够用勾形无空隙也无重叠地拼成的所有 $m \times n$ 矩形．

题 24 图

25. 设 n 是大于 1 的正整数，平面上有 $2n$ 个点，其中任意三点不共线．将其中的 n 个点染为蓝色，其余 n 个点染为红色．如果一条直线过一个蓝点和一个红点，且该直线的每一侧的蓝点数与红点数都相同，那么称该直线为平衡的．证明：至少存在两条平衡直线．

26. 平面上的一个凸多边形 P，被它的所有对角线分割成小凸多边形．若多边形 P 的所有边和对角线的长度都是有理数，证明：分割而成的所有小多边形的边长也都是有理数．

27. 证明：平面上任意 n 个点能被直径之和小于 n，且任意两个圆盘的距离大于 1 的有限个圆盘覆盖．(两个不相交的圆盘的距离是指它们的圆心距减去它们的半径和；两个有公共点的圆盘的距离规定为 0．)

28. 在平面上给定了一个有限点集 X 和一个正三角形 T．已知 X 的任何一个由不超过 9 个点构成的子集 X' 都可以被 T 的两个平移图形所覆盖．证明：点集 X 可以被 T 的两个平移图形所覆盖．

29. 在长方体上作了一个截面，其形状为六边形．已知该六边形可以放在一个矩形 Π 中，证明：在矩形 Π 中可以放入长方体的一个面．

30. 设 $n \geqslant 3$ 为整数，Γ_1，Γ_2，Γ_3，$\cdots$，Γ_n 为平面上半径为 1 的圆，圆心分别为 O_1，O_2，O_3，$\cdots$，O_n. 假设任一直线至多和两个圆相交或相切，证明：

$$\sum_{1 \leqslant i < j \leqslant n} \frac{1}{O_i O_j} \leqslant \frac{(n-1)\pi}{4}.$$

第 4 章
竞赛数学命题研究

> 创造一个问题比解决一个问题远为困难，创造问
> 题几乎没有什么一般的准则．据我所知，在命题者的
> 行列中，还没有一个 Polya 写出过一本名叫《怎样命
> 题》的书籍．
>
> ——Arthur Engel

命题是竞赛数学的中心环节，命题对数学竞赛活动的开展带有指导性作用，题目出得好坏是数学竞赛成败的关键．正如数学大师华罗庚教授所言："出题比做题更难，题目要出得妙、出得好、要测得出水平．"

竞赛数学命题研究主要涉及竞赛数学的命题原则、命题方法及对试题背景的研究和评价．

4.1　竞赛数学的命题原则

竞赛数学的命题原则与通常数学考试的命题原则是一致的，但在灵活性和思维能力上有较高的要求．笔者认为，竞赛数学的命题原则主要包括科学性原则、新颖性原则、选拔性原则、能力性原则和界定性原则．

4.1.1　科学性原则

1. 叙述的严谨性

题目的叙述应当要求语言精炼、文字流畅、术语规范、叙述准确、插图精确，涉及的概念和关系要明确，不能有产生两种不同理解的可能.

【题 4.1.1】　(1991 年全国高中数学联赛试题)设 $S=\{1, 2, \cdots, n\}$，A 为至少含有两项的公差为正的等差数列，其项都在 S 中，且添加 S 的其他元素于 A 后均不能构成与 A 有相同公差的等差数列，求这种 A 的个数.

这里"添加 S 的其他元素于 A 后"的"后"字有两种理解，其一作时间状语理解，添加的元素在 A 中无位置约束，因而可以是新数列的首项或末项；其二作地点状语理解，添加的元素在 A 中有位置约束，只能为末项. 命题者的原意是前者，但后者也有道理. 这里为了使题目的叙述无歧义，应将"后"字改为"中".

2. 条件的恰当性

题目的条件应恰当，即题目的条件要充分、互容、不多余.

【题 4.1.2】　(1986 年全国高中数学联赛试题)已知实数列 a_0，a_1，a_2，$\cdots$ 满足 $a_{i-1}+a_{i+1}=2a_i(i=1, 2, \cdots)$. 求证：对于任何自然数 n，
$$P(x)=a_0 C_n^0 (1-x)^n + a_1 C_n^1 x(1-x)^{n-1} + \cdots + a_n C_n^n x^n$$
是 x 的一次多项式.

这个题目的条件是不充分的. 因为如果给出的数列是一个常数列，即 $a_0=a_1=a_2=\cdots$，那么，虽然它满足条件 $a_{i-1}+a_{i+1}=2a_i$ $(i=1, 2, \cdots)$，但是，此时 $P(x)=a_0\left[(1-x)+x\right]^n=a_0$ 是一个常数，而不是 x 的一次多项式. 为了使题 4.1.2 中的条件充分，需要添加一个条件：$a_0 \neq a_1$ 或者将结论改为 $P(x)$ 是 x 的一次多项式或零多项式.

【题 4.1.3】　(第 28 届 IMO 备选题)设 α，β，γ 是满足 $\alpha+\beta+\gamma<\pi$ 的正实数，证明：用长为 $\sin\alpha$，$\sin\beta$，$\sin\gamma$ 的线段可以构成一个三角形，且它的面积不大于 $\dfrac{1}{8}(\sin\alpha+\sin\beta+\sin\gamma)$.

这道题是由苏联提供的，供题者给出了一个构造性证明.

构造一个顶点处面角分别为 2α，2β，2γ，侧棱都为 1 的四面体，这个四面体的底面是一个三角形，它的边长分别为 $2\sin\alpha$，$2\sin\beta$，$2\sin\gamma$. 由此可证得第一个结论，即可构成一个三角形，其边长分别为 $\sin\alpha$，$\sin\beta$，$\sin\gamma$.

但问题就在于"四面体的存在性"，举反例如下：

设 $\alpha=\dfrac{\pi}{12}$，$\beta=\dfrac{\pi}{6}$，$\gamma=\dfrac{\pi}{3}$，则 $\alpha+\beta+\gamma=\dfrac{7\pi}{12}<\pi$，故 α，β，γ 满足命题条件，但

$$\sin\frac{\pi}{3}=\frac{\sqrt{3}}{2}>\frac{1}{2}+\frac{\sqrt{6}-\sqrt{2}}{4}=\sin\frac{\pi}{6}+\sin\frac{\pi}{12}$$

不能构成三角形.

导致这一结果的原因是条件不足. 事实上，根据三面角的性质"三面角的任何面角小于其他两个面角之和，而大于其他两个面角之差"及"三面角之和小于四直角"（本题只注意考虑后者而忽视了前者，因而也就不能保证所构造的四面体存在了），只需在原题中增加条件"$\alpha+\beta>\gamma$，$\gamma+\alpha>\beta$，$\beta+\gamma>\alpha$"即可.

【题 4.1.4】　（1991 年南昌市初中数学竞赛试题）设 x，y，z 是三个实数，且有

$$\begin{cases}\dfrac{1}{x}+\dfrac{1}{y}+\dfrac{1}{z}=2,\\[2mm]\dfrac{1}{x^2}+\dfrac{1}{y^2}+\dfrac{1}{z^2}=1,\end{cases}$$

则 $\dfrac{1}{xy}+\dfrac{1}{yz}+\dfrac{1}{zx}$ 的值是(　　).

（A）1　　（B）$\sqrt{2}$　　（C）$\dfrac{3}{2}$　　（D）$\sqrt{3}$

如果仅从形式上推算，利用

$$ab+bc+ca=\frac{1}{2}\left[(a+b+c)^2-a^2-b^2-c^2\right],$$

可得欲求之值为 $\dfrac{3}{2}$，应该选（C）.

问题在于满足题设的实数 x，y，z 不存在——题设条件不相容. 这是因为对任意实数 x，y，z 有

$$4=\left(\frac{1}{x}+\frac{1}{y}+\frac{1}{z}\right)^2\leqslant 3\left(\frac{1}{x^2}+\frac{1}{y^2}+\frac{1}{z^2}\right)=3,$$

矛盾.

对原题的修订，可按不等式

$$\left(\frac{1}{x}+\frac{1}{y}+\frac{1}{z}\right)^{2}\leqslant 3\left(\frac{1}{x^{2}}+\frac{1}{y^{2}}+\frac{1}{z^{2}}\right)$$

予以赋值,可将已知两等式右边的 2 与 1 对调位置,这样便避免了题设条件不相容的错误.

【题 4.1.5】　(第 5 届美国数学奥林匹克试题)一个 4×7 的方格棋盘,每个方格染成黑色或白色,求证:对任何一种染色方式,在棋盘中必定含有一个矩形,其 4 个角上的不同方格有相同的颜色. 图 4-1-1 中用虚线框出者即为一例.

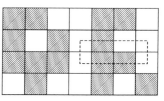

图 4-1-1

华罗庚教授曾指出本题存在多余的条件,即"4×7 的方格棋盘"可改为"3×7 的方格棋盘",也就是说,可以将棋盘中的方格去掉一行,其实"4×7 的方格棋盘"与"3×7 的方格棋盘"其证明都是应用抽屉原理,过程也完全一样,这一行多余的方格在证明过程中没有发挥作用,这种无缘无故的多余条件的存在,只能给解题者带来困惑,应当除去. 实际上,由图论知识可知,在两染色的情况下存在四角同色矩形的最小格阵是 3×7,在三染色的情况下则为 4×19. 命题者如能注意到这些,是完全可以避免上述多余条件的.

需要说明的是,从数学竞赛的命题目的和涉及对象看,对条件不多余的要求并不是绝对的. 有时考虑到选手的认识水平和接受能力,可以适当地给出一些较强或多余的条件. 这样可以降低题目的难度.

【题 4.1.6】　(第 20 届 IMO 试题)在△ABC 中,$AB=AC$,有一圆内切于△ABC 的外接圆,并且与 AB,AC 分别切于点 P,Q,求证:线段 PQ 的中点是△ABC 的内切圆圆心.

本题的条件 $AB=AC$ 实际上是多余的,如果去掉这个条件,题目的难度就增加了,由于这一题是第二天的第 1 题,不宜过难,所以保留了 $AB=AC$ 这一条件.

【题 4.1.7】　(第 30 届 IMO 试题)设 n 和 k 是正整数,S 是平面上 n 个点的集合,满足:

(1) S 中任何三点不共线;

(2) 对 S 中的每一个点 P,S 中至少存在 k 个点与 P 距离相等.

求证:$k<\frac{1}{2}+\sqrt{2n}$.

题目中的条件(1)是多余的,没有它结论仍然成立,但问题的难度也就增加了一些,有了(1),解决这个问题的方法也多了,所以此处有保留的必要.

3. 结论的可行性

这里所谓"可行"，就是证明题的结论是能够证明的；计算题的要求通过计算是能够达到的；平面几何中的作图题所要求作的图形是能够利用尺规作出来的.

【题 4.1.8】（1981 年全国高中数学联赛试题）在圆 O 内，弦 CD 平行于弦 EF，且与直径 AB 交成 $45°$ 角，若 CD 与 EF 分别交直径 AB 于 P 和 Q，且圆 O 的半径长为 1. 求证：

$$PC \cdot QE + PD \cdot QF < 2.$$

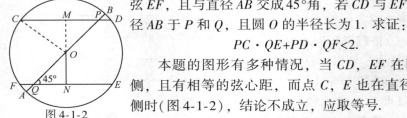

图 4-1-2

本题的图形有多种情况，当 CD，EF 在圆心 O 两侧，且有相等的弦心距，而点 C，E 也在直径 AB 的两侧时（图 4-1-2），结论不成立，应取等号.

事实上，当 CD，EF 在弦心距相等时，有 $OM = ON$，$PC = QE$，$PD = QF$，$CM = MD$，又由 $\angle MPO = 45°$ 知，$PM = MO$，所以有

$$\begin{aligned}
&PC \cdot QE + PD \cdot QF \\
&= PC^2 + PD^2 \\
&= (CM + PM)^2 + (MD - PM)^2 \\
&= 2(CM^2 + PM^2) \\
&= 2(CM^2 + MO^2) \\
&= 2CO^2 = 2.
\end{aligned}$$

故本题的结论是不可行的，应改为 $PC \cdot QE + PD \cdot QF \leqslant 2$.

【题 4.1.9】（1991 年四川省高中数学联赛决赛试题）设 $f(x)$ 为偶函数，$g(x)$ 为奇函数，且 $f(x) = -g(x+c)$（$c > 0$），则 $f(x)$ 是最小正周期为_____的周期函数.

命题者给出的"标准答案"为 $4c$，其"来历"如下：

$$\begin{aligned}
f(x) &= -g(x+c) = -g[-c-(-2c-x)] \\
&= g[c+(-2c-x)] = -f(2c-x) = -f(-2c+x) \\
&= g(3c+x) = g[-c+(4c+x)] = -g[c-(4c+x)] \\
&= f[-(4c+x)] = f(x+4c),
\end{aligned}$$

故 $f(x)$ 的最小正周期为 $4c$.

上述解答，由 $f(x) = f(x+4c)$ 断定 $f(x)$ 的最小正周期为 $4c$，与最小正周期的定义不符. 由 $f(x) = f(x+4c)$ 只能断定 $f(x)$ 是周期函数，且 $4c$ 是 $f(x)$ 的

一个周期，要说明 $4c$ 为最小正周期，必须证明比 $4c$ 小的正数都不是 $f(x)$ 的周期．事实上，本题的函数 $f(x)$ 不一定有最小正周期，即使有，也不一定是 $4c$．举反例如下：

设 $f(x)=\cos x$，$g(x)=\sin x$，则 $f(x)$ 是偶函数，$g(x)$ 是奇函数，且有

$$f(x)=\cos x=-\sin\left(x+\frac{3\pi}{2}\right)=-g\left(x+\frac{3\pi}{2}\right),$$

但 $4\times\dfrac{3\pi}{2}=6\pi$ 不是 $\cos x$ 的最小正周期．

综上所述，$4c$ 不一定是最小正周期，且 $f(x)$ 是否有最小正周期，最小正周期是什么均无法确定，故本题的结论是不可行的．

4.1.2　新颖性原则

命题的新颖性是数学奥林匹克的基本特征之一，这在 2.3 节中已作了论述．命题的关键在于创新，试卷必须由立意新颖、不落俗套的试题组成，以确保公平竞争，有利于考查选手的智力水平，提高学生学习数学的兴趣，不为题海战术开方便之门，遗憾的是，要做到这一点是非常之难的．在国内外数学竞赛中经常出现陈题，就连 IMO 这种最高级别的竞赛也不例外．

【题 4.1.10】　（1985 年加拿大 *Crux Mathematicorum* 杂志征解题 270 题）设 k 为正奇数，试求所有函数 f：$\mathbf{N}\to\mathbf{N}$，使得

$$f(f(n))=n+k.$$

此题的答案发表在 1987 年 *Crux Mathematicorum* 第 5 期，然而 1987 年第 28 届 IMO 第 4 题恰是此题 $k=1987$ 的特殊情形．

【题 4.1.11】　（第 30 届 IMO 试题）设在凸四边形 $ABCD$ 中，$AB=AD+BC$，在此四边形内，距离 CD 为 h 的地方有一点 P，使得 $AP=h+AD$，$BP=h+BC$，求证：

$$\frac{1}{\sqrt{h}}\geqslant\frac{1}{\sqrt{AD}}+\frac{1}{\sqrt{BC}}.$$

而在波拉索洛夫（1988）14.9 题中则是

中心为 A，B，C 的三个圆彼此外切且都与直线 l 相切，其中圆 C 位于圆 A，B 及直线 l 所围成的曲边三角形中．圆 A，B，C 的半径分别为 a，b，c．求证：

$$\frac{1}{\sqrt{c}}=\frac{1}{\sqrt{a}}+\frac{1}{\sqrt{b}}.$$

容易看出，前者是后者的一个推论，证明思路和图形都是完全一致的.

【题 4.1.12】　（第 32 届 IMO 试题）已给实数 $\alpha>1$，试构造一个有界无穷数列 x_0，x_1，$\cdots$，x_n，$\cdots$，使得对于每一对不同的非负整数 i，j，均有

$$|x_i-x_j|\,|i-j|^{\alpha}\geqslant 1.$$

而 1987 年全苏数学奥林匹克 9、10 年级第 4 题却是它的 $\alpha=1$ 的加强命题，因而在主试委员会的会议上引起了争论.

【题 4.1.13】　（第 33 届 IMO 试题）设 $Oxyz$ 是空间直角坐标系，S 是空间中的有限点集，而 S_1，S_2，S_3 分别是 S 中所有的点在 Oyz，Ozx，Oxy 坐标平面上的投影所成的点集. 求证这些集合的点数之间有如下关系：

$$|S|^2\leqslant |S_1|\cdot|S_2|\cdot|S_3|.$$

此题是第 31 届 IMO 预选题的第 43 题.

【题 4.1.14】　求最小正数 λ，使对任意 $n\in\mathbf{N}$ 和 a_i，$b_i\in[1,2]$，$i=1$，2，$\cdots$，n，且 $\sum\limits_{i=1}^{n}a_i^2=\sum\limits_{i=1}^{n}b_i^2$，都有

$$\sum_{i=1}^{n}\frac{a_i^3}{b_i}\leqslant\lambda\sum_{i=1}^{n}a_i^2.$$

此题的答案是：$\dfrac{17}{10}$. 它曾作为《数学奥林匹克高中版新版竞赛篇》（单墫，1993）P35 例 7，然而 1996 年 IMO 中国国家集训队测试 2 第 3 题是：

对于自然数 n，求最小正数 λ，使得如果 a_1，a_2，$\cdots$，a_n 是 $[1,2]$ 中的任意实数，b_1，b_2，$\cdots$，b_n 是 a_1，a_2，$\cdots$，a_n 的一个排列，则有

$$\frac{a_1^3}{b_1}+\frac{a_2^3}{b_2}+\cdots+\frac{a_n^3}{b_n}\leqslant\lambda(a_1^2+a_2^2+\cdots+a_n^2).$$

1998 年全国高中数学联赛第 2 试第 2 题是：

【题 4.1.15】　设 a_1，a_2，$\cdots$，a_n，b_1，b_2，$\cdots$，$b_n\in[1,2]$ 且 $\sum\limits_{i=1}^{n}a_i^2=\sum\limits_{i=1}^{n}b_i^2$，求证：

$$\sum_{i=1}^{n}\frac{a_i^3}{b_i}\leqslant\frac{17}{10}\sum_{i=1}^{n}a_i^2.$$

并问等号成立的充要条件是什么？

2001 年题 4.1.15 又被选为 IMO 新加坡国家队选拔考试题.

【题 4.1.16】　已知 H 是锐角三角形 ABC 的垂心，以边 BC 的中点为圆心，过点 H 的圆与直线 BC 相交于两点 A_1，A_2；以边 CA 的中点为圆心，过点 H 的圆与直线 CA 相交于两点 B_1，B_2；以边 AB 的中点为圆心，过点 H 的

圆与直线 AB 相交于两点 C_1，C_2. 证明：A_1，A_2，B_1，B_2，C_1，C_2 6 点共圆.

此题是第 49 届 IMO 的第 1 题，它是《近代欧氏几何学》P226（约翰逊，1999）的一个定理.

随着竞争类型的增多，题目的重复现象已难于避免. 怎样创造新的题目已经引起专家们的极大关注. 为解决这一问题，应当有一批数学家参加命题，首先要建立相应层次并具有检索功能的题库，其次要在试题编拟和试题评论方面进行深入研究.

4.1.3　选拔性原则

数学奥林匹克的目的之一就是选拔人才，所以试题必须具有良好的选拔功能，遵循选拔性原则. 在命题工作中这一原则主要体现在试题的客观性、试题的难度与试题的区分度等方面.

1. 试题的客观性

数学奥林匹克试题不应是陈题（这在前面已有论述），应当照顾多数参赛者的知识水平，即尽可能地保证对绝大部分参赛者是均权的. 如第 27 届 IMO 的候选题中曾出现二阶偏微分方程，因考虑到多数国家的中学生没有学过二阶偏微分方程，故该题未被选入.

2. 试题的难度

试题的难度是根据参赛选手的水平及不同层次的数学奥林匹克的要求而确定的. 试题太难，则高水平的学生与低水平的学生都做不出；试题过于容易，则高水平的学生与低水平的学生都能做出，这样就很难区分不同水平的学生，不利于选拔人才. 例如，1989 年全国高中数学联赛试题，由于试题难度过低，结果选拔不出参加冬令营的选手，不得不在冬令营之前增加一次选拔考试，这在历史上是一次教训. 与此相反，1993 年全国高中数学联赛试题，尽管每道题都很精彩，但试卷分量太重，难度太大，与该项竞赛的普及性相悖. 其中第二试第 2 题的第 1 问是 Sperner 定理，做过此题的选手易如反掌，没有做过的选手则十分困难. 湖北省所有参赛的选手没有一人能完全解出此题. 以这样高难度的定理作为全国联赛赛题，是不妥当的.

3. 试题的区分度

选拔的基础在于试题能够测定和区分出不同水平的学生. 试题的区分度是题目对于不同水平的选手加以区分的能力有多高的指标. 如果一个题目相对于水平高与水平低的学生其得分率差异不明显，那么这个题目的区分度是较低的. 例如，2006 年 CMO 第一天第 3 题只有一位选手做出，2007 年 IMO 第一天第 3 题仅有两位选手做出. 区分度高的试题，对选手水平有较好的鉴别力.

张君达和郭春彦曾以第 31 届 IMO 全部 308 名选手的每题得分为样本，计算每个题目的难度和区分度，统计分析如下（张君达和郭春彦，1990）：

本次统计采用积差相关系数的区分度计算公式. 用学生一（或二）试每题得分与一（或二）试总分求相关系数 r，r 值越大显示区分度越好，相关显著性标准如下：

$$n = 308（人），当 \alpha = 0.01 时，相关系数 r = 0.148.$$

即若计算得到实际相关系数 $r > 0.148$ 时，说明两列分数在 $1 - \alpha = 0.99$ 水平上相关显著，达到区分出不同水平的学生的标准.

第 k 题的难度为 $P_i = \sum\limits_{i=1}^{308} \alpha_i \cdot 308^{-1} \cdot 7^{-1}$，$\alpha_i$ 为 i 号学生第 k 题得分. 难度与测验目的有关，$0 \leqslant P_k \leqslant 1$，$P_k$ 越大显示该题相对参赛选手来说越容易.

第 31 届 IMO 的 6 道试题按平均数 $\overline{X}$、标准差 s、难度 p、区分度 r 4 项列表见表 4-1-1.

表 4-1-1　第 31 届 IMO 试题分析表

题号 目项	1	2	3	4	5	6
平均数 $\overline{X}$	2.877	3.539	2.091	2.958	4.195	1.503
标准差 s	2.75	2.68	1.68	2.419	2.489	1.865
难度 p	0.41	0.51	0.299	0.423	0.599	0.215
区分度 r	0.77	0.74	0.68	0.79	0.78	0.71

第 i 题的平均数 $\overline{X}$ 表示选手们第 i 题得分集中趋势，而标准差 s 反映了第 i 题选手得分的分布特征，s 越小，则 $\overline{X}$ 的代表性越大，由表 4-1-1 可见，6 道题由易到难的排序是：第 5 题、第 2 题、第 4 题、第 1 题、第 3 题、第 6 题. 总平均难度是 0.409 < 0.50，表示对于 IMO 选手来说，本届试题是较难的，

因此估计总体分布状态呈"正偏态".

由表 4-1-1 可见，每题的区分度都远远超出了 $1-\alpha=0.99$ 水平上的 $r=0.148$ 的显著性水平，这说明试题能较好地区分不同程度学生的水平.

4.1.4　能力性原则

数学竞赛的一个重要目的是为了尽早地发现并培养有数学才能的青少年，因此数学竞赛的命题应以数学能力为重点. 正如数学大师华罗庚教授所指出："数学竞赛的性质和学校中的考试是不同的，和大学的入学考试也是不同的，我们的要求是参加竞赛的同学不但会代公式会用定理，而且更重要的是能够灵活地掌握已知的原则和利用这些原则去解决问题的能力，甚至创造新的方法，新的原则去解决问题." 数学能力是一个人顺利完成数学活动的稳定的心理特征，那么数学能力的结构如何？由哪些主要成分组成？21 世纪以来国内外数学家、数学教育家、心理学家从不同的角度进行了探讨，主要观点有以下几种：

1）苏联心理学家克鲁捷茨基通过对各类学生的广泛实验研究，系统地研究了数学能力的性质和结构，从数学思维的基本特征出发，提出数学能力的组成成分为(克鲁捷茨基，1983)：

① 把数学材料形式化、把形式从内容中分离出来、从具体的数值关系和空间形式中抽象出它们，以及用形式的结构(即关系和联系的结构)来进行运算的能力.

② 概括数学材料、使自己摆脱无关的内容而找出最重要的东西，以及在外表不同的对象中发现共同点的能力.

③ 用数字和其他符号来进行运算的能力.

④ 进行"连贯而适当分段的逻辑推理"的能力，这种推理是证明、形式化和演绎所必需的.

⑤ 缩短推理过程、用缩短的结构来进行思维的能力.

⑥ 逆转心理过程(从顺向的思维系列转到逆向的思维系列)的能力.

⑦ 思维的灵活性，即从一种心理运算转到另一种心理运算的能力，从陈规俗套的约束中解脱出来. 思维的这一特性对一个数学家的创造性工作来说是重要的.

⑧ 数学记忆力. 可以这样假定，它的特征也是从数学到科学的特定特征中产生的，是一种对于概括、形式化和逻辑模式的记忆力.

⑨ 形成空间概念的能力. 它与数学的一个分支如几何学(特别是立体几何学)的存在直接关系.

这 9 种能力, 总起来就是"形式化"的抽象、记忆、推理能力. 它忽视了数学建模、数学应用的能力.

2）苏联著名数学家柯尔莫戈罗夫从数学的特点出发, 认为数学能力的成分包括以下几个部分:

① 算法能力, 即对于复杂的式子作高明的变形, 对于用标准方法解不了的方程作巧妙解决的能力.

② 对几何图形的想象力或对几何图形的直觉.

③ 精通连贯而又适当分段的逻辑推理能力.

3）全美研究协会的数学科学教育委员会、数学科学委员会, 从数学教育改革的角度出发, 于 1989 年提出了一个《人人有份计算》的报告, 该报告提出: 数学教学从热衷于无数的常规练习转到发展有广阔基础的数学能力, 学生的数学能力应该要求能够辨明关系、逻辑推理, 并能运用各种数学方法去解决广泛的、多种多样的非常规问题; 要求今日的学生必须能够进行心算和有效的估算; 能决定什么时候需要精确答案, 什么时候宜于估算; 知道在某一特定条件下适于使用哪种数学运算; ……能从模糊的实际课题中去形成一些特别的问题; 会选择有效解决问题的策略.

4）2000 年, 美国数学教师协会发布 *Principles and Standards for School Mathematics*(《数学课程标准》)提到 6 项能力:

①数的运算能力.

②问题解决的能力.

③逻辑推理能力.

④数学连接能力.

⑤数学交流能力.

⑥数学表示能力.

2003 年, 中华人民共和国教育部制定的《普通高中数学课程标准》(实验)界定了数学思维能力, 它包括直观感知、观察发现、归纳类比、空间想象、抽象概括、符号表示、运算求解、数据处理、演绎证明、体系构建等思维过程, 这些过程是数学思维能力的具体体现. 这一提法涵盖了我国长期流行的提法: 数学运算能力, 空间想象能力和逻辑思维能力, 逐步培养分析和解决实际问题的能力.

根据以上几种观点和数学奥林匹克的宗旨, 数学奥林匹克的命题既要注重选手的基本能力, 又要注重选手的创造能力.

1. 基本能力

观察能力、联想能力、运算能力、抽象概括能力、逻辑推理能力、书写表达能力是数学基本能力的主要成分，是构成分析问题、解决问题能力的基础，因此这 6 种能力是数学奥林匹克命题中的基本要求.

1）观察能力.

人类的一切知识都是从观察入手而得到的. 数学这门科学也需要观察. 高斯说数学是一门观察的科学. 体现在数学领域中的观察能力主要表现在迅速观察事物的"数"和"形"，从问题所表现的形式和结构中发现其内在联系.

在数学奥林匹克中，观察能力主要表现为：

（1）从数学关系中观察出它的结构特点和相互联系.

（2）从几何图形中观察出某种特殊图形和图形间关系.

【题 4.1.17】　如图 4-1-3 所示，把六边形划分成黑色或白色三角形，使得任意两个三角形或者有公共边（这时它们涂有不同颜色）或者有公共顶点，或者没有公共顶点，而六边形的每条边都是某个黑三角形的边. 求证：十边形不能有这样的划分法.

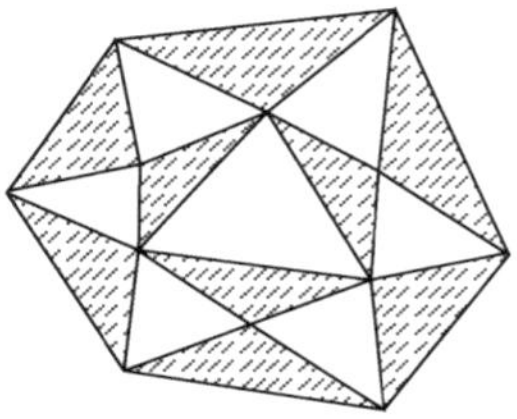

此题乍一看似乎难下手，若细心观察图 4-1-3 的特点，从中不难看出黑三角形的边数与白三角形的边数之间的关系，这正是证明此题的关键. 若设十边形有这样的划分法，并设黑三角形的边数为 m，白三角形的边数为 n，则 $m-n=10$，又易知 $3\mid m$，$3\mid n$，从而 $3\mid 10$ 矛盾！于是问题得证.

图 4-1-3

2）联想能力.

联想是指感知或回忆某一事物，伴随想起其他有关事物的心理过程. 联想是问题转化的桥梁. 数学奥林匹克题目与基础知识之间的联系是不明显的、间接的、复杂的. 因此，数学奥林匹克试题要求选手善于观察问题的结构特征，灵活运用有关知识，作出相应的联想，找到解决问题的门径.

例如，1990 年我为准备参加 1991 年 CMO 的北京集训队选手出过这样一道题：

【题 4.1.18】　解方程 $\begin{cases} y = 4x^3 - 3x, \\ z = 4y^3 - 3y, \\ x = 4z^3 - 3z. \end{cases}$

此题若按常规消元法来解将陷入复杂的计算，若观察到其结构的特殊性，联想到三倍角公式，运用变量代换来处理就可以得到简捷的解法.

3）运算能力.

现在各种数学教育测量目标分类中，程度不同的都有涉及考查运算能力的项目. 例如，IEA 国际数学教育调查认识领域方面的目标分类为：

（1）计算. 运用学过的法则，对问题的要素进行直接操作的能力，对于特定事实和用语的知识以及算法的实际应用能力.

（2）理解. 概念、原理、法则、通则的掌握，以及对问题作各种转换的能力.

（3）应用. 联系有关知识，选择适当的算法以完成运算的能力，以及用常规方法解题的能力.

（4）分析. 对非常规方法的运用能力. 发现模式、构成证明及批判的能力，这是较高层次的思维过程.

其中，（1）、（2）、（3）项目具体涉及运算能力的考查，还有前面提到的三种观点中，都将运算能力作为单项列出. 由此可见运算能力的重要性. 我们认为在数学奥林匹克命题中主要考查学生运算的准确性、敏捷性与灵活性，具体表现为：

（1）对抽象的形式化符号语言的理解能力.

（2）对运算定义、公式、法则的记忆能力.

（3）变形能力.

（4）缩短运算过程的能力，即用简捷、跳跃性的形式进行运算.

（5）逆转运算过程的能力，包括运算中自验的能力. 数学运算中的许多公式、性质不仅需要学生会正向运用，还要会逆向运用.

（6）运算的灵活性，即运用公式、法则、概念的灵活性以及一种运算方式受阻迅速转向另一种运算方式的能力.

以上 6 种成分是构成运算能力的基本成分，也是衡量学生运算能力高低的重要因素. 但在数学奥林匹克中运算能力的较高要求还体现在如下两种成分之中.

（7）估算和估计能力. 估算和估计要用到不等式的变换，而不等式的变换比等式的变换在能力上的要求高得多，它不仅要求有灵活地、敏捷地进行不等式的变换(放大、缩小等)的能力，还要有深刻的洞察能力. 因此，在国内外数学竞赛中除了经常出现的传统的不等式证明题，不等式讨论题等外，近几年还常常出现利用不等式估计去解决多项式、方程、函数、几何、组合、数论的题目.

例如，第 33 届 IMO 第 1 题：

【题 4.1.19】　试求出所有的整数 a，b，c，其中 $1<a<b<c$，且使得 $(a-1)(b-1)(c-1)$ 是 $abc-1$ 的约数.

解答此题首先要估计出 $S=\dfrac{(abc-1)}{(a-1)(b-1)(c-1)}$，$S\in \mathbf{N}^*$ 的范围：$S<4$，然后对 $S=1$，2，3 逐一检验，以确定问题的解.

再如 1992 年 CMO 第 1 题：

【题 4.1.20】　设方程

$$x^n+a_{n-1}x^{n-1}+\cdots+a_1x+a_0=0$$

的系数都是实数，且满足条件

$$0<a_0\leqslant a_1\leqslant\cdots\leqslant a_{n-1}\leqslant 1.$$

已知 λ 为此方程的复数根，且适合条件 $|\lambda|\geqslant 1$，试证：$\lambda^{n+1}=1$.

此题一方面要求选手具有较强的恒等变形能力；另一方面要利用不等式估计的手段去处理. 由笔者的统计知此题难度为 0.248，平均得分 5.521（本题满分 21 分）. 这反映了选手变形、估计方面的能力不强，今后需加强这方面的训练.

（8）递推、归纳计算能力也是数学奥林匹克经常要求的一个重要运算能力. 它常常通过数列、函数方程等题型体现出来. 由第 1 章的统计知这两方面也是近年数学奥匹克命题的热门专题.

4）抽象概括能力.

抽象概括能力是指抽象概括各种数学对象、数和空间的关系及运算的能力. 在数学奥林匹克中，主要考查以下三个方面：

（1）将实际问题抽象概括为数学问题，从包含数量关系和空间概念的具体材料中概括出具有数学意义的形式关系，也就是实际问题数学化、模型化，在以往国内外数学奥林匹克中出现过许多这方面的题目.

例如，1978 年全国 8 省市数学竞赛第二试的第 5 题：

【题 4.1.21】　设有 10 个人各拿提桶一只同到水龙头前打水，设水龙头注满第 $i(i=1$，2，$\cdots$，10$)$ 个人的提桶需时 T_i 分钟，假定这些 T_i 各不相同，问：

① 当只有一个水龙头可用时，应如何安排这 10 个人的次序，使他们总的花费时间（包括各人自己接水所用的时间）为最小，这时间等于多少？（需证明你的论断）

② 当有两个水龙头可用时，应如何安排这 10 个人的次序，使他们的总的花费时间最少，这时间等于多少？（需证明你的论断）.

此题要求选手由实际问题建立数学模型，并用排序不等式解决.

（2）从特殊中概括出一般规律，建立猜想，然后给出严格的证明.

例如，第 18 届 IMO 第 6 题：

【题 4.1.22】 一个数列 u_0，u_1，u_2，$\cdots$ 定义如下：$u_0 = 2$，$u_1 = \dfrac{5}{2}$，

$$u_n + 1 = n_n \ (u_{n-1}^2 - 2) - u_1, \quad n = 1, \ 2, \ \cdots.$$

证明　$[u_n] = 2^{\frac{2^n - (-1)^n}{3}}, \quad n = 1, \ 2, \ 3, \ \cdots,$

式中，$[x]$ 表示不大于 x 的最大整数.

题中的递推公式比较复杂，我们无法从这个式子预先推断出 u_n 的通项公式. 但是可以利用这个递推公式及初始值 u_0，u_1，逐步算出

$$u_2 = \frac{5}{2} = 2\frac{1}{2}, \qquad u_3 = 8\frac{1}{8}, \qquad u_4 = 32\frac{1}{32}, \cdots.$$

于是可以猜测（顺便利用结论提供的信息）

$$u_n = 2^{\frac{2^n - (-1)^n}{3}} + 2^{-\frac{2^n - (-1)^n}{3}},$$

然后用数学归纳法证明.

（3）用概括化形式解题即将特殊问题一般化，通过对具体问题的分析、综合，概括出抽象的结论后再运用到所需要解决的具体问题上.

例如，第 26 届 IMO 预选题：

【题 4.1.23】 1985 个点分布在一个圆周上，每一个点标上 +1 或 -1，一个点如果从它开始，依顺时针或逆时针方向，绕圆周前进到任何一点，所经各点的数之和都是正的，那么称它为"好的". 证明：若标上 -1 的点数目小于 662，则圆周上至少有一点是好的.

只用证明："恰好有 661 个 -1 时，存在一个好点"就足够了. $1985 = 3 \times 661 + 2$. 因此，可以考虑证明一般性命题："在 $3k + 2$ 个点的任意排列中，其中有 k 个 -1，则一定存在好点". 可用数学归纳法证之，然后再运用到原题上.

5）逻辑推理能力.

逻辑推理能力是数学能力的核心，数学推理能力常表现为：

（1）理解形式表达式的语义内容，掌握概念系统中公式、法则、定理、公理之间的关系.

（2）掌握有关的逻辑知识（如命题的 4 种形式、充分必要条件、演绎推理、归纳推理、类比推理、二难推理、逻辑划分、命题的等价与非等价转化等），并能进行正确的推理.

（3）掌握常用的数学方法（如分析法、综合法、反证法、数学归纳法等）.

（4）思维清晰，条理清楚，推理过程简捷和跳跃，用简捷的结构来进行推理的能力.

由第 1 章的统计可以看出，平面几何问题在 IMO 中占有重要的地位，而平面几何问题主要是考查选手严格、简捷、灵活的演绎推理能力. 近 10 年来在国内外数学奥林匹克中出现了大量的组合、图论、逻辑等方面的题目，解决这些问题往往不需要高深的专门知识，但要求选手具有很强的逻辑推理能力.

例如，1992 年 CMO 第 5 题：

【题 4. 1. 24】　在有 8 个顶点的简单图中，没有四边形的图的边数的最大值是多少？

这是一道图论题，但解答并不需要高深的图论知识，却要求学生具有很强的逻辑推理能力.

6）书写表达能力.

IMO 的一道难题，经简化后的证明要写三四页. 这就要求选手要有较强的书写表达能力，因而清晰、严密、详略得当的书写表达对参赛者尤为重要，这一能力的培养应贯穿于对选手培训的全过程.

2. 创造能力

著名数学家狄隆涅教授曾说过："重大的科学发现，同解答一道好的奥林匹克试题的区别，仅仅在于解一道奥林匹克试题需要花 5 小时，而取得一项重大科研成果需要花费 5000 小时." 因此可以说，在解高水平的数学奥林匹克题与数学研究工作之间，仅仅是程度深浅和水平高低的差异，而性质是相似的. 由此可见，数学奥林匹克命题对选手的创造能力有较高的要求. 具体说来主要包括数学想象能力、数学直觉能力、数学猜测能力，数学转换能力和数学构造能力，从而构成解决非常规问题的能力.

1）数学想象能力.

想象是人脑中对已有表象进行加工创造新形象的过程，想象具有形象性、概括性、整体自由性、灵活性，因此想象具有一定的创造能力，数学想象是在数学认识活动中获得和运用形象思维的过程，数学想象要求具备必要的基础知识和一定的形象思维能力.

在数学奥林匹克中，数学想象主要表现为：

（1）善于将数学问题与几何相联系（数形结合）.

例如，1989 年 IMO 第 2 题：

【题 4. 1. 25】　设 x，y，z 为实数，$0 < x < y < z < \dfrac{\pi}{2}$，试证：

$$\frac{\pi}{2}+2\sin x\cos y+2\sin y\cos z>\sin 2x+\sin 2y+\sin 2z.$$

分析　只需证

$$\frac{\pi}{4}+\sin x\cos y+\sin y\cos z>\sin x\cos x+\sin y\cos y+\sin z\cos z,$$

即证

$$\frac{\pi}{4}>\sin x(\cos x-\cos y)+\sin y(\cos y-\cos z)+\sin z\cos z.$$

上式右端含有（$\cos x$，$\sin x$），（$\cos y$，$\sin y$），（$\cos z$，$\sin z$），联想到在平面直角坐标系中构造以原点为圆心的单位圆，如图 4-1-4，（$\cos x$，$\sin x$），（$\cos y$，$\sin y$），（$\cos z$，$\sin z$）为单位圆上三个点，分别通过这三个点作 x 轴、y 轴的垂线得到如图 4-1-4 中的三个矩形，事实上，上式右端是图 4-1-4 中三个矩形的面积之和，它显然小于 $\frac{\pi}{4}$.

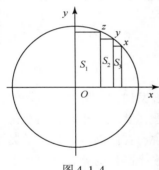

图 4-1-4

这一证法妙在解题者善于将代数问题与几何直观相联系，而这种联系并不是凭空产生的，而是建立在解题者所具有的较宽阔的知识领域和一定的形象思维能力的基础之上的.

2）几何证题中添设辅助线的能力.

在国内外数学奥林匹克中，出现了大量的几何证明题，要完成这些题目的证明，除了要求选手具有较强的逻辑推理能力之外，常常要根据条件和结论添设辅助线构造出新的图形，而辅助线的"存在"及其与已知图形的联系，就是靠人为地想象出来的.

2）数学直觉能力.

直觉是对事物本质的直接领悟或洞察，数学直觉是对数学对象的直接领悟或洞察，IMO 试题的目的不在于考查所学数学知识的多少，而在于对数学本质的洞察力.

在数学奥林匹克中，数学直觉能力表现为：

（1）从整体上直接领悟数学对象的本质.

（2）对数学问题、数学结构和关系的洞察.

（3）直接领悟解题思路和问题结果.

例如，1990 年全国高中数学联赛第二试第 1 题：

【题 4.1.26】　四边形 $ABCD$ 内接于圆 O，对角线 AC 与 BD 相交于 P，设 $\triangle ABP$，$\triangle BCP$，$\triangle CDP$ 和 $\triangle DAP$ 的外接圆圆心分别是 O_1，O_2，O_3，O_4. 求

证：OP，O_1O_3，O_2O_4 三直线共点.

直觉判断：四边形 OO_1PO_3 和四边形 O_2PO_4O 是平行四边形，从而对角线 O_1O_3，OP 在交点 G 互相平分，对角线 O_2O_4，OP 在交点 G 互相平分，所以 OP，O_1O_3，O_2O_4 相交于同一点（OP 的中点 G），然后设法证明四边形 OO_1PO_3 和四边形 O_2PO_4O 是平行四边形（证略）.

这里先猜后证，通过直觉猜想出四边形 OO_1PO_3 和四边形 O_2PO_4O 是平行四边形后，解题方向也就明确了. 猜，不能瞎猜，要猜得准，就要有较强的数学直觉能力.

3）数学猜测能力.

猜测是根据某些已知事实和知识对未知事物及其规律性的似真推断. 数学猜测是根据已知数学条件和数学原理对未知的量及其相互关系的似真推断，它具有一定的科学性，又具有很大程度的假定性，猜测可以通过实验、归纳、类比、特殊化得到，也可能通过想象、直觉、逆向思维等得到.

数学奥林匹克中，数学猜测能力主要表现为：

（1）猜测证题思路.

（2）猜测命题的结论. 这对处理"探索型"的问题尤为重要.

例如，1991 年 CMO 第 1 题：

【题 4.1.27】　平面上有一个凸四边形 $ABCD$，

① 如果平面上存在一点 P，使得 $\triangle ABP$，$\triangle BCP$，$\triangle CDP$ 和 $\triangle DAP$ 面积都相等，问四边形 $ABCD$ 要满足什么条件？

② 满足①的点 P，平面上最多有几个？证明你的结论.

这是一道陈题，只是将结论隐去了，改由选手先猜后证，得分率之低出乎主试委员会的意料，如果告诉了结论让选手去证，恐怕很少有选手会弄错. 这说明学生不善于处理这种"探索型"的问题，数学猜测能力不强. "探索型"的问题对选手的创造能力提出了更高的要求.

4）数学转换能力.

数学转换能力是从一种心理运算转变为另一种心理运算的能力，在某种程度上表现为思维的灵活性和创造性.

在数学奥林匹克中，数学转换能力主要表现为：

（1）当应用习惯思路和模式不能解决问题时，能冲破习惯的约束，寻找新的途径和方法.

（2）在解题时能顺利地从正向思维转向逆向思维.

【题 4.1.28】　用不相交的对角线把凸 n 边形划分成三角形，并且在多边形的每个顶点汇集奇数个三角形，试证：n 能被 3 整除.

学生习惯的思维定势是使用归纳法和切割法，但困难较大，不易解决．此时若固执己见则陷于被动；若转换能力较强，能冲破习惯的约束，用染色法证明则十分简捷．

5）数学构造能力．

近年来，需要运用构造性证明方法的数学奥林匹克试题越来越多，此类试题需要选手根据命题的要求将数学对象精心地设计构造出来，需要选手认真观察、精于实验、善于联想、努力想象、大胆猜测、灵活转换、严格推理，是对选手综合能力和创造能力的极好检验．

在数学奥林匹克中，数学构造能力主要表现为：

（1）由命题的结构特征，构造数学模型（如方程、函数、图形、算法等），使条件与结论联系起来．例如，前述 1989 年 IMO 的第 2 题，就是根据欲证不等式的结构特征，构造几何图形，得到一个完美简捷的证明．

（2）直接构造结论所述的数学对象．

例如，第 32 届 IMO 第 6 题：

【题 4.1.29】　已给实数 $a>1$，构造一个有界无穷数列 x_0, x_1, x_2, $\cdots$，使得对每一对不同的非负整数 i, j，有

$$|x_i-x_j| \cdot |i-j|^a \geqslant 1.$$

题目直接要求构造一个满足所述条件的数列．

（3）构造一个符合条件但不满足结论的反例来否定结论．

例如，1979 年全国高中数学竞赛第二试第 2 题：

【题 4.1.30】　命题"一组对边相等、一组对角相等的四边形必为平行四边形"对吗？如果对，请证明；如果不对，请作一四边形满足已知条件，但它不是平行四边形，并证明你的做法．

以上能力是构成竞赛数学命题对选手能力要求的主要成分，由于这些能力是互相联系、互相交叉、互相制约的，而竞赛数学命题对能力的要求也是综合的，而不是孤立的，有时一个题目要求综合几种能力，只是为了阐述的方便才有所侧重分类处置．由此可见，竞赛数学课程对于培养数学能力有重大的教育价值和意义．

4.1.5　界定性原则

根据竞赛的不同类型和参加对象，对所命试题的范围和难度有所界定．如 IMO，可在初等数学范围内任意命题，所命之题虽可有高等数学背景但必

须可用初等方法来解. 而全国高中数学联赛的命题范围则以高中数学竞赛大纲为上限，第一试的命题范围不超出中学数学大纲的范围，第二试命题的基本原则是向 IMO 靠拢.

4.2　竞赛数学的命题方法

在过去 100 年来中外各级各类的数学竞赛中，出现了大量形式优美、结构严谨、构思新颖、解法巧妙、背景深刻、难度各异、风格独特的优秀试题. 这些试题主要来自 4 个领域：实际问题、中学数学、趣味数学和高等数学，而产生的途径或命题的方法主要有演绎深化、直接移用、改造变形、陈题推广和构造模型等.

4.2.1　演绎深化

秘鲁大学教授 J. N. Kapur 先生曾指出：“在数学中，我们从明显的事实出发并从此推出不够明显的事实，再从此推出更不明显的事实，如此下去以至无穷.” 这也是数学命题所采用的常用手法.

从一个基本问题、基本定理、基本公式、基本图形、一组条件出发，进行逻辑推理，从易到难，逐步演绎深化出一个较难的问题，解题中的观察、联想、类比、化归、变换、赋值、放缩、构造、一般化、特殊化、数形结合等方法或技巧，都可以从相反的方向用于演绎深化命题之中，所不同的是：

命题着眼于扩大条件和结论之间的距离，力图掩盖条件和结论之间联系的痕迹，而解题则反之；

命题从已有的知识、方法出发，演绎出新题. 而解题则是把问题化归为与已有知识、方法有联系的问题；

命题是将较简单的问题、平凡的事实逐步演绎成复杂的、非平凡的问题，而解题则是把复杂的问题、非平凡的问题转化为简单的、基本的问题.

演绎深化的命题策略与通常的解题策略的思路恰好相反，德国著名数学奥林匹克教练、命题专家 Arthur Engel 教授曾言：“设想遇到一个困难问题，你应当先把它变成一个容易的题目，再解这个问题，进而得到那个难题的答案. 命题者通常遵循着相反的路线：从一个容易的问题开始把它转化为一个较难的问题，再把这个问题交给那些解题能手来做.”

1）我们知道，一些基本不等式，如 $\dfrac{a+b}{2} \geq \sqrt{ab}$ （a，$b \in \mathbf{R}^+$），$\dfrac{a+b+c}{3} \geq$ $\sqrt[3]{abc}$ （a，b，$c \in \mathbf{R}^+$），柯西不等式等都是由已知恒等式去掉一些项而得到的. 事实上，这是构造不等式的基本方法之一. 一个恒等式去掉一些项，或对已知恒等式某一端进行放大或缩小，就产生了一个不等式. 数学奥林匹克命题也不乏这方面的例子，即命题者通过放大或缩小已知恒等式的某一端，演绎成一个使人不易一眼看穿的不等式.

由恒等式 $\cos(x+y) + 2\cos x + 2\cos y + 3 = \left(1 + \cos \dfrac{x+y}{2}\right)^2 \left(1 - \cos \dfrac{x-y}{2}\right) +$ $\left(1 - \cos \dfrac{x+y}{2}\right)^2 \left(1 - \cos \dfrac{x-y}{2}\right)$ 演绎深化得到了 1988 年苏联数理化奥委会向各加盟共和国推荐的备选题：

【题 4.2.1】 试证：对任何实数 x，y，z，都有不等式 $\cos(x+y) + 2\cos x +$ $2\cos y + 3 \geq 0$ 成立.

由恒等式
$$(a+b)^4 = a^4 + 4a^3 b + 6a^2 b^2 + 4ab^3 + b^4,$$
$$(a-b)^4 = a^4 - 4a^3 b + 6a^2 b^2 - 4ab^3 + b^4.$$

得恒等式
$$(a+b)^4 + (a+c)^4 + (a+d)^4 + (b+c)^4 + (b+d)^4 + (c+d)^4$$
$$+ (a-b)^4 + (a-c)^4 + (a-d)^4 + (b-c)^4 + (b-d)^4 + (c-d)^4$$
$$= 6(a^2 + b^2 + c^2 + d^2)^2,$$

于是有
$$(a+b)^4 + (a+c)^4 + (a+d)^4 + (b+c)^4 + (b+d)^4 + (c+d)^4$$
$$\leq 6(a^2 + b^2 + c^2 + d^2)^2.$$

若再限制 $a^2 + b^2 + c^2 + d^2 \leq 1$，则得到：

【题 4.2.2】 （第 28 届 IMO 预选题）设 a，b，c，$d \in \mathbf{R}$ 满足 $a^2 + b^2 + c^2 + d^2 \leq 1$，则
$$(a+b)^4 + (a+c)^4 + (a+d)^4 + (b+c)^4 + (b+d)^2 + (c+d)^4 \leq 6.$$

由恒等式
$$\frac{(z-z_1)(z-z_2)}{(z_3-z_1)(z_3-z_2)} + \frac{(z-z_2)(z-z_3)}{(z_1-z_2)(z_1-z_3)} + \frac{(z-z_3)(z-z_1)}{(z_2-z_3)(z_2-z_1)} = 1, \qquad (4.2.1)$$

式中，z_1，z_2，z_3 是互不相等的复数，两边同乘以 $(z_3-z_1)(z_3-z_2)(z_1-z_2)$ 得
$$(z_1-z_2)(z-z_1)(z-z_2) + (z_2-z_3)(z-z_2)(z-z_3)$$
$$+ (z_3-z_1)(z-z_3)(z-z_1)$$

$$= (z_3-z_1)(z_3-z_2)(z_1-z_2).$$

两边取模，并运用已知不等式得

$$|z_1-z_2||z-z_1||z-z_2|+|z_2-z_3||z-z_2||z-z_3|+$$
$$|z_3-z_1||z-z_3||z-z_1| \geqslant |z_3-z_1||z_3-z_2||z_1-z_2|.$$

如图 4-2-1 所示，若将 $z_1(A)$，$z_2(B)$，$z_3(C)$ 看作平面上三点，$z(P)$ 为 $\triangle ABC$ 所在平面上任一点，则有

设 P 是 $\triangle ABC$ 所在平面上任一点，求证：

$$a \cdot PB \cdot PC + b \cdot PC \cdot PA + c \cdot PA \cdot PB \geqslant abc. \qquad (4.2.2)$$

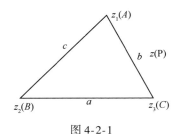

图 4-2-1

此题的特例是 1998 年 CMO 第 5 题：

【题 4.2.3】　设 D 为锐角 $\triangle ABC$ 内部一点，且满足条件

$$DA \cdot DB \cdot AB + DB \cdot DC \cdot BC + DC \cdot DA \cdot CA = AB \cdot BC \cdot CA,$$

试确定点 D 的几何位置，并证明你的结论.

(4.2.2)式即

$$\frac{PB \cdot PC}{bc} + \frac{PC \cdot PA}{ca} + \frac{PA \cdot PB}{ab} \geqslant 1.$$

又

$$(x+y+z)^2 \geqslant 3(xy+yx+zx),$$

即

$$xy+yz+zx \leqslant \frac{1}{3}(x+y+z)^2.$$

所以

$$1 \leqslant \frac{PB}{b} \cdot \frac{PC}{c} + \frac{PC}{c} \cdot \frac{PA}{a} + \frac{PA}{a} \cdot \frac{PB}{b} \leqslant \frac{1}{3}\left(\frac{PB}{b} + \frac{PC}{c} + \frac{PA}{a}\right)^2,$$

即

$$\frac{PA}{a} + \frac{PB}{b} + \frac{PC}{c} \geqslant \sqrt{3}.$$

从而得到另一个几何不等式.

【题 4.2.4】   设 P 是 $\triangle ABC$ 所在平面上任一点，则

$$\frac{PA}{a}+\frac{PB}{b}+\frac{PC}{c}\geqslant\sqrt{3}.$$

恒等式(4.2.1)可推广为

$$\sum_{i=1}^{n}\frac{(z-z_1)\cdots(z-z_{i-1})(z-z_{i+1})\cdots(z-z_n)}{(z_i-z_1)\cdots(z_i-z_{i-1})(z_i-z_{i+1})\cdots(z_i-z_n)}=1. \qquad (4.2.3)$$

令 $z=0$，得到恒等式

$$\sum_{i=1}^{n}\frac{z_1\cdots z_{i-1}z_{i+1}\cdots z_n}{(z_1-z_i)\cdots(z_{i-1}-z_i)(z_{i+1}-z_i)\cdots(z_n-z_i)}=1. \qquad (4.2.4)$$

式中，z_1，z_2，$\cdots$，z_n 是互不相同的复数.

(4.2.4)式两边取模并运用已知不等式，得

$$1\leqslant\sum_{i=1}^{n}\frac{|z_1|\cdots|z_{i-1}||z_{i+1}|\cdots|z_n|}{|z_1-z_i|\cdots|z_{i-1}-z_i||z_{i+1}-z_i|\cdots|z_n-z_i|}.$$

若限制 $|z_i|=1(i=1,2,\cdots,n)$，即考虑单位圆上的 n 个点，并将代数背景去掉则得到几何不等式：

【题 4.2.5】   任给单位圆上 n 个不同的点 P_1，P_2，$\cdots$，P_n，取出 $P_i(i=1,2,\cdots,n)$，把 P_i 到其余各点的距离之积记为 d_i，即 $d_i=|P_iP_1|\cdot|P_iP_2|\cdots|P_iP_{i-1}|\cdot|P_iP_{i+1}|\cdots|P_iP_n|$. 求证：$\sum_{i=1}^{n}\frac{1}{d_i}\geqslant 1$，并指出式中等号成立的条件.

对于这道题目，若不知道其代数背景(恒等式(4.2.3)、(4.2.4))是有相当难度的.

2）对于一个已知几何图形，深入挖掘其隐含的性质，有时可以得到有价值的新题.

第 30 届 IMO 的第 2 题是：

锐角 $\triangle ABC$ 中，角 A 的内角平分线与三角形的外接圆交于另一点 A_1，点 B_1，C_1 与此类似. 直线 AA_1 与 B，C 两角的外角平分线相交于 A_0，点 B_0，C_0 与此类似. 求证：

（1）$\triangle A_0B_0C_0$ 的面积是六边形 $AC_1BA_1CB_1$ 面积的 2 倍；

（2）$\triangle A_0B_0C_0$ 的面积至少是 $\triangle ABC$ 面积的 4 倍.

记 $AA_1\cap B_1C_1=A_2$，$BB_1\cap C_1A_1=B_2$，$CC_1\cap A_1B_1=C_2$，笔者在探索此题的证明过程中，进一步挖掘出这个图形还具有性质：$\triangle ABC$ 与 $\triangle A_2B_2C_2$ 的内心重合. 于是得到：

【题 4.2.6】   锐角 $\triangle ABC$ 中，角 A 的内角平分线与 $\triangle ABC$ 的外接圆交于另一点 A_1，点 B_1，C_1 与此类似. AA_1 与 B_1C_1 相交于 A_2，点 B_2，C_2 与此类

似. 求证：$\triangle ABC$ 与 $\triangle A_2 B_2 C_2$ 的内心重合.

后来我发现此题入口较宽，证法有十几种，便提供给武汉市 1992 年第四届高一数学邀请赛，作为第二试的第 1 题.

第 29 届 IMO 第 5 题是：

在 Rt$\triangle ABC$ 中，AD 是斜边上的高，连接 $\triangle ABD$ 的内心与 $\triangle ACD$ 的内心的直线分别与边 AB 及边 AC 相交于 K 及 L 点. $\triangle ABC$ 与 $\triangle AKL$ 的面积分别记为 S 与 T，求证：$S \geqslant 2T$.

若记 $\triangle ABD$ 内切圆为 $\odot O_1$，$\triangle ACD$ 的内切圆 $\odot O_2$，两圆的另一条外公切线分别交 AB，AC 于 P，Q. 深入探索此图形（图略）的性质发现 P，B，C，Q 4 点共圆. 于是得到题目：

【题 4.2.7】 在 Rt$\triangle ABC$ 中，AD 是斜边上的高. $\odot O_1$ 和 $\odot O_2$ 分别是 $\triangle ABD$ 和 $\triangle ACD$ 的内切圆，两圆的另外一条外公切线分别交 AB，AC 于 P，Q. 求证：P，B，C，Q 四点共圆.

此题也有多种证法，请读者给出证明.

3）给出一个实系数多项式系数绝对值的和的估计.

实系数多项式可设为

$$a_0 x^n + a_1 x^{n-1} + \cdots + a_{n-1} x + a_n,$$

并设它的零点 x_1，x_2，$\cdots$，x_n 全为正数，由韦达定理得

$$
\begin{cases}
\displaystyle\sum_{j=1}^{n} x_j = -\frac{a_1}{a_0}, \\[2mm]
\displaystyle\sum_{1 \leqslant j_1 < j_2 \leqslant j_n} x_{j_1} x_{j_2} = \frac{a_2}{a_0}, \\[2mm]
\qquad\qquad\vdots \\[2mm]
\displaystyle\sum_{1 \leqslant j_1 < j_2 < \cdots < j_k \leqslant n} x_{j_1} x_{j_2} \cdots x_{j_k} = (-1)^k \frac{a_k}{a_0}, \\[2mm]
\qquad\qquad\vdots \\[2mm]
x_1 x_2 \cdots x_n = (-1)^n \dfrac{a_n}{a_0}.
\end{cases}
\qquad (4.2.5)
$$

将 (4.2.5) 式中左边所有项相加得

$$1 + \sum x_j + \sum x_{j_1} x_{j_2} + \cdots + x_1 x_2 \cdots x_n,$$

共 $1 + C_n^1 + C_n^2 + \cdots + C_n^n = 2^n$ 项.

利用平均值不等式得

$$\left(1 + \sum x_j + \sum x_{j_1} x_{j_2} + \cdots + x_1 x_2 \cdots x_n \right) \cdot$$

$$\left(1+\sum\frac{1}{x_j}+\sum\frac{1}{x_{j_1}x_{j_2}}+\cdots+\frac{1}{x_1x_2\cdots x_n}\right)\geqslant(2^n)^2,$$

即

$$\frac{\left(1+\sum x_{j_1}+\sum x_{j_1}x_{j_2}+\cdots+x_1x_2\cdots x_n\right)^2}{x_1x_2\cdots x_n}\geqslant2^{2n}.$$

将(4.2.5)式代入上式得

$$\frac{\left[1-\dfrac{a_1}{a_0}+\dfrac{a_2}{a_0}-\cdots+(-1)^k\dfrac{a_k}{a_0}-\cdots+(-1)^n\dfrac{a_n}{a_0}\right]^2}{(-1)^n\dfrac{a_n}{a_0}}\geqslant2^{2n},$$

$$\frac{\left[a_0-a_1+a_2-\cdots+(-1)^ka_k+\cdots+(-1)^na_n\right]^2}{(-1)^na_0a_n}\geqslant2^{2n}.$$

由(4.2.5)式知，$(-1)^na_0a_n=(-1)^n\dfrac{a_n}{a_0}a_0^2>0$. 上式可化为

$$a_0-a_1+a_2-\cdots+(-1)^ka_k+\cdots+(-1)^na_n\geqslant2^n\sqrt{(-1)^na_0a_n}.$$

为了扫除利用韦达定理的痕迹，再限制 $a_0>0$，由(4.2.5)式知$(-1)^ka_k>0$，上式即为

$$\sum_{k=0}^n|a_k|\geqslant2\sqrt[n]{(-1)^na_0a_n}.$$

至此我们得到和式 $\displaystyle\sum_{k=0}^n|a_k|$ 的下界. 能否给出它的上界呢?

由因式分解定理知

$$a_0x^n+a_1x^{n-1}+\cdots+a_{n-1}x+a_n=a_0(x-x_1)(x-x_2)\cdots(x-x_n).$$

令 $x=-1$，得

$$a_0(-1)^n+a_1(-1)^{n-1}+\cdots+a_{n-1}(-1)+a_n$$
$$=a_0(-1-x_1)(-1-x_2)\cdots(-1-x_n).$$

两端乘$(-1)^n$得

$$a_0-a_1+a_2-\cdots+(-1)^{n-1}a_{n-1}+(-1)^na_n$$
$$=a_0(1+x_1)(1+x_2)\cdots(1+x_n)$$
$$\leqslant a_0\left[\frac{(1+x_1)+(1+x_2)+\cdots+(1+x_n)}{n}\right]^n$$
$$=a_0\left(1+\frac{x_1+x_2+\cdots+x_n}{n}\right)^n=a_0\left(1-\frac{a_1}{na_0}\right)^n,$$

即 $\sum\limits_{k=0}^{n} |a_k| \leqslant a_0\left(1 - \dfrac{a_1}{na_0}\right)^n$.

于是得到下题:

【题 4.2.8】 设实系数多项式

$$a_0 x^n + a_1 x^{n-1} + \cdots + a_{n-1}x + a_n$$

的根全为正数, 且 $a_0 > 0$, 求证:

$$2^n\sqrt{(-1)^n a_0 a_n} \leqslant \sum_{k=0}^{n} |a_k| \leqslant a_0\left(1 - \dfrac{a_1}{na_0}\right)^n.$$

此题被选为第 33 届 IMO 中国集训队第二次测验的第 2 题.

4) 我们来看一道常见的平面几何问题.

如图 4-2-2 所示, P 是 $\triangle ABC$ 内任一点, 连接 AP, BP, CP 并且延长分别交三边于 D, E, F, 则

$$\dfrac{PD}{AD} + \dfrac{PE}{BE} + \dfrac{PF}{CF} = 1. \tag{4.2.6}$$

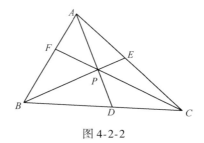

图 4-2-2

我们试图推出进一步的结论, 提出进一步的问题.

由等式 (4.2.6), 三个加项中至少有一个大于或者等于 $\dfrac{1}{3}$, 也至少有一个小于或者等于 $\dfrac{1}{3}$, 不妨设 $\dfrac{PD}{AD} \geqslant \dfrac{1}{3}$, $\dfrac{PE}{BE} \leqslant \dfrac{1}{3}$, 则

$$\dfrac{AP}{PD} \leqslant 2, \quad \dfrac{BP}{PE} \geqslant 2.$$

于是得到第 3 届 IMO 第 2 题:

【题 4.2.9】 已知 $\triangle ABC$ 和其内的任一点 P, AP 交 BC 于 D, BP 交 AC 于 E, CP 交 AB 于 F, 求证: $\dfrac{AP}{PD}$, $\dfrac{BP}{PE}$, $\dfrac{CP}{PF}$ 中至少有一个不大于 2, 也至少有一个不小于 2.

此题还可以换个说法, 设 P 点到周界最近一点的距离为 d_1, 到最远一点

的距离为 d_2，则

$$d_2 \geqslant BP \geqslant 2PE \geqslant 2d_1,$$

即

$$d_1 \leqslant \frac{1}{2} d_2.$$

于是有下题：

【题 4.2.10】　$\triangle ABC$ 内任一点 P，它到周界的最近一点的距离不超过它到最远一点距离的一半.

(4.2.6) 式还可变为

$$\frac{AP}{AD} + \frac{BP}{BE} + \frac{CP}{CF} = 2. \qquad (4.2.7)$$

将 (4.2.7) 式左边利用算术–几何平均值不等式缩小得

$$2 = \frac{AP}{AD} + \frac{BP}{BE} + \frac{CP}{CF} \geqslant 3\sqrt[3]{\frac{AP \cdot BP \cdot CP}{AD \cdot BE \cdot CF}},$$

即

$$\frac{AP \cdot BP \cdot CP}{AD \cdot BE \cdot CF} \leqslant \frac{8}{27}.$$

于是得到：

【题 4.2.11】　已给 $\triangle ABC$ 和其内任一点 P，AP 交 BC 于 D，BP 交 AC 于 E，CP 交 AB 于 F，求证：

$$\frac{AP \cdot BP \cdot CP}{AD \cdot BE \cdot CF} \leqslant \frac{8}{27}.$$

特殊地，取 P 为内心，即为第 32 届 IMO 第 1 题.

在原题及 P 为内心的条件下，让我们继续往前走. 首先记 $BC = a$，$CA = b$，$AB = c$，易得 $\dfrac{AP}{AD} = \dfrac{b+c}{a+b+c}$，$\dfrac{BP}{BE} = \dfrac{c+a}{a+b+c}$，$\dfrac{CP}{CF} = \dfrac{a+b}{a+b+c}$，则

$$\frac{AP}{AD} \cdot \frac{BP}{BE} + \frac{BP}{BE} \cdot \frac{CP}{CF} + \frac{CP}{CF} \cdot \frac{AP}{AD}$$

$$= \frac{(b+c)(c+a) + (c+a)(a+b) + (a+b)(b+c)}{(a+b+c)^2}$$

$$= \frac{a^2 + b^2 + c^2 + 3ab + 3bc + 3ca}{(a+b+c)^2}$$

$$= 1 + \frac{ab + bc + ca}{(a+b+c)^2}.$$

下面估计 $\dfrac{ab+bc+ca}{(a+b+c)^2}$ 的取值范围.

因为

$$a^2+b^2+c^2 \geqslant ab+bc+ca,$$

即

$$(a+b+c)^2 \geqslant 3(ab+bc+ca),$$

所以

$$\frac{ab+bc+ca}{(a+b+c)^2} \leqslant \frac{1}{3}.$$

又 $|a-b|<c$，所以

$$a^2-2ab+b^2<c^2.$$

同理

$$b^2-2bc+c^2<a^2, \quad c^2-2ca+a^2<b^2.$$

三式相加得

$$2(a^2+b^2+c^2)-2ab-2bc-2ca<a^2+b^2+c^2,$$
$$a^2+b^2+c^2<2(ab+bc+ca),$$

所以

$$(a+b+c)^2<4(ab+bc+ca),$$

即

$$\frac{ab+bc+ca}{(a+b+c)^2}>\frac{1}{4}.$$

从而

$$\frac{5}{4}<\frac{AP}{AD}\cdot\frac{BP}{BE}+\frac{BP}{BE}\cdot\frac{CP}{CF}+\frac{CP}{CF}\cdot\frac{AP}{AD}\leqslant\frac{4}{3}.$$

于是得到笔者提供给《数学通讯》数学竞赛之窗的一个问题：

【题 4.2.12】　已知 $\triangle ABC$，设 P 是它的内心，$\angle A$，$\angle B$，$\angle C$ 的内角平分线分别与其对边交于 D，E，F，求证：

$$\frac{5}{4}<\frac{AP}{AD}\cdot\frac{BP}{BE}+\frac{BP}{BE}\cdot\frac{CP}{CF}+\frac{CP}{CF}\cdot\frac{AP}{AD}\leqslant\frac{4}{3}.$$

4.2.2　直接移用

将高等数学中的某些简单的命题，竞赛时鲜为人知(对参赛者而言)的初等数学命题，或高等数学研究成果中的初等结论，直接移用作为数学竞赛试题，在过去几十年的数学竞赛命题中屡见不鲜．而且由于数学竞赛的传播，使得这些问题逐步走向中学数学课堂或成为第二课堂的重要内容．如切比雪夫不等式，Weitzen-böck 不等式、Nanson 不等式、蝴蝶定理、组合数学中的 Kaplansky 定理、拉姆赛问题等都曾被直接用作数学竞赛题，1986 年 CMO 共 6 道题，其中有三道是移用而来的．请看：

【题 4.2.13】 （1986 年 CMO 第 1 题）a_1，a_2，$\cdots$，a_n 为实数，如果它们中任意两数之和非负，那么对于满足

$$x_1 + x_2 + \cdots + x_n = 1$$

的任意非负实数 x_1，x_2，$\cdots$，x_n，有不等式

$$a_1 x_1 + a_2 x_2 + \cdots + a_n x_n \geqslant a_1 x_1^2 + a_2 x_2^2 + \cdots + a_n x_n^2$$

成立．请证明上述命题及其逆命题．

这是命题者常庚哲先生科研中遇到的问题．

【题 4.2.14】 （1986 年 CMO 第 3 题）设 z_1，z_2，$\cdots$，z_n 为复数，满足

$$|z_1| + |z_2| + \cdots + |z_n| = 1,$$

求证：上述 n 个复数中，必存在若干个复数，它们的和的模不小于 $\dfrac{1}{6}$．

这是 Rudin 著《实与复分析》中的一个引理．

【题 4.2.15】 （1986 年 CMO 第 6 题）用任意的方式，给平面上的每一个点染上黑色或白色，求证：一定存在一个边长为 1 或 $\sqrt{3}$ 的正三角形，它的三个顶点是同色的．

这是 Tomeseu 著《组合与图论习题集》中的一个题目．

数学名著是数学知识海洋中的珍品，因此命题者常常从名著中寻找一些适合中学生知识水平的问题，拿来用作数学竞赛试题．如华罗庚先生的《数论导引》是数论方面的名著，1983 年在法国举行的第 24 届 IMO 上，联邦德国提供的一道试题(作为正式试题的第 3 题)则是直接取自 1982 年由斯普林格出版社出版的英文版《数论导引》第 11 ~ 12 页中的一个习题，原题为(华罗庚，1957)：

设 a，b，c 为三个正整数，且 $(a, b) = (b, c) = (c, a) = 1$，求不可由

$$bcx + cay + abz, \quad x \geqslant 0, \quad y \geqslant 0, \quad z \geqslant 0$$

表出的最大整数．

并给出了答案为：$2abc - ab - bc - ca$．

而正式试题只是将此题的叙述稍加改变：

【题 4.2.16】 （第 24 届 IMO 试题）设 a，b，c 为正整数，这三个数两两互素，证明：$2abc - ab - bc - ca$ 是不能表示为 $xbc + yca + zab$ 形式的整数中最大的一个，其中 x，y，z 为非负整数．

《数论导引》第 11 章第 6 节"商高定理之推广"中的习题 4 为：

关于商高定理 $3^2+4^2=5^2$，有次之推广 $10^2+11^2+12^2=13^2+14^2$．一般而言，证明

$$(2n^2+n)^2+(2n^2+n+1)^2+\cdots+(2n^2+2n)^2$$

$$=(2n^2+2n+1)^2+\cdots+(2n^2+3n)^2. \qquad (4.2.8)$$

将此题稍加"伪装"即为：

【题 4.2.17】　（第 29 届 IMO 预选题）设 k 是正整数，M_k 是 $2k^2+k$ 与 $2k^2+3k$ 之间（包括这两个数在内）的所有整数所组成的集合，能否将 M_k 分拆两个子集 A，B 使得 $\sum\limits_{x\in A}x^2=\sum\limits_{x\in B}x^2$．

这里命题者只是将恒等式（4.2.7）隐藏起来，让选手自己去发现，从而增加了问题的难度．

4.2.3　改 造 变 形

直接移用成题不太"安全"，往往有不公平之嫌，因此更多情况下是将成题认真解剖，通过各种手段对成题进行变形，使成题"旧貌换新颜"，构造出富有新意的赛题，下面介绍一些常用的变形手段．

1. 简化变形

将高等数学中的结果或一些著名的数学难题（甚至迄今没有解决的数学名题）作特殊化、具体化、局部化、低维化、简单化处理，以适应参赛选手的智力、知识水平，可以得到背景深刻的竞赛试题，这是高等数学走向数学竞赛的主要途径，正如蒋声先生所言："某些原来适合大学生或研究生考虑的数学问题取其特例，加以简化，改头换面，可变成一道初等数学问题．正是由于这种现象的存在，使得数学家们能够每年拿出新颖的初等数学难题，来测试数学竞赛者的独立思考能力，使他们无范本可循．"

1）在线性代数中有一个矩阵不等式．

若 A，B 为 n 阶正定矩阵，则 $|A+B|^{\frac{1}{n}}\geqslant|A|^{\frac{1}{n}}+|B|^{\frac{1}{n}}$．若取 $n=2$，A，B 为二阶正定矩阵，则

$$|A+B|^{\frac{1}{2}}\geqslant|A|^{\frac{1}{2}}+|B|^{\frac{1}{2}}. \qquad (4.2.9)$$

令 $A=\begin{pmatrix}x_1 & z_1 \\ z_1 & y_1\end{pmatrix}$，$B=\begin{pmatrix}x_2 & z_2 \\ z_2 & y_2\end{pmatrix}$，则 $A+B=\begin{pmatrix}x_1+x_2 & z_1+z_2 \\ z_1+z_2 & y_1+y_2\end{pmatrix}$．

由 A，B 为正定，则有

$$x_1>0,\quad x_1y_1-z_1{}^2>0,\quad x_2>0,\quad x_2y_2-z_2{}^2>0.$$

由 (4.2.9) 式得

$$\left[(x_1+x_2)(y_1+y_2)-(z_1+z_2)^2\right]^{\frac{1}{2}}\geq(x_1y_1-z_1{}^2)^{\frac{1}{2}}+(x_2y_2-z_2{}^2)^{\frac{1}{2}},$$

即

$$(x_1+x_2)(y_1+y_2)-(z_1+z_2)^2\geq\left(\sqrt{x_1y_1-z_1{}^2}+\sqrt{x_2y_2-z_2{}^2}\right)^2$$

$$\Leftrightarrow\frac{8}{(x_1+x_2)(y_1+y_2)-(z_1+z_2)^2}\leq\frac{1}{x_1y_1-z_1{}^2}+\frac{1}{x_2y_2-z_2{}^2}.$$

于是得到：

【题 4.2.18】 （第 11 届 IMO 试题）证明：对所有满足条件 $x_1>0$，$x_2>0$，$x_1y_1-z_1{}^2>0$. $x_2y_2-z_2{}^2>0$ 的实数 x_1，x_2，y_1，y_2，z_1，z_2 有不等式

$$\frac{8}{(x_1+x_2)(y_1+y_2)-(z_1+z_2)^2}\leq\frac{1}{x_1y_1-z_1{}^2}+\frac{1}{x_2y_2-z_2{}^2}$$

成立，并求出式中等号成立的充分必要条件.

2）1969 年 M. S. Klamkin 得到如下不等式：

$$\prod_{i=1}^{n}\left(1-\prod_{j=1}^{m}p_{ij}\right)+\prod_{j=1}^{m}\left(1-\prod_{i=1}^{n}q_{ij}\right)>1,$$

式中，$p_{ij}+q_{ij}=1$，$0<p_{ij}<1$，m，n 是大于 1 的自然数.

特殊地，对所有 i，取 $p_{ij}=x_j$，记 $y_j=q_{ij}=1-p_{ij}=1-x_j$，并交换 m，n，则得到：

【题 4.2.19】 （1984 年波兰数学奥林匹克试题）设 $0\leq x_i\leq1$，$x_i+y_i=1$，$i=1,2,\cdots,n$. 求证：对所有正整数 m，n 都有

$$(1-x_1x_2\cdots x_n)^m+(1-y_1{}^m)(1-y_2{}^m)\cdots(1-y_n{}^m)>1.$$

对所有 i，j，若取 $p_{ij}=q_{ij}=\frac{1}{2}$，则得到不等式

$$\left(1-\frac{1}{2^n}\right)^m+\left(1-\frac{1}{2^m}\right)^n>1.$$

更特殊地取 $m=n$，则得到不等式

$$\frac{1}{2^m}+\frac{1}{2^{\frac{1}{m}}}<1.$$

3）1973 年 Chakerian 和 Klamkin 证明了下述结果：

包含原点并且内接于 E^n 中单位球的 n 维单体的边长之和大于 $2n$.

特殊地，取 $n=3$ 即为苏联提供给 IMO 的预选题：

【题 4.2.20】 一个四面体内接于单位球内，该球球心在四面体内，证明：四面体各边长之和大于 6.

4) 现代数学中有一个重要不等式——优超不等式.

设两组实数 x_1，x_2，…，x_n 和 y_1，y_2，…，y_n 满足条件：

（1）$x_1 \geqslant x_2 \geqslant \cdots \geqslant x_n$，$y_1 \geqslant y_2 \geqslant \cdots \geqslant y_n$；

（2）$x_1 \geqslant y_1$，

$$x_1 + x_2 \geqslant y_1 + y_2，$$
$$\vdots$$
$$x_1 + x_2 + \cdots + x_n = y_1 + y_2 + \cdots + y_n.$$

则对任意凸函数 $f(x)$，都有如下的不等式成立：

$$f(x_1) + f(x_2) + \cdots + f(x_n) \geqslant f(y_1) + f(y_2) + \cdots + f(y_n). \qquad (4.2.10)$$

若 $f(x)$ 为凹函数，其他条件不变，则(4.2.10)式中的不等号反向.

优超不等式概括性很强，利用它可以编拟出很多不等式赛题. 取 $f(x) = x^k$，$x \in \mathbf{R}^+$，$k \in \mathbf{N}$，则 $f'(x) = kx^{k-1}$，$f''(x) = k(k-1)x^{k-2} \geqslant 0$，即 $f(x)$ 是凸函数，于是得到：

【题 4.2.21】　（第 35 届莫斯科 MO 试题）设两组实数 x_1，x_2，…，x_n 和 y_1，y_2，…，y_n 满足条件：

（1）$x_1 > x_2 > \cdots > x_n > 0$，$y_1 > y_2 > \cdots > y_n > 0$；

（2）$x_1 \geqslant y_1$，

$$x_1 + x_2 \geqslant y_1 + y_2，$$
$$\vdots$$
$$x_1 + x_2 + \cdots + x_n \geqslant y_1 + y_2 + \cdots + y_n.$$

求证：对于任何正整数 k，都有如下的不等式成立：

$$x_1^k + x_2^k + \cdots + x_n^k > y_1^k + y_2^k + \cdots + y_n^k.$$

对两组实数 a_1，a_2，…，a_n 和 b_1，b_2，…，b_n，若令 $a_1 \geqslant a_2 \geqslant \cdots \geqslant a_n > 0$，$b_1 \geqslant b_2 \geqslant \cdots \geqslant b_n > 0$，则 $\ln a_1 \geqslant \ln a_2 \geqslant \cdots \geqslant \ln a_n$，$\ln b_1 \geqslant \ln b_2 \geqslant \cdots \geqslant \ln b_n$. 又设

$\ln b_1 \geqslant \ln a_1$，

$\ln b_1 + \ln b_2 \geqslant \ln a_1 + \ln a_2$，

$\ln b_1 + \ln b_2 + \ln b_3 \geqslant \ln a_1 + \ln a_2 + \ln a_3$，

$$\vdots$$

$\ln b_1 + \ln b_2 + \cdots + \ln b_n \geqslant \ln a_1 + \ln a_2 + \cdots + \ln a_n$，

取 $f(x) = e^x$，则 $f(x)$ 是单调增的凸函数，从而有

$$f(\ln b_1) + f(\ln b_2) + \cdots + f(\ln b_n) \geqslant f(\ln a_1) + f(\ln a_2) + \cdots + f(\ln a_n)，$$

即

$$b_1 + b_2 + \cdots + b_n \geqslant a_1 + a_2 + \cdots + a_n.$$

将以上过程整理即得到下面的题目：

设两组实数 a_1，a_2，$\cdots$，a_n 和 b_1，b_2，$\cdots$，b_n 满足条件：

（1）$a_1 \geqslant a_2 \geqslant \cdots \geqslant a_n > 0$，$b_1 \geqslant b_2 \geqslant \cdots \geqslant b_n > 0$；

（2）$b_1 \geqslant a_1$，

$b_1 b_2 \geqslant a_1 a_2$，

$b_1 b_2 b_3 \geqslant a_1 a_2 a_3$，

$$\vdots$$

$b_1 b_2 \cdots b_n \geqslant a_1 a_2 \cdots a_n,$$

则

$$b_1 + b_2 + \cdots + b_n \geqslant a_1 + a_2 + \cdots + a_n.$$

经过仔细推敲发现条件 $b_1 \geqslant b_2 \geqslant \cdots \geqslant b_n > 0$ 可以去掉，这样得到一个精彩的题目：

【题 4.2.22】 （第 29 届 IMO 加拿大训练题）设两组数 a_1，a_2，$\cdots$，a_n 和 b_1，b_2，$\cdots$，b_n 满足条件：

$$a_1 \geqslant a_2 \geqslant \cdots \geqslant a_n > 0,$$
$$b_1 \geqslant a_1,$$
$$b_1 b_2 \geqslant a_1 a_2,$$
$$b_1 b_2 b_3 \geqslant a_1 a_2 a_3,$$
$$\vdots$$
$$b_1 b_2 \cdots b_n \geqslant a_1 a_2 \cdots a_n,$$

则

$$b_1 + b_2 + \cdots + b_n \geqslant a_1 + a_2 + \cdots + a_n.$$

类似的还可以编拟出：

【题 4.2.23】 （IMO 罗马尼亚国家队选拔考试题）已知 a_1，a_2，$\cdots$，a_n 为正实数，$0 \leqslant b_1 \leqslant b_2 \leqslant \cdots \leqslant b_n$，且对任意 $k \leqslant n$，都有

$$a_1 + a_2 + \cdots + a_k \leqslant b_1 + b_2 + \cdots + b_k,$$

则

$$\sqrt{a_1} + \sqrt{a_2} + \cdots + \sqrt{a_n} \leqslant \sqrt{b_1} + \sqrt{b_2} + \cdots + \sqrt{b_n}.$$

【题 4.2.24】 （罗马尼亚，1999）已知 x_1，x_2，$\cdots$，x_n 和 y_1，y_2，$\cdots$，y_n 为两组正实数，且满足：

（a）$x_1 y_1 < x_2 y_2 < \cdots < x_n y_n$；

（b）$x_1 + x_2 + \cdots + x_k \geqslant y_1 + y_2 + \cdots + y_k$，$1 \leqslant k \leqslant n$.

（1）求证：$\dfrac{1}{x_1} + \dfrac{1}{x_2} + \cdots + \dfrac{1}{x_n} \leqslant \dfrac{1}{y_1} + \dfrac{1}{y_2} + \cdots + \dfrac{1}{y_n}$.

（2）$A = \{a_1, a_2, \cdots, a_n\}$ 是一个元素为正整数的集合，且对 A 的任意两个不同的子集 B 和 C 都有 $\sum\limits_{x \in B} x \neq \sum\limits_{x \in C} x$，求证：$\dfrac{1}{a_1} + \dfrac{1}{a_2} + \cdots + \dfrac{1}{a_n} < 2$.

当然，上述 4 题都有不依赖于优超不等式的、巧妙的初等证法.

若在优超不等式的条件中取 $x_1 + x_2 + \cdots + x_n = y_1 + y_2 + \cdots + y_n$，$y_1 = y_2 = \cdots = y_n = \dfrac{1}{n} \sum\limits_{i=1}^{n} x_i$，则得到琴生不等式：

设 $f(x)$ 是 $[a, b]$（或 (a, b)）内的凸函数，则对于 $[a, b]$（或 (a, b)）中任意 n 个数 $x_1, x_2, \cdots, x_n$ 有 $\dfrac{1}{n}(f(x_1) + f(x_2) + \cdots + f(x_n)) \geqslant f\left(\dfrac{x_1 + x_2 + \cdots + x_n}{n}\right)$，等号当且仅当 $x_1 = x_2 = \cdots = x_n$ 时成立.

琴生不等式是许多不等式之"母"，对琴生不等式中的函数 $f(x)$、变元及变元的个数作特殊化处理，可以构造出许多数学竞赛题，限于篇幅这里就不讨论了.

5）罗马尼亚数学家 Tiberiu Popoviciu 证明了一个关于凸函数的更一般的定理：

（Popoviciu 定理）设 $f(x)$ 是定义在 I 上的实值凸函数，则对所有的 x，y，$z \in I$，都有

$$f(x) + f(y) + f(z) + 3f\left(\frac{x+y+z}{3}\right)$$

$$\geqslant 2\left[f\left(\frac{x+y}{2}\right) + f\left(\frac{y+z}{2}\right) + f\left(\frac{z+x}{2}\right)\right].$$

下面是罗马尼亚中学杂志 *Recista Matemattica Timisoara* 1991 年第 1 期上给出的一个漂亮证明：

当 $x = y = z$ 时显然成立. 下面假设 x，y，z 中至少两个不相等. 不妨设 $x \leqslant y \leqslant z$，若 $y \leqslant (x+y+z)/3$，则通过计算可知

$$\frac{x+y+z}{3} \leqslant \frac{x+z}{2} \leqslant z, \quad \text{且} \frac{x+y+z}{3} \leqslant \frac{y+z}{2} \leqslant z.$$

因此，存在 s，$t \in [0, 1]$ 使得

$$\frac{x+z}{2} = s\frac{x+y+z}{3} + (1-s)z,$$

$$\frac{y+z}{2} = t\frac{x+y+z}{3} + (1-t)z.$$

两式相加，整理得

$$\frac{x+y-2z}{2}=(s+t)\ \frac{x+y-2z}{3}.$$

因此，$s+t=\dfrac{3}{2}$. 这里我们用到 $x+y-2z\neq0$，事实上，若 $x+y-2z=0$，由 $x\leqslant y\leqslant z$ 知 $x=y=z$ 与假设矛盾. 因为 f 是凸函数，故

$$f\left(\frac{x+z}{2}\right)=f\left(s\ \frac{x+y+z}{3}+(1-s)z\right)\leqslant sf\left(\frac{x+y+z}{3}\right)+(1-s)f(z).$$

相似地，有

$$f\left(\frac{y+z}{2}\right)=f\left(t\ \frac{x+y+z}{3}+(1-t)z\right)\leqslant tf\left(\frac{x+y+z}{3}\right)+(1-t)f(z).$$

又

$$f\left(\frac{x+y}{2}\right)\leqslant\frac{1}{2}f(x)+\frac{1}{2}f(y),$$

三式相加即得要证的结论.

若 $(x+y+z)/3<y$ 时，可仿照 $y\leqslant(x+y+z)/3$ 情形处理. 这时相关的计算会表明：

$$x\leqslant\frac{x+z}{2}\leqslant\frac{x+y+z}{3},\ x\leqslant\frac{x+y}{2}\leqslant\frac{x+y+z}{3}.$$

证毕.

应用 Popoviciu 定理可以编拟出很多不等式. 设 $f(t)=\mathrm{e}^t$，$f(t)$ 是凸函数，$x'=6\ln x$，$y'=6\ln y$，$z'=6\ln z$，直接利用 Popoviciu's Theorem 得到：

【题 4. 2. 25】 设 x，y，z 是正实数，则不等式

$$x^6+y^6+z^6+3x^2y^2z^2\geqslant2(x^3y^3+y^3z^3+z^3x^3)$$

成立.

当然，你也可以不用上面的定理而直接去证这个不等式，如可以用 Schur 不等式给出证明.

对凸函数 $f(x)=|x|$，应用 Popoviciu 定理可以编拟出：

【题 4. 2. 26】 （克罗地亚，2003）求证：任意三个实数 x，y，z 满足下面的不等式：

$$|x|+|y|+|z|-|x+y|-|y+z|-|z+x|+|x+y+z|\geqslant0.$$

下面给出两个不依赖于 Popoviciu 定理的初等证明.

证法 1 设 z 是 x，y，z 中绝对值最大的数. 若 $z=0$ 显然成立. 设 $z\neq0$，将要证的不等式两边同除以 $|z|(\neq0)$ 得到等价的不等式

$$\left|\frac{x}{z}\right|+\left|\frac{y}{z}\right|+1-\left|\frac{x}{z}+\frac{y}{z}\right|-\left|\frac{y}{z}+1\right|-\left|1+\frac{x}{z}\right|+\left|\frac{x}{z}+\frac{y}{z}+1\right|\geqslant0.$$

注意到 $-1\leqslant x/z\leqslant1$ 且 $-1\leqslant y/z\leqslant1$，故 $1+x/z\geqslant0$，$1+y/z\geqslant0$，于是要证的

不等式简化为

$$\left|\frac{x}{z}\right|+\left|\frac{y}{z}\right|-\left|\frac{x}{z}+\frac{y}{z}\right|-\left(\frac{x}{z}+\frac{y}{z}+1\right)+\left|\frac{x}{z}+\frac{y}{z}+1\right|\geqslant0.$$

显然，不等式的前三项 $\left|\frac{x}{z}\right|+\left|\frac{y}{z}\right|-\left|\frac{x}{z}+\frac{y}{z}\right|$ 是非负的，因为 $|a+b|\leqslant$ $|a|+|b|$；后两项也是非负的，因为任何一个数不超过它的绝对值.

故不等式成立.

证法 2　不妨设 x 是三个变量中绝对值最大的(可能是之一)，并设 x 是正数(是 0 则显然对，是负数则用 $-x$，$-y$，$-z$ 代替之). 那么有

$$|x|+|x+y+z|\geqslant x+x+y+z=(x+y)+(x+z)=|x+y|+|x+z|.$$

此外还有 $|y|+|z|\geqslant|y+z|$，这就证明了结论.

6) 一般数学分析教材中，有下述关于连续函数的不动点定理：

若函数 $f(x)$ 在 $[a,b]$ 上连续，且函数值的集合也是 $[a,b]$，则至少存在一点 $x_0\in[a,b]$，使 $f(x_0)=x_0$，即至少有一个不动点 x_0.

若取其离散形式，则得到一个新题：

【题 4.2.27】　设 a_1，a_2，$\cdots$，a_n 是一个单调不减数列，且 $\{a_1,a_2,\cdots,a_n\}\subset\{1,2,\cdots,n\}$，求证：存在 $k\in\{1,2,\cdots,n\}$，使 $a_k=k$.

简化变形生成试题的例子还有许多.

2. 易位变形

将陈题中条件部分所含有的事项与结论部分中所含有的事项互易位置，从而得到新题. 易位又分为全易位和部分易位，将命题中的条件部分与结论部分全部同时交换位置称为全易位；若命题的条件部分与结论部分所含有的事项均不止一个，当我们将这些事项分别地交换位置，就可得到几个命题，这样的易位称为部分易位. 易位变形实质上是通过构造已知命题的逆命题而得到新的命题. 由 4 种命题的关系知，易位变形后的命题不一定真，若易位变形后的命题是真的，可以构造出证明题；若易位变形后的命题是假的，可以要求构造反例. 所谓反例，就是符合某个命题的条件而又不符合该命题的结论的例子. 寻求反例通常不是一件轻而易举的事，它要求选手具有一定的构造能力，对于发展学生数学思维能力和创造能力有积极的作用，也是考查学生创造力的手段之一. 所以在竞赛命题中也应加强这方面的题型.

命题"两组对边分别相等的空间四边形，它的两组对角也分别相等"很容易给出证明，但它的逆命题却要难得多，这正是第 33 届 Putnam 数学竞赛

试题：

【题 4.2.28】 设空间四边形的两组对角分别相等，求证：它的两组对边也分别相等.

如图 4-2-3 所示，点 M，N 分别在正方形 $ABCD$ 边 BC，CD 上，$\angle MAN = 45°$，求证：$MN = DN + BM$.

这是平面几何中的一道常见题，它的逆命题为：

如图 4-2-3 所示，点 M，N 分别在正方形 $ABCD$ 的边 BC，CD 上，$MN = DN + BM$，求证：$\angle MAN = 45°$.

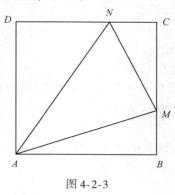

图 4-2-3

又显然 $MN = DN + BM \Leftrightarrow \triangle MCN$ 的周长等于正方形 $ABCD$ 的周长的一半，于是有第 4 届祖冲之杯赛试题(1991 年)：

【题 4.2.29】 如图 4-2-3 所示，点 M，N 分别在正方形 $ABCD$ 的边 BC，CD 上，已知 $\triangle MCN$ 的周长等于正方形 $ABCD$ 周长的一半，求 $\angle MAN$.

命题"平行四边形的一对对角及一对对边必相等"是显然成立的，但它的逆命题成立吗？于是有 1979 年全国数学竞赛试题：

【题 4.2.30】 命题"一对对角及一对对边相等的四边形必为平行四边形"对吗？如果对，请证明. 如果不对，请作一四边形满足已给条件，但它不是平行四边形，并证明你的做法.

记锐角 $\triangle ABC$ 的垂心为 H，则有

$$\angle HAB = \angle HCB, \quad \angle HBA = \angle HCA, \quad \angle HAC = \angle HBC.$$

因此可以很自然的提出下面的问题.

【题 4.2.31】 已知 $\triangle ABC$ 是锐角三角形，$\angle MAB = \angle MCB$，$\angle MBA = \angle MCA$，试求出点 M 的轨迹.

3. 类比变形

【题 4.2.32】 (1990 年 CMO 选拔考试题)在"等形" $ABCD$ 中，$AB = AD$，$BC = CD$，经 AC，BC 的交点 O 任作两条直线，分别交 AD 于 E，交 BC 于 F，交 AB 于 G，交 CD 于 H，GF，EH 分别交 BD 于 I，J(图 4-2-4). 求证：$IO = OJ$.

此题可看作由"蝴蝶定理"类比派生出来的.

【题 4.2.33】　（第 31 届 IMO 预选题）设 l 是经过点 C 且平行于 $\triangle ABC$ 的边 AB 的直线，$\angle A$ 的内角平分线交边 BC 于 D，交 l 于 E；$\angle B$ 的内角平分线交 AC 于 F，交 l 于 G. 如果 $GF = DE$，试证：$AC = BC$.

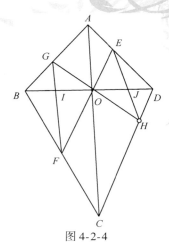

图 4-2-4

据命题者爱尔兰都柏林大学 Fergus Gaine 先生介绍，此题是受斯坦纳-雷米欧司定理："两条内角平分线相等的三角形为等腰三角形"的启发而创作出的. 类似地，我们可以提出：

【题 4.2.34】　已知 AA_1，BB_1，CC_1 分别是 $\triangle ABC$ 的角平分线. 如果具有下列条件之一，$\triangle ABC$ 能否是等腰三角形？

（1）$\angle A$，$\angle B$ 的外角平分线相等.

（2）三角形的内角平分线 AA_1，BB_1 交于点 K，且 $KA_1 = KB_1$.

（3）点 C_1 到 CA，CB 的中点的距离相等.

（4）$C_1A_1 = C_1B_1$.

（5）过 A_1，B_1，C_1 三点的圆与 $\triangle ABC$ 的边 AB 相切.

上面的 5 种情形，答案都是否定的. 这就需要我们构造反例，其中情形（4）与（5）的难度是最大的.

【题 4.2.35】　（普特南，1946）设 K 表示半径为 1 的一个圆盘的圆周，令 k 表示连接 K 上两点 a，b 且含于圆盘内部的一条圆弧. 假设 k 把圆盘分成面积相等的两部分. 试证：k 的长度大于 2.

此题的条件、结论、表述同下述乔治·波利亚问题非常相似：

两端点在定圆周上，并且将此圆分成面积相等的两部分的曲线中，以该圆的直径为最短.

把波利亚问题中的定圆改为单位正方形即得到：

【题 4.2.36】　（1979 年全国高中数学联赛试题）单位正方形周界上任意两点之间连一曲线，如果它把这个正方形分成面积相等的两个部分，试证：这个曲线段的长度不小于 1.

需要指出的是，波利亚问题中的定圆不仅可以改作单位正方形，而且可以改作任何中心对称图形，如正三角形、长方形、椭圆、中心对称的凸多边形等，其相应的结论仍成立.

类比球的情形，则可得到 1974 美国数学奥林匹克第 3 题：

【题 4.2.37】　（USAMO，1974）如果包含在单位球内的一条曲线连接球面上的两点，且它的长度小于 2，则这条曲线完全包含在这个球的某个半球内.

如果我们定义："等分给定对称图形区域的面积的一条线，叫做等分弧"，那么一个圆的最短等分弧是直径，一个正方形的最短等分弧是过中心的一条高，中心对称区域的最短等分弧为经过对称中心的一条最短的弦.

波利亚还发现任何对称图形区域的最短等分弧是一条线段或一段圆弧. 然而，这和维纳的一篇少有人知的论文中的结果只是形式上不同. 维纳在论文中证明了一个区域的最短等分弧或者是一条有限圆弧或者是一条线段（也叫无限圆弧），或者是这种弧构成的一条链，并且两条相邻的弧只在区域的边界上相交. 维纳还评论说："按给定比例分割一个凸区域的最短分割线是一段单独圆弧（有限的或无限的），这几乎是不证自明，但我不知道如何证明."

美国威斯康星大学 1976 年选拔数学、工程和科技人才时有这样一道测验题：

在 1，2，3，…，99，100 这 100 个连续自然数中，任取 51 个数，试证明：在这 51 个数中，一定存在两个数，其中一个是另一个的倍数.

将 100 推广到 $2n$，51 换为 $n+1$ 即得到 1988 年新加坡数学奥林匹克试题.

解答此题的关键是将集合 $\{1，2，3，…，99，100\}$ 进行分类，分为 50 个子集：

$$A_1 = \{1, 1\times2, 1\times2^2, 1\times2^3, 1\times2^4, 1\times2^5, 1\times2^6\},$$
$$A_2 = \{3, 3\times2, 3\times2^2, 3\times2^3, 3\times2^4, 3\times2^5\},$$
$$A_3 = \{5, 5\times2, 5\times2^2, 5\times2^3, 5\times2^4\},$$
$$A_4 = \{7, 7\times2, 7\times2^2, 7\times2^3\},$$
$$\vdots$$
$$A_{25} = \{49, 49\times2\},$$
$$A_{26} = \{51\},$$
$$A_{27} = \{53\},$$
$$\vdots$$
$$A_{50} = \{99\},$$

然后利用抽屉原则即得证.

1992 年 1 月第 4 届武汉市数学邀请赛命题时，就在这个题目的基础上进行了改造，首先考虑数集 $W=\{1，2，3，…，1991，1992\}$，原题是：任取 51 个数一定存在两个数，其中一个是另一个的倍数，由于想将年号 1992 和届次4同时编入题中，类比原题及其解法，猜测：任取足够多的数（这时还不知具体多少）一定存在两个数，其中一个是另一个的 4 倍. 于是将集合 $W=\{1,$ 2，3，…，1991，1992$\}$按 4 的倍数进行分类：

$$\{1，4，16，64，256，1024\}，$$
$$\{2，8，32，128，512\}，$$
$$\{3，12，48，192，768\}，$$
$$\{5，20，80，320，1280\}，$$
$$\{6，24，96，384，1536\}，$$
$$\{7，28，112，448，1792\}，$$
$$\{9，36，144，576\}，$$
$$\{10，40，160，640\}，$$
$$\{11，44，176，704\}，$$
$$\{13，13\times4，13\times4^2，13\times4^3\}，$$
$$\vdots$$
$$\{31，31\times4，31\times4^2，31\times4^3\}，$$
$$\{33，33\times4，33\times4^2\}，$$
$$\vdots$$
$$\{121，121\times4，121\times4^2\}$$
$$\{122，122\times4，122\times4^2\}，$$
$$\{123，123\times4，123\times4^2\}，$$
$$\{125，125\times4\}，$$
$$\{126，126\times4\}，$$
$$\vdots$$
$$\{497，497\times4\}，$$
$$\{498，498\times4\}，$$
$$\{499\}，$$
$$\{501\}，$$
$$\{502\}，$$
$$\{503\}，$$
$$\{505\}，$$
$$\vdots$$
$$\{1991\}$$

共 $1992-\left[\dfrac{1992}{4}\right]=1494$ 个集合. 其中，前 6 个集合里每个集合最多选出三个彼此不为 4 倍关系的数，第 7～第 93 个集合（即 123 开头的集合）每个集合最多选出两个彼此不为 4 倍关系的数.

仿原题利用抽屉原理有：任取 1594 个数，一定存在两个数，其中一个是另一个的 4 倍，得到如下题目.

求证：在集合 $W = \{1, 2, 3, \cdots, 1991, 1992\}$ 中任取 1594 个数，一定存在两个数，其中一个是另一个的 4 倍.

用集合语言可叙述为：

【题 4.2.38】　设 H 是集合 $W = \{1, 2, 3, \cdots, 1991, 1992\}$ 的含有 1594 个元素的任意子集，求证：H 中一定存在两个数，其中一个是另一个的 4 倍.

至此，尽管得到一个新题，但与原题之间的"痕迹"太明显，新意不足. 因此又考虑集合 W 是否存在一个含有若干个元素的子集 H，使得 $d \in H$ 必有 $4d \in H$. 显然不行，否定的情况如何呢？即集合 W 是否存在一个含有若干个元素的子集 H，使得 $d \in H$ 必有 $4d \notin H$. 这又太容易办到. 但是若对于集合 H 的元素个数具体限制一下，问题可能会复杂一些，基于这种想法，设 H 是 W 的一个子集，且使得 $d \in H$ 必有 $4d \notin H$，则在刚才对 W 的分类的各个子类中，H 在与 1 同类的集合最多取三个元素，H 在与 2 同类的集合中最多取三个元素，如此继续下去，最后 H 在与 1991 同类的集合中最多取一个元素，因此 H 最多包含

$$6 \times 3 + 87 \times 2 + 1401 \times 1 = 1593$$

个元素，所以推知集合 W 不存在含有 1594 个元素的子集 H，使得 $d \in H$ 必有 $4d \notin H$，问题变为如下.

求证：集合 $W = \{1, 2, 3, \cdots, 1992\}$ 不存在子集 H，它的元素个数不少于 1594 个，且对任意 $d \in H$ 必有 $4d \notin H$.

在命题组讨论此题时，一些专家认为此题太难. 于是又考虑是否存在含 1593 个元素的子集，其中没有一个元素是另一个的 4 倍. 经过讨论得到一个简捷、优美的构造性证明，于是就得到：

【题 4.2.39】　试证：集合 $\{1, 2, \cdots, 1991, 1992\}$ 存在一个由 1593 个元素组成的子集，其中没有一个元素是另一个的 4 倍.

4. 增加条件

将一个已知的数学命题附加某些条件，往往可以得到更丰富、更精细的结论.

通过观察、实验、归纳、类比、易位得到的命题有真有假. 对于假命题

一方面可要求寻求反例；另一方面不妨冷静地检查一番，是否所给的条件太少，能不能通过适当增加条件，得出真命题.

受斯坦纳-雷米欧司定理：“两条内角平分线相等的三角形为等腰三角形”的启发，我们曾提出：【题 4.2.34】(1) 两外角平分线相等的三角形是否也是等腰三角形？答案是否定的. 但若增加条件“第三角为该三角形的最大或最小内角”，则得到真命题：

【题 4.2.40】 两外角平分线相等，且第三角为该三角形的最大或最小内角时，此三角形是等腰三角形.

1989 年年底，湖北省数学奥林匹克学校函数学员河南师范大学附中孙泉同学来信提出如下问题：

如果对于 n 元函数 $f(x_1, x_2, \cdots, x_n)$ 来说，$x_1, x_2, \cdots, x_n$ 是对称的，且 $\sum\limits_{i=1}^{n} x_i$ 是一个常数，$x_i \in \mathbf{R}$，那么是否有在 $x_1 = x_2 = \cdots = x_n$ 时，这个函数取得最值？

这个问题是孙泉同学经过归纳、推理后独立提出来的. 问题提得很好，但在一般情形下，这个函数不一定在 $x_1 = x_2 = \cdots = x_n$ 时取得最值. 例如，构造三元对称函数

$$f(x_1, x_2, x_3) = (x_1{}^2 - 1)^2 + (x_2{}^2 - 1)^2 + (x_3{}^2 - 1)^2,$$

式中，$x_1, x_2, x_3 \in \mathbf{R}$，$x_1 + x_2 + x_3 = 1$.

显然 $f(x_1, x_2, x_3)$ 在 $x_1 = 1$，$x_2 = 1$，$x_3 = -1$ 或 $x_1 = 1$，$x_2 = -1$，$x_3 = 1$ 或 $x_1 = -1$，$x_2 = 1$，$x_3 = 1$ 时取得最小值 0，而当 $x_1 = x_2 = x_3 = \dfrac{1}{3}$ 时，$f(x_1, x_2, x_3) = \dfrac{64}{37} > 0$，所以当 $x_1 = x_2 = x_3 = \dfrac{1}{3}$ 时，$f(x_1, x_2, x_3)$ 不取最小值.

取 $x_1 = 2$，$x_2 = -1$，$x_3 = 0$，则 $f(2, -1, 0) = 10 > f\left(\dfrac{1}{3}, \dfrac{1}{3}, \dfrac{1}{3}\right)$. 所以当 $x_1 = x_2 = x_3 = \dfrac{1}{3}$ 时，$f(x_1, x_2, x_3)$ 也不取最大值.

综上所述，在 $f(x_1, x_2, x_3)$ 不取最值. 举出反例之后，我又进一步考虑在较为特殊的情形下结论是否成立呢，即添加某些条件后结论是否成立呢，于是得到下述命题：

【题 4.2.41】 设 $y = f(x_1, x_2, \cdots, x_n)$ 是关于 $x_1, x_2, \cdots, x_n$ 的 n 元对称函数，且 $x_1 + x_2 + \cdots + x_n = nc$. 固定 $x_k (k \neq 1, 2)$，y 随 $|x_1 - x_2|$ 的减小而减小（增大），那么，函数 $y = f(x_1, x_2, \cdots, x_n)$ 当且仅当 $x_1 = x_2 = \cdots = x_n = c$ 时有最小（大）值 $f(c, c, \cdots, c)$.

5. 减少条件

这种变形与增加条件的变形恰好相反，减少条件不是一件随主观决定的事，事先要对原有的命题进行认真分析，然后保留主要条件，删去次要条件．减少条件后，如果结论保持不变，问题会变得复杂一些，解题的难度也会增大．这时往往要改进论证方法，并且要善于发现并运用一些隐含条件．

【题 4. 2. 42】　设 $\triangle ABC$ 的内角平分线 AD，BE，CF 相交于 I，求证：$\dfrac{AI}{DI}+$ $\dfrac{BI}{EI}+\dfrac{CI}{FI}\geqslant 6$.

在题 4. 2. 42 中，如果将"I 为内心"改为"I 为 $\triangle ABC$ 内任一点"，条件减少（变弱），结论不变，问题随之变难．

研究下面的问题：

圆内接四边形 $ABCD$，其中边 AD 是圆的直径，$\angle B$，$\angle C$ 的角平分线的交点在 AD 边上，求证：$AB+CD=AD$.

在此题的证明过程中，我们发现不需要用"边 AD 是圆的直径"，这个条件是多余的．所以，我们得到一个新的问题：

【题 4. 2. 43】　圆内接四边形 $ABCD$，$\angle B$，$\angle C$ 的角平分线的交点在 AD 边上，求证：$AB+CD=AD$.

4.2.4　陈题推广

推广是数学研究中极其重要的手段之一，数学自身的发展在很大程度上依赖于推广．数学家总是在已有知识的基础上，向未知的领域扩展，从实际的概念及问题中推广出各种各样的新概念、新问题．

一个数学命题由条件和结论两个部分组成，正确的数学命题揭示了条件与结论之间的必然联系．一个数学命题的条件改变了，其结论也往往随之发生相应的变化．推广就是扩大命题的条件中有关对象的范围，或扩大结论的范围，即从一个事物的研究过渡到包含这一类事物的研究．在数学命题推广的过程中，所使用的主要方法是归纳和类比．从推广的方向看，有纵向推广和横向推广．学科命题在本学科内深入发展叫做纵向推广；将本学科命题移植或类比引申到别的学科中去叫做横向推广．具体操作推广时，主要从考察命题的条件、结论或解题方法入手获得启发推广．

1. 从低维到高维的推广

在初等数学中，我们习惯上把直线叫做一维空间，平面叫做二维空间，立体几何中所说的"空间"叫做三维空间. 除此之外，"维数"还泛指未知数的个数、变量的个数、方程的次数、不等式的次数、行列式的阶数、数表的阶数等. 数学家喜欢将数学问题从低维推广到高维，高维的问题往往比低维的问题要困难、复杂一些，因此将低维问题推广到高维问题也是数学竞赛命题者所喜爱的命题方法之一.

1963 年第 26 届莫斯科 MO 有这样一道试题：

若 a，b，c 为任意正数，求证：

$$\frac{a}{b+c}+\frac{b}{c+a}+\frac{c}{a+b}\geqslant\frac{3}{2}. \tag{4.2.11}$$

而下面的题目是流传甚广的(1988 年被移用为第二届友谊杯数学竞赛题).

若 a，b，c 是三角形的三边，且 $2s=a+b+c$，则

$$\frac{a^2}{b+c}+\frac{b^2}{c+a}+\frac{c^2}{a+b}\geqslant s. \tag{4.2.12}$$

这样一来，通过观察(4.2.11)、(4.2.12)两式的结构特点，可归纳出下述问题：

【题 4.2.44】 （第 28 届 IMO 预选题）试证：若 a，b，c 是三角形的三边，且 $2s=a+b+c$，则

$$\frac{a^n}{b+c}+\frac{b^n}{c+a}+\frac{c^n}{a+b}\geqslant\left(\frac{2}{3}\right)^{n-2}s^{n-1}, \qquad n\geqslant1. \tag{4.2.13}$$

运用归纳、类比的方法还可将(4.2.13)式作进一步推广.

观察(4.2.12)式，其左边是二阶循环的形式，我们联想到，若循环一阶会有怎样的结果？通过推敲得到：

$$\frac{x_1^2}{x_2}+\frac{x_2^2}{x_3}+\frac{x_3^2}{x_1}\geqslant x_1+x_2+x_3, \tag{4.2.14}$$

式中，x_1，x_2，$x_3>0$.

又容易联想到

$$\frac{x_1^2}{x_2}+\frac{x_2^2}{x_1}\geqslant x_1+x_2. \tag{4.2.15}$$

由(4.2.14)、(4.2.15)两式归纳出更一般的不等式：

【题 4.2.45】 （1984 年全国高中数学联赛试题）设 x_1，x_2，$\cdots$，x_n 都是正数. 求证：

$$\frac{x_1^2}{x_2}+\frac{x_2^2}{x_3}+\cdots+\frac{x_{n-1}^2}{x_n}+\frac{x_n^2}{x_1}\geqslant x_1+x_2+\cdots+x_n.$$

再考虑将(4.2.11)式从三元(a,b,c)向n元$(a_1,a_2,\cdots,a_n)$推广：

若$a_1,a_2,\cdots,a_n$为正数，$n>1$，则

$$\frac{a_1}{a_2+a_3+\cdots+a_n}+\frac{a_2}{a_1+a_3+\cdots+a_n}+\cdots+\frac{a_n}{a_1+a_2+\cdots+a_{n-1}}\geqslant\frac{n}{n-1}. \qquad (4.2.16)$$

(4.2.16)式左边分式都是一次的，我们猜测能否升次，于是有：

【题4.2.46】　（第30届IMO预选题）设$k\geqslant1$，$a_i(i=1,2,\cdots,n)$是正实数，证明：

$$\left(\frac{a_1}{a_2+a_3+\cdots+a_n}\right)^k+\left(\frac{a_2}{a_1+a_3+\cdots+a_n}\right)^k+\cdots$$
$$+\left(\frac{a_n}{a_1+a_2+\cdots+a_{n-1}}\right)^k\geqslant\frac{n}{(n-1)^k}.$$

2003年IMO保加利亚国家队选拔考试有一道和不等式(4.2.11)、(4.2.12)结构类似的问题：

【题4.2.47】　已知a,b,c是正实数，且$a+b+c=3$，求证：

$$\frac{a}{b^2+c}+\frac{b}{c^2+a}+\frac{c}{a^2+b}\geqslant\frac{3}{2}.$$

考虑从三元(a,b,c)向n元$(a_1,a_2,\cdots,a_n)$推广则有：

【题4.2.48】　（2007年女子MO）设整数$n>3$，非负实数$a_1,a_2,\cdots,a_n$满足

$$a_1+a_2+\cdots+a_n=2.$$

求$\dfrac{a_1}{a_2^2+1}+\dfrac{a_2}{a_3^2+1}+\cdots+\dfrac{a_n}{a_1^2+1}$的最小值.

我们知道，平面上给定n个点$(n\geqslant3)$，任三点不共线，则这n个点中一定存在两点A，B，使其余$n-2$个点都在直线AB外，这太平凡了，不过让我们耐心一点，看能否作一点推广.

若将两点A，B扩充为三点A，B，C会有什么结果呢？任三点不共线，则是否存在三点A，B，C构成一个三角形，使得其余$n-3$个点一定在$\triangle ABC$之外呢？回答是肯定的. 于是有：

【题4.2.49】　平面上给定n个点$(n\geqslant3)$，任意三点不共线，求证：在这n个点中存在三个点A，B，C，使其余$n-3$个点都在$\triangle ABC$之外.

在此基础上，再向空间推广，将$\triangle ABC$与四面体$ABCD$作类比，有：

【题4.2.50】　空间给定n个点$(n\geqslant4)$，任意三点不共线，任意4点不共面. 求证：在这n个点中存在4个点A，B，C，D，使其余$n-4$个点都在

四面体 $ABCD$ 之外.

在平面几何中有下述结论：

AB，CD 分别是两个圆的外公切线和内公切线，且满足点 A，C 位于同一个圆上，点 B，D 位于另外一个圆上. 求证：AC，BD 在两圆心的连线上的射影长相等.

对平面上的情形，这个问题是简单的，我们将这个问题推广空间，则得到：

【题 4.2.51】　AB，CD 分别是两个球的切线，且满足点 A，C 位于同一个球上，点 B，D 位于另外一个球上. 求证：AC，BD 在两球心的连线上的射影长相等.

这道题的解答依赖于这样一个事实：两球所有公切线的中点都位于同一个平面上，且该平面与两球心的连线垂直.

2. 从特殊向一般的推广

特殊与一般是数学研究中经常遇到的一对矛盾，当解决一个特殊的数学问题之后，人们往往力图把这一结果扩展开来，从不同角度加以推广. 从特殊向一般推广的主要类型有：

1）概念型. 先找出已知命题中的条件或结论中的某个对象，把它作为类概念，然后扩展到与它邻近的种概念.

新加坡 1988 年有这样一道数学竞赛题（注：叙述略有改动）：

一个梯形被两条对角线分成 4 个三角形. 若 S_1，S_2 分别表示以梯形上、下底为底边且有公共顶点的两个三角形的面积，则梯形的面积 $S = (\sqrt{S_1} + \sqrt{S_2})^2$，即 $\sqrt{S} = \sqrt{S_1} + \sqrt{S_2}$.

将此题条件中的对象——梯形作为类概念，扩展到与它邻近的种概念——凸四边形，而其他条件不变，会有什么结论呢？经过推演可得：

【题 4.2.52】　设凸四边形 $ABCD$ 的对角线相交于 O，$\triangle AOB$ 和 $\triangle OCD$ 的面积分别为 S_1，S_2，四边形 $ABCD$ 的面积为 S，求证：$\sqrt{S_1} + \sqrt{S_2} \leqslant \sqrt{S}$，其中等号当且仅当 $AB /\!/ CD$ 时成立.

2）状态型. 把一个仅对某种或几种特殊状态（位置）成立的命题，推广到对一般状态（位置）都成立.

2300 多年前，古希腊的学者欧几里得系统地整理了当时的数学知识，写成了千古流传的名著《几何原本》.《几何原本》共 13 卷，包含了 465 条命题. 有趣的是，有一条非常基本的重要命题——共边定理，它没有受到欧几里得时代数学家的注意和重视（之后的 2000 多年中也没有得到应有的重视）. 如果当初欧几里得或别的数学家重视了，几何学的历史有可能被改写，几何难学、几何解题无定法的局面就早已改观了.

这是《几何原本》第 6 卷的命题一：

"等高三角形或平行四边形，它们彼此相比如同它们的底的比".

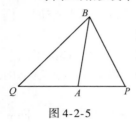

图 4-2-5

这里所谓"它们彼此相比"指的是两个三角形或平行四边形的面积比. 命题中最有用的部分，是现在小学生都知道的事实，我们把它当作一个基本命题：

等高三角形的面积比等于底之比（图 4-2-5）.

具体地，若 P，A，Q 三点在一直线上，则对任一点 B 有

$$\frac{\triangle PAB}{\triangle QAB}=\frac{PA}{QA}.$$

这里 $\triangle XYZ$ 用来表示三角形 XYZ 的面积.

从基本命题只要再前进一步，就得到了在平面几何中举足轻重的共边定理.

若直线 PQ 和 AB 交于点 M，则（图 4-2-6，有 4 种情形）

$$\frac{\triangle PAB}{\triangle QAB}=\frac{PM}{QM}.$$

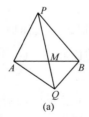
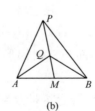
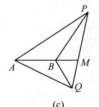
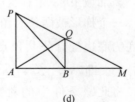

(a)　　　　　(b)　　　　　(c)　　　　　(d)

图 4-2-6

共边定理和基本命题的共同点，都是把两个三角形的面积比化成共线线段之比. 共边定理中若 B 在直线 PQ 上，就回到了基本命题. 所以，它是基本命题的推广. 基本命题如图 4-2-6 中的线段 PQ，AB 的位置变得更一般些，使 A 不在直线 PQ 上，再添上交点 M，就成了共边定理的图形了. 这一点改变很重要. 欧几里得时代的几何学家，就是没有注意到这一点改变，才失去了这条无比重要的共边定理，也错过了发现平面几何机械化解题方法的机会.

共边定理涉及平面几何构图中最常见的一个步骤：两直线 AB，PQ 交于一点 M. 要确定交点 M 的位置，本是一件不容易的事，它相当于解二元一次联立方程组. 而共边定理却用两个三角形的面积比简单地表示出 M 在线段 PQ 上的位置. 等式右端的 M，在左端不出现了，也就是被消去了. 这个事实，在几何问题的机器求解中起了关键的作用(张景中，2000).

1990 年印度向第 31 届 IMO 提供了如下的题目(叙述及字母记号与原题略有改动):

如图 4-2-7 所示，设圆 P 外接于锐角 $\triangle ABC$，且 $AB \neq AC$，$CE \perp AB$，交 AB 于 E，交圆 P 于 D，过 D，E 及边 BA 的中点 M 作圆，再过 E 作此圆的切线分别交直线 BC，AC 于点 F，G. 求证：$EF = GE$.

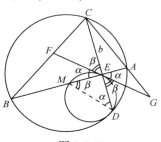

图 4-2-7

据第 31 届 IMO 选题委员会委员张景中教授介绍，他利用面积方法对此题进行了如下推导：

$$\frac{BE}{AE} = \frac{kb}{a} = \frac{S_{\triangle BEC}}{S_{\triangle AEC}} = \frac{S_{\triangle BEF} + S_{\triangle CEF}}{S_{\triangle CEG} - S_{\triangle AEG}} = \frac{S_{\triangle BEF} + S_{\triangle CEF}}{S_{\triangle CEG} - S_{\triangle AEG}} \cdot \frac{S_{\triangle MDE}}{S_{\triangle MDE}}$$

$$= \frac{\dfrac{S_{\triangle BEF}}{S_{\triangle MDE}} + \dfrac{S_{\triangle CEF}}{S_{\triangle MDE}}}{\dfrac{S_{\triangle CEG}}{S_{\triangle MDE}} - \dfrac{S_{\triangle AEG}}{S_{\triangle MDE}}} = \frac{\dfrac{FE \cdot BE}{MD \cdot DE} + \dfrac{EF \cdot CE}{ME \cdot MD}}{\dfrac{GE \cdot CE}{ME \cdot MD} - \dfrac{GE \cdot AE}{MD \cdot ED}} = \frac{\dfrac{FE \cdot kb}{MD \cdot ka} + \dfrac{EF \cdot b}{ME \cdot MD}}{\dfrac{GE \cdot b}{ME \cdot MD} - \dfrac{GF \cdot a}{MD \cdot ka}}$$

$$= \frac{FE}{GE} \cdot \frac{\dfrac{b}{a} + \dfrac{b}{ME}}{\dfrac{b}{ME} - \dfrac{1}{k}},$$

于是 $\dfrac{k}{a} = \dfrac{FE}{GE} \cdot \dfrac{\dfrac{ME+a}{a \cdot ME}}{\dfrac{bk-ME}{ME \cdot k}}$，进而得 $1 = \dfrac{FE}{GE} \cdot \dfrac{MA}{MB}$.

至此还没有用到条件 $CE \perp AB$，$AM = MB$，因而张景中先生考虑向一般推广，将特殊位置关系：$CE \perp AB$，$AM = MB$ 扩展为：CD 与 AB 相交于 E，M 为 AB 上一点(即 $AM = tAB$)，结论变为求 $\dfrac{GE}{EF}$，于是有第 31 届 IMO 选题委员会向主试委员会提供的备选题：

【题 4.2.53】　设圆内两弦 AB，CD 交于圆内一点 E，在弦 AB 内取不同于 E 的点 M，过点 D，E，M 作圆，再过 E 作此圆的切线分别交直线 BC，CA 于点 F，G，若 $AM = tAB$，试求比值 $\dfrac{GE}{EF}$.

3）数值型. 把一个仅对某些自然数成立的命题，推广到对所有的自然数成立，或者把题目的条件或结论中的某些数值扩展到更一般的情形.

《趣味的图论问题》（单墫，1980a）P37 第 10 题为：10 个学生参加一次考试，试题 10 道，已知没有两个学生做对的题目完全相同，证明在这 10 道试题中可以找到一道试题，将这道试题取消后，每两个学生所做对的题目仍然不会完全相同.

考虑更一般的情况，将数值 10 推广为任意自然数 n，并将考试做题改述为乒乓球赛就有：

【题 4.2.54】 （1987 年全国高中数学联赛试题）$n(>3)$ 名乒乓球选手单打比赛若干场后，任意两个选手已赛过的对手恰好都不完全相同. 试证明，总可从中去掉一名选手，而使在余下的选手中，任意两个选手已赛过的对手仍然不完全相同.

有些数学问题可以从不同角度，沿着多种途径推广.

例如，很久以前有这样一道题：在边长为 1 的正方形内，任意放置 5 个点，求证：其中一定可以找到两个点，它们的距离不大于 $\frac{\sqrt{2}}{2}$.

设想把两点改为三点，两点之间的距离用三点作为顶点的三角形面积来代替，则有：

【题 4.2.55】 （1963 年北京市数学竞赛试题）在一个边长为 1 的正方形内任意放置 9 个点，证明：在以这些点为顶点的三角形中必有一个三角形，它的面积不大于 $\frac{1}{8}$.

设想将 9 点推广至 101 点，则有：

【题 4.2.56】 （第 27 届莫斯科 MO 试题）在边长为 1 的正方形中任取 101 个点（不一定都在正方形内部），其中任意 3 点不共线. 证明：其中必定存在某 3 点，以它们为顶点的三角形的面积不大于 0.01.

还可将 101 个点推广到 $2n+1$ 个点，而 0.01 变为 $\frac{1}{2n}$.

将正方形与立方体类比，三角形与四面体类比，【题 4.2.56】还可从平面向空间推广，把 3 点改为 4 点，三角形的面积用任 4 点为顶点的四面体的体积来代替，则有：

【题 4.2.57】 在一个边长为 1 的立方体内任意地给定 25 个点. 证明：在以这些点为顶点的四面体中必有一个四面体，它的体积不大于 $\frac{\sqrt{3}}{48}$.

平面几何中有一个非常有名的 Viviani 定理：

【题 4.2.58】　等边三角形内任意一点到各边的距离之和是定值（三角形的高）.

这个定理的逆命题也成立.【题 4.2.58】可以很容易地推广到任意凸等边多边形的情况，也可以比较显然地推广到任意凸等角多边形的情况. 事实上，令 $A_1 A_2 \cdots A_n$ 是等角多边形（图 4-2-8，$n = 5$ 的情形）.

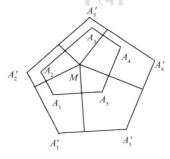

图 4-2-8

考虑正 n 边形 $A'_1 A'_2 \cdots A'_n$，它的每条边分别与原 n 边形的每条边平行，对多边形 $A'_1 A'_2 \cdots A'_n$ 内任意一点 M，它到 $A'_1 A'_2 \cdots A'_n$ 边的距离之和是个定值. M 点到原 n 边形任意一边的距离小于该点到正 n 边形 $A'_1 A'_2 \cdots A'_n$ 边的距离，且两者的距离之差是个定值. 因此 M 点到 $A'_1 A'_2 \cdots A'_n$ 边的距离之和是异于 M 点到 $A'_1 A'_2 \cdots A'_n$ 边距离之和的一个定值. 因此它本身也是一个定值. 于是得到：

【题 4.2.59】　任意凸等边多边形内任意一点到各边的距离之和是定值.

还可以更进一步地推广为：

【题 4.2.60】　平面上 n 个不相同的单位向量，它们的和为 0，考虑边分别与这些单位向量垂直的凸 n 边形，那么这个凸 n 边形内部的任意一点，到这个凸多边形边的距离之和相同.

关于等边三角形这个著名定理，还可以考虑推广到三维空间的情形：

【题 4.2.61】　正四面体内任意一点到各面的距离之和是定值.

【题 4.2.61】 的逆命题也成立.

【题 4.2.62】　正多面体内任意一点到各面的距离之和是定值.

【题 4.2.63】　若一个多面体各面面积相等，则此多面体内任意一点到各面的距离之和是定值.

如果对于三维空间 **【题 4.2.60】** 成立，那将是很有意思的.

1981 年第 11 届美国数学奥林匹克第 5 题是一个漂亮的数论不等式：

【题 4.2.64】　如果 x 是正数，n 为正整数，求证：

$$[nx] \geqslant \frac{[x]}{1} + \frac{[2x]}{2} + \cdots + \frac{[nx]}{n},$$

式中，$[x]$ 表示不超过实数 x 的最大整数.

【题 4.2.64】 可以推广为：

给定正整数 n，实数 $z_1 \leqslant z_2 \leqslant \cdots \leqslant z_n$ 满足 $\sum_{i=1}^{n} i z_i = 0$，证明：对任意实数 α，有

$$\sum_{i=1}^{n} z_i [i\alpha] \geqslant 0.$$

特殊地，当 $z_1 = -1$，$z_2 = -\dfrac{1}{2}$，$\cdots$，$z_{n-1} = -\dfrac{1}{n-1}$，$z_n = 1 - \dfrac{1}{n}$ 时，即为【题 4.2.64】.

再稍加包装，记 $z_i = x_i - y_i$，则得到笔者提供给 2008 年 CMO 的第 3 题：

【题 4.2.65】　给定正整数 n，实数 $x_1 \leqslant x_2 \leqslant \cdots \leqslant x_n$，$y_1 \geqslant y_2 \geqslant \cdots \geqslant y_n$，满足

$$\sum_{i=1}^{n} i x_i = \sum_{i=1}^{n} i y_i.$$

证明：对任意实数 α，有

$$\sum_{i=1}^{n} x_i [i\alpha] \geqslant \sum_{i=1}^{n} y_i [i\alpha].$$

这里，$[\beta]$ 表示不超过实数 β 的最大整数.

3. 从离散到连续的推广

实数是从自然数演变扩充而得到的. 自然数是全序集，实数也是全序集. 那么，能不能把关于自然数的数学归纳法推广到实数里去呢?

数学归纳法的正确性，由自然数的一个性质来保证："非空的自然数集里必有最小数". 从这一点着眼，又建立了超限归纳法，它可以用于任一个 "良序集". 因为，良序集正是这样的全序集："它的任一非空子集有最小元素".

实数集，按自然大小顺序，它的子集不一定有最小数. 这给归纳推理造成了困难. 也许正是因为这个原因，这个很容易想到的工具始终没有被人们使用过.

确实，我们的思想常受古圣先哲的限制，因而很少去追求珍贵遗产中的不足之处，其实，变通一下归纳法的形式，就能绕过实数集按自然大小非良序集的困难.

让我们比较一下两种归纳法：

关于自然数的数学归纳法

设 P_n 是涉及一个自然数 n 的命题：

如果：

1）有某个 n_0，使对一切 $n < n_0$ 有 P_n 真.

2）若对一切 $n < m$ 有 P_n 真，则 P_n 对一切 $n < m+1$ 也真.

那么，对一切自然数 n，P_n 真.

关于实数的数学归纳法

设 P_x 是涉及一个实数 x 的命题:

如果:

1)有某个 x_0,使对一切 $x<x_0$ 有 P_x 真.

2)若对一切 $x<y$ 有 P_x 真,则存在 $\delta_y>0$,使 P_x 对一切 $x<y+\delta_y$ 也真.

那么,对一切实数 x,P_x 真.

关于自然数的数学归纳法,是大家熟知的数学归纳法. 两种归纳法,何其相似!

由于在推广命题的过程中,所使用的方法主要是归纳和类比,因此推广后的命题有真有假,对于假命题一方面可考虑增加条件构造出真命题;另外可要求寻求反例.

观察 $\quad\quad\quad\quad\quad\quad |x|+|y|-|x+y|\geqslant 0,$

及【题 4.2.26】

$$|x|+|y|+|z|-|x+y|-|y+z|-|z+x|+|x+y+z|\geqslant 0.$$

不难想到把这个不等式推广为

$$\sum_{i=1}^{n}|x_i|-\sum_{1\leqslant i<j\leqslant n}|x_i+x_j|+\sum_{1\leqslant i<j<k\leqslant n}|x_i+x_j+x_k|$$
$$-\cdots+(-1)^{n-1}|x_1+x_2+\cdots+x_n|\geqslant 0.$$

但是,它甚至对于 $n=4$ 就是不成立的,一个反例是 $x_1=2$,$x_2=x_3=x_4=-1$.

下述不等式是极为常见的:

$$a^2b^2+b^2c^2+c^2a^2\geqslant abc(a+b+c),$$

即

$$\frac{ab}{c}+\frac{bc}{a}+\frac{ca}{b}\geqslant a+b+c.$$

若考虑将变元从三元推广到 $(2n+1)$ 元,则有:

【题 4.2.66】 (第 32 届 IMO 加拿大训练题)设 $n\geqslant 1$,对于 $2n+1$ 个正数 x_1,x_2,$\cdots$,x_{2n+1},证明和否定:

$$\frac{x_1x_2}{x_3}+\frac{x_2x_3}{x_4}+\cdots+\frac{x_{2n+1}x_1}{x_2}\geqslant x_1+x_2+\cdots+x_{2n+1},$$

等号当且仅当 x_i 都相等时成立.

当 $n=1$ 时,不等式成立.

当 $n>1$ 时,不等式不一定成立. 例如,取 $x_1=x_2=1$,$x_3=150$,$x_4=3$,$x_5=9$,其余的都等于 1,则

$$\frac{x_1x_2}{x_3}+\frac{x_2x_3}{x_4}+\frac{x_3x_4}{x_5}+\frac{x_4x_5}{x_6}+\frac{x_5x_6}{x_7}+\cdots+\frac{x_{2n+1}x_1}{x_2}=2n+132+\frac{1}{150}<2n+133,$$

$$x_1 + x_2 + \cdots + x_{2n+1} = 2n + 160.$$

所以，当 $n > 1$ 时，不等式不一定成立.

考虑一个很简单的平面几何命题：任意三角形至少有一条高的垂足落在相应的边上（而不是边的延长线上），把这个命题推广到三维空间就得到下列问题.

【题 4.2.67】　任意四面体至少有一条高的垂足落在相应的底面上，这个命题正确吗？

答案是否定的，反例的构造留给读者.

推广，对数学学习、数学竞赛及数学研究都十分重要. 在数学学习中，推广可以加强对学生观察、分析、比较、综合、概括、归纳、类比和发现能力以及创新精神的培养，是开展研究性学习的有力助手；在数学竞赛中，推广可以产生新问题、新方法，可以加深选手对问题本身的认识和理解；在数学研究中，推广可以引导数学发现，可以产生新定理、新方法、新理论.

4.2.5　构 造 模 型

数学模型是用数字、拉丁字母、希腊字母以及其他符号来体现和描述现实原型的各种因素形式以及数量关系的一种数学结构，它通常表现为定律、定理、公式、算法以及图表等. 构造模型编拟数学竞赛试题是指命题者经过对实际问题或数学问题的观察、分析、综合、概括、抽象而得到一个概括的结果，然后加以演绎、浅化，从而生成一类试题的方法. 构造模型生成奥林匹克试题的途径主要有两种：一是从实际问题中抽象出数学模型，生成试题；二是受已知数学模型的启发，构造新的数学模型，演绎浅化生成试题.

采用这一命题方法需要命题者具有理解实际问题的能力、抽象分析问题和试验调试的能力，并能把抽象的结果加以演绎生成试题.

【题 4.2.68】　（1986 年 CMO 试题）能否把 1，1，2，2，3，3，…，1986，1986 这些数排成一行，使得两个 1 之间夹着一个数，两个 2 之间夹着两个数，…，两个 1986 之间夹着 1986 个数？请证明你的结论.

这个问题源于一个数学游戏. 伦敦数学会编辑的 *Mathematical Gazette* 1958. 288 刊登了 C. Dudley Langford 提出的一个有趣问题："几年前，我的儿子还很小，他常常玩颜色块，每种颜色的木块各有两块，有一天，他把颜色块排成一列，两块红的间隔一块，两块蓝的间隔两块，两块黄的间隔三块. 我发现可添上一对绿的，间隔 4 块，不过需要重新排列." 一般地，是否可以将两个 1，两个 2，$\cdots$，两个 n 排成一行，使两个 1 之间有一个数，两个 2 之间有两个数，两个 3 之间有三个数，$\cdots$，两个 n 之间有 n 个数？如果能总结一个一般性规律，即得到一个抽象的结果，那么就能生成一类试题.

设 1，1，2，2，$\cdots$，n，n 按要求排出共 $2n$ 个数. 自左至右编序为 1，2，3，$\cdots$，$2n$ 共 n 个偶数位置，设两数分别在第 a_i 和第 b_i 的位置上，且 $b_i = a_i + i + 1$.

当 i 是偶数时，a_i，b_i 不同奇偶；

当 i 是奇数时，a_i，b_i 同奇偶.

假设在 n 个偶数位中被奇数 1，3，5，$\cdots$ 占了 $2L$ 个，其余被 1，2，$\cdots$，n 中的 $\left[\dfrac{n}{2}\right]$ 个偶数占用，因此有偶数位的个数

$$n = 2L + \left[\frac{n}{2}\right].$$

式中，$\left[\dfrac{n}{2}\right]$ 表示不超过 $\dfrac{n}{2}$ 的最大整数.

当 $n = 4k$ 时，有 $4k = 2L + 2k$，$L = k$ 时，可以；

当 $n = 4k+3$ 时，有 $4k+3 = 2L + \left[\dfrac{4k+3}{2}\right] = 2L + 2k + 1$，$L = k + 1$ 时，可以；

当 $n = 4k+1$ 时，$4k+1 = 2L + \left[\dfrac{4k+1}{2}\right] = 2L + 2k$ 矛盾；

当 $n = 4k+2$ 时，$4k+2 = 2L + \left[\dfrac{4k+1}{2}\right] = 2L + 2k + 1$ 矛盾.

因此可以知道 $1986 = 4 \times 496 + 2$ 是 $4k+2$ 型，不行，即得到前述赛题. 还可以把 n 换成其他数字，从而产生一类试题.

如果在集合 S 上有一个二元非负值实函数 $d(x, y)$ 满足

1）$d(x, y) = 0$ 当且仅当 $x = y$；

2）对称性：$d(x, y) = d(y, x)$；

3）三角不等式：$d(x, y) \leqslant d(x, z) + d(z, y)$.

则称 (S, d) 为距离空间.

我们受 1）、2）的启发，定义 $d(x, y) = \dfrac{|x-y|}{\sqrt{x+y}}$，对 x，y，$z \in \mathbf{R}^+$，1）、2）均成立，猜测 3）也成立，经验证这是真的，于是对 x，y，$z > 0$，有如下三角不等式成立：

$$d(x, y) + d(y, z) \geqslant d(x, z).$$

特殊地，取 $x \geqslant y \geqslant z > 0$ 得

$$\frac{x-y}{\sqrt{x+y}}+\frac{y-z}{\sqrt{y+z}}\geq\frac{x-z}{\sqrt{x+z}}\Leftrightarrow\frac{x}{\sqrt{x+y}}+\frac{y}{\sqrt{y+z}}+\frac{z}{\sqrt{x+z}}$$

$$\geq\frac{y}{\sqrt{x+y}}+\frac{x}{\sqrt{x+z}}+\frac{z}{\sqrt{y+z}}.$$

再取 $z=1$，则有：

【题 4.2.69】　设 $x\geq y\geq 1$，求证：

$$\frac{x}{\sqrt{x+y}}+\frac{y}{\sqrt{y+1}}+\frac{1}{\sqrt{x+1}}\geq\frac{y}{\sqrt{x+y}}+\frac{x}{\sqrt{x+1}}+\frac{1}{\sqrt{y+1}}.$$

当用代数语言表述几何问题时，有时会产生一些优美而又有趣的题目．例如，已知三角形的三条高构造三角形的著名问题(你能解决它吗？)．主要思想就是边长为 a，b，c 的三角形与边长为 $1/h_a$，$1/h_b$，$1/h_c$ 的三角形相似．

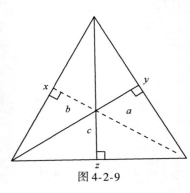

图 4-2-9

设三角形的三高是 a，b，c，它的边长是 x，y，z．如果三角形是锐角三角形，则马上可得到关于 x，y，z 的一个方程组．这样就有了下面的问题(图 4-2-9)．

【题 4.2.70】　解方程组 $\begin{cases}\sqrt{x^2-c^2}+\sqrt{y^2-c^2}=z,\\ \sqrt{y^2-a^2}+\sqrt{z^2-a^2}=x,\\ \sqrt{z^2-b^2}+\sqrt{x^2-b^2}=y.\end{cases}$

知道方程组的出处，我们很容易找出其根存在的条件(就是边长为 $1/a$，$1/b$，$1/c$ 的三角形是锐角三角形)，然后解方程组．证明：方程组和三角形构造问题都只有唯一解．

考虑一个常见的几何图形，如图 4-2-10 所示，在 $\triangle ABC$ 内有一点 P，且满足条件 $\angle APB=\angle BPC=\angle CPA=120°$，设 $PA=x$，$PB=y$，$PC=z$，则

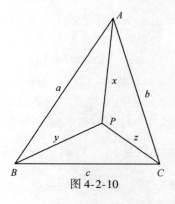

图 4-2-10

$$AB=\sqrt{x^2+xy+y^2},$$

$$BC=\sqrt{y^2+yz+z^2},$$

$$CA=\sqrt{z^2+zx+x^2}.$$

由三角形两边之和大于第三边知

$$\sqrt{x^2+xy+y^2}\leqslant x+y,$$

$$\sqrt{y^2+yz+z^2}\leqslant y+z,$$

$$\sqrt{z^2+zx+x^2}\leqslant z+x.$$

三式相加得

$$\sqrt{x^2+xy+y^2}+\sqrt{y^2+yz+z^2}$$

$$+\sqrt{z^2+zx+x^2}\leqslant 2\ (x+y+z).$$

于是得到 $\sqrt{x^2+xy+y^2}+\sqrt{y^2+yz+z^2}+\sqrt{z^2+zx+x^2}$ 的上界. 下边我们试图给出它的下界.

由著名不等式

$$a^2+b^2+c^2\geqslant 4\sqrt{3}\,S,$$

$$ab+bc+ca\geqslant 4\sqrt{3}\,S,$$

得

$$(a+b+c)^2\geqslant 12\sqrt{3}\,S,$$

即

$$a+b+c\geqslant 2\sqrt{3\sqrt{3}\,S}.$$

易知 $S=\dfrac{\sqrt{3}}{4}\ (xy+yz+zx)$，所以

$$\sqrt{x^2+xy+y^2}+\sqrt{y^2+yz+z^2}+\sqrt{z^2+zx+x^2}$$

$$\geqslant 2\sqrt{3\sqrt{3}\cdot\frac{\sqrt{3}}{4}\ (xy+yz+zx)}=3\sqrt{xy+yz+zx}.$$

将其几何背景去掉，即得到：

【题 4.2.71】　设 x，y，$z>0$，求证：

$$3\sqrt{xy+yz+zx}\leqslant\sqrt{x^2+xy+y^2}+\sqrt{y^2+yz+z^2}+\sqrt{z^2+zx+x^2}$$

$$\leqslant 2(x+y+z).$$

提出命题是一项十分艰苦、复杂地创造性劳动. 从理论上讲，命题是无法可循的，这里所说的方法只是大体上的路子. 在实际的命题过程中，一个好的问题常常是随着讨论、研究地深入而产生，一个好的问题常常是经过反复琢磨、多次修改才会最后敲定. 爱因斯坦曾指出："提出一个问题往往比解决一个问题更重要，因为解决一个问题也许仅是一个数学上的或实验上的

技能而已. 而提出新的问题, 新的可能性, 从新的角度去看旧的问题, 却需要创造性的想象力, 而且标志着科学的真正进步."

4.3　案例 1　1992 年 CMO 试题的评价

4.3.1　客 观 性

高水平的数学奥林匹克试题应避免陈题. 陈题对参赛者机会不等, 不能反映出参赛选手的真实水平. 这就是说, 数学奥林匹克试题应尽可能地保证对参赛选手是均权的, 是客观的. 但是本届的第 4 题(平面几何题)曾是某省竞赛题.

4.3.2　平均数、标准差、难度、区分度和信度

我们以本届 CMO 全部 94 名选手的每题得分为样本, 计算每个题目的平均得分、标准差、难度、区分度以及试卷的信度.

本次统计采用积差相关系数的区分度计算公式:

$$r = \frac{N\sum XY - (\sum X)(\sum Y)}{\sqrt{[N\sum X^2 - (\sum X)^2][N\sum Y^2 - (\sum Y)^2]}}.$$

用每题得分与 6 题总分求相关系数, r 值越大说明区分度越高, 即意味着该题对于优秀选手和较差的选手有较好的区分和鉴别能力. 区分度在 0.3 以上的为较好的试题.

第 k 题的难度为 $P_k = \sum_{i=1}^{94} a_i \times 94^{-1} \times 7^{-1}$, a_i 表示第 i 号学生第 k 题得分, 难度就是测题的难易程度, $0 \le P_k \le 1$, P_k 越大说明该题相对参赛选手来说越容易, 反之则说明越难.

第 i 题的平均数 $\overline{X}$ 表示所有选手第 i 题得分的集中趋势, 而标准差 S 反映了第 i 题选手得分的分布特征, S 越小, 则 $\overline{X}$ 的代表性越大. 由表 4-3-1 中可见, 6 道题由易到难的排列顺序是:

第 2 题、第 4 题、第 5 题、第 6 题、第 3 题、第 1 题.

总平均难度是 0.546, 接近 0.5, 这说明对于 CMO 选手来说, 本届试题难度

适当. 但是对本届选手来说将最难的一道题目作为第 1 题，似乎不太好，影响了部分选手的正常发挥. 按惯例应将此题放在后面. 这与主试委员会对此题难度估计不足有关，同时也说明我们的选手代数基本功不过硬，今后需要加强这方面的训练.

由表 4-3-1 可见，每题的区分度都远远超过了 0.4，6 题总平均区分度为 0.565，这说明试题能较好地区分出不同水平的选手.

表 4-3-1　1992 年 CMO 试题平均分、标准差、难度、区分度统计表

题号＼项目	1	2	3	4	5	6
平均数 $\overline{X}$	5.521	15.83	6.742	14.467	13.639	12.766
标准差 S	7.989	7.419	10.845	8.138	7.943	7.477
难度 P	0.248	0.754	0.321	0.697	0.649	0.608
区分度 r	0.609	0.549	0.425	0.521	0.637	0.646

443

信度是反映测试可靠性的指标，它在相当程度上反映着测验中偶然性因素影响所引起的误差程度. 我们采用分半相关计算法来计算本届试卷的信度. 方法是用选手在第一天得分总和与第二天得分总和求相关系数. 采用 Guttman 公式

$$r = 2\left[1 - \frac{S_1^2 + S_2^2}{S_t^2}\right],$$

计算信度为 0.505，这说明试卷的可靠性不够理想.

4.4　案例 2　2006 年全国高中数学联赛的函数迭代题

2006 年全国高中数学联赛第一试最难的题是第 15 题：

设 $f(x) = x^2 + a$，记 $f^1(x) = f(x)$，$f^n(x) = f(f^{n-1}(x))$，$n = 2, 3, \cdots$. $M = \{a \in \mathbf{R} \mid$ 对所有正整数 n，$|f^n(0)| \leq 2\}$. 证明：$M = \left[-2, \frac{1}{4}\right]$.

有趣的是，题设条件 $|f^n(0)| \leq 2$ 可以放宽为数列 $\{f^n(0)\}$ 有界，结论不变：

设 $f(x) = x^2 + a$，记 $f^1(x) = f(x)$，$f^n(x) = f(f^{n-1}(x))$，$n = 2, 3, \cdots$. $M = \{a \in \mathbf{R} \mid$ 数列 $\{f^n(0)\}$ 有界$\}$，证明：$M = \left[-2, \frac{1}{4}\right]$.

证明　（1）当 $a<-2$ 时，设 $a_n=f^n(0)$，对于任意 $n\geq 3$，
$$a_n>a_2=a^2+a=a(a+1)>1.$$
对于 $n=3$，$a_3=(a^2+a)^2+a=a^2(a+1)^2+a>a^2+a$，设 $n=k-1$ 时成立（$k\geq 4$ 为整数），则对 $n=k$，有
$$a_k=a_{k-1}{}^2+a\geq(a^2+a)^2+a=a^2(a+1)^2+a>a^2+a.$$
对于任意 $n\geq 2$，
$$a_{n+1}-a_n=a_n{}^2+a-a_n>(a^2+a)^2-(a^2+a)+a=a^2\left[(a+1)^2-1\right]>0,$$
式中
$$a^2\left[(a+1)^2-1\right]>0,$$
$$a_{n+1}-a_1=a_{n+1}-a=na^2\left[(a+1)^2-1\right],$$
当 $n\to+\infty$ 时，$a_{n+1}\to+\infty$，与 $f^n(0)$ 有界矛盾，因此 $a\notin M$。

（2）当 $-2<a<\dfrac{1}{4}$ 时，证明方法与原题证法一样。

（3）当 $a>\dfrac{1}{4}$ 时，设 $a_n=f^n(0)$，则任意 $n\geq 2$，$a_n>a>\dfrac{1}{4}$。对于任意 $n\geq 1$，
$$a_{n+1}-a_n=a_n{}^2-a_n+a=\left(a_n-\dfrac{1}{2}\right)^2+\left(a-\dfrac{1}{4}\right)\geq\left(a-\dfrac{1}{4}\right).$$
那么
$$a_{n+1}-a_1=a_{n+1}-a>n\times\left(a-\dfrac{1}{4}\right).$$
当 $n\to+\infty$ 时，$a_{n+1}\to+\infty$，与 $f^n(0)$ 有界矛盾，因此 $a\notin M$。

进一步，还可以把题设中的函数 $f(x)=x^2+a$，改为 $f(x)=x^3+a$，且满足 $f^n(0)$ 有界条件，可以得到 $M=\left[-\dfrac{2}{3}\left(\dfrac{1}{3}\right)^{\frac{1}{2}},\ \dfrac{2}{3}\left(\dfrac{1}{3}\right)^{\frac{1}{2}}\right]$；如果改为 $f(x)=x^4+a$，则 $M=\left[-2^{\frac{1}{3}},\ \dfrac{3}{4}\left(\dfrac{1}{4}\right)^{\frac{1}{3}}\right]$；如果改为 $f(x)=x^5+a$，则 $M=\left[-\dfrac{4}{5}\left(\dfrac{1}{5}\right)^{\frac{1}{4}},\ \dfrac{4}{5}\left(\dfrac{1}{5}\right)^{\frac{1}{4}}\right]$。

因此，我们猜测有如下命题成立：

设整数 $m\geq 2$，$f(x)=x^m+a$（$m=2,\ 3,\ \cdots$），记 $f^1(x)=f(x)$，$f^n(x)=f(f^{n-1}(x))$（$n=2,\ 3,\ \cdots$），$M=\{a\in\mathbf{R}\mid$ 对所有正整数 n，$f^n(0)$ 有界$\}$。

试证明：（1）当 m 为偶数时，$M=\left[-2^{\frac{1}{m-1}},\ \dfrac{m-1}{m}\left(\dfrac{1}{m}\right)^{\frac{1}{m-1}}\right]$；

（2）当 m 为奇数时，$M=\left[-\dfrac{m-1}{m}\left(\dfrac{1}{m}\right)^{\frac{1}{m-1}},\ \dfrac{m-1}{m}\left(\dfrac{1}{m}\right)^{\frac{1}{m-1}}\right].$

证明　（1）先证明当 $m\geqslant 2$ 为偶数时，$M=\left[-2^{\frac{1}{m-1}},\ \dfrac{m-1}{m}\left(\dfrac{1}{m}\right)^{\frac{1}{m-1}}\right].$

① 当 $0\leqslant a\leqslant\dfrac{m-1}{m}\left(\dfrac{1}{m}\right)^{\frac{1}{m-1}}$ 时，$|f^n(0)|\leqslant\left(\dfrac{1}{m}\right)^{\frac{1}{m-1}}$ （$\forall n\geqslant 1$）.

事实上，当 $n=1$，$|f^1(0)|=|a|\leqslant\left(\dfrac{1}{m}\right)^{\frac{1}{m-1}}$，设 $n=k-1$ 时成立（$k\geqslant 2$ 为整

数），则对 $n=k$，有 $|f^k(0)|=|f^{k-1}(0)|^m+a\leqslant\left(\left(\dfrac{1}{m}\right)^{\frac{1}{m-1}}\right)^m+\dfrac{m-1}{m}\cdot\left(\dfrac{1}{m}\right)^{\frac{1}{m-1}}=\left(\dfrac{1}{m}\right)^{\frac{1}{m-1}}.$

② 当 $-2^{\frac{1}{m-1}}\leqslant a<0$ 时，$|f^n(0)|\leqslant|a|$ （$\forall n\geqslant 1$）.

事实上，当 $n=1$，$|f^1(0)|=|a|\leqslant|a|$，设 $n=k-1$ 时成立（$k\geqslant 2$ 为整

数），则对 $n=k$，有

$$-|a|=a\leqslant f^k(0)=f^{k-1}(0)^m+a\leqslant a^m+a=a[-(-a)^{m-1}+1]$$
$$\leqslant a(-2+1)\leqslant|a|.$$

由①和②的归纳法证明可知

$$\left[-2^{\frac{1}{m-1}},\ \dfrac{m-1}{m}\left(\dfrac{1}{m}\right)^{\frac{1}{m-1}}\right]\subseteq M.$$

③ 当 $a>\dfrac{m-1}{m}\left(\dfrac{1}{m}\right)^{\frac{1}{m-1}}$ 时，记 $a_n=f^n(0)$，则任意 $n\geqslant 2$，$a_n>a>\dfrac{m-1}{m}\cdot$

$\left(\dfrac{1}{m}\right)^{\frac{1}{m-1}}$ 且

$$a_{n+1}=f^{n+1}(0)=f(f^n(0))=f(a_n)=a_n^m+a.$$

对于任意 $n\geqslant 1$，

$$a_{n+1}-a_n=a_n^m-a_n+a=a_n^m-a_n+\dfrac{m-1}{m}\left(\dfrac{1}{m}\right)^{\frac{1}{m-1}}+\left(a-\dfrac{m-1}{m}\left(\dfrac{1}{m}\right)^{\frac{1}{m-1}}\right)$$

$$\geqslant a-\dfrac{m-1}{m}\left(\dfrac{1}{m}\right)^{\frac{1}{m-1}}.\qquad\qquad\text{（均值不等式）}$$

当 m 和 a 确定时，$a-\dfrac{m-1}{m}\left(\dfrac{1}{m}\right)^{\frac{1}{m-1}}$ 为大于零的一个实数，

$$a_{n+1}-a_1=a_{n+1}-a>n\left(a-\dfrac{m-1}{m}\left(\dfrac{1}{m}\right)^{\frac{1}{m-1}}\right).$$

当 $n \to +\infty$ 时，$a_{n+1} \to +\infty$，与 $f^n(0)$ 有界矛盾，因此 $a \notin M$.

④ 当 $a < -2^{\frac{1}{m-1}}$ 时，记 $a_n = f^n(0)$，则任意 $n \geqslant 3$，

$$a_n > a_2 = a^m + a = a(a^{m-1} + 1) > 1.$$

事实上，当 $n = 3$ 时，$a_3 > a^m + a$，设 $n = k - 1$ 时成立（$k \geqslant 4$ 为整数），则对 $n = k$，有

$$a_k = a_{k-1}{}^m + a \geqslant (a^m + a)^m + a = a^m (a^{m-1} + 1)^m + a > a^m + a.$$

对于任意 $n \geqslant 2$，有

$$a_{n+1} - a_n = a_n{}^m - a_n + a > (a^m + a)^m - (a^m + a) + a$$
$$= a^m \left[(a^{m-1} + 1)^m - 1 \right] > 0.$$

当 m 确定时，$a^m \left[(a^{m-1} + 1)^m - 1 \right]$ 为大于零的一个实数，

$$a_{n+1} - a_1 = a_{n+1} - a = na^m \left[(a^{m-1} + 1)^m - 1 \right].$$

当 $n \to +\infty$ 时，$a_{n+1} \to +\infty$，与 $f^n(0)$ 有界矛盾，因此 $a \notin M$.

综合①、②、③、④，我们有 $M = \left[-2^{\frac{1}{m-1}}, \ \dfrac{m-1}{m} \left(\dfrac{1}{m} \right)^{\frac{1}{m-1}} \right]$.

（2）证明方法与（1）相同，分情况讨论.

综合（1）、（2），结论正确.

经进一步研究发现，这道推广题还能再进一步的推广，命题如下：

设整数 $m \geqslant 2$，$f(x) = ax^m + b$，$m = 2, 3, \cdots$，记 $f^1(x) = f(x)$，$f^n(x) = f(f^{n-1}(x))$，$n = 2, 3, \cdots$，试证明：（1）当 $a > 0$，$b > 0$ 时，数列 $\{f^n(0)\}$ 有界的充要条件是 $ab^{m-1} \leqslant \dfrac{(m-1)^{m-1}}{m^m}$；（2）当 $a > 0$，$b < 0$ 且 n 是偶数时，数列 $\{f^n(0)\}$ 有界的充要条件是 $ab^{m-1} \geqslant -2$.

将这个问题改变一下形式，将较难理解的函数迭代转化为数列和递推式，再将两问调换一下，文字稍做修改，便成为了 2008 年中国西部数学奥林匹克第 4 题：

设整数 $m \geqslant 2$，a 为正实数，b 为非零实数，数列 $\{x_n\}$ 定义如下：$x_1 = b$，$x_{n+1} = ax_n{}^m + b$，$n = 1, 2, \cdots$. 证明：

（1）当 $b < 0$ 且 m 为偶数时，数列 $\{x_n\}$ 有界的充要条件是 $ab^{m-1} \geqslant -2$；

（2）当 $b < 0$ 且 m 为奇数，或 $b > 0$ 时，数列 $\{x_n\}$ 有界的充要条件是 $ab^{m-1} \leqslant \dfrac{(m-1)^{m-1}}{m^m}$.

对于这个问题，我们这里给出两个证法.

证法 1 利用上面的推导和已经得出的结论，巧妙地使用变换而得.

对于任给的 a 和 b，定义数列 $\{y_n\}$，其中 $y_0=0$，$y_{n+1}=y_n^m+a^{\frac{1}{m-1}}b$（$n=1$，$2$，$\cdots$）．用归纳法可以证明 $y_n=a^{\frac{1}{m-1}}x_n$ 对任意正整数 n 都成立．因此 $\{x_n\}$ 有界即等价于 $\{y_n\}$ 有界．而 $\{y_n\}$ 就相当于上面讨论中令 a 为现在的 $a^{\frac{1}{m-1}}b$ 时的函数迭代数列．因此 $\{y_n\}$ 有界当且仅当 $a^{\frac{1}{m-1}}b\in\left[-2^{\frac{1}{m-1}}，\dfrac{m-1}{m}\left(\dfrac{1}{m}\right)^{\frac{1}{m-1}}\right]$（$m$ 为偶数）

或 $a^{\frac{1}{m-1}}b\in\left[-\dfrac{m-1}{m}\left(\dfrac{1}{m}\right)^{\frac{1}{m-1}}，\dfrac{m-1}{m}\left(\dfrac{1}{m}\right)^{\frac{1}{m-1}}\right]$（$m$ 为奇数）．

两边同时 $m-1$ 次方即得要证的结论．

证法 2　不依赖于以前的结论．

（1）必要性：用反证法．当 $b<0$ 且 m 为偶数时，如果 $ab^{m-1}<-2$，那么首先有 $ab^m+b>-b>0$，于是 $a\,(ab^m+b)^m+b>ab^m+b>0$，即 $x_3>x_2>0$．利用 ax^m+b 在 $(0，+\infty)$ 上单调递增可知数列 $\{x_n\}$ 的每一项都比前一项大，并且从第二项起每一项都大于 $-b$．

考察数列 $\{x_n\}$ 中的连续三项 x_n，x_{n+1}，x_{n+2}，$n=2$，3，$\cdots$，我们有

$$x_{n+2}-x_{n+1}=a(x_{n+1}^m-x_n^m)=a(x_{n+1}-x_n)(x_{n+1}^{m-1}+x_{n+1}^{m-2}x_n+\cdots+x_n^m)>$$
$$amx_n^{m-1}(x_{n+1}-x_n)>am(-b)^{m-1}(x_{n+1}-x_n)>2m(x_{n+1}-x_n)>x_{n+1}-x_n，$$

这表明数列 $\{x_n\}$ 中相邻两项的差距越来越大，因此是无界的．

充分性：若 $ab^{m-1}\geqslant-2$，我们用归纳法证明数列 $\{x_n\}$ 的每一项都落在区间 $[b，-b]$ 中．

第一项 b 已经在区间 $[b，-b]$ 中，如果某项 x_n 满足 $b\leqslant x_n\leqslant-b$，那么 $0\leqslant x_n^m\leqslant b^m$，从而 $b=a\cdot0^m+b\leqslant x_{n+1}\leqslant ab^m+b\leqslant-b$．

所以，此时数列 $\{x_n\}$ 有界的充要条件为 $ab^{m-1}\geqslant-2$．

（2）当 $b<0$ 时，数列 $\{x_n\}$ 的每一项都是正数．我们先来证明，数列 $\{x_n\}$ 有界的充要条件是方程 $ax^m+b=x$ 有正实根．

必要性：用反证法．如果方程 $ax^m+b=x$ 无正实根，那么函数 $p(x)=ax^m+b-x$ 在 $(0，+\infty)$ 上的最小值大于 0，不妨设其为 t．那么对于数列中的任意连续两项 x_n 与 x_{n+1}，有 $x_{n+1}-x_n=ax_n^m-x_n+b$，故数列 $\{x_n\}$ 中后一项至少比前一项大 t，因而此时无界．

充分性：如果 $ax^m+b=x$ 有正实根，设其一正根为 x_0，下面利用归纳法证明数列 $\{x_n\}$ 中的每一项都小于 x_0．首先第一项 b 显然小于 x_0，假设某项 $x_n<x_0$，由 ax^m+b 在 $[0，+\infty)$ 上是增函数知 $x_{n+1}=ax_n^m+b<ax_0^m+b=x_0$，因此数列有界．

而 $ax^m+b=x$ 有正根的充要条件是 $ax^{m-1}+\dfrac{b}{x}$ 在 $(0,+\infty)$ 上的最小值不大于

1，而 $ax^{m-1}+\dfrac{b}{x}$ 的最小值可以由平均值不等式给出，即

$$ax^{m-1}+\frac{b}{x}=ax^{m-1}+\frac{b}{(m-1)x}+\cdots+\frac{b}{(m-1)x}\geqslant m\sqrt[m]{\frac{ab^{m-1}}{(m-1)^{m-1}}}$$

此时数列 $\{x_n\}$ 有界的充要条件是 $m\sqrt[m]{\dfrac{ab^{m-1}}{(m-1)^{m-1}}}\leqslant 1$，即 $ab^{m-1}\leqslant$

$\dfrac{(m-1)^{m-1}}{m^m}$.

当 $b<0$，m 为奇数时，令 $y_n=-x_n$，则 $y_1=-b>0$，$y_{n+1}=ay_n^m+(-b)$，注意到 $\{x_n\}$ 有界的充要条件是 $\{y_n\}$ 有界，故可转化为上述情形. 综上可知（2）成立.

4.5　案例 3　Schur 不等式及其变式

若 x，y，z 为非负实数，则对任意 $r>0$ 都有

$$x^r(x-y)(x-z)+y^r(y-z)(y-x)+z^r(z-x)(z-y)\geqslant 0. \qquad (4.5.1)$$

等号当且仅当 $x=y=z$ 或者 x，y，z 中有两个相等、第三个为 0 时成立.

不等式（4.5.1）是舒尔（Schur）大约在 1934 年或更早些时候得到的.

因为不等式关于三个变元是对称的，不失一般性，我们可以假设 $x\geqslant y\geqslant z$. 则不等式（4.5.1）可以重新写成

$$(x-y)\left[x^r(x-z)-y^r(y-z)\right]+z^r(x-z)(y-z)\geqslant 0,$$

从而不等式（4.5.1）成立.

由（4.5.1）式可以推出 Schur 不等式的几种变式：

当 $r=1$ 时，

1) $\qquad x(x-y)(x-z)+y(y-z)(y-x)+z(z-x)(z-y)\geqslant 0;$ $\qquad (4.5.2)$

2) $\qquad x^3+y^3+z^3+3xyz\geqslant x^2y+xy^2+y^2z+yz^2+z^2x+zx^2;$ $\qquad (4.5.3)$

3) $\qquad (y+z-x)(x+z-y)(x+y-z)\leqslant xyz;$ $\qquad (4.5.4)$

4) $\qquad 4(x+y+z)(xy+yz+zx)\leqslant (x+y+z)^3+9xyz;$ $\qquad (4.5.5)$

5) $\qquad 2(xy+yz+zx)-(x^2+y^2+z^2)\leqslant \dfrac{9xyz}{x+y+z};$ $\qquad (4.5.6)$

又 $\dfrac{9xyz}{x+y+z}\leqslant 3\sqrt[3]{x^2y^2z^2}\Rightarrow 2\ (xy+yz+zx)\ -\ (x^2+y^2+z^2)\leqslant 3\sqrt[3]{x^2y^2z^2}$，即

6)
$$x^2+y^2+z^2+3\sqrt[3]{x^2y^2z^2}\geqslant 2\ (xy+yz+zx).\tag{4.5.7}$$

近年的国内外 MO 中频频出现以 Schur 不等式及其变式为背景的问题.

让我们首先看看 2008 年女子数学奥林匹克第 2 题的命题思路：由 Schur 不等式的变式(4.5.5)中的对称式 $x+y+z$，$xy+yz+zx$ 和 xyz，联想到一元三次多项式的根与系数的关系(韦达定理). 我们用 4 个字母 a，b，c，d 来表示一个一元三次多项式的系数，只要这个多项式有三个正根且 $a>0$ 即可用 a，b，c，d 表示(4.5.5)式

$$4\left(-\frac{b}{a}\right)\left(\frac{c}{a}\right)\leqslant\left(-\frac{b}{a}\right)^3+9\left(-\frac{d}{a}\right).$$

化简可得 $b^3+9a^2d-4abc\leqslant 0$. 根据命题要求和整套试题结构的安排，需要一个更为简单的问题，经过推演发现 $2b^3+9a^2d-7abc\leqslant 0$ 很容易证明.

多项式 $\varphi(x)=ax^3+bx^2+cx+d$ 有三个正根，且 $\varphi(0)<0$，可保证 $a>0$. 于是得到 2008 年女子数学奥林匹克第 2 题：

已知实系数多项式 $\varphi(x)=ax^3+bx^2+cx+d$ 有三个正根，且 $\varphi(0)<0$，求证：

$$2b^3+9a^2d-7abc\leqslant 0.$$

请看更多的例子.

【题 4.5.1】　设 x，y，z 是非负实数，求证：
$$3xyz+x^3+y^3+z^3\geqslant 2\left((xy)^{\frac{3}{2}}+(yz)^{\frac{3}{2}}+(zx)^{\frac{3}{2}}\right).$$

证明　利用 Schur 不等式变式(4.5.3)和 AM-GM 不等式，我们有
$$3xyz+\sum_{\text{cyclic}}x^3\geqslant\sum_{\text{cyclic}}x^2y+xy^2\geqslant\sum_{\text{cyclic}}2(xy)^{\frac{3}{2}}.$$

【题 4.5.2】　设 a，b，c 是正实数，且 $ab+bc+ca=3$，求证：
$$a^3+b^3+c^3+6abc\geqslant 9.$$

证明　由变式(4.5.3)可得
$$a^3+b^3+c^3+6abc\geqslant(a+b+c)(ab+bc+ca).$$
我们知道
$$(a+b+c)^2\geqslant 3(ab+bc+ca)=9$$
$$\Rightarrow a+b+c\geqslant 3,$$
所以
$$a^3+b^3+c^3+6abc\geqslant 9,$$
原不等式等号当且仅当 $a=b=c=1$ 时成立.

【题 4.5.3】　(IMO，1984)已知 x，y，z 是满足 $x+y+z=1$ 的非负实数，试证：

$$0 \leqslant xy+yz+zx-2xyz \leqslant \frac{7}{27}.$$

证明　先证前面一部分：

$$xy+yz+zx-2xyz = (x+y+z)(xy+yz+zx)-2xyz$$
$$= x^2y+xy^2+y^2z+yz^2+z^2x+zx^2+xyz \geqslant 0.$$

然后证后面一部分：

$$xy+yz+zx-2xyz \leqslant \frac{7}{27}$$

$$\Leftrightarrow (x+y+z)(xy+yz+zx)-2xyz \leqslant \frac{7}{27}(x+y+z)^3$$

$$\Leftrightarrow 7(x^3+y^3+z^3)+15xyz \geqslant 6(x^2y+xy^2+y^2z+yz^2+z^2x+zx^2). \qquad (4.5.8)$$

由变式（4.5.3）可得

$$6(x^3+y^3+z^3+3xyz) \geqslant 6(x^2y+xy^2+y^2z+yz^2+z^2x+zx^2),$$

结合 $x^3+y^3+z^3 \geqslant 3xyz$，由此可知(4.5.8)成立．且(4.5.8)式的等号当且仅当 $x=y=z=\frac{1}{3}$ 时成立．

【题 4.5.4】（IMO，2000）设正数 a，b，c 满足 $abc=1$，求证：

$$\left(a-1+\frac{1}{b}\right)\left(b-1+\frac{1}{c}\right)\left(c-1+\frac{1}{a}\right) \leqslant 1. \qquad (4.5.9)$$

证法 1　令 $x=a$，$y=1$，$z=\frac{1}{b}=ac$，则 $a=\frac{x}{y}$，$b=\frac{y}{z}$，$c=\frac{z}{x}$．

$$(4.5.9) 式 \Leftrightarrow \frac{(x-y+z)(y-z+x)(z-x+y)}{yzx} \leqslant 1 \qquad (4.5.10)$$

由变式(4.5.4)，也就是(4.5.10)式，可得(4.5.9)式成立．(4.5.9)式的等号当且仅当 $a=b=c=1$ 时成立．

证法 2　原不等式等价于下面的齐次不等式：

$$\left(a-(abc)^{1/3}+\frac{(abc)^{2/3}}{b}\right)\left(b-(abc)^{1/3}+\frac{(abc)^{2/3}}{c}\right)$$
$$\cdot \left(c-(abc)^{1/3}+\frac{(abc)^{2/3}}{a}\right) \leqslant abc.$$

通过作代换 $a=x^3$，$b=y^3$，$c=z^3$，式中，x，y，$z>0$，它变成

$$\left(x^3-xyz+\frac{(xyz)^2}{y^3}\right)\left(y^3-xyz+\frac{(xyz)^2}{z^3}\right)\left(z^3-xyz+\frac{(xyz)^2}{x^3}\right) \leqslant x^3y^3z^3.$$

化简可得

$$(x^2y-y^2z+z^2x)(y^2z-z^2x+x^2y)(z^2x-x^2y+y^2z) \leqslant x^3y^3z^3,$$

或

$$3x^3y^3z^3 + \sum_{\text{cyclic}} x^6y^3 \geqslant \sum_{\text{cyclic}} x^4y^4z + \sum_{\text{cyclic}} x^5y^2z^2,$$

或

$$3(x^2y)(y^2z)(z^2x) + \sum_{\text{cyclic}} (x^2y)^3 \geqslant \sum_{\text{sym}} (x^2y)^2(y^2z).$$

这是 Schur 不等式变式(4.5.3).

【题 4.5.5】　求出所有的正整数 k，使得对任意正数 a，b，c 满足 $abc=1$，都有下面不等式成立：

$$\frac{1}{a^2}+\frac{1}{b^2}+\frac{1}{c^2}+3k \geqslant (k+1)(a+b+c). \tag{4.5.11}$$

解　令 $a=b=\dfrac{1}{n+1}$，$c=(n+1)^2$（$n \in \mathbf{N}^*$），由(4.5.11)式可得

$$k \leqslant \frac{n^2+2n+1+1/(n+1)^4-2/(n+1)}{n^2+2n+2/(n+1)-2}.$$

而

$$\lim_{n \to +\infty} \frac{n^2+2n+1+1/(n+1)^4-2/(n+1)}{n^2+2n+2/(n+1)-2}=1,$$

故 $k \leqslant 1$，因为 k 是正整数，所以只能有 $k=1$，这时不等式(4.5.11)变成

$$\frac{1}{a^2}+\frac{1}{b^2}+\frac{1}{c^2}+3 \geqslant 2(a+b+c). \tag{4.5.12}$$

令 $x=\dfrac{1}{a}$，$y=\dfrac{1}{b}$，$z=\dfrac{1}{c}$，这样 x，y，z 也满足 $xyz=1$. 不等式(4.5.12)等价于

$$x^2+y^2+z^2+3 \geqslant 2(xy+yz+zx)$$
$$\Leftrightarrow (x+y+z)(x^2+y^2+z^2+3)$$
$$\geqslant 2(xy+yz+zx)(x+y+z)$$
$$\Leftrightarrow x^3+y^3+z^3+3(x+y+z)$$
$$\geqslant x^2y+xy^2+y^2z+yz^2+z^2x+zx^2+6. \tag{4.5.13}$$

由变式(4.5.3)和 $x+y+z \geqslant 3\sqrt[3]{xyz}=3$ 可知(4.5.13)式成立.

【题 4.5.6】　(2008 年 IMO 中国国家集训队测试题)设 x，y，$z \in \mathbf{R}^+$，求证：

$$\frac{xy}{z}+\frac{yz}{x}+\frac{zx}{y}>2\sqrt[3]{x^3+y^3+z^3}.$$

证明　记 $\dfrac{xy}{z}=a^2$，$\dfrac{yz}{x}=b^2$，$\dfrac{zx}{y}=c^2$，则 $y=ab$，$z=bc$，$x=ca$. 原不等式等价于 $(a^2+b^2+c^2)^3>8(a^3b^3+b^3c^3+c^3a^3)$.

$$左边 = \sum a^6 + 3 \sum (a^4 b^2 + a^2 b^4) + 6a^2 b^2 c^2$$

$$\geqslant 4 \sum (a^4 b^2 + a^2 b^4) + 3a^2 b^2 c^2 \quad (\text{Schur 不等式变式}(4.5.3)),$$

而 $4 \sum (a^4 b^2 + a^2 b^4) \geqslant$ 右边，所以原不等式成立.

下面这个问题相当难. 这道题是由 Hojoo Lee 为 2004 年亚太地区数学奥林匹克而命制的.

【题 4.5.7】 （2004 年亚太地区数学奥林匹克）设 a，b，c 是正实数，求证：

$$(a^2+2)(b^2+2)(c^2+2) \geqslant 9(ab+bc+ca). \qquad (4.5.14)$$

证明　(4.5.14) 式等价于

$$a^2 b^2 c^2 + 2(a^2 b^2 + b^2 c^2 + c^2 a^2) + 4(a^2+b^2+c^2) + 8$$

$$\geqslant 9(ab+bc+ca).$$

我们知道

$$a^2+b^2+c^2 \geqslant ab+bc+ca, (a^2 b^2+1)+(b^2 c^2+1)+(c^2 a^2+1) \geqslant 2(ab+bc+ca),$$

$$a^2 b^2 c^2 + 1 + 1 \geqslant 3\sqrt[3]{a^2 b^2 c^2} \geqslant \frac{9abc}{a+b+c}$$

$$\geqslant 4(ab+bc+ca) - (a+b+c)^2 (\text{变式}(4.5.6))$$

$$\Rightarrow a^2 b^2 c^2 + 2 \geqslant 2(ab+bc+ca) - (a^2+b^2+c^2),$$

所以

$$(a^2 b^2 c^2 + 2) + 2(a^2 b^2 + b^2 c^2 + c^2 a^2 + 3) + 4(a^2+b^2+c^2)$$

$$\geqslant 2(ab+bc+ca) + 4(ab+bc+ca) + 3(a^2+b^2+c^2)$$

$$\geqslant 9(ab+bc+ca).$$

因此 (4.5.14) 式得证，等号当且仅当 $a=b=c$ 时成立.

【题 4.5.8】 对任意正数 a，b，c，求证：下面不等式成立

$$a^2+b^2+c^2+2abc+1 \geqslant 2(ab+bc+ca). \qquad (4.5.15)$$

证明　解答用到 Schur 不等式的变式 (4.5.6)

$$2(ab+bc+ca) - (a^2+b^2+c^2) \leqslant \frac{9abc}{a+b+c} \qquad (4.5.16)$$

和 AM-GM 不等式

$$2abc+1 = abc+abc+1 \geqslant 3\sqrt[3]{a^2 b^2 c^2}. \qquad (4.5.17)$$

由 (4.5.16) 式和 (4.5.17) 式，不等式 (4.5.15) 转化成

$$3\sqrt[3]{a^2 b^2 c^2} \geqslant \frac{9abc}{a+b+c},$$

这等价于 $a+b+c \geqslant 3\sqrt[3]{abc}$，再次利用 AM-GM 不等式即得.

【题 4.5.9】 （2001 年 IMO 罗马尼亚国家队选拔考试）设 a，b，c 为正实

数，求证：

$$\sum_{\text{cyc}}(b+c-a)(c+a-b)\leqslant\sqrt{abc}(\sqrt{a}+\sqrt{b}+\sqrt{c}). \quad (4.5.18)$$

证明　通过简单的计算就可以验证

$$\sum_{\text{cyc}}(b+c-a)(c+a-b)=2(ab+bc+ca)-(a^2+b^2+c^2).$$

现在，由(4.5.7)式，我们只要证明

$$3\sqrt[3]{a^2b^2c^2}\leqslant\sqrt{abc}\ (\sqrt{a}+\sqrt{b}+\sqrt{c}). \quad (4.5.19)$$

这由 AM-GM 不等式可得：$\sqrt{a}+\sqrt{b}+\sqrt{c}\geqslant3\sqrt[3]{\sqrt{abc}}=3\sqrt[6]{abc}$.

【题 4.5.10】　(2004 年罗马尼亚国家数学奥林匹克预选题)设 a，b，c 为正实数，求证：

$$\sqrt{abc}(\sqrt{a}+\sqrt{b}+\sqrt{c})+(a+b+c)^2\geqslant4\sqrt{3abc(a+b+c)}. \quad (4.5.20)$$

证明　由【题 4.5.9】有

$$\sqrt{abc}(\sqrt{a}+\sqrt{b}+\sqrt{c})\geqslant2(ab+bc+ca)-(a^2+b^2+c^2). \quad (4.5.21)$$

现在，我们只需证明

$$ab+bc+ca\geqslant\sqrt{3abc\ (a+b+c)}. \quad (4.5.22)$$

这显然成立.

下面一道题来自罗马尼亚杂志 *Gazeta Matematică*，2005 年第 9 期．这道题由 Mircea Lascu 命制.

【题 4.5.11】　设 x，y，z 为正实数，证明：

$$\frac{x^3+y^3+z^3}{3xyz}+\frac{3\sqrt[3]{xyz}}{x+y+z}\geqslant2. \quad (4.5.23)$$

证明　由 Schur 不等式变式 (4.5.3) 得

$$\frac{x^3+y^3+z^3}{3xyz}\geqslant\frac{y+z}{3x}+\frac{z+x}{3y}+\frac{x+y}{3z}-1,$$

即

$$\frac{x^3+y^3+z^3}{3xyz}\geqslant\frac{x+y+z}{3x}+\frac{x+y+z}{3y}+\frac{x+y+z}{3z}-2.$$

欲证 (4.5.23) 式，则只需证

$$\frac{x+y+z}{3x}+\frac{x+y+z}{3y}+\frac{x+y+z}{3z}+\frac{3\sqrt[3]{xyz}}{x+y+z}\geqslant4. \quad (4.5.24)$$

由平均值不等式得

$$(4.5.24)\ \text{式左边}\geqslant4\sqrt[4]{\frac{(x+y+z)^2}{9x^{\frac{2}{3}}y^{\frac{2}{3}}z^{\frac{2}{3}}}}=4\sqrt{\frac{x+y+z}{3x^{\frac{1}{3}}y^{\frac{1}{3}}z^{\frac{1}{3}}}}\geqslant4.$$

故得证.

【题 4.5.12】 证明：对任意正实数 a，b，c，下面不等式成立

$$\frac{a+b+c}{3} - \sqrt[3]{abc} \leq \max\{(\sqrt{a}-\sqrt{b})^2, (\sqrt{b}-\sqrt{c})^2, (\sqrt{c}-\sqrt{a})^2\}. \quad (4.5.25)$$

证法 1 显然，

$$\frac{(\sqrt{a}-\sqrt{b})^2 + (\sqrt{b}-\sqrt{c})^2 + (\sqrt{c}-\sqrt{a})^2}{3}$$

$$\leq \max\{(\sqrt{a}-\sqrt{b})^2, (\sqrt{b}-\sqrt{c})^2, (\sqrt{c}-\sqrt{a})^2\}.$$

我们证明一个更强的不等式

$$a+b+c-3\sqrt[3]{abc} \leq (\sqrt{a}-\sqrt{b})^2 + (\sqrt{b}-\sqrt{c})^2 + (\sqrt{c}-\sqrt{a})^2. \quad (4.5.26)$$

然后我们只要证明

$$a+b+c+3\sqrt[3]{abc} \geq 2(\sqrt{ab}+\sqrt{bc}+\sqrt{ca}),$$

这是题 4.5.1，问题到此得到解决.

证法 2 我们同样证明更强的不等式（4.5.26），这可以重新写成

$$\sum_{\text{sym}} [a - 2(ab)^{1/2} + (abc)^{1/3}] \geq 0,$$

这里的求和来自 a，b，c 的所有 6 个排列. 这个不等式由下列两个不等式相加得到：

$$\sum_{\text{sym}} [a - 2a^{2/3}b^{1/3} + (abc)^{1/3}] \geq 0$$

和

$$\sum_{\text{sym}} [a^{2/3}b^{1/3} + a^{1/3}b^{2/3} - 2a^{1/2}b^{1/2}] \geq 0.$$

第一个不等式是 Schur 不等式，只要令 $x = a^{1/3}$，$y = b^{1/3}$，$z = c^{1/3}$，而第二个不等式由 AM-GM 不等式可得.

【点评】 更一般地，对非负实数 a_1，a_2，$\cdots$，a_n，我们有

$$\frac{m}{2} \leq \frac{a_1+a_2+\cdots+a_n}{n} - \sqrt[n]{a_1 a_2 \cdots a_n} \leq \frac{(n-1)M}{2}, \quad (4.5.27)$$

式中，$m = \min\limits_{1 \leq i < j \leq n}\{(\sqrt{a_i}-\sqrt{a_j})^2\}$ 和 $M = \max\limits_{1 \leq i < j \leq n}\{(\sqrt{a_i}-\sqrt{a_j})^2\}$.

利用上面的证法 2 可以证明右边的不等式. 我们把证明的详细过程留给读者.

当我们用 $(\sqrt{a_i}-\sqrt{a_j})^2$ $(1 \leq i < j \leq n)$ 的平均值 c 来代替 m 时，左边的不等式就分解开来了. 因为

$$\frac{m}{2} \leq \frac{c}{2} = \frac{\sum_{1 \leq i < j \leq n}(\sqrt{a_i}-\sqrt{a_j})^2}{2\binom{n}{2}} = \frac{\sum_{1 \leq i < j \leq n}(\sqrt{a_i}-\sqrt{a_j})^2}{n(n-1)}$$

$$= \frac{(n-1)(a_1+a_2+\cdots+a_n)-2\sum_{1\leqslant i<j\leqslant n}(\sqrt{a_i}-\sqrt{a_j})^2}{n(n-1)},$$

不等式现在变成

$$\sum_{1\leqslant i<j\leqslant n}\sqrt{a_i a_j}\geqslant \frac{n(n-1)\sqrt[n]{a_1 a_2\cdots a_n}}{2}.$$

这由 AM-GM 不等式可得.

我们也可以把 m 替换成

$$m'=\min_{1\leqslant k\leqslant n}\{(\sqrt{a_k}-\sqrt{a_{k+1}})^2\}.$$

在某种程度上，可以得到(4.5.27)式的一个更强的下界，证明方法类似. 我们留给读者去练习.

更一般的情况是，我们可以比较 n 个非负实数的算术平均值和几何平均值的大小，也可以求 k 元子集的算术平均值与几何平均值的差的最大值. 我也不知道正确的不等式是怎样以及怎么样去证明它.

【题 4.5.13】 （1996 年越南数学奥林匹克）已知 a，b，c，d 是 4 个非负实数满足

$$2(ab+ac+ad+bc+bd+cd)+abc+abd+acd+bcd=16.$$

证明：

$$a+b+c+d\geqslant \frac{2}{3}(ab+ac+ad+bc+bd+cd),$$

并且确定等号成立的条件.

证明 对 $i=1$，2，3 定义 s_i 为 $\{a,b,c,d\}$ 的 i 元子集的元素乘积的平均值. 现在我们必须证明

$$3s_2+s_3=4\Rightarrow s_1\geqslant s_2.$$

现在只要证明下面的齐次不等式(没有条件限制)成立即可：

$$3s_2^2 s_1^2+s_3 s_1^3\geqslant 4s_2^3.$$

因为，这样由 $3s_2+s_3=4$ 可以推出 $(s_1-s_2)^3+3(s_1^3-s_2^3)\geqslant 0.$

现在我们回想两个关于非负实数的对称均值的基本不等式. 第一个是 Schur 不等式

$$3s_1^3+s_3\geqslant 4s_1 s_2;$$

第二个是麦克劳林(Maclaurin)不等式 $s_i^{i+1}\geqslant s_{i+1}^i$ 的一个特例

$$s_1^2\geqslant s_2,$$

结合这两个不等式得到

$$3s_2^2 s_1^2+s_3 s_1^3\geqslant 3s_2^2 s_1^2+\frac{s_2^2 s_3}{s_1}\geqslant 4s_2^3.$$

【点评】 最后，对于只见过三个变量的 Schur 不等式的读者，注意到一般包括 s_1，$\cdots$，s_k（其中 $n \geq k$）的不等式对 $n+1$ 个变量也成立，只要用多项式 $(x-x_1)\cdots(x-x_{n+1})$ 求导后的根代替 x_1，$\cdots$，x_n 即可.

另外，笔者这里给出一个不利用 Schur 不等式，而利用导函数的方法.

首先假设 a，b，c，d 是一元四次方程 $x^4-px^3+qx^2-rx+s=0$ 的 4 个根，那么左边的四次多项式求导后所得的三次多项式也应有三个非负根. 而这个三次多项式是 $4x^3-3px^2+2qx-r$，设其三个根为 k，l，m，则问题变为已知 $kl+lm+mk+klm=4$，求证：$k+l+m \geq kl+lm+mk$. 由条件可知三个变量中有不小于 1 的，也有不大于 1 的. 可以假设 $k \geq 1$，$l \leq 1$，那么将 $m=\dfrac{4-kl}{k+l+kl}$ 代入欲证式后，欲证式变为 $(k+l-2)^2+kl(k-1)(1-l) \geq 0$. 显然成立，证毕.

下面几个题目供读者研讨.

1. （IMO1964）若 a，b，c 为三角形三边长，求证：
$$a^2(b+c-a)+b^2(c+a-b)+c^2(a+b-c) \leq 3abc.$$

2. 设 a，b，c 是正数，求证：
$$\frac{a^2+bc}{b+c}+\frac{b^2+ca}{c+a}+\frac{c^2+ab}{a+b} \geq a+b+c.$$

3. （USA，TST，2002）在 $\triangle ABC$ 中，求证：
$$\sin\frac{3A}{2}+\sin\frac{3B}{2}+\sin\frac{3C}{2} \leq \cos\frac{A-B}{2}+\cos\frac{B-C}{2}+\cos\frac{C-A}{2}.$$

4. （韩国 MO，1998）设 I 是三角形 ABC 的内心，求证：
$$IA^2+IB^2+IC^2 \geq \frac{BC^2+CA^2+AB^2}{3}.$$

5. 设 a，b，c 是三角形的三条边，求证：
$$a^2b+a^2c+b^2c+b^2a+c^2a+c^2b > a^3+b^3+c^3+2abc.$$

6. 设 a，b，c 是正数，求证：
$$27+\left(2+\frac{a^2}{bc}\right)\left(2+\frac{b^2}{ca}\right)\left(2+\frac{c^2}{ab}\right) \geq 6(a+b+c)\left(\frac{1}{a}+\frac{1}{b}+\frac{1}{c}\right).$$

7. 设 a，b，c 是正数，求证：
$$a^3+b^3+c^3+3abc \geq ab\sqrt{2a^2+2b^2}+bc\sqrt{2b^2+2c^2}+ca\sqrt{2c^2+2a^2}.$$

8. 设正数 x，y，z 满足 $xyz=x+y+z+2$，求证：
$$xy+yz+zx \geq 2(x+y+z).$$

9. 求最大的实数 k，使得对所有正数 a，b，c 都有
$$\frac{(b-c)^2(b+c)}{a}+\frac{(c-a)^2(c+a)}{b}+\frac{(a-b)^2(a+b)}{c}$$

$$\geq k(a^2+b^2+c^2-ab-bc-ca).$$

10. 设 a，b，c 是正数，求证：

$$\frac{a^3}{b^2-bc+c^2}+\frac{b^3}{c^2-ac+a^2}+\frac{c^3}{a^2-ab+b^2}\geq\frac{3(ab+bc+ca)}{a+b+c}.$$

11. 设 $t\in(0,3]$，a，b，$c\geq0$，求证：

$$(3-t)+t(abc)^{\frac{2}{t}}+\sum_{\text{cyclic}}a^2\geq2\sum_{\text{cyclic}}ab.$$

12. 设 a，b，c 是非负实数，求证：

$$(a+b+c+d)(abc+bcd+cda+dac)\geq(a+b+c-d)$$
$$\cdot(b+c+d-a)(c+d+a-b)(d+a+b-c).$$

4.6　案例 4　嵌入不等式

在代数和三角中，如下不等式和等式是司空见惯的：

$$x^2+y^2+z^2\geq xy+yz+zx. \tag{4.6.1}$$
$$a^2+b^2+c^2=2bc\cos A+2ca\cos B+2ab\cos C. \tag{4.6.2}$$

如果我们这样思考：把 (4.6.2) 式中 $\triangle ABC$ 的三边 a，b，c 换成任意三个实数 x，y，z，会有怎样的结果？或者 (4.6.1) 式右边各项分别乘以 $2\cos C$，$2\cos A$，$2\cos B$，不等号仍然成立吗？于是，就得到下面著名的嵌入不等式.

定理 1　对 $\triangle ABC$ 和任意实数 x，y，z，不等式

$$x^2+y^2+z^2\geq2yz\cos A+2zx\cos B+2xy\cos C \tag{4.6.3}$$

成立，其中等号当且仅当 $x:y:z=\sin A:\sin B:\sin C$ 时成立.

证法 1　$x^2+y^2+z^2-(2yz\cos A+2zx\cos B+2xy\cos C)$

$=x^2-2x(y\cos C+z\cos B)+y^2+z^2-2yz\cos A$

$=(x-y\cos C-z\cos B)^2-(y\cos C+z\cos B)^2+y^2+z^2+2yz\cos(B+C)$

$=(x-y\cos C-z\cos B)^2+(y\sin C-z\sin B)^2\geq0.$

等号当且仅当

$$\begin{cases}y\sin C-z\sin B=0,\\x-y\cos C-z\cos B=0,\end{cases}$$

即 $x:y:z=\sin A:\sin B:\sin C$ 时成立.

证法 2　设 $f(x)=x^2-2(y\cos C+z\cos B)x+(y^2+z^2-2yz\cos A)$，则

$\Delta=4(y\cos C+z\cos B)^2-4(y^2+z^2-2yz\cos A)$

$=-4y^2\sin^2C-4z^2\sin^2B+8yz\sin B\sin C$

$=-4(y\sin C-z\sin B)^2\leq0.$

所以恒有 $f(x) \geqslant 0$，从而定理 1 成立.

证法 3　分别考虑射线 BA，CB，AC 上的点 P，Q，R，使得 $AP = BQ = CR = 1$，则不等式(4.6.3)等价于

$$(x \cdot \overrightarrow{BQ} + y \cdot \overrightarrow{CR} + z \cdot \overrightarrow{AP})^2 \geqslant 0,$$

此不等式显然成立.

显然，嵌入不等式中的条件 $A + B + C = \pi$，可以推广到 $A + B + C = (2k+1)\pi$.

不等式(4.6.3)称为嵌入不等式，其有一个非常形象的几何解释：如果 $0 < A$，B，$C < \pi$，且对任意实数 x，y，z，不等式(4.6.3)都成立，则 A，B，C 一定可成为某一个三角形的三个内角或某一个平行六面体共点的三个面两两所夹的内二面角.

嵌入不等式最早出现在 J. Wolstenholme1867 年的著作中，1971 年 M. S. Klamkin 将嵌入不等式推广为

定理 2　（Wolstenholme-Klamkin 加权三角不等式）对 $\triangle ABC$ 和任意实数 x，y，z，n 为正整数，不等式

$$x^2 + y^2 + z^2 \geqslant 2(-1)^{n+1}(yz\cos nA + zx\cos nB + xy\cos nC) \tag{4.6.4}$$

成立.

将(4.6.4)式重新写成

$$x^2 + 2x(-1)^n(z\cos nB + y\cos nC) + y^2 + z^2 + 2(-1)^n yz\cos nA \geqslant 0.$$

将 $x^2 + 2x(-1)^n(z\cos nB + y\cos nC)$ 配方，上式等价于

$$[x + (-1)^n(z\cos nB + y\cos nC)]^2 + y^2 + z^2 + 2(-1)^n yz\cos nA$$
$$\geqslant (z\cos nB + y\cos nC)^2$$
$$= z^2\cos^2 nB + y^2\cos^2 nC + 2yz\cos nB\cos nC.$$

只需要证明下式就可以了：

$$y^2 + z^2 + 2(-1)^n yz\cos nA \geqslant z^2\cos^2 nB + y^2\cos^2 nC + 2yz\cos nB\cos nC.$$

或者

$$y^2\sin^2 nC + z^2\sin^2 nB + 2yz[(-1)^n\cos nA - \cos nB\cos nC] \geqslant 0. \tag{4.6.5}$$

如果 $n = 2k$ 为偶数，则 $nA + nB + nC = 2k\pi$，所以

$$\cos nA = \cos(nB + nC) = \cos nB\cos nC - \sin nB\sin nC.$$

不等式(4.6.5)可以化为

$$y^2\sin^2 nC + z^2\sin^2 nB - 2yz\sin nB\sin nC$$
$$= (y\sin nC - z\sin nB)^2 \geqslant 0,$$

这是显而易见的.

如果 $n = 2k+1$ 为奇数，则 $nA + nB + nC = (2k+1)\pi$，所以

$$\cos nA = -\cos(nB + nC) = -\cos nB\cos nC + \sin nB\sin nC.$$

不等式（4.6.5）可以化为

$$y^2\sin^2nC+z^2\sin^2nB-2yz\sin nB\sin nC$$
$$=(y\sin nC-z\sin nB)^2\geqslant 0,$$

这也是显而易见的.

在以上的证明中，我们注意到不等式（4.6.4）中等号成立：当且仅当 $(y\sin nC-z\sin nB)^2=0$，即 $y\sin nC=z\sin nB$ 或者 $\dfrac{y}{\sin nB}=\dfrac{z}{\sin nC}$. 根据对称性，当且仅当 $\dfrac{x}{\sin nA}=\dfrac{y}{\sin nB}=\dfrac{z}{\sin nC}$ 时等式成立. 证毕.

不等式（4.6.4）称为"非对称三角不等式"，即关于 A，B，C 三角函数的加权不等式. 当 $n=1$ 时即为（4.6.3）式.

在不等式（4.6.3）、（4.6.4）中，只要求 A，B，C 满足 $A+B+C=(2k+1)\pi$，x，y，z 可以为任意实数，因而 x，y，z 也可以为任一三角形的三条边，所以它们是非常有用的不等式，是产生新的几何不等式的一个源头（又称为"母"不等式），是近年来几何不等式研究中的一个重要角色.

例如，在（4.6.3）式中设 $x=\cos A$，$y=\cos B$，$z=\cos C$，并利用恒等式

$$\cos^2A+\cos^2B+\cos^2C+2\cos A\cos B\cos C=1 \tag{4.6.6}$$

得

【题 4.6.1】 在 $\triangle ABC$ 中，求证：

$$\cos A\cos B\cos C\leqslant\frac{1}{8}.$$

在（4.6.3）式中设 x，y，z 是三角形的三条边，且这三条边所对的角分别为 A，B，C，取 $A=\dfrac{\pi}{2}$，$B=C=\dfrac{\pi}{4}$，并应用正弦定理推演，则得到几何不等式：

【题 4.6.2】 在 $\triangle ABC$ 中，求证：

$$\cos A+\sqrt{2}\,(\cos B+\cos C)\leqslant 2,$$

等号当且仅当 $A=\dfrac{\pi}{2}$，$B=C$ 时成立.

在（4.6.3）式中设 x，y，z 是三角形的三条边，且这三条边所对的角分别为 A，B，C，取 $A=\dfrac{2\pi}{3}$，$B=C=\dfrac{\pi}{6}$，并应用正弦定理推演，则得到：

【题 4.6.3】 在 $\triangle ABC$ 中，求证：

$$\cos A+\sqrt{3}\,(\cos B+\cos C)\leqslant\frac{5}{2},$$

等号当且仅当 $A=\dfrac{2\pi}{3}$，$B=C=\dfrac{\pi}{6}$ 时成立.

设 p，q，r 是正数，在（4.6.3）式中取 $(x,\ y,\ z)=\left(\sqrt{\dfrac{qr}{p}},\ \sqrt{\dfrac{rp}{q}},\ \sqrt{\dfrac{pq}{r}}\right)$，则有：

【题 4.6.4】 对 $\triangle ABC$ 和正数 p，q，r，求证：

$$p\cos A+q\cos B+r\cos C\leqslant\frac{1}{2}\left(\frac{qr}{p}+\frac{rp}{q}+\frac{pq}{r}\right).$$

在近年的国内外数学竞赛中，频频出现以不等式（4.6.3）、（4.6.4）为背景的问题，而且它们也是数学竞赛命题的新矿点.

【题 4.6.5】 （民主德国，1965）在 $\triangle ABC$ 中，求证：

$$\cos A+\cos B+\cos C\leqslant\frac{3}{2},$$

并确定等号何时成立.

证明 在（4.6.3）式中取 $x=y=z=1$ 即可.

【题 4.6.6】 （韩国，1998）已知正数 a，b，c 满足 $a+b+c=abc$，求证：

$$\frac{1}{\sqrt{1+a^2}}+\frac{1}{\sqrt{1+b^2}}+\frac{1}{\sqrt{1+c^2}}\leqslant\frac{3}{2},$$

并判断等号在何时成立.

证明 设 $a=\tan A$，$b=\tan B$，$c=\tan C$，所以不等式可以变为

$$\cos A+\cos B+\cos C\leqslant 3/2.$$

关于 a，b，c 的已知条件可以变为

$$\tan A+\tan B+\tan C=\tan A\tan B\tan C$$

或者

$$-\tan A=\frac{\tan B+\tan C}{1-\tan B\tan C}=\tan(B+C).$$

因此 $A+B+C=(2n+1)\pi$，在（4.6.3）式中取 $x=y=z=1$，我们得到所要证明的不等式.

【点评】 此题可进一步推广为

【题 4.6.7】 已知正数 a，b，c 满足 $a+b+c=abc$，实数 u，w，v 满足 $uwv>0$，求证：

$$\frac{u}{\sqrt{1+a^2}}+\frac{v}{\sqrt{1+b^2}}+\frac{w}{\sqrt{1+c^2}}\leqslant\frac{1}{2}\left(\frac{vw}{u}+\frac{wu}{v}+\frac{uv}{w}\right).$$

证明 根据上面的代换，不等式可以变为

$$u\cos A + v\cos B + w\cos C \leqslant \frac{1}{2}\left(\frac{vw}{u} + \frac{wu}{v} + \frac{uv}{w}\right).$$

设 $u = yz$，$v = zx$，$w = xy$，即得到所要证明的不等式.

【题 4.6.8】 （MOSP2000）设 $\triangle ABC$ 为锐角三角形，求证：

$$\left(\frac{\cos A}{\cos B}\right)^2 + \left(\frac{\cos B}{\cos C}\right)^2 + \left(\frac{\cos C}{\cos A}\right)^2 + 8\cos A\cos B\cos C \geqslant 4.$$

证明 很容易将以上的不等式重新写成关于 $\cos^2 A$，$\cos^2 B$，$\cos^2 C$ 的形式，由恒等式

$$\cos^2 A + \cos^2 B + \cos^2 C + 2\cos A\cos B\cos C = 1,$$

我们可以得到

$$4 - 8\cos A\cos B\cos C = 4(\cos^2 A + \cos^2 B + \cos^2 C).$$

因而只要证明 $\left(\dfrac{\cos A}{\cos B}\right)^2 + \left(\dfrac{\cos B}{\cos C}\right)^2 + \left(\dfrac{\cos C}{\cos A}\right)^2 \geqslant 4(\cos^2 A + \cos^2 B + \cos^2 C).$

设 $x = \dfrac{\cos B}{\cos C}$，$y = \dfrac{\cos C}{\cos A}$，$z = \dfrac{\cos A}{\cos B}$，则由嵌入不等式得

$$\left(\frac{\cos A}{\cos B}\right)^2 + \left(\frac{\cos B}{\cos C}\right)^2 + \left(\frac{\cos C}{\cos A}\right)^2 = x^2 + y^2 + z^2$$

$$\geqslant 2(yz\cos A + zx\cos B + xy\cos C)$$

$$= 2\left[\frac{\cos C\cos A}{\cos B} + \frac{\cos A\cos B}{\cos C} + \frac{\cos B\cos C}{\cos A}\right].$$

再设 $x_1 = \sqrt{\dfrac{\cos B\cos C}{\cos A}}$，$y_1 = \sqrt{\dfrac{\cos C\cos A}{\cos B}}$，$z_1 = \sqrt{\dfrac{\cos A\cos B}{\cos C}}$ 则由嵌入不等式得

$$2\left(\frac{\cos C\cos A}{\cos B} + \frac{\cos A\cos B}{\cos C} + \frac{\cos B\cos C}{\cos A}\right) = 2(x_1^2 + y_1^2 + z_1^2)$$

$$\geqslant 4(y_1 z_1\cos A + z_1 x_1\cos B + x_1 y_1\cos C)$$

$$= 4(\cos^2 A + \cos^2 B + \cos^2 C).$$

式中，$y_1 z_1\cos A = \cos A\sqrt{\dfrac{\cos A\cos B\cos C\cos A}{\cos C\cos B}} = \cos^2 A$，同理，$z_1 x_1\cos B$，$x_1 y_1\cos C$ 也类似. 证毕.

【题 4.6.9】 （第 29 届 IMO 预选题）设 $\alpha_i > 0$，$\beta_i > 0$（$1 \leqslant i \leqslant n$，$n > 1$），且 $\sum_{i=1}^n \alpha_i = \sum_{i=1}^n \beta_i = \pi$，求证：

$$\sum_{i=1}^{n} \frac{\cos\beta_i}{\sin\alpha_i} \leqslant \sum_{i=1}^{n} \cot\alpha_i. \qquad (4.6.7)$$

证明　当 $n=2$ 时，$\dfrac{\cos\beta_1}{\sin\alpha_1}+\dfrac{\cos\beta_2}{\sin\alpha_2}=\dfrac{\cos\beta_1}{\sin\alpha_1}-\dfrac{\cos\beta_1}{\sin\alpha_1}=0=\cot\alpha_1+\cot\alpha_2.$

当 $n=3$ 时，即证：已知两个三角形的内角分别为 α，β，γ 和 α_1，β_1，γ_1，则

$$\frac{\cos\alpha_1}{\sin\alpha}+\frac{\cos\beta_1}{\sin\beta}+\frac{\cos\gamma_1}{\sin\gamma} \leqslant \cot\alpha+\cot\beta+\cot\gamma.$$

由 $\cot\alpha=\dfrac{b^2+c^2-a^2}{4\Delta}$ 知，上式等价于

$$\frac{4\Delta\cos\alpha_1}{\sin\alpha}+\frac{4\Delta\cos\beta_1}{\sin\beta}+\frac{4\Delta\cos\gamma_1}{\sin\gamma} \leqslant a^2+b^2+c^2.$$

又由 $\Delta=\dfrac{1}{2}ab\sin\gamma$ 知，上式等价于

$$2bc\cos\alpha_1+2ca\cos\beta_1+2ab\cos\gamma_1 \leqslant a^2+b^2+c^2.$$

此即嵌入不等式.

假设原不等式对于 $n-1$（$\geqslant 3$）成立，则对于 n，

$$\sum_{i=1}^{n} \frac{\cos\beta_i}{\sin\alpha_i} = \frac{\cos\beta_1}{\sin\alpha_1} + \frac{\cos\beta_2}{\sin\alpha_2} + \sum_{i=3}^{n} \frac{\cos\beta_i}{\sin\alpha_i}$$

$$= \left[\frac{\cos\beta_1}{\sin\alpha_1} + \frac{\cos\beta_2}{\sin\alpha_2} + \frac{-\cos(\beta_1+\beta_2)}{\sin(\alpha_1+\alpha_2)}\right] + \left[\sum_{i=3}^{n} \frac{\cos\beta_i}{\sin\alpha_i} + \frac{\cos(\beta_1+\beta_2)}{\sin(\alpha_1+\alpha_2)}\right]$$

$$= \left[\frac{\cos\beta_1}{\sin\alpha_1} + \frac{\cos\beta_2}{\sin\alpha_2} + \frac{\cos(\pi-(\beta_1+\beta_2))}{\sin(\pi-(\alpha_1+\alpha_2))}\right] +$$

$$\left[\sum_{i=3}^{n} \frac{\cos\beta_i}{\sin\alpha_i} + \frac{\cos(\beta_1+\beta_2)}{\sin(\alpha_1+\alpha_2)}\right]$$

$$\leqslant \left[\cot\alpha_1 + \cot\alpha_2 + \cot(\pi-\alpha_1-\alpha_2)\right] + \left[\sum_{i=3}^{n} \cot\alpha_i + \cot(\alpha_1+\alpha_2)\right]$$

$$= \sum_{i=1}^{n} \cot\alpha_i.$$

因此，不等式 (4.6.7) 对一切 $n \geqslant 2$ 成立.

【**题 4.6.10**】　（第 36 届 IMO 预选题）设 a，b，c 为已知正数，求所有正实数 x，y，z，满足

$$x+y+z=a+b+c,$$
$$4xyz-(a^2x+b^2y+c^2z)=abc.$$

解　首先证明下述引理

引理　方程

$$x^2+y^2+z^2+xyz=4,\tag{4.6.8}$$

有正实数解 x，y，z，当且仅当存在锐角 $\triangle ABC$，使得

$$x=2\cos A，\ y=2\cos B，\ z=2\cos C.$$

我们要证明方程 $(4.6.8)$ 解的集合是三元数组 $(2\cos A，2\cos B，2\cos C)$，其中 A，B，C 为锐角 $\triangle ABC$ 的内角. 首先，由恒等式 $(4.6.6)$ 知，所有的三元数组 $(2\cos A，2\cos B，2\cos C)$ 是方程 $(4.6.8)$ 的解，反之，我们容易看出 $0<x$，y，$z<2$，因此，存在数 A，$B\in\left(0，\dfrac{\pi}{2}\right)$ 使得 $x=2\cos A$，$y=2\cos B$. 解关于 z 的方程 $(4.6.8)$，其中 $z\in(0，2)$，我们得到 $z=-2\cos(A+B)$. 于是，令 $C=\pi-A-B$，则 $(x，y，z)=(2\cos A，2\cos B，2\cos C)$. 引理证毕.

我们尝试利用问题中第二个方程给出的信息，这个方程可以写成

$$\frac{a^2}{yz}+\frac{b^2}{zx}+\frac{c^2}{xy}+\frac{abc}{xyz}=4.$$

而且我们已经认识到以下的关系式：

$$u^2+v^2+w^2+uvw=4,$$

式中，$u=\dfrac{a}{\sqrt{yz}}$，$v=\dfrac{b}{\sqrt{zx}}$，$w=\dfrac{c}{\sqrt{xy}}$. 根据引理，存在锐角 $\triangle ABC$ 使得 $u=2\cos A$，$v=2\cos B$，$w=2\cos C$. 从而 $a=2\sqrt{yz}\cos A$，$b=2\sqrt{zx}\cos B$，$c=2\sqrt{xy}\cos C$. 代入第一个方程得

$$x+y+z=2\sqrt{xy}\cos C+2\sqrt{yz}\cos A+2\sqrt{zx}\cos B，$$

即

$$(\sqrt{x})^2+(\sqrt{y})^2+(\sqrt{z})^2=2\sqrt{xy}\cos C+2\sqrt{yz}\cos A+2\sqrt{zx}\cos B.$$

此即嵌入不等式 $(4.6.3)$ 中等号成立的情形，所以

$$\frac{\sqrt{x}}{\sin A}=\frac{\sqrt{y}}{\sin B}=\frac{\sqrt{z}}{\sin C}.$$

平方后，并利用

$$\cos A=\frac{a}{2\sqrt{yz}}，\ \cos B=\frac{b}{2\sqrt{zx}}，\ \cos C=\frac{c}{2\sqrt{xy}}，$$

可以解出

$$x=\frac{b+c}{2}，\ y=\frac{c+a}{2}，\ z=\frac{a+b}{2}.$$

容易验证这个三元数组满足原方程组.

【题 4.6.11】 （印度 MO，1998）已知 x，y，z 为正数，$xy+yz+zx+xyz=4$.
求证：$x+y+z \geqslant xy+yz+zx$.

证明　把 $xy+yz+zx+xyz=4$ 写成以下的形式：

$$(\sqrt{xy})^2+(\sqrt{yz})^2+(\sqrt{zx})^2+\sqrt{xy}\sqrt{yz}\sqrt{zx}=4.$$

由【题 4.6.10】引理知，存在锐角 $\triangle ABC$，使得

$$\begin{cases} \sqrt{yz}=2\cos A, \\ \sqrt{zx}=2\cos B, \\ \sqrt{xy}=2\cos C. \end{cases}$$

解这个方程组得

$$(x,\ y,\ z)=\left(\frac{2\cos B\cos C}{\cos A},\ \frac{2\cos A\cos C}{\cos B},\ \frac{2\cos A\cos B}{\cos C}\right).$$

因此我们需要证明

$$\frac{2\cos B\cos C}{\cos A}+\frac{2\cos A\cos C}{\cos B}+\frac{2\cos A\cos B}{\cos C}\geqslant 4(\cos^2 A+\cos^2 B+\cos^2 C).$$

在嵌入不等式（4.6.3）中，取

$$x=\sqrt{\frac{2\cos B\cos C}{\cos A}},\ y=\sqrt{\frac{2\cos A\cos C}{\cos B}},\ z=\sqrt{\frac{2\cos A\cos B}{\cos C}},$$

即得证.

把此题稍加改造，即为

【题 4.6.12】 （2007 年 IMO 中国国家集训队测试题）设正数 u，v，w 满足

$$u+v+w+\sqrt{uvw}=4. \tag{4.6.9}$$

求证：$\sqrt{\dfrac{vw}{u}}+\sqrt{\dfrac{uw}{v}}+\sqrt{\dfrac{uv}{w}}\geqslant u+v+w$.

证明　把（4.6.8）式写成

$$\sqrt{u}^2+\sqrt{v}^2+\sqrt{w}^2+\sqrt{uvw}=4.$$

由【题 4.6.10】引理，存在锐角 $\triangle ABC$，使得

$$\begin{cases} \sqrt{u}=2\cos A, \\ \sqrt{v}=2\cos B, \\ \sqrt{w}=2\cos C. \end{cases}$$

于是只需证明

$$\frac{2\cos B\cos C}{\cos A}+\frac{2\cos A\cos C}{\cos B}+\frac{2\cos A\cos B}{\cos C}\geqslant 4(\cos^2 A+\cos^2 B+\cos^2 C).$$

在嵌入不等式（4.6.3）中，取

$$x=\sqrt{\frac{2\cos B\cos C}{\cos A}}, \quad y=\sqrt{\frac{2\cos A\cos C}{\cos B}}, \quad z=\sqrt{\frac{2\cos A\cos B}{\cos C}},$$

即得证.

下面的问题供读者研讨.

1. 设 a, b, c 是三角形的三边长, x, y, z 为任意实数, 求证:
$$a^2(x-y)(x-z)+b^2(y-z)(y-x)+c^2(z-x)(z-y)\geqslant 0.$$

2. 在 $\triangle ABC$ 中, 若 λ 为实数, 求证:
$$\cos A+\lambda(\cos B+\cos C)\leqslant 1+\frac{\lambda^2}{2}.$$

【点评】 当 $\lambda=\sqrt{2}$, 我们得到试题 4.6.2; 当 $\lambda=\sqrt{3}$, 则得到试题 4.6.3.

3. 在 $\triangle ABC$ 中, 求证:

（1） $x^2+y^2+z^2\geqslant 2yz\sin A+2zx\sin B-2xy\cos C$;

（2） $x^2+y^2+z^2\geqslant 2yz\sin\dfrac{A}{2}+2zx\sin\dfrac{B}{2}+2xy\sin\dfrac{C}{2}$.

式中, x, y, z 为实数.

4. 已知 A, B, C 为三角形的三个角, x, y, z 为实数. 求证:
$$x^2+y^2+z^2\geqslant 2yz\sin(A-30°)+2zx\sin(B-30°)+2xy\sin(C-30°).$$

5. 在 $\triangle ABC$ 中, 求证:
$$\frac{\cos\dfrac{B-C}{2}}{\cos\dfrac{A}{2}}+\frac{\cos\dfrac{C-A}{2}}{\cos\dfrac{B}{2}}+\frac{\cos\dfrac{A-B}{2}}{\cos\dfrac{C}{2}}\leqslant 2(\cot A+\cot B+\cot C).$$

6. 设 P 是 $\triangle ABC$ 的内心, U, V, W 分别是 $\angle BPC$, $\angle CPA$, $\angle APB$ 的内角平分线与边 BC, CA, AB 的交点. 求证:
$$PA+PB+PC\geqslant 2(PU+PV+PW).$$

7. 设 $\triangle ABC$ 和 $\triangle A'B'C'$ 的边长分别为 a, b, c 及 a', b', c', 对应内角平分线分别为 t_a, t_b, t_c 及 t'_a, t'_b, t'_c, 求证:
$$t_a t'_a+t_b t'_b+t_c t'_c\leqslant \frac{3}{4}(aa'+bb'+cc').$$

8. 设 P 为 $\triangle ABC$ 内部或边上任一点, $PA=x$, $PB=y$, $PC=z$, 求证:
$$x^2+y^2+z^2\geqslant \frac{1}{3}(a^2+b^2+c^2).$$

9. 设 x_1, x_2, x_3, x_4 是正数, 实数 θ_1, θ_2, θ_3, θ_4 满足 $\theta_1+\theta_2$, θ_3, $+\theta_4=\pi$, 求证:
$$x_1\cos\theta_1+x_2\cos\theta_2+x_3\cos\theta_3+x_4\cos\theta_4$$

465

$$\leqslant \sqrt{\frac{(x_1x_2+x_3x_4)(x_1x_3+x_2x_4)(x_1x_4+x_2x_3)}{x_1x_2x_3x_4}}.$$

10.（2005 年全国高中数学联赛）设正数 a，b，c，x，y，z 满足

$$cy+bz=a,\quad az+cx=b,\quad bx+ay=c,$$

求函数

$$f(x,y,z)=\frac{x^2}{1+x}+\frac{y^2}{1+y}+\frac{z^2}{1+z}$$

的最小值.

11. 设 a，b，c 是三角形的三边，求证：

$$3\left(\frac{a}{b}+\frac{b}{c}+\frac{c}{a}-1\right)\geqslant 2\left(\frac{b}{a}+\frac{c}{b}+\frac{a}{c}\right).$$

12.（IMO 美国国家队训练题）求证：对 $\triangle ABC$ 和任意实数 x，y，z，n 为正整数，下列两个不等式成立：

（1）[O. Bottema] $yza^2+zxb^2+xyc^2\geqslant R^2(x+y+z)^2$；

（2）[A. Oppenheim] $xa^2+yb^2+zc^2\geqslant 4S_{\triangle ABC}\sqrt{xy+yz+zx}$.

有兴趣的读者还可以在国内外数学竞赛中找出更多的以嵌入不等式为背景的问题，同时也可以编拟出以嵌入不等式为背景的问题.

参 考 文 献

爱因斯坦.1976.爱因斯坦文集.许良英等译.北京：商务印书馆

奥尔 O.1985.有趣的数论.潘承彪译.北京：北京大学出版社

邦迪 J A，默蒂 U S R.1987.图论及其应用.吴望名等译.北京：科学出版社

北京市数学会.1979.北京市中学数学竞赛题解（1956-1964）.北京：科学普及出版社

Bottema O.1991.几何不等式.单墫译.北京：北京大学出版社

贝尔热 C.1986.组合学原理.陶懋颀等译.上海：上海科学技术出版社

贝尔热 M.1989.几何.第三卷.马传渔等译.北京：科学出版社

贝肯巴赫 E，贝尔曼 R.1985.不等式入门.文丽译.北京：北京大学出版社

波拉索洛夫 B B.1988.平面几何问题集及其解答.周春荔等译.长春：东北师范大学出
版社

波利亚 G.1982a.数学的发现.欧阳绛等译.北京：科学出版社

波利亚 G.1982b.怎样解题.涂泓译.北京：科学出版社

波利亚 G.1984.数学与猜想（一）.李心灿等译.北京：科学出版社

波利亚 G.2002.怎样解题.涂泓等译.上海：上海科技出版社

Brualdi R A.1982.组合学导引.李盘林，王天明译.武汉：华中工学院出版社

曹鸿德，徐洪泉.1992.周期数列.合肥：中国科学技术大学出版社

常庚哲.1980.复数计算与几何证题.上海：上海教育出版社

常庚哲.1988.谈谈数学竞赛的命题.数学奥林匹克辅导讲座.北京：科学出版社

常庚哲.1989.国际数学奥林匹克（IMO）三十年—— 1959 ~ 1988 试题集解.北京：中国
展望出版社

常庚哲.1993.抽屉原则.上海：上海教育出版社

常庚哲，苏淳.1986.奇数和偶数.上海：上海教育出版社

常庚哲，谢盛刚.1989.数学竞赛中的函数［x］.合肥：中国科学技术大学出版社

陈传理，张同君.1996.竞赛数学教程.北京：高等教育出版社

陈家声，徐惠芳.1988.递归数列.上海：上海教育出版社

戴再平.1989.数学竞赛的命题.高中数学竞赛十八讲.杭州：浙江教育出版社

戴再平.1991.数学习题理论.上海：上海教育出版社

杜德利 U.1980.基础数论.周仲良译.上海：上海科学技术出版社

杜锡录.1987.高中数学竞赛辅导讲座.上海：上海科技出版社

恩格尔.1989.数学竞赛问题的创作.长沙：湖南教育出版社

冯克勤.1991.平方和.上海：上海教育出版社

冯跃峰.2006.奥林匹克数学教育的理论和实践.上海：上海教育出版社

嘎尔别林 Г A，托尔贝戈 A K. 1990. 第 1～50 届莫斯科数学奥林匹克. 苏淳等译. 北京：科学出版社

格雷特 S L. 1979. 美国及国际数学竞赛题解（1976～1978）. 中国科学院应用数学研究推广办公室译. 北京：科学普及出版社

管梅谷. 1981. 图论中的几个极值问题. 上海：上海教育出版社

国家教练组. 2003. 走向 IMO 数学奥林匹克试题集锦 2003. 上海：华东师范大学出版社

国家教练组. 2004. 走向 IMO 数学奥林匹克试题集锦 2004. 上海：华东师范大学出版社

国家教练组. 2005. 走向 IMO 数学奥林匹克试题集锦 2005. 上海：华东师范大学出版社

国家教练组. 2006. 走向 IMO 数学奥林匹克试题集锦 2006. 上海：华东师范大学出版社

国家教练组. 2007. 走向 IMO 数学奥林匹克试题集锦 2007. 上海：华东师范大学出版社

国家教练组. 2008. 走向 IMO 数学奥林匹克试题集锦 2008. 上海：华东师范大学出版社

哈代 G，李特伍德 J，波利亚 G. 1965. 不等式. 越民义译. 北京：科学出版社

何国樑，肖振纲. 1992. 初等数论. 海口：海南出版社

胡大同，严镇军. 1988. 第一届数学奥林匹克国家集训队资料选编（1986）. 北京：北京大学出版社

胡大同，陶晓勇. 1991. 第 31 届国际数学竞赛预选题. 北京：北京大学出版社

华罗庚. 1957. 数论导引. 北京：科学出版社

黄国勋. 2003. 奥林匹克数学方法选讲. 上海：上海教育出版社

黄国勋，李炯生. 1983. 计数. 上海：上海教育出版社

黄宣国. 1991. 凸函数与詹生不等式. 上海：上海教育出版社

蒋声. 1993. 几何. 中学数学竞赛导引. 上海：上海教育出版社

井中. 1988. 迭代——数学赛题的待开发矿点之一. 长沙：湖南教育出版社

卡扎里诺夫 N D. 1986. 几何不等式. 刘西垣译. 北京：北京大学出版社

考克塞特 H S M，格雷策 S L. 1986. 几何学的新探索. 陈维桓译. 北京：北京大学出版社

柯召，孙琦. 1956. 数论讲义. 北京：高等教育出版社

柯召，孙琦. 1980a. 谈谈不定方程. 上海：上海教育出版社

柯召，孙琦. 1980b. 初等数论 100 例. 上海：上海教育出版社

克鲁捷茨基. 1983. 中小学生数学能力心理学. 赵裕春等译. 上海：上海教育出版社

库尔沙克 N. 1979. 匈牙利奥林匹克数学竞赛题解. 胡湘陵译. 上海：上海科学普及出版社

匡继昌. 1993. 常用不等式. 长沙：湖南教育出版社

拉松 L C. 1986. 通过问题学解题. 陶懋颀等译. 合肥：安徽教育出版社

赖瑟 H J. 1983. 组合数学. 李乔译. 北京：科学出版社

冷岗松. 1993. 高中数学竞赛解题方法研究. 北京：清华大学出版社

李成章. 1993. 极值问题. 中学数学竞赛导引. 上海：上海教育出版社

李炯生. 1992. 数学竞赛中的图论方法. 合肥：中国科学技术大学出版社

李炯生. 1993. 计数. 中学数学竞赛导引. 上海：上海教育出版社

李炯生，黄国勋. 1991. 中国初等数学研究（1978—1988）. 北京：科学技术文献出版社

468

李乔．1991．拉姆赛理论．长沙：湖南教育出版社

联合国教科文组织国际教育发展委员会．1996．学会生存：教育世界的今天和明天．北
　京：教育科学出版社

梁绍鸿．1979．初等数学复习及研究（平面几何）．北京：人民教育出版社

Lin C L. 1987．组合数学导论．魏万迪译．上海：上海科学技术出版社

刘鸿坤，熊斌．1992．第 32 届国际数学竞赛预选题．北京：北京大学出版社

刘培杰．1991a．两种数学奥林匹克的命题方法．长沙：湖南教育出版社

刘培杰．1991b．谈谈某些数学竞赛试题的背景．长沙：湖南教育出版社

刘培杰．1992a．定理特例法与定理通俗化方法．数学竞赛（16）．长沙：湖南教育出版社

刘培杰．1992b．再谈两种数学奥林匹克命题方法．数学竞赛（12）．长沙：湖南教育出
　版社

刘培杰．2006a．历届 IMO 试题集 1959–2005．哈尔滨：哈尔滨工业大学出版社

刘培杰．2006b．数学奥林匹克试题背景研究．上海：上海教育出版社

刘培杰．2006c．数学奥林匹克与数学文化 2006 第一辑．哈尔滨：哈尔滨工业大学出版社

刘培杰．2008．数学奥林匹克与数学文化 2008 第二辑（竞赛卷）．哈尔滨：哈尔滨工业大
　学出版社

刘亚强．1990．竞赛数学课程初探．南京：南京师范大学硕士学位论文

罗增儒．2001．数学竞赛导论．西安：陕西师范大学出版社

梅向明．1988．组合基础．北京：北京师范学院出版社

梅向明．1989．国际数学奥林匹克 30 年．北京：中国计量出版社

闵嗣鹤．1962．格点和面积．北京：中国青年出版社

闵嗣鹤，严士健．1982．初等数论．北京：人民教育出版社

潘承洞，潘承彪．1992．初等数论·第二版．北京：北京大学出版社

裘宗沪，冷岗松．2006．国际数学奥林匹克试题 解答 成绩 No.1–46．北京：开明出版社

全国数学竞赛委员会．1978．全国中学生数学竞赛题解（1978）．北京：科学普及出版社

人民教育出版社数学室．1988．初中几何（第一册）．北京：人民教育出版社

萨多夫尼契 B A，波德科尔津 A C．1982．大学生数学竞赛题解汇集．朱尧辰译．上海：
　上海科学普及出版社

单墫．1980a．趣味的图论问题．上海：上海教育出版社

单墫．1980b．几何不等式．上海：上海教育出版社

单墫．1983．覆盖．上海：上海教育出版社

单墫．1987．趣味数论．北京：中国青年出版社

单墫．1989．组合数学的问题与方法．北京：人民教育出版社

单墫．1992a．数学竞赛史话．桂林：广西教育出版社

单墫．1992b．算两次．合肥：中国科学技术大学出版社

单墫．1993．数学奥林匹克高中版新版竞赛篇．北京：北京大学出版社

单墫．2002．平面几何中的小花．上海：上海教育出版社

单墫．2003．数学竞赛研究教程（上、下）．南京：江苏教育出版社

单墫.2007. 解题研究. 上海：上海教育出版社

单墫，程龙.1989. 解析几何的技巧. 合肥：中国科学技术大学出版社

单墫，葛军.1990. 国际数学竞赛解题方法. 北京：中国少年儿童出版社

单墫，葛军.1991. 数学奥林匹克第 31 届国家集训队资料. 北京：北京大学出版社

单墫，胡大同.1990. 数学奥林匹克（1987—1988）. 北京：北京大学出版社

单墫，余红兵.1991. 不定方程. 上海：上海教育出版社

单墫，葛军，刘亚强.1990. 第 30 届国际数学竞赛预选题. 北京：北京大学出版社

尚强.1985. 平面几何题解（上、下）. 北京：中国展望出版社

史济怀.1989. 组合恒等式. 合肥：中国科学技术大学出版社

数学奥林匹克题库编译小组.1991a. 国际中学生数学竞赛题解. 北京：新蕾出版社

数学奥林匹克题库编译小组.1991b. 加拿大中学生数学竞赛题解. 北京：新蕾出版社

数学奥林匹克题库编译小组.1991c. 美国中学生数学竞赛题解（1）、（2）. 北京：新蕾出版社

数学奥林匹克题库编译小组.1991d. 苏联中学生数学竞赛题解. 北京：新蕾出版社

数学奥林匹克题库编译小组.1991e. 中国中学生数学竞赛题解（1）、（2）. 北京：新蕾出版社

苏淳.1992a. 苏联数学奥林匹克试题汇编（1988–1991）. 北京：北京大学出版社

苏淳.1992b. 从特殊性看问题. 合肥：中国科学技术大学出版社

苏淳.1992c. 漫话数学归纳法的应用技巧. 合肥：中国科学技术大学出版社

苏淳，朱华伟.2002. 俄国青少年数学俱乐部. 武汉：湖北教育出版社

孙瑞清，胡大同.1994. 奥林匹克数学教学概论. 北京：北京大学出版社

王伯英.1990. 控制不等式. 北京：北京师范大学出版社

王连笑.2005. 解数学竞赛题的常用策略. 上海：上海教育出版社

王志雄.1985. 美苏大学生数学竞赛题解（初等数学部分）. 厦门：福建科学技术出版社

王志雄.1993. 数学奥林匹克竞赛 36 计. 北京：电子工业出版社

王子侠，单墫.1989. 对应. 北京：科学技术文献出版社

王梓坤.1994. 今日数学及其应用. 数学通报，（7）：F002

维诺格拉陀夫 И M.1956. 数论基础. 孙念增等译. 北京：高等教育出版社

魏友德.1993. 整数. 中学数学竞赛导引. 上海：上海教育出版社

吴建平.1993. 集合分拆与整数分拆. 上海：上海教育出版社

吴利生，庄亚栋.1982. 凸图形. 上海：上海教育出版社

萧文强.1991. 波利亚计数定理. 长沙：湖南教育出版社

熊斌.1991. 关于数学竞赛的几个问题. 上海：华东师范大学硕士学位论文

熊斌.1993. 美国数学奥林匹克试题与解答. 上海：上海科技教育出版社

熊斌，李大元.1993. 图论. 中学数学竞赛导引. 上海：上海教育出版社

熊斌，田廷彦.2008. 国际数学奥林匹克研究. 上海：上海教育出版社

徐士英.1992. 竞赛数学教程. 香港：国际展望出版社

徐士英.2006. 组合数学. 上海：上海教育出版社

亚格龙 U M . 1985 . 几何变换 . (Ⅰ、Ⅱ、Ⅲ、Ⅳ) . 龙承业等译 . 北京：北京大学出版社

严镇军 . 1990 . 不等式 . 北京：人民教育出版社

严镇军 . 1993 . 中学数学竞赛导引 . 上海：上海教育出版社

严镇军，陈吉范 . 1989 . 从反面考虑问题 . 合肥：中国科学技术大学

杨骅飞，王朝瑞 . 1992 . 组合数学及其应用 . 北京：北京理工大学出版社

杨克昌 . 1991 . 一道 IMO 试题的引伸 . 数学竞赛（10）. 长沙：湖南教育出版社

杨世明 . 1989 . 三角形趣谈 . 上海：上海教育出版社

杨世明 . 1992 . 中国初等数学研究文集（1980—1991）. 郑州：河南教育出版社

杨之 . 1993 . 初等数学研究的问题与课题 . 长沙：湖南教育出版社

伊夫斯 H . 1986 . 数学史概论 . 欧阳绛译 . 太原：山西人民出版社

余红兵 . 1992 . 数学竞赛中的数论问题 . 北京：中国少年儿童出版社

余红兵 . 1993 . 组合几何 . 中学数学竞赛导引 . 上海：上海教育出版社

余红兵，严镇军 . 1992 . 构造法解题 . 合肥：中国科学技术大学出版社

约翰逊 R A . 1999 . 近代欧氏几何学 . 单墫译 . 上海：上海教育出版社

曾荣，王玉 . 1982 . 基础数论典型题解 300 例 . 长沙：湖南科学技术出版社

张奠宙，邹一心 . 1990 . 现代数学与中学数学 . 上海：上海教育出版社

张景中 . 1989a . 从数学教育到教育数学 . 成都：四川教育出版社

张景中 . 1989b . 平面几何新路 . 成都：四川教育出版社

张景中 . 1992 . 教育数学新探 . 成都：四川教育出版社

张景中 . 1993 . 函数方程 . 中学数学竞赛导引 . 上海：上海教育出版社

张景中 . 2000 . 计算机怎样解几何题 . 北京：清华大学出版社

张景中 . 2002a . 数学家的眼光 . 北京：中国少年儿童出版社

张景中 . 2002b . 新概念几何 . 北京：中国少年儿童出版社

张景中 . 2003a . 漫话数学 . 北京：中国少年儿童出版社

张景中 . 2003b . 数学与哲学 . 北京：中国少年儿童出版社

张景中，等 . 1991 . 实迭代 . 长沙：湖南教育出版社

张君达，郭春彦 . 1990 . 关于第 31 届 IMO 的分析与评估 . 国际数学教育学术交流会大会宣读论文

张君达，吴建平 . 1990 . 数学奥林匹克的实践与认识 . 北京师范学院学报（自然科学版），
(2)：75-82

张君达，朱华伟 . 1992 . 美国数学奥林匹克试题汇编（1981—1990）. 北京：北京大学出版社

赵小云 . 2001 . 奥林匹克数学引论 . 桂林：广西教育出版社

中等数学杂志编辑部 . 1992 . 首届全国数学奥林匹克命题比赛精选 . 上海：上海科学技术出版社

中国科协青少部 . 1989 . 国际数学奥林匹克竞赛题及解答（1978—1986）. 中国数学会编译 . 北京：科学普及出版社

中国数学会普及工作委员会 . 1987 . 第 26 届国际数学奥林匹克 . 北京：中国青年出版社

471

朱华伟. 1992. 数学奥林匹克命题研究. 武汉：湖北大学硕士学位论文

朱华伟. 1996. 奥林匹克数学教程. 武汉：湖北人民出版社

朱华伟，钱展望. 2002. 奥林匹克数学方法与研究. 武汉：湖北教育出版社

左铨如，季素月. 1992. 初等几何研究. 上海：上海科技教育出版社

Alexanderson G L, Klosinski L F, Larson L C. 1985. The William Lowell Putnam Mathematical Competition, Problems and Solutions：1965–1986. Washington DC：MAA

Andreescu T. 2004. Complex Numbers from A to Z. Berlin：Birkhauser

Andreescu T, Enescu B. 2004. Mathematical Olympiad Treasures. Berlin：Birkhauser

Andreescu T, Feng Z. 1998. 101 Problems in Algebra. Canberra：AMT Publishing

Andreescu T, Feng Z. 2000. Mathematical Olympiads：Problems and Solutions from around the World, 1998–1999. Washington DC：MAA

Andreescu T, Feng Z. 2002. 102 Combinatorial Problems. Berlin：Birkhauser

Andreescu T, Feng Z. 2003. A Path to Combinatorics for Undergraduates：Counting Strategies. New York：Springer Science+Business Media

Andreescu T, Feng Z. 2004. 103 Trigonometry Problems. Berlin：Birkhauser

Andreescu T, Feng Z. 2007. 104 Number Theory Problems. Berlin：Birkhauser

Andreescu T, Gelca R. 2000. Mathematical Olympiad Challenges. Berlin：Birkhauser

Andreescu T, Kedlaya K. 1998. Mathematical Contests 1996 – 1997：Olympiad Problems from around the World, with Solutions, American Mathematics Competitions. Washington DC：MAA

Andreescu T, Kedlaya K. 1999. Mathematical Contests 1997 – 1998：Olympiad Problems from around the World, with Solutions, American Mathematics Competitions. Washington DC：MAA

Andreescu T, Kedlaya K, Zeitz P. 1997. Mathematical Contests 1995–1996：Olympiad Problems from around the World, with Solutions, American Mathematics Competitions. Washington DC：MAA

Andreescu T, Mushkarov O, Stoyanov L. 2006. Geometric Problems on Maxima and Minima. Berlin：Birkhauser

Barbeau E J, Klamkin M S, Moser W O J. 1995. Five Hundred Mathematical Challenges. Washington DC：MAA

Boltyansky V, Gohberg I. 1985. Results and Problems in Combinatorial Geometry. Cambridge：Cambridge University Press

Charosh M. 1965. Mathematical Challenges. Reston, Virginia：National Council of Teachers of Mathematics

Christopher J B. 2007. Challenges in Geometry：For Mathematical Olympians Past and Present. Oxford：Oxford University Press

Englel A. 1993. Exploring Mathematics with Your Computer. Washington DC：MAA

Fomin D, Kirichenko A. 1994. Leningrad Mathematical Olympiads 1987–1991. Chelmsford, MA：MathPro Press

Gelca R, Andreescu T. 2007. Putnam and Beyond. New York：Springer-Verlag

Gleason A M, Greenwood R E, Kelly L M. 1980. The William Lowell Putnam Mathematical Competition, Problems and Solutions: 1938–1966. Washington DC: MAA

Greitzer S L. 1978. International Mathematical Olympiads, 1959–1977. Washington DC: MAA

Hardy K, Williams K S. 1985. The Green Book, 100 Practice Problems for Undergraduate Mathematics Competitions. Ottawa: Integer Press

Hardy K, Williams K S. 1988. The Red Book, 100 Practice Problems for Undergraduate Mathematics Competitions. Ottawa: Integer Press

Honsberger R. 1996. From Erdos to Kiev. DME Vol. 17. Washington DC: MAA

Honsberger R. 1997. In Polyas Footsteps. DME Vol. 19. Washington DC: MAA

Klamkin M. 1988. USA Mathematical Olympiads, 1972–1986. Washington DC: MAA

Klamkin M S. 1986. International Mathematical Olympiads, 1978–1985. Washington DC: MAA

Konhauser J D E, Velleman D, Wagon S. 1996. Which Way Did the Bicycle Go? DME Vol. 18. Washington DC: MAA

Kurschak J. 1967. Hungarian Problem Book, Vol. I & II. Washington DC: MAA

Larson L C. 1983. Problem Solving Through Problems. New York: Springer-Verlag

Lausch H, Bosch G C. 2001. The Asian Pacific Mathematics Olympiad 1989–2000. Canberra: AMT Publishing

Lozansky A, Rousseau C. 1996. Winning Solutions. New York: Springer-Verlag

Mi-neola N Y. 1993. The USSR Olympiad Problem Book. New York: Dover Publications

Polya G, Kilpatrick J. 1974. The Stanford Mathematics Problem Book. New York: Teachers College Press, Columbia University

Savchev S, Andreescu T. 2003. Mathematical Miniatures. Washington DC: MAA

Shklarsky D O, Chentzov N N, Yaglom I M. 1962. The USSR Olympiad Problem Book. New York: Dover Publications

Slinko A. 1997. USSR Mathematical Olympiads 1989–1992. Canberra: AMT Publishing

Steele J M. 2004. The Cauchy-Schwarz Master Class: An Introduction to the Art of Mathematical Inequalities. Cambridge: Cambridge University Press

Taylor P J. 1992. Tournament of Towns 1985–1989. Canberra: AMT Publishing

Taylor P J. 1993. Tournament of Towns 1980–1984. Canberra: AMT Publishing

Taylor P J. 1994. Tournament of Towns 1989–1993. Canberra: AMT Publishing

Taylor P J, Storozhev A. 1998. Tournament of Towns 1993–1997. Canberra: AMT Publishing

Zeitz P. 1999. The Art and Craft of Problem Solving. Indianapolis, IN: John Wiley & Sons

473